普通高等教育"十三五"电子信息类规划教材

NI Multisim 电子设计技术

李良荣 李 震 顾 平 编著

谢 泉 主审

机械工业出版社

本书的宗旨是为高校电子信息类专业学生提供一本较为合适的EDA教材，以便使他们掌握先进方法进行电子技术仿真实验，辅助学生学习电子类课程以及快速进行电子设计。

全书内容分为三部分：第一部分为Multisim应用基础，包含第一至六章，主要介绍Multisim 13的基本功能和应用方法。第二部分为仿真实例及实验，是本书的重点，包含第七至十二章，通过典型电路的模拟、仿真、分析来介绍EDA技术在电工原理、电路分析、模拟电子技术、数字电子技术以及混合电子电路设计中的应用，同时配备相应的思考题和实验，以达到学练并举的目的。第三部分为PCB版图设计，包括第十三章，简要介绍Ultiboard的应用方法。

本书可作为本科、高职高专电子信息类专业的教材，也可供电子设计技术人员参考。

本书重点内容的教学视频可在网站http://eda.gzu.edu.cn的“教学视频”栏目中在线播放或下载（EDA技术.2012），书中所用电路图和MCU应用实例的源程序也可在该网站下载（均免费）。

图书在版编目（CIP）数据

NI Multisim电子设计技术/李良荣，李震，顾平编著. —北京：机械工业出版社，2016.3
普通高等教育“十三五”电子信息类规划教材
ISBN 978-7-111-52756-5

Ⅰ.①N… Ⅱ.①李… Ⅲ.①电子电路-计算机仿真-应用软件-高等学校-教材 Ⅳ.①TN702

中国版本图书馆CIP数据核字（2016）第018288号

机械工业出版社（北京市百万庄大街22号 邮政编码100037）
策划编辑：徐 凡 责任编辑：徐 凡 路乙达
封面设计：张 静 责任校对：刘秀丽 程俊巧
责任印制：常天培
北京京丰印刷厂印刷
2016年6月第1版·第1次印刷
184mm×260mm·26.25印张·651千字
标准书号：ISBN 978-7-111-52756-5
定价：54.00元

凡购本书，如有缺页、倒页、脱页，由本社发行部调换

电话服务
服务咨询热线：010-88379833
读者购书热线：010-88379649

网络服务
机 工 官 网：www.cmpbook.com
机 工 官 博：weibo.com/cmp1952
教育服务网：www.cmpedu.com
金 书 网：www.golden-book.com

封面无防伪标均为盗版

前　　言

Multisim 以其功能全面、界面友好、仿真操作临场感较强等特色受到广大电子设计技术人员的青睐。Multisim 原本是加拿大 IIT（Interactive Image Technologies）公司推出的 EWB（Electronics Workbench）中的一个组件名。美国 NI（National Instruments）并购 IIT 之后，自 2006 年起推出的版本均称为 NI Multisim，它将 Multisim、Ultiboard、MultiMCU 等组件打包出售。Multisim 13.0 在老版本的基础上优化并增加了许多功能，尤其是在 PLD 器件联合仿真、编程文件编译后可以下载到 Xilinx 公司 EDA 开发平台进行硬件验证、对 Xilinx 芯片进行开发应用方面取得了重大进展。在 Multisim 环境下进行 PLD 原理图构建（可视化编程技术），并可导出 VHDL 或其他编程语言源程序，更体现了其新的特色。

本书第一至六章是 Multisim 应用基础，Multisim 是第七至十二章中做相应课程实验的电子仿真技术的平台工具，第七至十一章可以单独应用，作相关课程的仿真实验配套教材。第十三章为 PCB 版图设计工具 Ultiboard 简介，PCB 是所做电子设计物理实现的承载体，起到电气连接与电路支撑的重要作用，PCB 设计的质量直接影响设计作品的成败，PCB 设计方法是电子工程师的必修课程。Ultiboard 与其他 PCB 设计工具相比各有特色，但基本功能一致。

对于 Multisim 的基础应用，可以在网站 http://eda.gzu.edu.cn 的“教学视频”栏目中在线播放或下载（EDA 技术.2012），书中所用电路图和 MCU 应用实例的源程序也可以在该网站下载（均免费）。

第一至五章由李震编写，第六至十二章由李良荣编写，第十三章由顾平编写。全书由李良荣统稿，谢泉主审。所用软件 Multisim 13.0 教育版可从 NI 官方网站下载、安装并注册。研究生郑伟在本书修订过程中做了部分工作，在此表示感谢。

本教材属于贵州省“电子科学与技术特色重点学科”（ZDXK[2014]2 号）、贵州大学“电子科学与技术品牌特色专业”（PTJS201302）项目的教材建设内容。

因编者水平有限，节中错误在所难免，望读者斧正。

编　者

目 录

第一部分

Multisim 应用基础

这一部分主要介绍Multisim的功能与应用，学习电子设计仿真工具Multisim、单片机仿真工具MultiMCU的功能及其基础应用、Multisim的PLD器件开发应用方法、简单电子设计的基本方法，包含前六章内容。

第一章　Multisim 的基本应用

第一节　Multisim 界面导论

一、基本元素

Multisim 启动完毕后，其用户界面如图 1-1-1 所示。

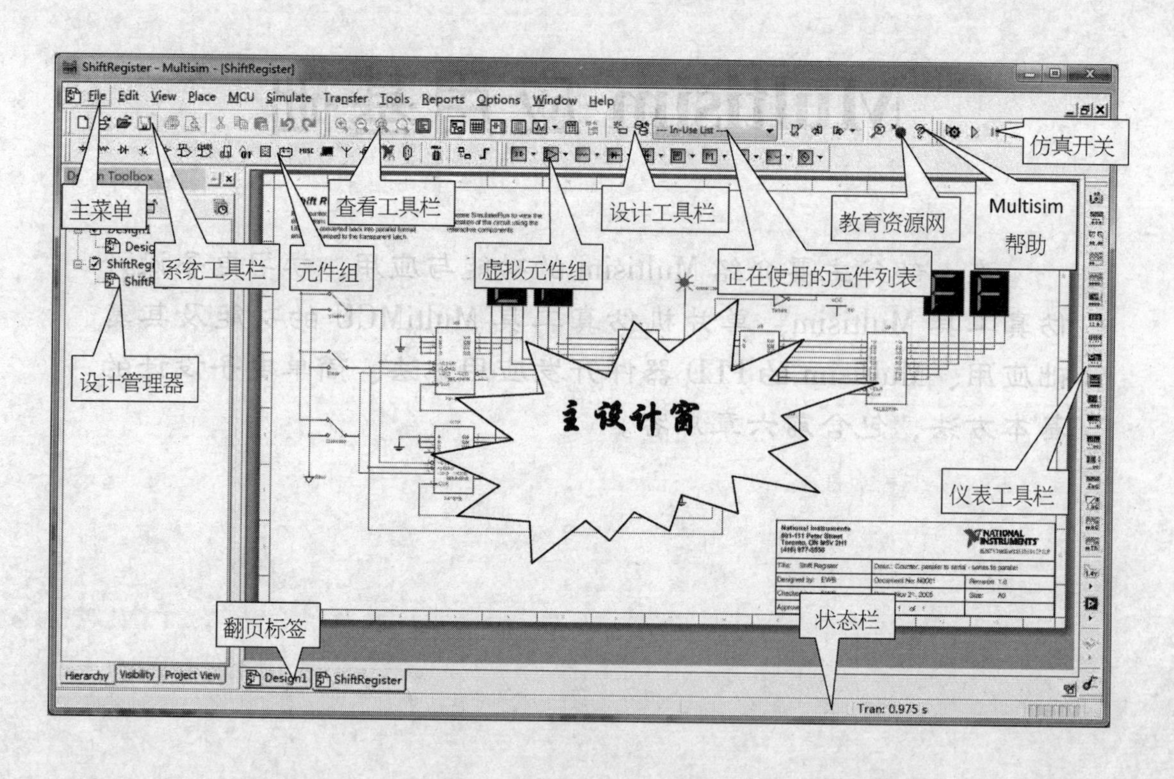

图 1-1-1　Multisim 用户界面

1. 主菜单

在 Multisim 的主菜单中，可以找到所有的功能命令，完成电路设计的全过程。File 菜单如图 1-1-2 所示；Edit 菜单如图 1-1-3 所示；View 菜单如图 1-1-4 所示；Place 菜单如图 1-1-5 所示；MCU 菜单如图 1-1-6 所示；Simulate 菜单如图 1-1-7 所示；Transfer 菜单如图 1-1-8 所示；Tools 菜单如图 1-1-9 所示；Reports 菜单如图 1-1-10 所示；Options 菜单如图 1-1-11 所示；Window 菜单如图 1-1-12 所示；Help 菜单如图 1-1-13 所示。

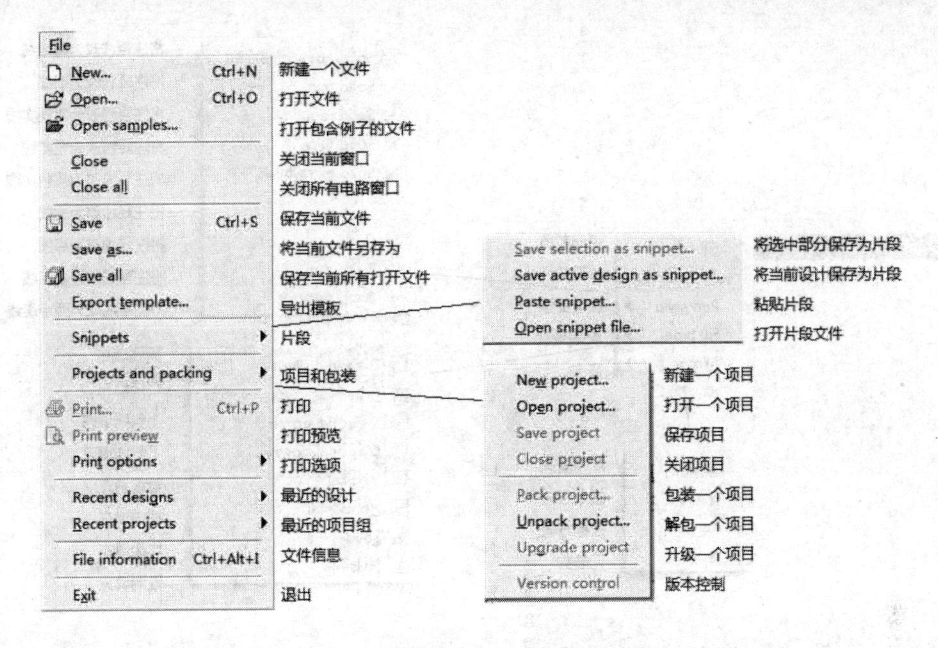

图 1-1-2　File 菜单

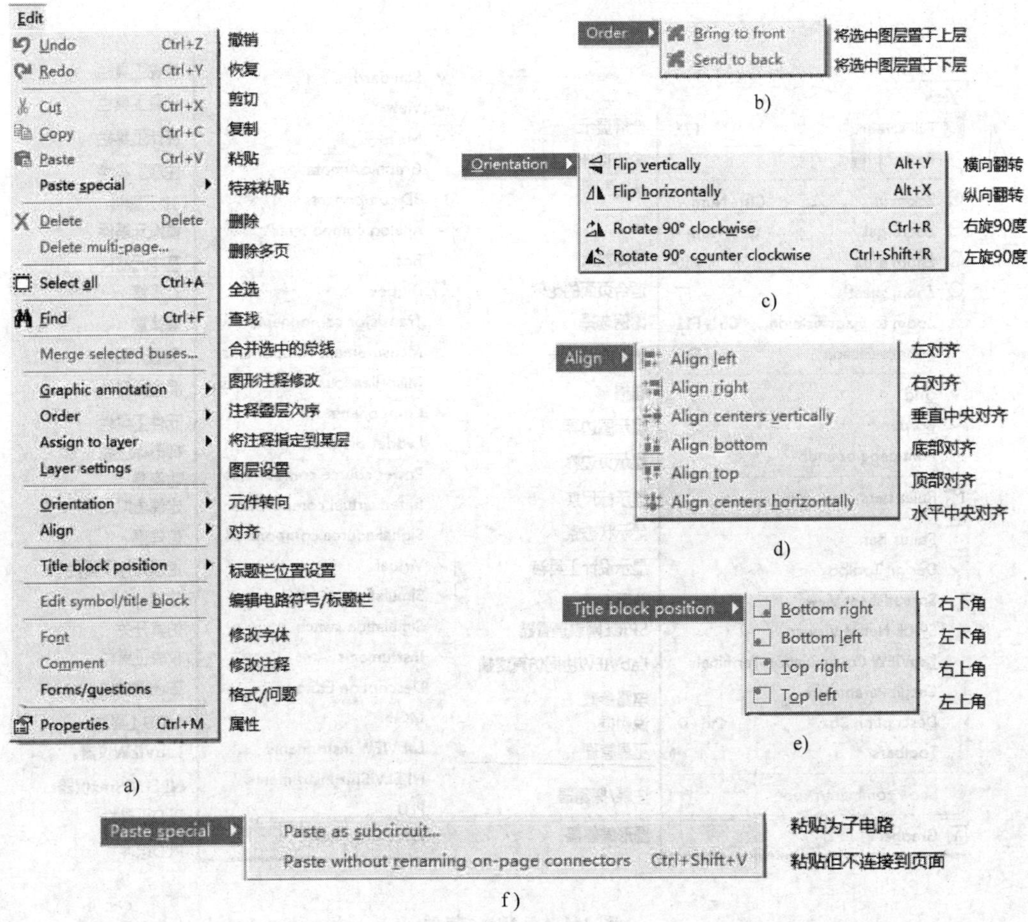

图 1-1-3　Edit 菜单

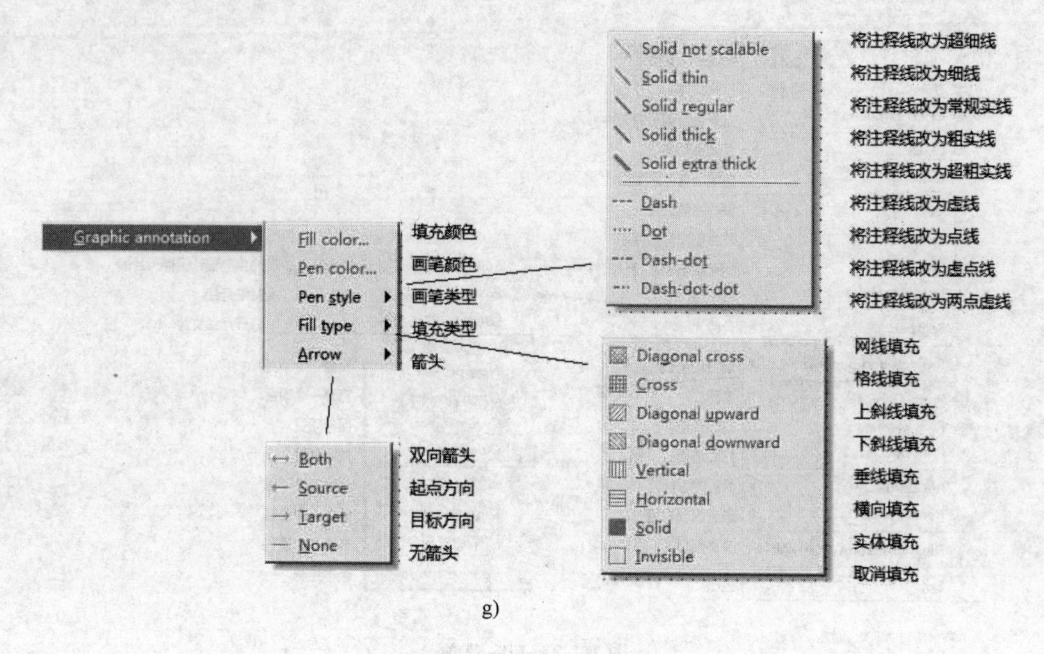

g)

图 1-1-3 Edit 菜单（续）

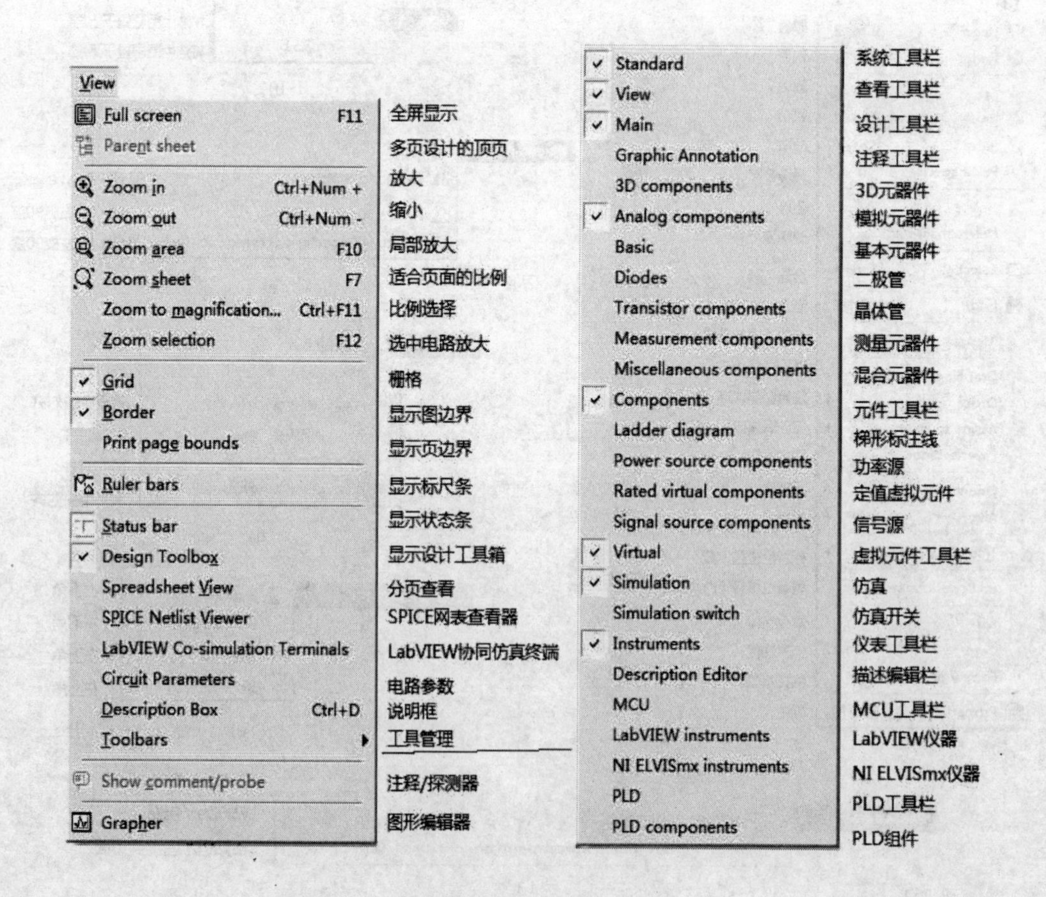

图 1-1-4 View 菜单

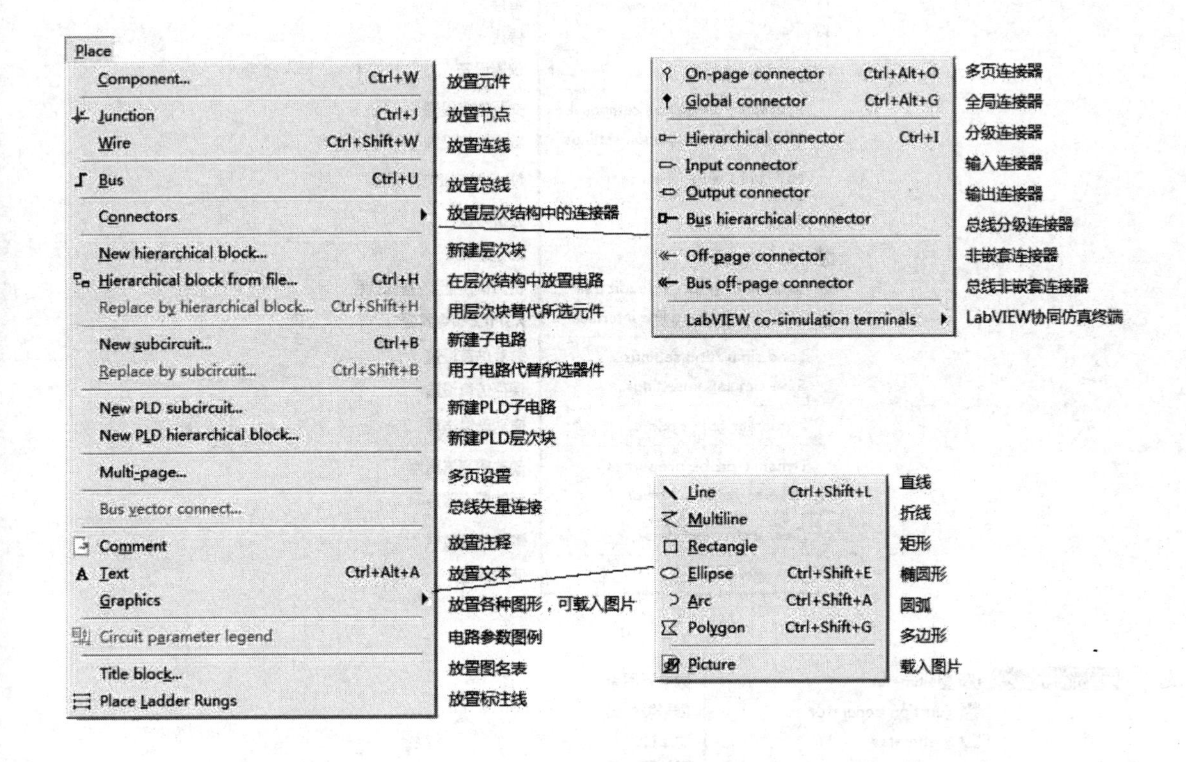

图 1-1-5　Place 菜单

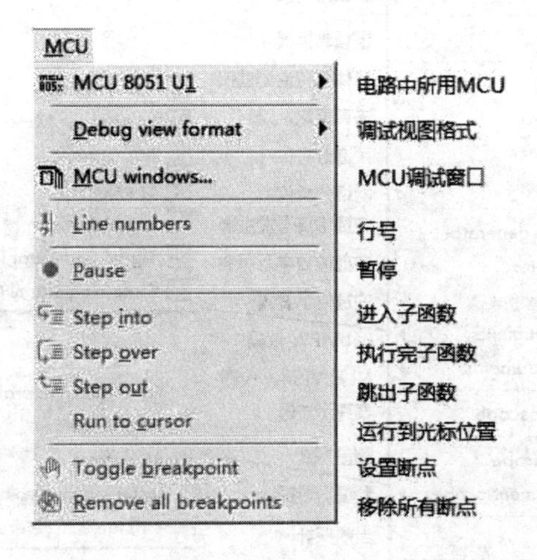

图 1-1-6　MCU 菜单

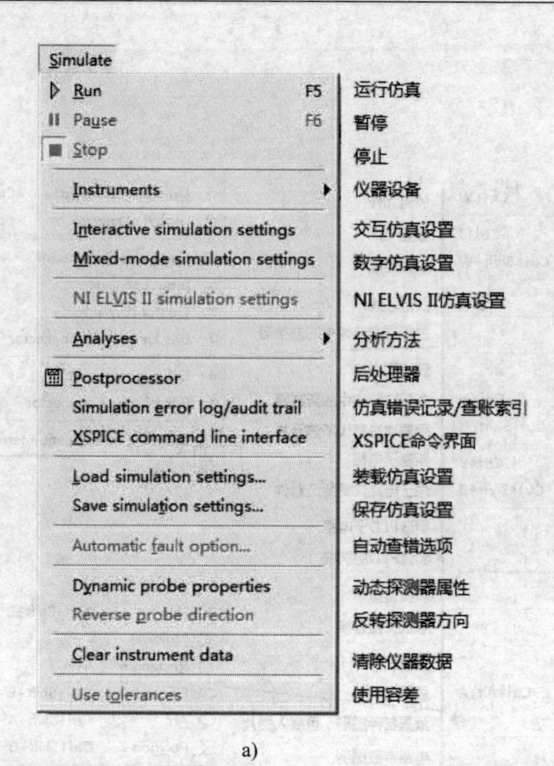

a)

b)

图 1-1-7 Simulate 菜单

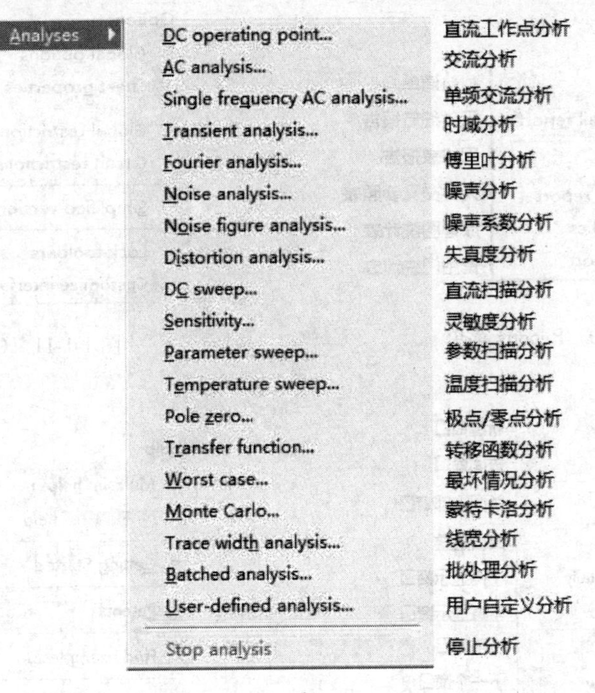

c)

图 1-1-7　Simulate 菜单（续）

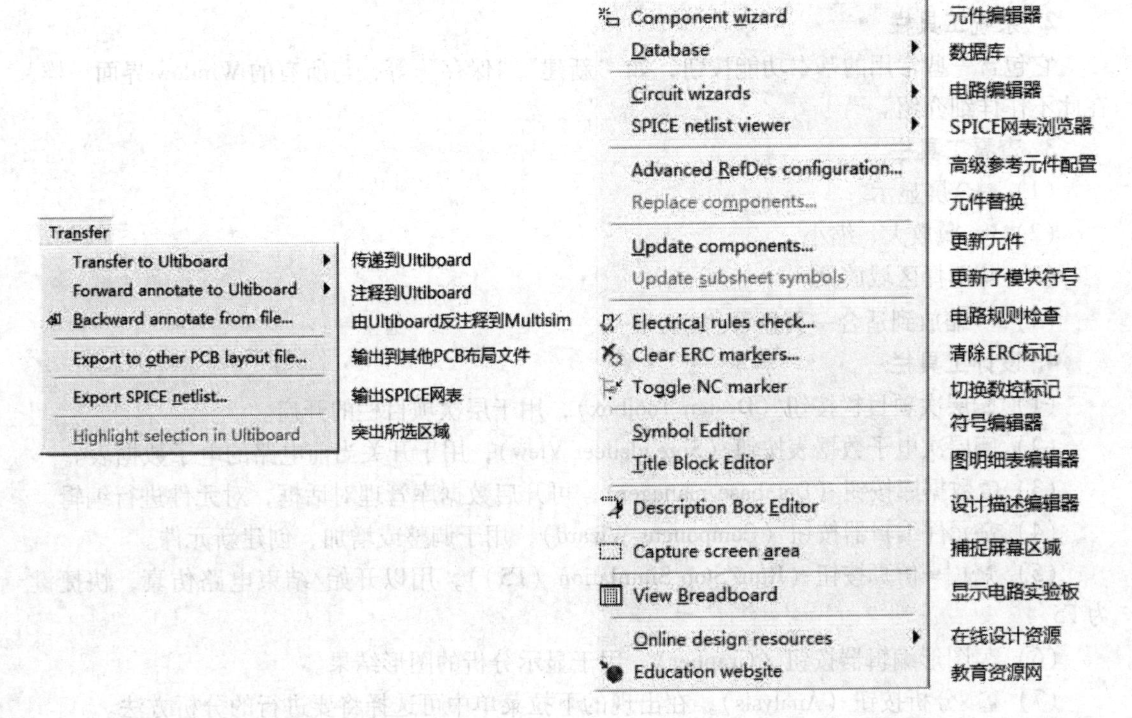

图 1-1-8　Transfer 菜单

图 1-1-9　Tools 菜单

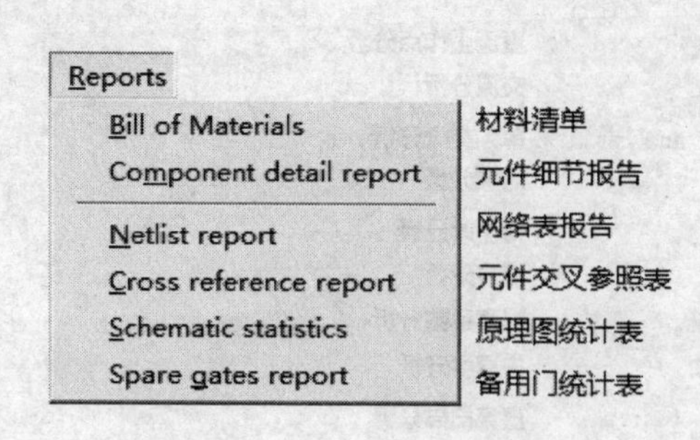

图 1-1-10 Reports 菜单

图 1-1-11 Options 菜单

图 1-1-12 Window 菜单

图 1-1-13 Help 菜单

2. 系统工具栏

它包含一些常用的基本功能按钮，如“新建”“保存”等，与所有的 Window 界面一样，在此不作详细介绍。

3. 查看工具栏

(1) 全屏显示。

(2) 放大、缩小。

(3) 选择区域放大。

(4) 缩放到适合一页显示。

4. 设计工具栏

(1) 层次项目栏按钮（Design Toolbox），用于层次项目栏的开启。

(2) 层次电子数据表按钮（Spreadsheet View），用于开关当前电路的电子数据表。

(3) 数据库按钮（Database manager），可开启数据库管理对话框，对元件进行编辑。

(4) 元件编辑器按钮（Component Wizard），用于调整或增加、创建新元件。

(5) 仿真按钮（Run/Stop Simulation（F5）），用以开始/结束电路仿真，快捷键为 F5。

(6) 图形编辑器按钮（Grapher），用于显示分析的图形结果。

(7) 分析按钮（Analysis），在出现的下拉菜单中可选择将要进行的分析方法。

(8) 后处理器分析按钮（Post processor），用以进行对仿真结果的进一步分析操作。

（9）显示电路实验板（View Breadboard）。

（10）SPICE 网表浏览器（SPICE netlist viewer）。

（11）--- In-Use List --- 使用中的元件列表，列出了当前电路中用过的全部元件种类。

（12）教育资源网按钮（Educational Website），可以查看、下载 EWB 的有关信息。

（13）Multisim 的帮助文件。

5. 仿真开关

它是运行仿真的一个快捷键，原理图输入完毕，挂上虚拟仪表后（没挂虚拟仪器时开关为灰色，即不可用），用鼠标点击它，即运行/关闭、停止仿真。如果开关不可见，可执行 View/toolbars/Simulation switch，即可显示。

6. 元件工具栏

如图 1-1-14 所示，这部分在附录中有详细介绍。

图 1-1-14　元件工具栏

（1）电源按钮，其弹出窗口如图 1-1-15 所示。

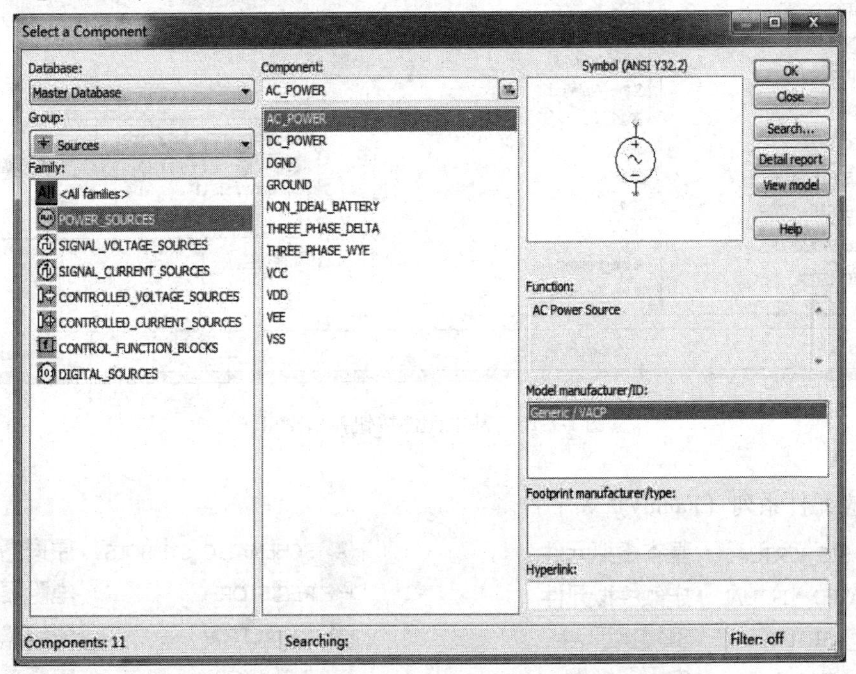

图 1-1-15　电源按钮弹出窗口

其对应元件系列（Family）如下：

POWER_SOURCES	功率源
SIGNAL_VOLTAGE_SOURCES	信号电压源
SIGNAL_CURRENT_SOURCES	信号电流源
CONTROLLED_VOLTAGE_SOURCES	控制电压源
CONTROLLED_CURRENT_SOURCES	控制电流源
CONTROL_FUNCTION_BLOCKS	控制函数器件
DIGITAL_SOURCES	数字源

（2）基本元件按钮，其弹出窗口如图 1-1-16 所示。

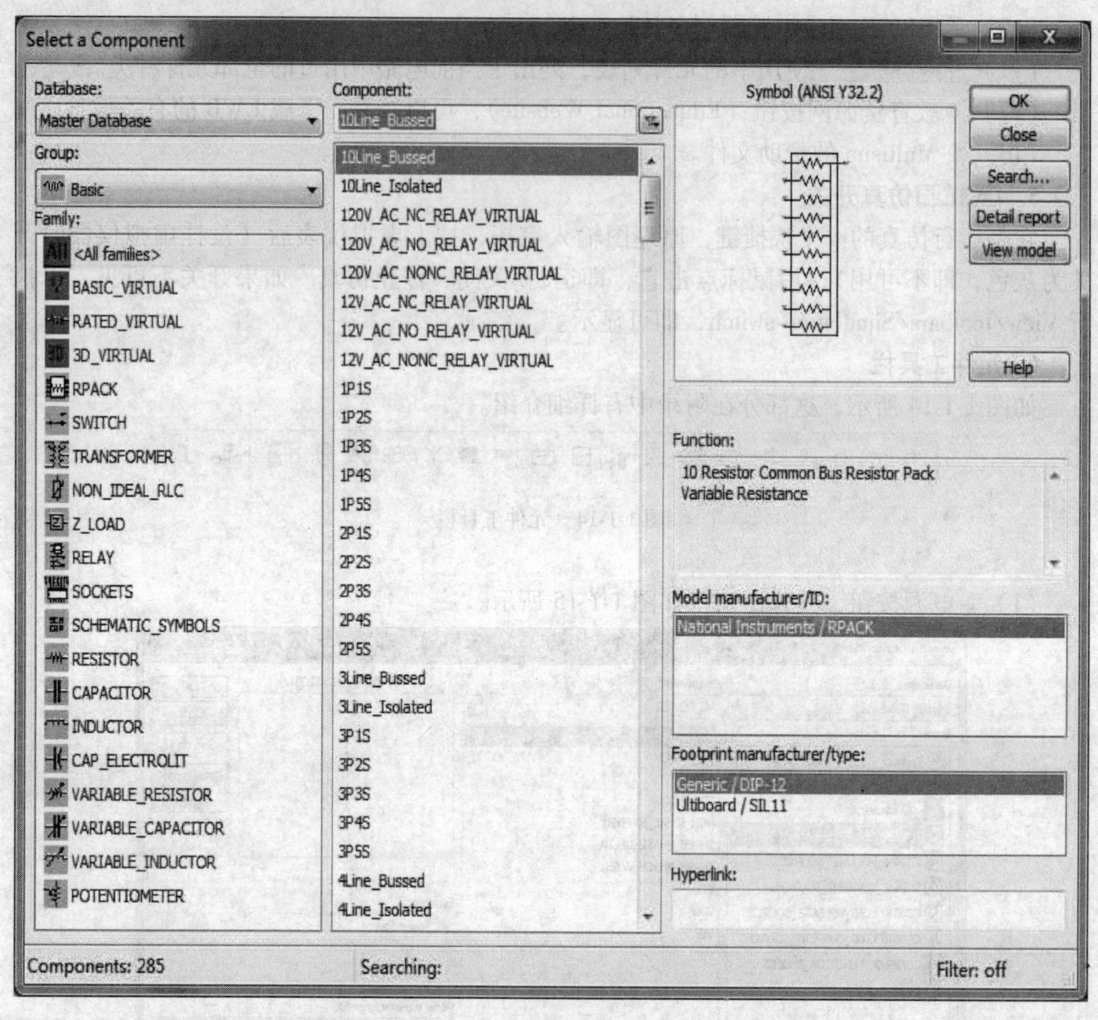

图 1-1-16　基本元件按钮弹出窗口

其对应元件系列（Family）如下：

BASIC_VIRTUAL	基本虚拟元件	SCHEMATIC_SYMBOLS	原理图符号
RATED_VIRTUAL	定额虚拟元件	RESISTOR	电阻器
3D_VIRTUAL	3D虚拟元件	CAPACITOR	电容器
RPACK	电阻器组件	INDUCTOR	电感器
SWITCH	开关	CAP_ELECTROLIT	电解电容
TRANSFORMER	变压器	VARIABLE_RESISTOR	可变电阻器
NON_IDEAL_RLC	非理想的RLC	VARIABLE_CAPACITOR	可变电容器
Z_LOAD	复数负载	VARIABLE_INDUCTOR	可变电感器
RELAY	继电器	POTENTIOMETER	电位器
SOCKETS	插座，管座		

(3) 二极管按钮，其弹出窗口如图 1-1-17 所示。

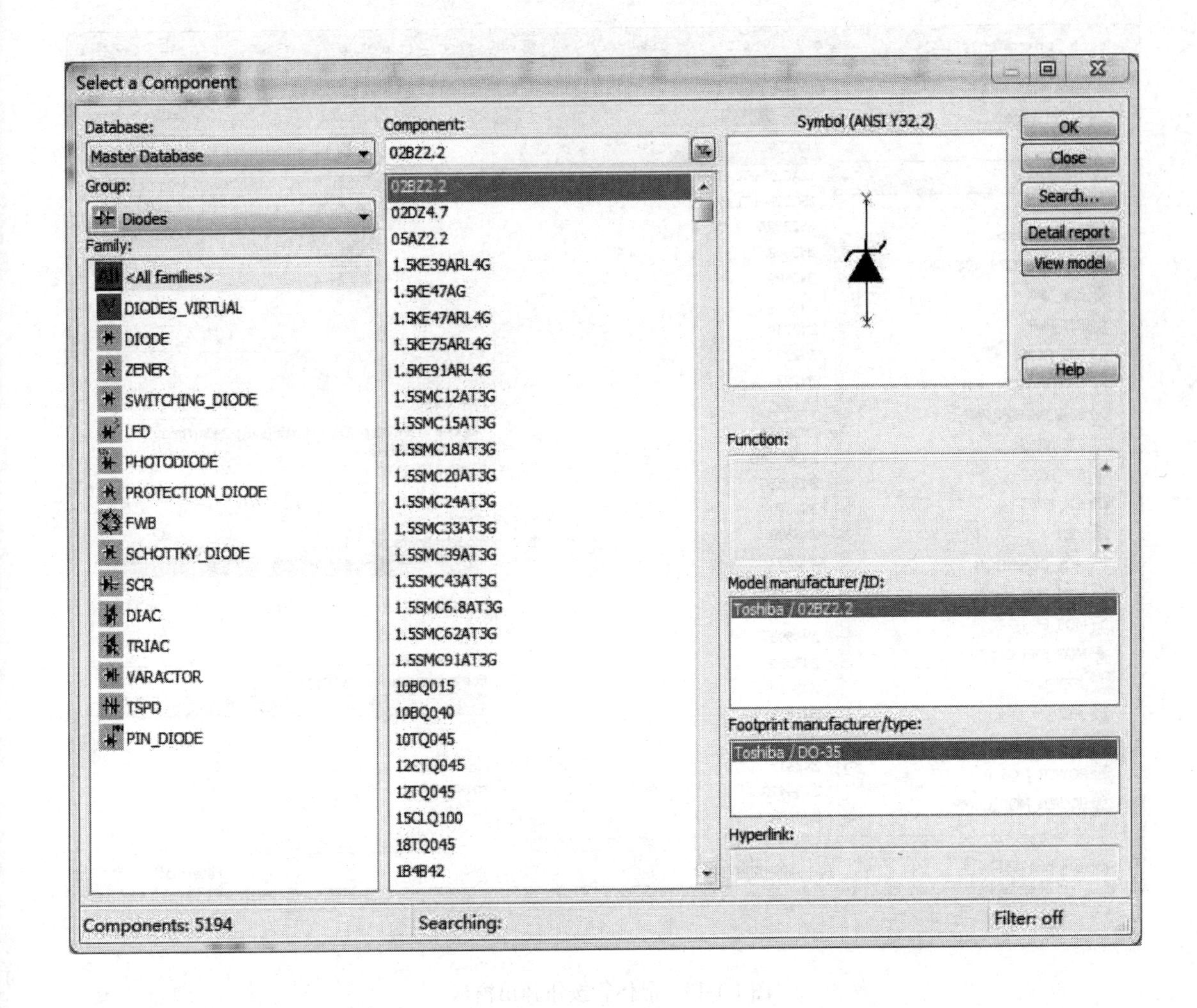

图 1-1-17　二极管按钮弹出窗口

其对应元件系列（Family）如下：

- DIODES_VIRTUAL　二极管虚拟元件
- DIODE　二极管
- ZENER　齐纳二极管
- SWITCHING_DIODE　开关二极管
- LED　发光二极管
- PHOTODIODE　光电二极管
- PROTECTION_DIODE　保护二极管
- FWB　二极管整流桥
- SCHOTTKY_DIODE　晶闸管（可控硅）整流器
- SCR　单向晶闸管（可控硅）
- DIAC　双向二极管
- TRIAC　双向晶闸管（可控硅）
- VARACTOR　变容二极管
- TSPD　晶闸管浪涌保护器
- PIN_DIODE　PIN二极管

（4）晶体管按钮，其弹出窗口如图 1-1-18 所示。

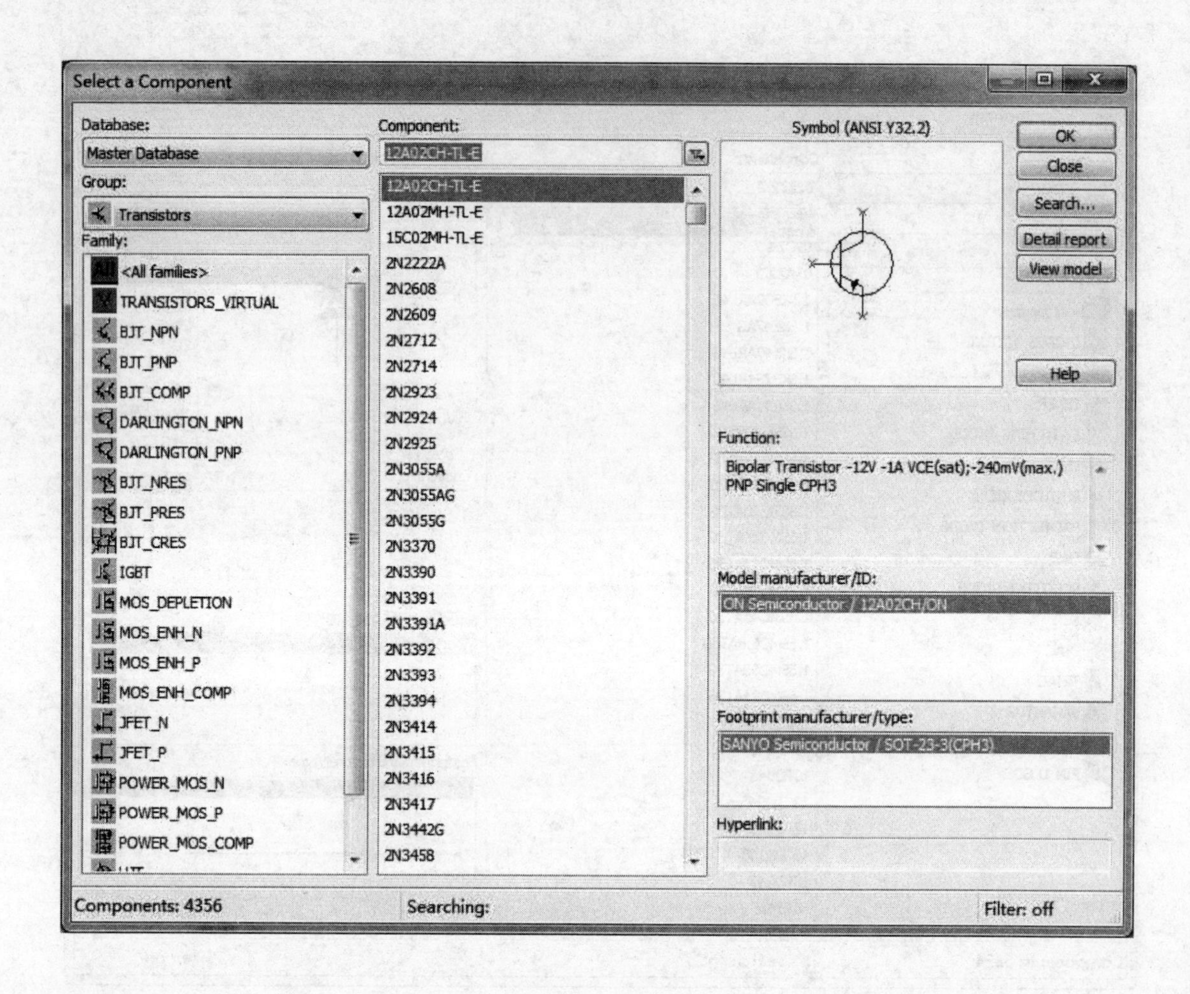

图 1-1-18　晶体管按钮弹出窗口

其对应元件系列（Family）如下：

TRANSISTORS_VIRTUAL	晶体管虚拟元件	MOS_ENH_N	N沟道增强型MOS管
BJT_NPN	双极结型NPN晶体管	MOS_ENH_P	P沟道增强型MOS管
BJT_PNP	双极结型PNP晶体管	MOS_ENH_COMP	增强型MOS组合管
BJT_COMP	双极结型晶体管组合	JFET_N	N沟道耗尽型结构场效应晶体管
DARLINGTON_NPN	达林顿NPN管	JFET_P	P沟道耗尽型结构场效应晶体管
DARLINGTON_PNP	达林顿PNP管	POWER_MOS_N	N沟道MOS功率管
BJT_NRES	NRES双极结型晶体管	POWER_MOS_P	P沟道MOS功率管
BJT_PRES	PRES双极结型晶体管	POWER_MOS_COMP	MOS功率对管
BJT_CRES	CRES双极结型晶体管	UJT	UJT管
IGBT	绝缘栅双极结型晶体管	THERMAL_MODELS	温度模型
MOS_DEPLETION	耗尽型MOS管		

（5）模拟元件按钮，其弹出窗口如图 1-1-19 所示。

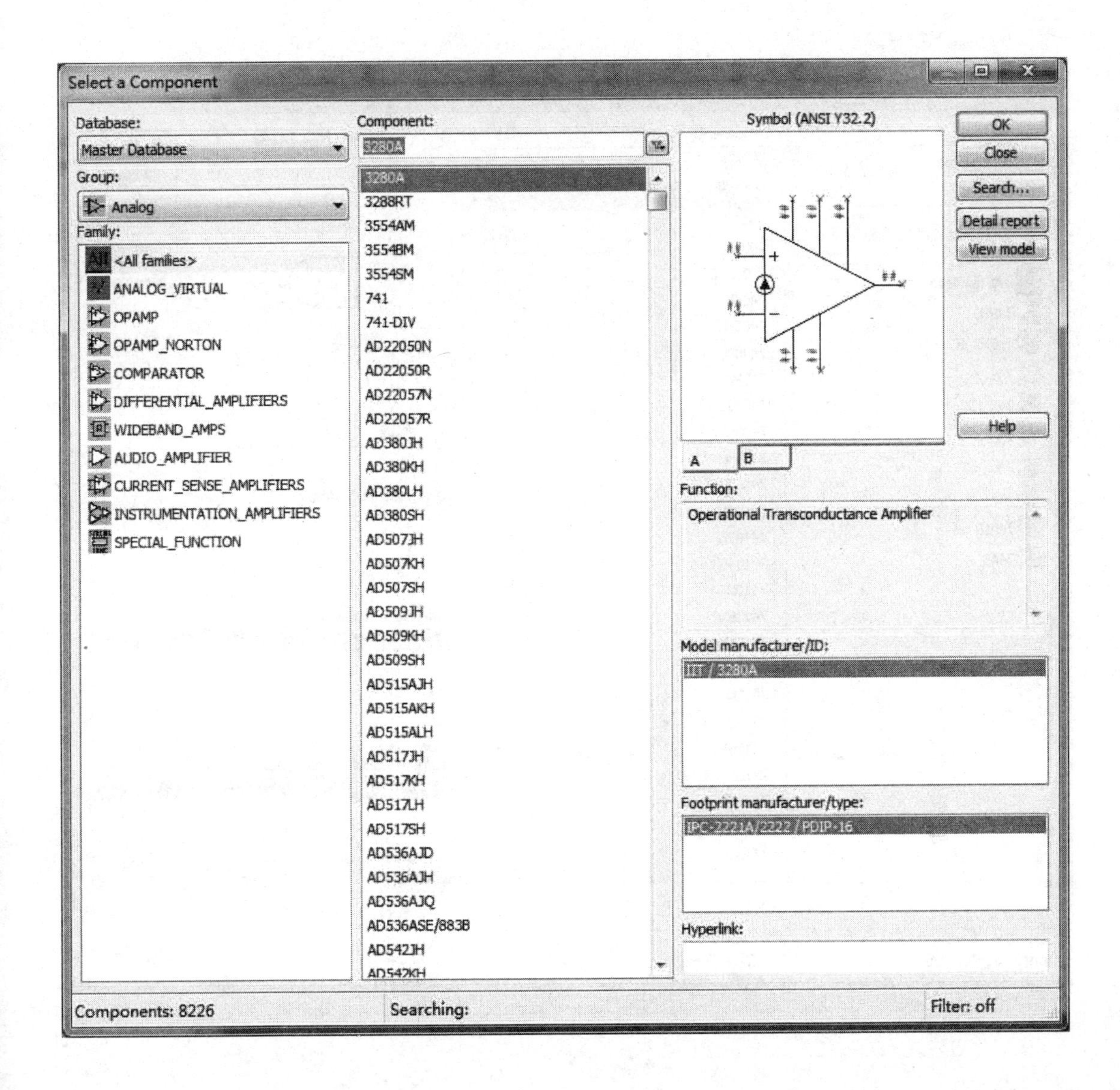

图 1-1-19　模拟元件按钮弹出窗口

其对应元件系列（Family）如下：

ANALOG_VIRTUAL	数学模型虚拟元件	WIDEBAND_AMPS	宽带放大器
OPAMP	运算放大器	AUDIO_AMPLIFIER	音频放大器
OPAMP_NORTON	诺顿运算放大器	CURRENT_SENSE_AMPLIFIERS	电流检测放大器
COMPARATOR	比较器	INSTRUMENTATION_AMPLIFIERS	仪表放大器
DIFFERENTIAL_AMPLIFIERS	差分放大器	SPECIAL_FUNCTION	特殊功能

（6）TTL 元件按钮，其弹出窗口如图 1-1-20 所示。

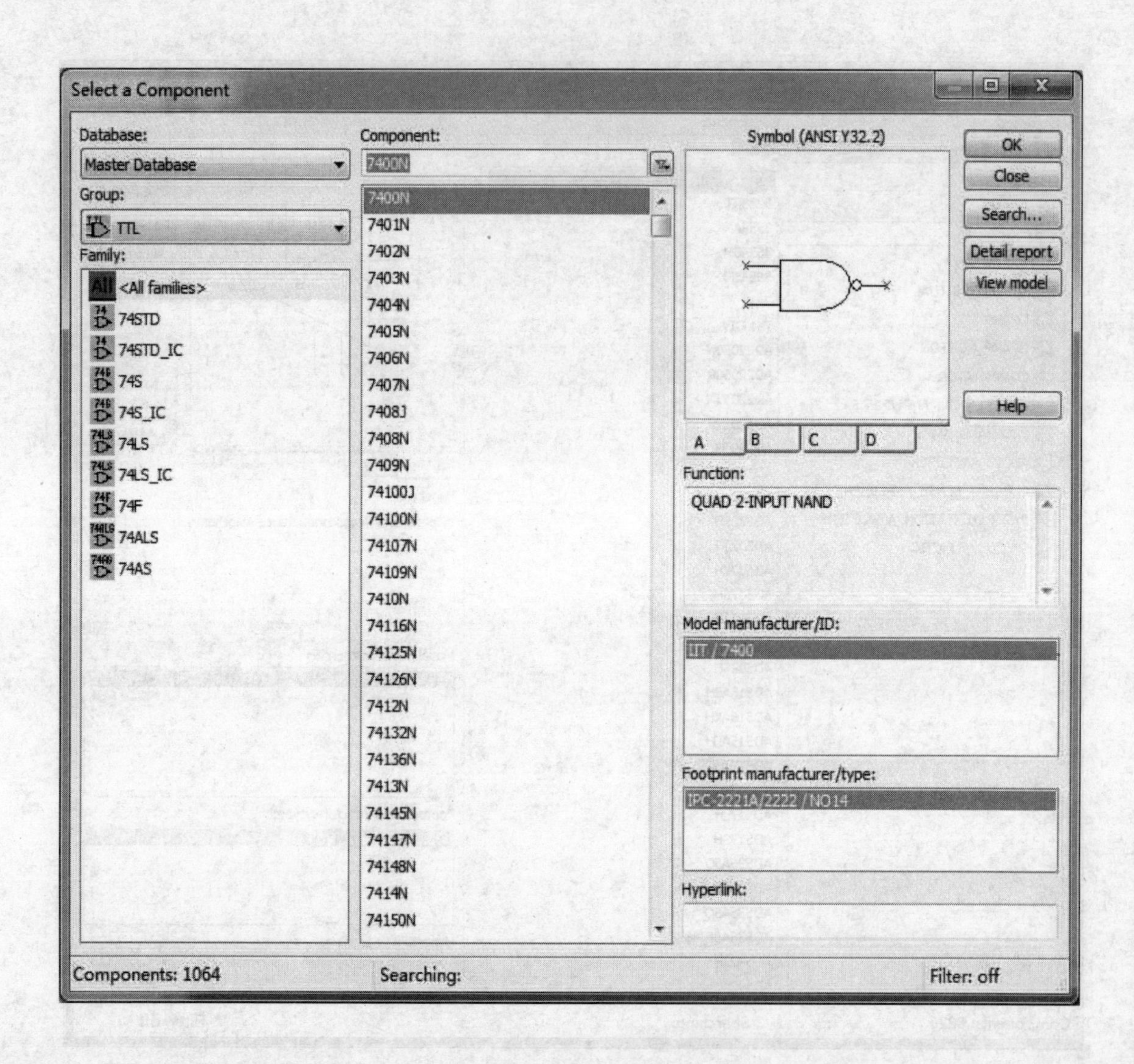

图 1-1-20　TTL 元件按钮弹出窗口

其对应元件系列（Family）如下：

74STD	74标准系列	74LS_IC	74LS系列集成电路
74STD_IC	74标准系列集成电路	74F	74F系列
74S	74S系列	74ALS	74ALS系列
74S_IC	74S系列集成电路	74AS	74AS系列
74LS	74LS系列		

（7）CMOS 元件按钮，其弹出窗口如图 1-1-21 所示。

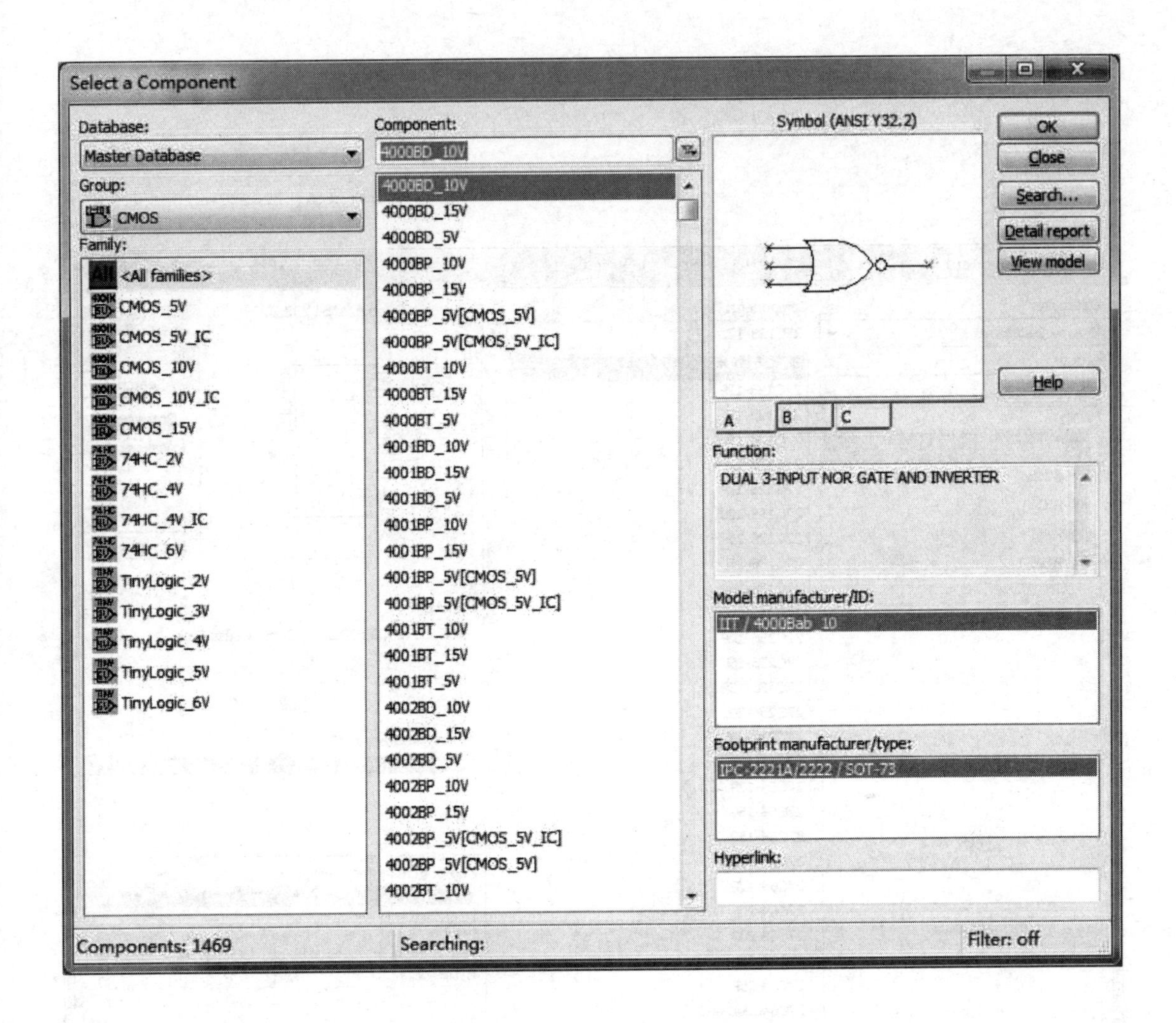

图 1-1-21　CMOS 元件按钮弹出窗口

其对应元件系列（Family）如下：

CMOS_5V	CMOS工艺，5V电压40系列	74HC_4V_IC	4V供电74HC系列集成电路
CMOS_5V_IC	CMOS工艺，5V电压集成电路	74HC_6V	6V供电74HC系列集成电路
CMOS_10V	CMOS工艺，10V电压40系列	TinyLogic_2V	CMOS工艺，2V供电NC7S系列
CMOS_10V_IC	CMOS工艺，10V电压集成电路	TinyLogic_3V	CMOS工艺，3V供电NC7S系列
CMOS_15V	CMOS工艺，15V电压40系列	TinyLogic_4V	CMOS工艺，4V供电NC7S系列
74HC_2V	CMOS工艺，2V供电74HC系列	TinyLogic_5V	CMOS工艺，5V供电NC7S系列
74HC_4V	CMOS工艺，4V供电74HC系列	TinyLogic_6V	CMOS工艺，6V供电NC7S系列

（8）MultiMCU 按钮，弹出如图如图 1-1-22 所示窗口。

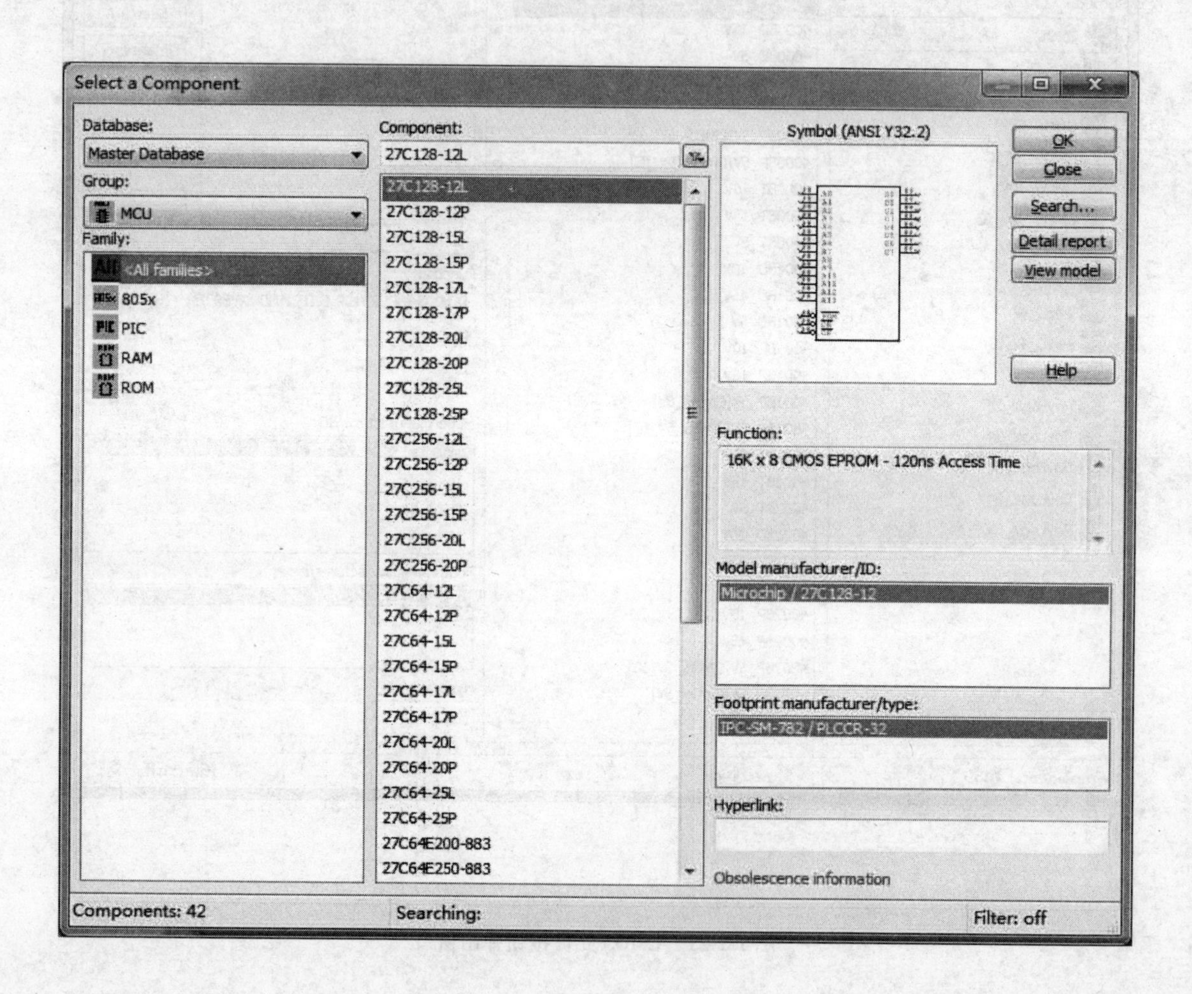

图 1-1-22 MultiMCU 按钮弹出窗口

其对应元件系列（Family）如下：

805x 80系列单片机

PIC PIC 16F系列芯片

RAM 读/写存储器

ROM 只读存储器

（9）单片机外围设备按钮，单击出现如图 1-1-23 所示窗口。

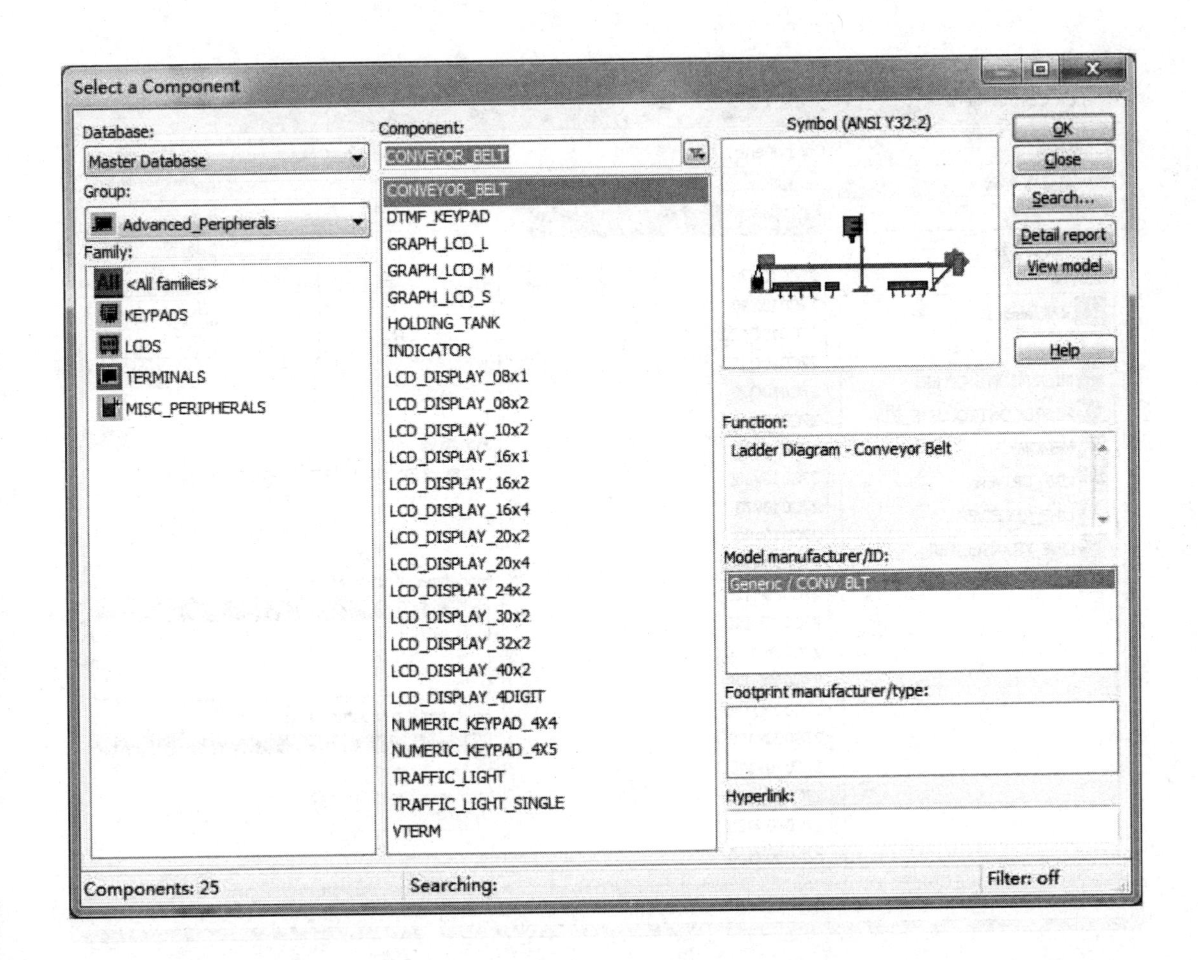

图 1-1-23 单片机外围设备按钮

其对应元件系列（Family）如下：

KEYPADS	键盘組件	TERMINALS	液晶屏
LCDS	LCD系列显示屏	MISC_PERIPHER..	电机传动，交通灯等組件

（10）混合数字元件按钮，其弹出窗口如图 1-1-24 所示。事实上，这是用 VHDL、Verilog HDL 等其他高级语言编辑其模型的元件。器件的功能与 Spice 编辑的器件相同。

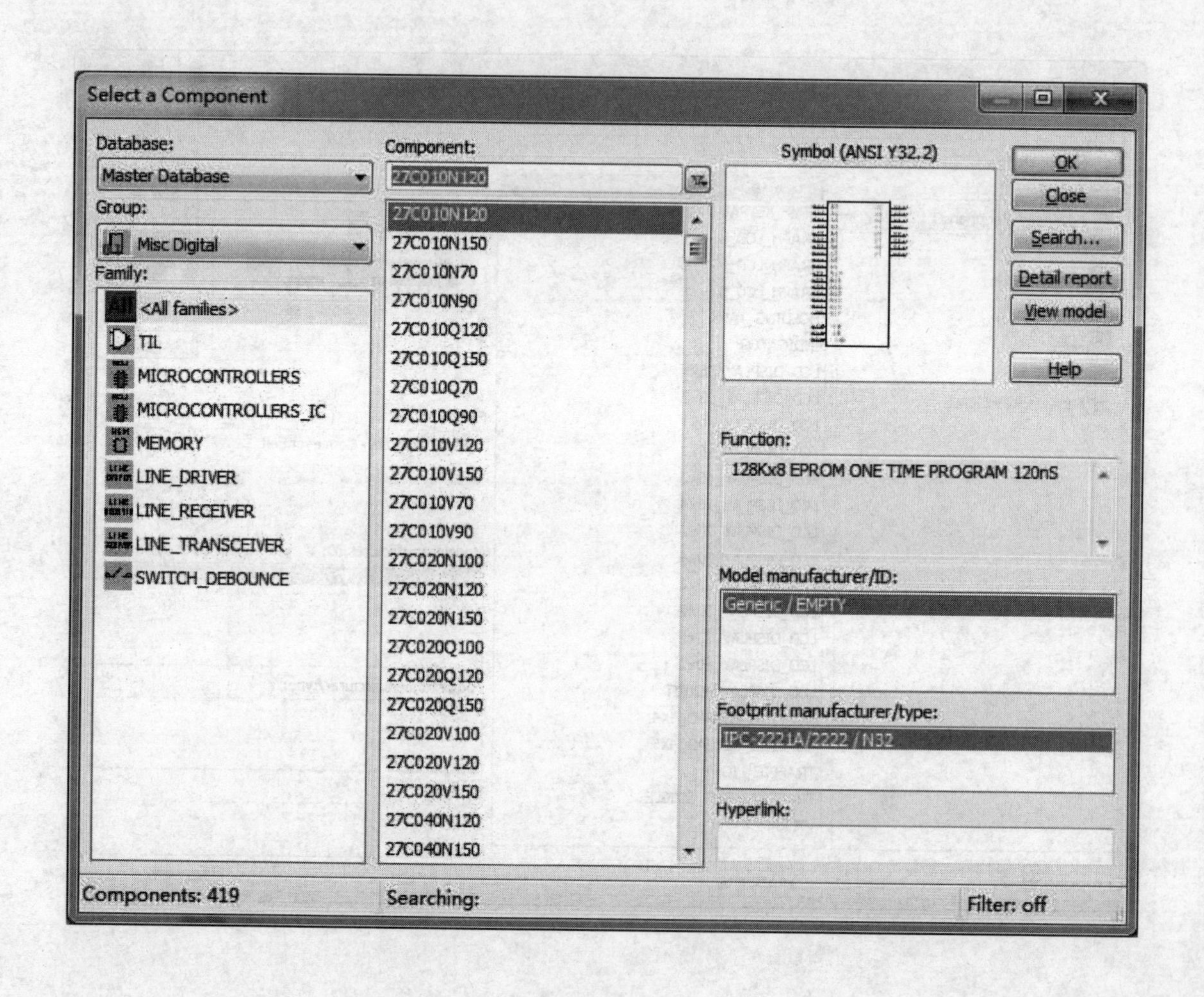

图 1-1-24　混合数字元件按钮弹出窗口

其对应元件系列（Family）如下：

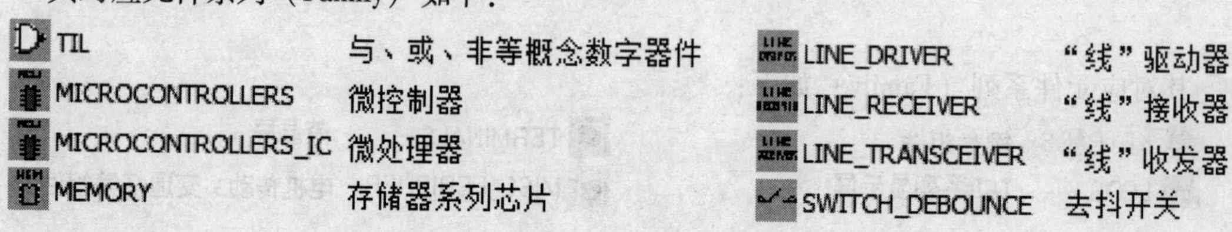

（11）模一数混合元件按钮（Mixed），其弹出窗口如图 1-1-25 所示。

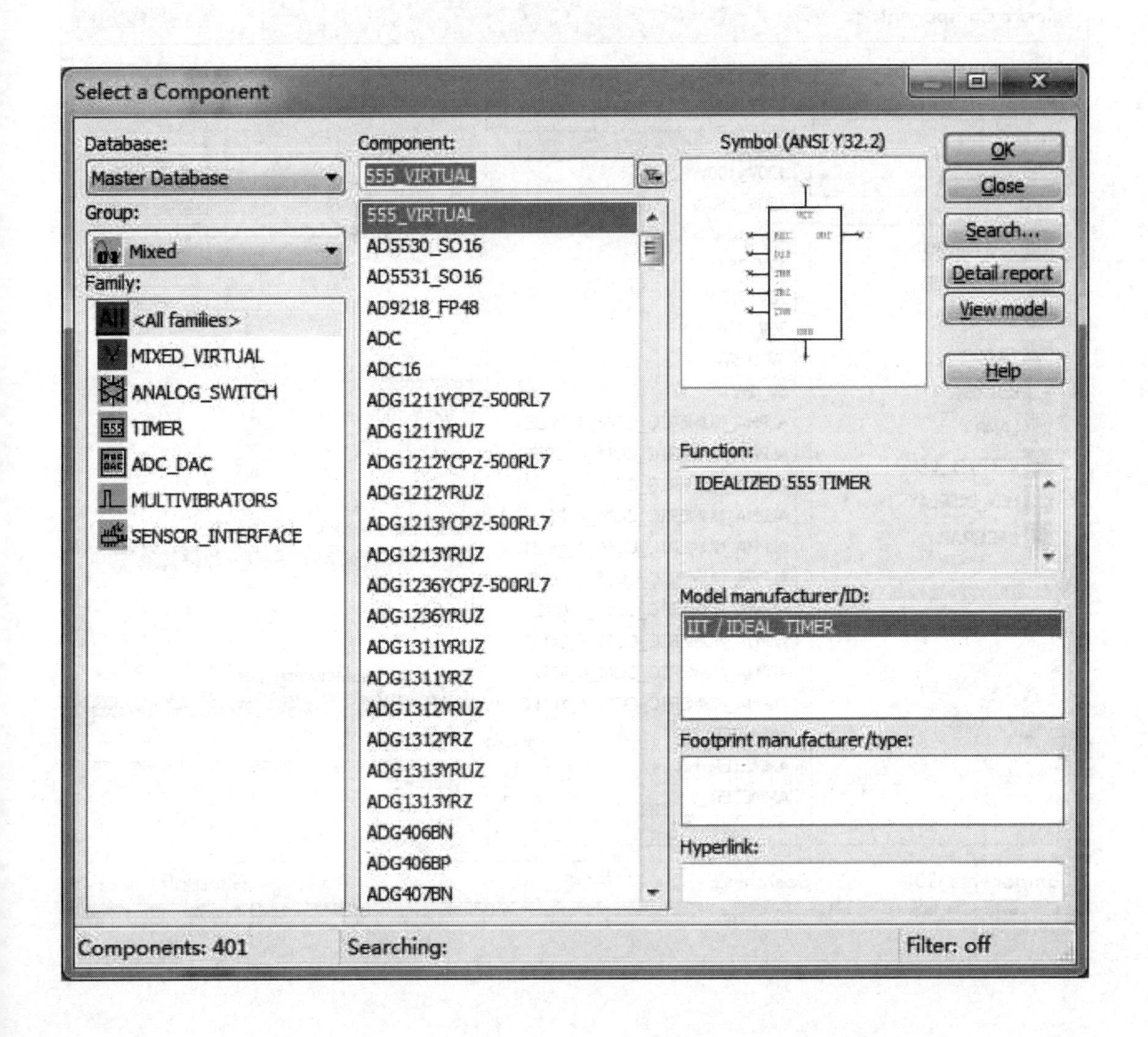

图 1-1-25　模一数混合元件按钮弹出窗口

其对应元件系列（Family）如下：

MIXED_VIRTUAL　混合虚拟元件　　ADC_DAC　模数转换器/数模转换器

ANALOG_SWITCH　模拟开关　　MULTIVIBRATORS　多谐振荡器

TIMER　定时器　　SENSOR_INTERFACE　传感器接口

（12）指示器按钮（Indicator），其弹出窗口如图 1-1-26 所示。

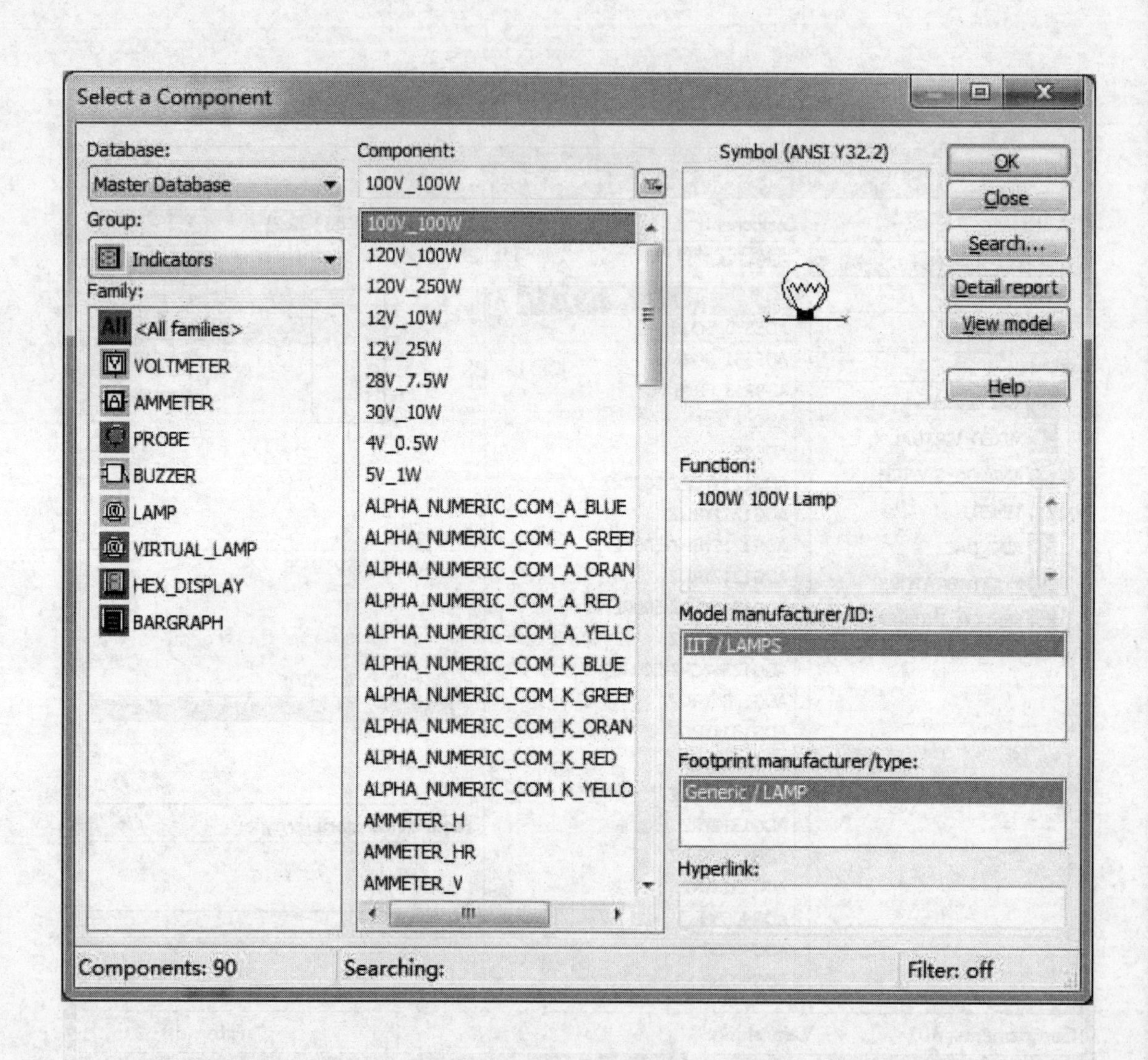

图 1-1-26　指示器按钮弹出窗口

其对应元件系列（Family）如下：

VOLTMETER	电压表	LAMP	灯
AMMETER	电流表	VIRTUAL_LAM	虚拟灯
PROBE	探针	HEX_DISPLAY	十六进制_显示器
BUZZER	蜂鸣器	BARGRAPH	条柱显示

（13）MISC杂项库元件按钮（Miscellaneous Digital），其弹出窗口如图 1-1-27 所示。

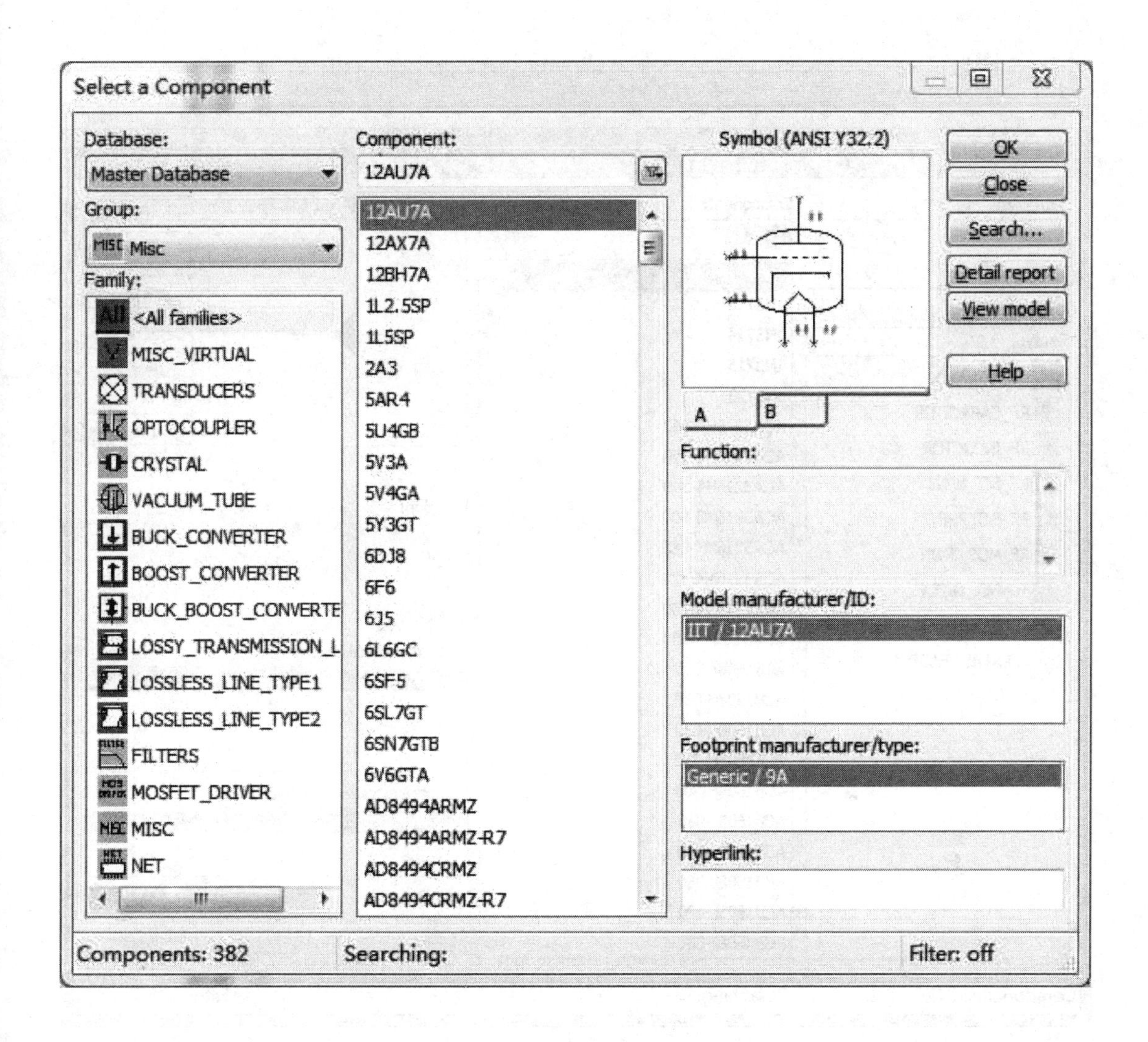

图 1-1-27　杂项库元件按钮弹出窗口

其对应元件系列（Family）如下：

MISC_VIRTUAL	多功能虚拟仪器	LOSSY_TRANSMISSION_LINE	有损耗传输线
TRANSDUCERS	传感器、转换器	LOSSLESS_LINE_TYPE1	无损耗传输线1
OPTOCOUPLER	光电耦合器	LOSSLESS_LINE_TYPE2	无损耗传输线2
CRYSTAL	晶体振荡器	FILTERS	过滤器
VACUUM_TUBE	真空电子管	MOSFET_DRIVER	金属氧化物场效应管驱动器
BUCK_CONVERTER	标记转换器	MISC	杂项元件组
BOOST_CONVERTER	增强转换器	NET	网络
BUCK_BOOST_CONVERTER	标记-增强转换器		

（14）RF 射频元件，其弹出如图 1-1-28 所示界面。

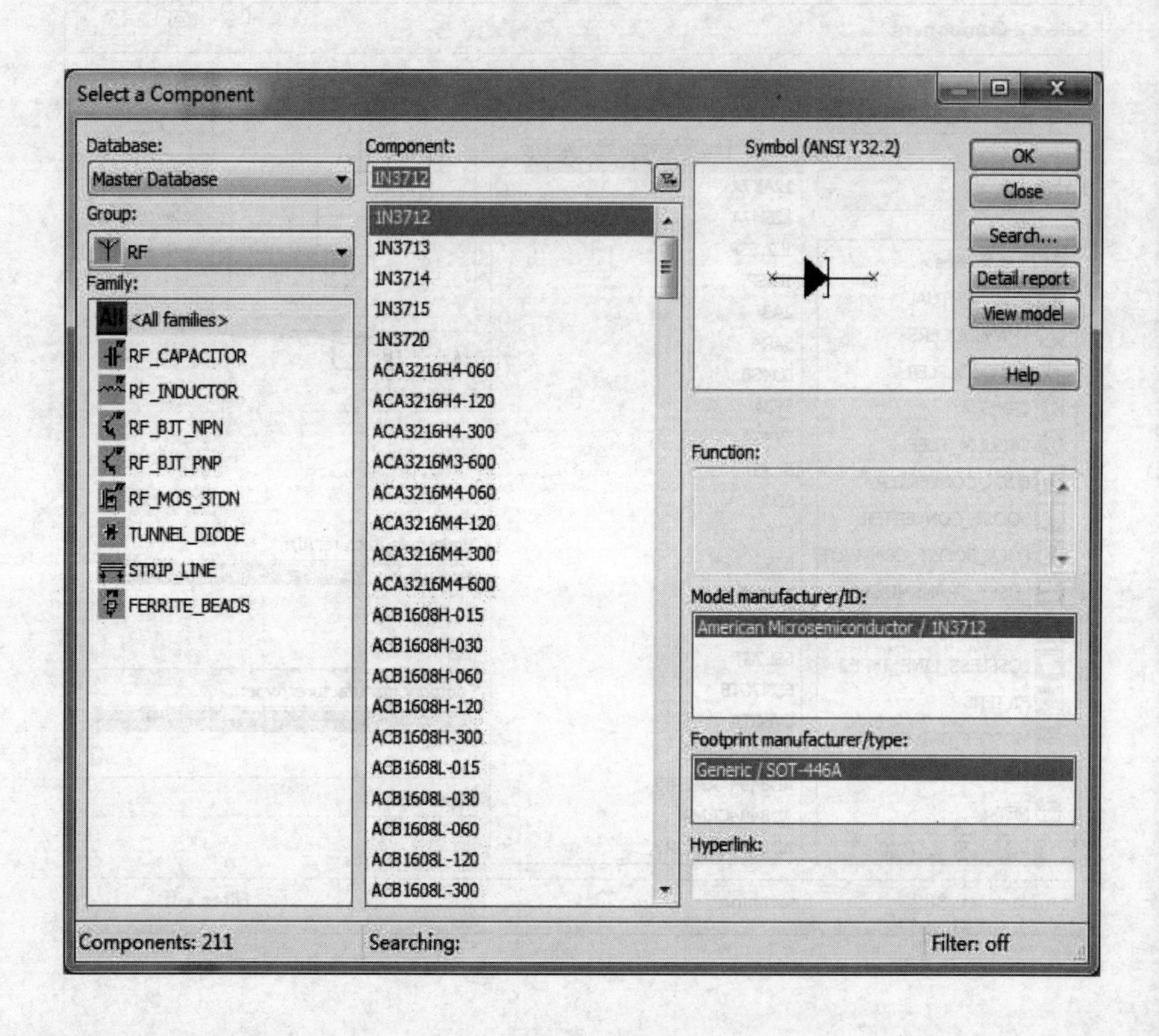

图 1-1-28　RF 射频元件弹出窗口

其对应元件系列（Family）如下：

RF_CAPACITOR	射频电容	RF_MOS_3TDN	射频N沟道耗尽型MOS管
RF_INDUCTOR	射频电感	TUNNEL_DIODE	隧道二极管
RF_BJT_NPN	射频双极型晶体管（NPN）	STRIP_LINE	带（状）线
RF_BJT_PNP	射频双极型晶体管（PNP）	FERRITE_BEADS	铁氧体磁珠

（15）电机类元件按钮（Electromechanical），其弹出窗口如图 1-1-29 所示。

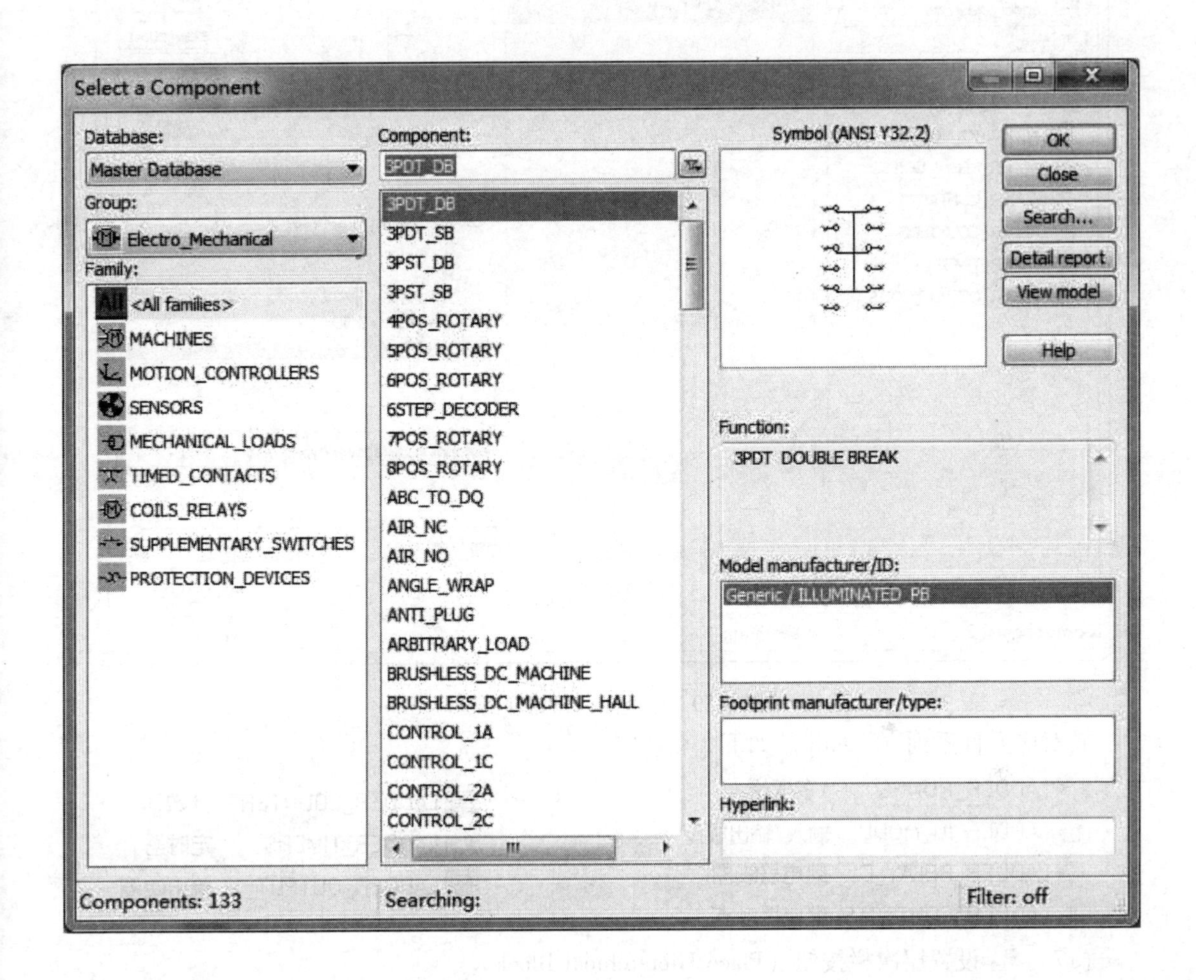

图 1-1-29 电机类元件按钮弹出窗口

其对应元件系列（Family）如下：

MACHINES	电机	TIMED_CONTACTS	同步触点
MOTION_CONTROLLERS	运动控制器	COILS_RELAYS	线圈-继电器
SENSORS	传感器	SUPPLEMENTARY_SWITCHES	辅助开关
MECHANICAL_LOADS	机械负载	PROTECTION_DEVICES	保护装置

（16）标记图标按钮（Ladder-Diagrams），其弹出窗口如图 1-1-30 所示。

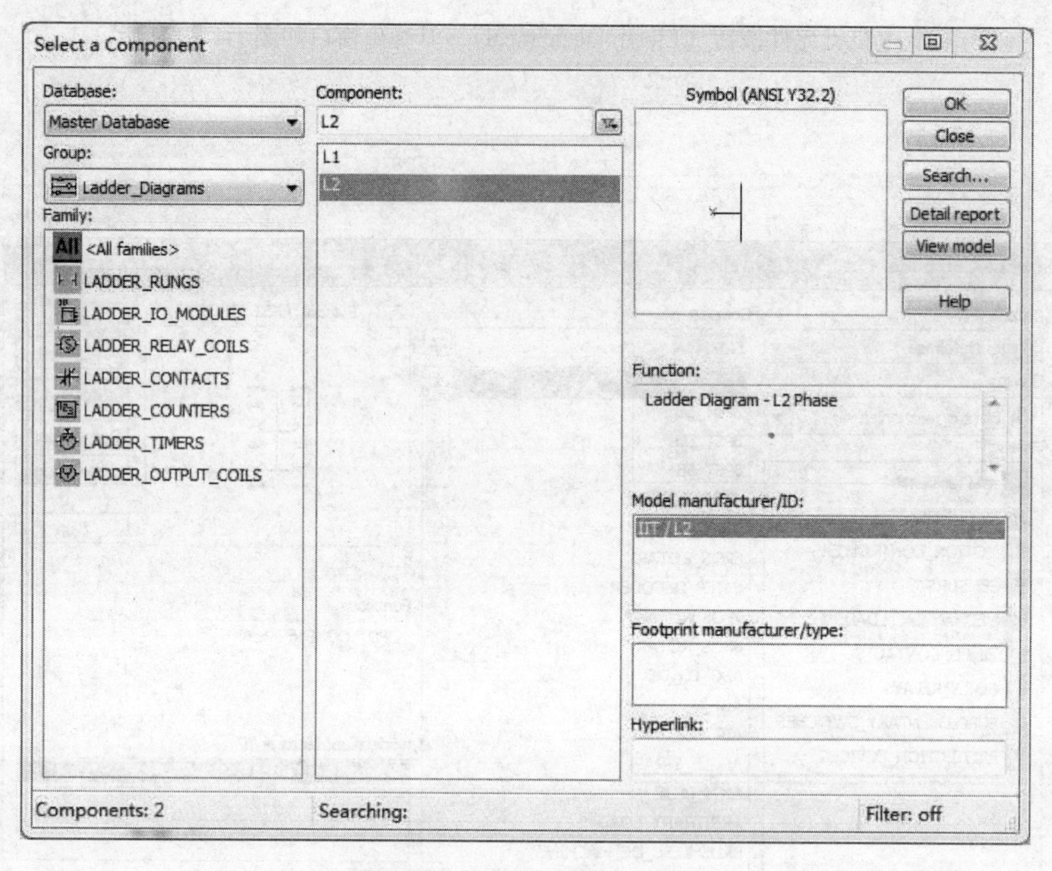

图 1-1-30　标记图标按钮弹出窗口

其对应元件系列（Family）如下：

LADDER_RUNGS　T字横线
LADDER_IO_MODU...　输入/输出模型
LADDER_RELAY_C...　继电器线圈
LADDER_CONTACTS　继电器触点
LADDER_COUNTERS　计数器
LADDER_TIMERS　定时器
LADDER_OUTPUT_...　输出线圈

（17）设置层次栏按钮（Place Hierarchical Block）。

（18）放置总线按钮（Place Bus）。

7. 虚拟元件工具栏

虚拟工具栏如图 1-1-31 所示。

图 1-1-31　虚拟元件工具栏

（1）电源条按钮（Show Power Source Family），其弹出窗口如图 1-1-32 所示。

图 1-1-32　电源条按钮弹出窗口

图中各个图标含义如下：

交流电压源	三相电源（3PH Y）
直流电压源	Vcc 电源，一般用于数字电路
接地（数字地）	Vdd 电源，一般用于数字电路
接地（模拟地）	Vee 电源，一般用于数字电路做负电源
三相电源（3PH △）	Vss 电源，一般用于数字电路做负电源

（2）信号源元件条按钮（Show Signal Source Family），其弹出窗口如图 1-1-33 所示。

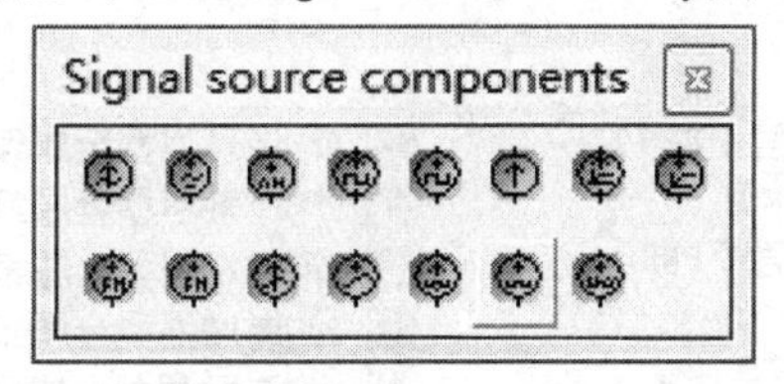

图 1-1-33　信号源元件条按钮弹出窗口

图中各个图标含义如下：

交流电流源	时钟脉冲电压源	调频电流源	脉冲电流源
交流电压源	直流电流源	调频电压源	脉冲电压源
调幅电压源	指数电流源	分段线性电流源	白噪声电压源
时钟脉冲电流源	指数电压源	分段线性电压源	

（3）基本元件按钮（Show Basic Family），其弹出窗口如图 1-1-34 所示。

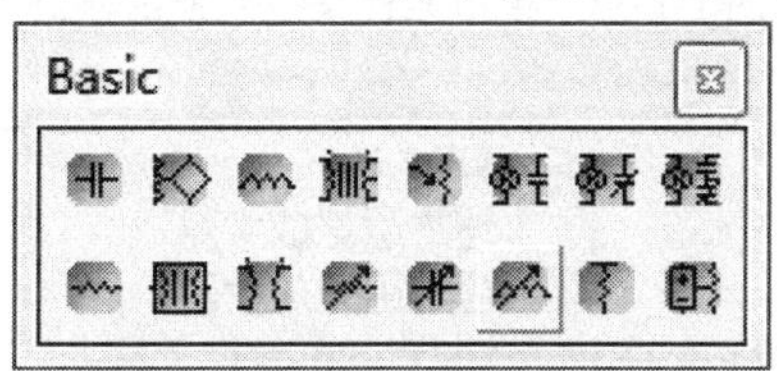

图 1-1-34　基本元件按钮弹出窗口

图中各个图标含义如下：

电容器	电位器	音频偶合线圈	可变电感
无芯线圈	继电器（常开）	多功能变压器	上拉电阻
理想电感	继电器（常闭）	功率源变压器	压控电阻器
磁芯线圈	继电器（常开、常闭）	变压器（可自定参数）	
非线性变压器	电阻器	可变电容	

（4）二极管元件条按钮（Show Diodes Family），其弹出窗口如图 1-1-35 所示。

图 1-1-35　二极管元件条按钮弹出窗口

图中各个图标含义如下：

虚拟二极管
齐纳二极管

（5）FET元件条按钮（Show Transistor Family），其弹出窗口如图1-1-36所示。

图1-1-36　FET元件条按钮弹出窗口

图中各个图标含义如下：

- 虚拟四端子双极型晶体管（NPN）
- 虚拟双极型晶体管（NPN）
- 虚拟四端子双极型晶体管（PNP）
- 虚拟双极型晶体管（PNP）
- 虚拟N沟道砷化镓场效应晶体管
- 虚拟P沟道砷化镓场效应晶体管
- 虚拟N沟道场效应晶体管
- 虚拟P沟道场效应晶体管
- N沟道耗尽型金属氧化物半导体场效应晶体管
- P沟道耗尽型金属氧化物半导体场效应晶体管
- N沟道增强型金属氧化物半导体场效应晶体管
- P沟道增强型金属氧化物半导体场效应晶体管
- N沟道耗尽型金属氧化物半导体场效应晶体管
- P沟道耗尽型金属氧化物半导体场效应晶体管
- N沟道增强型金属氧化物半导体场效应晶体管
- P沟道增强型金属氧化物半导体场效应晶体管

（6）模拟元件条按钮（Show Analog Family），其弹出窗口如图1-1-37所示。

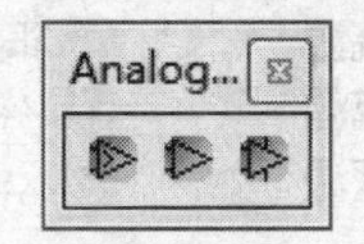

图1-1-37　模拟元件条按钮弹出窗口

图中各个图标含义如下：

- 限流器
- 理想运算放大器
- 理想运算放大器

（7）杂列（虚拟）元件条按钮（Show Misc Family），其弹出窗口如图1-1-38所示。

图1-1-38　杂项元件按钮

图中各个图标含义如下：

- 555虚拟定时器
- 虚拟压控开关
- 虚拟晶体振荡器
- 带译码驱动的十六进制DCD
- 虚拟保险丝
- 虚拟灯
- 虚拟单稳态电路
- 虚拟直流电动机
- 虚拟光电耦合器
- 虚拟锁相环
- 共阳七段数码管
- 共阴七段数码管

（8）测量元件按钮（Show Measurement Family），其弹出窗口如图1-1-39所示。

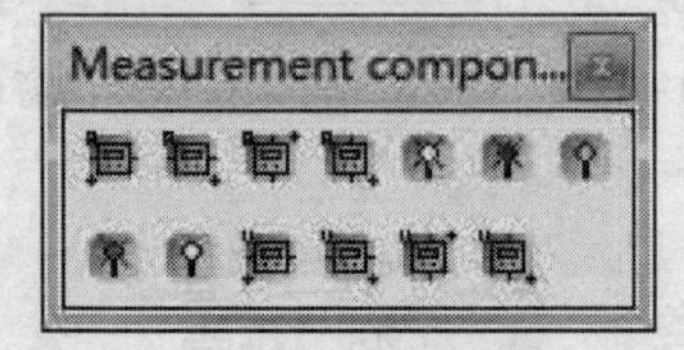

图1-1-39　测量元件按钮弹出窗口

图中各个图标含义如下：

直流电流表　直流电流表　直流电流表　直流电流表（四个方向连接图）

探测针5色　探测针　探测针　探测针　探测针

直流电压表　直流电压表　直流电压表　直流电压表（四个方向连接图）

(9) 虚拟定值元件按钮（Show Rated Virtual Family），其弹出窗口如图 1-1-40 所示。

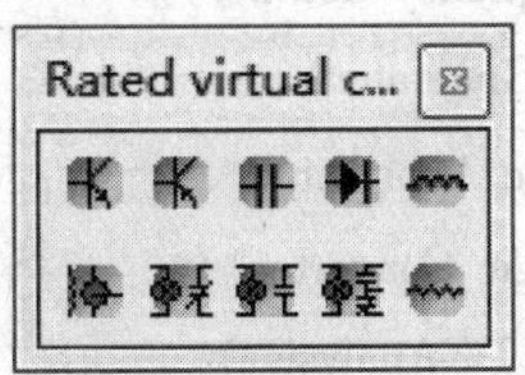

图 1-1-40　虚拟定值元件按钮弹出窗口

图中各个图标含义如下：

NPN管　PNP管　电容器　二极管

电感器　电动机　继电器（常闭）　继电器（常开）

继电器（常闭、常开）　电阻器

(10) 3D 元件条按钮（Show 3D Family），其弹出窗口如图 1-1-41 所示。

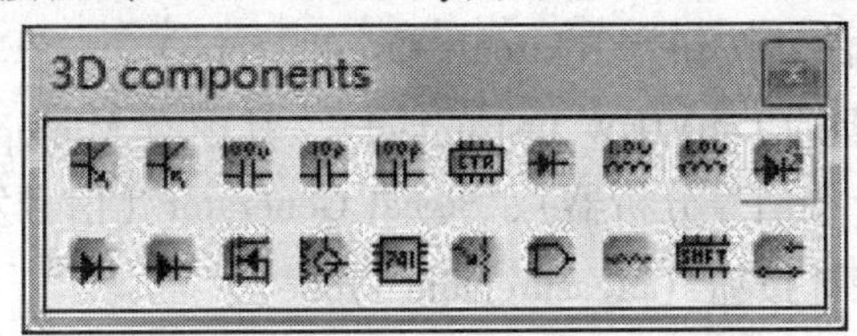

图 1-1-41　3D 元件条按钮弹出窗口

图中各个图标含义如下：

双结型NPN塑封管　双结型PNP铁壳管　100uF电解电容　10pF聚丙稀电容　100pF陶瓷电容

74LS160　二极管　1.0uH立式电感　1.0uH小电感　红色发光二极管

黄色发光二极管　绿色发光二极管　场效应管　电动机　741

5kΩ电位器　7408（与门）　1kΩ电阻　74LS165　开关

8. 仪器工具栏

仪器工具栏如图 1-1-42 所示，它是进行虚拟电子实验和电子设计仿真的最快捷而又形象的特殊窗口，也是 Multisim 最具特色的地方。

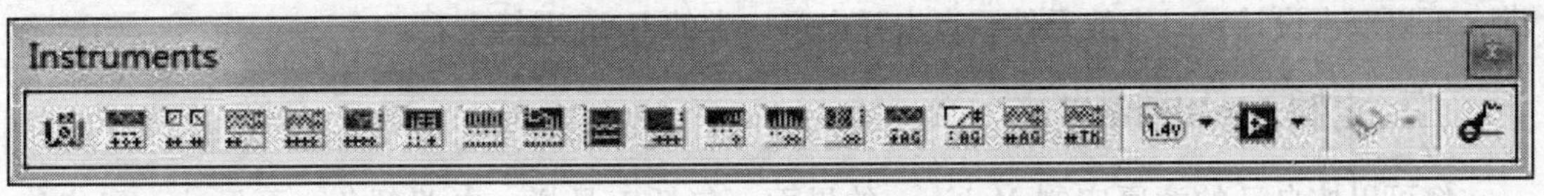

图 1-1-42　仪表工具栏

各图标含义如下：

(1) 万用表按钮（Multimeter）。

(2) 信号发生器按钮(Function Generator)。

(3) 功率计按钮(Wattmeter)。

(4) 两通道示波器按钮(Oscilloscope)。

(5) 四通道示波器按钮(Four Channel Oscilloscope)。

(6) 波特图示仪按钮(Bode Plotter)。

(7) 频率计数器按钮(Frequency Counter)。

(8) 字发生器按钮(Word Generator)。

(9) 逻辑分析仪按钮(Logic Analyzer)。

(10) 逻辑转换仪按钮(Logic Converter)。

(11) IV 特性分析仪按钮(IV-Analysis)。

(12) 失真度分析仪按钮(Distortion Analyzer)。

(13) 频谱分析仪按钮(Spectrum Analyzer)。

(14) 网络分析仪按钮(Network Analyzer)。

(15) Agilent 信号发生器按钮(Agilent Function Generator)。

(16) Agilent 万用表按钮(Agilent Multimeter)。

(17) Agilent 示波器按钮(Agilent Oscilloscope)。

(18) Tektronix 示波器按钮(Tektronix Oscilloscope)。

(19) 虚拟实验工具(LabVIEW Instrument),其中有 Microphone(麦克风)、Speaker(扬声器)、Signal Analyzer(信号分析器)、Signal Generator(信号发生器)。

(18) 实时测量探针按钮(Measurement Probe)。

9. 主设计窗口

进行电子设计的工作视窗。

10. 设计窗口翻页

在窗口中允许有多个项目,点击翻页标签,可将之置于当前视窗。

11. 状态条

它显示有关当前操作以及鼠标所指条目的有用信息。

12. 设计工具箱

可以将所有打开的设计项目中的任何一页置为当前设计窗口。

【注】:本书主要利用这些工具按钮建立电路、仿真电路,有关细节请参考本书相应章节、Multisim User Guide,用 Multisim 界面中的 Help 更为快捷。元器件的功能、应用方法帮助,可以双击设计窗口中的元件,点击弹出窗口中的 Help 进行查看。

二、定制 Multisim 界面

您可以按自己的意愿定制 Multisim 的界面,包括工具栏、电路颜色、页尺寸、聚焦倍数、自动存储时间、符号系统(ANSI 或 IEC)、打印设置、定制设置与电路文件一起保存、将不同的电路定制成不同的颜色,也可以重载不同的个例(比如将一特殊的元件由红色变为蓝色)或整个电路等,我们称之为“喜好设置”。

改变当前电路的设置：可以用 Options/Sheet Properties 进行设置，但一般在电路窗口中的空白处右击鼠标，选择弹出式菜单中的 Properties（这种方法方便快捷），一般在如图 1-1-43 或图 1-1-44 所示的窗口中显示/关闭相应的图形元素，当然也可以根据需要在其他标签中选项。

用户喜好设置将造成所有后续电路的默认设置，但是不影响当前已经绘制的电路。在这种情况下，任何新建电路都将使用这一喜好设置。例如，如果当前电路显示了元件标号，用 🗋（或 File/New）建立的新电路也会显示元件标号。

在电子设计过程中可以控制当前电路和元件的显示方式以及细节层次。

1. 在图 1-1-43 所示的 Sheet visibility 翻页标签下

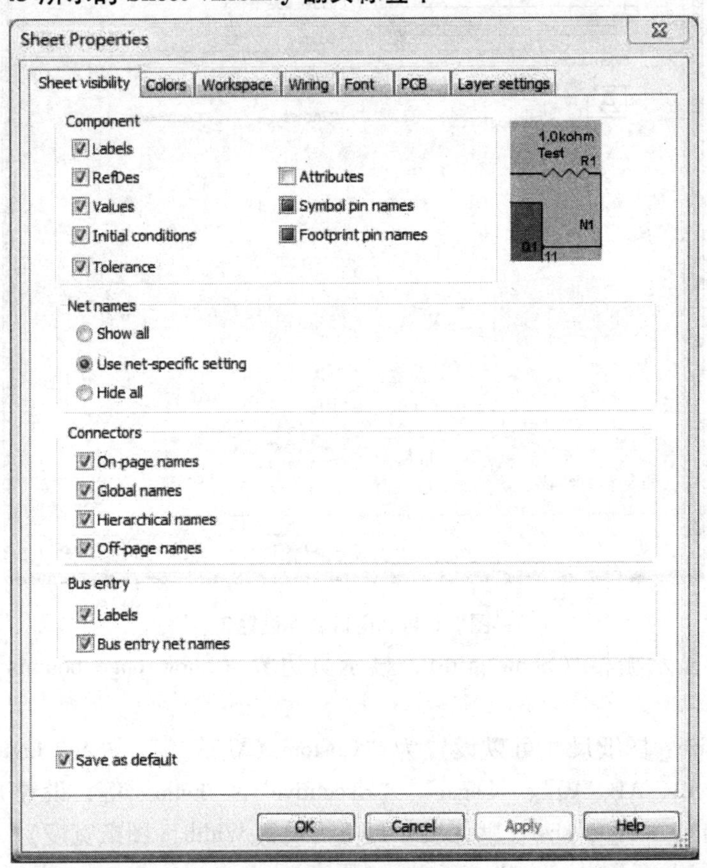

图 1-1-43　窗口属性设置 1

（1）Component：类别（Labels）、元件代号（RefDes）、元器件值（Values）、品质（Attributes）、元器件的符号端口名（Symbol Pin names）、元器件的外部端口名（Footprint Pin names）、初始条件（Initial condition）、限度（Tolerance）；

（2）Net Names：显示所有节点名（Show All）、使用节点细节设置（Sue net-specific setting）、隐藏所有节点（Hide all）；

（3）Connectors：页面名称（On-page names）、全局名称（Global names）、分层名称（Hierarchical names）、站内名称（Off-page names）；

（4）Bus Entry：类别（Labels）、总线接入口名（Bus entry net names）；

（5）Save as default：是否保存默认设置。

2. 在图 1-1-44 所示的 Workspace 翻页标签下

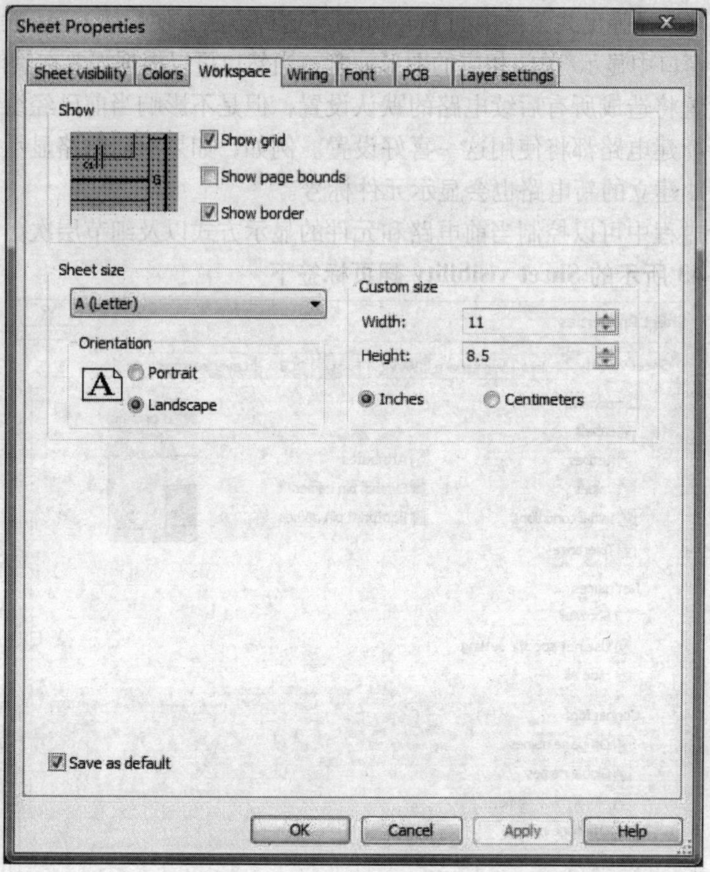

图 1-1-44　窗口属性设置 2

(1) Show：显示栅格（Show grid）、显示页边界（Show page bounds）、显示图边界（Show border）。

(2) Sheet size：图纸尺寸可以设置为“Custom（默认）”、“A（Letter）、B、C、D、E”、“A4、A3、A2、A1、A0”、“Legal”、“Executive”、“Folio”等，设置 Portrait（纵向）、Landscape（横向），Custom size（默认尺寸）下可设置 Width（图纸宽度）、Height（图纸高度），尺寸单位 Inches（英寸）、Centimeters（厘米）；

(3) Save as default：是否保存默认设置（以后不再描述）。

3. 在 Wiring 标签下

Drawing Option：可确定线宽（Wire width）、总线宽（Bus width）。

4. 在 Font 标签下

在 Font 标签下可以设置电路及元器件的所有属性，如对元件名、元件值等属性的字体（Font，如黑体、宋体等）、字体风格（Font style，如粗体、斜体等）、字形尺寸（Size，如 10 号、18 号等）设置为我的喜爱。

5. 在 PCB 标签下

(1) Ground Option：可以设置连接数字地到模拟地（Connect digital ground to analog ground）。

（2）Units settings：可设置单位为 mm（毫米）、mil（密耳）。

（3）Copper Layers：可设置铜层数（如 1 层、2 层、4 层、…、64 层）、中间层对（Layer pairs）、顶层（Top）、底层（Bottom）、中间层数（Inner layers）。

（4）PCB setting：是否端口互换（Pin swap）、单元门互换（Gate swap）。

6. 在 Colors 标签下

（1）Colors scheme：可以按实际需要设置原理图背景、元器件、文本、连线、总线等的颜色。

（2）Preview：对（1）中设置颜色的预览窗口。

7. 在 Layer settings 标签下

（1）Fixed layers：固定层属性。

（2）Custom layers：添加定制层。

8. 其他定制选项

还可以用 View 菜单显示或隐藏各个元素（参见图 1-1-4 所示），例如可以通过对下列条目的显示或隐藏、拖动、重定尺寸等来定制您喜欢的界面：（1）系统工具栏；（2）聚焦工具按钮；（3）设计工具栏；（4）使用中列表“in use list”。这些更改对目前所有的电路都有效。下一次打开电路时，被移动和重定尺寸的条目将保持其位置和尺寸。

另外，在主菜单 Options 下选择 Global Options，弹出如图 1-1-45 所示的符号制式转换窗口，然后选择 Components 翻页标签，在 Symbol Standard 栏选择美制（ANSI）或欧制（IEC）符号。

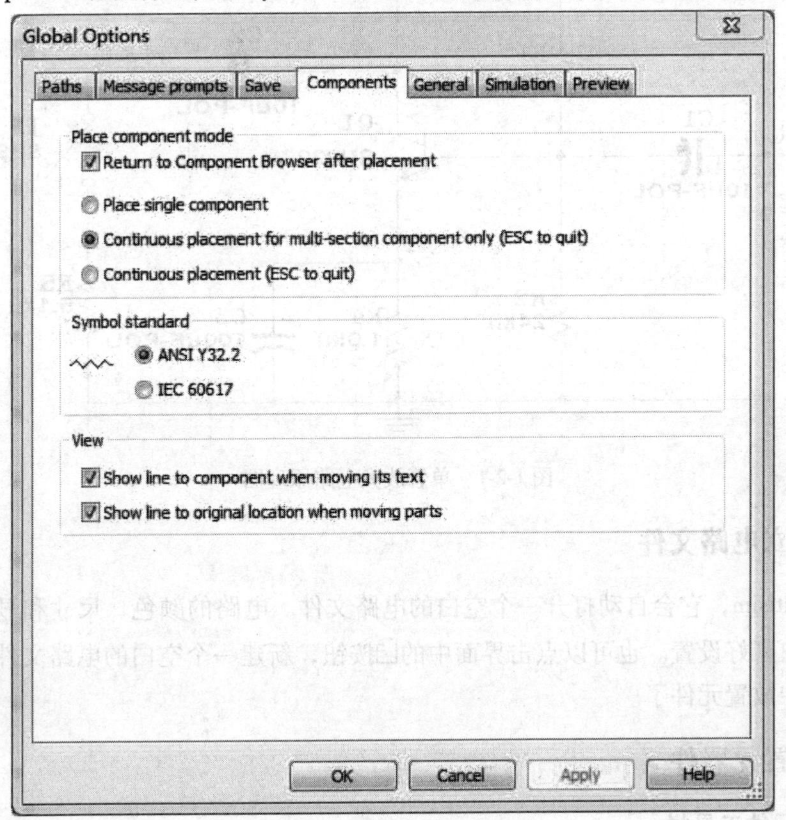

图 1-1-45　符号制式转换窗口

【注】：有些设置不是立即性的，只有建立了新的电路后才会看到结果。

思考：

熟悉喜好设置，选择希望的选项进行设置练习，例如，要对元件标志、颜色、界面的栅格、图纸的标题栏和页边界等显示/关闭操作，仔细观察变化；进行欧、美的元件符号系统转换等。

第二节 建立电路

一、导言

本节将介绍如何放置元件，如何为元件连线。引导您建立并仿真一个简单的电路，第一步是选择要使用的元件，放置在电路窗口中希望的位置上；第二步是调整元器件的方向；第三步是连接元器件；第四步是调用仪器并连接于电路中；第五步是保存电路。下面将通过实例，具体说明各步骤。图 1-2-1 是完成本节中各个步骤后的单管放大电路原理图。

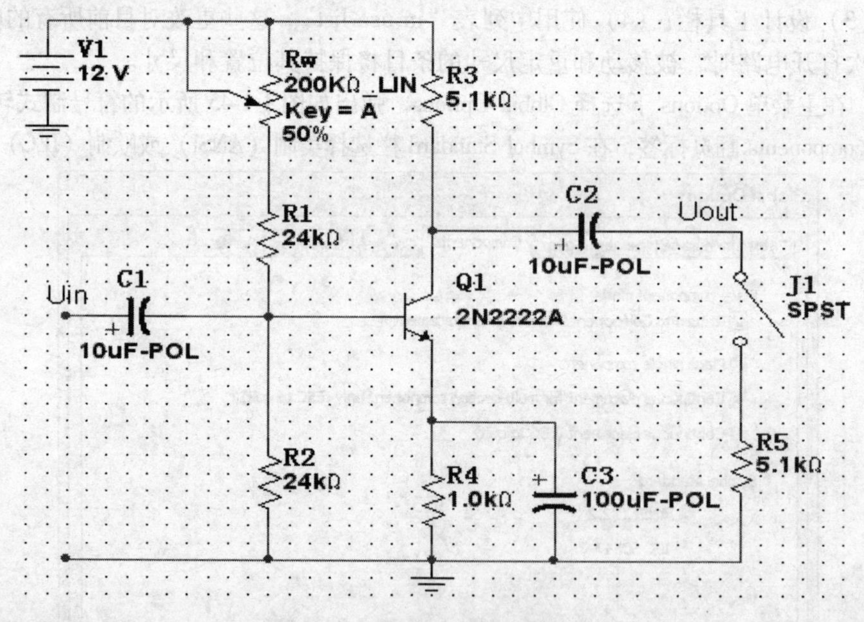

图 1-2-1 单管放大电路原理图

二、建立电路文件

运行 Multisim，它会自动打开一个空白的电路文件。电路的颜色、尺寸和显示模式等基于此前的用户喜好设置。也可以点击界面中的□按钮，新建一个空白的电路文件。现在可以往电路窗口中放置元件了。

三、放置元器件

1. 关于元件工具栏

元件工具栏默认是可见的（图 1-1-14 和图 1-1-31），如果不可见，请选择 View/Toolbars/components（元件工具栏）或 Virtual（虚拟工具栏），即可打开相应的元件工具栏，如图 1-1-4 所示。

在元件工具栏中选择所需的元器件组按钮（这种方式最为快捷），也可以用 Place/Place Component 放置元件，还可以右击当前窗口中空白处，弹出如图 1-2-2 所示的选择菜单，选 Place Component... 项，都可打开如图 1-2-3 所示的元件选择窗口 1，在窗口中进行查找和作相应的选择，即可取出所需元器件。

在图 1-2-3 中，Multisim 有三个层次的元器件数据库（即 Multisim 主数据库“Master Database”、合作项目数据库“Corporate Database”、用户数据库“User Database”），在库中有相应的元件组，各组中有相应的元件族，各元件族中有不等数量、不同型号的元器件，同时图中还显示了该元件的功能、电路符号、模型提供商（元件生产商）、引脚及封装类型，还提供了详细说明资料按钮、元件搜索按钮（在知道元器件名称，不知道所要元件在哪个库或元件族中时，此功能极其有用）、选择确定等功能按钮。

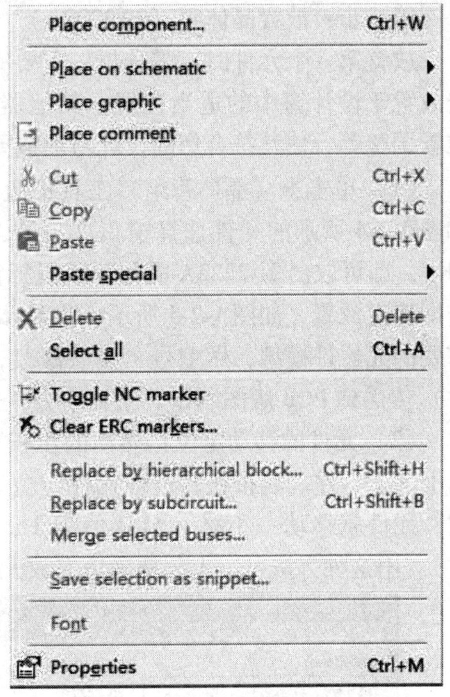

图 1-2-2　右击鼠标弹出式菜单

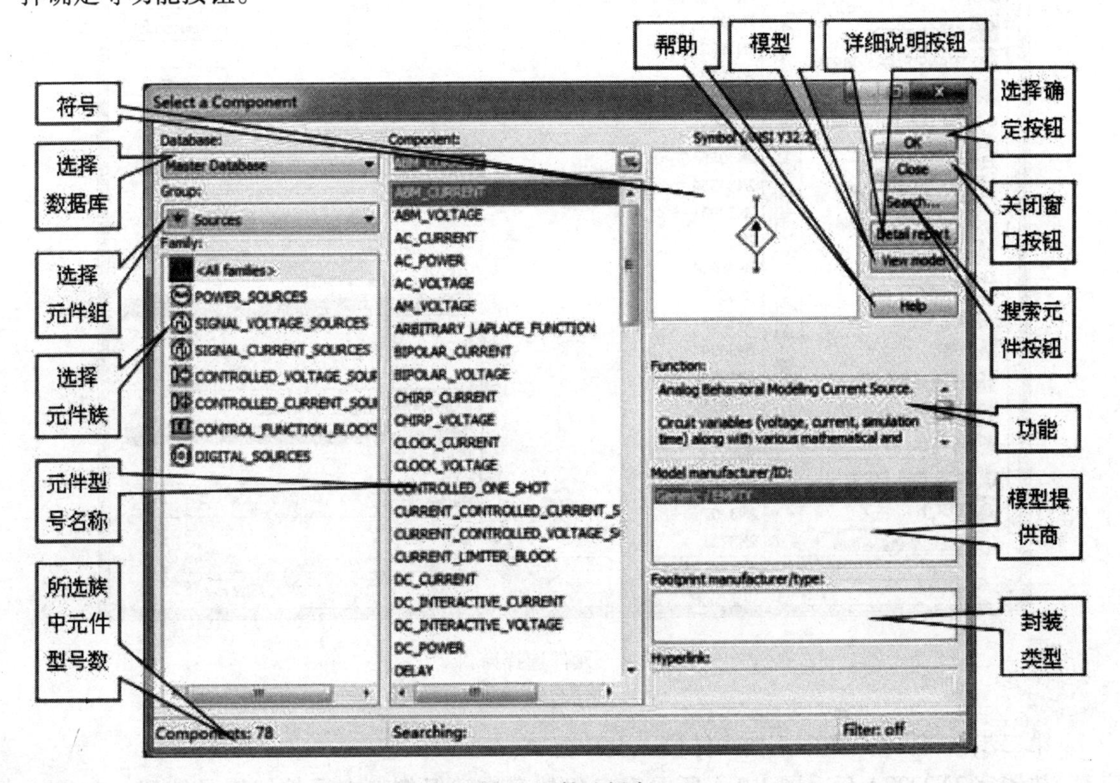

图 1-2-3　元件选择窗口 1

2. 放置元件

第一步：放置晶体管（2N2222A）

放置第一个元件时，需分析一下要完成的电路，在电路中起核心作用的是哪个器件，首先放置于设计窗中的适当位置，其他器件（外围、辅助器件）在其周围放置，以便连线、位置调整等，使其符合您的设计习惯或要求。

（1）单击（晶体管组）工具按钮，选择 BJT_NPN（双极型晶体管、NPN 型族），显示如图 1-2-4 所示的元件选择窗口 2，在“Component:”栏中选择 2N2222A 双击之（或点击 OK），即可取出 2N2222A 晶体管于鼠标箭头上，随您的意愿拖到设计窗中任何位置，再点击即确定放置，如图 1-2-5 所示，将晶体管放置于（B，2）。也可以在虚拟元件栏中选择所需要的元器件模型，做型号、模型修改，但只能用于仿真，不能将“设计”产生网表（文件）传送到 PCB 版图制作等工具中去，也就是说虚拟器件中不含封装模型。

（2）元件的移动定位：移动的步长可以设置，但一般不用。在选中元件后，按键盘上的上、下、左、右按钮，进行元件定位。如果在窗口中显示栅格后，会发现每按一次方向键，元件就移动一小格（默认值为 1mil，1mil = 0. 0254mm，设置步长也就是设置栅格尺寸）。用这种方法可以十分精确地安放元件。

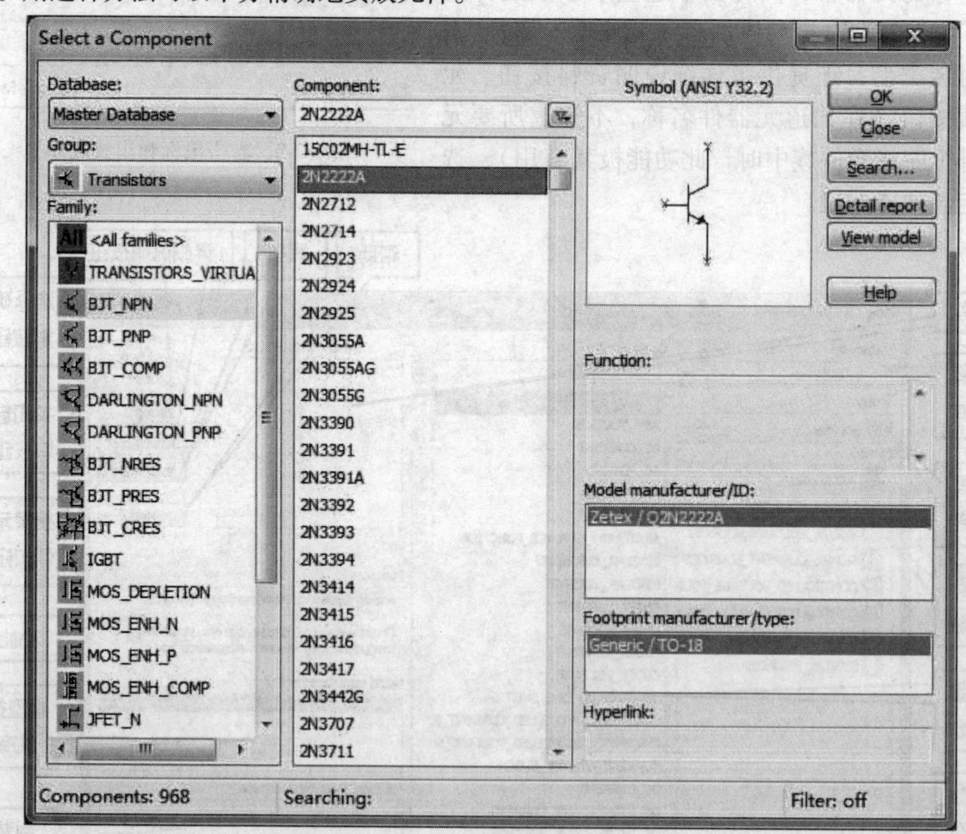

图 1-2-4　元件选择窗口 2

第二步：将 1-2-1 图中其他元件调入设计窗

放置完 2N2222A 后，图 1-2-4 所示窗口仍然存在，但您点击元件组工具按钮（如 ）

时，图 1-2-4 所示窗口中的内容会自动变化。您当然可以直接在图 1-2-4 中通过选择数据库（Database:)→元件组（Group:)→元件族（Family:)→元件型号（Component:)→“OK”的顺序来选择器件（不是每步都必要）。您还可以通过 Search... 按钮，使用输入元件型号的方法选择器件。如此，放置完所有器件后，窗口如图 1-2-6 所示（已经调整过摆放位置和方向）。

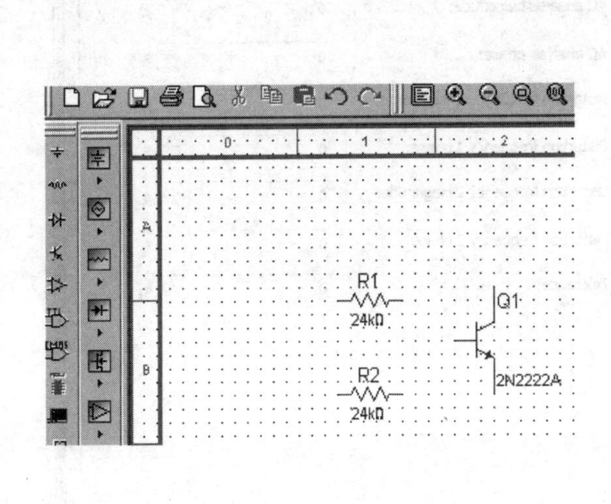

图 1-2-5　放置元器件窗口 1

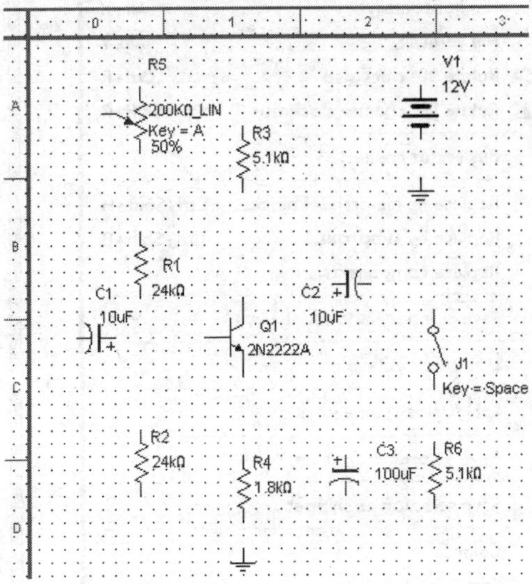

图 1-2-6　放置器件窗口 2

第三步：调整器件位置

有些器件的摆放位置和方向不符合您的要求，需要调整。您可以用鼠标选中，右击，在弹出的如图 1-2-7 所示的菜单中，选择“Flip Horizontal”（横向翻转 180°）、“Flip Vertical”（纵向翻转 180°）、“90 Clockwise”（顺时针旋转 90°）、“90 Counter Clockwise”（逆时针旋转 90°）等进行方向调整，并移动到合适位置。

第四步：修改元件参数及标号

有些元件的标号不合乎您的要求，可以选中并双击，出现如图 1-2-8 所示的参数设置对话框，在其中的 Label 翻页标下可以修改元件标号（如将电位器标号修改为 Rw），在 Value 标签下可以修改元件值等参数（主要对“虚拟器件”修改）等等，在此仅以电源值的修改为例介绍其设置方法。

选中电源双击，在图 1-2-8 中可见其缺省值是 12V，可以容易地将电压值修改为需要的值（如 15V），然后单击“OK”按钮，即完成元件值修改的全过程。

Multisim 用两种方法区分虚拟元件，一是虚拟元件与真实元件的默认颜色不同，这样会提醒您这些元件不是真实的（即仅适用于模型仿真，没有封装模型，也就是说它不能在市场上购买到），不会输出到 PCB 布线软件。二是放置虚拟元件时无需从图 1-2-4 所示的元器选择窗口中选择（在此窗口中同样可以完成），可以点击虚拟元件组（如）进行选择即可。另外，它可以任意设置元件参数（“真实元件”不能随意修改，必须以市场销售器件参数为依据）。真实元件是指模型参数、封装形式都是器件生产商提供的，也就是说“市场上可以买到的元件”，用其构造的电路通过仿真后，可以生成能被 PCB 版图设计软件（如 Ultiboard、Protel 等）接受的文件，进而制作试验样机。

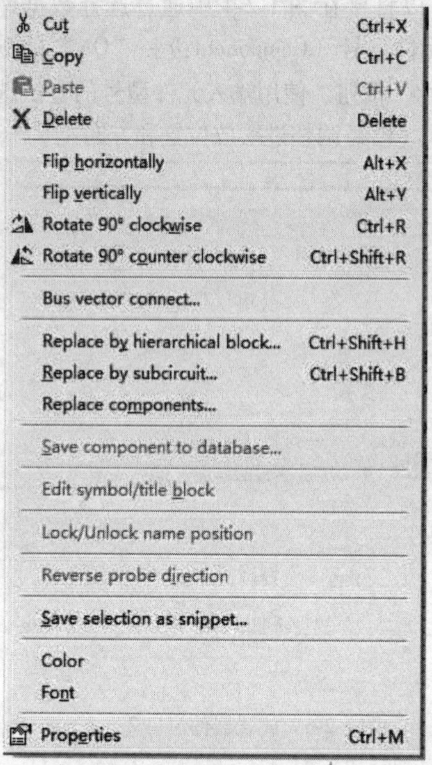

图 1-2-7 右击元件菜单

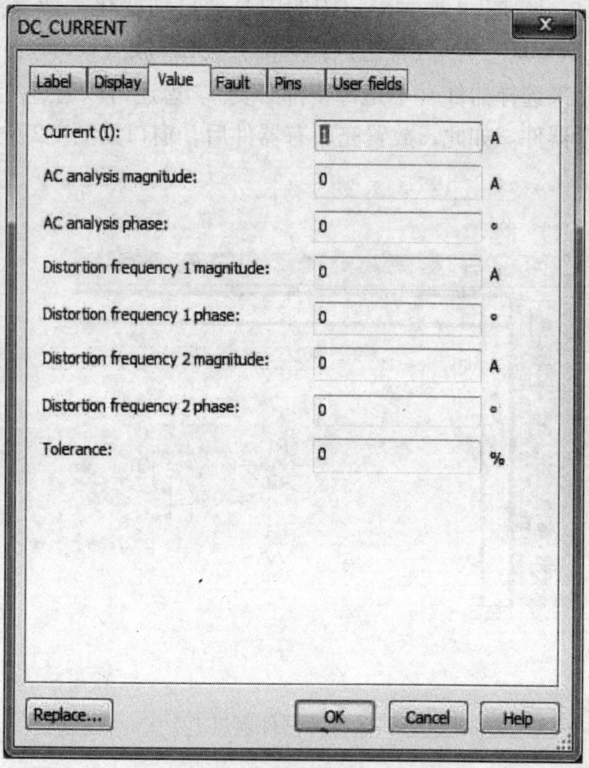

图 1-2-8 参数设置对话框

四、电路连接

Multisim 有自动与手工两种连线方法。自动连线是指选择引脚间最好的路径自动为您完成连线，它可以避免连线通过元件和连线重叠；手工连线要求用户控制连线路径。可以将自动连线与手工连线结合使用，比如，开始用手工连线，然后让 Multisim 自动地完成连线。对于本电路，大多数连线用自动连线完成。

1. 自动连线

下面开始为 V1 和地连线。

（1）单击 V1 下边的引脚，拖动鼠标；

（2）单击接地上边的引脚，两个元件就自动完成了连线，结果如图 1-2-9 所示。

还可以采用“将地线符号移动，使其上端与电源符号的下端碰接”，这种方法也很可靠。这种方法 Multisim 9 版之前的老版本不可用。

【注】：连线默认为红色。要改变颜色缺省值，鼠标右击连线，选择弹出式菜单的 Wire Color，即可设置为您喜欢的颜色。也可以设置所有连线的颜色，方法参考“喜好设置”。

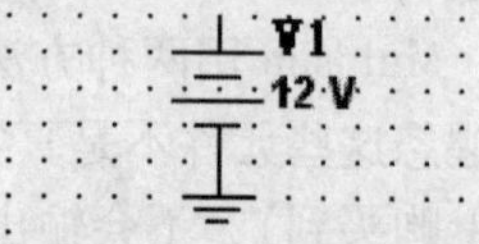

图 1-2-9 自动连接

如此将电路连接完毕，如图 1-2-1 所示。

2. 手动连线

所谓手动连线是指计算机按您的要求控制连线，如图 1-2-10 所示。使用手工连线可以精确地控制路径，图中 U1A 的输入连接到 Q1 集电极。

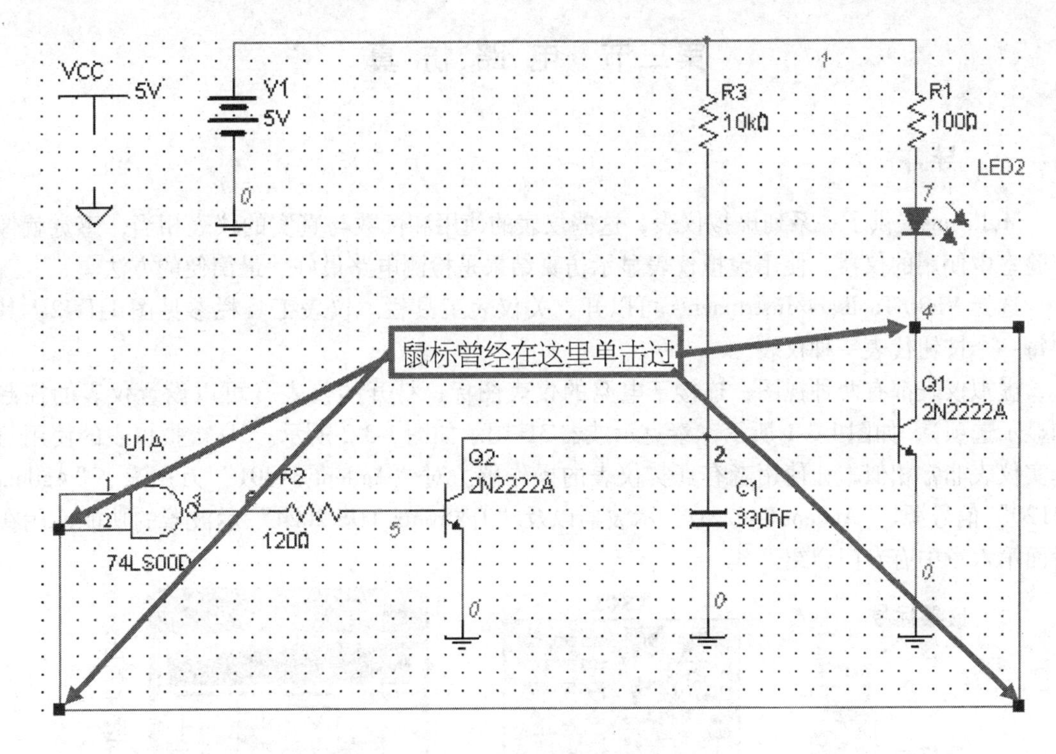

图 1-2-10　手动连线

另外，如果 U1A 的两个输入端已经连接，而 Q1 的集电极也连接到其他器件，若现在要从 U1A 的输入端间的连线开始进行，需要在连线上增加节点，否则不可连线。方法如下。

（1）选择 Place/ Junction 菜单命令，鼠标箭头上已经做好放置节点的准备（也可以在窗口空白处右击鼠标，在出现的窗口中选择 Place Schematic/Junction）。

（2）单击 U1A 输入端间的连线放置节点。

（3）节点出现在连线上，如图 1-2-11 所示。

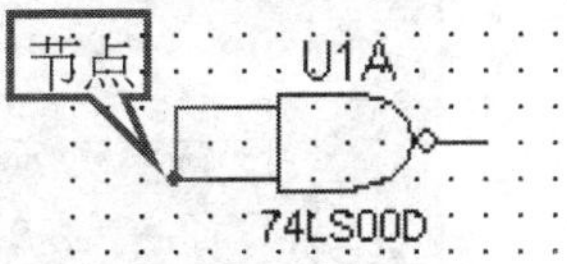

图 1-2-11　放置节点

下面要按照需要的路径进行连线，显示格点（参考喜好设置）可以帮助确定连线的位置。然后按以下步骤操作。

（1）单击刚才放置在 U1A 输入端的节点。

（2）向元件的下方拖动连线，连线的端点位置是“固定的”。

（3）拖动连线至元件下方几个格点的位置，再次单击。

（4）向右拖动连线至 Q1 右下方几个格点的位置，再次单击。

（5）向上拖动连线到 LED2 和 Q1 间（集电极）连线的对面，再次单击（可以不单击这一点）。

（6）拖动连线至 LED2 与 Q1 间的连线上，再次单击，结果如图 1-2-10 所示。

小方块（“拖动点”）指明了曾单击鼠标的位置，单击拖动点并拖动线段可以调整连线的形状，操作前请先储存文件。

选中连线后可以增加拖动点：按住 Ctrl 键，然后单击连线上要增加拖动点的位置即可。按住 Ctrl 键，然后单击拖动点又可以删除它。

第三节 电路仿真

一、导言

Multisim 提供了一系列虚拟仪表，这些仪表的使用和读数与真实的仪表相当，感觉就像实验室中使用的仪器。使用虚拟仪表显示仿真结果是检测电路最好、最简便的方法。

选择 View/Toolbars/Instruments 可以开、关仪表工具栏。仪表工具栏参见图 1-1-42，其中每一个按钮代表一种仪表。

虚拟仪表都有两种视图：连接于电路的仪表图标；打开的仪表（可以设置仪表的控制和显示选项），如图 1-3-1 所示，泰克示波器 3D 图示如图 1-3-2 所示。3D 虚拟仪表的使用与真实仪表非常相似，让使用者有真实仪表的操作感。对“Agilent 34401”万用表、“Agilent 33120”信号源、“Agilent 54622D”示波器以及“Tektronix TDS 2024”示波器的功能使用在后面第六章中有专门介绍。

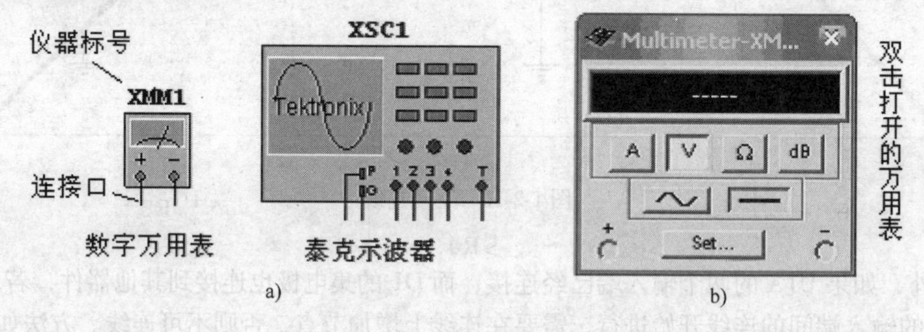

图 1-3-1 仪表的两种视图

a）电路连接图标 b）仪器设置、观察窗口

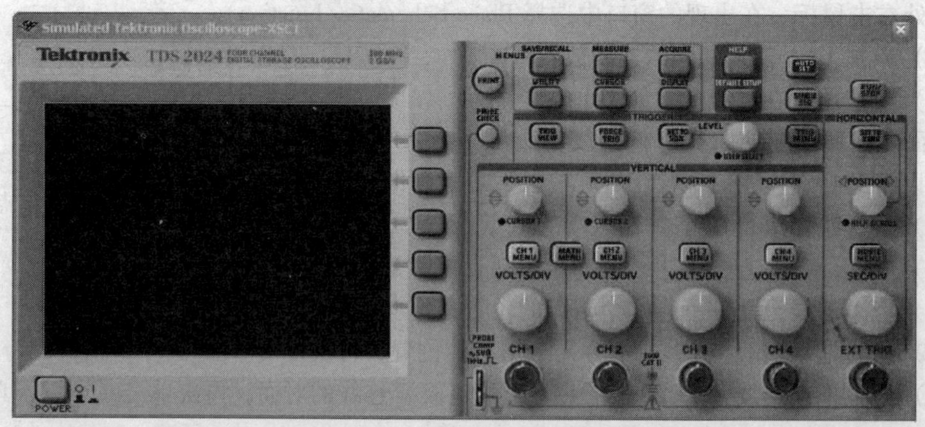

图 1-3-2 泰克示波器的 3D 图示

二、添加与连接仪表

下面以添加信号发生器和示波器为例，简明扼要地指导仪表的使用。以图 1-2-1 所示电路为例，进行仪表的调用、连接、设置、仿真效果观察。

第一步：添加仪表

（1）在仪器工具栏中选择信号源按钮，鼠标箭头上的显示表明已经准备好放置仪表。

（2）移动鼠标至窗口电路的相应位置，然后单击鼠标。

（3）仪器图标出现在电路窗口中。

（4）和元器件一样，可对仪表进行位置、方向的调整，现在可以给仪表连线了。

【注】：和信号源一样，选择示波器按钮来放置示波器。

第二步：给仪表连线

连线方法与电路元器件连接类似，连接好的单管放大器实验电路如图 1-3-3 所示。

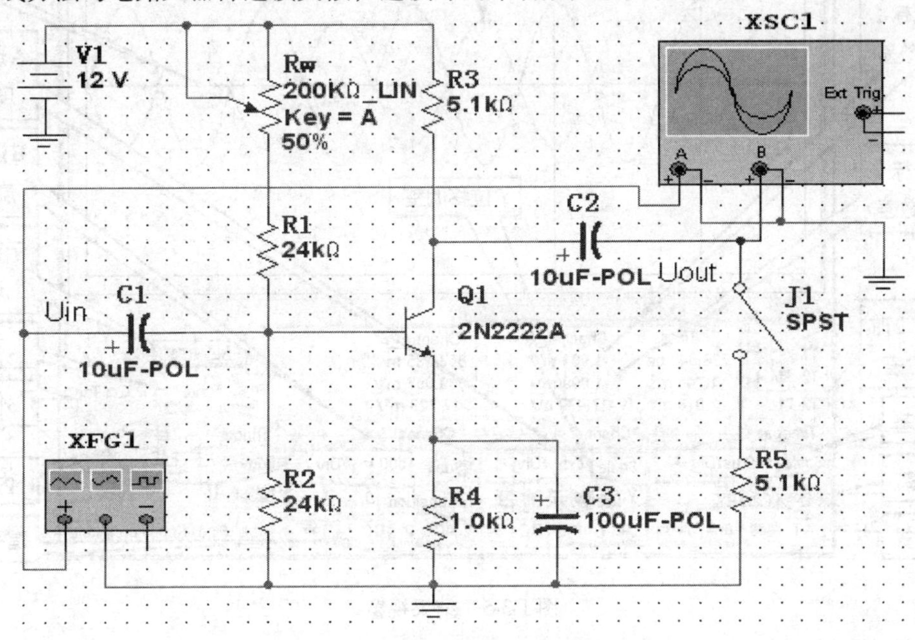

图 1-3-3 连接好的单管放大器实验电路

三、仪表设置

每种虚拟仪表都包含一系列的可选设置来控制它的功能及显示。下面以信号源和示波器为例描述仪表设置。

信号源设置：在图 1-3-3 中，双击信号源 XFG1 图标，在打开的信号源设置窗口中进行所需设置，如图 1-3-4 所示为设置完毕的窗口，设置完毕可关闭窗口。图中设置信号输出为 1kHz（单击单位选项即可改变单位）、2mV（峰值电压）、无直流成分的正弦波。

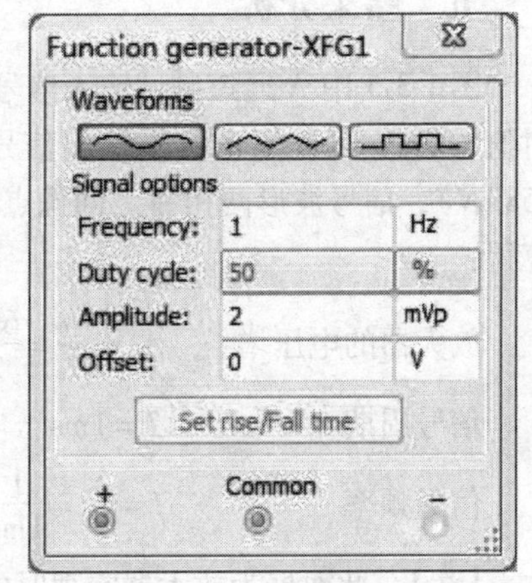

图 1-3-4 信号源设置窗口

四、仿真

1. 开始仿真

点击仿真开关，通过 Rw 调整，使输出波形幅度最大，且不失真，观察结果如图 1-3-5 所示。

注意：调整 Rw 时，用键盘上“A”键改变其“1”

端与滑动触头“2”端（端口 1、2 名被隐藏）的阻值占其总阻值的百分比值。双击器件 Rw，可以改变其控制键、控制进率、元件标号等。按“A”键，其值增大；“Shift + A”键，其值减小。Rw 的调整应在停止仿真时进行。

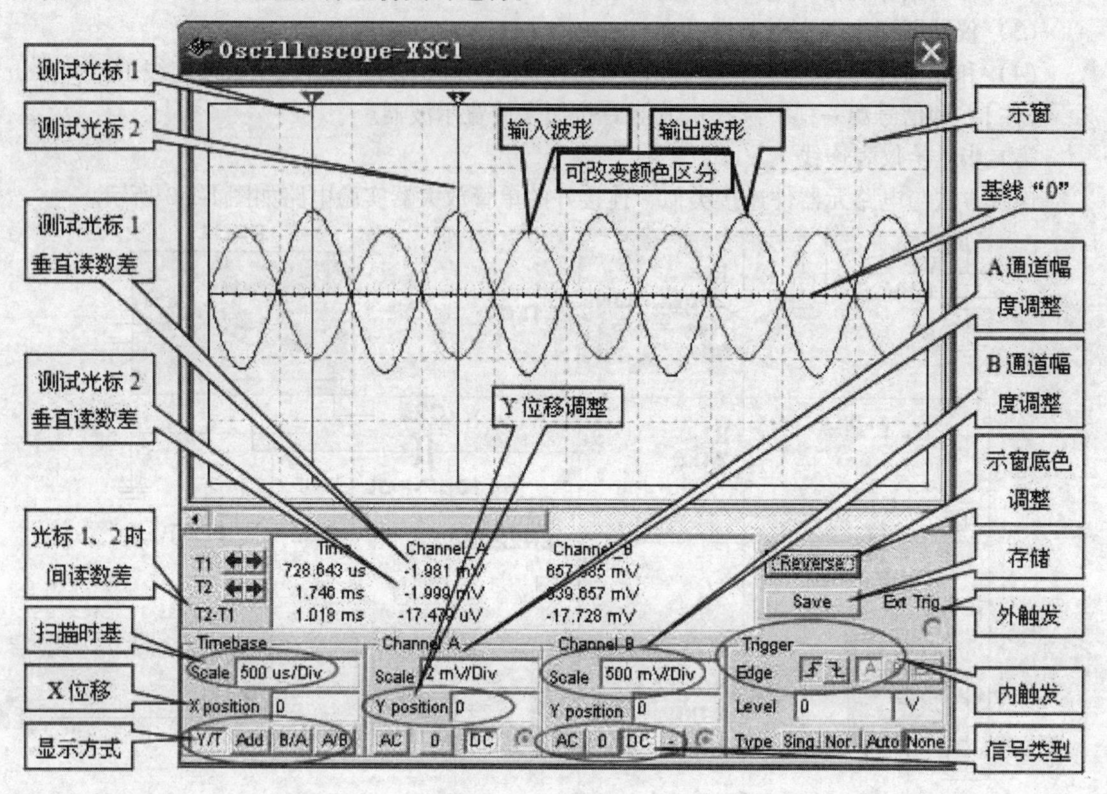

图 1-3-5　结果视窗

2. 停止仿真

单击设计工具栏中的按钮（常用），或单击选择 Stop 命令（极少使用）可停止仿真。在运行仿真时如需暂停，单击按钮即可。

五、结果分析

图 1-3-5 中 A 通道测试输入信号幅度为 -1.98mV（它是测试信号波形的负半周，取绝对值约 2mV），B 通道测试输出信号幅度为 657.685mV（它是测试信号波形的正半周，约 658mV），信号波形两相邻“同像点”的时间差为 1.018ms（约 1ms）。利用这些数据进行计算得：

放大器的电压增益　$A_v = \frac{U_0}{U_i} = \frac{658\text{mV}}{2\text{mV}} = 329$（此处若考虑相位，电压增益应为负值）

信号周期　$T = 1\text{ms}$

信号频率　$f = \frac{1}{T} = \frac{1}{1\text{ms}} = 1\text{kHz}$

【注】：此数据为放大器空载时的数据，加上 5.1kΩ 负载时，电压增益 $A_v \approx 162$。本电路在模拟电路仿真分析一章的例一中做了详细分析。

第四节　为电路添加文本

在设计电路的过程中，常常要给设计文件添加标题栏，给某局部电路或器件添加说明文字、注释等。虽然这些文字在电路仿真、电路板制作等过程中不起什么作用，但在文件的阅读、修改、产权保护和交流过程中起着十分重要的作用。

一、添加标题栏

选择 Place 菜单中 Title Block...，会有几种标准标题栏（图铭表）供选择，根据使用者要求选定后放于图中，双击之，出现如图 1-4-1 所示的文本输入窗口，输入后单击“OK”按钮即可，如图 1-4-2 所示。

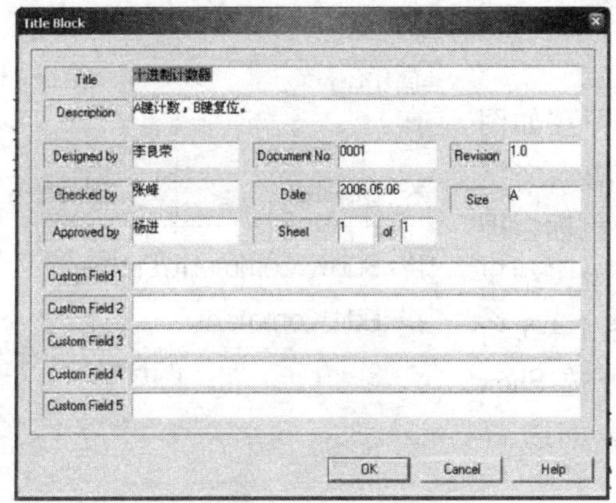

图 1-4-1　标题栏文本输入

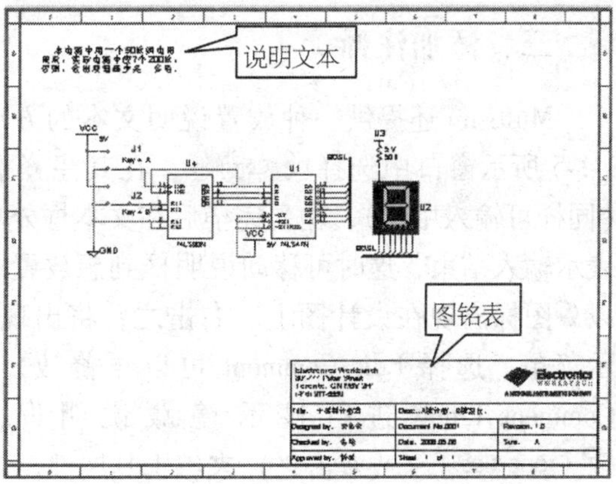

图 1-4-2　放置标题栏、说明文本

还可以将标题栏中的“项目名称”、“设计单位”、“设计者”、“校对人”等修改为中文。方法较为简单，用鼠标右击标题栏，在如图 1-4-3 所示弹出式菜单中，选择选项 Edit symbol/title block 将出现如图 1-4-4 所示的编辑界面，这时就可以方便地修改了。

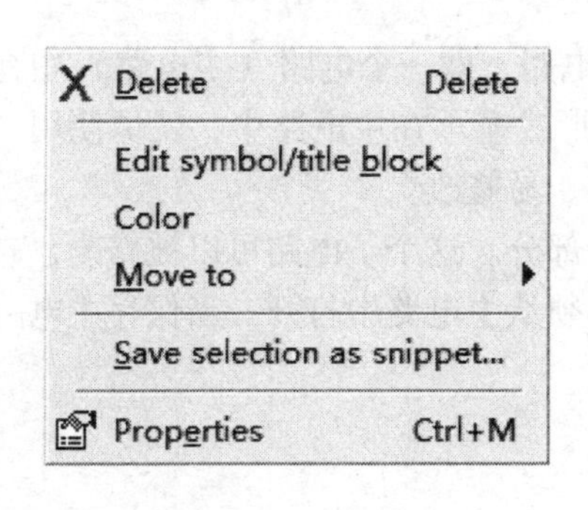

图 1-4-3　修改标题栏

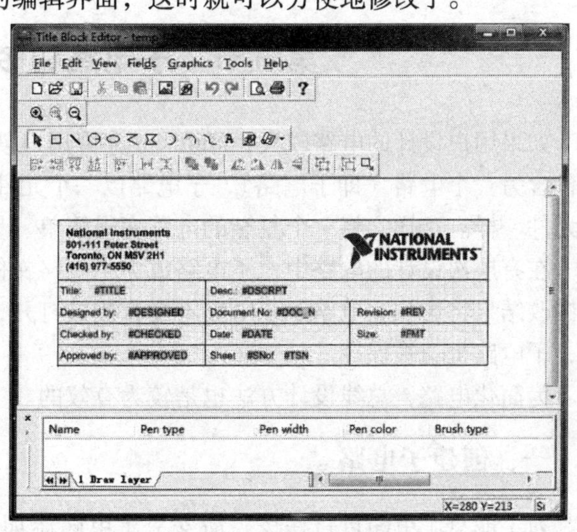

图 1-4-4　编辑标题栏窗口

在图 1-4-3 中选择 Move To，将有四种放置标题栏的方法供您确定其位置。选择 Properties...也可以输入标题栏（图铭表）的说明文本。

二、添加说明文本

说明文本有多种，如电路的端口说明（Uin、Uout 等）、功能说明、应用规则等。以注释说明文本为例，在如图 1-1-5 所示的 Place 菜单下选择A Text，或在窗口空白处单击鼠标右键出现的如图 1-2-2 所示菜单中的 Place Graphic 选项下，选择A Text也能进入文本输入窗口，输入完毕后在文本框外单击鼠标，即表示输入结束，这时可移动说明框到想放置的点上，结果如图 1-4-2 所示。

【注】：使用在窗口空白处单击鼠标右键，出现的如图 1-2-2 所示菜单中选择选项的方法，几乎可以完成整个电路设计，以后这种方法不再特别说明。

三、添加注释

Multisim 还提供一种放置说明文本的方法，即在如图 1-1-5 所示窗口中选择 Comment，在其注释框中输入文字（同样可输入中文），输入完毕后在文本框外单击鼠标，即表示输入结束，这时可移动说明框到想放置的点上，结果以图标出现在设计图上。右击之，将出现如图 1-4-5 所示菜单，选择 Edit Comment 可以再修改，并可选 Show Comment/Probe 进行显示/隐藏说明框。也可选择 Properties...（或双击之）来编辑其属性。

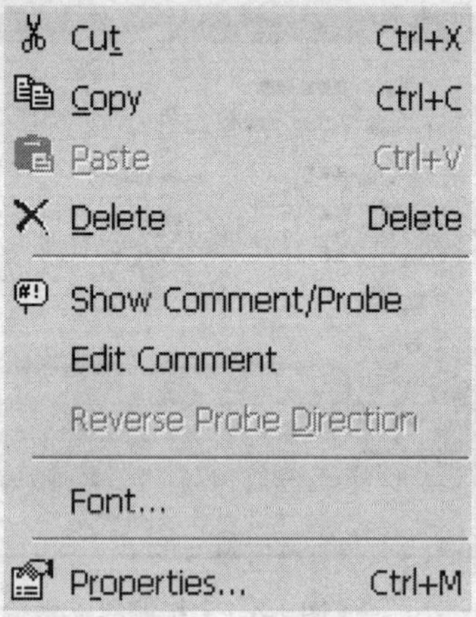

Cut	Ctrl+X
Copy	Ctrl+C
Paste	Ctrl+V
Delete	Delete
Show Comment/Probe	
Edit Comment	
Reverse Probe Direction	
Font...	
Properties...	Ctrl+M

图 1-4-5 注释编辑菜单

四、删除文本

右击文本（所有添加的文本），然后在图 1-4-5 所示弹出式菜单中选择“Delete”命令，或者选中后按键盘上的“Delete”键，即完成删除。

第五节 子电路和多页层次设计

如果用户设计的电路较大，Multisim 允许用户创建子电路，即一个电路（主电路）中允许包含另一个电路（即子电路），子电路以一个元件图标形式显示在主电路中，就像使用一个元件一样。这样，将一个复杂的电路变得简单、易查看、易修改。

在有层次设计的电路中，子电路成为主电路文件的一部分。这个子电路可以被修改，它的修改结果将影响主电路。子电路不能直接被打开，而必须从主电路中打开。当保存主电路时，子电路也会被保存。

为简化电路，总线设计方法也是较为有效的。

一、创建子电路

为了能对子电路进行连接，需要对子电路添加输入/输出（I/O）端口，放置完毕后如图 1-5-1 所示。

添加子电路输入/输出端口的操作步骤如下。

（1）单击主菜单Place，选择Connectors，在其下选HB/SC Connector，参见图1-1-5，端口出现在鼠标箭头上，或在窗口空白处单击鼠标右键，在出现的弹出式菜单中选择Place Schematic，参见图1-2-2，在其下选择HB/SC Connector。

（2）拖动鼠标，将端口放到适当位置（单击鼠标确定）。

（3）修改端口的方向，像元器件的旋转一样操作，以合乎要求的连接方向。

（4）将I/O端口连接到子电路的输入或输出端。

（5）双击端口符号，为新的端口设置端口名。

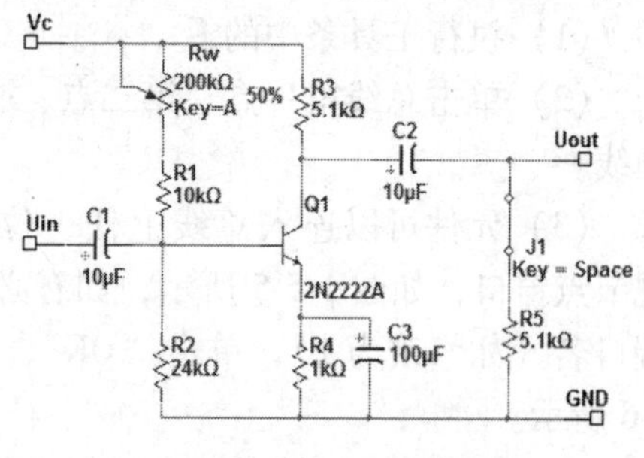

图1-5-1　创建子电路

二、添加子电路

（1）将要被制作成子电路的电路复制或剪切到剪贴板。

（2）回到要放置子电路的窗口，执行菜单命令“Place/Replace by Subcircuit”，参见图1-1-5；或在窗口空白处单击鼠标右键，弹出菜单参见图1-2-2，然后在其Paste special的下级菜单中选择Paste as Subcircuit，弹出窗口如图1-5-2所示，输入子电路名后确认，子电路就以其命名，并以一个元件的形式显示在电路窗口中，图1-5-1所示电路中的端口便以“元件引脚”形式显示在其相应连接的位置，如图1-5-3所示。

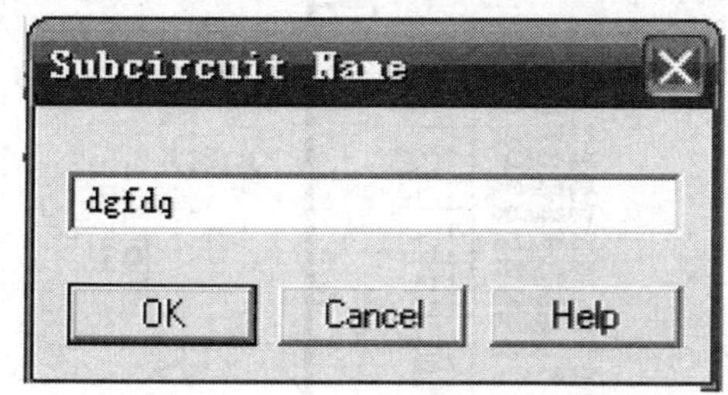

图1-5-2　放置子电路窗口

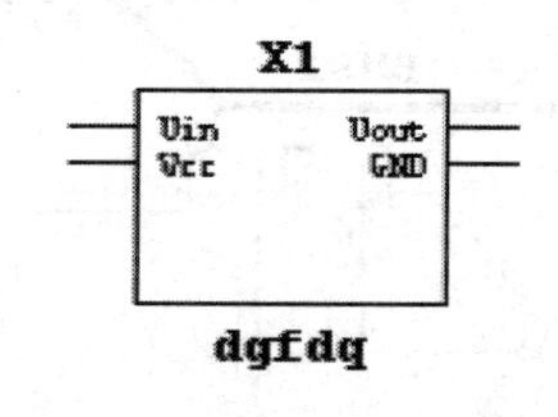

图1-5-3　出现在窗口中的子电路

（3）若要编辑该子电路，可以双击其图标，出现如图1-5-4所示的选择窗口，在该窗口中点击“Edit HB/SC”即可对该子电路再次进行修改。修改完毕，关闭窗口即可。

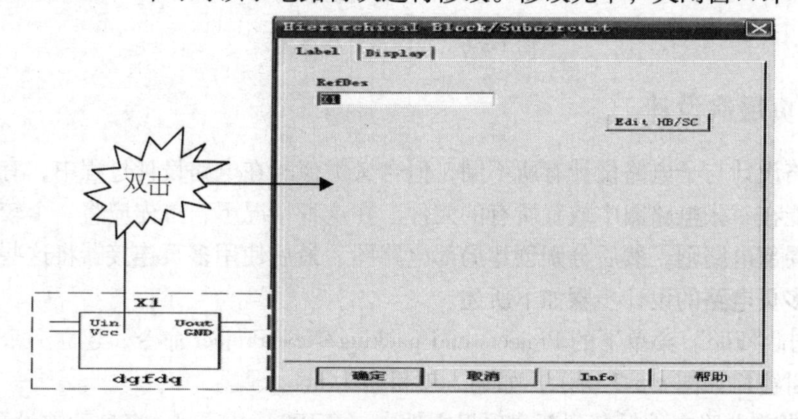

图1-5-4　编辑子电路窗口

三、放置总线

（1）执行工具条中的。

（2）单击总线第一点、第二点、……，直至画完整条总线，单击右键或双击左键结束画线。

（3）元件可以连入总线上任一位置，连接时将出现节点窗口，如图 1-5-5 所示，如有必要，也可以修改端口名（如修改为 1），单击“OK”，放置结果如图 1-5-6 所示。

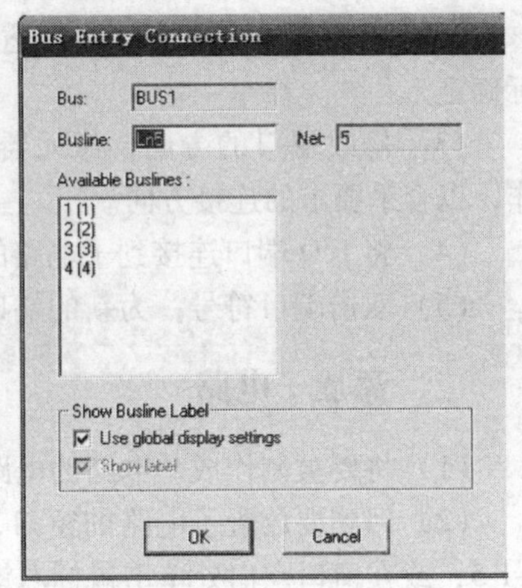

图 1-5-5 总线节点窗口

在总线设计时，将某条总线的标号修改与另一条标号一致，即表示这两条总线间有导线连接关系，如图 1-5-6 所示，即两条总线上接口号相同的两个端口连接的元件是导线连接关系。

【注】：节点的显示与隐藏，在已制作好的电路图的界面空白处单击鼠标右键，在弹出式窗口中选择 Properties...（参见图 1-1-43），选择“Net Names”下的“Show All”，单击“OK”按钮即可。

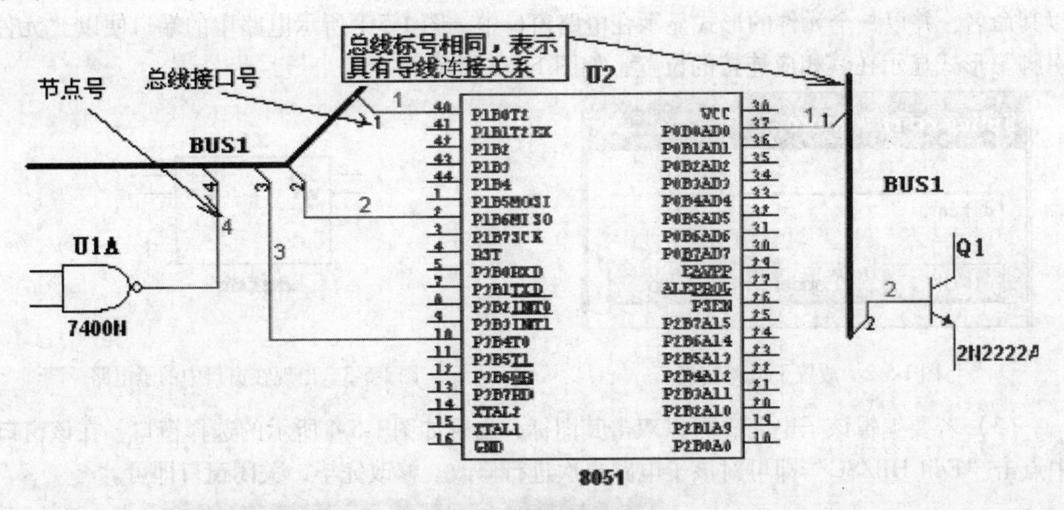

图 1-5-6 总线设计概念图

四、多页层次设计

多页电路设计与子电路设计有所不同，但含义类似。在电路设计过程中，有些电路图太大以至于不能在一张电路图中放置所有的元件。在这种情况下，首先应将一个较大的电路图分解成数个局部电路图，然后分别创建局部电路图，最后使用多页连接器将这些局部电路图连接起来。多页电路的设计步骤如下所述。

（1）单击“File”菜单下的 Projects and packing/New Project 命令，建立一个新的项目文件，新建项目窗口如图 1-5-7 所示，如输入项目名为 abc。

（2）将当前电路文件保存到新建项目文件夹（llr100）中，abc 将自动被设置为根文件。

存储路径修改在此不做描述。

（3）单击“Place”菜单下“Multi-Page”命令，弹出“Page Name”对话窗口，如图 1-5-8 所示。在 Page Name 对话窗口，输入新建电路图的页号（默认页为 2，下一次为 3），单击“OK”，即建立了一个新的页。由于该页是在 abc 根文件下的一个多页文件的一页，故该多页电路图文件名称为 abc#2，根文件自动设为 abc#1，层次设计窗口如图 1-5-9 所示。

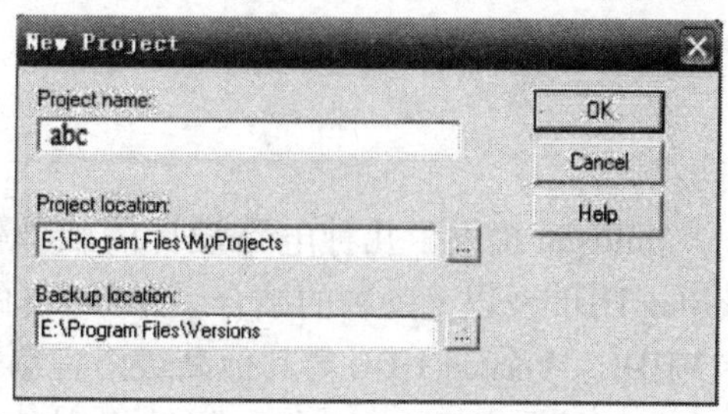

图 1-5-7　新建项目窗口

（4）在新建的多页电路中，创建局部电路图。

（5）实现电路间的连接。在局部电路图中，在 Place 菜单下的“Connectors”选项菜单中（参见图 1-1-5）选择 Off-Page Connector，就会在鼠标箭头下出现一个多页连接器，移动鼠标到需要多页电路图的相互连接处，单击鼠标左键，就放置一个多页连接器，然后连接多页连接器到电路中。依次放置其他多页连接器，直至多页电路图中的相互连接处全部放置好多页连接器为止。

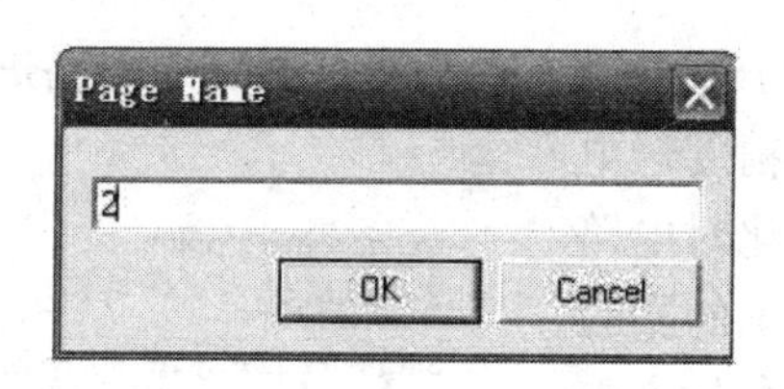

图 1-5-8　下页设置对话窗口

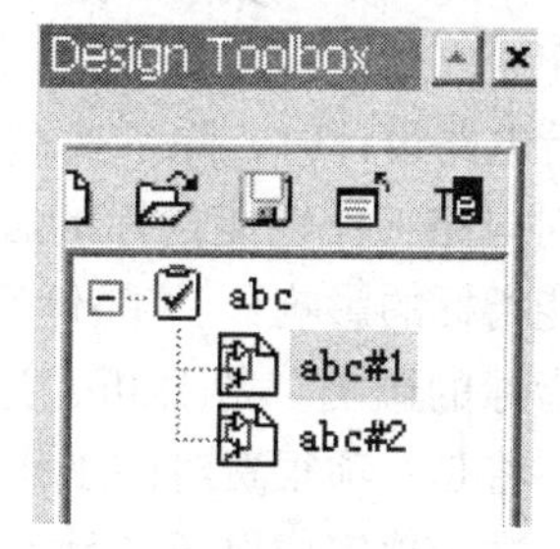

图 1-5-9　层次设计窗口

（6）实现电路间的总线连接。在“Place”菜单下的“Connectors”选项菜单中，选择 Bus Off-Page Connector，参见图 1-1-5。

（7）完成电路间的连接。其连接器标号可以修改，标号相同的连接器表示它们有导线连接关系。至此，就建立了一个多页电路设计项目。若要删除一个多页电路图，单击“Edit”菜单下的“Delete Multi-Page”命令，选择确定即可。

第二章　仿真分析方法

Multisim 提供了几种电路设计的软件仿真器：包括 SPICE（含专用 RF 模型）、VHDL、Verilog HDL 及以上三种的结合。Multisim 的主数据库中大部分器件采用 SPICE 编辑，库中还有 VHDL、Verilog HDL 等其他高级语言编辑的模型，可以混合调用。

对于复杂电路，Multisim 能够识别各元件所采用的模型类型（SPICE、VHDL、Verilog HDL 等），并自动调用相应的仿真器，然后控制各仿真器之间的数据信息的传递，不需用户做任何干预。对于"系统级"和"板级"设计，这些仿真器可以共同作用，这意味着无论是 PLD 或更为复杂的数字芯片，对于利用 VHDL 或 Verilog HDL 语言建模的芯片，都可以作为 PCB 设计中的一个元件来使用。

第一节　Multisim 分析的预备知识

在进行电路设计时，除了要对电路进行电流、电压、波形等测试外，还需对电路进行诸如"温度对电路工作性能指标的影响"、"某元件的精度对电路工作性能指标的影响"、"晶体管的某项参数的变化对电路工作性能指标的影响"等分析，这些分析如果用传统的实验方法完成，将是一项很费时的工作。Multisim 提供的分析方法可以快捷、准确地完成电子产品设计的分析需求。

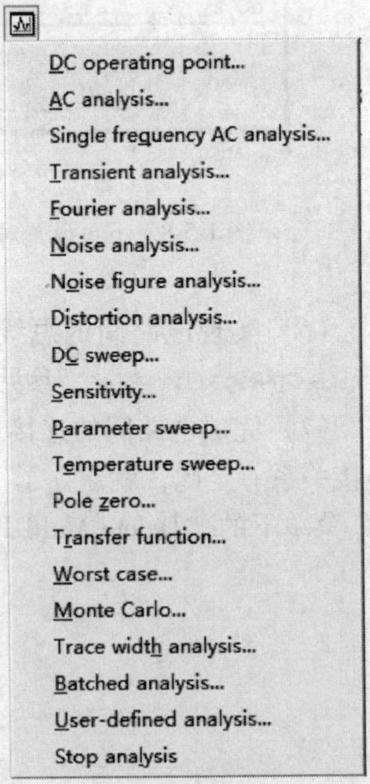

1. Multisim 的分析栏

单击工具栏中的按扭或执行菜单命令"Simulate/Analyses"，列出所有可操作的分析类型，如图 2-1-1 所示。

DC operating point...
AC analysis...
Single frequency AC analysis...
Transient analysis...
Fourier analysis...
Noise analysis...
Noise figure analysis...
Distortion analysis...
DC sweep...
Sensitivity...
Parameter sweep...
Temperature sweep...
Pole zero...
Transfer function...
Worst case...
Monte Carlo...
Trace width analysis...
Batched analysis...
User-defined analysis...
Stop analysis

图 2-1-1　分析栏

2. 分析翻页标签

选定所希望的分析类型，界面对话框如图 2-1-2 所示。根据所选分析类型不同，翻页标签略有差异。具体情况后面再详细进行分析。

（1）"Analysis Parameters"为该分析设置相应参数，如图 2-1-2 所示。

（2）"Output"确定如何处理该分析的输出变量，如图 2-1-3 所示。

（3）"Analysis Options"为该分析选择模型、生成的图表选择一个标题等（通常默认设置），可以自行设置分析选项，如图 2-1-4 所示。

（4）"Summary"显示为该分析设置的所有参数，从而进一步确认所做的参数设置，如图 2-1-5 所示。

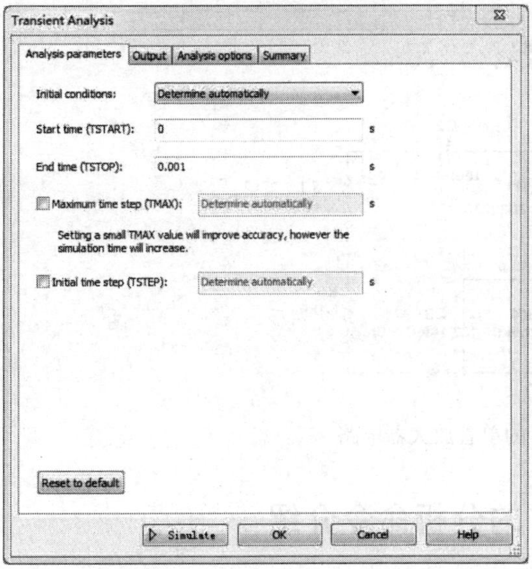

图 2-1-2　分析翻页选择对话框

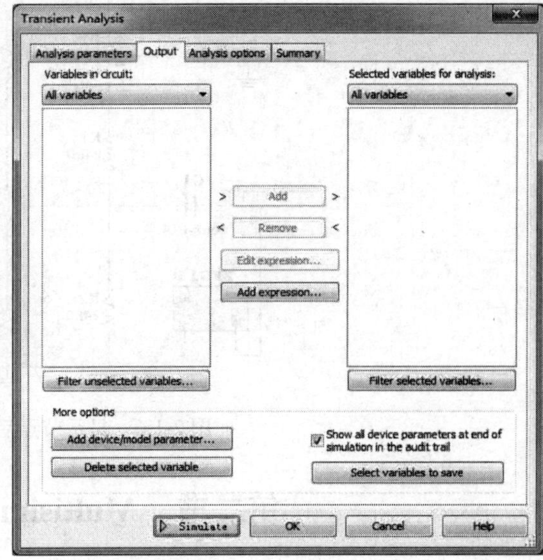

图 2-1-3　输出端口选择窗口

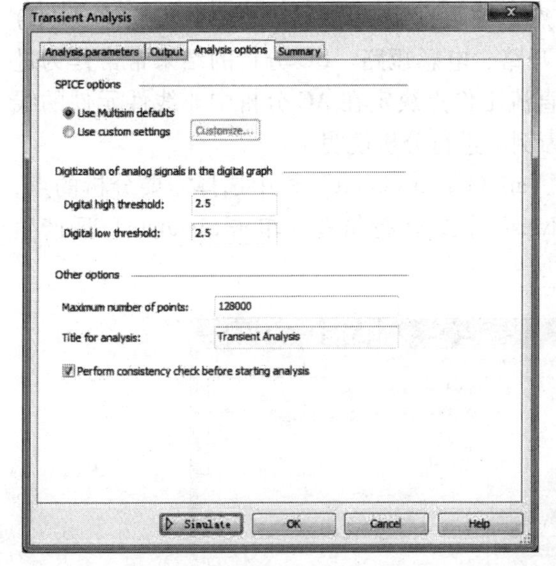

图 2-1-4　Analysis Options 标签

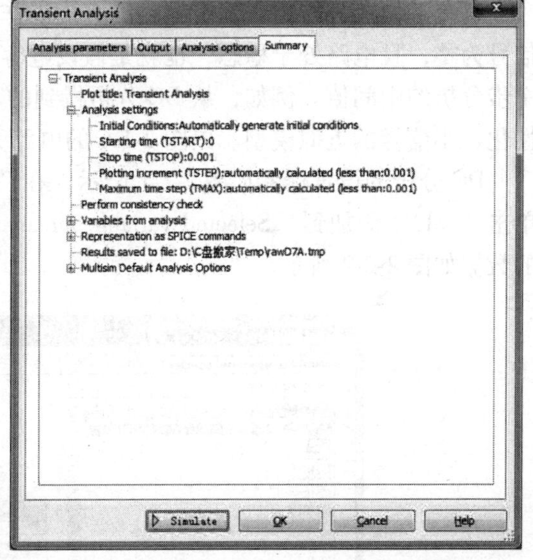

图 2-1-5　Summary 标签

3. 电路图中节点的显示与隐藏

对于电路分析来说，显示电路节点尤为重要，因为对电路的各种分析都是针对电路中某点（如图 2-1-6 中的输出端 7 点）来说的，在电路中放置的诸如 Uout 等，仅供读图、交流等使用。在做电路分析时，计算机只认电路设计时按其连线的顺序自动产生的节点。对电路进行何种分析，取决于对电路的某点特殊参数要求。在已制作好的电路图的界面空白处单击鼠标右键，在弹出式窗口中选择 Properties...（参看图 1-1-43 所示界面），选择 Net Names 下的 Show All，单击“OK”按钮即可，如图 2-1-6 所示。

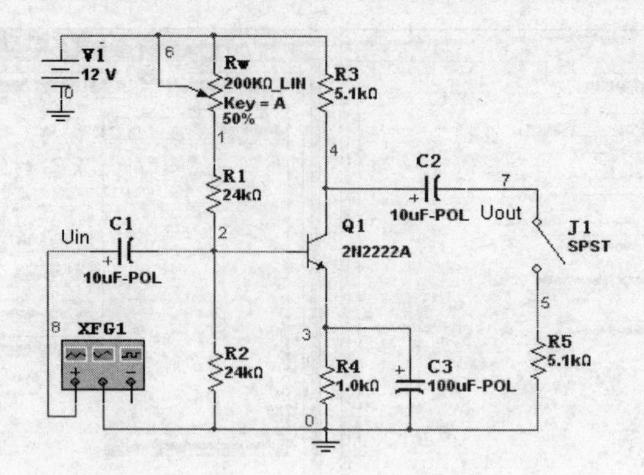

图 2-1-6 显示节点后的单管放大器电路

第二节 Multisim 的分析命令介绍

一、DC Operating Point：直流工作点分析

直流工作点分析用于确定电路的直流工作点，对于直流（DC）分析，假设交流（AC）信号为零，且电路处于稳态，也就是假设电容开路、电感短路。DC 分析的结果常常作为进一步分析的中间值。例如，从 DC 分析得到的直流工作点决定在 AC 分析中非线性元件的线性化、小信号的近似模型。以图 2-1-6 的电路为例，进行分析说明。

DC 分析的设置标签如图 2-2-1 所示，在“Variables in circuit”栏中选择需要分析的点，单击“Add”添加到“Selected variable for analysis”栏，运行仿真（单击 Simulate）后产生的数据如图 2-2-2 所示。

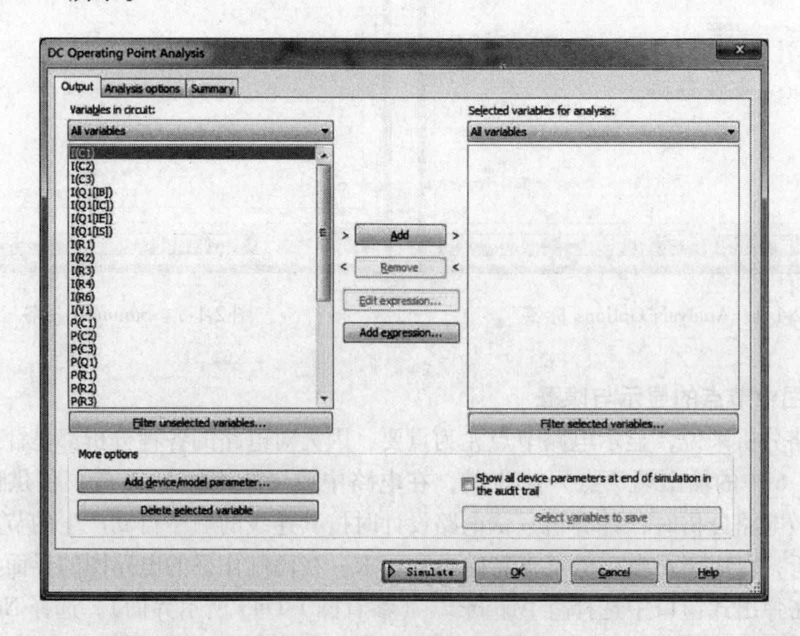

图 2-2-1 DC 分析的设置标签

1. Output 标签

图 2-2-1 中，“Variables in circuit”栏列出电路中所有的节点和可以分析的变量，根据您的需求进行选择，其变量类型可在下拉列表中选择，如图 2-2-3 所示。

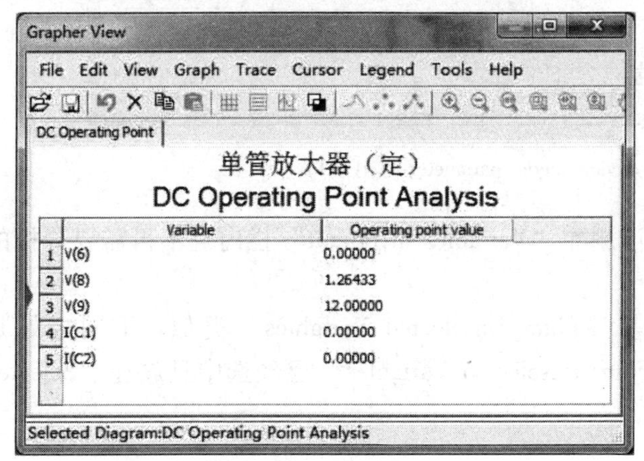

图 2-2-2　分析数据

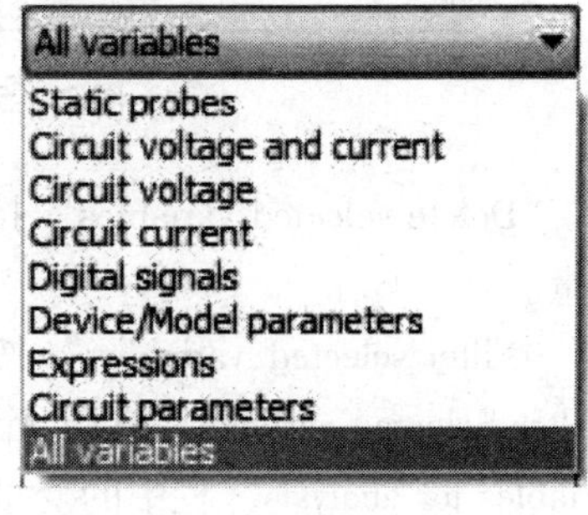

图 2-2-3　变量类型列表

“Selected variable for analysis”栏显示将要分析的节点和变量，默认状态为空。

“Add”将选中的节点、变量加载到“Selected variable for analysis”栏中。

“Remove”用于删除已选择的某个变量，可先选中某变量，然后单击该按钮，就将它移回到 Variables in circuit 栏中。

“Filter unselected variables”过滤一些分析变量，如模型的内部节点等。

“Add Expression”用于添加运算表达式，单击此按钮，显示如图 2-2-4 所示界面。

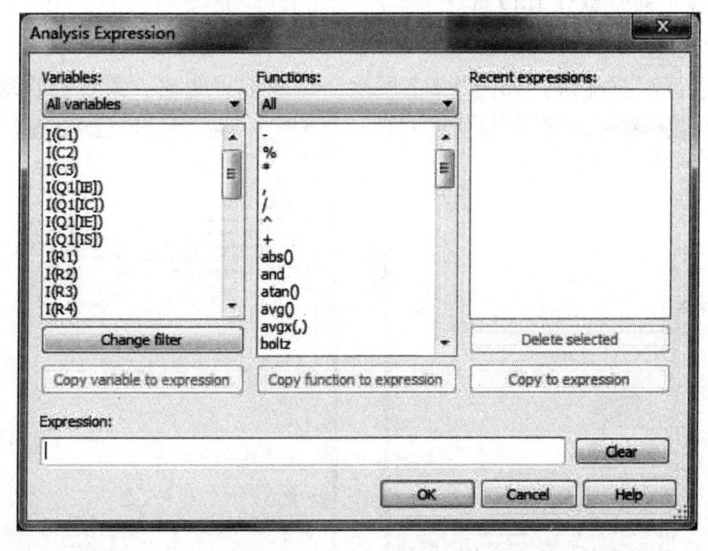

图 2-2-4　添加表达式窗口

“Edit Expression”编辑运算表达式。

“More Options”单击“Add device/model parameter”按钮，弹出窗口如图 2-2-5 所示，表示在“Variables in circuit”栏中添加某个元件/模型的参数。

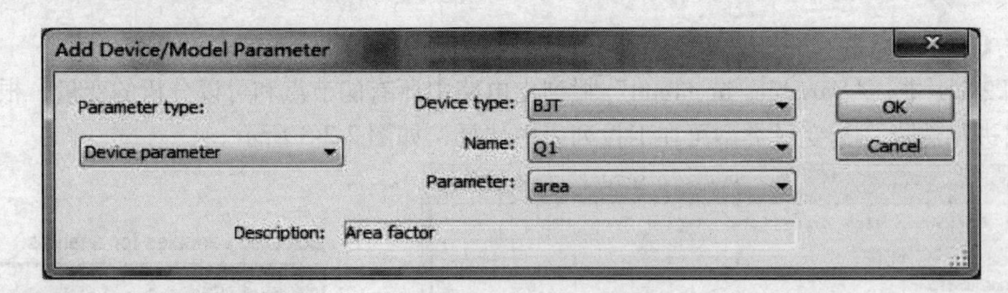

图 2-2-5 Add device/model parameter 弹出窗口

“Delete selected variables” 按钮：可删除 “Variables in circuit” 栏内且不再需要分析的变量。

“Filter selected variables” 按钮：与 “Filter Unselected Variables” 类似。不同之处是 “Filter Selected variables” 只能筛选 “Filter Unselected Variables” 已经选中且放在 “Selected variables for analysis” 栏中的变量。

2. Analysis Options 标签

Analysis Options 标签如图 2-2-6 所示，“Use Multisim defaults” 选择用于分析的 SPICE 模型取自 Multisim 数据库。

“Use custom settings” 选择自定义模型进行分析，“Customize...” 内有许多选项，根据需要选用和调整。

选中 “Perform Consistency check before starting analysis”，在开始分析前执行一致性检查。

在 “Maximum number of points” 填入最多分析数量。

“Title for analysis” 填入分析标题。

【注】：该标签页通常默认其设置。

3. Summary 标签

对分析设置进行汇总确认，如图 2-2-7 所示，一般不需调整，系统会自动记录。

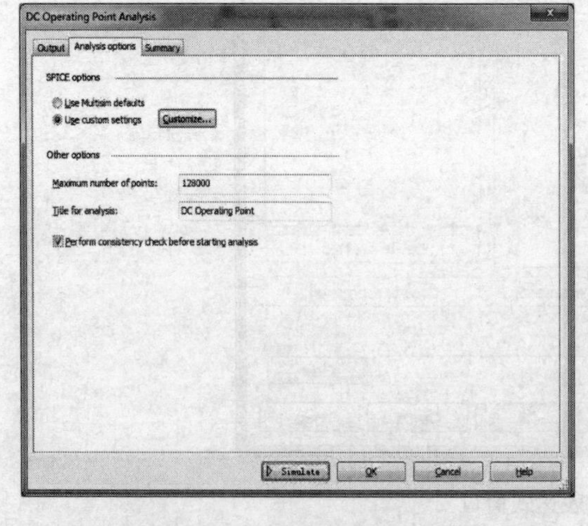

图 2-2-6 Analysis Options 标签

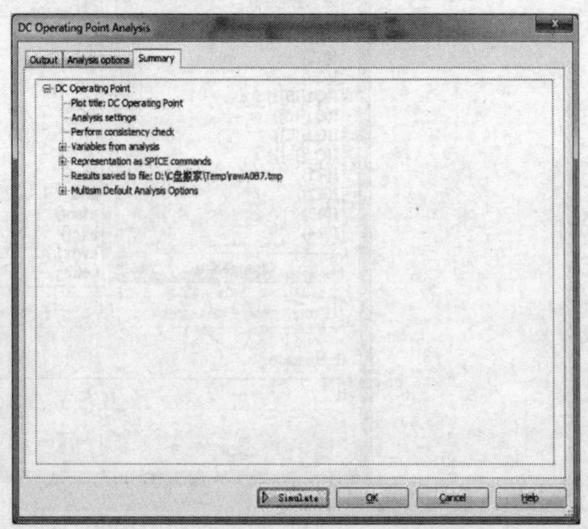

图 2-2-7 Summary 标签

4. 直流工作点分析可能存在的问题

在直流工作点分析中，没有需要特别设置的分析参数，但由于各种原因，DC 直流工作点的分析可能无法收敛。节点电压的初始估计值可能偏差太大，电路可能不是稳态或双稳态（电路方程可能不止一组解），模型可能存在不一致问题或电路中包含不切实际的阻抗。

可以调整的窗口在“Analysis Options”标签下，“Use custom settings”的选项和调整标签如图 2-2-8 ~ 图 2-2-12 所示，但在此不对标签中的内容做详细介绍，通常情况下，都用“Use Multisim defaults”选项来默认进行分析。

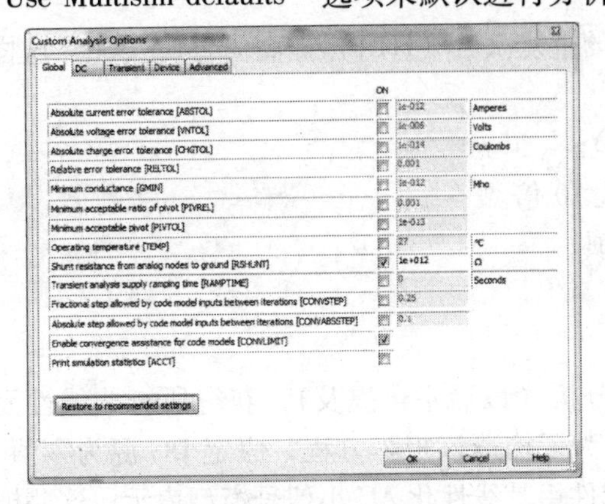

图 2-2-8　Global 标签

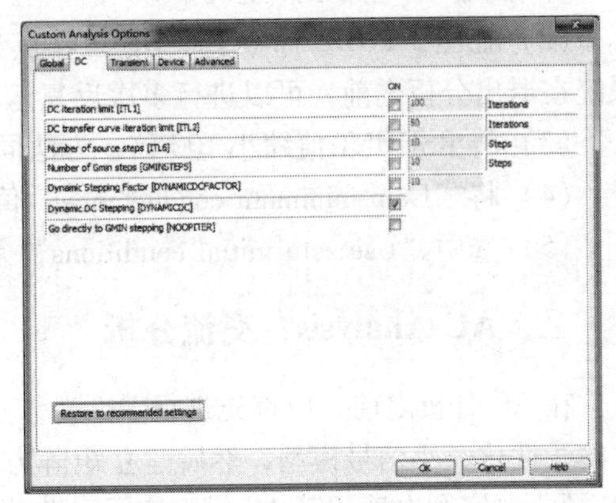

图 2-2-9　DC 标签

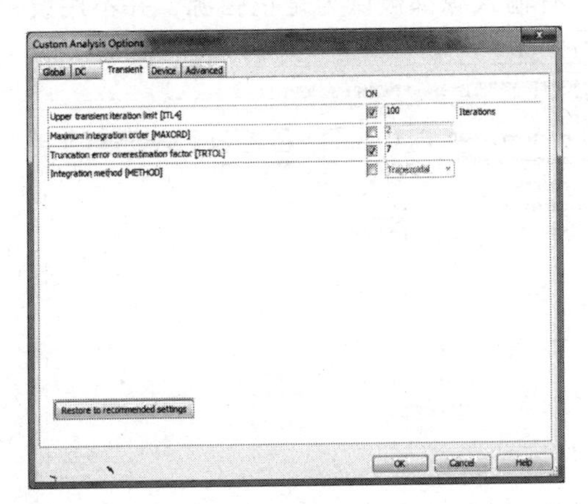

图 2-2-10　Transient 标签

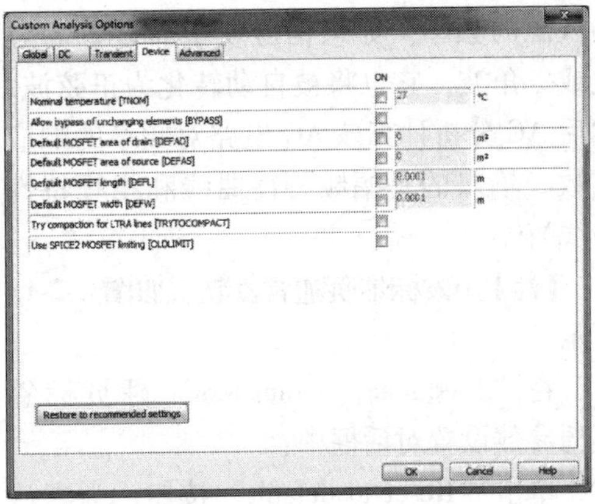

图 2-2-11　Device 标签

利用下列技术可解决收敛问题和分析失败问题。在仿真进行之前，应确定是哪种分析引起的问题（记住：DC 工作点分析常常作为其他分析的第一步，首先执行）。在如下的每一种解决方案中，都是从步骤（1）开始，然后按顺序继续以后的步骤，直至解决问题。

（1）检查电路拓扑和连接，以保证做到以下几点。

1）电路连接正确，没有未接的节点或元件；

2）没有混淆数字“0”和字母“O”；

3）电路存在地节点，且电路中的每一个节

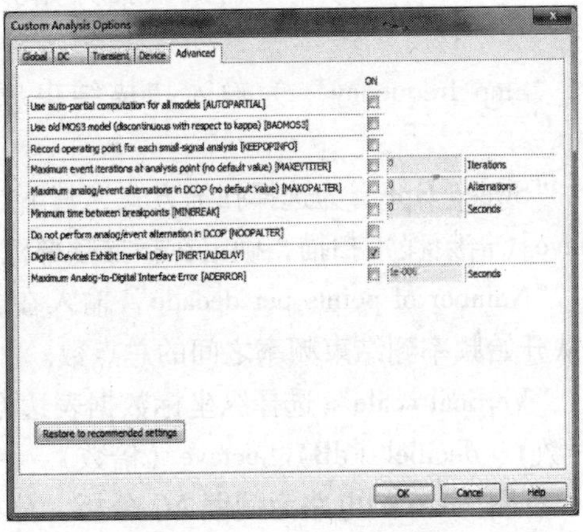

图 2-2-12　Advanced 标签

点都有到地的直流通路。保证在电路中没有被电压转换器、电容等隔离到地的节点；

4）电感和电流源不能串联；

5）所有器件和信号源都必须设置正确；

6）所有受控源的增益必须设置正确；

7）模型/子电路必须正确。

（2）在图2-2-9DC标签下将DC工作点分析的重复次数（ITL1）提高为200～300，这样系统在退出分析之前，可以进行多次反复运算。

（3）将RSHUNT值缩小100倍，方法同（2）。

（4）将“Gain minimum conductance”值增大10倍。

（5）选中“Use zero initial conditions”复选项。

二、AC Analysis：交流分析

在AC分析之前，应首先进行DC工作点的分析（以后不再提及），获得所有非线性元件的线性化、小信号模型，然后建立矩阵方程。为了构造该矩阵方程，假定DC源为零值，AC源、电容和电感用其AC模型表示，非线性元件用其线性化AC小信号模型表示，这些模型是从DC工作点分析中得到的。在AC分析中所有输入源都被认为是正弦源，并不用设置输入源的频率。如果信号发生器设置为方波或三角波，它也将被自动转化为正弦波，然后AC分析计算该AC电路对频率的响应函数（输出的是幅频特性曲线和相频特性曲线）。

设置AC分析的频率参数，如图2-2-13所示。

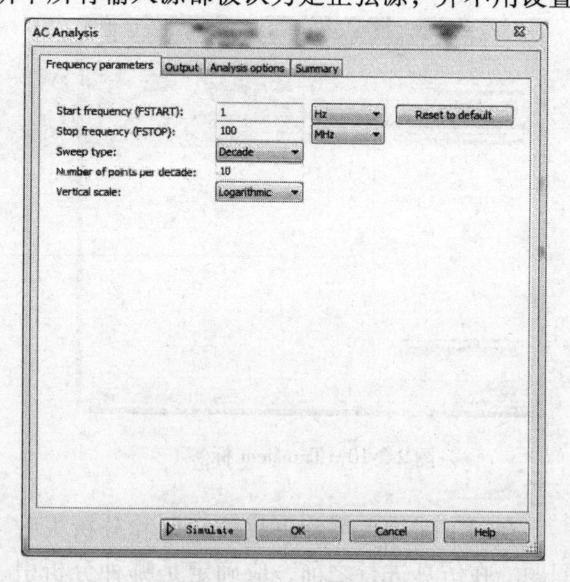

图2-2-13 AC分析设置

在“Frequency Parameters”翻页标签下的参数设置对话框中：

单击“Reset to default”按钮，为默认设置，可用于一般仿真。

“Start frequency”为输入扫描开始频率。

“Stop frequency”为输入扫描结束频率。

“Sweep type”为选择扫描方式，其下拉菜单中有linear（线性）、decade（10倍频程）、octave（倍频程）扫描，确定在扫描频率范围内计算多少个扫描点。

“Number of points per decade”输入在分析过程中计算的点数，对于线性扫描，该点数是从开始频率到结束频率之间的总点数。

“Vertical scale”选择纵坐标数据表达方式，其下拉菜单中有linear（线性）、logarithmic（对数）、decibel（dB）、octave（倍数）。

以图2-1-6的电路为例做AC分析，分析参数设置为1～100MHz，运行结果如图2-2-14所示。

【注】：在多数情况下，只要在图 2-2-13 中设置起始频率和结束频率参数即可。其他标签设置参考“DC Operating Point”，以后不再提及。设置计算的点数越多，计算的精度就越高，但仿真速度将会受到影响。

三、Transient Analysis：瞬态分析

在瞬态分析中，Multisim 计算电路响应与时间的变化关系，即反映分析量的时域变化规律。此时，DC 源具有恒定的输入信号值，AC 源信号按设置随时间变化。电容和电感采用能量存储模型。

（1）瞬态分析初始条件的设置与分析结果的关系见表 2-2-1 所示。

（2）瞬态分析的参数设置标签如图 2-2-15 所示。在图中：“Initial conditions”选择测试初始条件，其下拉菜单中，“Set to zero”（设置为零）、“User-defined”（用户自定义）、“Calculate DC operating point”（计算 DC 工作点为基础）、“Automatically determine initial conditions”（系统自动确定初始条件）。

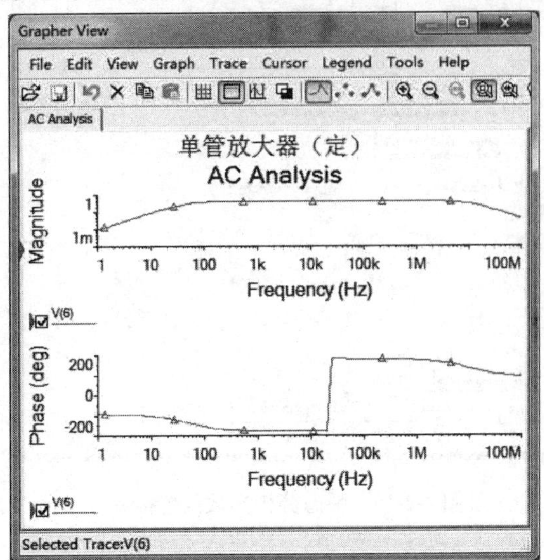

图 2-2-14 分析结果

表 2-2-1 瞬态分析初始条件的设置与分析结果的关系

初始条件设置状态	分析结果
自动检测	Multisim 试图启动以 DC 工作点作为初始条件的仿真进程，如果仿真失败，将用户定义的初始条件进行仿真运算
以 DC 工作点为基础	Multisim 首先计算电路的 DC 工作点，然后利用该结果作为瞬态分析的初始条件
零	瞬态分析以零作为初始条件
用户自定义	瞬态分析以在瞬态分析屏中设置的初始条件为基础进行分析

“Start time（TSTART）”设置瞬态分析的起始时间。

“End time（TSTOP）”设置瞬态分析的结束时间。

“Maximum time step（TMAX）”选中此项，可输入最大运算步长值。注意，它是由指定的开始时间和结束时间之间的时间间隔除以指定的最少时间点数确定（参见 Multisim 主菜单中“Help”）；

以图 2-1-6 的电路为例进行瞬态分析，设置范围 0～0.003s 的分析波形如图 2-2-16 所示。

（3）瞬态分析失败时的解决方法：如果运行瞬态分析时，利用初始设置的时间步长，仿真不能收敛，那么系统将自动减少时间步长并重复进行。如果时间步长太小，系统将给出发生错误的提示，放弃当前的仿真分析。如果出现这种情况，可尝试下列解决方法（参考图 2-2-8～图 2-2-12）：

1）检查电路拓扑和连接。

2）设置相对误差为 0.01：从 0.01 逐步提高相对误差，这样为了收敛到一个数值解，只需较少的迭代次数，仿真速度相对较快。

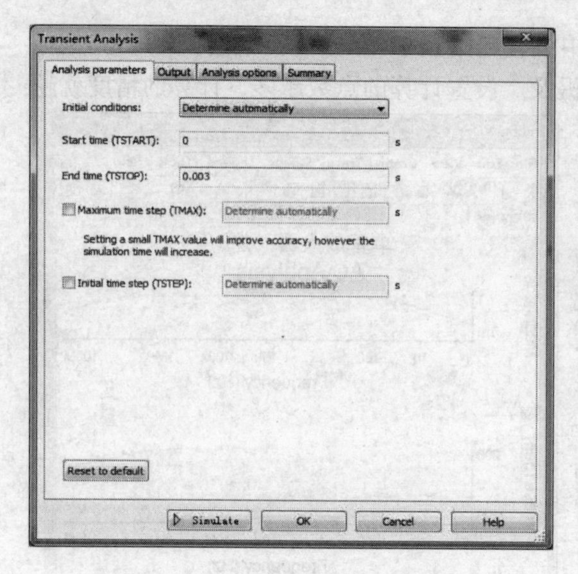

图 2-2-15 瞬态分析参数设置标签

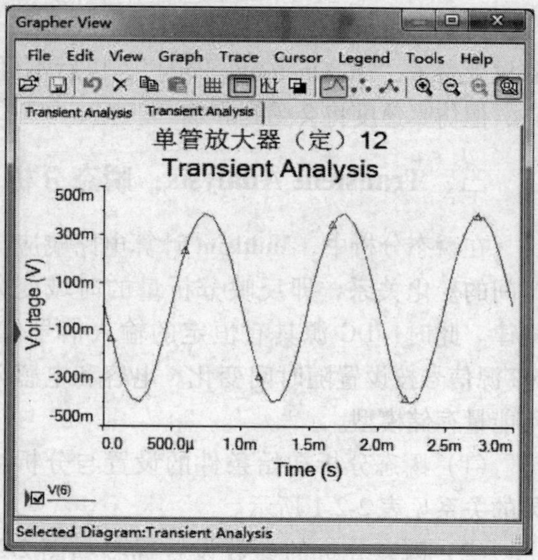

图 2-2-16 瞬态分析波形

3）增加迭代次数为 100：这样允许系统在放弃仿真之前，瞬态分析对每一个时间步长进行更多的迭代运算。

4）如果电流标准允许，减小绝对电流误差：实际电路可能并不要求精度为 1μV 或 1pA，因此至少允许比电路希望的最小电压或电流高一个数量级。

5）电路模型实际化：考虑实际的寄生效应，特别是结电容，可利用二极管的 RC 缓冲器模型，用子电路替换器件模型，特别是 RF 和功率器件。

6）如果电路中包括受控源（controlled one-shot source），增大其上升和下降时间。

7）将积分改为 Gear 积分法：Gear 积分法需要更长的仿真时间，但比梯形法容易求得稳态解。

四、Fourier Analysis：傅里叶分析

1. 傅里叶分析基础

傅里叶分析是分析复杂多次谐波周期信号的一种数学方法。它可以将某一非正弦周期信号转化为无限多个正弦和余弦谐波与一个直流分量的和，以便深入分析信号的频率成分，或确定该波形与其他信号共同作用的影响。

根据傅里叶级数的数学原理，周期函数 $f(t)$ 可以改写为：

$$f(t) = A_0 + A_1\cos\omega t + A_2\cos 2\omega t + \ldots + B_1\sin\omega t + B_2\sin 2\omega t + \ldots$$

式中：A_0 为原始信号的直流（平均）分量；$A_1\cos\omega t + B_1\sin\omega t$ 为基波分量（与原始波有相同的频率和周期）；$A_n\cos\omega t + B_n\sin n\omega t$ 为 n 次谐波；A_n、B_n 为 n 次谐波的系数；ω 为基波角频率。

在傅里叶级数中，每一个分量都被看作是一个独立的信号源。根据叠加原理，总响应为各分量产生响应之和。谐波的幅度随谐波的次数的提高而减小，因此只需取较少次数的谐波分量，就可产生较满意的近似效果。

在 Multisim 进行离散傅里叶转换运算时，为避免输出信号受建立时间的影响，取输出信

号的第二个周期进行分析，系统根据输出信号自动计算出各次谐波的系数。分析结果中的基波频率等于 AC 源的频率或多个 AC 源频率的最小公倍数。

傅里叶分析给出傅里叶级数的电压幅值分量和相位分量对频率的关系曲线，在默认条件下，幅度关系图是柱形图，也可以是线形图。

该分析也可以计算 *THD*（谐波总失真）。*THD* 定义为信号的各次谐波幅度平方和的平方根除以信号的基频幅度，并以百分数表示，公式为

$$THD = [(\sum_{i=2} V_i^2)^{\frac{1}{2}} / V_1] \times 100\%$$

式中，V_i 是第 i 次谐波的幅度。

2. 傅里叶分析设置

一般应用的傅里叶分析的参数设置标签如图 2-2-17 所示，其他标签参考直流工作点分析。

（1）在 Sampling options 设置区

1）“Frequency resolution”栏：根据电路中的 AC 源，系统会自动选择一个频率值；或在“Frequency resolution”栏中输入一个频率值，该值应为电路中各信号频率的最小公倍数，也可以单击右边的“Estimate”，默认值为 1000Hz。频率值的确定由电路所要处理的信号来决定。

2）“Number of harmonics”栏：设置希望计算的谐波个数，默认个数为 9。

3）“Stopping time for sampling”栏：选中可设置取样结束时间，可以单击右边的“Estimate”，选择默认设置值，默认值为 0.005。尽管理想的奈奎斯特取样频率将信号最高频率的两倍作为取样频率，还是建议用户指定的取样频率足以获得每周期最小 10 个取样点。为避免出现电路达到稳态前的不想要的瞬态结果，也可以指定取样结束时间。

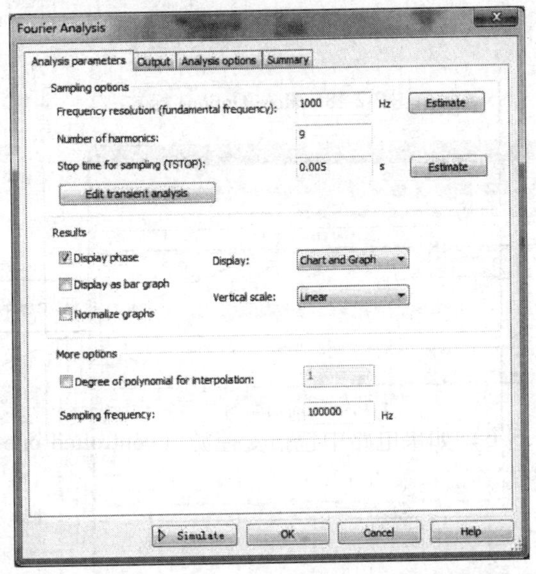

图 2-2-17　傅里叶分析的参数设置标签

4）“Edit transient analysis”设置瞬态分析参数。

（2）在 Results 设置区

1）“Display phase”显示傅里叶分析的相频特性。

2）“Display as bar graph”以线条形式描绘频谱图，是默认选项。

3）“Normalize graphs”显示归一化频谱图。

4）“Display”设置以什么方式显示，其下有 Chart（图表）、Graph（曲线）、Chart and Graph（图表和曲线）。

5）“Vertical scale”Y 坐标刻度类型。有线性（Linear）、对数（Log）、分贝（Decibel）。

3. More Options 栏

高级用途的傅里叶分析的设置，除以上基本设置外，还可以进一步设置，如图 2-2-18 所示。

（1）“Degree of polynomial for interpolation”设置多项式的插值幂次数。多项式的幂次数越高，仿真运算的精度就越高。

（2）“Sampling Frequency”输入取样频率，默认设置值为100000Hz。注意，输入取样频率有如下关系式：

取样频率 = 测试频率 ×（谐波数目 + 1）× 每个周期内至少 10 个取样点

4. 简单应用举例

以图2-2-19所示电路为例，按图2-2-17设置，运行结果如图2-2-20所示。

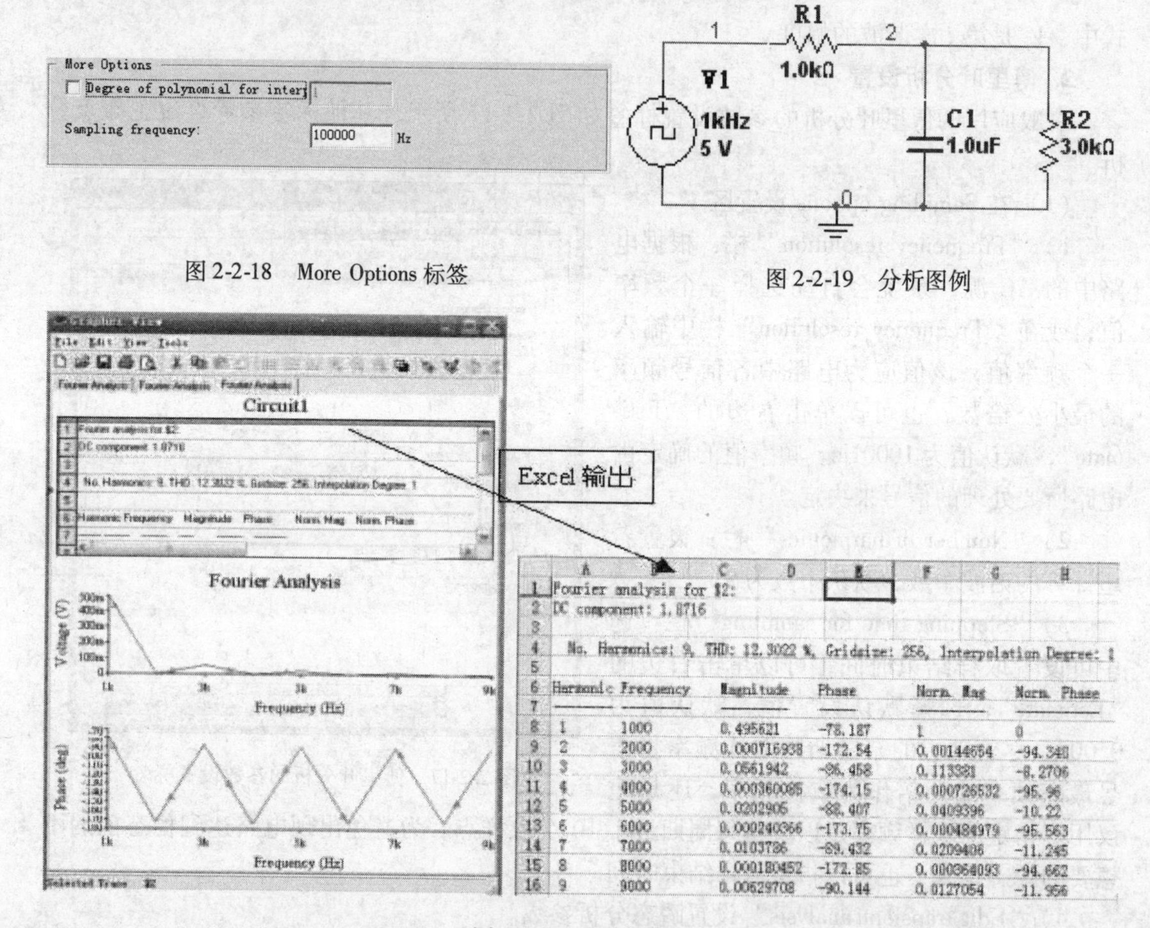

Harmonic	Frequency	Magnitude	Phase	Norm. Mag	Norm. Phase
1	1000	0.495621	-78.187	1	0
2	2000	0.000716938	-172.54	0.00144654	-94.348
3	3000	0.0561942	-86.458	0.113381	-8.2706
4	4000	0.000360085	-174.15	0.000726532	-95.96
5	5000	0.0202906	-88.407	0.0409396	-10.22
6	6000	0.000240366	-173.75	0.000484979	-95.563
7	7000	0.0103786	-89.432	0.0209406	-11.245
8	8000	0.000180452	-172.85	0.000364093	-94.662
9	9000	0.00629708	-90.144	0.0127054	-11.956

图2-2-18 More Options 标签

图2-2-19 分析图例

图2-2-20 运行结果

五、Noise Analysis：噪声分析

1. 噪声简介

噪声是指在电路中出现的任何非信号项的电压或电流，它是影响实际电路的随机因素之一。Multisim提供了三种不同的噪声模型：热噪声、散弹噪声和闪烁噪声。

热噪声（白噪声）：是由于在导体中载流子的热作用而造成。它均匀地分布于整个频率范围。热噪声的能量公式为：

$$P = kTB$$

式中：k为玻耳兹曼常数（1.38×10^{-23}J/K）；T为导体或电阻的热力学温度；B为频带宽

度。热电压可以利用与电阻串联的电压源或电流源来表示：

$$e^2 = 4kTRB$$

$$i^2 = 4kTB/R$$

散弹噪声是由半导体中的载流子的统计起伏造成的，是晶体管噪声的主要来源。

$$i = (2qI_{dc}B)^{1/2}$$

式中，i 为散弹噪声电流（RMS），单位为安培；q 为电子电荷（1.6×10^{-19}C）；B 为频带宽度。

闪烁噪声存在于 BJT 和 FET 中，主要发生在频率低于 1kHz 的频段。它与频率成反比关系，与温度和 DC 电流成正比关系。

Multisim 中的噪声分析是计算每一个电阻或半导体器件对指定输出节点的噪声贡献。输出节点的总噪声是各个分噪声的方均根之和，该和再除以增益得出等价输入噪声。所谓等价输入噪声是指在无噪声输入源上注入噪声，产生与噪声电路相匹配的输出噪声。总的噪声电压是以地或电路中的其他节点作为参考的。

2. 噪声分析设置标签

噪声分析的设置标签共有五个标签，下面介绍其中的两个标签，其他标签参考直流工作点分析。

（1）"Analysis Parameters" 标签如图 2-2-21 所示，在进行噪声分析之前，应先检查电路，确定输入噪声参考源、输出节点和参考节点。在 "Analysis Parameters" 标签下各选项：

1）"Input noise reference source" 选择 AC 输入电压源。

2）"Output node" 选择噪声输出点，在此点将所有噪声贡献取和。

3）"Reference node" 选择参考节点。

4）选中 "Set points per summary" 将产生一个所选元件噪声贡献的记录。

（2）Frequency Parameters 标签如图 2-2-22 所示。

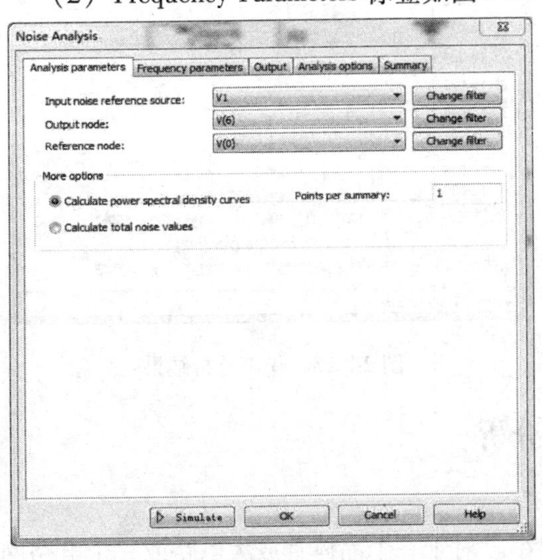

图 2-2-21　噪声分析设置标签 1

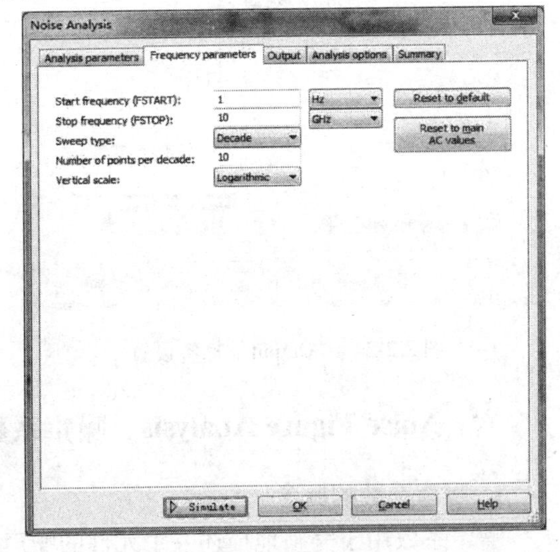

图 2-2-22　噪声分析设置标签 2

1）"Start frequency（FSTART）" 设置起始频率，默认值为 1Hz。

2）"End frequency（FSTOP）" 设置终止频率，默认值为 10GHz。

3）在“Sweep type”下拉列表中设置扫描方式。在下拉列表中选 Decade（10 倍程）、Octave（倍程）、Linear（线性）。

4）在“Number of points per decade”栏中设置每 10 倍程中计算的点数（注意：需要计算的点数越多，计算的精度就越高，但仿真速度将会受到影响）。

5）从“Vertical scale”下拉列表中选择纵轴坐标 Linear（线性）、Logarithmic（对数）、Decimal（10 进制）、Octave（倍数）。

6）“Reset to default”按钮，恢复本标签的所有默认设置。

7）“Reset to main AC values”按钮，将本标签的所有设置恢复成与 AC 分析相同的值。

3. 应用举例

默认设置适用于多数情况，用户只需在“Start frequency”栏和“Stop frequency”栏输入相应的频率范围。以图 2-2-23 所示的电路为例，设置输出节点 Output node“6”，“Output”标签设置如图 2-2-24 所示，选中“Set points per summary”，其他设置默认，噪声分析结果如图 2-2-25 所示。

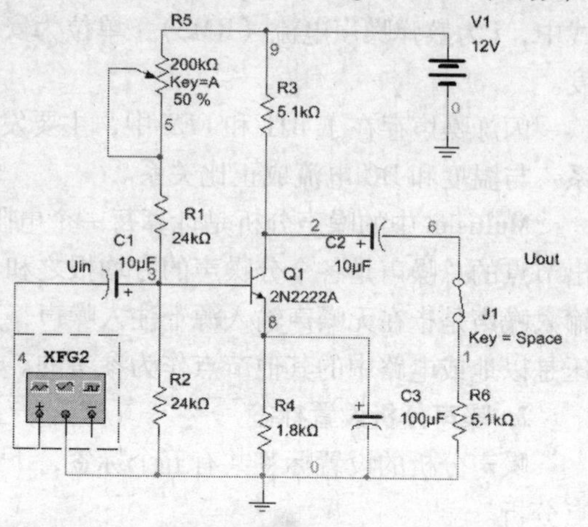

图 2-2-23　分析图例

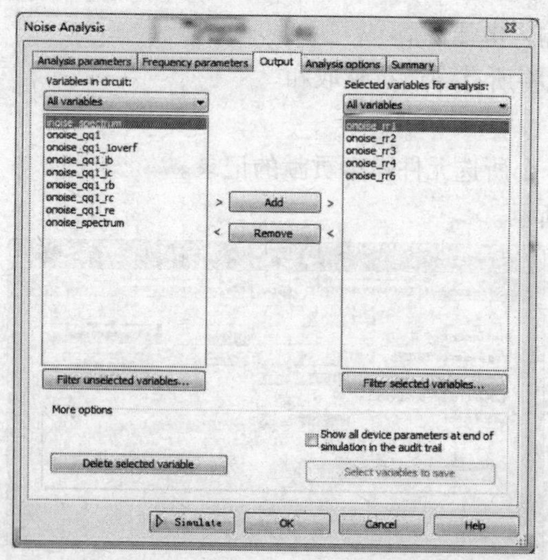

图 2-2-24　“Output”标签设置

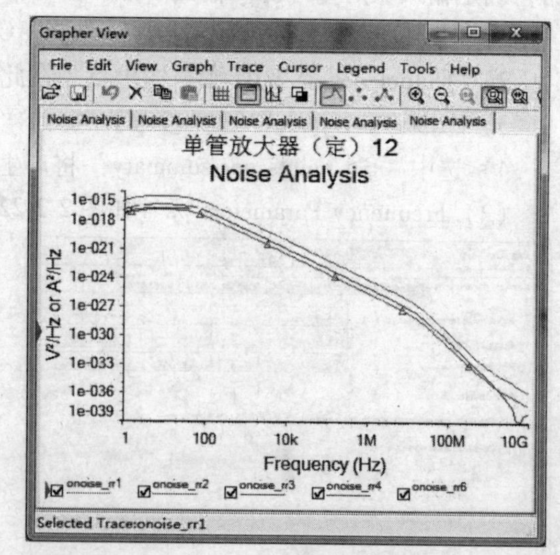

图 2-2-25　噪声分析结果

六、Noise Figure Analysis：噪声系数分析

1. 噪声系数的概念

噪声系数用于完整地描述一个元件的噪声大小。对于一个晶体管放大电路或一个电路网络中，噪声系数被用作一个数字指标，用来衡量网络对噪声的综合抑制能力，用 NF（单位 dB）表示

$$NF = 10\log_{10}F$$

式中，$F=\dfrac{\text{Input}SNR}{\text{Output}SNR}$，其中 *SNR* 为信噪比，Input*SNR* 为输入信噪比，Output*SNR* 为输出信噪比。

2. 噪声系数分析设置

分析参数设置标签如图 2-2-26 所示，其他标签参考直流工作点分析。

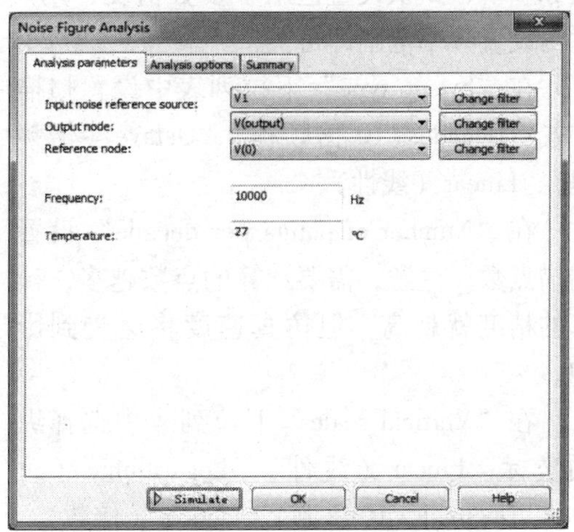

图 2-2-26 噪声系数的分析参数设置标签

在“Input noise reference source”选择输入噪声参考源。

在“Output node”选择噪声输出节点。

在“Reference node”选择参考节点。

在“Frequency”设置输入信号的频率。

在“Temperature”输入温度。

3. 应用实例

以图 2-2-27 所示的射频放大器为例（电路来源于 Multisim 的 Samples 文件夹），设置标签如图 2-2-26（默认设置），分析结果如图 2-2-28 所示。

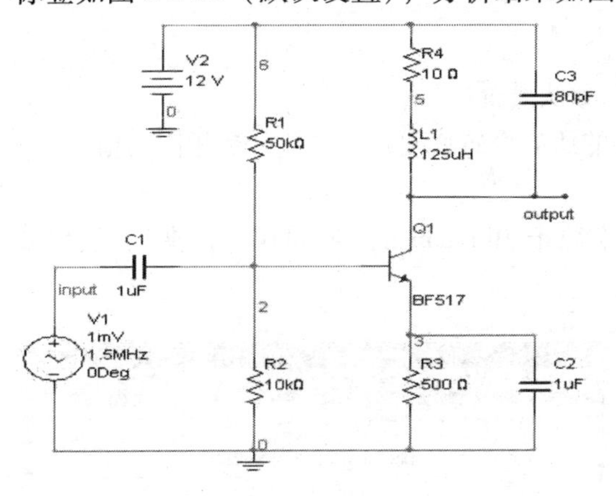

图 2-2-27 射频放大器

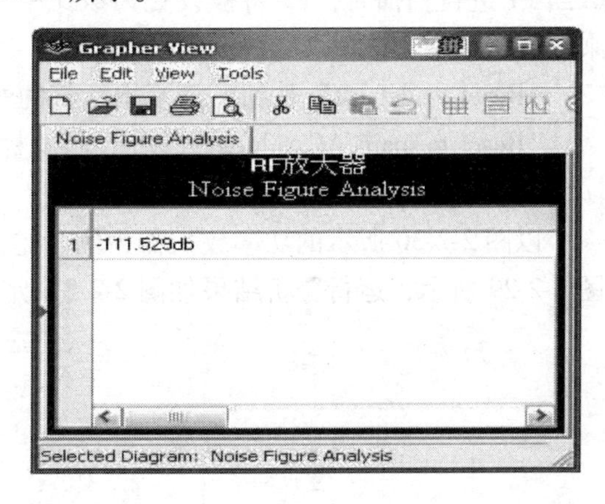

图 2-2-28 分析结果

七、Distortion Analysis：失真分析

1. 有关常识

信号失真的原因很多，有因电路频率特性不理想导致的幅度、相位失真，也有因电路非线性导致的谐波失真、互调失真等。

失真分析对于研究瞬态分析中不易察觉的小失真比较有用。Multisim 可以分析小信号电路的谐波失真和互调失真。如果电路中只有一个 AC 频率源，该分析将确定电路中每一点的第二和第三次谐波造成的谐波失真。如果电路中有两个 AC 源 F1 和 F2（假设 F1 > F2），那么该分析将寻找电路变量在三个不同频率上的谐波失真，这三个频率分别为：（F1 + F2）、（F1 − F2）及（2F1 − F2）。

2. 分析参数设置

失真分析的参数设置标签如图 2-2-29 所示，其他设置参考直流工作点分析。

在进行分析前，应先检查电路并确定参加分析的源和节点。在“Analysis Parameter”翻页标签下，默认设置适用于多数情况，用户只需在“Start Frequency”和“Stop Frequency”栏内设置频率范围即可。

在“Sweep type”下拉列表中设置扫描方式：Decade（10 倍频程）、Octave（倍频程）、Linear（线性）。

在“Number of points per decade”设置扫描点数。注意，需要计算的点数越多，计算的精度就越高，但仿真速度将会受到影响。

在“Vertical scale”下拉列表中选择纵轴坐标：Linear（线性）、Logarithmic（对数）、Decimal（10 进制）、Octave（倍数）。

选中“F2/F1 ratio”，为包含多个频率源的电路分析设置，如果有两个频率源，那么当 F1 进行扫描时，F2 将被设置为该比率乘以开始频率。该值必须为 0 ~ 1 之间。

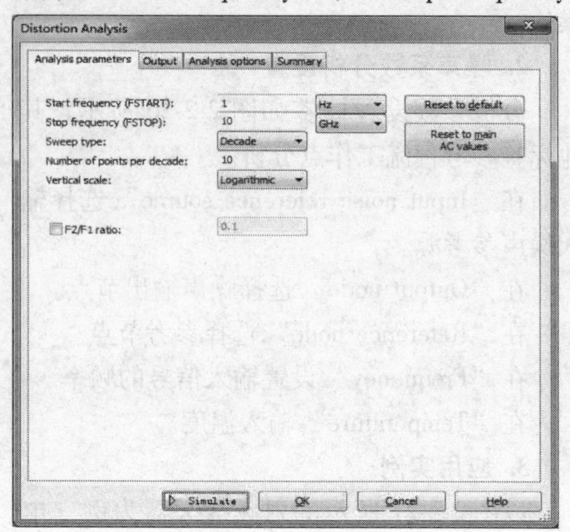

图 2-2-29 失真分析参数设置标签

“Reset to default”按钮，恢复本标签的所有默认设置。

“Reset to main AC values”按钮，将本标签的所有设置恢复成与 AC 分析相同的值。

3. 应用实例

以图 2-2-30 所示的功率放大器为例（电路来源于 Multisim 的 Samples 文件夹），设置如图 2-2-29 所示，运行分析结果如图 2-2-31 所示。

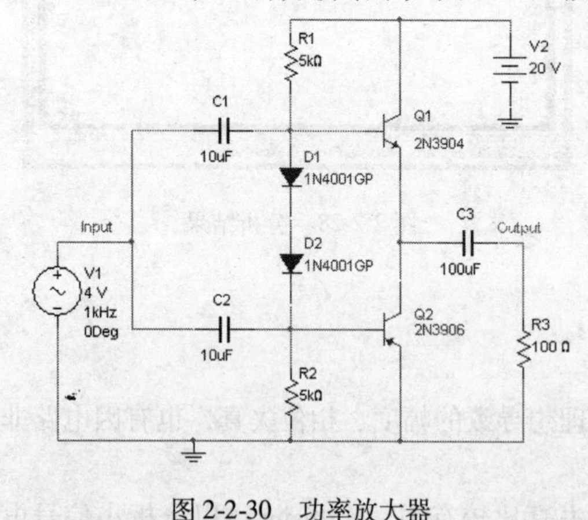

图 2-2-30 功率放大器

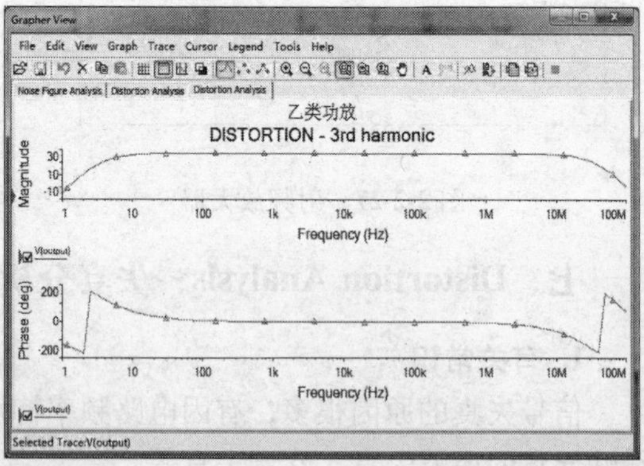

图 2-2-31 分析结果

八、DC Sweep Analysis：直流扫描分析

1. 关于 DC 扫描分析

DC 扫描分析的作用是计算电路在不同 DC 源下的直流工作点。

在进行分析之前，应先检查电路，确定扫描的 DC 源和分析的节点。如果只扫描一个源，给出的就是输出节点的响应与该 DC 源的关系曲线。如果同时扫描两个源，则输出曲线的个数将等于第二个源被扫描的点数。每一条曲线都表示第二个源等于其相应扫描点的值时，输出节点的响应与第一个源的关系。

2. 分析设置标签

分析参数设置标签如图 2-2-32 所示。

对于一般的应用，只需设置：

在“Source”选择扫描源。

在“Start Value”和“Stop Value”栏中输入相应的值，确定扫描电压范围。

在“Increment”栏输入相应的值，确定扫描电压增量。

高级应用可以过滤希望显示的输出变量，点击“Change Filter”，在“Filter Nodes”对话框中选中一个或多个设置，最后单击“OK”按钮。

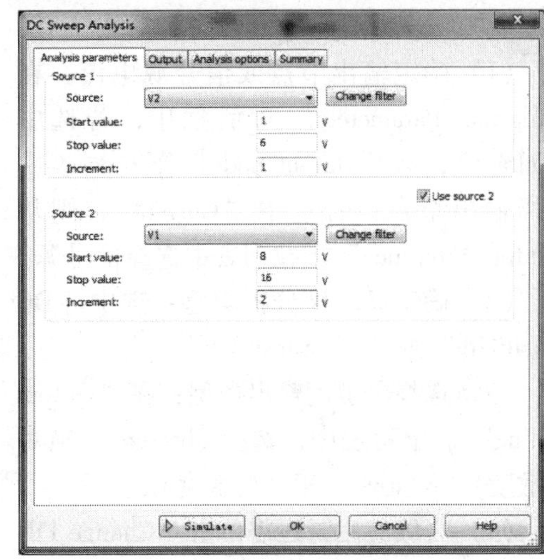

图 2-2-32 直流扫描分析参数设置标签

3. 应用实例

以图 2-2-33 所示电路为例，设置如图 2-2-32 所示，运行分析结果如图 2-2-34 所示。

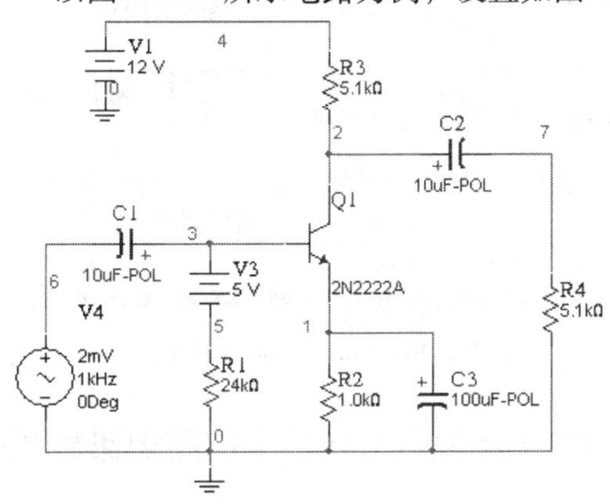

图 2-2-33 实验电路

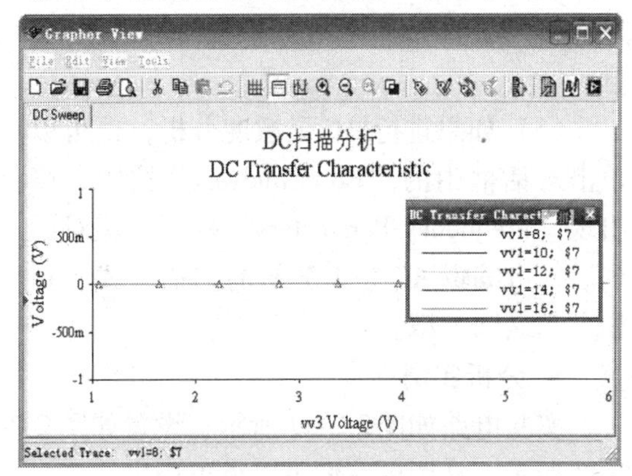

图 2-2-34 分析运行结果

九、Sensitivity Analysis：DC 和 AC 灵敏度分析

1. 关于灵敏度分析

灵敏度分析可以帮助用户找到电路中对直流偏置点影响最大的元件。该分析的目的是努力减少电路对元件参数变化或温度漂移的敏感程度。灵敏度分析计算输出节点电压或电流对所有元件（DC 灵敏度）或一个元件（AC 灵敏度）的灵敏度。灵敏度以数值或百分比的形式表示。当电路中每个元件独立变化时，输出电压或电流也将随之变化。DC 灵敏度的计算结果保存到一个表格中，而 AC 灵敏度的分析则绘出相应的曲线。

对于 DC 灵敏度分析，首先进行 DC 工作点分析，然后计算每一个输出对所有元件值以及模型参数的灵敏度。

2. 灵敏度分析的参数设置

灵敏度分析的参数设置标签如图 2-2-35 所示，进行灵敏度分析之前，应先检查电路，确定输出电压或电流（如果输出的是电压，选择输出节点；输出的是电流，则选择一个源）。

（1）确定输出节点或信号源电流：在“Analysis Parameters”对话框中，若选中“Voltage”，从“Output node”下拉列表中选择输出节点；若选中“Current”，则从“Output reference”下拉列表中选择信号源。

（2）确定灵敏度分析类型：选中“DC Sensitivity”或“AC Sensitivity”。

（3）选择灵敏度输出类型：在“Output scaling”下拉列表中，选择 absolute（绝对灵敏度）、relative（相对灵敏度）。

（4）高级应用时还需单击“Change Filter”打开“Filter Node”对话框，如图 2-2-36 所示，过滤内部节点（Display internal node）、子电路（Display submodules）以及外部引脚（Display open pins）中的输出变量。

（5）如果进行 AC 灵敏度分析，也可以单击对话框中的“Edit Analysis”按钮，当出现“Frequency Parameters”翻页标签对话框后，可编辑 AC 频率分析的扫描方式、扫描点和纵轴类型。

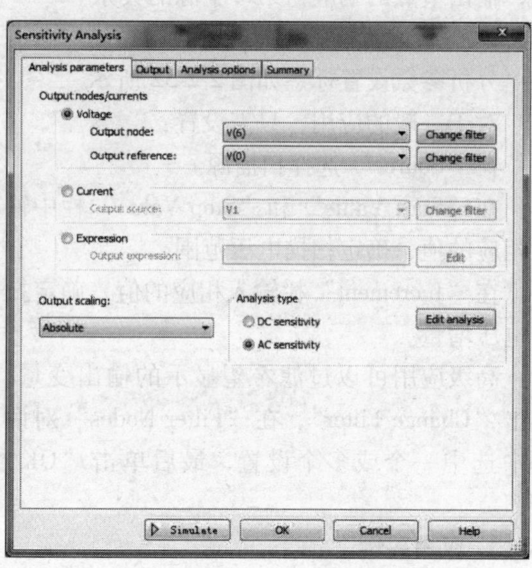

图 2-2-35 灵敏度分析的参数设置标签

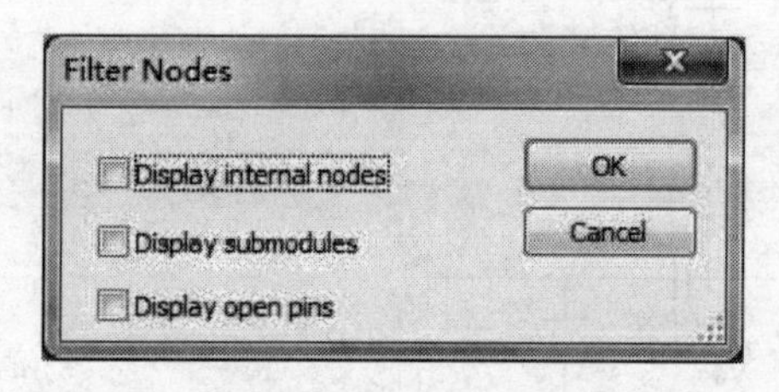

图 2-2-36 Filter Node 对话框

3. 分析实例

实验电路如图 2-2-37 所示，设置如图 2-2-35 所示，对电容 C1、C2、C3 分析结果如图 2-2-38 所示，从图中我们可以得出相应结论。

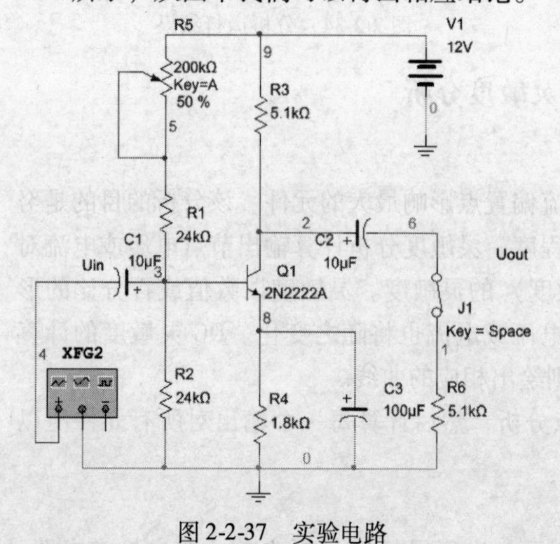

图 2-2-37 实验电路

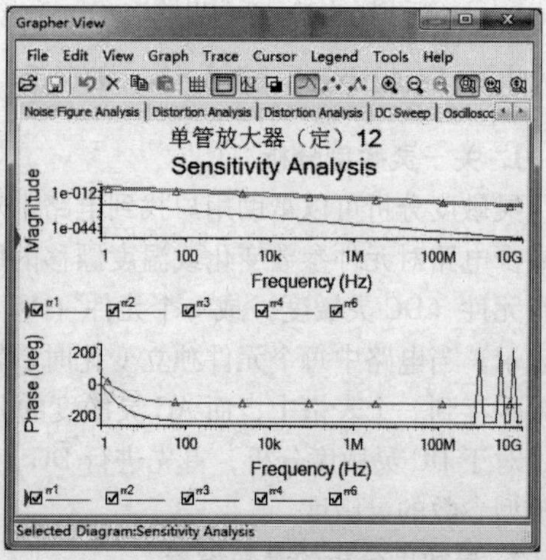

图 2-2-38 分析结果

十、Parameter Sweep Analysis：参数扫描分析

1. 关于参数扫描分析

参数扫描分析是将电路参数值设置为一定的变化范围，以分析参数变化对电路性能的影响，这种作用相当于对电路进行多次不同参数下的仿真分析，可以加速检验电路性能，对将要投产的产品设计很有意义。利用这种分析，用户可以设置参数变化的开始值、结束值、增量值和扫描方式，从而控制参数的变化。参数扫描可以有三种分析：DC 工作点分析、瞬态分析和 AC 频率分析。

2. 参数设置

在参数扫描分析之前，应先检查电路，确定扫描元件、参数和输出节点。设置参数扫描分析的标签如图 2-2-39 所示。

在“Analysis Parameters”分析标签上，一般应用时设置如下。

（1）确定扫描参数：从“Sweep Parameters”下拉列表中，选择参数类型（“Device”器件、“Model”模型），然后在“Device Type”、“Name”和“Parameter”各栏内输入相应的信息，系统将在“Description”栏内显示对参数的简单说明。

（2）设置扫描方式：从“Sweep Variation Type”下拉列表中选择扫描方式，Linear（线性）、Decimal（10 进制）、Octave（倍数）、List（列表），并设置相应范围。

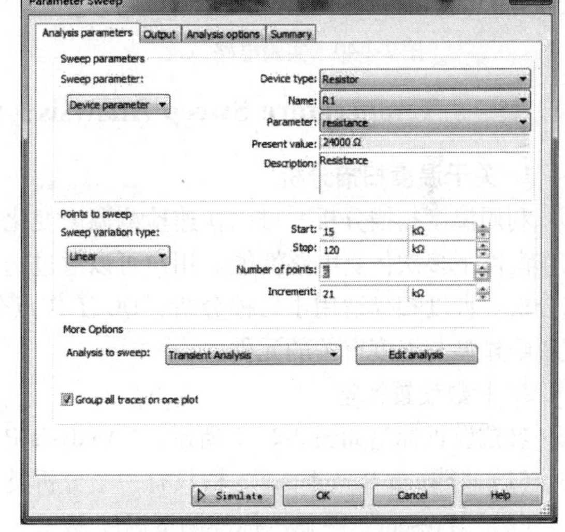

图 2-2-39 参数扫描分析标签

（3）设置分析类型：从“Analysis to sweep”下拉列表中选择分析类型，包括“DC Operating point”（DC 工作点分析）、“AC Analysis”（AC 频率分析）、“Transient analysis”（瞬态分析）和“Nested Sweep”（嵌套扫描）。

（4）单击“Edit Analysis”设置所选分析类型的参数，在随即出现的“Analysis Parameters”中进一步设置，步骤如下。

1）在“Start”和“End”栏输入扫描的起始值和结束值；

2）在“Number of times Points”栏输入点数，系统将自动计算并设置增加值；

3）如果希望扫描其他参数，可在“Value”栏输入希望分析的参数。

高级应用请参考 Multisim User Guide。

（5）设置 Group all traces on one plot 选项，选择是否将所有的分析曲线放在同一个图中显示。

3. 应用举例

以图 2-2-40 所示电路为例，设置如图 2-2-39 所示，瞬态分析输出结果如图 2-2-41 所示。从图中可以看到，R1 在 90kΩ 左右较为合适，因这时输出波形失真少，且幅度最大。

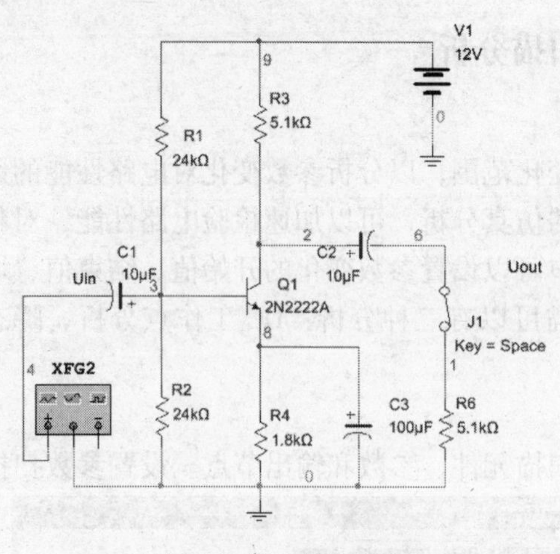

图 2-2-40　实验电路

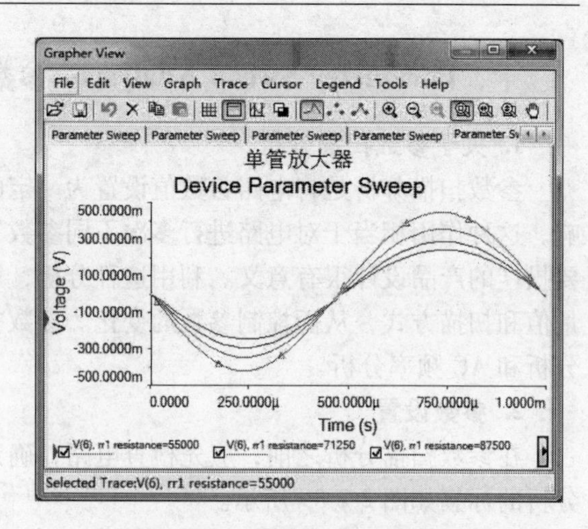

图 2-2-41　瞬态分析输出结果

十一、Temperature Sweep Analysis：温度扫描分析

1. 关于温度扫描分析

利用温度扫描分析，可以快速检测温度变化对电路性能的影响。该分析相当于在不同的工作温度下多次仿真电路性能。用户可以通过选择温度开始值、结束值和增加值控制温度扫描分析。温度扫描适用于三种分析：DC 工作点分析、瞬态分析和 AC 频率分析。温度扫描仅影响模型与温度有关的元件。

2. 参数设置标签

参数设置标签如图 2-2-42 所示，“Analysis Parameters”下：

（1）“Sweep Parameters”栏只有一个分析类型“Temperature”。

（2）“Present”栏显示标准测试温度 27℃。

（3）“Description”栏内显示对参数的简单说明。

（4）设置扫描方式：从“Sweep Variation Type”下拉列表中选择扫描方式，有 Linear（线性）、Decimal（10 进制）、Octave（倍数）、List（列表），并设置相应范围。

（5）设置分析类型：从“Analysis to sweep”下拉列表中选择分析类型，包括“DC Operating point”（DC 工作点分析）、“AC Analysis”（AC 频率分析）、“Transient analysis”（瞬态分析）和“Nested Sweep”（嵌套扫描）。

（6）单击“Edit Analysis”设置所选分析类型的参数，在随即出现的“Analysis Parameters”中进一步设置，步骤如下。

1）在“Start”和“End”栏输入扫描的起始值和结束值。

2）在“Number of times Points”栏输入点数，系统将自动计算并设置增加值。

如果希望扫描其他参数，可在“Value”栏输入希望分析的参数。

（7）设置 Group all traces on one plot 选项，选择是否将所有的分析曲线放在同一个图中显示。

3. 分析实例

以图 2-2-40 的实验电路为例，设置如图 2-2-42 所示，运行仿真后得结果如图 2-2-43 所示，表明电路的输出幅度是呈负温度系数变化的。

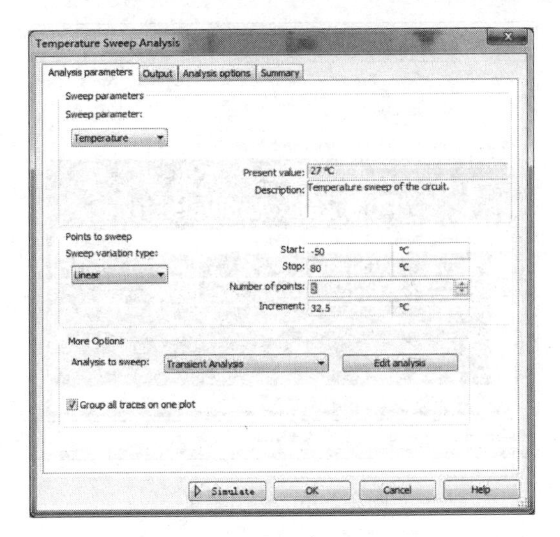

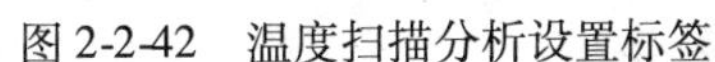
图 2-2-42　温度扫描分析设置标签

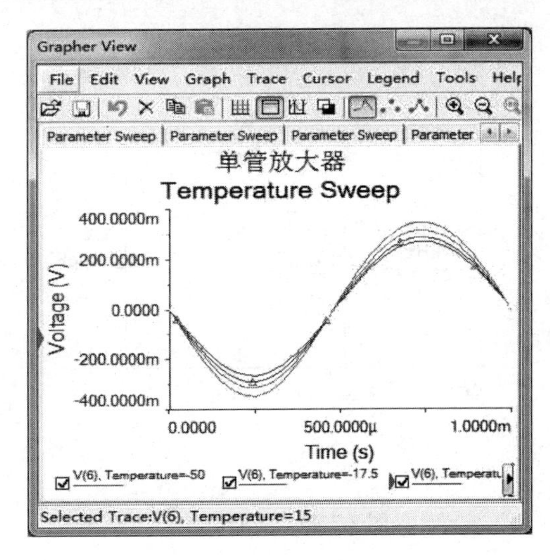

图 2-2-43　分析结果

十二、Pole Zero Analysis：极点—零点分析

1. 关于极点和零点分析

它分析求解交流小信号电路传输函数的极点和零点个数及数值，确定电子线路的稳定性，在进行极点—零点分析时，首先计算电路的直流工作点，进而确定非线性元件在交流小信号下的线性化模型，然后在其基础上求出此交流小信号传输函数的极点和零点。

2. 参数设置标签

其分析标签除“Analysis Parameters”标签（如图 2-2-44 所示）外，其余与直流工作点分析类似。要深入了解，请参见 Multisim 主菜单中“Help”。

“Analysis Type”选择分析类型：“Gain Analysis（output voltage/input voltage）”电路增益分析，即输出电压/输入电压；“Input Impedance”电路输入阻抗分析；“Impedance Analysis（output voltage/input current）”电路互阻抗分析，即输出电压/输入电流；“Output Impedance”电路输出阻抗分析。

“Nodes”选择输入输出节点：“Input（+）”正的输入节点；“Input（-）”负的输入节点（通常是接地端，即“0”点；“Output（+）”正的输出节点；“Output（-）”负的输出节点（通常是接地端，即“0”点）。

“Analysis performed”选择所要分析的项目：“Pole And Zero Analysis”同时求出极点和零点；“Pole Analysis”仅求出极点；“Zero Analysis”仅求出零点。

3. 分析实例

实验电路如图 2-2-45 所示，分析标签设置如图 2-2-44 所示，运行仿真得输出结果如图 2-2-46 所示。

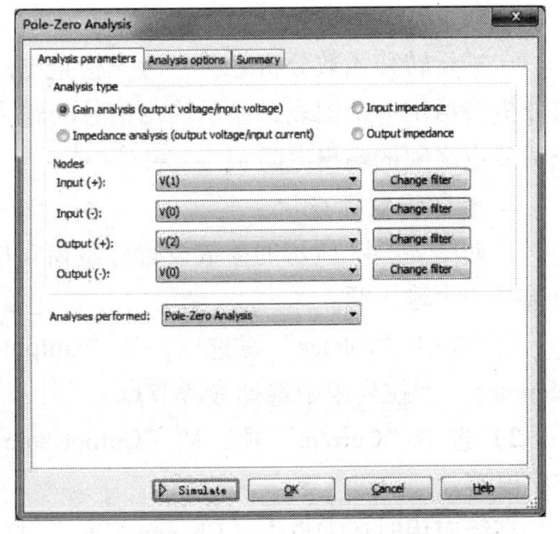

图 2-2-44　极点-零点分析标签

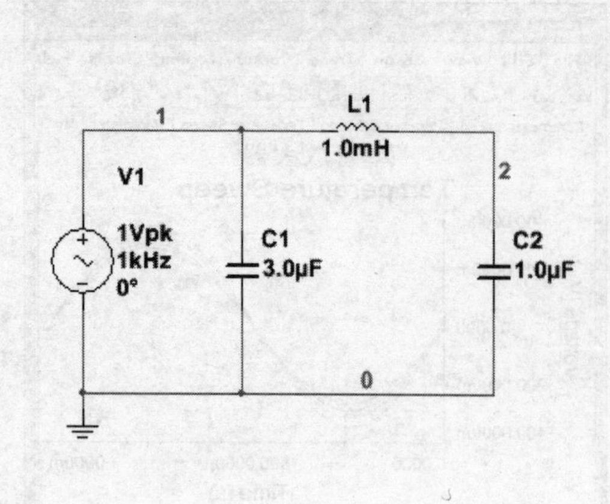

图 2-2-45 实验电路

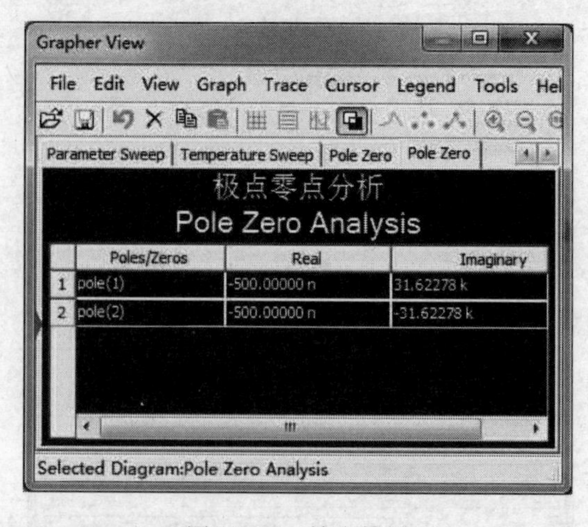

图 2-2-46 输出结果

十三、Transfer Function Analysis：转移函数分析

1. 关于转移函数分析

转移函数分析是计算输入源与两输出节点（对于电压而言）或某个输出变量（对于电流而言）之间的 DC 小信号转移函数，同时也可以计算电路的输入和输出电阻。首先将电路中所有非线性模型都以 DC 工作点为基础进行线性化，然后进行小信号 AC 分析。输出变量可以是任意节点电压，但输入必须是电路中的独立源。

在 Multisim 中，DC 小信号电压增益是各模型线性化后在 DC 偏置点（频率为零）上输出电压对输入电压的导数

$$G_{\mathrm{dc}}=\frac{\mathrm{d}U_{\mathrm{out}}}{\mathrm{d}U_{\mathrm{in}}}$$

电路的输入输出电阻是小信号的输入输出电阻。小信号电阻值是输入电压与输入电流在 DC 偏置点的微变量的比值

$$R_{\mathrm{i}}=\frac{\mathrm{d}U_{\mathrm{in}}}{\mathrm{d}I_{\mathrm{in}}}$$

在进行转移函数分析之前，应先检查电路，确定输出节点、参考节点和输入源。转移函数分析将给出一个图表，显示输出信号与输入信号的比值、输入源两端的输入电阻和输出电压两节点之间的输出电阻。

2. 参数设置标签

在如图 2-2-47 所示的参数设置标签窗口中，确定输入源，即从“Input source”下拉列表中选择一个输入源。

1）选中“Voltage”复选项，从“Output node”下拉列表中选择输出节点，从“Output reference”下拉列表中选择参考节点。

2）选中“Current”项，从“Output source”下拉列表中选择一个信号源，以此源表示支路电流。

高级应用时还需点击“Change Filter”打开“Filter Node”对话框，过滤内部节点（Display internal node）、外部引脚（Display open pins）以及子电路（Display submodules）中的输

出变量。选择一个或多个。

3. 应用实例

以图 2-2-40 所示的实验电路为例，标签设置如图 2-2-47 所示，分析结果如图 2-2-48 所示。

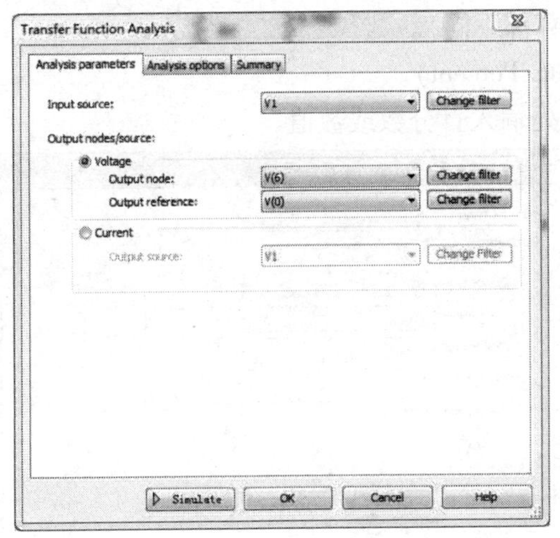

图 2-2-47　分析设置标签

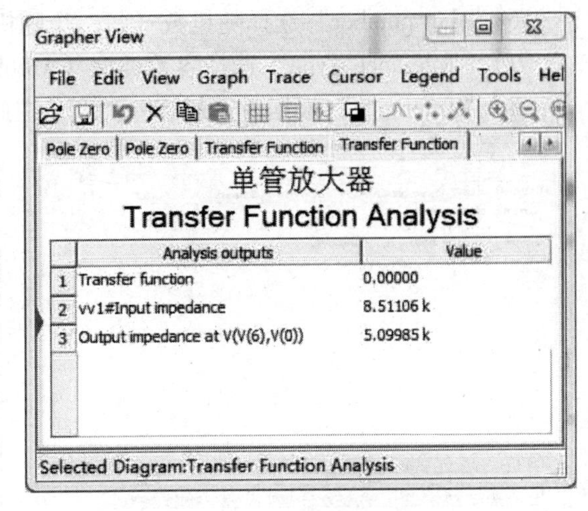

图 2-2-48　分析结果

十四、Worst Case Analysis：最坏情况分析

1. 关于最坏情况分析

最坏情况分析是一种统计分析，它有助于电路设计者研究元件参数的变化对电路性能的最坏影响。最坏情况分析相当于在容差范围内多次运行指定的分析，给出元件参数变化对电路性能的最坏影响。第一次运行采用元件的标称值，然后进行灵敏度分析（AC 或 DC），这样，仿真器可以计算出输出变量（电压或电流）相对于每一个元件参数的灵敏度。如果元件的灵敏度是一个负值，则最坏情况分析将取该元件的最小值。例如，某电阻 R_1 的灵敏度分析结果为一个负值，那么该元件的最小电阻值的计算公式为：

$$R_{1\min} = (1 - Tol)R_{1\text{nom}}$$

式中，Tol 为指定容差，$R_{1\min}$ 为电阻 R_1 的最小阻值，$R_{1\text{nom}}$ 为电阻 R_1 的标称值。

如果元件的灵敏度为一个正值，那么最坏情况分析将取该元件的最大值。如某电阻最大值计算公式为

$$R_{2\max} = (1 + Tol)R_{2\text{nom}}$$

则只要获得所有的灵敏度参数，最后一次负值运算将给出最坏情况分析结果。Multisim 利用比较函数组合来确定最坏情况分析结果。

2. 最坏情况分析的设置方法

（1）最坏情况分析的容差设置。如图 2-2-49 所示，在“Worst Case Analysis”窗口中，如果需要加入一个容差，可点击“Add a new tolerance”出现“Tolerance”窗口，如图 2-2-50 所示，设置相应的参数，步骤如下。

1）“Parameter Type”设置扫描参数“Model Parameter/ Device Parameter”（模型参数/器件参数）。

2）“Device Type”设置器件类别，晶体管、电阻、电容等。

3）“Name” 设置器件或模型名。

4）“Parameter”设置需要分析的参数名。

5）“Distribution” 选择容差分布方式（Guassian/Uniform，高斯/均匀分布）。

6）“Lot number”选择随机数（每一个随机数都不同）。

7）“Tolerance Type” 选择容差类型（Absolute/Percent）。

8）“Tolerance”根据所选的容差类型，在此处输入百分数或数值。

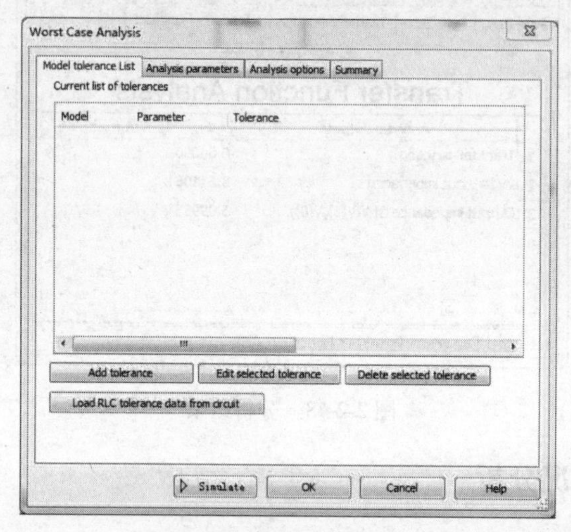

图 2-2-49 分析设置标签 1

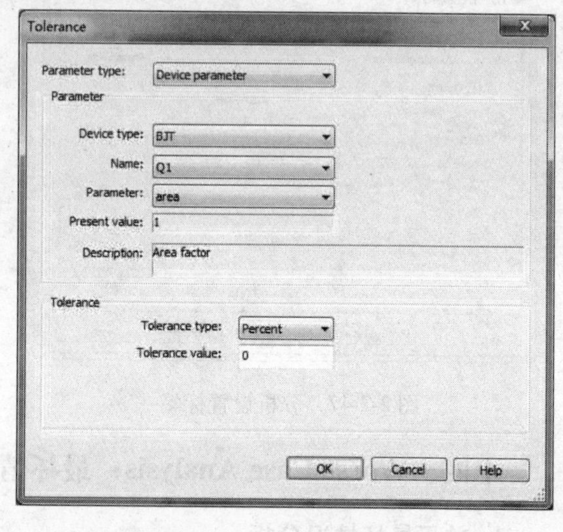

图 2-2-50 分析设置标签 2

（2）编辑容差分析。如果编辑容差，选中要编辑的容差参数后单击“Edit selected tolerance”，出现容差变量的设置如图 2-2-50 所示，根据需要修改这些变量，并单击“OK”保存所做的修改；如果删除表中的容差，选中需要删除的容差参数后点击“Delete tolerance entry”。

设置完毕，单击图 2-2-50 左下角的 Accept（添加）即出现如图 2-2-51 所示窗口。

（3）单击“Analysis Parameters”翻页标签，如图 2-2-52 所示。设置相应参数，对于 DC

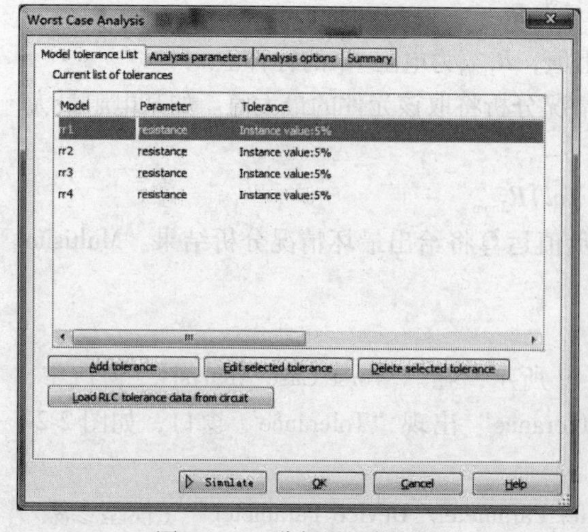

图 2-2-51 分析设置标签 3

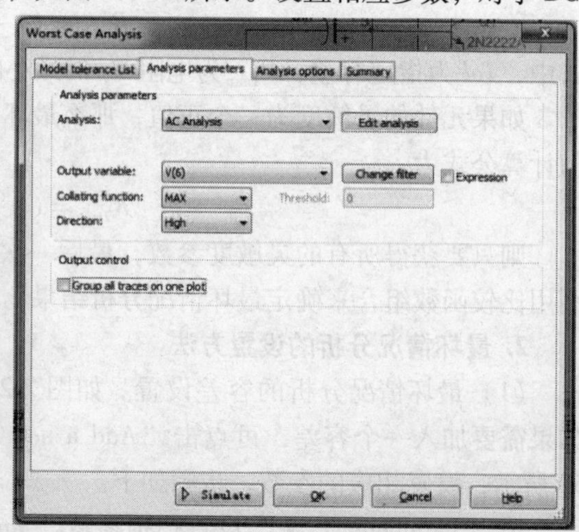

图 2-2-52 分析设置标签 4

电路，最坏情况分析产生从正常标称值到最坏情况下电路的输出电压曲线，并以图表的方式列出电路元件及其在最坏情况下的取值。对于AC电路，最坏情况分析产生正常标称值和最坏情况下电路的输出曲线，也以图表的方式列出电路元件及其在最坏情况下的取值。

3. 分析实例

以如图2-2-40的实验电路为例，分析参数设置如图2-2-51所示，分析电阻R1、R2、R3、R4的值在5%误差，100MHz范围内放大器AC分析性能情况，运行结果如图2-2-53和2-2-54所示。

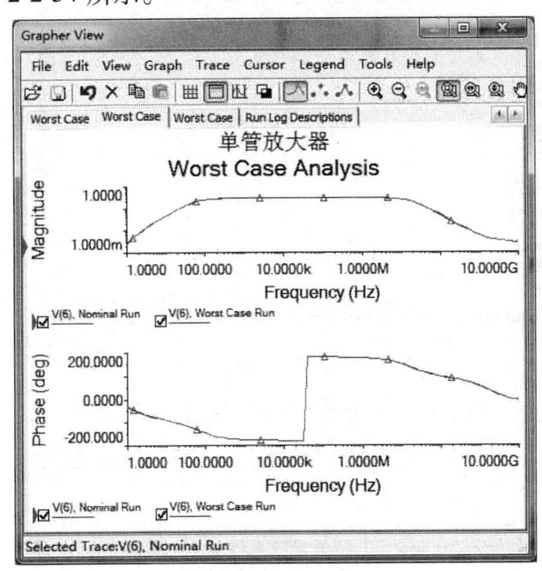

图2-2-53 运行结果曲线图

Grapher View

File Edit View Graph Trace Cursor Legend Tools Help

Worst Case | Worst Case | Worst Case | Run Log Descriptions

单管放大器

Run Log Descriptions

1	Worst Case Run
2	DC operating point for all devices: 0,
3	
4	Tolerance changes needed to achieve worst case:
5	rr1 resistance unchanged from 91000
6	rr2 resistance unchanged from 24000
7	rr3 resistance unchanged from 5100
8	rr4 resistance unchanged from 1800
9	

Selected Page:Worst Case

图2-2-54 运行结果图表

十五、Monte Carlo Analysis：蒙特卡罗分析

1. 关于蒙特卡罗分析

电子产品的设计定型大体要经过“性能样机→工业样机→批量产品”的过程。开始设计电路时，总是依据“标称值”进行，但电子元件的实际参数值较其标称值总存在误差，实际参数值可以看作以“标称值”为均值、分布于一定误差范围内的随机值。另外，许多元件参数也会随着工作条件（如电源电压或温度等）的改变而发生变化，从而使整机性能改变。为了设计出适应大批量生产、成本相对较低、成品率较高的电子产品，对产品设计定型前的电路进行随机容差统计分析是非常必要的。

蒙特卡罗（Monte Carlo）分析是一种常用的统计分析方法，该方法以欧洲著名赌城蒙特卡罗命名。在蒙特卡罗分析中，多次运算指定的分析，每一次元件参数都在指定的容差范围内，按照指定容差分布随机取值。第一次运行仿真分析是按元件标称值进行的，其余各次运行则是将设置的标准偏差σ值随机地加到标称值中或从标称值中减掉，该σ值可以是标准容差内的任意数值。

Multisim有两种容差分布函数：均匀分布和高斯分布。均匀分布是在容差范围内均匀地产生σ值，在容差范围内的任何值都有相同的概率成为σ值，而高斯分布较为复杂，这儿不做介绍，要进一步了解，请参见有关资料（如Multisim User Guide等）。蒙特卡罗分析容差参数的设置，可以参见最坏情况分析的容差设置。

2. 分析标签页

如图 2-2-55 所示“Analysis Parameters”标签页中“Output”、“Function”、“Direction”、“Restrict to range”和“Group all trace on one plot”等选项与最坏情况分析相同。新增的两个选项功能如下所述。

（1）“Number of runs”：蒙特卡罗分析次数，其值必须大于等于 2。

（2）“Text Output”：选择文字输出的方式。对本例，设输出节点为节点 6，纵坐标为“Liner”，“Number of runs”为 10，Text Output 为 A11。

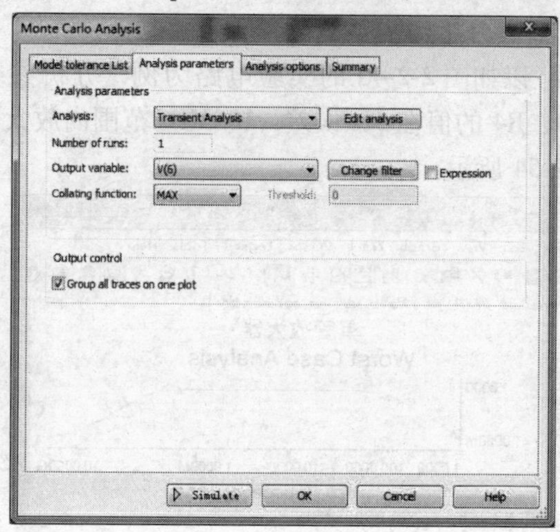

图 2-2-55 分析参数设置

3. 应用实例

以如图 2-2-40 的实验电路为例，分析参数设置如图 2-2-55、图 2-2-56 所示，对晶体管的“rb”、“cjc”（参见附录）在 80% 容差范围内，分析其对电路性能的影响。采用瞬态分析输出结果，分析结果如图 2-2-57 所示。

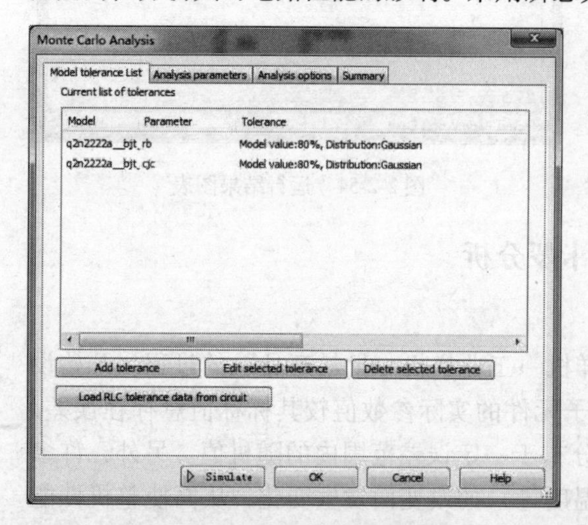

图 2-2-56 蒙特卡罗分析设置

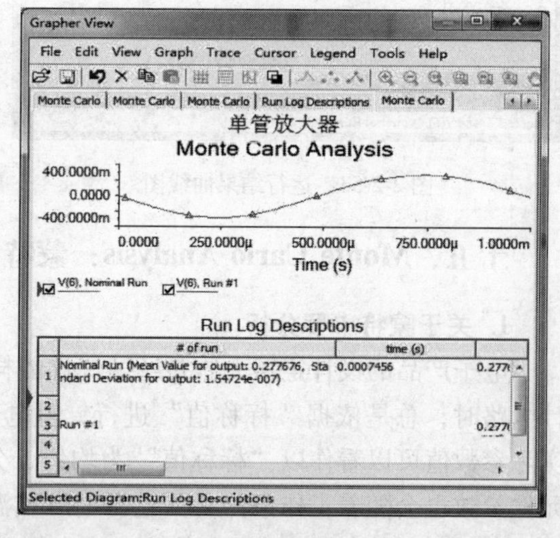

图 2-2-57 分析结果

十六、Trace Width Analysis：线宽分析

1. 关于线宽分析

线宽分析就是在制作 PCB 板时对导线有效地传输电流所允许最小线宽的分析。导线所散发的功率不仅与电流有关，还与导线的电阻有关，而导线的电阻又与导线的横截面积有关。在制作 PCB 板时，导线的厚度受板材的限制，那么，导线的电阻就主要取决于 PCB 设计者对导线宽度的设置。

2. 分析标签设置

分析标签有 4 个标签，除“Trace Width Analysis”和“Analysis Parameters”标签外，其

余与直流工作点分析相同，在此不再赘述。

（1）“Trace Width Analysis”标签页，如图 2-2-58 所示。

1）Maximum temperature above ambient：设置导线温度超过环境温度的增量，单位是℃。

2）Weight of plating：设置导线宽度分析时所选导线宽度的类型。在 Multisim 中，用线重的大小来进行线宽分析，线重与导线的厚度（即 PCB 板覆铜的厚度）对应关系见表 2-2-2。

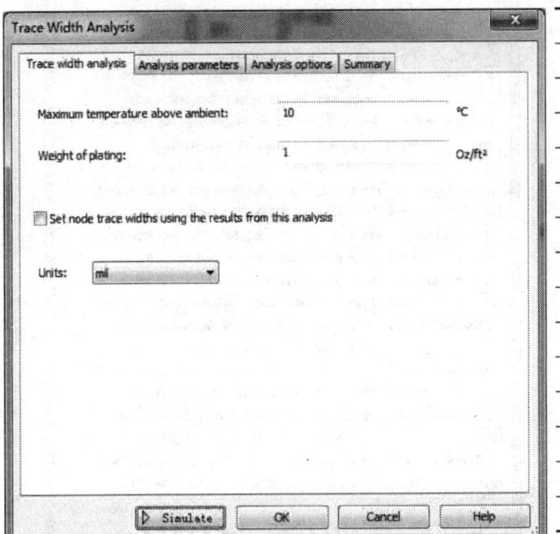

图 2-2-58 “Trace Width Analysis”标签页

表 2-2-2 线重与导线的厚度的关系

PCB 板覆铜厚度/mil①	线重/(oz/ft²)②
1.0/0.8	0.2
2.0/4.0	0.36
3.0/8.0	0.52
1.0/2.0	0.70
3.0/4.0	1
1	1.40
2	2.80
3	4.20
4	5.60
5	7.0
6	8.4
7	9.8
10	14
14	19.6

① mil，名称为米尔，是千分之一英寸，1mil = 0.0254mm。

② oz/ft²，名称为盎司每平方英尺，1oz/ft² = 0.305kg/m²。

3）Set node trace widths using the results from analysis：设置是否使用分析的结果来建立导线的宽度。

（2）“Analysis Parameters”标签页，如图 2-2-59 所示。

1）Initial Conditions：用于选择设置初始条件的类型，主要类型有自动定义初始条件（Automatically determine initial conditions）、设置为 0（Set to zero）、用户自定义（User-defined）和计算直流工作点（Calculate DC operating point）4 种类型。

2）Start time：设置起始时间。

3）End time：设置终止时间。

若选中“Maximum time step settings”选项，其下又有三个单选项。

4）Minimum number of time points：选取该选项后，则在右边条形框中设置从开始时间到结束时间内最少要取样的点数。

5）Maximum time step（TMAX）：选取该选项后，则在右边条形框中设置仿真软件所能处理的最大时间间距。

6）Generate time steps automatically：由仿真软件自动设置仿真分析的步长。

3. 应用实例

以如图 2-2-40 的实验电路为例，“Maximum temperature above ambient”设置为 10℃、Weight of plating 设置为 1 oz/ft²、“Initial Conditions”选择“Set to zero”。单击“Simulate”按钮进行分析，其结果如图 2-2-60 所示。

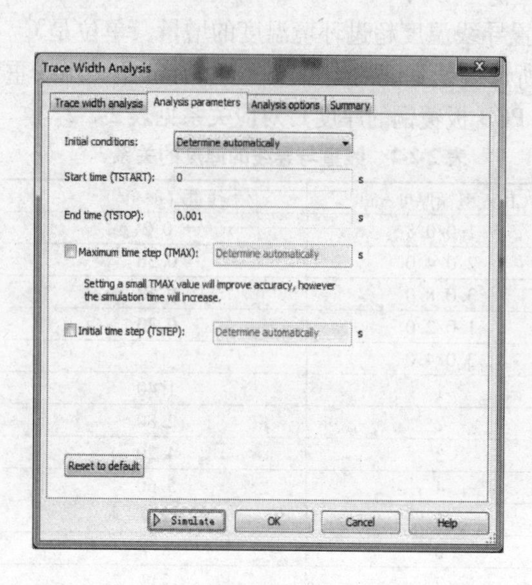

图 2-2-59 “Analysis Parameters”标签页

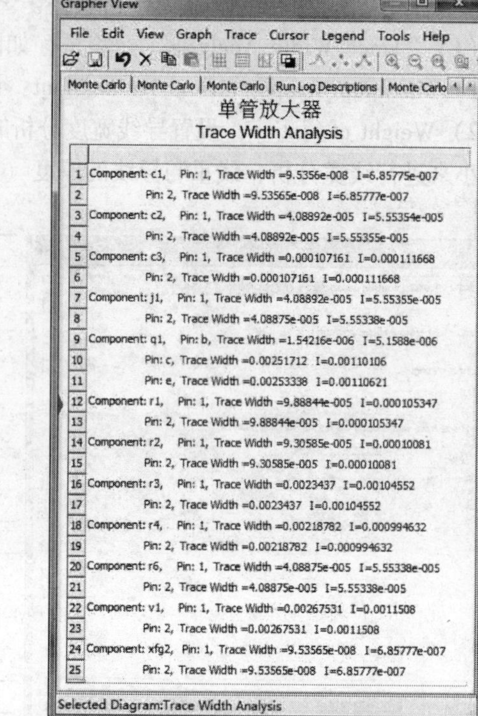

图 2-2-60 分析运行结果

十七、Batched Analysis：批处理分析

1. 关于批处理分析

批处理分析是将不同类型的分析或同一种分析的多个实例组合到一起依次运行，这就为用户提供了一种便捷的运行电路分析的方法。例如可用批处理分析完成下列任务。

（1）重复地进行同一套分析，如细致调整某一电路性能。

（2）为了教学目的，准备验证电路原理。

（3）建立电路分析记录。

（4）设置电路分析自动运行的顺序。

2. 设置批处理分析的步骤

（1）为将某一分析加到批处理中，在如图 2-2-61 所示批处理分析设置标签左侧“Available Analysis”表中，选择某分析（如 AC Analysis），然后单击中间的“Add Analysis”按钮，所选分析的参数设置框就会出现，如图 2-2-62 所示，可设置相应的参数。此时对话框的下方，出现一个“Add to list”按钮。

（2）完成对分析的设置后，单击“Add to list”按钮，设置的分析就被加到右边的“Analysis to Perform”表中。单击分析左侧的“+”号，就会显示该分析的总结信息，如图 2-2-63 所示。

（3）继续添加希望的分析。注意对某分析的第一个实例的设置将成为该分析的默认设置。例如，如果第一次将 DC 扫描分析的增量设置为 0.6，那么该增量值将成为用户添加到批处理分析中的下一个 DC 扫描分析的默认设置。

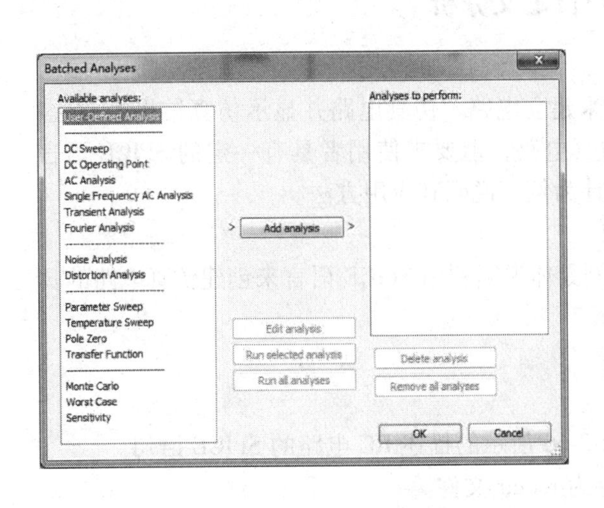

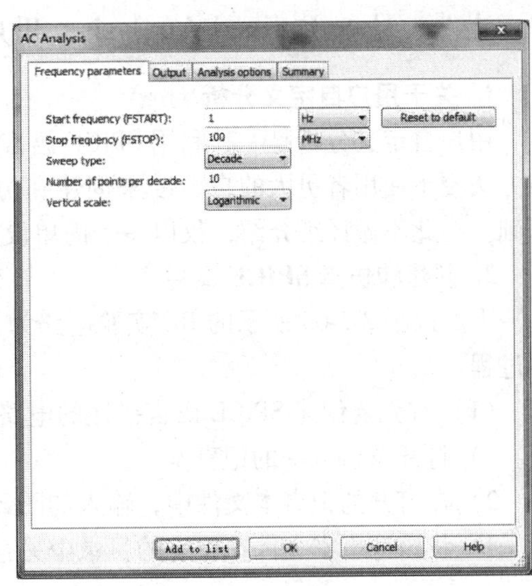

图 2-2-61　批处理分析设置标签　　　　图 2-2-62　参数设置框

（4）如果要运行批处理分析中的某一个分析，选中后可单击对话框中的“Run Selected Analysis”按钮。如果运行批处理分析中的所有分析，可单击“Run All Analysis”按钮。即如果选择 AC 分析后运行仿真，结果如图 2-2-64 所示。

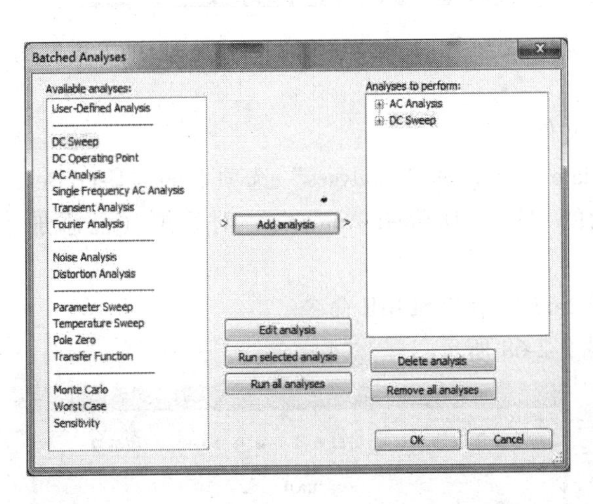

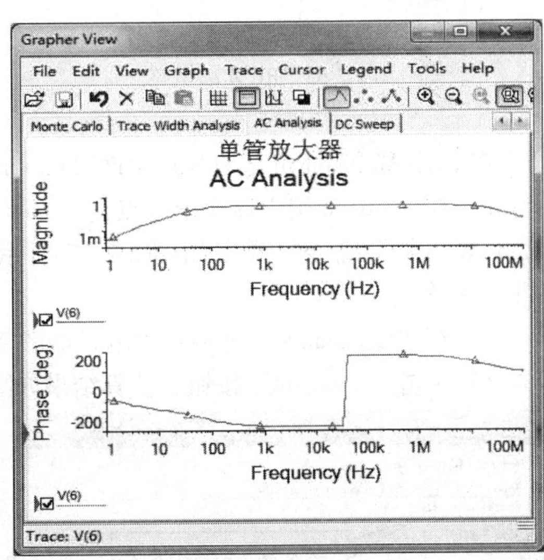

图 2-2-63　批处理分析的总结信息　　　　图 2-2-64　AC 分析运行结果

（5）单击对应分析设置对话框中的“Summary”翻页标签，可显示运行的分析结果。

（6）为了编辑批处理分析中某分析的参数，选中它并单击“Edit Analysis”，将出现所选分析的参数设置对话框，允许用户继续参数修改。

（7）为了删除批处理中的某个分析，可选中后单击对话框中的“Delete Analysis”按钮，如果想删除批处理对话框中的所有分析，可直接单击“Remove All Analysis”按钮。

十八、User Defined Analysis：用户自定义分析

1. 关于用户自定义分析

用户自定义分析是一种利用 SPICE 语言来建立电路、仿真电路并显示仿真结果的方法。该方法授予使用者更大的自由度来创建和仿真电路，但要求使用者具有一定的 SPICE 语言基础。在此不做详细介绍，仅以一个简单设计为例，说明其应用方法。

2. 创建和仿真 SPICE 文件

下面以图 2-2-65 所示的 RC 实验电路为例具体说明利用 SPICE 语言来创建仿真电路的具体过程。

（1）首先要创建 SPICE 语言描述的电路。

1）打开 Windows 的记事本。

2）在打开的记事本文件中，输入如图 2-2-66 所示的描述 RC 电路的 SPICE 语句。

3）将该记事本文件在指定的目录中另存为 rc. cir 文件。

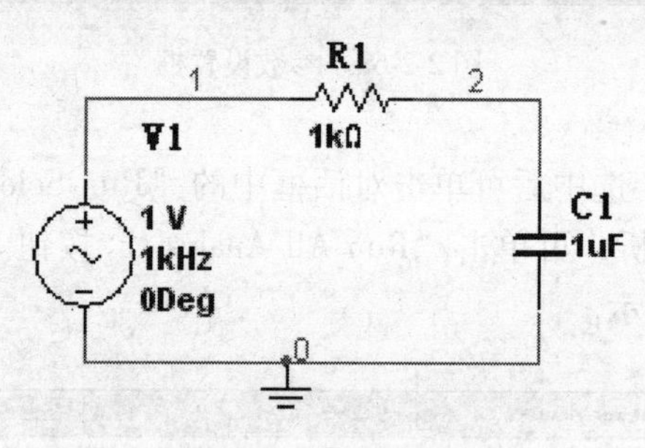

图 2-2-65　RC 实验电路

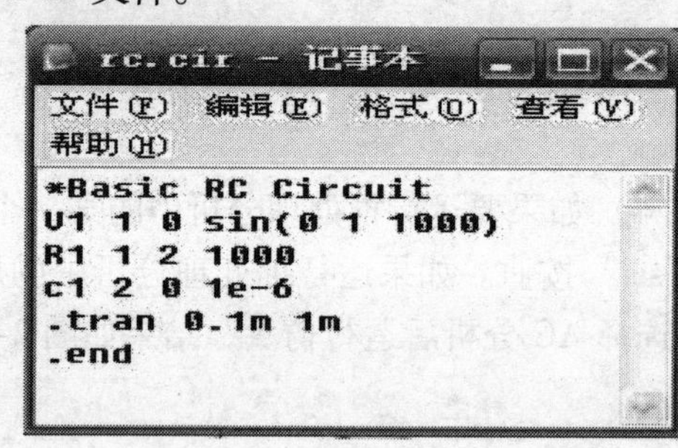

图 2-2-66　用记事本编辑的 RC 电路的 SPICE 语句

（2）用 Multisim 仿真 SPICE 文件（rc. cir 文件）。

1）在 Multisim 用户界面中，点击“Simulate”菜单中“Analyses”选项下的“User Defined Analysis”命令，弹出如图 2-2-67 所示的“User Defined Analysis”对话框（已添加 SPICE 命令）。

2）在“Commands”标签页中输入如图 2-2-67 所示的 SPICE 命令。

3）单击“Simulate”按钮，仿真结果如图 2-2-68 所示。

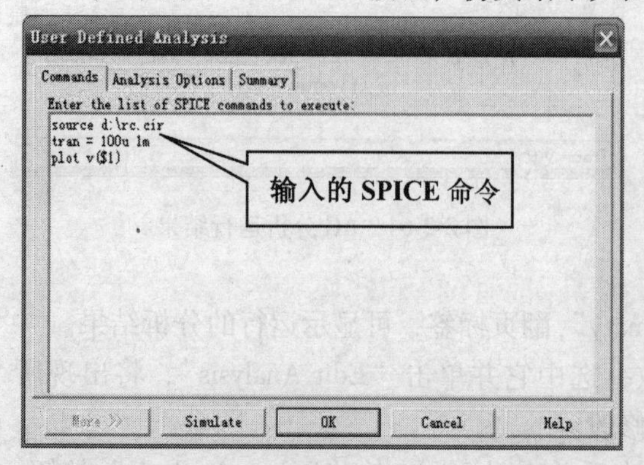

图 2-2-67　“User Defined Analysis”对话框

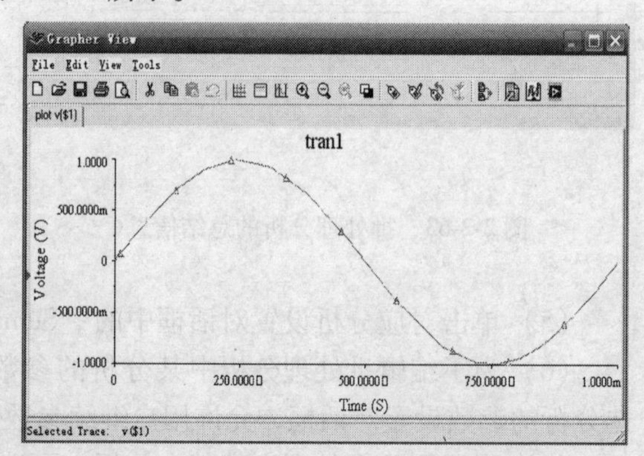

图 2-2-68　RC 电路的瞬态分析结果

由图2-2-68可看出，在“Commands”标签页中输入的SPICE命令对简单的RC电路进行了瞬态分析，还可以利用SPICE命令对电路进行直流工作点分析、交流分析等其他相应的仿真分析。

【注】：值得一提的是，保存文件的扩展名用“.cir”，而不能用默认的“.txt”。并且在修改扩展名时，一定不要选中Windows控制面板中文件夹设置内的“隐藏已知文件类型的展名”选项，否则保存的文件名为“rc.cir.txt”，仿真时必然出错。

3. SPICE文件导入Multisim

Multisim仿真软件不仅可以输入早期版本的EWB电路文件，还可以输入SPICE语言描述的电路文件，具体步骤如下所述。

（1）在Multisim用户使用界面中，单击File菜单中的Open命令，弹出打开文件对话框。

（2）在文件类型下拉菜单中选择“*.CIR”，在查找范围里选择刚才保存的“rc.cir”文件。

（3）选择完毕，单击“打开”按钮，就会自动返回Multisim电路窗口中，并自动将SPICE语言描述的电路用元件符号的形式显示出来，显示的电路如图2-2-69所示。

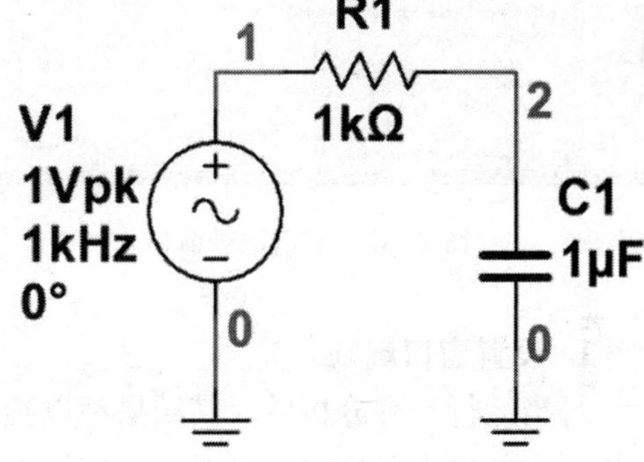

图2-2-69　调入的SPICE文件

【注】：若用户在Multisim2001等早期版本中创建SPICE语言描述的电路文件，只要在节点号之前添加“$”符号即可，否则不能在Multisim下运行，添加方法如图2-2-67所示。

第三节　结果分析

各种类型分析对话框左下边都有一个“Simulate”按钮，当用户完成各种必要的设置后，可单击此按钮运行指定的仿真分析。对于相对复杂的电路仿真，不大可能一次就正确完成，常常需要根据出错信息和仿真结果进行反复的修改，Multisim给出两种查阅仿真结果的形式。

（1）“Simulation Error Log/Audit Trail”窗口形式，以文本方式显示分析结果。如果电路连接有错或分析输出设置有错误等，在运行仿真时会自动产生“Simulation Error Log/Audit Trail”窗口，如图2-3-1所示，提示用户针对错误进行修改。当关掉窗口后，还可以通过菜单中“Simulate/Simulation Error Log/Audit Trail”打开。

（2）可在工具栏中选择按钮可打开“Analysis Graphs”窗口形式，以图形方式显示分析结果。如果电路连接、分析参数设置、指定输出节点等没什么问题，在运行仿真时会自动产生“Analysis Graphs”窗口，如图2-3-2所示，提示用户结果正确与否，并针对问题进行修改。当用户关掉窗口后，还可以通过菜单中“View/Grapher”打开。

另外，“Analysis Graphs”是一个多目标显示活动窗口，允许用户查阅、调整、保存和输出曲线图或图表。

若窗口内为曲线图，数据显示在坐标轴上；若窗口内为图表，数据以方格表的形式显示。该窗口由几个翻页标签组成，可以通过窗口内的工具栏改变一些窗口属性。

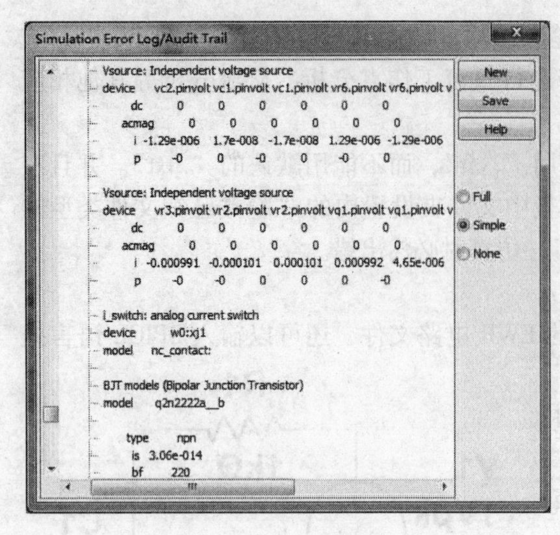

图 2-3-1 出错记录窗口

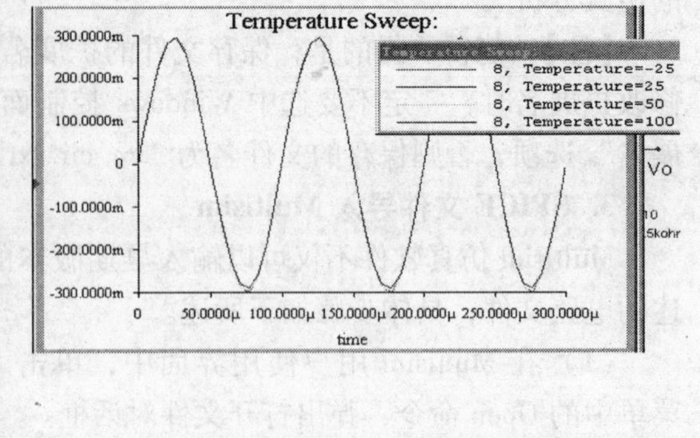

图 2-3-2 “Analysis Graphs” 窗口

1. 设置窗口属性

每当运行一种分析后，其结果都以独立的页面显示出来，如图 2-3-3 所示。如果希望查阅某页，可单击对应的翻页标签。如果希望修改某页面属性，其操作步骤如下。

（1）单击对应页面标签，选中所需页面。

（2）执行菜单命令“Edit/Page Properties”，如图 2-3-4 所示，在表 2-3-1 中给出了利用“Page Properties”对话框进行页面修改的方法。

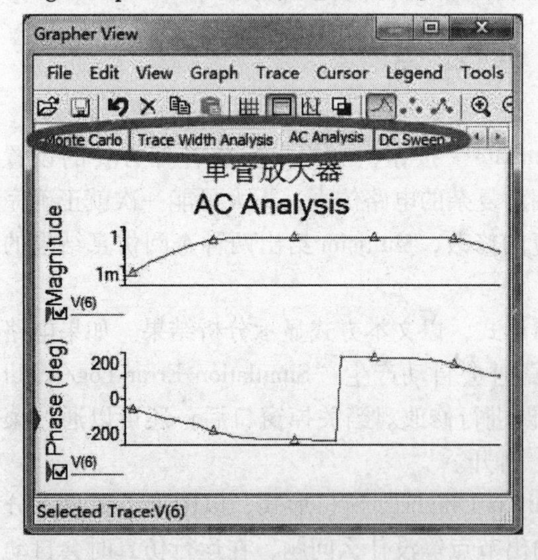

图 2-3-3 多次分析结果的翻页标签

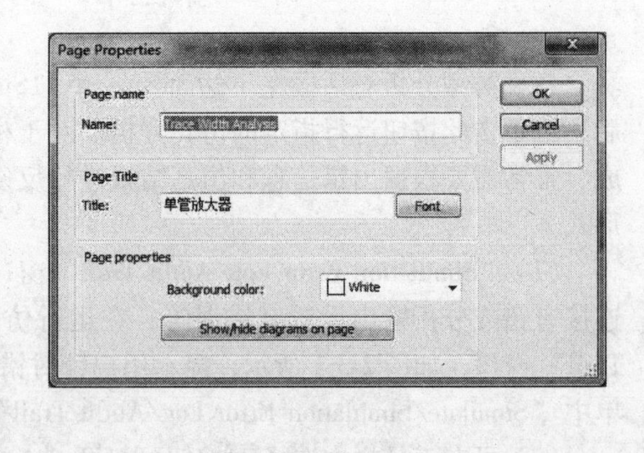

图 2-3-4 “Page Properties” 对话框

表 2-3-1 “Page Properties” 页面修改方法

修 改 属 性	修 改 方 法
页面标签的名字	修改“Tab Name”栏
图表和曲线图的标题	修改“Title”栏

（续）

修改属性	修改方法
标题字体	单击“Font”按钮，从所显示的字体中进行选择
页面背景颜色	从“Background Color”下拉列表中选择
页面上是否显示图表或曲线图	单击“Show/Hide Diagram on Page”按钮选择

（3）完成每项修改并继续进行其他修改，需单击“Apply”按钮；为使系统接受修改并关闭该窗口，可单击“OK”按钮。

2. 设置曲线属性

右击曲线图，选择“Properties”出现如图2-3-5所示的“Graph Properties”对话框。

（1）“General”页如图2-3-5所示：“Title”栏用来设置曲线图的标题名称，单击“Font”可设置文本的字体、大小及颜色；“Grid”区可设置是否显示网格线及显示网格线的颜色；在“Trace Legend”区可设置是否显示图例；在“Cursors”区可设置是否使用读数指针以及所使用的个数。

（2）“Traces”页为曲线设置页，如图2-3-6所示。“Trace”用来选择对几号曲线进行设置；“Label”对应该条曲线的名称；“Pen Size”设置曲线的粗细；“Color”栏选择曲线的颜色；右侧“Sample”给出该曲线经设置后的样式，如同时有多条曲线显示在同一坐标上，需分别进行设置；“X Range”区选择横坐标的放置位置（顶部或底部）；“Y Range”区选择纵坐标的放置位置（左侧或右侧）；“Offsets”区设置X、Y轴的偏移；若单击 Auto-Separate 按钮，则由程序自动设定。

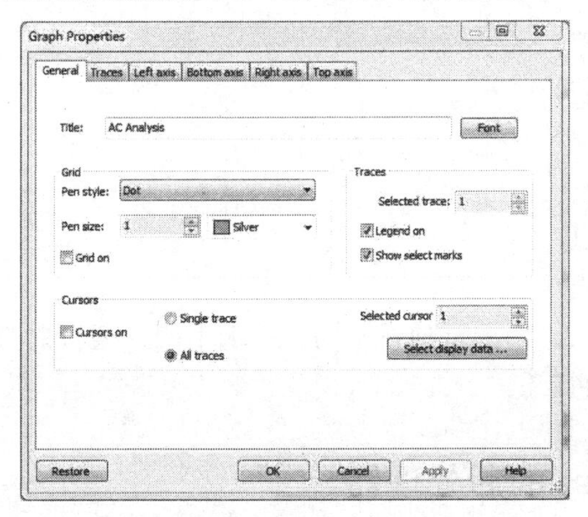

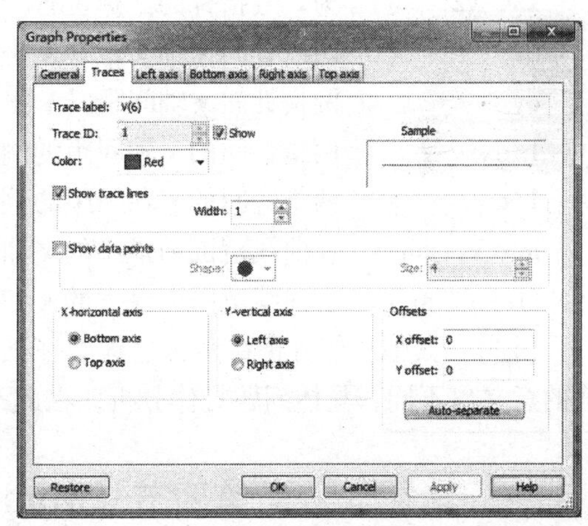

图2-3-5 “Graph Properties”对话框

图2-3-6 Graph Properties的Traces页

（3）“Left Axis”页如图2-3-7所示。该页用来对曲线左边的纵坐标进行设置，“Label”区设置纵坐标名称（可用中文），单击“Font”可设置文本的字体、大小及颜色等；“Axis”区选择要不要显示轴线以及轴线的颜色；“Scale”区设置纵轴的刻度；“Range”区设置刻度范围（Minimum栏输入最低刻度、Maximum栏输入最高刻度）；“Divisions”区决定将已确定的刻度范围分成多少格以及最小标注。

（4）“Bottom Axis”页、“Right Axis”页、“Top Axis”页分别是关于下边、右边、上边

坐标轴的设置，与左边纵轴设置类似，不再详述。

为了获得曲线上某点的坐标值，Multisim 提供了指针功能。单击“Analysis Graphs”窗口中的按钮，出现图 2-3-8 所示窗口。

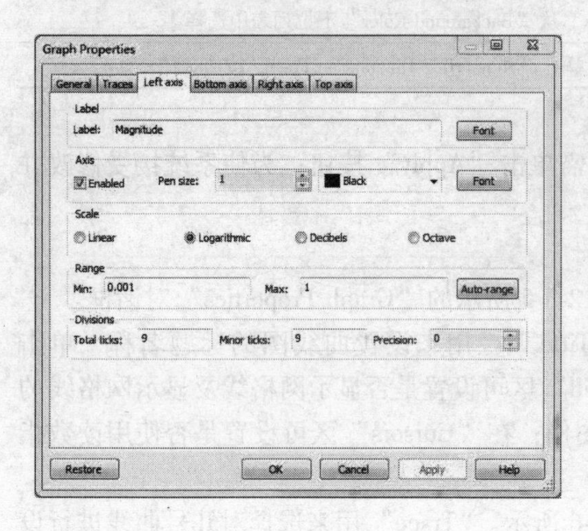

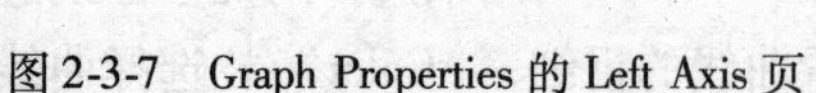

图 2-3-7 Graph Properties 的 Left Axis 页

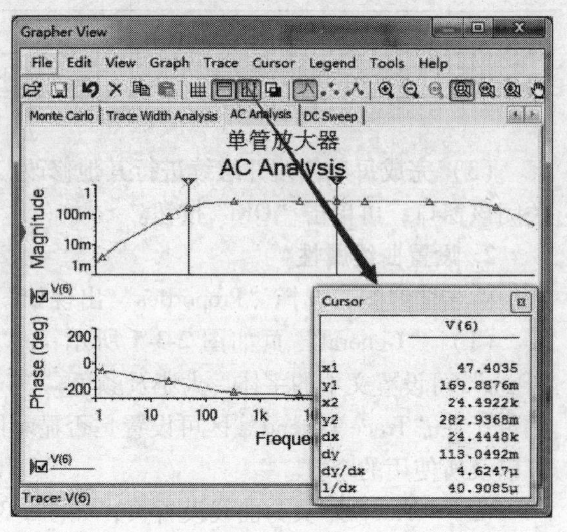

图 2-3-8 用分析指针进一步分析曲线

在分析窗口中：

x1，y1	为 1 号指针的坐标位置（x1，y1）
x2，y2	为 2 号指针的坐标位置（x2，y2）
dx	两指针间 x 轴间距（X 坐标差）
dy	两指针间 y 轴间距（Y 坐标差）
1/dx	两指针间的 x 轴间距的倒数
1/dy	两指针间的 y 轴间距的倒数
min x，min y	在曲线范围内最小的 x 和 y 值
max x，max y	在曲线范围内最大的 x 和 y 值

【注】：其他功能分析在实验过程中仔细体会，因测试项目不同、要求不同，其参数的值的意义也不同，具体问题具体分析，在此不再详述。

第四节 Multisim 的后处理器

一、关于后处理器

后处理器可以对电路仿真分析的结果进行某些数学处理，并绘制相应的曲线和图表，绘制出来的处理结果称为“Trace”。后处理器具有的数学处理类型包括：算术运算、三角运算、指数运算、对数运算、复数运算、矢量运算、逻辑运算等。

后处理器的作用实际上是求解用户所建立的函数方程，并以曲线和图表的形式将结果表示出来。因此，利用后处理器首先要建立自己需要的函数方程。在进行电路仿真分析时，显示在“Analysis Graphs”窗口上的结果会自动被保存起来，以便供后处理器使用。也就是说使用后处理器之前至少需要对电路运行过一种类型的仿真分析。例如：

（1）瞬态分析的输出曲线除以输入曲线，以观察电路的增益。

（2）电压乘以电流，以观察信号功率。

（3）观察电路微小变化导致的性能差异，如改变某一电路条件，重复运行同一分析等。

二、使用后处理器的基本步骤

（1）单击出现如图 2-4-1 所示的界面。

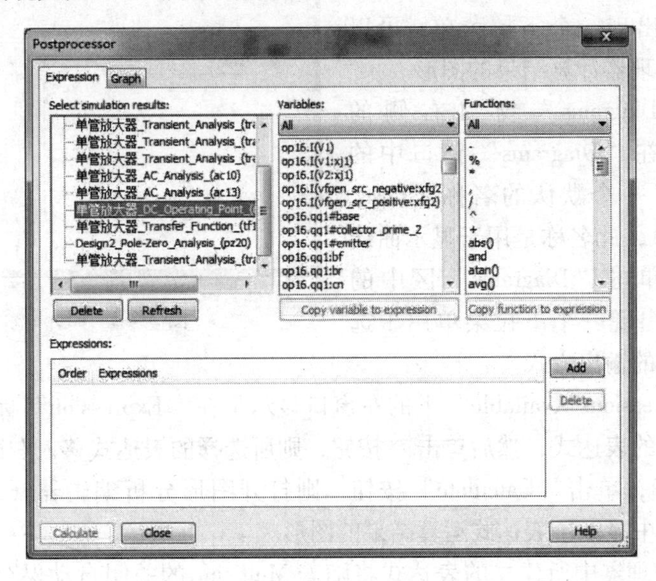

图 2-4-1 “Postprocessor”对话框

（2）在“Select Simulation Results”列表中，单击“+”打开希望处理的分析，相应的分析变量出现在对话框“Variables”列表中，可以用下拉菜单选择显示出来的变量，包括“All”（所有变量）、“Top level”（仅显示顶层变量，不包含子电路中的变量）、“Subcircuit”（仅显示子电路的变量）、“Open pins”（仅显示各引脚参数变量）、“Device parameters”（仅显示器件参数变量）。

（3）在“Variables”列表中，用鼠标选中希望在函数方程中包含的变量，单击下边的“Copy Variable to Equation”，该变量就被加载到“Expression”窗口中。

（4）在“Available functions”列表中用鼠标选中所希望引用的数学函数，单击下边的“Copy function to Equation”，该数学函数就被加载到 Expression 窗口中。

（5）单击“Calculate”，将绘制该函数方程的曲线。

（6）系统提示给出页面名，该页面名将以标签形式显示在“Analysis Graphs”窗口中。

（7）根据得到的“Expression”，系统可能提示给出“Graph”（曲线图名）、“Chart”（图表名），或者两者都需要给出。

（8）后处理器的处理结果显示在“Analysis Graphs”窗口内，处理结果（包括错误信息）记录于监视记录中。

三、查看结果

(1) 在图 2-4-1 所示的 "Postprocessor" 对话框中，单击 "Graph" 标签，所显示的 "Graph" 标签页如图 2-4-2 所示。

(2) 单击 "Pages" 窗口右侧的 "Add" 按钮，则在 "Pages" 窗口中的 "Name" 栏添加了一个默认的名称 (Post_Process_Page_1)，此名称是用于显示的标签页名称。单击 "Display" 栏，则出现一个下拉菜单，可以选择是否显示后处理器计算结果的图形。

(3) 单击 "Diagrams" 窗口右侧的 "Add" 按钮。则在 "Diagrams" 窗口中的 "Name" 栏添加了一个默认的名称 (Post_Process_Diagram_1)，此名称是用于显示曲线的坐标系名称。单击 "Diagrams" 区中的 "Type" 按钮，将出现一个下拉菜单用于选择表达式运算结果的输出方式。

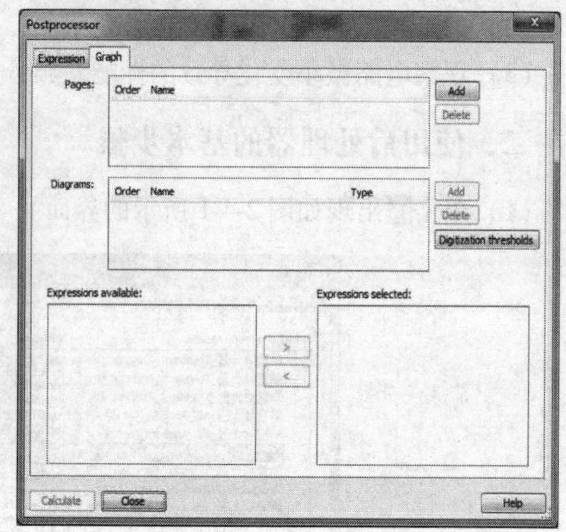

图 2-4-2 Graph 标签页

(4) 在 "Expressions Available" 下的左窗口显示了在 "Expression" 标签页中所建立的表达式，选择相应的表达式，然后单击 » 按钮，则所选择的表达式移入右窗口中。

(5) 选择完毕，单击 "Calculate" 按钮，则打开图形分析编辑器 (Analysis Graphs)，在图形分析编辑器中显示了表达式运算结果的图形。

【注】: 在后处理器中所建立的表达式将随着 Multisim 的关闭自动保存起来，再次启动 Multisim 软件时，这些表达式仍然可以再次使用。

四、页面、曲线和图表的操作

如果要添加另一页面，单击后处理器对话框中的 "New Page"，根据提示输入页面名，单击 "OK"，带有该名字的页面添加到后处理器中。

添加一个曲线图或图表到现有的页面步骤为:

(1) 单击希望添加曲线图或图表的页面标签。

(2) 单击 "New Graph" 或 "New Chart"，根据提示输入相应的名字。

(3) 该名字即被加到该页的下拉列表中。

同一页面上的每一个曲线图或图表以相同的标签名显示在 "Analysis Graphs" 窗口中，如果想删除一个 "Expression"，选中后单击 "Delete"；如果想删除某页，选中后单击 "Delete"；如果希望保存页面的当前设置，单击 "Add"，给出路径和文件名；如果希望调用所保存的页面，单击 "Add"，即可。

五、仿真实例

下面以一个二极管振幅调制电路为例，具体说明后处理器的使用。

(1) 在 Multisim 用户界面中，创建如图 2-4-3 所示的二极管振幅调制电路。

（2）显示电路节点号（参考图1-1-43，用户喜好设置）。

（3）采用瞬态分析，设置“End Time”为0.0008s，可以在节点$4观察到如图2-4-4所示的调幅波波形。

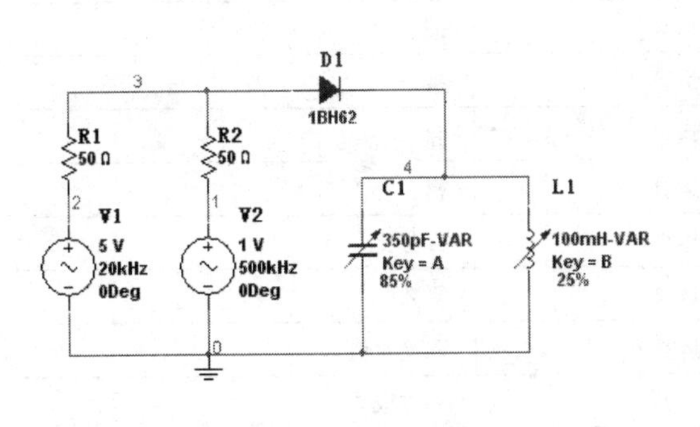

图2-4-3　二极管振幅调制电路

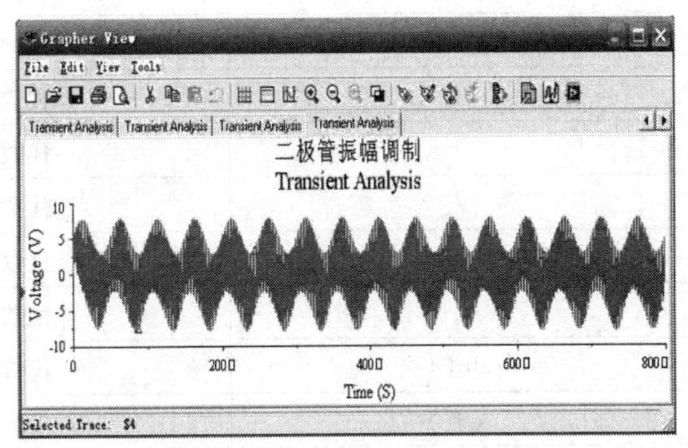

图2-4-4　调幅波波形

另外，若设置分析节点$1、$2、$4再次运行仿真，可以看到一个难以分辨的波形。下面用后处理器来处理之。

（4）启动后处理器。设置“Expression”和“Graph”标签的内容分别如图2-4-5和图2-4-6所示。

另外在图2-4-6中，对同一个显示页设置了两个坐标系，分别显示变量$4和$2的波形。

（5）设置完毕，单击“Calculate”按钮，将弹出后处理波形（图略，有一个图2-4-4所示的调幅波和一个20kHz的调制波，500kHz的载波没有加载）。

六、后处理器变量

后处理器变量是在后处理器中构成表达式的变量，在用户选中所要处理的分析时，在该分析中用户设置过的变量将自动显示于“Expression”标签下的“Variables”窗口中，如图2-4-5所示。

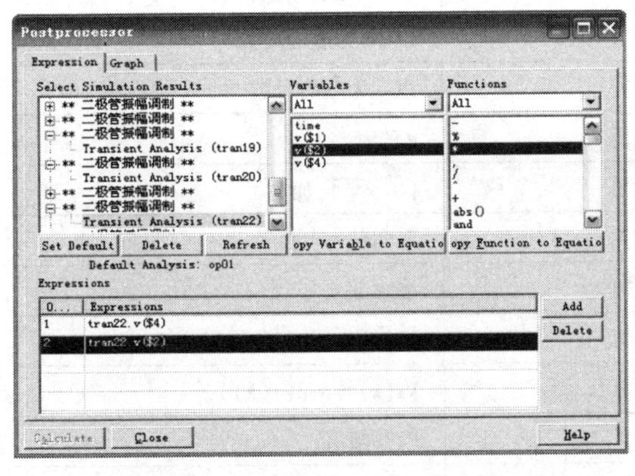

图2-4-5　“Expression”标签设置

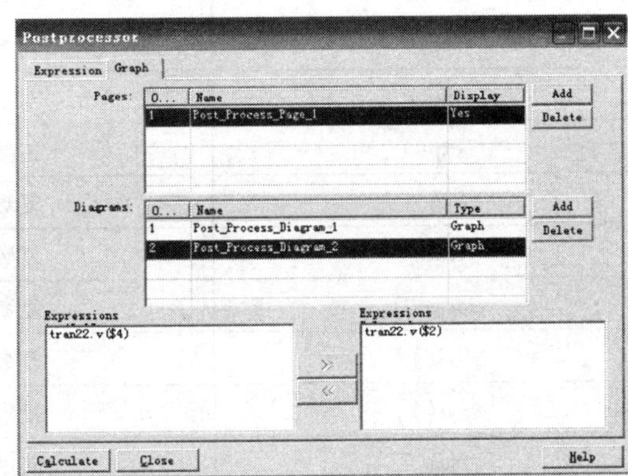

图2-4-6　“Graph”标签设置

七、后处理器函数表

后处理器函数表见表2-4-1。

表 2-4-1 后处理器函数表

符号	类型	运算功能
+	代数运算	加
-	代数运算	减
*	代数运算	乘
/	代数运算	除
∧	代数运算	密
%	代数运算	百分比
,	代数运算	复数
abs()	代数运算	取绝对值
sqrt()	代数运算	平方根
sin()	三角函数	正弦
cos()	三角函数	余弦
tan()	三角函数	正切
atan()	三角函数	余切
gt	比较函数	大于
lt	比较函数	小于
ge	比较函数	大于等于
le	比较函数	小于等于
ne	比较函数	不等于
eq	比较函数	等于
and	逻辑运算	与
or	逻辑运算	或
not	逻辑运算	非
db()	对数运算	取 dB 值，$20\log10^{(\text{Value})}$
log()	对数运算	以 10 为底的对数
ln()	对数运算	以 e 为底的对数
exp()	指数运算	e 的密
j()	复数运算	$j=\sqrt{-1}$，如 j3
real()	复数运算	取实部
image()	复数运算	取虚部
vi()	复数运算	Vi(x) = image(v(x))
vr()	复数运算	Vr(x) = real(v(x))
mag()	向量运算	取其幅值
ph()	向量运算	取其相位角
norm()	向量运算	归一化
rnd()	向量运算	取随机数
mean()	向量运算	取平均值

（续）

符　　号	类　　型	运算功能
vector(number)	向量运算	number 个元素的向量
length()	向量运算	取向量的长度
deriv()	向量运算	微分
max()	向量运算	取最大值
min()	向量运算	取最小值
vm()	向量运算	vm(x) = mag(v(x))
vp()	向量运算	vp(x) = ph(v(x))
yes	常数	是
true	常数	真
no	常数	否
false	常数	假
pi	常数	π
e	常数	e 值
c	常数	光速
i	常数	$i=\sqrt{-1}$
kelvin	常数	凯氏温度
echarge	常数	基本电荷量（-1.609×10^{19}库仑）
boltz	常数	波尔兹曼常数
planck	常数	普朗克常数

第五节　产 生 报 告

一、导言

Multisim 可以产生几个报告：材料清单、数据库列表、元件细节报告。这部分较为简单，可以试着使用，本节仅以 BOM（材料清单，Bill of Material）为例，说明各种报告的输出方法。

二、产生并打印 BOM

材料清单列出了电路所用到的元件，提供了制造电路板时所需元件的总体情况。BOM 提供的信息包括如下几项。

1）每种元件的数量。

2）描述，包括元件类型和元件值（如：电阻，5.1kΩ）。

3）每个元件的参考标号。

4）每个元件的封装或引脚图。

5）如果购买了 Team/Project 设计模块（Professional Edition 版可选，Power Professional

Edition 版包含)，BOM 含有所有的用户域及其值（比如：价格、可用性、供应商等）。用户域的其他内容请参考 Multisim User Guide。

三、产生 BOM

1）选择“Reports”菜单，从出现的菜单中选择“Bill of Material”。

2）出现报告如图 2-5-1 所示。

3）打印 BOM。单击按钮，出现标准打印窗口，可以选择打印机、打印份数等等。

4）以文件储存 BOM。单击按钮，出现标准的文件储存窗口，可以定义路径和文件名。

5）单击可输出 Excel 文件。

6）要观察电路中的虚拟元件，在图 2-5-1 所示窗口中单击按钮，出现的另一个窗口只显示虚拟元件，如图 2-5-2 所示。

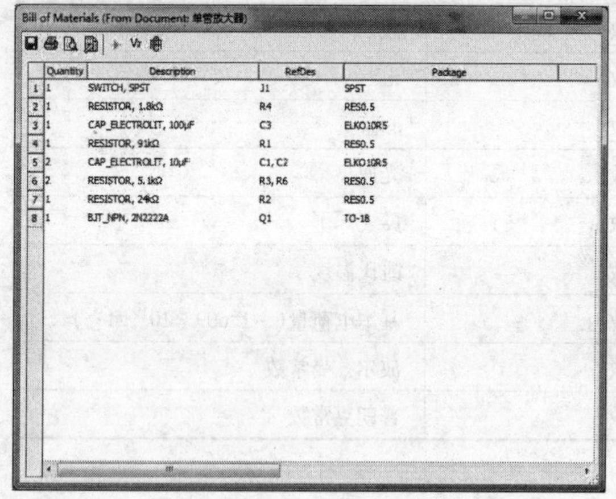

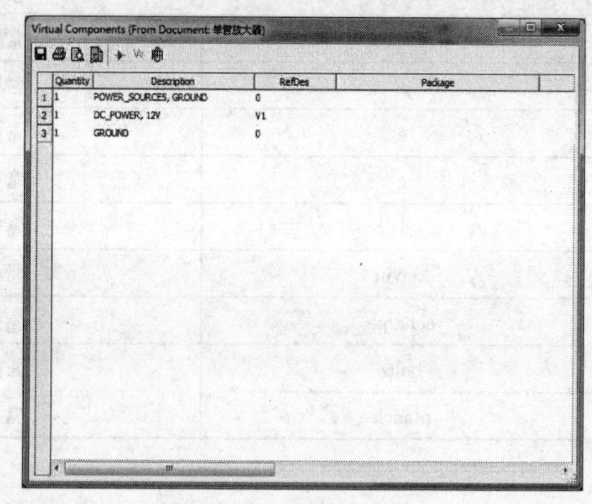

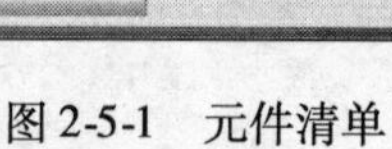

图 2-5-1　元件清单　　　　图 2-5-2　虚拟元件清单

【注】：材料清单，是帮助设计者采购和样机制造用的，所以只包含“真实的”元件。虚拟器件是做原理仿真分析用的，市场上不一定有该参数的元件，像电路中的电源等。

第三章　编 辑 元 件

第一节　关于元件编辑器

Multisim 作为一种产品（商品），它的各个版本也有其市场周期，它的数据库总是滞后于新的元器件的发展。当器件厂家生产出新的产品（新器件）时，用户现在使用的 Multisim 版本的数据库中可能还没有这一“新器件”，但用户迫切需要其模型进行仿真或制作 PCB 板，那么，元器件的编辑就显得很有必要了。

现在以 Multisim13.0 版本为例，简要介绍其元件编辑器功能，说明如何进入元件编辑器和如何在各标签间转换。但是，元件编辑器的功能强大、操作复杂，要了解元件编辑器的详细使用方法，请参考 Multisim User Guide 或 Multisim 主菜单的“Help”，并做编辑实践，即可熟练掌握。所有 EDA 工具均有此功能，大同小异。

第二节　元件编辑的基本内容

用元件编辑器可以调整 Multisim 数据库中的所有元件。比如，如果原来的元件有了新封装形式（如原来的直插式，现在有了表面贴装式），可以通过复制原来的元件信息，只改变封装形式，从而得到一个新的元件保存于用户数据库备用。

用元件编辑器可以产生用户自己的元件，或从其他来源载入元件，将它存储于用户数据库，也可以将用户库中的某元件删除，或进行编辑。数据库中的元件由四类信息定义，从各自的标签进入。

（1）一般信息：像名称、描述、制造商、图标、所属族和电特性。

（2）符号：原理图中元件的图形表述。

（3）模型：仿真时代表元件实际操作行为的信息，只对要仿真的元件是必须的。

（4）引脚图：将包含此元件的原理图输出到 PCB 布线软件（如 Ultiboard）时需要的封装信息。

第三节　应 用 实 例

下面以一个简单元件的元件编辑为例，说明 Multisim 元件编辑器的应用。在 Multisim 的数据库中没有国产的二极管“2AP9”（当然有相近参数的二极管），仅以此为例讲述应用技巧。

第一步：选择“Tools/Component wizard”，或单击设计工具栏中按钮，出现元件编辑器对话框，如图 3-3-1 所示。

图 3-3-1 为元件资料标签，在“Component name”中输入要编辑的元件名称，在“Author name”中输入厂家；在“Component type”中输入元件的类型，在“Function:”输入要编辑元件的功能；若选择“Simulation and layout (model and footprint)”表明要编辑的元件不仅用于仿真，还要用于制作电路板等；若选择“Simulation only (model)”，或“Layout only (footprint)”，表明编辑的元件仅用于仿真或是仅用于制板。单击“Next”按钮出现图 3-3-2 所示元件引脚资料界面，继续下一步。

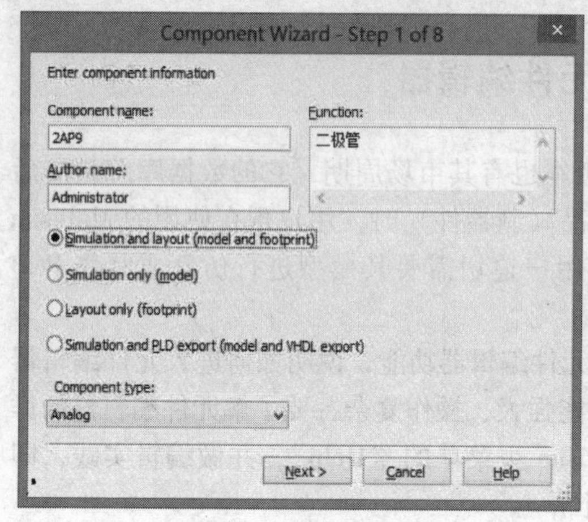

图 3-3-1　元件编辑对话框

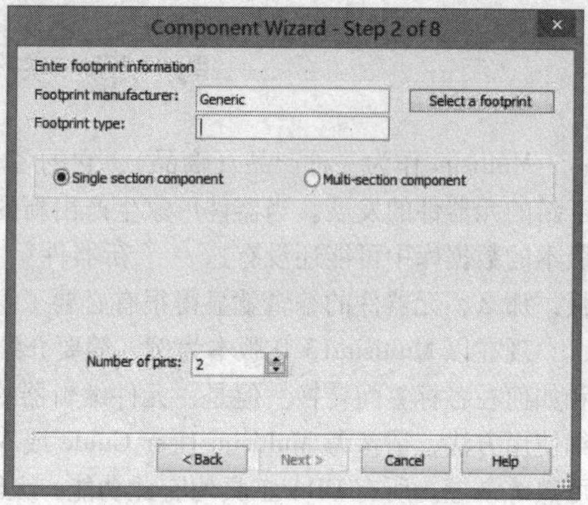

图 3-3-2　元件引脚资料界面

第二步：图 3-3-2 是要编辑的元件的引脚资料标签，可以在“Footprint manufacturer”输入元件厂商，在“Footprint type”输入引脚类型，单击其后的“Select a footprint”，出现如图 3-3-3 所示的封装模型选择窗口，图中有三个数据库，一般在主数据库（Master Database）中查找，选中后单击标签左下角“Select”按钮添加，出现如图 3-3-4 所示输入引脚信息窗口。

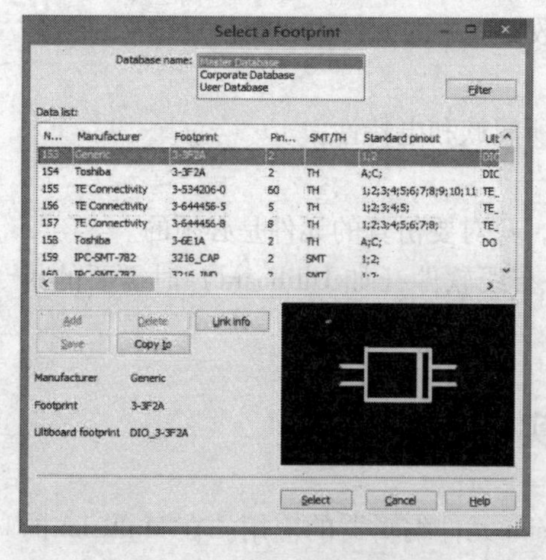

图 3-3-3　封装模型选择窗口

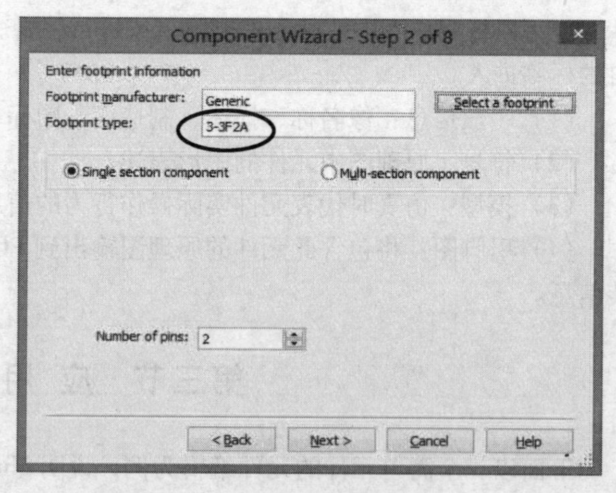

图 3-3-4　输入引脚信息窗口

在图 3-3-4 中，若选择“Single sections Component”表示元件的全部引脚，在“Number of Pins”中输入引脚数；若选择“Multi-sections Component”将出现如图 3-3-5 所示组合元件引脚设置窗口，表明用户编辑的元件是一个组合元件，里面有几个单元，在“Number of sections”中输入单元数，在“Number of Pins Per”中输入每个单元的引脚数等，读者自行应用，在此不细述。单击“Next”，出现如图 3-3-6 所示符号资料输入窗口，进入下一步设置。

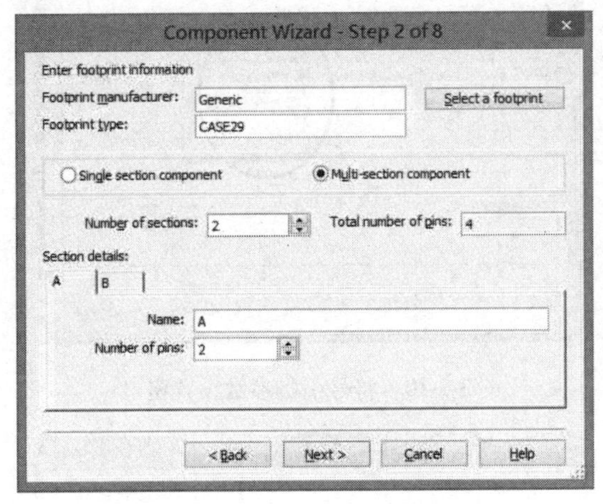

图 3-3-5　组合元件引脚设置窗口

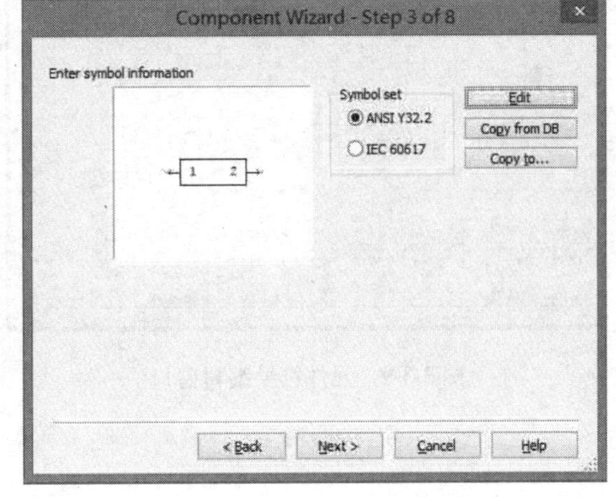

图 3-3-6　符号资料输入窗口

第三步：图 3-3-6 为符号资料输入窗口，在“Symbol Set”中选择所编辑的元件符号是美式还是欧式；用“Edit”编辑元件符号、用“Copy from DB”从数据库中复制。单击“Copy from DB”按钮，出现如图 3-3-7 所示选择元件符号图样，从主数据库中查找相同符号的元件，单击“OK”按钮，出现如图 3-3-8 所示输入元件符号窗口。单击“Edit”按钮，出现如图 3-3-9 所示元件符号编辑窗口，可以编辑符号，在此不详述。单击“Next”按钮出现图 3-3-10 所示符号引脚参数设置窗口，进行下一步设置。

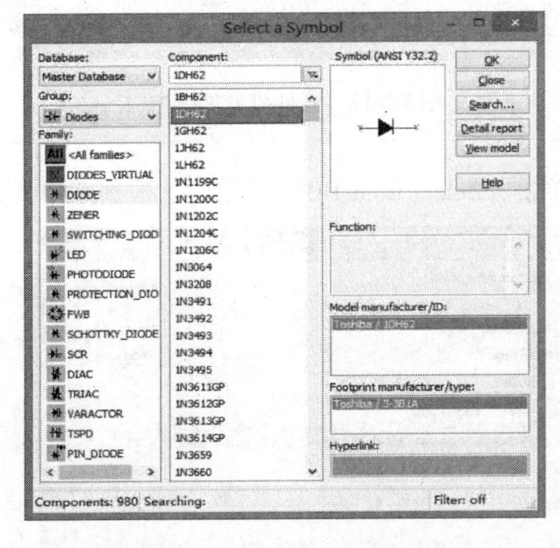

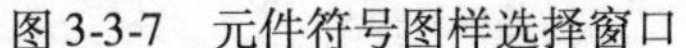

图 3-3-7　元件符号图样选择窗口

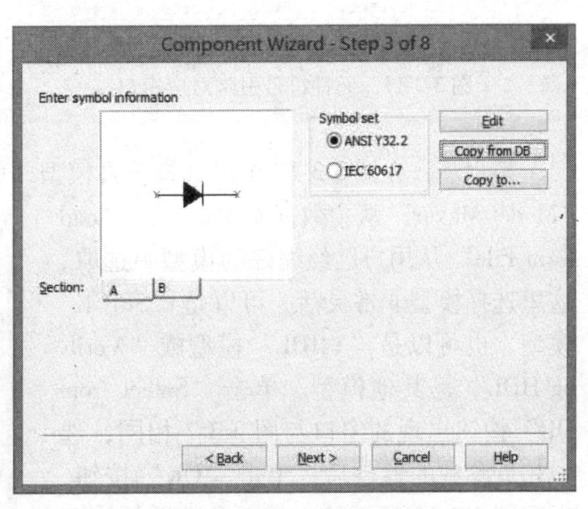

图 3-3-8　元件符号输入窗口

第四步：图 3-3-10 是将符号定义元件的引脚名称（或各单元电路符号的引脚序号）。单击“Next”按钮出现图 3-3-11 所示元件符号引脚对应窗口，进入下一步设置。

第五步：在图 3-3-11 中，设置元件符号引脚与实体引脚的一一映射，便于元件用于制作 PCB。单击“Next”按钮出现图 3-3-12 所示元件模型编辑窗口，进入下一步设置。

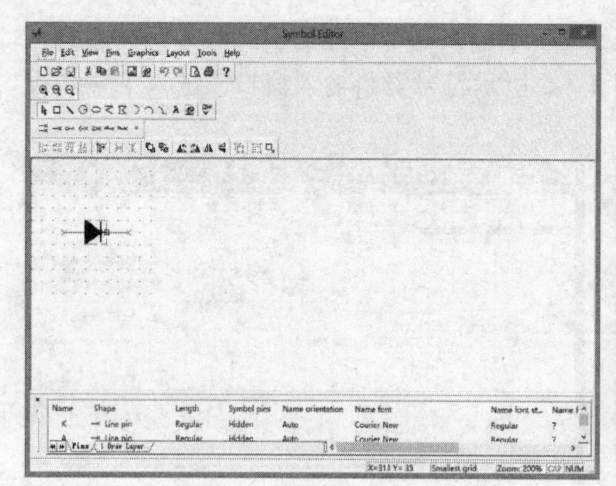

图 3-3-9　元件符号编辑窗口

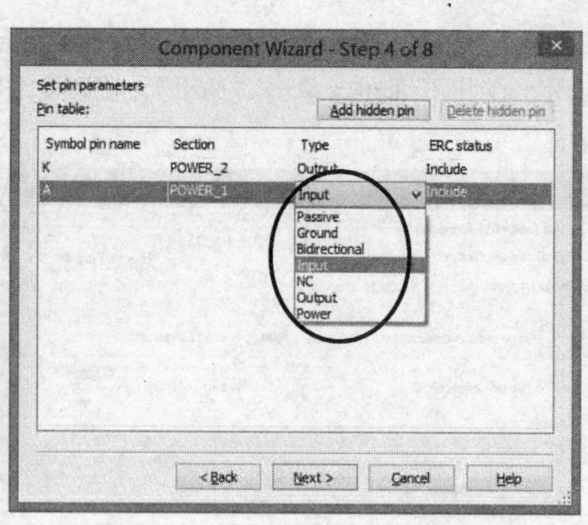

图 3-3-10　符号引脚参数设置窗口

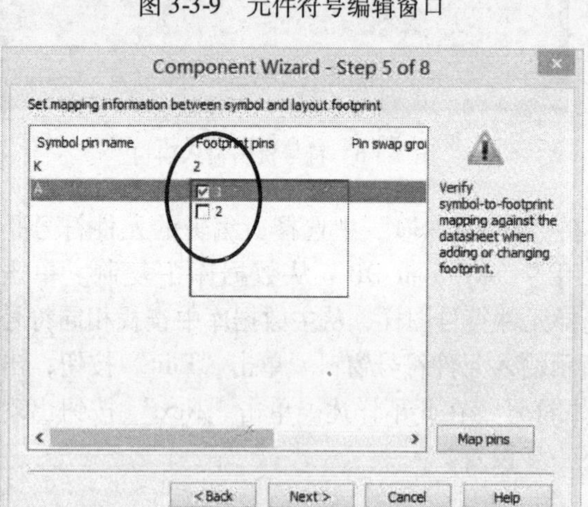

图 3-3-11　元件符号引脚对应窗口

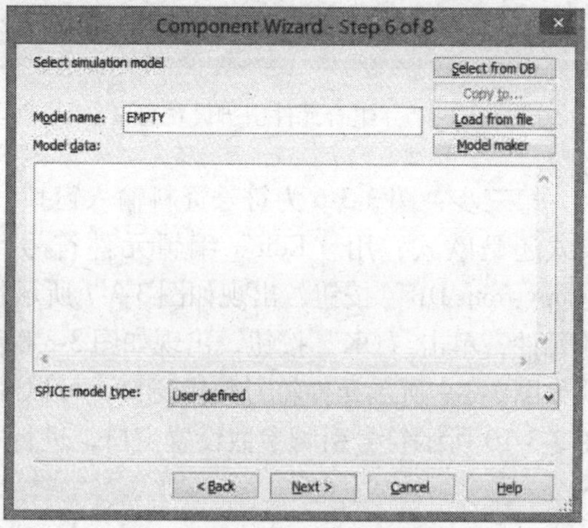

图 3-3-12　元件模型编辑窗口

第六步：在图 3-3-12 中可选择仿真模型，单击“Select from DB”按钮，从数据库中选；“Model Maker”从主数据库中选择；“Load form File”从用户已经编好的模型中选取，这里选择模型非常灵活，可以是“SPICE”模型，也可以是“VHDL”模型或“Verilog HDL”等其他模型。单击“Select from DB”按钮出现的窗口与图 3-3-7 相同，选中相近参数的器件后，单击“OK”按钮，出现图 3-3-13 所示输入相近参数器件模型窗口，在窗口中可以编辑模型，如图 3-3-14 所示为编辑模型窗口。编辑完毕后单击“Next”按钮，出现图 3-3-15 所示编辑符号引脚与模型引脚的映射窗口，进入下一步设置。

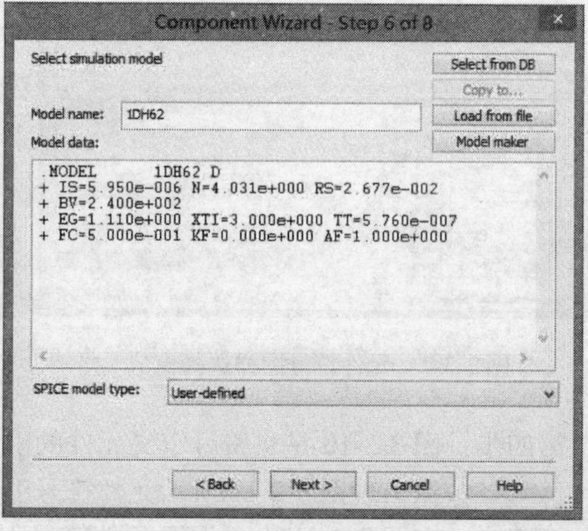

图 3-3-13　输入相近参数器件模型窗口

第七步：在图 3-3-15 中，将元件符号引脚与元件仿真模型引脚进行映射，便于在仿真时实现其预定的电路功能，便于制作 PCB。单击“Next”，出现图 3-3-16 所示器件编入用户库的“族”窗口。

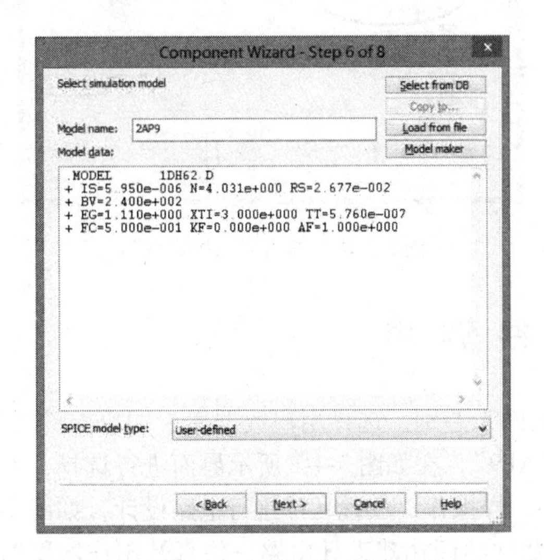

图 3-3-14 编辑模型窗口

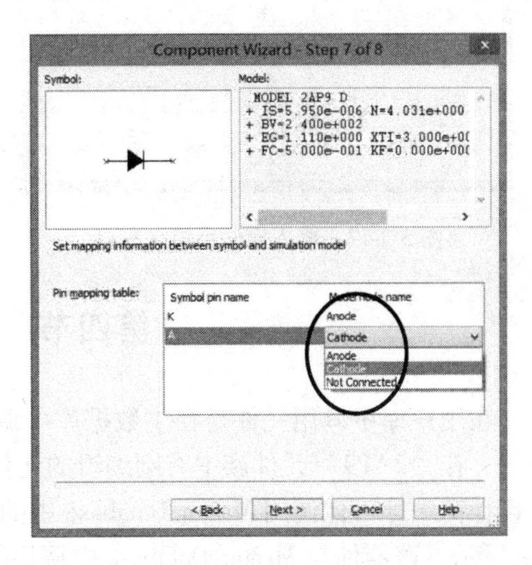

图 3-3-15 编辑符号引脚与模型引脚的映射

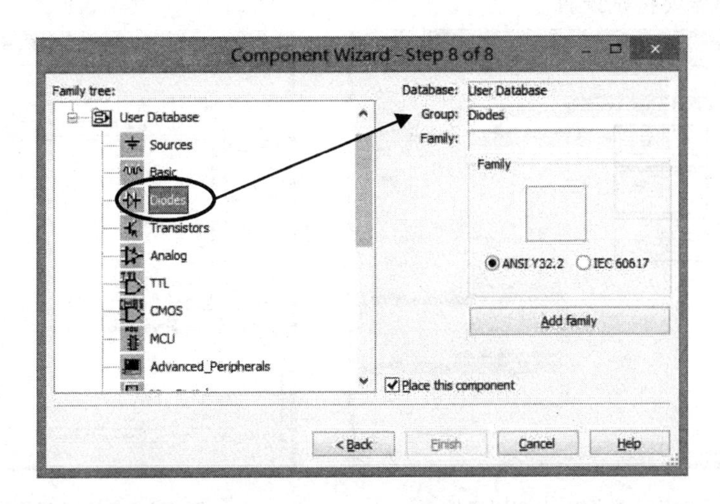

图 3-3-16 器件编入用户库的“族”窗口

第八步：在图 3-3-16 中，选择将编辑的器件添加到数据库中的哪一个元件组。用户编辑的元件只能存放于“User”库，“Family”选择用户以欧式还是美式存放。这里选择“Diodes”组、“ANSI”、单击“Add Family”按钮添加，即出现如图 3-3-17 所示输入元件小组名窗口，进入下一步设置。

第九步：在图 3-3-17 中，将用户编辑的元件添加到哪一族（小组），如输入小组名“2AP9”，单击“OK”即出现图 3-3-18 所示的编辑完成确定窗口，单击按钮“Finish”按钮即完成了二极管 2AP9 的编辑。

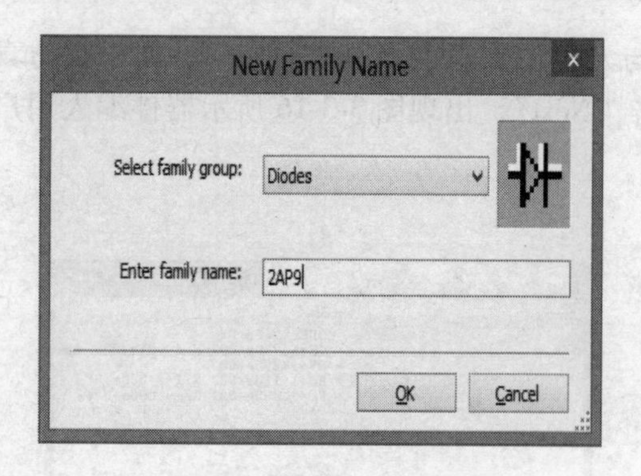

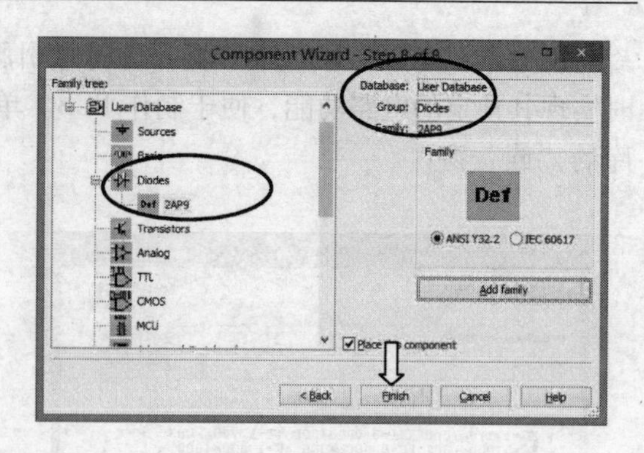

图 3-3-17　输入元件小组名窗口

图 3-3-18　编辑完成确定窗口

第四节　元 件 调 用

在用户库中调用元件与在主数据库中调用元件无差别。选择用户数据库、“Diodes”元件组，在“2AP9”元件族中有刚编辑的元件“2AP9”，在如图 3-4-1 所示界面进行选择，在主设计窗中即可像调用 Master Database 中的元件一样操作，放置元件进行电路设计，如图 3-4-2 所示，该器件与 Master Database 中调用的元器件共同构建设计电路，仿真及制作版图时将共同作用，不需要特别设置。

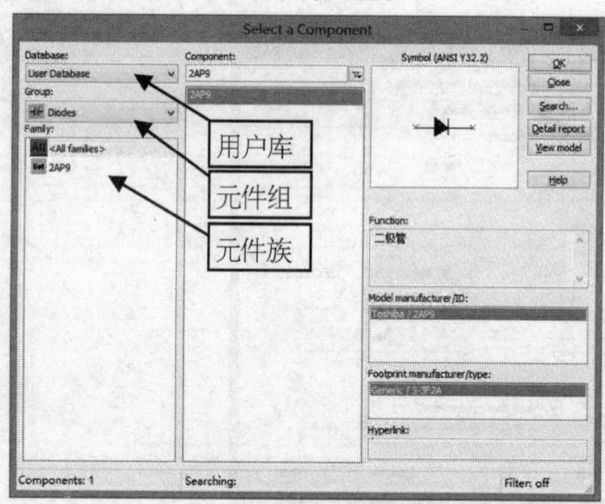

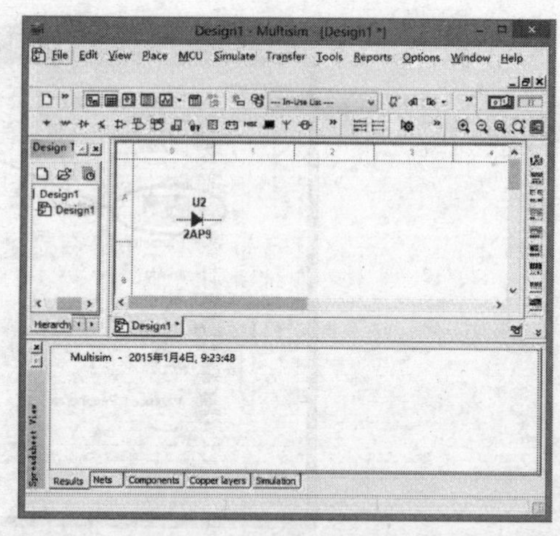

图 3-4-1　在用户数据库中调用元件

图 3-4-2　放置新编辑的元件

第四章　MultiMCU 及其应用

第一节　MultiMCU 的基本应用

一、概述

MultiMCU 是 Multisim 的一个嵌入组件，对于很多的电路设计，微控制器是一个非常有用的部件。一个现代的微控制器一般就是一个包括了 CPU、数据存储器、程序存储器和外围设备的芯片，它减少了硬件系统的器件数量和物理尺寸，有利于获得较高的系统可靠性。带有微控制器的仿真系统具有开发软件的能力，可以编写和调试嵌入式设备的源代码。

对于一个程序员来说，嵌入式软件开发具有很大的挑战性，而 MultiMCU 就可以帮助用户快速且方便地创建高效的代码。MCU 的开发接口允许用户暂停仿真，检查其内部存储器和寄存器，还可以设置代码断点和设置单步执行代码。

二、MultiMCU 的基本功能组件

（1）选择“Place/Component”，在窗口中的 Group: 下拉菜单中选择 MultiMCU 组，或单击界面中的按钮直接打开器件选择对话框，如图 4-1-1 所示。

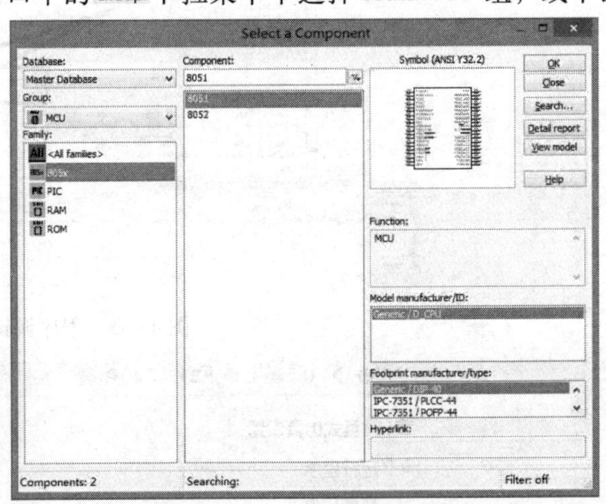

图 4-1-1　MCU 器件选择对话框

（2）在 MultiMCU 组中，选中包含所需 MCU 的那个系列（如 805x、PIC 等）。

（3）选择所需 MCU（单片机），单击“OK”，然后放置于工作窗口中的适当位置。此时，同时也打开了 MCU 汇编源代码窗口和 MCU 存储器窗口，如图 4-1-2 所示。

1）单击“MCU-MCU 0851-Debug View”弹出程序调试窗口如图 4-1-3 所示，其调试功能按钮如图 4-1-4 所示。

2）MCU 存储器窗口的内容随 MCU 的类型而变化，包含内部存储器信息、寄存器信息和配置信息等。

3）要显示/隐藏这些窗口，或改变 MCU 的程序，可以查看 8051/8052 微控制单元或 PIC16F84/16F84A 微控制单元参考文献（Help 文件中有关于 8051 及其指令系统等的描述，市场上单片机方面的参考资料也很多）。

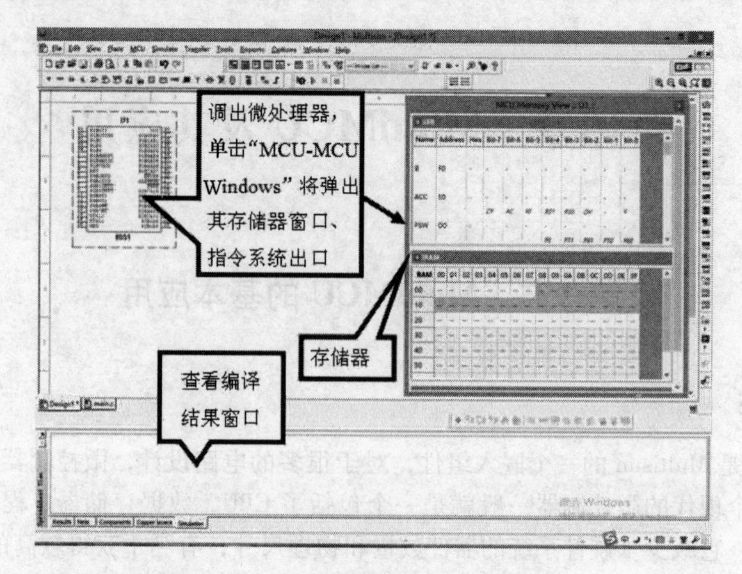

图 4-1-2 单片机模型放置后的设计窗口

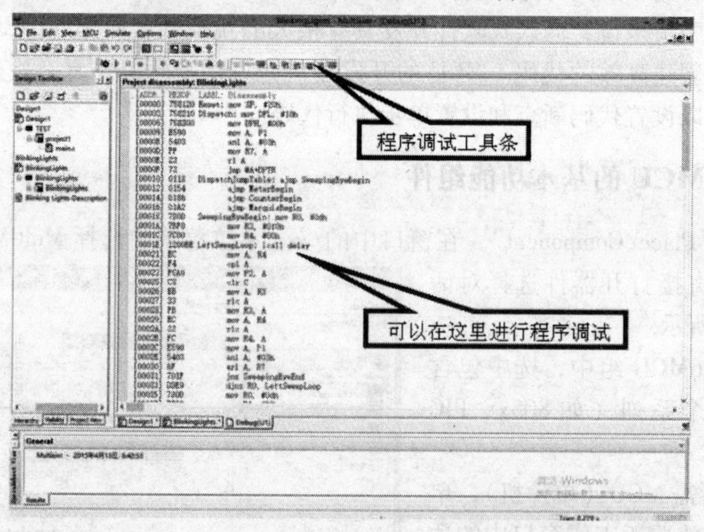

图 4-1-3 程序调试窗口

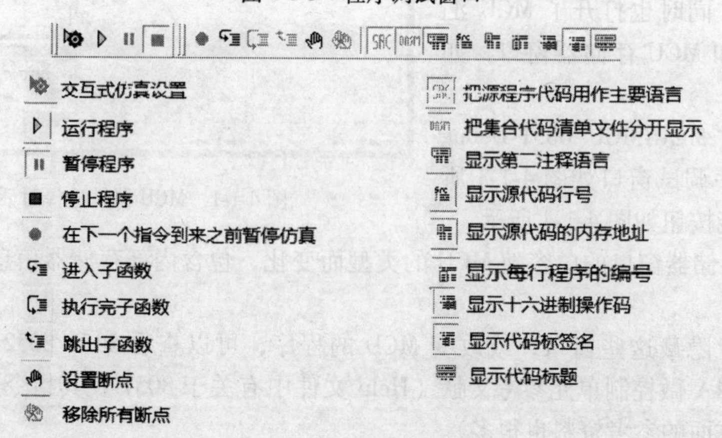

图 4-1-4 调试功能按钮

4）调用 MCU 外围设备。除了包含 MCU 部件外，还包含一些外围设备，如 RAM 和 ROM 设备。增强的外围设备组包括键盘、LCD 显示屏、终端以及其他外围设备。

5）MCU 调试工具。MCU 调试工具不仅给用户提供了在指令级别（断点和单步执行）上执行代码的控制功能，也提供了 MCU 内部存储器和寄存器的查看功能。

三、MCU 的部分外设

1. 键盘

以 4×4 键盘为例，如图 4-1-5 所示。该设备是一个具有双重特性的多频率键盘。DTMF 键盘的排列为 4 行 4 列，矩阵中的每一行是一个低频率（扫描），每一列是一个高频率（扫描）。

当对电路进行仿真时，在该键盘的键区内按一个键就如同在真实键盘设备中按了一个相同的键。

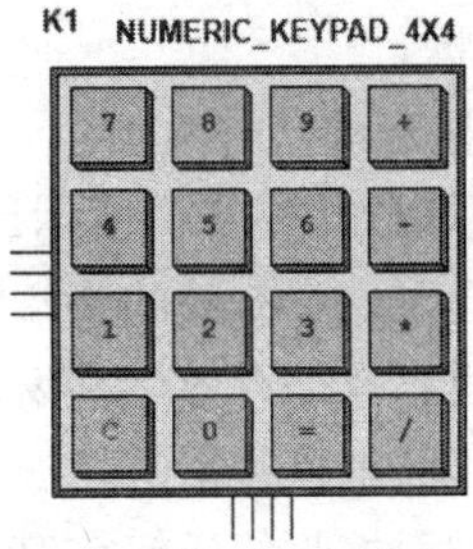

图 4-1-5 4×4 键盘

2. 荧光屏

以 16×1 荧光屏为例，如图 4-1-6 所示。荧光屏不同，其特征将有不同，这些设备的控制器是以日立 44780 荧光屏控制器为基础的。

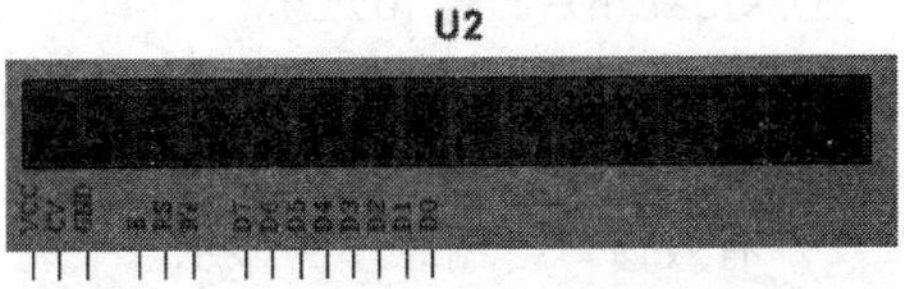

图 4-1-6 16×1 荧光屏

1）荧光屏的引脚。

VCC：供电电源端。

CV：对比电压端。

GND：接地。

RS：指令/寄存器的选择。

RW：红/白荧光屏寄存器。

E：时钟，荧光屏内的原始数字的传输。

D0～D7：输入/输出数据口。

2）荧光屏的特征位和触发类型的设置。

①双击荧光屏，选中赋值标签。

②根据需要调节以下参数：

Base Character Set: 设置基本特征位，其中选择 0 为日立、1 为英特尔/摩托罗拉。

Character Subset: 设置特征子集，选择 1 为基本特征位、选择 28 为欧洲、29 为日本、30 为西里尔字母、31 为希伯来语。

Trigger Type: 设置触发类型，选择 0 为高电平触发、选择 1 为低电平触发。

③单击“OK”按钮关闭对话框，即保存对设置的修改。

3）位说明见表 4-1-1。

表 4-1-1 位说明表

RS	RW	D7	D6	D5	D4	D3	D2	D1	D0	Description
4	5	14	13	12	11	10	9	8	7	Pins
0	0	0	0	0	0	0	0	0	1	Clear display
0	0	0	0	0	0	0	0	1	*	Return Cursor and LCD to home position

（续）

RS	RW	D7	D6	D5	D4	D3	D2	D1	D0	Description
0	0	0	0	0	0	0	1	ID	S	Set Cursor Move Direction
0	0	0	0	0	0	1	D	C	*	Enable Display/Cursor
0	0	0	0	0	1	SC	RL	*	*	Move Cursor/Shift Display
1	0	D	D	D	D	D	D	D	D	Write a Character to the Display at Current Cursor Position

“*”表示此位可以是“1”也可以是“0”。

移动光标/替换显示：

“SC”交替显示，“1”为开机状态，“0”为关机状态。

“RL”移动方位，“1”表示向右移动，“0”表示向左移动。

写出一个字符，显示：

“D”数据。

3. 窗口显示屏

窗口显示屏如图 4-1-7 所示。该设备窗口用来连接多个维护控制部件的微控制器设备。这个设备包含了一个有效的终端窗口，通过这个终端窗口用户可以从键盘上打入字符。当对其进行仿真时，这个有效终端窗口不能正常显示用户所打入的字符，而是按照波特率的速度通过发送数据线把这些字符发送到它的特性对话框中，终端显示通过接收数据端所接收的任何字符。

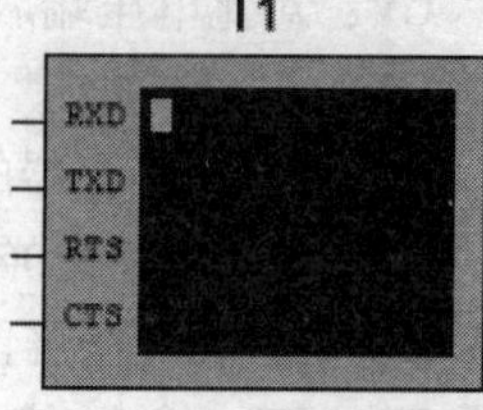

图 4-1-7　窗口显示屏

1）设备的速度设置。

①双击显示屏并单击选中“Value”标签。

②在波特率窗口中输入你想要的速度。

③单击“OK”键关闭对话框。

2）有效窗口终端原理的显示。

显示/隐藏有效终端原理：

①双击有效终端显示它的特性对话框和单击选中显示栏。

②根据需要调节有效终端窗口检验栏并且单击“OK”按钮。

4. 传送带

传送带用于阶梯图表，如图 4-1-8 所示。双击之弹出其属性窗口如图 4-1-9 所示，可进行参数设置。

设置此设备的参数：

1）双击继电器线圈上的按钮并且选中 Value 标签。

2）根据需要设置以下参数。

Belt Length (meters): 设置传输带的长度，单位为米。

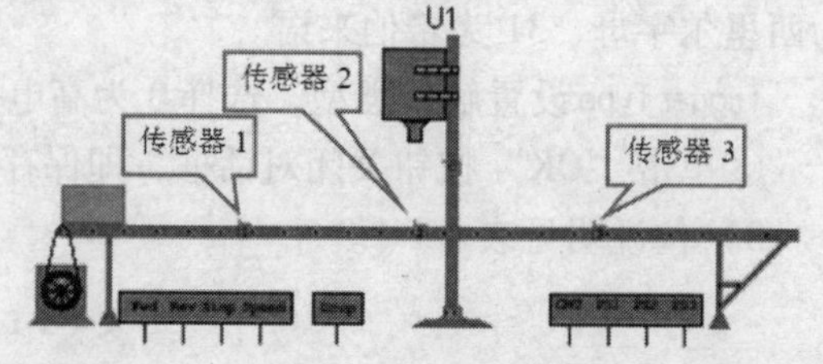

图 4-1-8　传送带

Maximum belt speed (m/s):设置传送带移动的最大速度。如果传送带的速度控制端口不可用，则传送带就以这个最大速度移动。

Speed Control Full Scale Voltage: 设置带速控制电压，如果传送带的速度控制端口是可用的，这个控制电压是传送带的电机速度控制电压最大值。

带速控制方法：如果Speed Control Full Scale Voltage:设置为5V，带速Maximum belt speed (m/s):设置为0.5，然后提供5V电压给速度控制接口，此时速度值为最大值，传送带就以0.5m/s的速度移动；如果提供2.5V的电压给速度控制接口，传送带将以0.25m/s的速度移动。

Sensor 1 position (m):设置传感器1位置，在传送带的左边，单位是米。

Sensor 2 position (m):设置传感器2位置，在传送带的左边，单位是米。

Sensor 3 Position (m):设置传感器3位置，在传送带的右边，单位是米。

注意：不要把传感器的位置长度设置得比带长值还大。

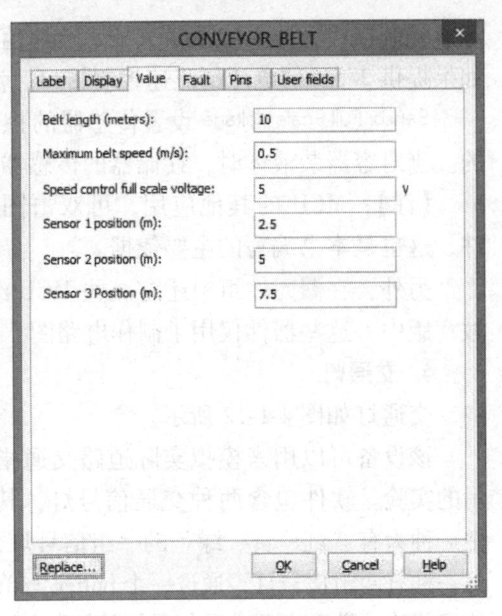

图 4-1-9 传送带属性窗口

5. 液体存储器

液体存储器如图 4-1-10 所示。双击之弹出如图 4-1-11 所示属性窗口。

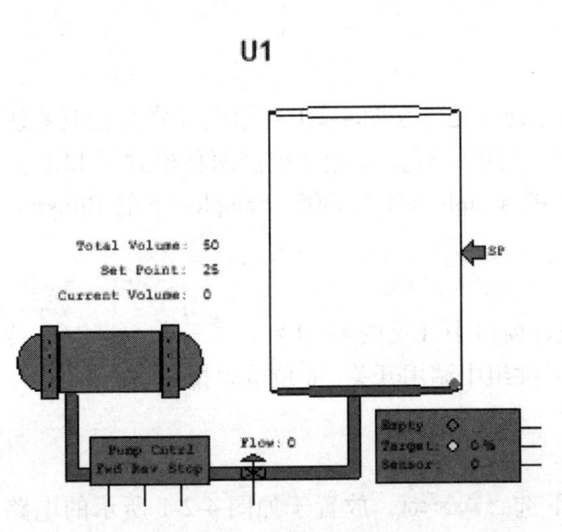

图 4-1-10 液体存储器

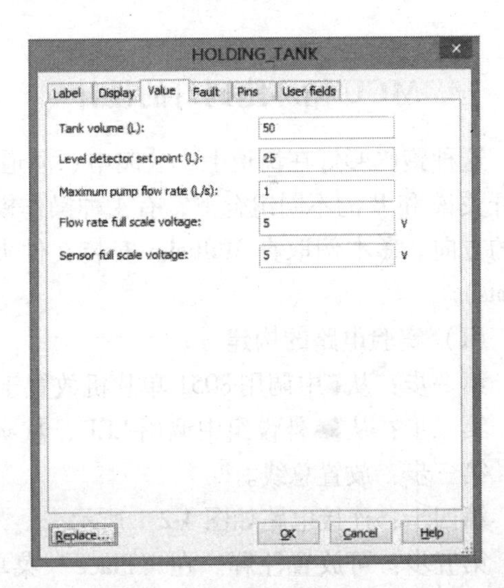

图 4-1-11 抽水装置的属性窗口

参数设置：

Tank volume（L）：设置容器的容量，单位为升。

Level detector set point（L）：设置水平标记（参见图 4-1-10 中的 SP）。

Maximum pump flow rate（L/s）：设置抽到存储器里液体流动的最大速度，单位为 L/s。如果存储器的流速控制接口不可以用，则液体流速为这个最大速度。

Flow Rate Full Scale Voltage：设定最大流速控制电压。

流速控制设置：如果在这个Flow Rate Full Scale Voltage:设置5V电压，并且提供5V电压给流速控制接口，此时如果最大抽水流速值是 1（如图 4-1-11 所示），则液体将以 1L/s 流动；如果提供 2.5V 的电压给流速控制接口，液体流动则以 0.5L/s 的速度流动。

Sensor Full Scale Voltage: 设置传感器的控制电压，传感器电压是与容器内的液体量相一致的。当对容器装液体时，存储器的传感器的控制电压随之上升。

【注】：MCU 的其他应用，可双击图标，单击右下角的“Help”按钮，参看其帮助文件，这也是本书编写的主要依据。

另外，在元件组中还有一些 MCU 组件（MICROCONTROLLERS、MICROPROCESSORS等），在教育版中，这些器件仅用于制作电路图，没有内核，本书不作介绍。

6. 交通灯

交通灯如图 4-1-12 所示。

该设备可以用来模拟实际道路交通指示的实验。软件包含两种交通信号灯，其中一种为有“红、黄、绿”的一组信号灯，另一种有两组信号灯，通过一个 buffer 与单片机相连，从而实现交通信号灯的控制。

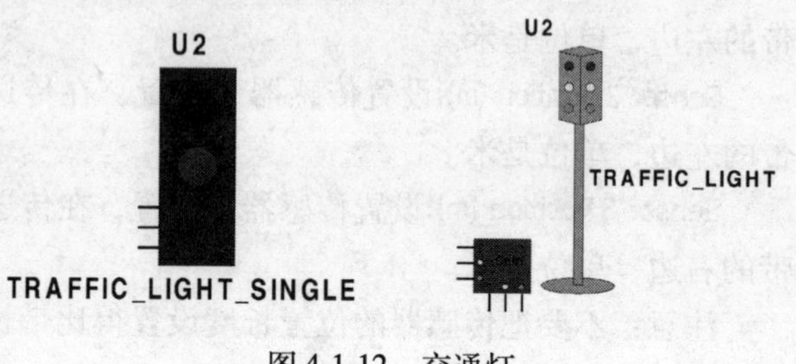

图 4-1-12　交通灯

第二节　MultiMCU 应用实例

一、MCU 循环跑码灯的设计

这种跑码彩灯在街道上、公园中、河道边随处可见。在图 4-2-1 所示循环彩灯控制系统中开关 A 和 B 的不同组合下，有 4 种操作模式，其中，开关 C 用于控制两种模式下 LED 点亮的方向。（本例取自 Multisim 安装文件夹中的 samples\MCU\805x Samples 下的 Blinking-Lights）。

（1）实验电路的构建。

第一步：从中调用 8051 单片机放置于设计窗口中（见图 4-1-1）。

第二步：从外设组中调用 LED，从元件组中调用开关、8 位电阻排。

第三步：放置总线。

第四步：连接电路如图 4-2-1 所示。

第五步：可放置注释。在“Place”菜单下选 Comment，放置于如图 4-2-1 所示的电路中，输入文字（可输入中文，文字框默认隐藏）。可右击注释图标，在弹出式菜单中选择 Show Comment/Probe，即可让文字框显示于图中，如图 4-2-1 所示。

（2）实验源程序。

```
;
;MCU Co-Sim Test Program Suite
;Blinking Lights
;Copyright 2005 Electronics Workbench Inc.
$MOD51
```

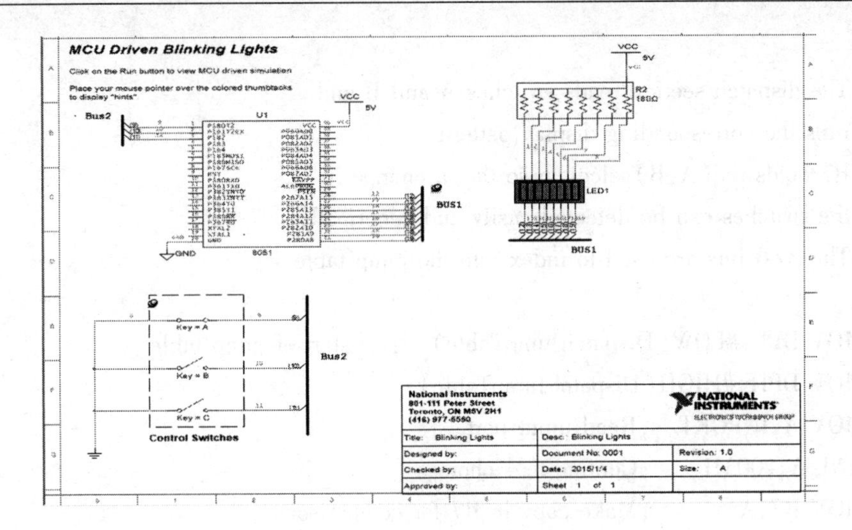

图 4-2-1　循环彩灯控制系统

```
$TITLE(BLINKING LIGHTS TEST)


;
;Variables
;


;Input port for mode control switches
;Switches A(bit-0),B(bit-1),and C(bit-2)
;B =0,A =0   Sweeping Eye pattern
;B =0,A =1   Meter pattern
;B =1,A =0   8-bit Counter(switch C controls increment or decrement)
;B =1,A =1   Marquis pattern(switch C controls left or right direction)
INPORT    EQU   P1


;Ouput connected to LED bank.
OUTPORT EQU   P2

;Program Code Start

;MCU Reset
;MCU Initialization Code
Reset:
          ;move stack pointer past register banks
          MOV SP,#20H

Begin:
```

```
Dispatch:
        ;The dispatch section reads switches A and B and
        ;runs the corresponding display pattern.
        ;R7 holds the(A,B)selection so that a change in
        ;the switches can be detected easily and generically.
        ;The A/B bits are used to index into the jump table.
        ;
        MOV DPL,#LOW(DispatchJumpTable)    ;set start of jump table
        MOV DPH,#HIGH(DispatchJumpTable)
        MOV A,INPORT        ;Read input port
        ANL A,#003H         ;Confine to 4 choices
        MOV R7,A            ;Make copy in R7 for comparisons
        RL A                ;multiply by two since each AJMP is two bytes
        JMP @ A + DPTR

DispatchJumpTable:
        AJMP SweepingEyeBegin
        AJMP MeterBegin
        AJMP CounterBegin
        AJMP MarquisBegin

;
;Sweeping Eye Pattern
;
;A small block of lights sweep left across the LED bank and
;then sweep back right.
;

SweepingEyeBegin:
        MOV R0,#00DH
        MOV R3,#0F0H
        MOV R4,#000H

LeftSweepLoop:
        CALL delay
        MOV A,R4 ;copy R4 to output
        CPL A       ;Complement bits since LEDs driven by low signals.
        MOV OUTPORT,A
```

```
        CLR C
        MOV A,R3
        RLC A
        MOV R3,A
        MOV A,R4
        RLC A
        MOV R4,A

        MOV A,INPORT   ; branch to beginning if config inputs change
        ANL A,#003H
        XRL A,R7
        JNZ SweepingEyeEnd

        DJNZ R0, LeftSweepLoop

        ;Setup values for sweep right
        MOV R0,#00DH
        MOV R4,#000H
        MOV R3,#00FH

RightSweepLoop:
        CALL delay
        MOV A,R4 ;copy R4 to output
        CPL A    ;Complement bits since LEDs driven by low signals.
        MOV OUTPORT,A

        ;do shift work
        CLR C
        MOV A,R3
        RRC A
        MOV R3,A
        MOV A,R4
        RRC A
        MOV R4,A

        MOV A,INPORT   ;branch to beginning if config inputs change
        ANL A,#003H
        XRL A,R7
        JNZ SweepingEyeEnd
```

```
        DJNZ R0, RightSweepLoop

SweepingEyeEnd:
        JMP Begin

;
;Meter Pattern
;
;A lighted bar of LEDs grows and shrinks like
;an LED meter display.
;

MeterBegin:
        MOV R0,#009H
        MOV R4,#000H

FwdMeterLoop:
        CALL delay
        MOV A,R4  ;copy R4 to output
        CPL A     ;Complement bits since LEDs driven by low signals.
        MOV OUTPORT,A

        SETB C
        MOV A,R4
        RLC A
        MOV R4,A

        MOV A,INPORT    ;branch to beginning if config inputs change
        ANL A,#003H
        XRL A,R7
        JNZ MeterEnd

        DJNZ R0,FwdMeterLoop

        ;Setup for reverse(shrinking)meter pattern
        MOV R0,#009H
        MOV R4,#0FFH
```

```
RevMeterLoop:
        CALL delay
        MOV A,R4 ;copy R4 to output
        CPL A    ;Complement bits since LEDs driven by low signals.
        MOV OUTPORT,A

        ;do shift work
        CLR C
        MOV A,R4
        RRC A
        MOV R4,A

        MOV A,INPORT   ;branch to beginning if config inputs change
        ANL A,#003H
        XRL A,R7
        JNZ MeterEnd

        DJNZ R0, RevMeterLoop

MeterEnd:
        JMP Begin

;
;8-bit Counter Pattern
;
;The bar of LEDs directly shows the counter value.
;Switch C(INPORT bit 2)controls the increment or
;decrement direction.
;

CounterBegin:
        MOV R0,#000H
CounterLoop:
        CALL delay
        MOV A,R0
        CPL A     ;Complement bits since LEDs driven by low signals.
        MOV OUTPORT,A
        CPL A
```

```
        ;Handle direction
        JB   INPORT.2,FwdCounter
        DEC A
        DEC A;extra DEC to cancel INC
FwdCounter:
        INC A
        MOV R0,A

        MOV A,INPORT    ;branch to beginning if config inputs change
        ANL A,#003H
        XRL A,R7
        JNZ CounterEnd

        JMP CounterLoop
CounterEnd:
        JMP Begin

;
;Marquis Pattern
;
;The pattern of lights moves left or right depending on
;Switch C(INPORT bit 2)and the pattern wraps in both directions.
;

MarquisBegin:
        MOV R0,#0E2H
MarquisLoop:
        CALL delay
        MOV A,R0
        CPL A      ;Complement bits since LEDs driven by low signals.
        MOV OUTPORT,A
        CPL A

        ;Handle direction
        JB   INPORT.2,FwdMarquis
        RRC A
        RRC A;
FwdMarquis:
        RLC A
```

```
        MOV R0,A

        MOV A,INPORT    ;branch to beginning if config inputs change
        ANL A,#003H
        XRL A,R7
        JNZ MarquisEnd

        JMP MarquisLoop
MarquisEnd:
        JMP Begin

;
;Delay Subroutine to slow down sequences to human speed.
;
delay:
        PUSH ACC
        MOV A,R5
        PUSH ACC
        MOV A,R6
        PUSH ACC
        MOV R5,#50    ;number of innerdelay's to call
        CLR A

outerdelay:
        MOV R6,A
        CALL innerdelay
        DJNZ R5,outerdelay

        POP ACC
        MOV R6,A
        POP ACC
        MOV R5,A
        POP ACC
delayend:
        RET

;innerdelay can be called directly for short delays
innerdelay:
```

```
        NOP
        NOP
        NOP
        NOP
        NOP
        DJNZ R6, innerdelay
        RET
END
```

（3）仿真。程序输入后保存，运行程序，分别切换 A、B、C，观察 LED 状态，如图 4-2-2 所示。

（4）程序调试与结果分析。在图 4-2-2 中，MCU 调试工具不仅给用户提供了在指令级别（断点和单步执行）上执行代码的控制功能，也提供了 MCU 内部存储器和寄存器查看功能，如图 4-1-3 所示，运行调试指令功能按钮如图 4-1-4 所示。

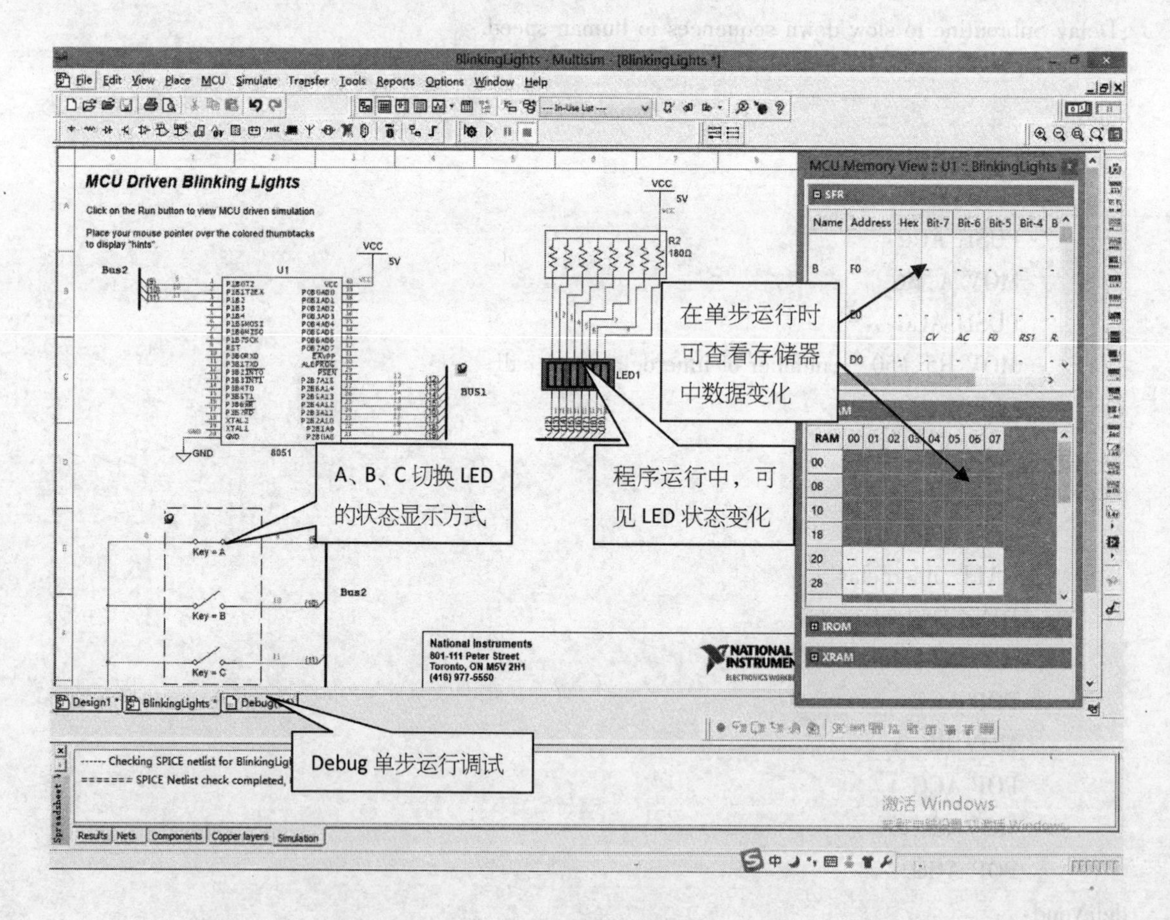

图 4-2-2　MCU 循环彩灯控制系统的运行情况

二、广告滚动屏的设计

（1）实验电路如图 4-2-3 所示。

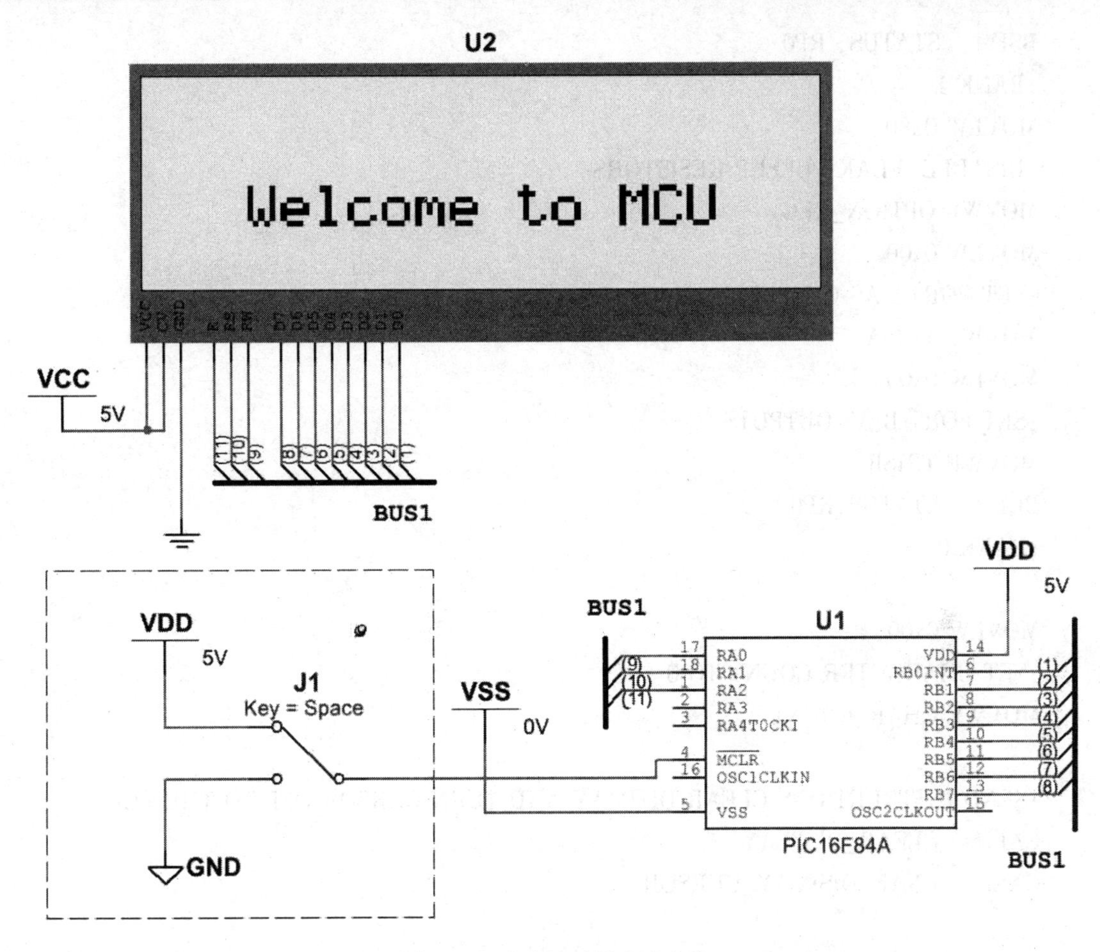

图 4-2-3　广告滚动屏实验电路

（2）实验源程序。

```
#include "p16f84a. inc"
;PIC16F84A definitions for MPASM assembler

CHAR          EQU        0x0C
;CHAR TO DISPLAY ON LCD
CHAR_COUNT        EQU        0x0D
;COUNTS THE CHARACTERS ON THE MESSAGE
ADDR_INDEX        EQU        0x0E
;STARTING ADDRESS IN EEPROM
TEMP              EQU        0x10
    CONSTANT START_ADDR   =   0x00
    ;STARTING ADDRESS IN EEPROM
    CONSTANT LCD_CAPACITY  =   0x50
    ;CAPACITY OF LCD 4x20 =80 =50H
```

```
    BSF      STATUS, RP0
    ;BANK 1
    MOVLW 0x80
    ;DISABLE WEAK PULLUP RESISTORS
    MOVWF OPTION_REG
    MOVLW 0x00
    ;SET PORTA AS OUTPUTS
    MOVWF TRISA
    MOVLW 0x00
    ;SET PORT B AS OUTPUTS
    MOVWF TRISB
    BCF      STATUS,RP0
    ;BANK 0

    MOVLW 0x00
    ;SET CHARACTER COUNT TO 0
    MOVWF CHAR_COUNT

    ;SEND INSTRUCTIONS CLEAR DISPLAY AND TURN CURSOR OFF TO THE LCD
    CALL     CLEAR_DISPLAY
    CALL     ENAB_DISPLAY_CURSOR

MAIN
    MOVLW START_ADDR
    ; SET THE STARTING ADDRESS FOR EEPROM
    MOVWF ADDR_INDEX

READ_CHAR
    MOVF     ADDR_INDEX,0
    ;STARTING EEPROM ADDRESS
    MOVWF EEADR
    BSF      STATUS,RP0
    ;SWITCH TO BANK 1
    BSF      EECON1,RD
    BCF      STATUS,RP0
    ;SWITCH TO BANK 0

    MOVF     EEDATA,0
    MOVWF CHAR
```

```
    ;LOAD THE CHAR THAT WAS READ FROM EEPROM TO W
    CALL    WRITE_CHAR
    ;WRITE THE CHAR TO DISPLAY

    INCF    ADDR_INDEX,1
    INCF    CHAR_COUNT,1

    SUBLW 0x00
    ;DETECT IF THE CHAR =00H IF SO THEN EXIT LOOP
    BTFSS   STATUS,2
    ;EXIT IF ZERO BIT IS SET
    GOTO    READ_CHAR

;START SHIFTING THE CHARACTERS
SHIFTING
    MOVLW LCD_CAPACITY
    ;TEMP = CHAR_COUNT-LCD_CAPACITY
    SUBWF   CHAR_COUNT,0
    MOVWF TEMP
    COMF    TEMP,1
    ;TAKE THE COMPLEMENT OF THE NEGATIVE VALUE
    MOVLW 0x02
    ;ADD OFFSET
    ADDWF TEMP,1

SHIFTRIGHT
    MOVLW 0x1C
    ;SHIFT RIGHT INSTRUCTION TO LCD
    CALL    MOVE_CURSOR_SHIFT_DISPLAY
    DECFSZ TEMP, 1
    GOTO    SHIFTRIGHT

    MOVLW LCD_CAPACITY
    ;TEMP = CHAR_COUNT-LCD_CAPACITY
    SUBWF   CHAR_COUNT,0
    MOVWF TEMP
    COMF    TEMP,1
    ;TAKE THE COMPLEMENT OF THE NEGATIVE VALUE
    MOVLW 0x02
```

```
    ;ADD OFFSET
    ADDWF TEMP,1

SHIFTLEFT
    MOVLW 0x18
    ;SHIFT LEFT INSTRUCTION TO LCD
    CALL   MOVE_CURSOR_SHIFT_DISPLAY
    DECFSZ TEMP,1
    GOTO   SHIFTLEFT
    GOTO   SHIFTING

;FUNCTIONS
CLEAR_DISPLAY
    MOVLW 0x01
    MOVWF   PORTB
    BCF   PORTA,1
    ;R/S =0   R/W =0
    BCF   PORTA,0
    CALL   TOGGLE
    RETURN

ENAB_DISPLAY_CURSOR
    MOVLW 0x0D
    MOVWF   PORTB
    BCF      PORTA,1
    ;R/S =0   R/W =0
    BCF      PORTA,0
    CALL     TOGGLE
    RETURN

MOVE_CURSOR_SHIFT_DISPLAY
    MOVWF   PORTB
    ;THE VALUE PASSED IN W IS SET TO PORTB
    BCF   PORTA,1
    ;R/S =0   R/W =0
    BCF      PORTA,0
    CALL    TOGGLE
    RETURN
```

```
WRITE_CHAR
    MOVF   CHAR, 0
    ;MOVE CHAR TO PORTB
    MOVWF PORTB
    BSF     PORTA,1
    ;R/S = 1   R/W = 0
    BCF     PORTA,0
    CALL    TOGGLE
    RETURN

TOGGLE
    BSF     PORTA,2
    ;SET ENABLE BIT
    BCF     PORTA,2
    ;CLEAR ENABLE BIT
    RETURN

END
```

（3）运行程序。

程序运行过程中，观察屏中文字的移动情况，如图 4-2-3 所示，U2（LCD 屏）显示“Welcome to MCU”字样，并在屏上循环移动，同时可以查看存储器中的数据状态。

三、外部存储器（RAM）控制器实验

（1）实验电路如图 4-2-4 所示。

（2）实验源程序。

```
$MOD52      ;This includes 8052 definitions for the metalink assembler

W       equ     P2.1    ;Write Enable(active low)
G       equ     P2.0    ;Output Enable(active low)
E2      equ     P2.2    ;Enable/disable the RAM chip
READ    equ     P2.3
WRITE   equ     P2.4

ADDR    equ     P0      ;Address lines
IO      equ     P1      ;IO lines

MOV ADDR,#0FFH
MOV IO,#0FFH
CLR E2
```

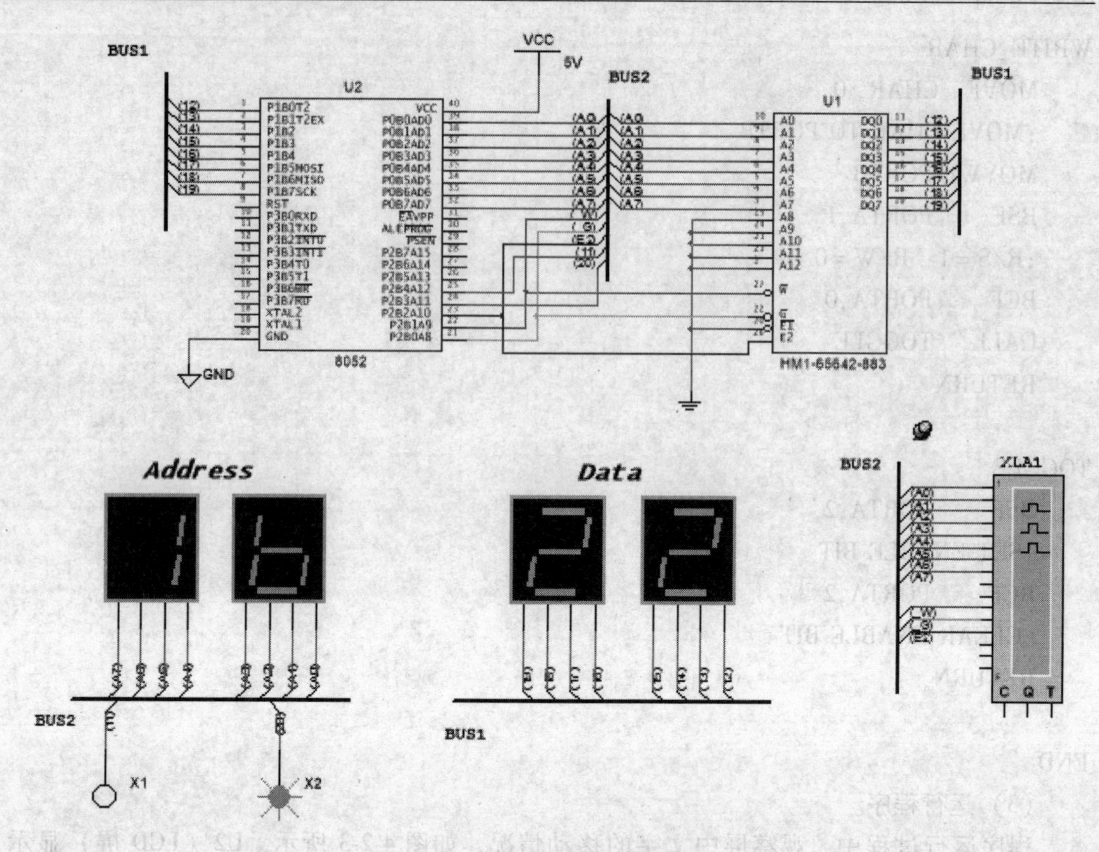

图 4-2-4 RAM 读写控制器实验图

```
SETB G
CLR W
CLR READ
CLR WRITE

;WRITE VALUE 55H INTO ADDRESS 1AH
    MOV ADDR,#1AH
    MOV IO,#55H
    SETB E2
    SETB WRITE
    CLR READ
    CALL DELAY
    CLR E2
    CLR WRITE
    CLR READ
    CALL DELAY

;WRITE VALUE 22H INTO ADDRESS 1BH
```

```
    MOV ADDR,#1BH
    MOV IO,#22H
    SETB E2
    SETB WRITE
    CLR READ
    CALL DELAY
    CLR E2
    CLR WRITE
    CLR READ
    CALL DELAY

;WRITE VALUE 89H INTO ADDRESS 1CH
    MOV ADDR,#1CH
    MOV IO,#89H
    SETB E2
    SETB WRITE
    CLR READ
    CALL DELAY
    CLR E2
    CLR WRITE
    CLR READ
    CALL DELAY

    MOV ADDR,#0FFH
    MOV IO,#0FFH

;READ THE VALUE 55H FROM ADDRESS 1AH
    SETB W
    CLR G
    MOV ADDR,#1AH
    SETB E2
    SETB READ
    CLR WRITE
    CALL DELAY
    CLR E2
    CLR READ
    CLR WRITE
    CALL DELAY
```

```
;READ THE VALUE 89H FROM ADDRESS 1CH
    SETB W
    CLR G
    MOV ADDR,#1CH
    SETB E2
    SETB READ
    CLR WRITE
    CALL DELAY
    CLR E2
    CLR READ
    CLR WRITE
    CALL DELAY

;READ THE VALUE 22H FROM ADDRESS 1BH
    SETB W
    CLR G
    MOV ADDR,#1BH
    SETB E2
    SETB READ
    CLR WRITE
    CALL DELAY
    CLR E2
    CLR READ
    CLR WRITE
    CALL DELAY

    JMP $

DELAY:
    MOV A,#01H
LOOP:
    MOV R0,#0FFH
    DJNZ R0, $
    DEC A
    JNZ LOOP
    RET
HALT:JMP $
END
```

(3) 运行仿真。程序输入后保存，观察程序运行过程中，其表示地址（Address）的数码管变化，以及表示数据（Data）的数码管变化情况；同时可用逻辑分析仪观察地址变化信息，认真观察“读”、“写”过程，如图 4-2-5 所示。

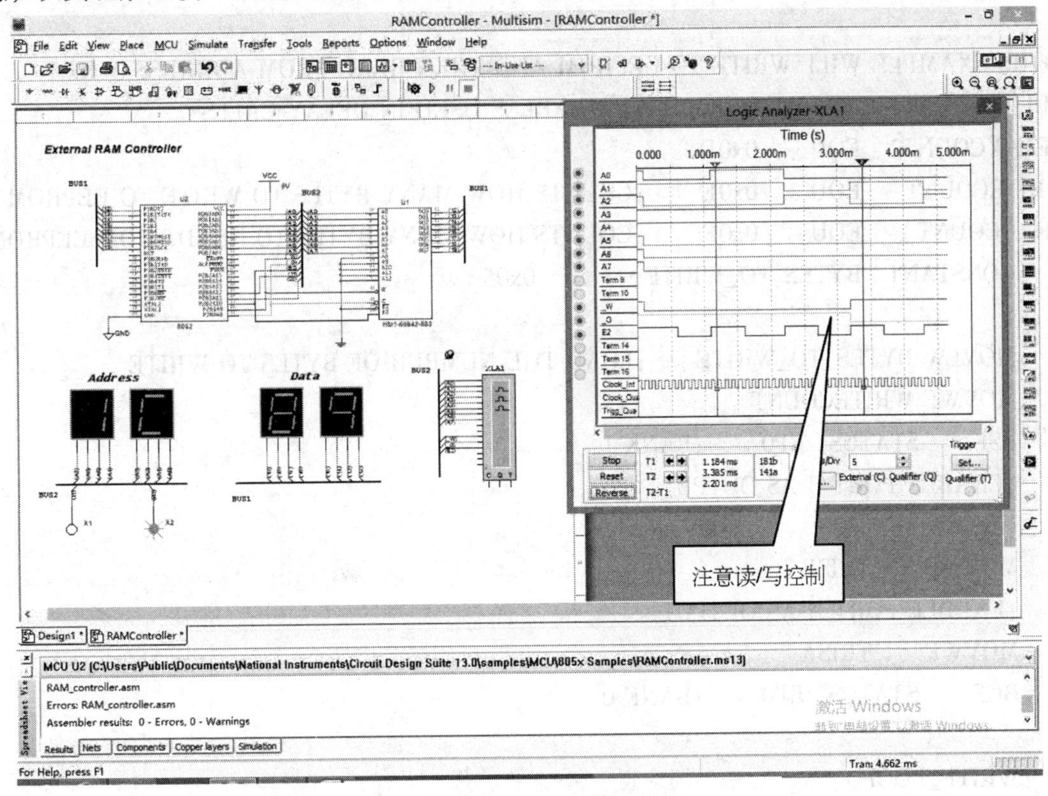

图 4-2-5　存储器读写控制结论分析

四、EEPROM 读写实验

（1）实验电路如图 4-2-6 所示。

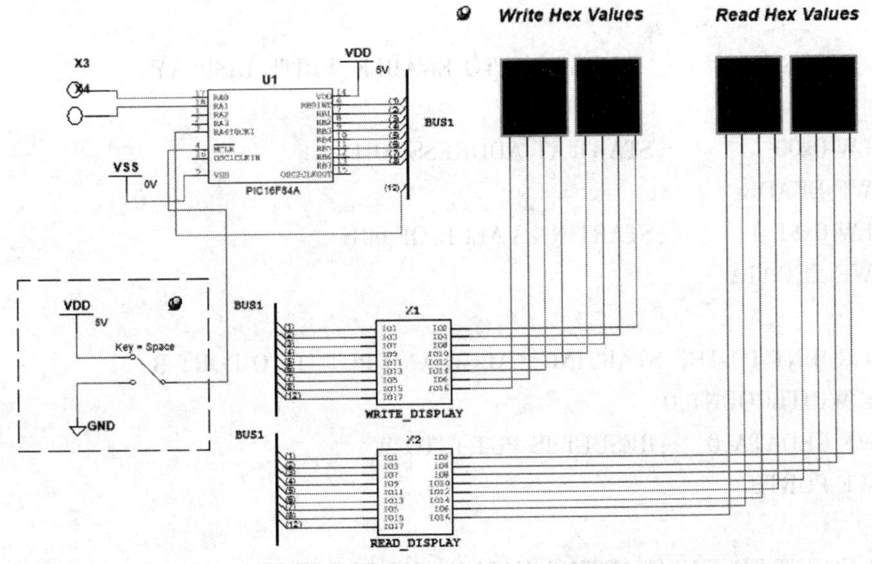

图 4-2-6　EEPROM 读写实验电路图

（2）实验源程序。

```
#include "P16F84A. inc"        ;This includes PIC16F84A definitions for the MPASM assembler

;THIS EXAMPLE WILL WRITE TO EEPROM AND THEN READ FROM ADDRESS 07H.
DELAYCOUNT1   EQU    0x0C    ;VARIABLES USED IN DELAY CALLS
DELAYCOUNT2   EQU    0x0D
WRITECOUNT    EQU    0x0E    ;COUNTS HOW MANY BYTES TO WRITE TO EEPROM
READCOUNT     EQU    0x0F    ;COUNTS HOW MANY BYTES TO READ FROM EEPROM
    CONSTANT  BYTES_TO_WRITE    =   0x05

    MOVLW BYTES_TO_WRITE     ;LOAD THE NUMBER OF BYTES TO WRITE
    MOVWF WRITECOUNT
    BSF    STATUS, RP0     ;BANK 1
    ;ENABLE PORT B AS OUTPUT
    MOVLW    0x00
    MOVWF    TRISB
    ;ENABLE PORT A AS OUTPUT
    MOVWF    TRISA
    BCF    STATUS, RP0     ;BANK 0

    WRITE_LOOP

    ;WRITE TO THE EEPROM
    BSF    PORTA,0          ;TURN WRITE LED ON
    BCF    PORTA,1          ;TURN READ LED OFF

    BSF    PORTA,4          ;SET BIT TO ENABLE WRITE DISPLAY

    MOVLW 0x00          ;START AT ADDRESS 00H
    MOVWF EEADR
    MOVLW 0x5F          ;STARTING VALUE OF 60H
    MOVWF EEDATA

    ;ADD COUNT TO THE STARTING VALUE AND PUT IT TO PORT B
    MOVF WRITECOUNT,0
    ADDWF EEDATA,0    ;RESULT IS PUT INTO W
    MOVWF PORTB

    ;ADD COUNT TO THE STARTING VALUE AND PUT IT INTO EEDATA,
```

```
    MOVF   WRITECOUNT,0
    ADDWF EEDATA,1
    ;ADD COUNT TO THE ADDRESS AND PUT IT INTO EEADR
    ADDWF EEADR,1

  BSF   STATUS,RP0   ;BANK 1
  BCF   INTCON, GIE   ;ITS A GOOD IDEA TO DISABLE ALL INTS WHEN WRITING TO ROM
    BSF EECON1, WREN   ;ENABLE WRITE
    MOVLW 0x55              ;START WRITE SEQUENCE
    MOVWF EECON2
    MOVLW 0xAA
    MOVWF EECON2
    BSF      EECON1,WR      ;INITIATES A WRITE CYCLE
    BSF      INTCON,GIE     ;REENABLE GLOBAL INTERRUPT
    BCF      STATUS,RP0     ;BANK 0

    CALL DELAY
    BCF      PORTA,0              ;TURN WRITE LED OFF
    CALL DELAY
    DECFSZ WRITECOUNT,1   ;DECREMENT AND COMPARE IF WRITECOUNT IS ZERO
    GOTO WRITE_LOOP

    MOVLW BYTES_TO_WRITE      ;SET READCOUNT TO STARTING ADDRESS
    MOVWF READCOUNT
READ_LOOP
    ; READ FROM THE EEPROM
    BCF      PORTA, 0           ;TURN WRITE LED ON
    BSF      PORTA,1            ;TURN READ LED ON
    BCF      PORTA,4            ;SELECT READ DISPLAY

    MOVF    READCOUNT,0        ;LOAD NEXT ADDRESS TO READ
    MOVWF EEADR
    BSF      STATUS,RP0      ;BANK 1
    BSF      EECON1,RD
    BCF      STATUS,RP0      ;BANK 0

    MOVF    EEDATA,0
    MOVWF PORTB
```

```
    CALL   DELAY
    BCF    PORTA,1          ;TURN READ LED OFF
    CALL   DELAY
    DECFSZ READCOUNT,1
    GOTO   READ_LOOP

    GOTO   ENDING

;A DELAY IS NEEDED, LONG ENOUGH TO WRITE INTO EEPROM
DELAY
    MOVLW 0xF7              ;SET/RESET COUNTER
    MOVWF DELAYCOUNT1
    MOVLW 0x00              ;SET COUNTER DELAYCOUNT2 TO 0
DELAYLOOP1
    MOVWF DELAYCOUNT2
DELAYLOOP2
    INCFSZ DELAYCOUNT2,1
    GOTO DELAYLOOP2
    INCFSZ DELAYCOUNT1,1
    GOTO DELAYLOOP1
    RETURN

ENDING
    GOTO ENDING

END
```

（3）运行仿真。RAM 读写仿真观察分析如图 4-2-7 所示，在仿真运行过程中，注意观察图中提示的点。

五、传送带实验

（1）实验电路如图 4-2-8 所示。

（2）实验源程序。

```
;------------------------------------------------------------
;Program to control conveyor belt
;------------------------------------------------------------
$MOD52

$TITLE(CONVEYOR BELT)
```

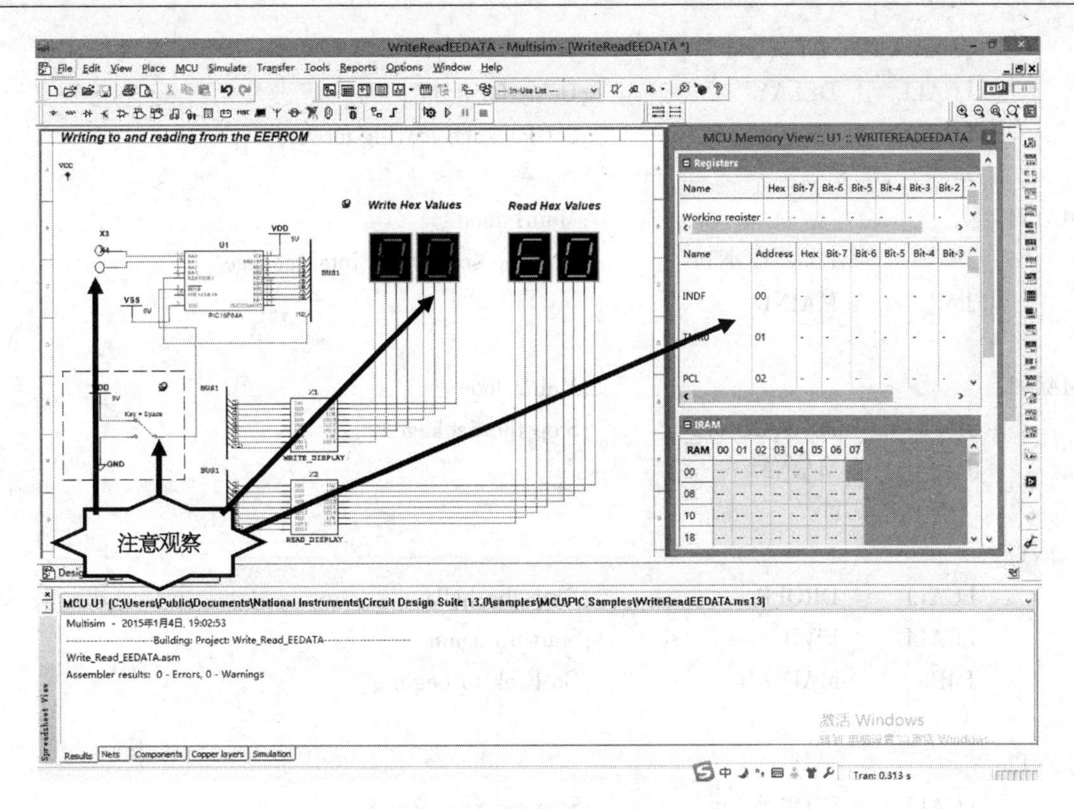

图 4-2-7 RAM 读写仿真观察与分析

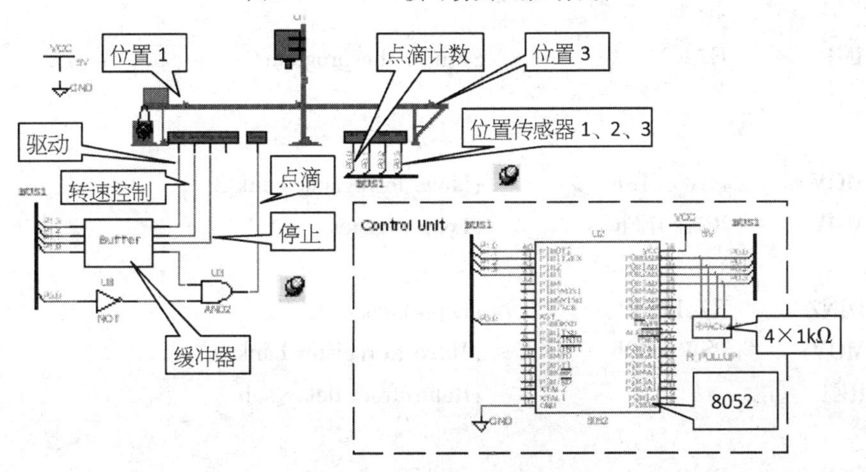

图 4-2-8 传送带实验电路图

```
MOV     SP,#20h;        Move SP beyond registers

MOV     P1,#00h         ;Clear control out for conveyor
MOV     P2,#00h         ;Clear control in for conveyor
MOV     P3,#0FFh        ;Default for ext ports are already high
                        ;Need to ensure that ~ Enable remains high

BEGIN:
```

```
        ;Start with a bit of a delay
        LCALL     DELAY                 ;Delay for a bit
        LCALL     FWD                   ;Set Package moving forward

MAIN1:                                  ;Main1 loop
        JB        P0.2,CONT1            ;Go drop some balls into package
        JMP       MAIN1

MAIN2:                                  ;Main2 loop
        JB        P0.3,CONT2            ;Stop the package
        JMP       MAIN2

CONT1:
        LCALL     DROPB                 ;Drop the balls
        LCALL     FWD                   ;Start up again
        JMP       MAIN2                 ;Go back to begin

CONT2:
        LCALL     STOP                  ;Stop the package

        JMP       HALT                  ;Finish the program

DELAY:
        MOV       PSW,#18h              ;Move to register bank 3
        MOV       R7,#0FFh              ;Loop register

LOOP:   DJNZ      R7,LOOP               ;Loop back
        MOV       PSW,#00h              ;Move to register bank 0
        RET                             ;Returnfrom delay sub

FWD:    CLR       P1.0                  ;Off"Drop"
        CLR       P1.1                  ;Off"Stop"
        CLR       P1.2                  ;Off"Rev"
        SETB      P1.3                  ;On"FWD"
        LCALL     DELAY                 ;Delay
        CLR       P1.3                  ;Off"FWD"
        RET

DROPB:
```

```
        CLR     P1.3            ;Off" FWD"
        SETB    P1.1;           ON" Stop"
        CLR     P1.2            ;Off" Rev"
        SETB    P1.0            ;On" Drop"
        CLR     P3.0            ;This will enable the dropping mechanism
        LCALL   DELAY           ;Some delay
        SETB    P3.0            ;Disable dropping mechanism
        CLR     P1.0            ;Off" Drop"
        CLR     P1.1            ;Off" Stop"
        RET

STOP:
        SETB    P1.1            ;ON" Stop"
        RET

HALT:   JMPHALT                 ;Finish the spin

END
```

(3) 运行仿真。保存程序并仿真，在实验过程中注意观察电机的运转、传感器位置变速情况、点滴情况，如图4-2-9所示。

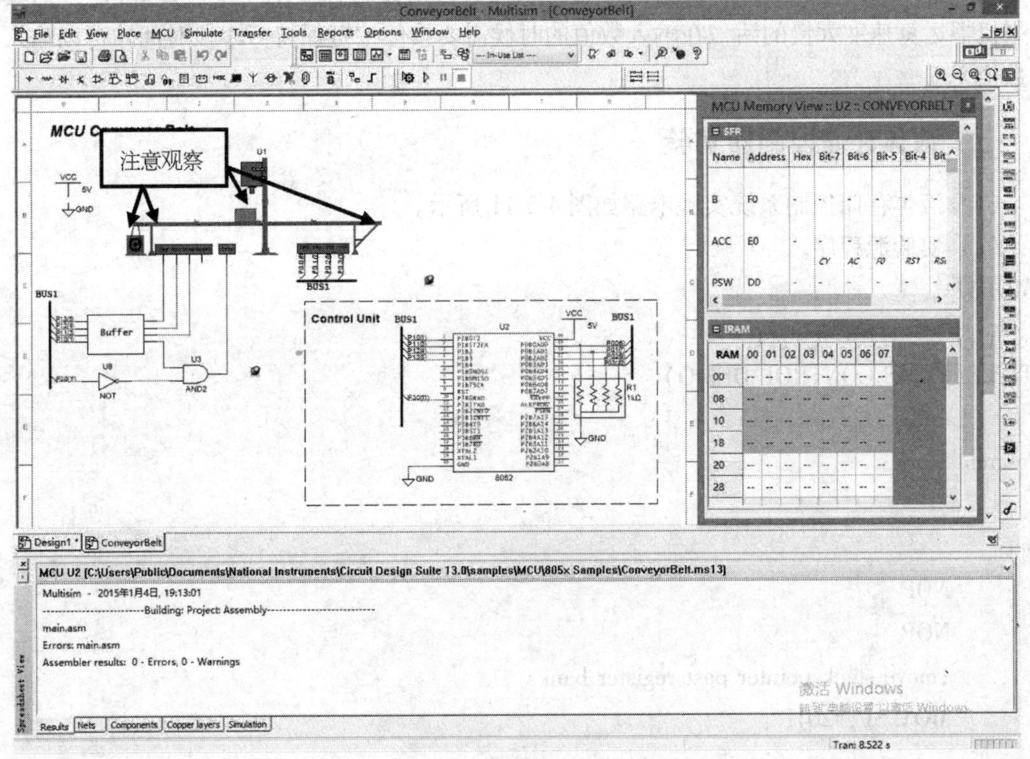

图4-2-9 传送带仿真观察

六、计算器实验

（1）实验电路如图 4-2-10 所示。

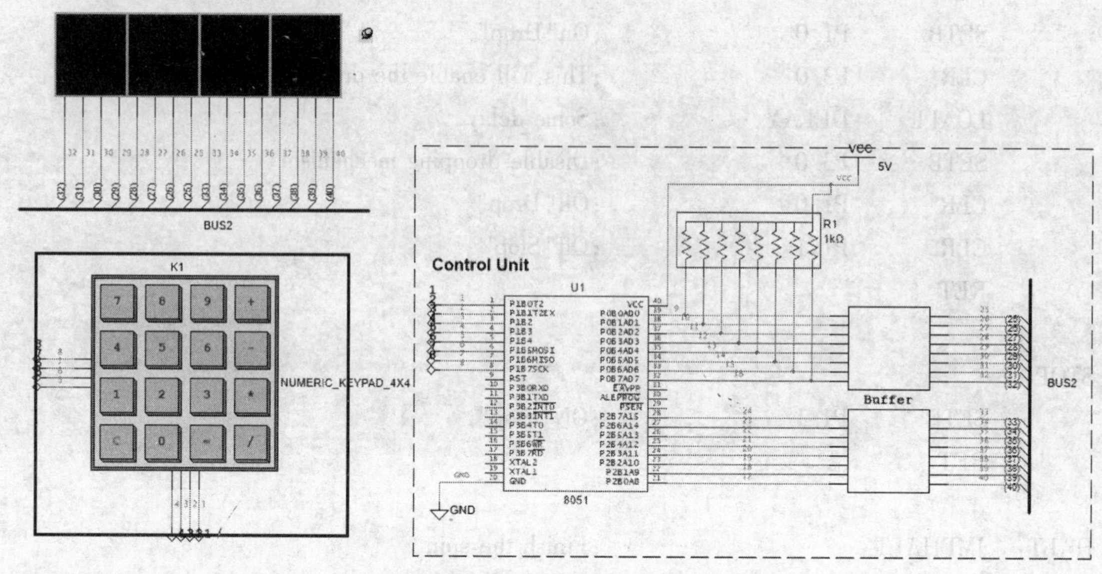

图 4-2-10　计算器实验电路图

（2）实验源程序。（可在 www. cmpedu. com 本书页面下载）

（3）运行程序。通过键盘可以输入数字加（或减、乘、除）运算后，在数码管上会显示输出最多四位数结果，如果计算结果超出四位数，则数码管显示 4 个"E"（注：仿真中如果机器运算速度太慢的话，在输入数值的时候需要按住按键保持一小段时间才可以输入正确数值）。

七、液体存储控制器实验

（1）液体存储控制系统实验电路如图 4-2-11 所示。

（2）实验源程序。

```
$MOD51

$TITLE(PUMP CONTROL DEMO)

;Program Start

reset:
        NOP
        NOP
        ;move stack pointer past register banks
        MOV SP,#20H
```

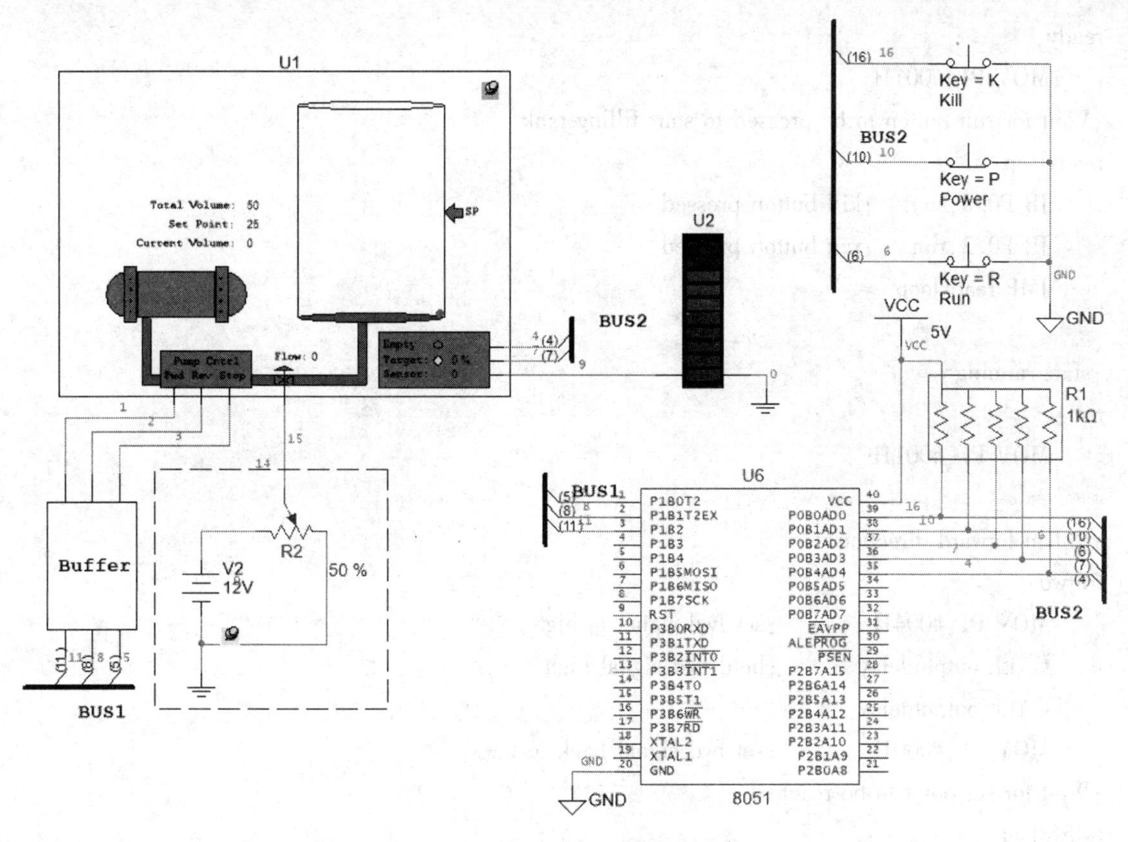

图 4-2-11　液体存储控制系统实验电路

```
;P0B4-empty
;P0B3-target
;P0B0-kill button
;P0B1-power button
;P0B2-run button
;P1B2-forward fill
;P1B1-reverse fill
;P1B0-stop fill

begin:

start:
    MOV P1,#000H
;Wait for power button to be pressed
startloop:
    MOV P1,#000H
    JB P0.1,ready;power button was pressed
    JMP startloop
```

```
ready:
    MOV P1,#001H
;Wait for run button to be pressed to start filling tank
readyloop:
    JB P0.0,start    ;kill button pressed
    JB P0.2,run      ;run button pressed
    JMP readyloop

;start running
run:
    MOV P1,#001H

;Fill in forward direction
fillfwd:
    MOV P1,#004H             ;set fwd signal to high
    CALL outputdelay         ;hold fwd signal high
    CALL outputdelay
    MOV P1,#000H             ;set fwd signal back to low
;Wait for set point to be reached
fillfwdloop:
    JB P0.0,fillfwdkill      ;kill button pressed
    JB P0.3,fillfwdend       ;set point reached

    JMP fillfwdloop
;Stop filling in fwd direction and start timer for 5 seconds
fillfwdend:
    MOV P1,#001H             ;set stop signal to high
    CALL timerdelay          ;go to timer routine
    JMP fillrev              ;timer has finished, start draining
;Kill button was pressed during filling in fwd direction
fillfwdkill:
    MOV P1,#001H             ;set stop signal to high
    CALL outputdelay         ;hold top signal high
    CALL outputdelay
    JMP start                ;go back to beginning of program

;Fill in reverse direction (drain)
fillrev:
    MOV P1,#002H             ;set reverse signal to high
```

```
    CALL outputdelay           ;hold reverse signal
    CALL outputdelay
    MOV P1,#000H               ;set reverse signal to low
;Wait for tank to reach the empty point
fillrevloop:
    JB P0.0,fillrevkill        ;kill button pressed
    JB P0.4,fillrevend         ;empty point reached

    JMP fillrevloop
;Finished draining,go back to ready state
fillrevend:
    MOV P1,#001H               ; set stop signal to high
    JMP ready
;Kill button was pressed during filling in reverse direction
fillrevkill:
    MOV P1,#001H               ;send stop signal
    CALL outputdelay
    CALL outputdelay
    JMP start

;timer
timerstart:
    MOV P1,#001H               ;set stop signal to high
    CALL outputdelay           ;hold stop signal
    CALL outputdelay
    MOV P1,#000H               ;set stop signal to low

    MOV R2,#39H                ;call outputdelay 39H times to get 5 second delay
;Wait for timer to finish
timerloop:
    JB P0.0,timerdelaykill     ;kill button pressed, stop timer
    CALL outputdelay
    DJNZ R2,timerloop
    JMP timerdelayend
timerdelay:
    JMP timerstart
; Kill button was pressed during timer routine, wait for power button
timerdelaykill:
    JB P0.1,timerdelayready; power button pressed
```

```
    JMP timerdelaykill
; Power button was pressed, wait for run button to resume timer
timerdelayready:
    JB P0.2,timerdelay              ; run button pressed
    JB P0.0, timerdelaykill         ; kill button pressed
    JMP timerdelayready
; Timer routine finished, return from call
timerdelayend:
    RET

; timer delays
outputdelay:
    PUSH ACC
    MOV A,R5
    PUSH ACC
    MOV A,R6
    PUSH ACC
    MOV R5,#50                      ; number of innerdelays to call
    CLR A

outerdelay:
    MOV R6,A
    CALL innerdelay
    DJNZ R5,outerdelay

    POP ACC
    MOV R6,A
    POP ACC
    MOV R5,A
    POP ACC
outputdelayend:
    RET
innerdelay:
    NOP
    NOP
    NOP
    NOP
    NOP
    DJNZ R6,innerdelay
```

```
    RET
END
```

（3）运行仿真。双击液体存储器设置好参数以后，单击运行按钮。在图 4-2-11 中，先按下 Power 键、然后按下 Run 按键，储罐中液体进入，直到标注的刻度停止。如果想在中途停止就按下 Kill 按键，液面就会停在按下 Kill 按键时刻的位置。

八、十六进制转十进制实验

（1）十六进制转十进制实验电路如图 4-2-12 所示。

Hex-to-Decimal Converter

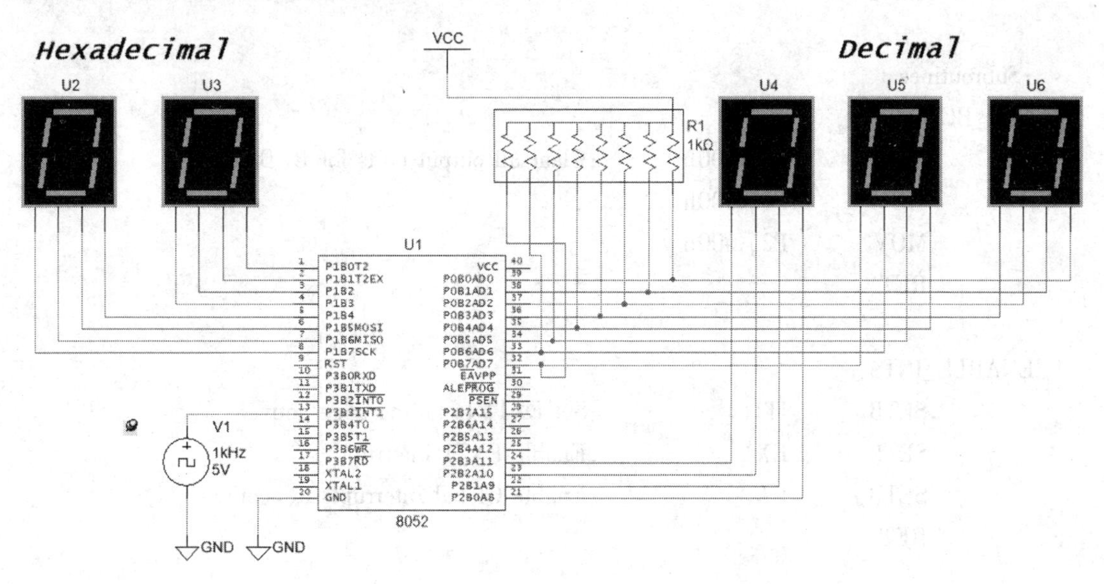

图 4-2-12　十六进制转十进制实验电路

（2）实验源程序。

```
 $ MOD52

        LJMP        INIT            ;go to init routine

        ORG         0013H           ;EXT1 interrupt address
        LJMP        EXT1            ;go to EXT1 Interrupt handler
        LJMP        MAIN            ;Then go back to main routine

    INIT:
        MOV         SP,#20h         ;Move SP beyond internal reg's
        MOV             R7, #00h    ;Clear R7 (contains hex value to display)
        LCALL       CLR_BCD         ;clear LCD's
        LCALL       ENABLE_INTS     ;Enable Interrupts
    MAIN:
```

```
        JMP       MAIN

;EXT1 Interrupt Handling Routine
EXT1:

        INC       R7              ;P1 Handles the HEX representation
        LCALL     HEX2DEC         ;Convert Hex to Dec
        LCALL     DEC_LCD         ;Display output on LCD screens
        RETI

;Subroutines
CLR_BCD:
        MOV       P0, #00h        ;Clear all output ports for BCD
        MOV       P1, #00h
        MOV       P2, #00h
        RET

ENABLE_INTS:
        SETB      IT1             ;Set EXT1 to falling edge active
        SETB      EX1             ;Enable EXT1 interrupt
        SETB      EA              ;Enable Global Interrupts to occur
        RET

HEX2DEC:
        MOV         A, R7         ;Move value of R7 into ACC
        MOV         B, #64h       ;Move value of 100 dec into B divisor
        DIV       AB              ;Divide HEX value by 100 dec

        MOV         R3, A         ;Acc contains answer, move into highest digit R3
        MOV         A, B          ;Remainder in B is what we start off with again

        MOV         B, #0Ah       ;Move #0Ah into divisor
        DIV       AB

        MOV         R2, A         ;Move value into R2 (middle dec digit)
        MOV         R1, B         ;Remainder goes in R1 (low dec digit)
        RET

;Take the values in R3-R1 and place them in the LCD
```

```
DEC_LCD:
        ;HEX VALUE
        MOV      P1, R7         ;R7 contains simple hex value
        ;DEC VALUE
        MOV      P2, R3         ;Highest digit goes into P2

        MOV      A, R2          ;Move middle digit into R2
        SWAP     A              ;Swap high and low nibbles

        ADD      A, R1          ;Add R1 to the ACC

        MOV      P0, A          ;Display on BCD
        RET
HALT:   JMP      HALT
END
```

（3）运行程序。观察数码管的变化情况，在程序运行开始后，在图 4-2-12 中，左边的两位十六进制数从 00 到 FF，自动转变后其右边的三位数从 000 到 255 变化。

九、串行移位寄存器实验

（1）串行移位寄存器实验电路如图 4-2-13 所示。

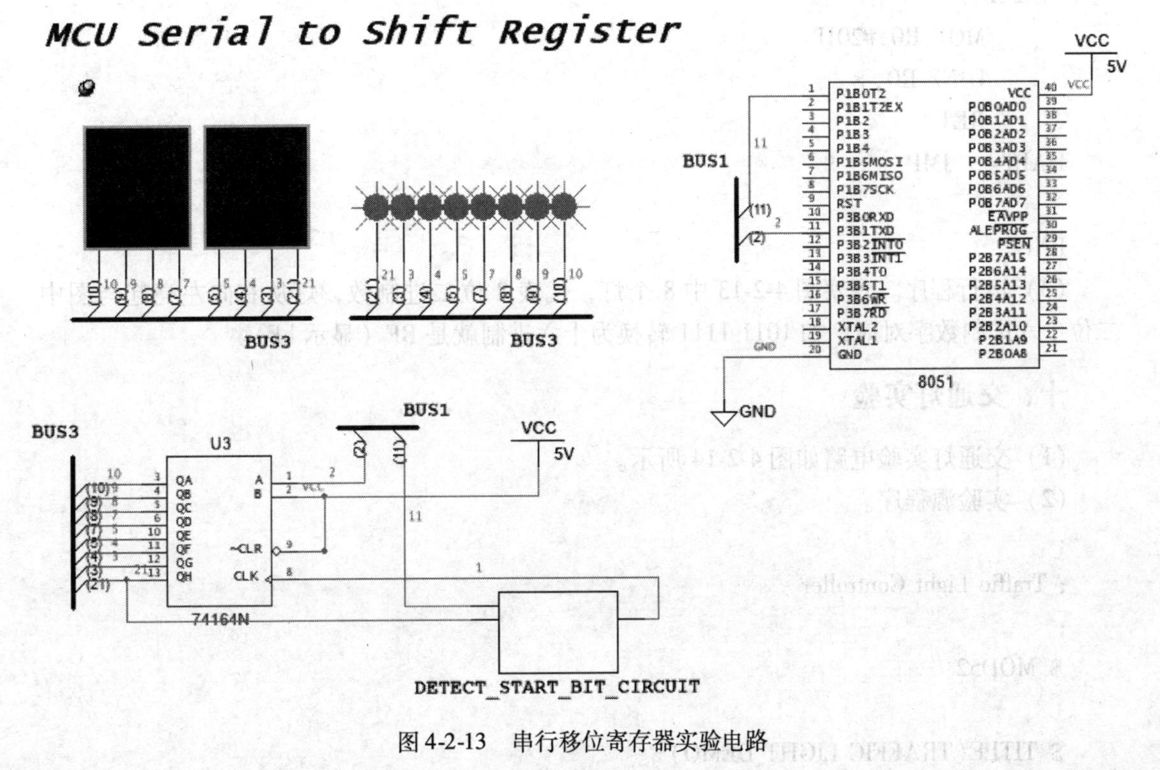

图 4-2-13　串行移位寄存器实验电路

（2）实验源程序。

```
;       COUNTER USING SERIAL TRANSMISSION

        $ MOD51
        MOV R1,#0A5H                    ; Load starting value
        MOV SCON,#80H                   ; Setup the serial control SFR

COUNTLOOP:
        CLR P1.0                        ; clear the pin that enables the shift register
        CLR TI                          ; clear the transmit interrupt flag
        MOV SBUF,R1                     ; load value into buffer to transmit
        JNB TI, $                       ; wait until transmit is over

        CALL DELAY
        SETB P1.0                       ; set the pin to setup for next transmission
        CALL DELAY
        DJNZ R1,COUNTLOOP               ; decrement one and transmit the next character
        JZ HALT

; delay subroutine is used to wait for values to be displayed
DELAY:
        MOV R0,#20H
        DJNZ R0, $
        RET
HALT:   JMP     $

END
```

（3）运行程序。观察图 4-2-13 中 8 个灯，代表 8 位二进制数，灯从右向左亮起与图中二位十六进制数字对应，如 1011 1111 转换为十六进制就是 BF（显示 bF）。

十、交通灯实验

（1）交通灯实验电路如图 4-2-14 所示。

（2）实验源程序。

```
;
; Traffic Light Controller
;
$ MOD52

$ TITLE(TRAFFIC LIGHT DEMO)
```

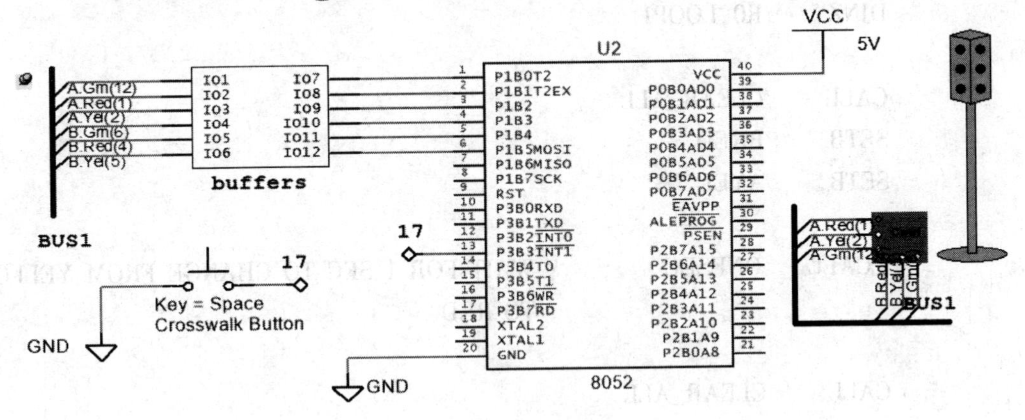

图 4-2-14　交通灯实验电路

```
;Defines
AGRN    equ    P1.0
ARED    equ    P1.1
AYEL    equ    P1.2
BGRN    equ    P1.3
BRED    equ    P1.4
BYEL    equ    P1.5

        LJMP    INIT            ;go to main

        ORG     0013H           ;EXT1 interrupt address
        LJMP    EXT1            ;go to EXT1 Interrupt handler
        LJMP    MAIN            ;Then go back to main routine

INIT:
        MOV     SP,#20h         ;Move SP beyond internal reg's
        LCALL   CLR_LCD         ;clear that LCD
        LCALL   ENABLE_INTS     ;Enable Interrupts as we see fit

MAIN:
        CALL    CLEAR_ALL
        SETB    BRED
        SETB    AGRN

        MOV     R0,#06H         ; WAIT BEFORE LIGHTS START TO CHANGE
```

```
LOOP1:LCALL    ONESEC
      DJNZ     R0,LOOP1

      CALL     CLEAR_ALL
      SETB     BRED
      SETB     AYEL

      LCALL    ONESEC         ; WAIT FOR 1 SEC TO CHANGE FROM YELLOW
                                TO RED

      CALL     CLEAR_ALL
      SETB     ARED
      SETB     BRED

      LCALL    ONESEC

      CALL     CLEAR_ALL
      SETB     ARED
      SETB     BGRN

      MOV          R0,#06H    ; WAIT BEFORE LIGHTS START TO CHANGE
LOOP2:LCALL    ONESEC
      DJNZ     R0,LOOP2

      CALL     CLEAR_ALL
      SETB     ARED
      SETB     BYEL

      LCALL    ONESEC         ; WAIT FOR 1 SEC TO CHANGE FROM YELLOW
                                TO RED
      CALL     CLEAR_ALL
      SETB     ARED
      SETB     BRED

      LCALL    ONESEC

      JMP      MAIN

;EXT1 Interrupt Handling Routine
```

```
EXT1:
        SETB    ACC.0               ; set a flag on the ACC
        RETI
;Subroutines
CLR_LCD:
        MOV         P0, #00h
        RET

ENABLE_INTS:
        SETB    IT1                 ;Set EXT1 to falling edge active
        SETB    EX1                 ;Enable EXT1

        MOV     TMOD,#01H           ; SET 16 BIT COUNTER

        SETB    EA                  ;Enable Global Interrupts to occur
        RET

; CLEARS ALL THE LIGHTS
CLEAR_ALL:
        MOV     P1,#00H             ; clear all lights
        CLR     ACC.0               ; clear interrupt flag
        RET

; COUNT FOR ONE SECOND
ONESEC:
        MOV     R1,#14H             ; COUNTER USED TO LOOP 20 TIMES, WHICH IS
                                      EQUIVALENT TO 1 SEC
SEC_LOOP:
        MOVT    H0,#00H             ; CLEAR TIMER 0
        MOV     TL0,#00H
        CLR     TF0                 ; CLEAR OVERFLOW BIT
        SETB    TR0                 ; START TIMER 0
        JNB     TF0, $              ; WAIT FOR OVERFLOW FLAG
        CLR     TR0                 ; STOP TIMER 0
        JNZ     BTN_PRESSED         ; CROSSWALK BUTTON WAS PRESSED, JUMP
                                      OUT OF LOOP
        DJNZ    R1,SEC_LOOP
BTN_PRESSED:
        RET
```

```
HALT:  JMP      $
END
```

（3）运行程序。观察图4-2-14中交通灯变化情况，两路红绿灯在同一时刻只能有一路是通行状态，同时也可以通过按下“Space”按键来手动的改变信号灯的颜色。

十一、图形显示实验

（1）图形显示实验电路如图4-2-15所示。

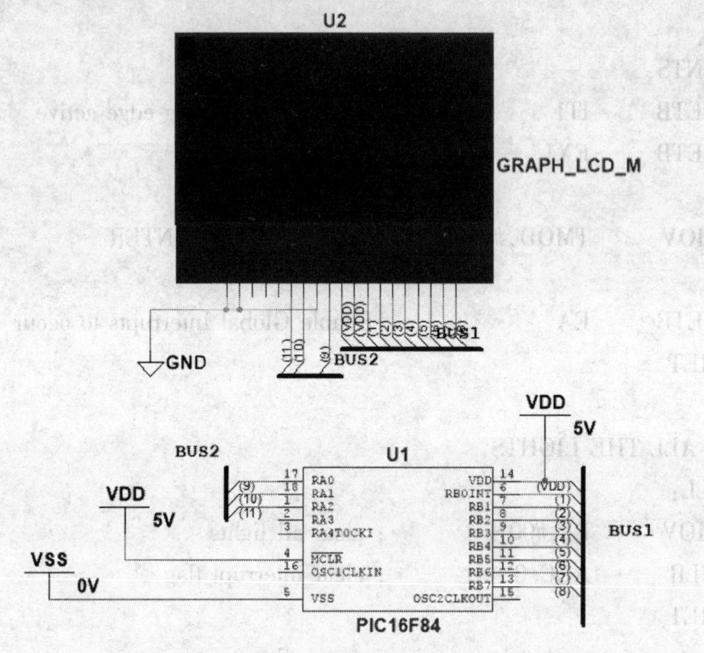

图4-2-15　图形显示实验电路

（2）实验源程序。

```
#include "p16f84.inc" ; This includes PIC16F84A definitions for the MPASM assembler

; Controlling a Toshiba T6963C controller based graphical LCD

    errorlevel-302

DATA_BUFFER        EQU      0x20
DATA_BUFFER2       EQU      0x21
CMD_BUFFER         EQU      0x22
REF_BUFFER         EQU      0x24
ADDR_INDEX         EQU      0x25       ;STARTING ADDRESS IN EEPROM
ADDR_L             EQU      0x26       ;STARTING ADDRESS L
ADDR_H             EQU      0x27       ;STARTING ADDRESS H
```

```
COUNTER_INDEX     EQU    0x29        ;COUNTER
BIT_INDEX         EQU    0x2A        ;BIT INDEX
CMD_SET_CURSOR    EQU    21H         ;SET CURSOR
CMD_TXHOME        EQU    40H         ;SET TXT HM ADD
CMD_TXAREA        EQU    41H         ;SET TXT AREA
CMD_GRHOME        EQU    42H         ;SET GR HM ADD
CMD_GRAREA        EQU    43H         ;SET GR AREA
CMD_OFFSET        EQU    22H         ;SET OFFSET ADD
CMD_ADPSET        EQU    24H         ;SET ADD PTR
CMD_SETDATA_INC   EQU    0C0H        ;WRITE DATA AND INCREASE ADP
CMD_AWRON         EQU    0B0H        ;SET AUTO WRITE MODE
CMD_AWROFF        EQU    0B2H        ;RESET AUTO WRITE MODE

    GOTO START

    ORG     0x10

;   DATA
DATA_NUM        EQU     23H
TXPRT                           ; Text data "Graphical LCD T6963C   for Multisim"
  ADDWF   PCL, 1
  RETLW   0x27
  RETLW   0x52
  RETLW   0x41
  RETLW   0x50
  RETLW   0x48
  RETLW   0x49
  RETLW   0x43
  RETLW   0x41
  RETLW   0x4c
  RETLW   0x00
  RETLW   0x2C
  RETLW   0x23
  RETLW   0x24
  RETLW   0x00
  RETLW   0x34
  RETLW   0x16
  RETLW   0x19
  RETLW   0x16
```

```
    RETLW   0x13
    RETLW   0x23
    RETLW   0x00
    RETLW   0x00
    RETLW   0x00
    RETLW   0x46
    RETLW   0x4f
    RETLW   0x52
    RETLW   0x00
    RETLW   0x2d
    RETLW   0x55
    RETLW   0x4c
    RETLW   0x54
    RETLW   0x49
    RETLW   0x53
    RETLW   0x49
    RETLW   0x4d

START
    BCF     STATUS, RP0             ;BANK 0
    CLRF    PORTA
    CLRF    PORTB

    BSF     STATUS, RP0             ;BANK 1
    MOVLW 0x80                      ;DISABLE WEAK PULLUP RESISTORS
    MOVWF OPTION_REG
    MOVLW 0x00                      ;SET PORTA AS OUTPUTS
    MOVWF TRISA
    MOVLW 0x00                      ;SET PORTB AS OUTPUTS
    MOVWF TRISB

    BCF     STATUS, RP0             ;BANK 0
    MOVLW 0x0F                      ; 1111 no commands ready
    MOVWF       PORTA

;1 SET DISPLAY MODE to GRAPH + TEXT mode, cursor off
    MOVLW 0x9C
    MOVWF CMD_BUFFER
    CALL    CMD
```

```
;2 SET GRAPHIC MODE HOME ADDRESS to 0x0000
    MOVLW 0x00
    MOVWF DATA_BUFFER
    MOVLW 0x00
    MOVWF DATA_BUFFER2
    CALL    DT2
    MOVLW CMD_GRHOME
    MOVWF CMD_BUFFER
    CALL    CMD

;3 SET TEXT MODE HOME ADDRESS to 0x2941
    MOVLW 0x41
    MOVWF DATA_BUFFER
    MOVLW 0x29
    MOVWF DATA_BUFFER2
    CALL    DT2
    MOVLW CMD_TXHOME
    MOVWF CMD_BUFFER
    CALL    CMD

;4 SET CHARACTER MODE to use OR, use internal CG
    MOVLW 0x80
    MOVWF CMD_BUFFER
    CALL    CMD

    MOVLW 0x00                    ; Initial the address 0
    MOVWF ADDR_L

LOOP_MAIN
;5 write string
    MOVLW 0x7D
    MOVWF DATA_BUFFER
    MOVLW 0x29
    MOVWF DATA_BUFFER2            ; external CG start at: 1400h
    CALL    DT2
    MOVLW CMD_ADPSET
    MOVWF CMD_BUFFER
    CALL    CMD
```

```
    MOVLW CMD_AWRON
    MOVWF CMD_BUFFER
    CALL   CMD

    MOVLW 0x00                    ; Initial the counter
    MOVWF ADDR_INDEX

LOOP_READ_DATA2
    MOVF   ADDR_INDEX,0           ; STARTING data ADDRESS
    CALL    TXPRT

    MOVWF DATA_BUFFER             ; LOAD CHAR data TO W
    CALL   ADT

    INCF    ADDR_INDEX,1

    MOVF    ADDR_INDEX, 0
    SUBLW   DATA_NUM              ; 35 chars
    BTFSS   STATUS, Z
    GOTO    LOOP_READ_DATA2

    MOVLW CMD_AWROFF
    MOVWF CMD_BUFFER
    CALL   CMD

;6 draw wave once
    MOVF    ADDR_L, 0
    BTFSC   STATUS, Z
    CALL    DRAW_WAVE

;show text only
;7 SET DISPLAY MODE to TEXT mode, cursor off
    MOVLW 0x94
    MOVWF CMD_BUFFER
    CALL   CMD

;8 show graph only
;SET DISPLAY MODE to GRAPH mode, cursor off
```

```
    MOVLW 0x98
    MOVWF CMD_BUFFER
    CALL    CMD

;9 show both
; SET DISPLAY MODE to GRAPH + TEXT mode, cursor off
    MOVLW 0x9C
    MOVWF CMD_BUFFER
    CALL    CMD

;10 move text right in 20 steps
    MOVLW 0x00                  ; Initial the counter
    MOVWF ADDR_INDEX

LOOP_MOVE_RIGHT
    INCF    ADDR_INDEX,1
    MOVF    ADDR_INDEX, 0
    SUBLW   0x41
    MOVWF DATA_BUFFER
    MOVLW 0x29
    MOVWF DATA_BUFFER2
    CALL    DT2
    MOVLW CMD_TXHOME
    MOVWF CMD_BUFFER
    CALL    CMD

    MOVF    ADDR_INDEX, 0
    SUBLW 0x14                  ; 20 times
    BTFSS   STATUS, Z
    GOTO    LOOP_MOVE_RIGHT

;11 move left in 20 steps
    MOVLW 0x14                  ; Initial the counter
    MOVWF ADDR_INDEX

LOOP_MOVE_LEFT
    DECF    ADDR_INDEX,1
    MOVF    ADDR_INDEX, 0
    SUBLW 0x41
```

```
    MOVWF DATA_BUFFER
    MOVLW 0x29
    MOVWF DATA_BUFFER2
    CALL    DT2
    MOVLW CMD_TXHOME
    MOVWF CMD_BUFFER
    CALL    CMD

    MOVF    ADDR_INDEX, 0
    SUBLW   0x00                    ; 20 times
    BTFSS   STATUS, Z
    GOTO    LOOP_MOVE_LEFT

;5x for set display on/off
;12 SET DISPLAY off
    MOVLW 0x90
    MOVWF CMD_BUFFER
    CALL    CMD

;13 wait 256 cycles
    MOVLW 0x00                      ; Initial the counter
    MOVWF ADDR_INDEX

LOOP_SET_ON_OFF
    INCF    ADDR_INDEX,1

    MOVF    ADDR_INDEX, 0
    SUBLW   0xFF                    ; 256 cycles
    BTFSS   STATUS, Z
    GOTO    LOOP_SET_ON_OFF

;14 SET DISPLAY MODE to TEXT mode, cursor off
    MOVLW 0x9C
    MOVWF CMD_BUFFER
    CALL    CMD

;6x for set cursor
;15 SET CURSOR ON
    MOVLW 0x9F
```

```
    MOVWF CMD_BUFFER
    CALL    CMD

;16 wait 64 cycles
    MOVLW 0x00                  ; Initial the counter
    MOVWF ADDR_INDEX

LOOP_SET_CURSOR
    MOVF    ADDR_INDEX,0        ; STARTING data ADDRESS
    MOVWF DATA_BUFFER

;17 SET CURSOR SIZE
    ANDLW 0x07
    ADDLW 0xA0
    MOVWF CMD_BUFFER
    CALL    CMD

;18 MOVE CURSOR
    MOVLW 0x04
    MOVWF DATA_BUFFER2
    CALL    DT2
    MOVLW CMD_SET_CURSOR
    MOVWF CMD_BUFFER
    CALL    CMD

    INCF    ADDR_INDEX,1

    MOVF    ADDR_INDEX, 0
    SUBLW   0x14                ; 20 cycles
    BTFSS   STATUS, Z
    GOTO    LOOP_SET_CURSOR

;19 SET DISPLAY MODE to GRAPH + TEXT mode, cursor off
    MOVLW 0x9C
    MOVWF CMD_BUFFER
    CALL    CMD

;7x refresh screen
    MOVLW 0x00                  ; Initial the counter
```

```
    MOVWF ADDR_INDEX

LOOP_REFRESH_1

;20 SET TEXT HOME ADDRESS to 0x0000
    MOVLW 0x40
    MOVWF DATA_BUFFER
    MOVLW 0x49
    MOVWF DATA_BUFFER2
    CALL    DT2
    MOVLW CMD_TXHOME
    MOVWF CMD_BUFFER
    CALL    CMD

;21 SET TEXT HOME ADDRESS to 0x0040
    MOVLW 0x41
    MOVWF DATA_BUFFER
    MOVLW 0x29
    MOVWF DATA_BUFFER2
    CALL    DT2
    MOVLW CMD_TXHOME
    MOVWF CMD_BUFFER
    CALL    CMD

    INCF    ADDR_INDEX,1

    MOVF    ADDR_INDEX, 0
    SUBLW   0x05                    ; 5 cycles
    BTFSS   STATUS, Z
    GOTO    LOOP_REFRESH_1

;22 clean 1
    MOVLW 0x7D
    MOVWF DATA_BUFFER
    MOVLW 0x29
    MOVWF DATA_BUFFER2              ; external CG start at: 1400h
    CALL    DT2
    MOVLW CMD_ADPSET
    MOVWF CMD_BUFFER
```

```
    CALL    CMD

    MOVLW CMD_AWRON
    MOVWF CMD_BUFFER
    CALL    CMD

    MOVLW 0x00                      ; Initial the counter
    MOVWF ADDR_INDEX

LOOP_CLEAN_ALL_1
    MOVLW 0x00
    MOVWF DATA_BUFFER               ; LOAD CHAR data TO W
    CALL    ADT

    INCF    ADDR_INDEX,1
    MOVF    ADDR_INDEX, 0
    SUBLW   DATA_NUM                ; 35 chars
    BTFSS   STATUS, Z
    GOTO    LOOP_CLEAN_ALL_1

    MOVLW CMD_AWROFF
    MOVWF CMD_BUFFER
    CALL    CMD

    GOTO    LOOP_MAIN

DRAW_WAVE

;23 draw a wave
    MOVLW 0xC1                      ; Initial the address 0
    MOVWF ADDR_L
    MOVLW 0x03
    MOVWF ADDR_H

    MOVLW 0x00                      ; Initial the counter 0
    MOVWF COUNTER_INDEX

    MOVLW 0x07                      ; Initial the bit index
    MOVWF BIT_INDEX
```

```
; draw a horizontal line
LOOP_WRITE_DATA_1
    MOVF   ADDR_L,0              ; get address
    MOVWF DATA_BUFFER
    MOVF   ADDR_H,0              ; get address
    MOVWF DATA_BUFFER2
    CALL   DT2
    MOVLW CMD_ADPSET             ; set ADP
    MOVWF CMD_BUFFER
    CALL   CMD

    MOVF   BIT_INDEX,0           ; get bit index
    ADDLW   0xF8
    MOVWF CMD_BUFFER
    CALL   CMD                   ; send a set bit command
    MOVF   BIT_INDEX, 0
    SUBLW  0x00
    BTFSS  STATUS, Z
    GOTO   LOOP_SET_BIT_INDEX_1

    MOVLW 0x08                   ; Initial the bit index
    MOVWF BIT_INDEX

    MOVF   ADDR_L, 0
    ADDLW 1
    MOVWF ADDR_L
    BTFSS  STATUS, C
    GOTO   LOOP_SET_BIT_INDEX_1
    INCF   ADDR_H,1

LOOP_SET_BIT_INDEX_1
    DECF   BIT_INDEX,1

    INCF   COUNTER_INDEX,1

    MOVF   COUNTER_INDEX, 0
    SUBLW  0x08
    BTFSS  STATUS, Z
```

```
    GOTO    LOOP_WRITE_DATA_1

    MOVF    ADDR_L, 0
    ADDLW 0xEC
    MOVWF ADDR_L
    BTFSC   STATUS, C
    GOTO    LOOP_ADD_ADDR_1
    DECF    ADDR_H,1
LOOP_ADD_ADDR_1

; draw a sloped line 1
    MOVLW 0x00                  ; Initial the counter 0
    MOVWF COUNTER_INDEX

    MOVLW 0x07                  ; Initial the bit index
    MOVWF BIT_INDEX

LOOP_WRITE_DATA_2
    MOVF    ADDR_L,0            ; get address
    MOVWF DATA_BUFFER
    MOVF    ADDR_H,0            ; get address
    MOVWF DATA_BUFFER2
    CALL    DT2
    MOVLW CMD_ADPSET            ; set ADP
    MOVWF CMD_BUFFER
    CALL    CMD

    MOVF    BIT_INDEX,0         ; get bit index
    ADDLW   0xF8
    MOVWF CMD_BUFFER
    CALL    CMD                 ; send a set bit command

    MOVF    BIT_INDEX, 0
    SUBLW   0x00
    BTFSS   STATUS, Z
    GOTO    LOOP_SET_BIT_INDEX_2

    MOVLW 0x08                  ; Initial the bit index
    MOVWF BIT_INDEX
```

```
    MOVF   ADDR_L, 0
    ADDLW 1
    MOVWF ADDR_L
    BTFSS  STATUS, C
    GOTO   LOOP_SET_BIT_INDEX_2
    INCF   ADDR_H,1

LOOP_SET_BIT_INDEX_2
    DECF   BIT_INDEX,1
    INCF   COUNTER_INDEX,1
    MOVF   COUNTER_INDEX, 0
    SUBLW  0x20
    BTFSC  STATUS, Z
    GOTO   LOOP_WRITE_DATA_END_2

    MOVF   ADDR_L, 0
    ADDLW 0xEC
    MOVWF ADDR_L
    BTFSC  STATUS, C
    GOTO   LOOP_ADD_ADDR_2
    DECF   ADDR_H,1
LOOP_ADD_ADDR_2

    GOTO   LOOP_WRITE_DATA_2

LOOP_WRITE_DATA_END_2
; draw a sloped line 2
    MOVLW 0x00                  ; Initial the counter 0
    MOVWF COUNTER_INDEX

    MOVLW 0x07                  ; Initial the bit index
    MOVWF BIT_INDEX

LOOP_WRITE_DATA_3
    MOVF   ADDR_L,0             ; get address
    MOVWF DATA_BUFFER
    MOVF   ADDR_H,0             ; get address
    MOVWF DATA_BUFFER2
```

```
    CALL     DT2
    MOVLW CMD_ADPSET            ; set ADP
    MOVWF CMD_BUFFER
    CALL     CMD
    MOVF     BIT_INDEX,0        ; get bit index
    ADDLW     0xF8
    MOVWF CMD_BUFFER
    CALL     CMD                ; send a set bit command

    MOVF     BIT_INDEX, 0
    SUBLW    0x00
    BTFSS    STATUS, Z
    GOTO     LOOP_SET_BIT_INDEX_3
    MOVLW 0x08                  ; Initial the bit index
    MOVWF BIT_INDEX
    MOVF     ADDR_L, 0
    ADDLW 1
    MOVWF ADDR_L
    BTFSS    STATUS, C
    GOTO     LOOP_SET_BIT_INDEX_3
    INCF     ADDR_H,1

LOOP_SET_BIT_INDEX_3
    DECF     BIT_INDEX,1

    INCF     COUNTER_INDEX,1
    MOVF     COUNTER_INDEX, 0
    SUBLW    0x20
    BTFSC    STATUS, Z
    GOTO     LOOP_WRITE_DATA_END_3
    MOVF     ADDR_L, 0
    ADDLW 0x14
    MOVWF ADDR_L
    BTFSS    STATUS, C
    GOTO     LOOP_ADD_ADDR_3
    INCF     ADDR_H,1
LOOP_ADD_ADDR_3
    GOTO     LOOP_WRITE_DATA_3
LOOP_WRITE_DATA_END_3
```

```
    RETURN
CMD
    CALL    SEND_CMD
    RETURN
DT1
    CALL    SEND_DATA              ;from DATA_BUFFER
    RETURN
DT2
    CALL    SEND_DATA
    MOVF    DATA_BUFFER2, 0
    MOVWF    DATA_BUFFER
    CALL    SEND_DATA
    RETURN
ADT
    CALL    SEND_DATA              ;from DATA_BUFFER
    RETURN
SET_PORT_B_INPUT
    CLRF    PORTB
    BSF     STATUS, RP0            ;bank 1
    MOVLW 0xFF                     ;set port b as input
    MOVWF TRISB
    BCF     STATUS, RP0            ;bank 0
    RETURN
SET_PORT_B_OUTPUT
    CLRF    PORTB
    BSF     STATUS, RP0            ;bank 1
    MOVLW 0x00                     ;set port b as output
    MOVWF TRISB
    BCF     STATUS, RP0            ;bank 0
    RETURN
READ_DATA
    CALL SET_PORT_B_INPUT
    MOVLW 0x04                     ; 0100 read data ready
    MOVWF    PORTA
    MOVF    PORTB,0                ;get portb data
    MOVWF    DATA_BUFFER
    RETURN
SEND_DATA
    CALL    SET_PORT_B_OUTPUT
```

```
    MOVF    DATA_BUFFER, 0;output data
    MOVWF    PORTB
    MOVLW 0x0A                    ; 1010 write data ready
    MOVWF    PORTA
    BSF     PORTA, 2
    RETURN
SEND_CMD
    CALL    SET_PORT_B_OUTPUT
    MOVF    CMD_BUFFER, 0;output cmd
    MOVWF    PORTB
    MOVLW 0x0B                    ; 1011 write cmd ready
    MOVWF    PORTA
    BSF     PORTA, 2
    RETURN
END
```

（3）运行程序。观察图4-2-15中GRAPH_ LCD-M，可以看到屏幕上画出了一个倒“V”字图形。

十二、多个中断处理实验

（1）多个中断处理实验电路如图4-2-16所示。

（2）实验源程序。

```
#include "p16f84a. inc"        ; This includes PIC16F84A definitions for the MPASM as-
                               sembler
; Interrupt Handler
;   The following PIC assembly makes use a generic interrupt handling routing,
;   allowing the PIC to dynamically service interrupts in a pre-specified manner.
MYADDR            equ 0x30
DELAY1       equ 0x33          ;USED FOR DELAYS
DELAY2       equ 0x34          ;USED FOR DELAYS

    ; will prevent assembler's warning message 302
    errorlevel-302

    GOTO     START
    ORG    0x04                ;0x04 is generic int service routine address
    GOTO     int_service
START:
    BSF      STATUS, RP0            ;bank 1
```

Multiple Interrupt Handler

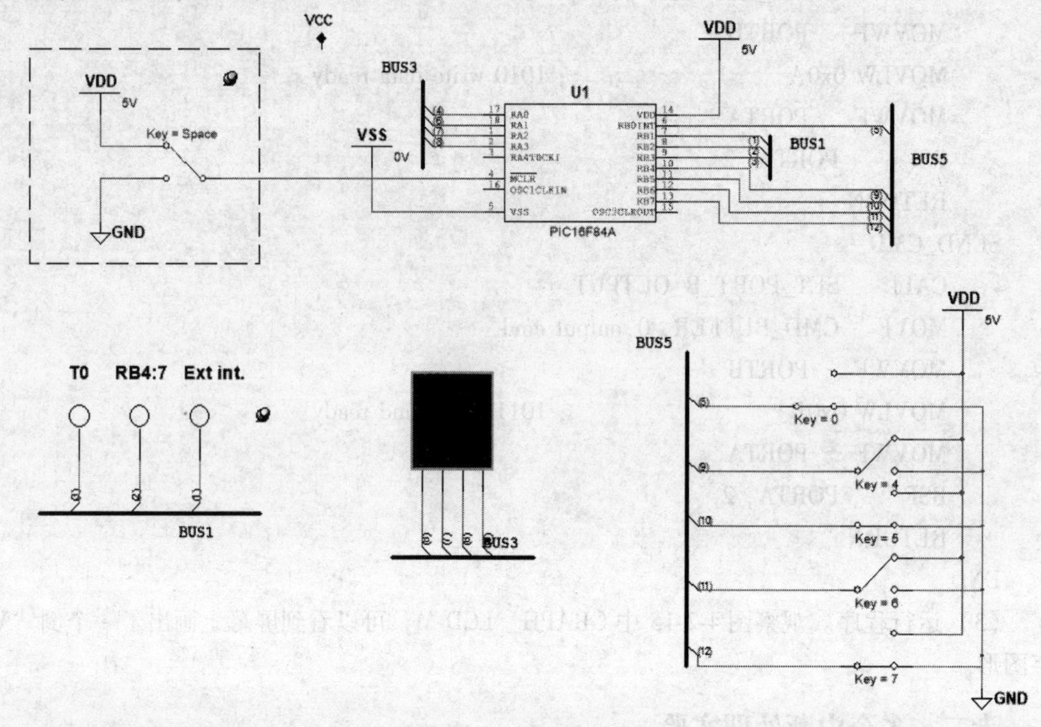

图 4-2-16　多个中断处理实验电路

```
    MOVLW 0xEF                      ;Timer 0 set to ext. clock -> not counting
    MOVWF OPTION_REG                ;Set port A as all outputs
    MOVLW 0x00                      ;Move 0 to W
    MOVWF TRISA                     ;Set port A as all outputs
    MOVLW 0xF1                      ;Move F1 to W
    MOVWF TRISB                     ;Sets PORTB:0 to input, PORTB:1-3 to output
                                    ;and PORTB:4-7 as input
    BCF     STATUS, RP0             ;bank 0
    BSF     INTCON, T0IE            ;enable timer 0 int's
    BSF     INTCON, INTE            ;enable external int's
    BSF     INTCON, RBIE            ;enable Port B Change int's
    BSF     INTCON, GIE             ;enable global int's
    BCF     PORTB, 1                ;clear all output probes
    BCF     PORTB, 2
    BCF     PORTB, 3

;main loop, wait for interrupts
loop_wait:
    GOTO    loop_wait
```

```
;This is a generic interrupt service routine
int_service:
    BTFSC   INTCON, INTF        ;Bit test to see if ext. int was triggered
    CALL    int_external        ;If set, then call ext int routine
    BTFSC   INTCON, RBIF        ;Bit test to see if RB int was triggered
    CALL    int_rbports         ;If set, then call RB int routine
    BTFSC   INTCON, T0IF        ;Bit test to see if Timer 0 int was triggered
    CALL    int_timer0          ;If set, then call timer 0 int routine
    RETFIE                      ;Return from this global interrupt service routine

;External Interrupt function
int_external:
    BSF     PORTB, 1            ;Set Bit 1 of Port B to light probe
    BCF     INTCON, INTF        ;Clear the ext. int. flag bit
    CALL    increment           ;increment the counter
    CALL    display             ;display on BCD
    CALL    enable_timer        ;Begin timer 0 counting
    RETURN

;RB Port Change Interrupt function
int_rbports:
    BSF     PORTB, 2            ;Set Bit 2 of Port B
    BCF     INTCON, RBIF        ;Clear the RB Port Change flag bit
    CALL    increment           ;increment the counter
    CALL    display             ;display on BCD
    CALL    enable_timer        ;Begin timer 0 counting
    RETURN

;Timer 0 Interrupt Function
int_timer0:
    BSF     PORTB, 3            ;Set our probe high
    BCF     PORTB, 1            ;Clear Bit 1 of Port B
    BCF     PORTB, 2            ;Clear Bit 2 of Port B
    BCF     INTCON, T0IF        ;Clear the Timer 0 Overflow bit
    CALL    disable_timer       ;This will stop Timer 0 from counting
    CALL    delay
    BCF     PORTB, 3            ;Clear our own probe
    RETURN
```

```
increment:
    INCF      MYADDR, 1           ;Increment addr
    RETURN

decrement:
    DECF      MYADDR,1            ;Increment addr
    RETURN
display:
    MOVF      MYADDR, 0           ;copy to W
    MOVWF PORTA                   ;Also output it on the port
    RETURN

;Get Timer 0 to start counting
enable_timer:
    BSF       STATUS, RP0         ;bank 1
    BCF       STATUS, RP1
    BCF       OPTION_REG, 5       ;This will enable timer counting
    BCF       STATUS, RP0         ;bank 0
    BCF       STATUS, RP1
    RETURN

;Get Timer 0 to stop counting
disable_timer:
    BSF       STATUS, RP0         ;bank 1
    BCF       STATUS, RP1
    BSF       OPTION_REG, 5       ;use external clock (not even hooked up!)
                                  ;this disables timer 0
    BCF       STATUS, RP0         ;bank 0
    BCF       STATUS, RP1
    RETURN

delay:
    MOVLW 0x08
    MOVWF DELAY1
    MOVLW 0x04
    MOVWF DELAY2
DELAY_LOOP1:
    DECFSZ DELAY1, 1
```

```
    GOTO    DELAY_LOOP1
    DECFSZ DELAY2, 1
    GOTO    DELAY_LOOP1
    RETURN

end_process:
    GOTO   end_process
    END
```

(3) 运行程序。在图 4-2-16 中，通过开关 0、4、5、6、7 可以观察中断情况，按下 “Space” 按键就清除所有中断。

十三、看门狗定时唤醒实验

(1) 看门狗定时唤醒实验电路如图 4-2-17 所示。

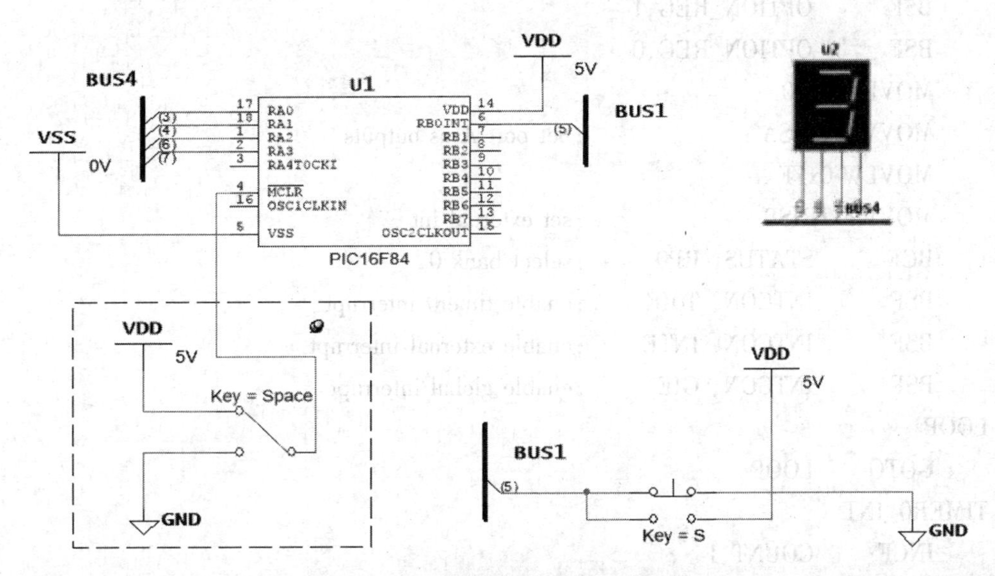

图 4-2-17 看门狗定时唤醒实验电路

(2) 实验源程序。

```
#include "p16f84.inc"        ; This includes PIC16F84 definitions for the MPASM assembler
    __CONFIG   _XT_OSC &   _CP_ON & _WDT_ON
    ; will prevent assembler's warning message 302
    errorlevel-302
    ORG          0x00
COUNT       EQU         0x0C
DELAYCOUNT   EQU          0x0D
    GOTO       MAIN
```

```
        ORG         0x04
        BTFSC       INTCON,T0IF
        CALL        TIMER0_INT
        BTFSC       INTCON,INTF
        CALL        EXTERNAL_INT
        RETFIE

   MAIN
        CLRF        TMR0
        BSF         STATUS, RP0          ;select bank 1
        ; SETTING UP TIMER 0
        MOVLW 0X00
        MOVWF OPTION_REG
        BCF         OPTION_REG,2
        BSF         OPTION_REG,1
        BSF         OPTION_REG,0
        MOVLW 0x00
        MOVWF TRISA                      ;Set port A as outputs
        MOVLW 0xFF
        MOVWF TRISB                      ;set external int
        BCF         STATUS, RP0          ;select bank 0
        BSF         INTCON, T0IE         ;enable timer0 interrupt
        BSF         INTCON, INTE         ;enable external interrupt
        BSF         INTCON, GIE          ;enable global interrupt
   LOOP
        GOTO        LOOP
   TIMER0_INT
        INCF        COUNT,1
        MOVF        COUNT,0
        MOVWF PORTA
        BCF         INTCON,T0IF          ; CLEAR BIT
        RETURN
   EXTERNAL_INT
        BCF         INTCON,INTF          ;We need to clear this flag to enable
        BSF         STATUS,RP0           ;bank 1
        BSF         OPTION_REG,PSA       ;prescalar assigned to wdt
        BCF         OPTION_REG,2
        BCF         OPTION_REG,1
        BCF         OPTION_REG,0
```

```
BCF       STATUS,RP0        ;bank0
CLRWDT
SLEEP
; SETTING UP TIMER 0
BSF       STATUS,RP0        ;bank 1
MOVLW 0X00
MOVWF OPTION_REG
BCF       OPTION_REG,2
BSF       OPTION_REG,1
BSF       OPTION_REG,0
BCF       STATUS,RP0        ;bank 0
RETURN
END
```

（3）运行程序。单击运行按钮，在图 4-2-17 中，计数器在不停的计数，在计数时按下“S”按键，暂停计数；当“Space”按键置 0 时，计数器停止计数并清零。

第五章　Multisim 的 PLD 开发应用方法

第一节　PLD 及原理图设计方法概述

一、关于 PLD

PLD(Programmable Logic Device，可编程逻辑器件)是可以通过编程来改变其数字逻辑功能的集成电路。PLD 作为一种通用集成电路，但其最终产品又具有专用集成电路的性质。

在传统的集成电路全定制设计中，设计人员需要从前端到后端，再到生产、测试全流程参与，并且产品内部的集成电路成型后不能改动，一旦有错误或者有新的需求，就必须经过芯片的重新设计，需要工厂重新生产，成本高且周期长，而 PLD 的出现正好弥补了这方面的缺陷。PLD 的逻辑功能可以根据用户对器件的编程来决定，设计人员不用介入版图设计和生产流程，可以通过编程快速得到想要的片上数字系统功能。因此，可以认为 PLD 在编程前是通用集成电路，在编程后是专用集成电路。

早期的可编程逻辑器件有可编程只读存储器(PROM)、紫外线可擦除只读存储器(EPROM)和电可擦除只读存储器(EEPROM)三类。由于结构的限制，它们只能完成简单的数字逻辑功能。其后，出现了结构上稍为复杂的可编程芯片，即可编程逻辑器件，它能够完成各种数字逻辑功能。典型的 PLD 由一个“与门阵列”和一个“或门阵列”组成，而任意一个组合逻辑都可以用“与-或”表达式来描述，所以，PLD 能以乘、积、和的形式完成大量的组合逻辑功能。这一阶段的产品主要有 PAL 和 GAL。PAL 由一个可编程的“与”平面和一个固定的“或”平面构成，或门的输出可以通过触发器有选择地被置为寄存状态。PAL 器件是现场可编程的，它的实现工艺有反熔丝技术、EPROM 技术和 EEPROM 技术。还有一类结构更为灵活的逻辑器件是可编程逻辑阵列(PLA)，它也由一个“与”平面和一个“或”平面构成，但是这两个平面的连接关系是可编程的。PLA 器件既有现场可编程的，也有掩膜可编程的。在 PAL 的基础上，又发展了一种通用阵列逻辑(GAL)，如 GAL16V8，GAL22V10 等，它采用了 EEPROM 工艺，实现了电可按除、电可改写，其输出结构是可编程的逻辑宏单元，因而它的设计具有很强的灵活性，至今仍有许多人使用。这些早期的 PLD 器件的一个共同特点，是可以实现速度特性较好的逻辑功能，但其过于简单的结构也使它们只能用于规模较小的电路。为了弥补这一缺陷，20 世纪 80 年代中期，Altera 和 Xilinx 分别推出了类似于 PAL 结构的扩展型 CPLD(Complex Programmable Logic Device，复杂可编程逻辑器件)和与标准门阵列类似的 FPGA(Field-Programmable Gate Array，现场可编程门阵列)，它们都具有独特的体系结构，且集成度高，开发应用的适用范围宽，可实现较大规模的数字电路，编程也很灵活。与门阵列等其他 ASIC(Application Specific Integrated Circuit，专用集成电路)相比，它们又具有设计开发周期短、设计制造成本低、开发工具先进、标准产品无需测试、质量稳定以及可实时在线检验等优点，因此被广泛应用于产品的原型设计和小规模产品生产之中(一般在 10000 件以下)。几乎所有应用门阵列、PLD 和中小规模通用数字集成电路的场合，均可应用 FPGA 或 CPLD 器件实现。但是不管 PLD 如何发展，最核心的问题还是在“可编程”上，而“可编程”归根结底是要解决两个问题：①如何改变逻辑功能；②如何改变逻辑单元之间的互连关系。

二、关于原理图设计

在 Multisim 环境中构建 PLD 原理图，既可以定义逻辑器件的内部结构，也可定义 I/O 端口。通过 PLD 原理图可以导出 VHDL 文件或其他程序文件，还可以直接用于在线配置 CPLD(或 FPGA)。在 Multisim 环境中，PLD 原理图可以包含由 SPICE 模型构建的逻辑单元，也可包含 VHDL 的源代码构建的逻辑单元，并且最终导出纯的 VHDL 代码文件。

【注】:①Multisim 11.0 之后的新版本中 PLD 器件与老版本的 MultiVHDL 器件或模型不兼容，老版本的器件可在新版本中使用，但不能进行联合仿真；②外部测试组件也可以放置在 PLD 原理图中仿真测试（如数字探针或 Multisim 的仪器)，当执行 PLD 导出命令时，这些组件不会改变 PLD 的拓扑结构，当然也不被导出；③PLD 原理图不能导入 Ultiboard 或其他的任何 PCB 设计软件中使用。

第二节 PLD 原理图设计构建方法

一、PLD 原理图设计构建向导

(1) 执行 File/New，弹出 New Design 对话框如图 5-2-1 所示。

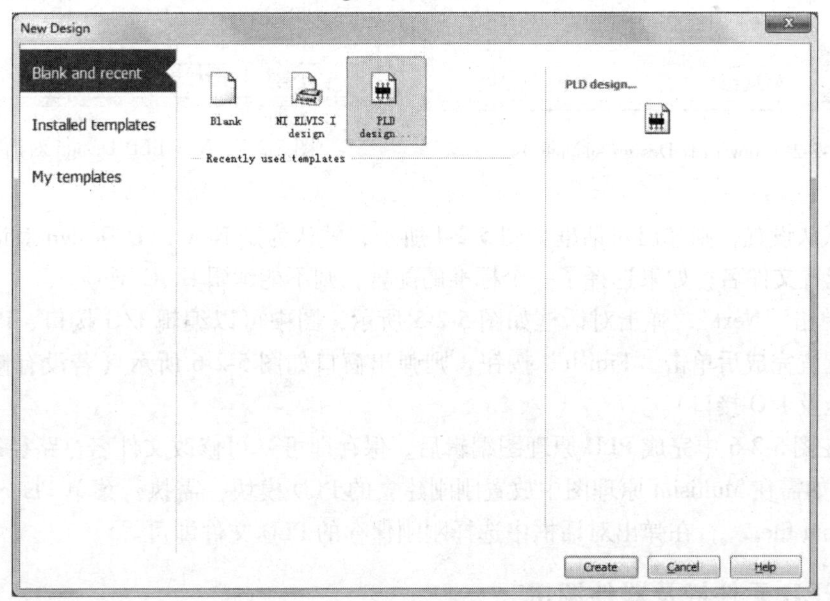

图 5-2-1 New Design 对话框

(2) 选择“PLD design…”并单击“Create”按钮，弹出对话框如图 5-2-2 所示；或者执行菜单 Place/New PLD Subcircuit 也可以打开 New PLD Design 对话框。

在图 5-2-2 中有三个选项，根据设计需求进行选择。

1）Use standard configuration: 使用标准配置，在这个选项下还有 NI Digital Electronics FPGA Board 和 NI Digital Electronics FPGA Board (7 Segment) 两个子选项。

2）Use custom configuration file: 选择使用一个已经创建好的非标准的配置文件。

3）Create empty PLD 创建一个保存默认设置的 PLD 原理图，其中不包含任何端口。

（3）完成相应选项后，单击“Next”，弹出对话框，如图 5-2-3 所示，图中 PLD design name 栏可输入设计的名称（默认为 Programmable Logic Device 1、2…）；PLD part number 栏可输入 PLD 的 IC 型号。

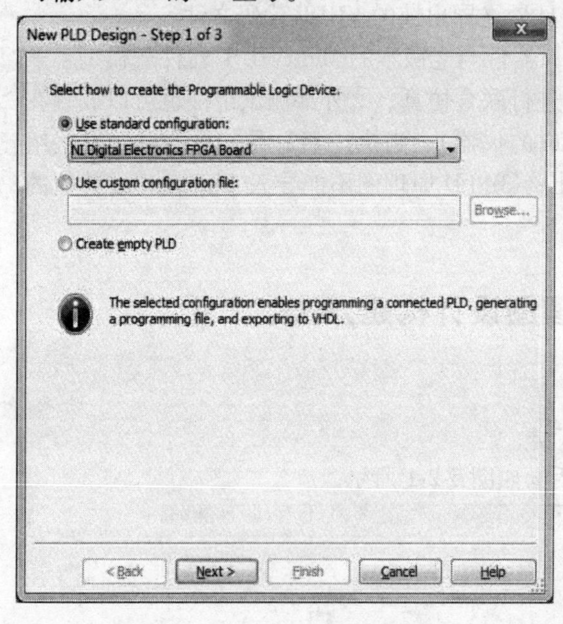

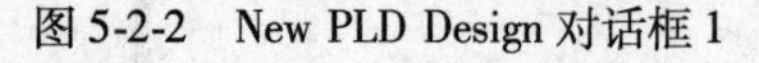

图 5-2-2　New PLD Design 对话框 1

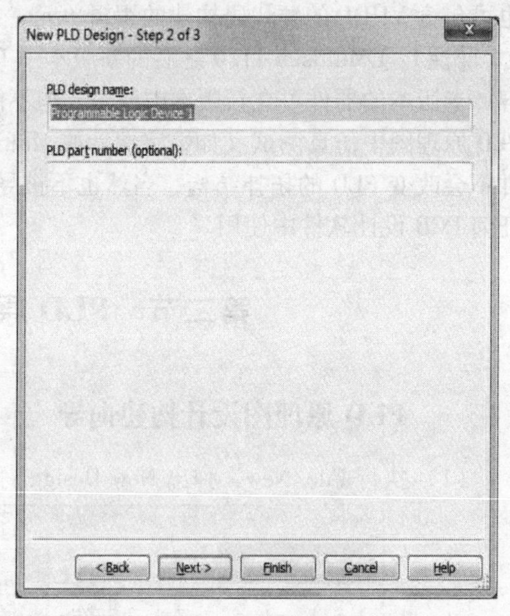

图 5-2-3　New PLD Design 对话框 2

如果默认设置，则弹出对话框如图 5-2-4 所示，默认为是 New PLD Design 对话框中引用的 FPGA 配置文件名；如果选择了一个标准的配置，则不能编辑其 IC 型号。

（4）单击“Next”，弹出对话框如图 5-2-5 所示，图中可以编辑 I/O 接口、PLD 芯片工作电压。配置完成后单击“Finish”按钮，则弹出窗口如图 5-2-6 所示（若没有修改，则默认工作电压及 I/O 接口）。

（5）在图 5-2-6 中完成 PLD 原理图编辑后，保存即可（可修改文件名、路径等）。

【注】:如需在 Multisim 原理图中放置刚刚建立的 PLD 模块，需执行菜单 Place/Hierarchical block from file...，在弹出对话框中选择刚刚保存的 PLD 文件即可。

二、PLD 元件栏及器件调用

进入 PLD 原理图编辑窗口（如图 5-2-6 所示）后，通过工具条即可选择放置元件，如果工具条不可见，执行 View/Toolbars/PLD components 可打开它，也可以执行 Place/components，在其对话框中选择 Master Database，然后在 PLD logic 组中选择放置相关组件，如图 5-2-7 所示。

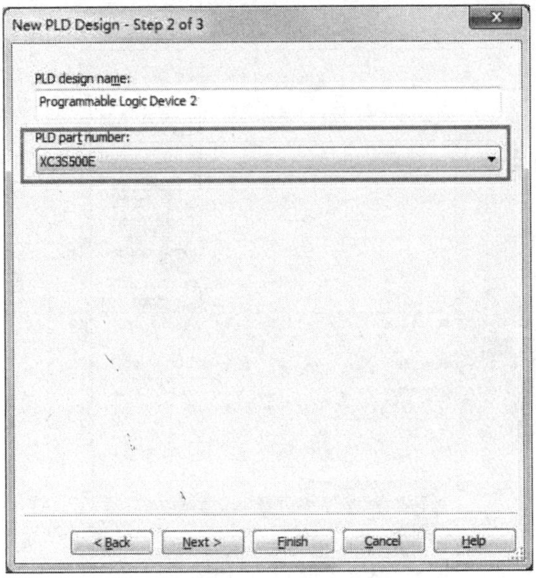

图 5-2-4　标准配置下 PLD 编号

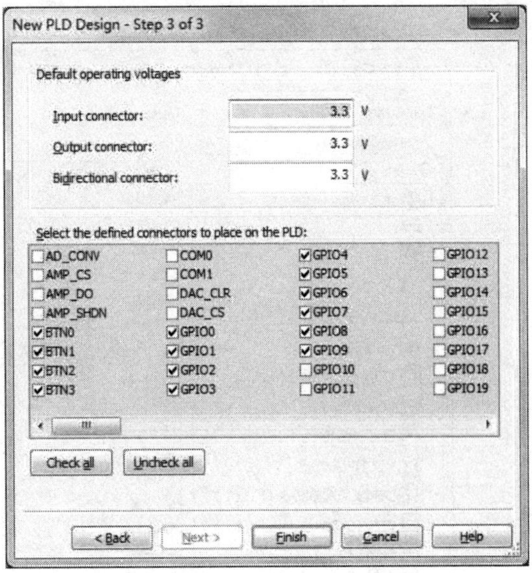

图 5-2-5　New PLD Design 对话框 3

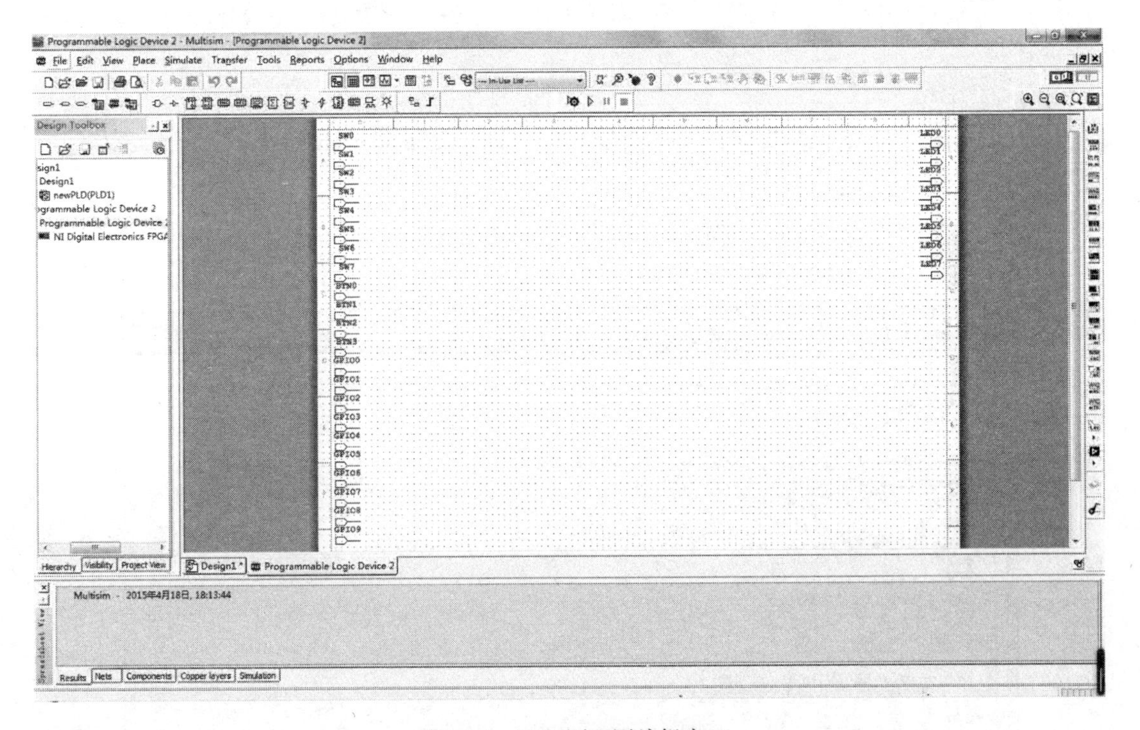

图 5-2-6　PLD 原理图编辑窗口

元件放置方法与 Multisim 元件调用方法一致，在此不做详述。只是 PLD 元件和 Multisim 环境下的其他类型元件不同，它们都是 VHDL 的源代码模块。以非门为例，在图 5-2-7 中选择“非门”后，单击 View model 按钮，即可查看它的 VHDL 源代码，如图 5-2-8 所示。

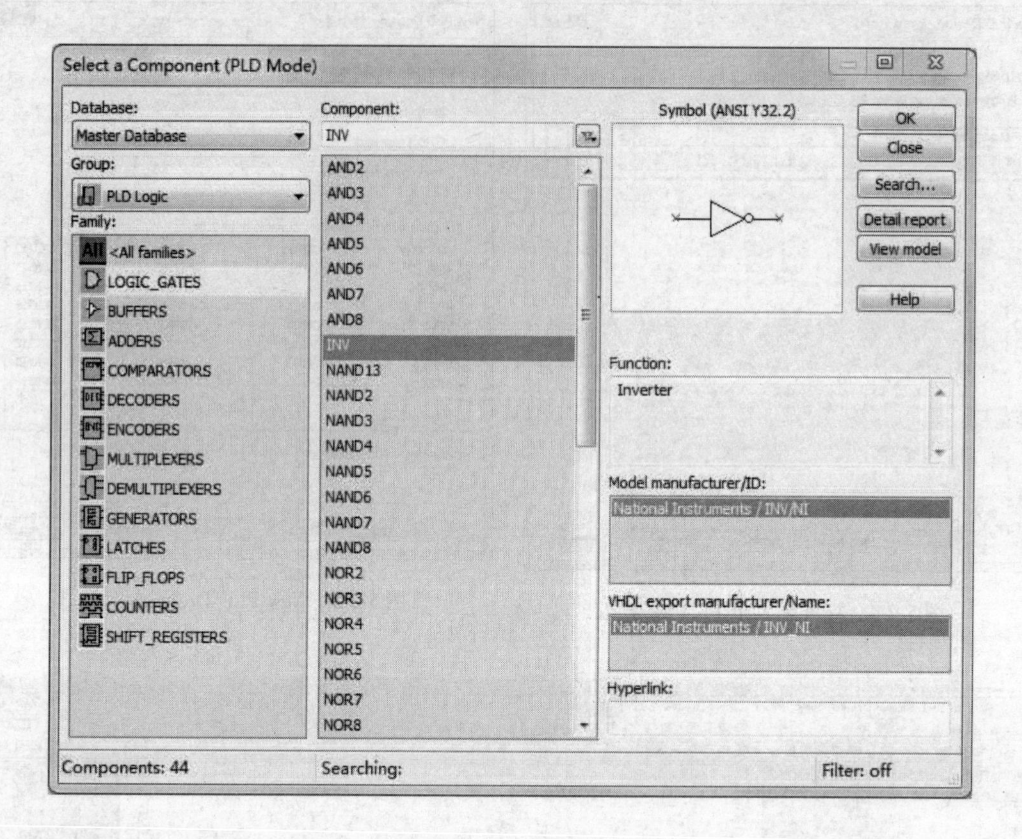

图 5-2-7　PLD 元件选择对话框

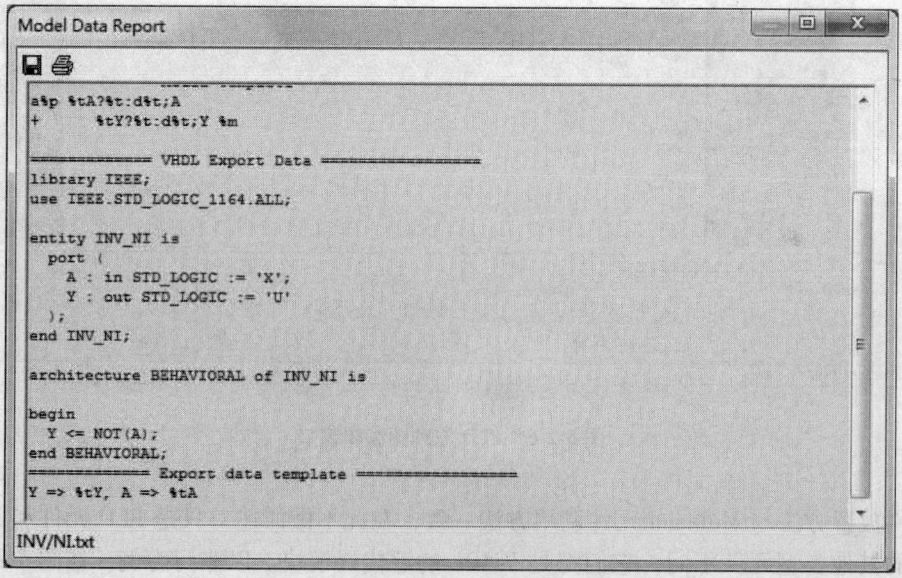

Model Data Report

```
a%p %tA?%t:d%t;A
+       %tY?%t:d%t;Y %m

============== VHDL Export Data ==================
library IEEE;
use IEEE.STD_LOGIC_1164.ALL;

entity INV_NI is
  port (
    A : in STD_LOGIC := 'X';
    Y : out STD_LOGIC := 'U'
  );
end INV_NI;

architecture BEHAVIORAL of INV_NI is

begin
  Y <= NOT(A);
end BEHAVIORAL;
============== Export data template ==================
Y => %tY, A => %tA
```

INV/NI.txt

图 5-2-8　元件模型显示

三、I/O 端口及设置

要将设计好的“内部逻辑电路”连接到 FPGA 的引脚上，这里就需要使用 I/O。端口连接器可以设置为：①输入；②输出；③双向模式，如图 5-2-9 所示。输入模式的端口连接器允许将信号输入到可编程逻辑器件，输出模式的端口连接器将信号从可编程逻辑器件输出。而双向模式下既可以输入也可以输出，具体输入或输出状态取决于控制引脚的电平（当控制引脚上为高电平，该端口连接器作为 PLD 的输出；当控制引脚为低电平，该端口连接器作为 PLD 的输入）。

可以通过以下两种方式放置端口连接器：

（1）在 PLD 工具条单击所需的端口连接器按钮进行放置。如果在面板上找不到该工具条，可以单击菜单 View/Toolbars/PLD 即可显示。

（2）也可单击菜单 Place/Connectors 选择所需端口连接器进行放置。

当需要改变已经放置好的端口连接器的属性时，可以双击该端口连接器，弹出端口连接器属性对话框，如图 5-2-10 所示。在 Value 翻页标签，Name:栏中可修改接口名，必须以英文字母开头，既不能包含特殊符号，也不能与已经存在的其 I/O 接口重名；Mode:框中可选择端口方向；Operating voltage:栏中可修改端口的工作电压。

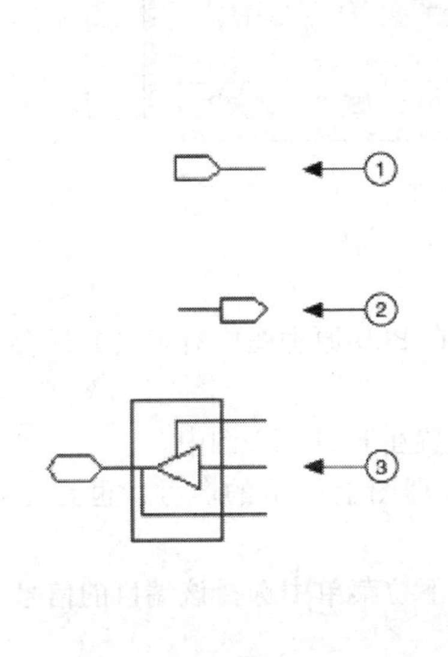

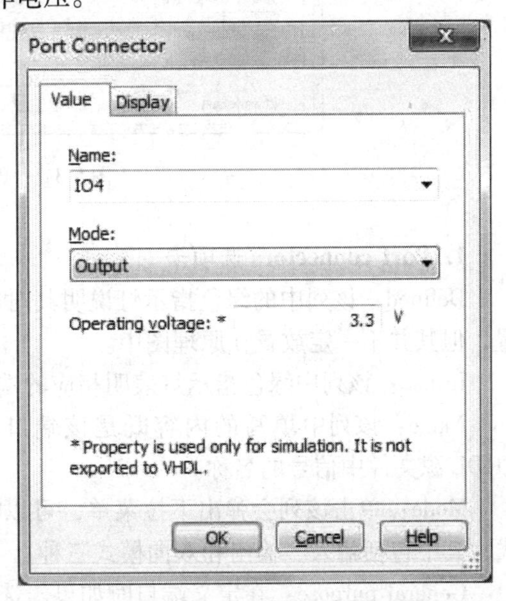

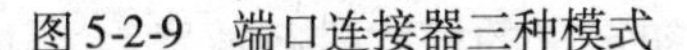

图 5-2-9　端口连接器三种模式　　　　图 5-2-10　端口连接器属性对话框

第三节　PLD 原理图设计的相关设置

PLD 原理图中涉及的设置，几乎都可以默认，也可执行菜单 Options/PLD settings 打开 PLD 设置对话框进行相关设置，如图 5-3-1 所示。

PLD 设置对话框包含 Port connectors（端口）和 General（常规）两个选项卡。

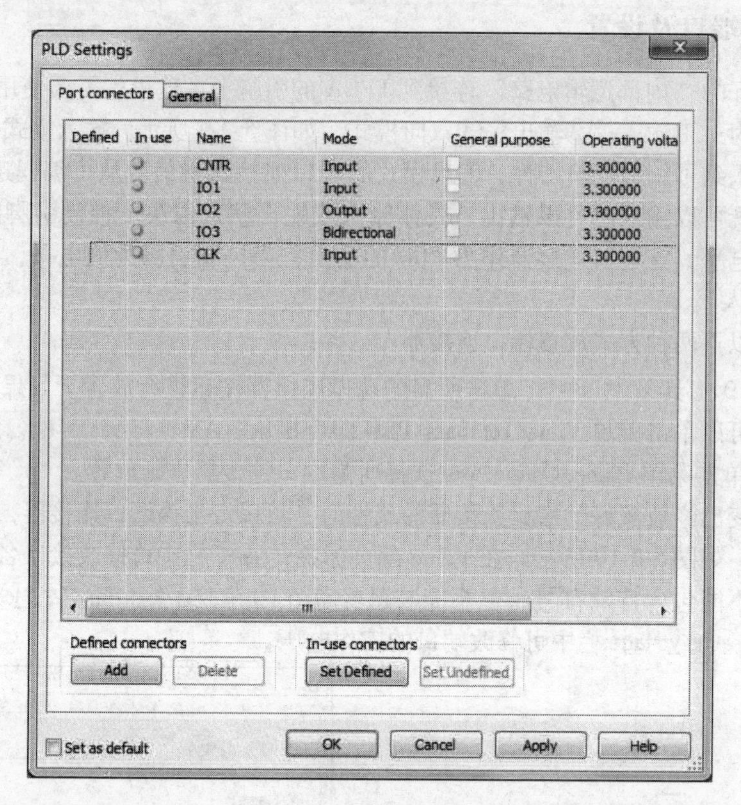

图 5-3-1　PLD 设置对话框

1. Port connectors 选项卡

Defined：该列中的绿色指示灯说明其对应的端口在 PLD 原理图中有定义并保存了其设置，但其并不一定放置在原理图中。

In use：该列中绿色指示灯表明相应的端口已经放置在 PLD 原理图中。

Name：该列中填写的内容既是该端口在 PLD 原理图上显示的名称，也是在导出为 VHDL 源文件中信号的名称。

Mode：单击该列会弹出下拉菜单，可以在弹出的下拉菜单中选择该端口的信号方向模式，其中包括输入、输出和双向模式三种。

General purpose：在定义端口时如果勾选这个复选框，则在放置端口时可以将其设定为任何模式；如果没有勾选，放置这个端口时只能按照最初定义的模式进行放置。

Operating voltage：该列的值为端口的工作电压值，这个值仅用于仿真，并不能导出到 VHDL 代码中。

Always export：如果该端口已定义，该列的复选框可勾选，当命令执行 PLD 导出命令时，则无论其是否在 PLD 原理图中使用，都会导出到 VHDL 源代码中；如果未定义，则该复选框处于“不可选”状态。

Add 按钮：单击该按钮则弹出“Add Defined Connectors”对话框，如图 5-3-2 所示。

在 Name 框中可以填写端口名称；在 Mode 框中的下拉列表中可以选择端口的方向（输

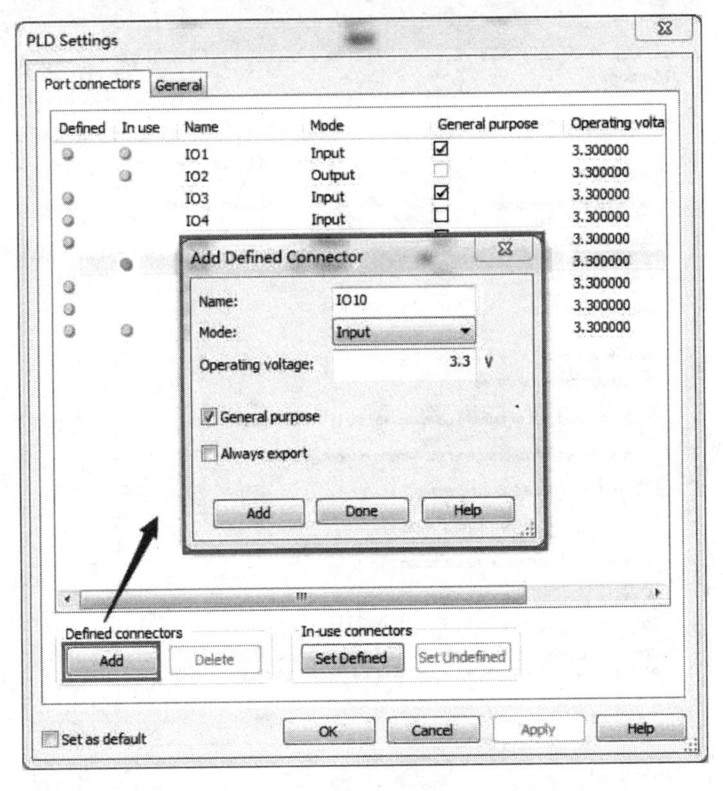

图 5-3-2 “Add Defined Connectors”对话框

入、输出、双向)；在 Operating voltage 框中可以填写端口的工作电压；若勾选 General purpose 复选框，则新添加的端口在放置时可以放置成任何模式；若勾选 Always export 复选框，则新添加的端口无论是否在 PLD 原理图中使用，在导出时都会在 VHDL 源文件中。

Delete 按钮：选中一个端口，单击该按钮即可删除该端口。但是用户不能删除一个处于 In use（正在使用）状态的端口。

Set Defined 按钮：单击该按钮可以将选中的未定义端口设置为已定义，并在 Defined 列中显示绿色指示灯。

Set Undefined 按钮：单击该按钮可以将选中的已定义端口设置为未定义，并且该端口在 Defined 列中的指示灯消失。

2. General 选项卡

选择 General 选项卡，如图 5-3-3 所示。该设置只能用于选定的 PLD 原理图的顶层，在 PLD 子模块或分层块中是不能更改设置的。

在PLD part number:栏中可以填写 PLD 的型号。

【注】:如果创建 PLD 设计时，在 New PLD Design 向导对话框中已经选择了一个 PLD 配置文件，则不能编辑 PLD 的型号。

在Default operating voltages栏编辑端口的工作电压，其中包括Input connector（输入端口)、Output connector（输出端口）和Bidirectional connector（双向端口)，其默认设置为 3.3V。

在Port connectors栏中有以下六个复选框，可以供用户按需选择：

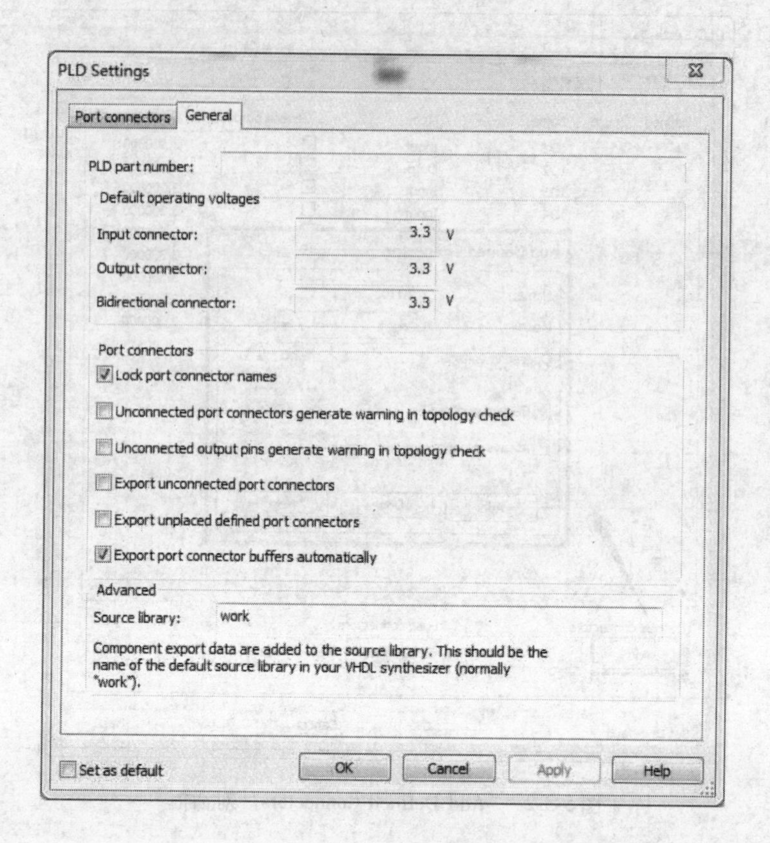

图5-3-3　General 选项卡

(1) Lock port connector names锁定端口名称。勾选后，当用户试图对端口进行重命名时，会发出警告，默认设置是选中。

(2) Unconnected port connectors generate warning in topology check未连接的端口在拓扑检查中生成警告，默认设置未被选中。

(3) Unconnected output pins generate warning in topology check未连接的输出引脚在拓扑检查中产生警告，默认设置未被选中。

(4) Export unconnected port connectors导出未连接的端口。勾选后，在执行 PLD 导出命令时，已放置在原理图中的，没有连接的端口也会被导出，默认设置未被选中。

(5) Export unplaced defined port connectors导出未放置的端口。勾选后，在执行 PLD 导出命令时，已定义但在原理图中未放置的端口也会被导出，默认设置未被选中。

(6) Export port connector buffers automatically自动导出端口缓冲区。勾选后，在执行 PLD 导出命令时，会自动将输入输出端口的缓冲区导出，防止在综合导出的 VHDL 时出现错误，默认设置是选中。

在Advanced的Source library栏中可以修改源库，电路导出数据会被添加到“源库”中，“源库”必须是 VHDL 综合器中的“源库名称”（默认是“work”）。

Set as default设置 General 中各项均为默认值。

第四节 PLD 原理图设计的下载与文件导出

一、PLD 拓扑检查

在完成 PLD 原理图设计前要进行拓扑检查，如果发现 PLD 设计中的问题，将产生错误或警告提示。运行拓扑检查方法：在 PLD 原理图设计界面执行 Tools/PLD topology check，检查报告会在 Spreadsheet View 的 Results 选项卡中显示。

Results 选项卡中显示的错误，如设计中至少含有一个正在使用的端口、设计中不包含任何可以导出的元件等；警告，如未连接端口、未连接引脚等。

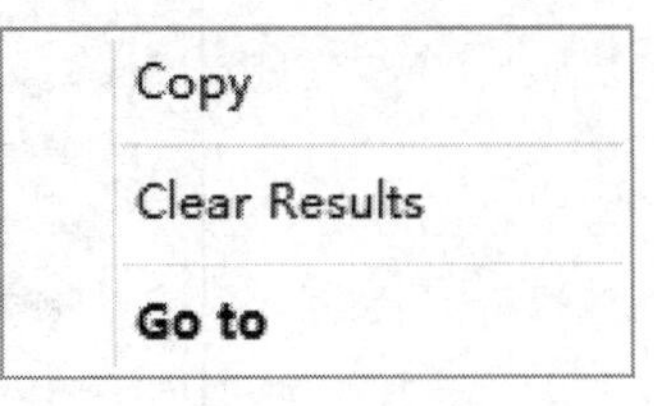

图 5-4-1 弹出菜单

有些警告可以在 PLD 设置对话框的 General 选项卡中关闭。右键 Results 选项卡中显示的错误或者警告，会弹出菜单如图 5-4-1 所示。选择 Copy 可以复制该条错误或者警告信息；选择 Clear Results 会清空 Results 选项卡中的内容；选择 Go to 则会将错误或者警告的来源在 PLD 原理图上突出显示出来，方便查找纠错。

二、PLD 的导出

1. Xilinx 芯片下载编程

在完成 PLD 内部逻辑结构设计后，可以在 PLD 原理图设计界面执行 Transfer/Export to PLD 打开 PLD 导出向导对话框。如果在 PLD 拓扑检查中，有错误提示而没有改正，则会弹出提示对话框，如图 5-4-2 所示。

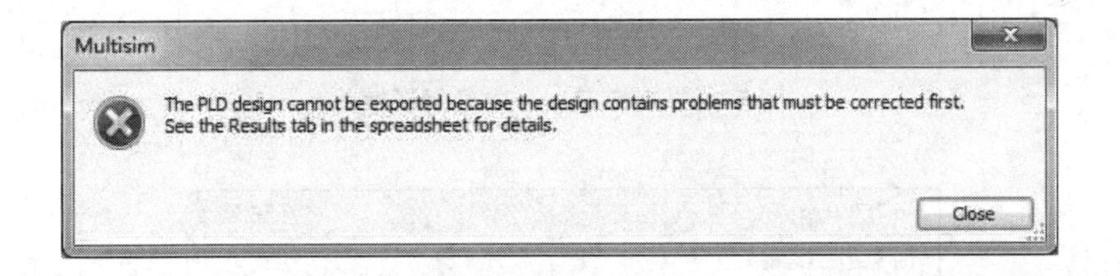

图 5-4-2 出错提示对话框

新建 PLD 文件时，在 New PLD Design 向导对话框中选择了一个 PLD 配置文件则会弹出如图 5-4-3 所示对话框；否则弹出对话框如图 5-4-4 所示（导出 VHDL 代码）。

在图 5-4-3 中选中 Program the connected PLD，单击 Next 弹出对话框如图 5-4-5 所示，在 Xilinx tool: 栏选择 Xilinx 工具，可以通过 Automatically detect tool...（自动检测）和 Manually select tool...（手动选择）两种方式进行选择。

【注】:①目前的 Multisim 版本，只能支持 Xilinx 公司的 Xilinx 10.1 SP3 及以上版本的 EDA 平台，EDA 开发平台需要单独安装到用户的 PC；Multisim 可自动调用其进行文件综合、

下载，做硬件测试，开发的是 Xilinx 公司 PLD 产品；②如果没有安装 Xilinx 系列软件，在选择自动检测时，会弹出如图 5-4-6 所示的出错对话框；③如果已经安装，但在自动检测时仍然出错，就手动选择安装目录下 ISE 文件夹（如作者电脑安装为 14.2 版本，路径为“D:\Xilinx\14.2\ISE_DS\ISE”），单击确定后在 Xilinx tool 选择窗口中则出现 EDA 工具名称，如图 5-4-7 所示。

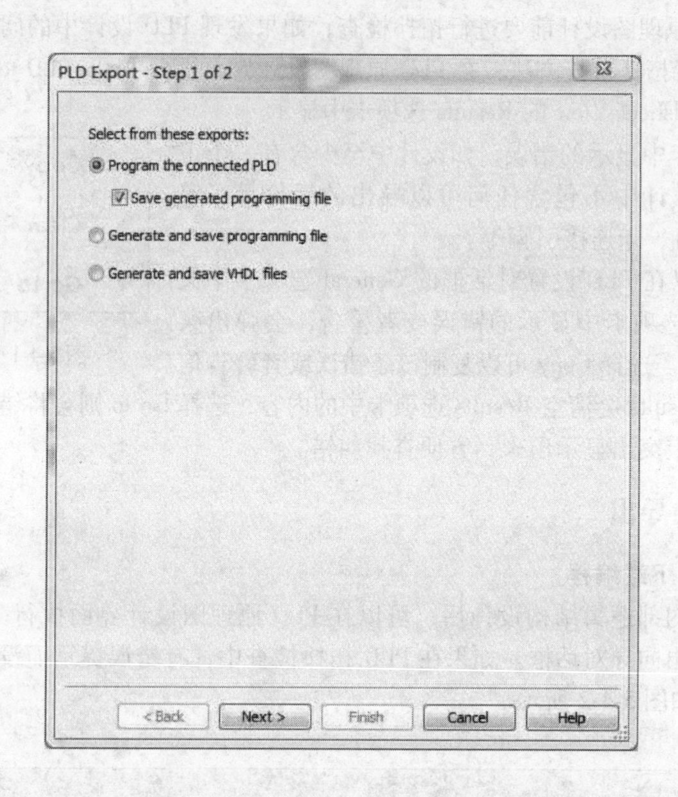

图 5-4-3 PLD Export 向导对话框 1

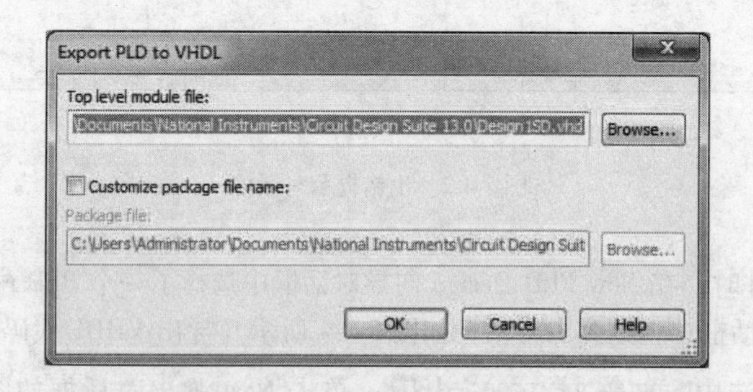

图 5-4-4 PLD Export 向导对话框 2

如果在图 5-4-3 所示窗口中勾选了 Save generated programming file，则会出现 Programming file: 栏（见图 5-4-5 所示），可以保存编程文件，并可修改保存路径。

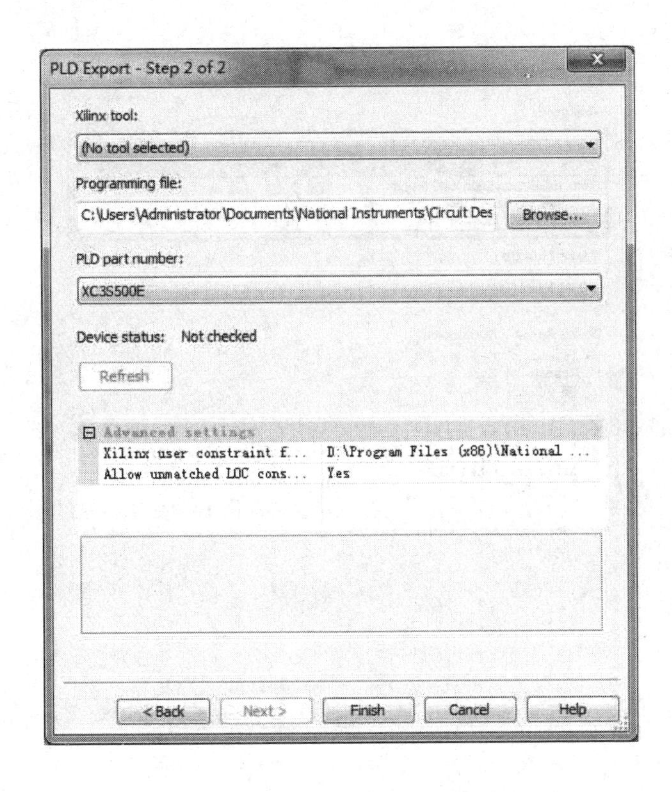

图 5-4-5　Program the connected PLD

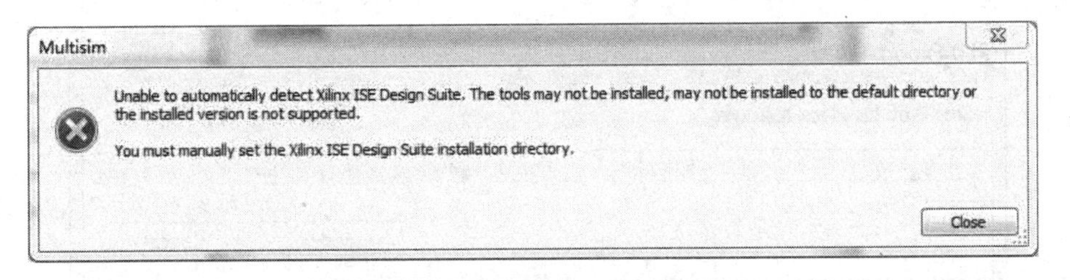

图 5-4-6　自动检测 Xilinx 工具出错

配置完毕，单击“Finish”按钮会弹出如图 5-4-8 所示的下载进度条，Multisim 会自动调用 Xilinx ISE 工具来完成对指定 IC（如图中设定为 XC3S500E）进行下载编程。

【注】:①执行下载，必须要有硬件连接在用户的电脑上，否则，当单击“Finish”后会弹出错误信息；如果没有连接 PLD 器件开发设备（或有相关 IC 的硬件电路），则可以选中 Generate and save programming file，生成和保存编程文件，在需用时，将其导入 PLD 器件即可（即进行下载编程）；②在编程下载过程中，可以单击图 5-4-8 中“Hide”按钮隐藏编程进度条，在后台会继续进行操作；如果想要再次显示进度条，可以执行“Transfer/View export progress”打开进度条；③单击“Cancel”按钮终止下载，也可以单击菜单“Transfer/Cancel export”来终止。

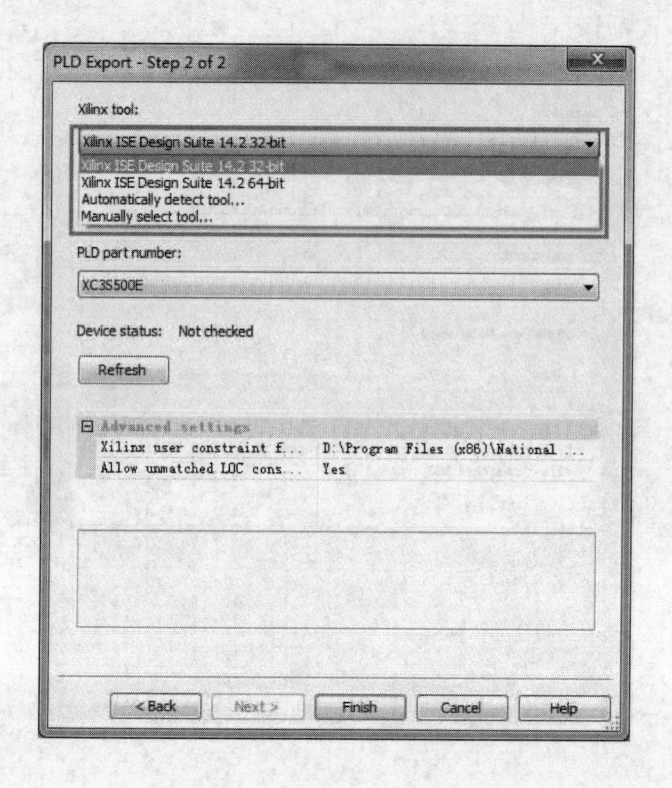

图 5-4-7 选择 Xilinx 工具

图 5-4-8 PLD Export 下载进度条

2. 导出 VHDL 源代码

在图 5-4-3 所示的 PLD Export 向导窗口中，选中 Generate and save VHDL files，单击 “Next” 弹出对话框如图 5-4-9 所示，可以将 PLD 原理图保存成为 VHDL 源代码（在图 5-4-4 也可完成）。目前市场上 PLD 厂商都有自己的 EDA 工具为其大规模 IC 开发应用服务，所有的 EDA 工具（如 Altera 公司的 Quartus II 等）都能接受这种 VHDL 源代码。

Top level module file:栏可修改 VHDL 源文件的存储路径及文件名，默认文件名是 Multisim 的工程名。如果勾选Customize package file name:，则可以自定义文件的路径和文件名；不勾选，则为默认路径，其文件名为顶层模块的文件名 + “_pkg. vhd”组成。

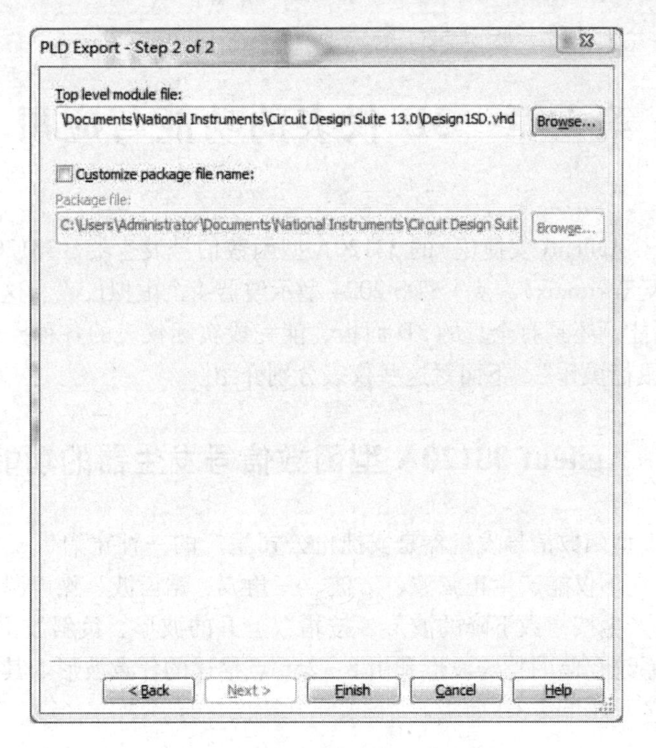

图 5-4-9 导出到 VHDL 文件对话框

第六章　3D 仪表的功能与应用

Multisim 提供了 Agilent(安捷伦)的 33120A 型函数信号发生器、33120A 型数字万用表、54622D 型示波器及 Tektronix(泰克) TDS 2024 型示波器 4 个虚拟仪表。这些虚拟仪表与实际仪表具有相同的功能，还具有全真的 3D 面板，能完成实际仪表的各种操作，区别主要在于“直接手操作和用鼠标操作”。下面对这些仪表分别介绍。

第一节　Agilent 33120A 型函数信号发生器的功能与应用

Agilent 33120A 型函数信号发生器是安捷伦公司生产的一种宽频带、多用途、高性能的函数信号发生器，它不仅能产生正弦波、方波、三角波、锯齿波、噪声源和直流电压 6 种标准波形，而且还能产生按指数下降的波形、按指数上升的波形、负斜波函数、Sa(x) 及 Cardiac(心律波)5 种系统存储的特殊波形和由 8 ~256 点描述的任意波形。其电路连接图标如图 6-1-1 所示，双击它可打开其 3D 面板。

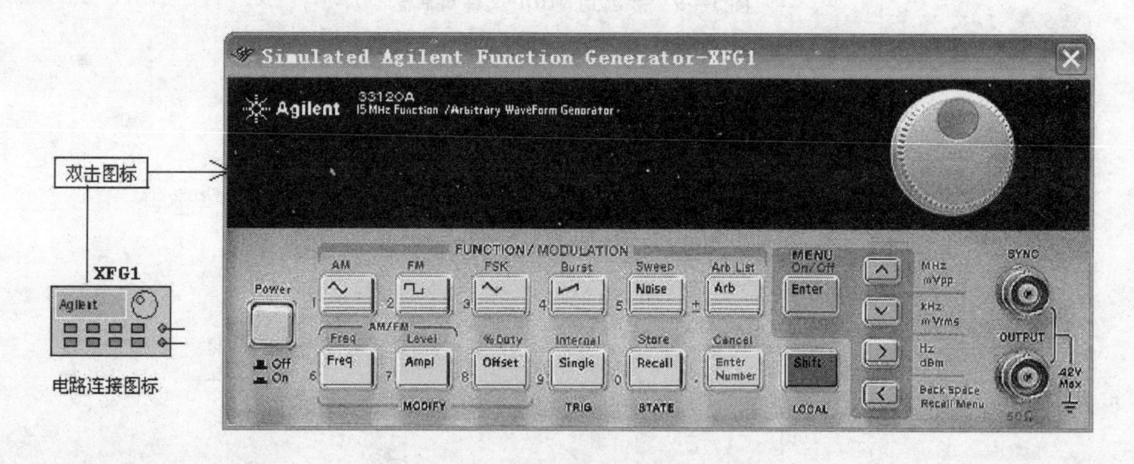

图 6-1-1　33120A 型函数信号发生器

一、33120A 面板上按钮的主要功能

（1）电源开关按钮(Power)。单击它可以使仪表接通电源，仪表开始工作。

（2）Enter Number 功能按钮。单击它可输入数字，数字按钮在如图 6-1-1 所示面板上。

（3）Shift 功能按钮。单击它面板上会出现“Shift”，如图 6-1-2 中椭圆图案中的字样，此时面板上按钮的上方功能起作用，如单击按钮，面板上会出现“FM”，如图 6-1-2 中方框图案中的字样(注意，图中“Shift”是已经操作之后，再次单击出现的，正常情况下，

单击 后，出现“FM”后，“Shift”消失）。

若单击“Shift”按钮后，再单击“Enter Number”按钮，则取消前一次操作。

如果要在此基础上修改成“AM”信号，则先按 Shift 再按 即可。

如果在已经设置成“FM”信号后，要取消之，则重复一次设置过程，即先按 Shift 再按 即可。

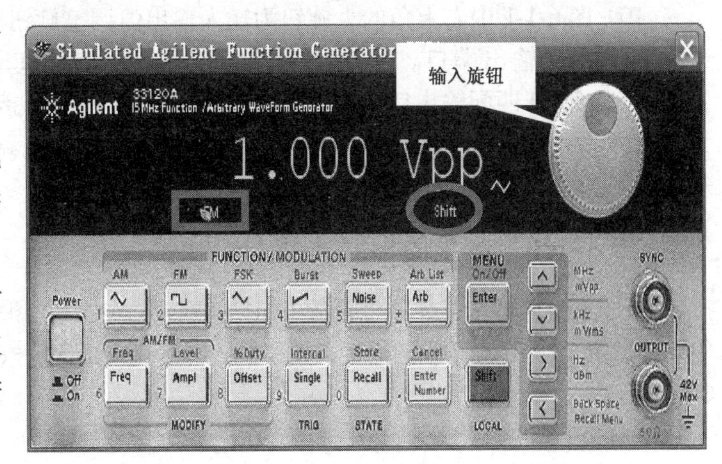

图 6-1-2 Shift 功能按钮的应用

(4) 输出信号类型选择按钮。面板上的 FUNCTION/MODULATION 线框下的 6 个按钮是输出信号类型选择按钮；单击 按钮选择正弦波，单击 按钮选择方波，单击 按钮选择三角波，单击 按钮选择锯齿波，单击 Noise 按钮选择噪声源，单击 Arb 按钮选择由 8 ~ 256 点描述的任意波形。

若单击“Shift”按钮后，再分别单击上述按钮，分别选择“AM”信号、“FM”信号、“FsK”信号、“Burst”信号、“sweep”信号及“Arb List”信号。

若单击“Enter Number”按钮后，再分别单击上述按钮，则分别选数字 1、2、3、4、5 和 ± 极性。

(5) 频率和幅度按钮。面板上的 AM/FM 线框下的两个按钮分别用于 AM/FM 信号参数的调整。单击 Freq 钮，调整信号的频率，单击 Ampl 按钮，调整信号的幅度。

若单击“Shift”按钮后，再分别单击上述按钮，则分别调整 AM、FM 信号的调制频率和调制度。

(6) 菜单操作按钮。单击“Shift”按钮后，再单击 Enter 按钮后就可以对相应的菜单进行操作，若单击 按钮则返回上一级菜单；若单击 按钮则进入下一级菜单；若单击 按钮则在同一级菜单右移；若单击 按钮则在同一级菜单左移（这些菜单功能第六章实例中细述）。

若选择改变测量单位，单击 按钮选择测量单位递减（如 MHz、kHz、Hz），单击 按钮选择测量单位递增（如 Hz、kHz、MHz）。

(7) Offset 偏置设置按钮。该按钮为信号源的偏置设置按钮，单击之，可调整信号源的偏置，如果单击“Shift”按钮后，再单击“Offset”按钮，则可改变信号源的占空比。

(8) Single 触发模式选择按钮。单击该按钮，选择单次触发，若先单击“Shift”按钮，再单击“Single”按钮，则选择内部触发。

(9) Recall 状态选择按钮。单击该按钮，可选择上一次存储的状态，如果先单击“Shift”按钮后，再单击“Recall”按钮，则选择存储状态。

(10) 图6-1-1中右上角的大旋钮为输入输出值调整旋钮。

(11) 信号输出端口。图6-1-1中右下方的两个输出口(OUTPUT)分别为同步输出口(SYNC)和50 Ω匹配输出口。在电路连接图标中仅有两个接线端，即上为同步输出口，下为50 Ω匹配输出口。也就是说，应用时只需将该端口与电路的输入端连接即可，其公共端默认连接。

二、33120A产生的标准波形

33120A型函数信号发生器能产生正弦波、方波、三角波、锯齿波、噪声源和直流电压等标准波形。下面就具体讨论各种信号的产生，并用示波器观察输出的信号，电路连接如图6-1-3所示。

(一) 正弦波

1. 基本操作

(1) 设定信号类型。单击按钮，选择输出的信号为正弦波。

(2) 设定频率。单击Freq按钮，再单击Enter Number按钮后，输入频率的数字（除从面板上输入外，也可从键盘上输入），再单击Enter按钮确定；或单击、按钮逐步增减数值，直到所需频率数值为止（仅适用于微调）。

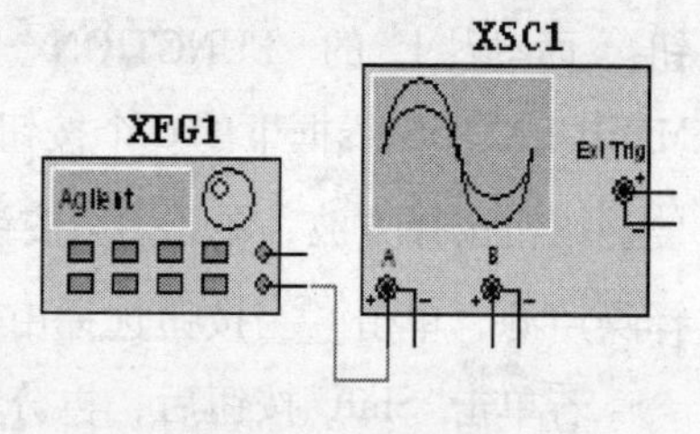

图6-1-3　电路连接

另外，可用图6-1-1所示的仪器面板右上角的大旋钮输入频率数值，还可单击一次大旋钮后，用键盘上的←、↑、→、↓键改变数值。

(3) 信号幅度的调整方法。单击Ampl按钮，再直接单击Enter Number按钮后，输入幅度的数字，再单击Enter按钮确定；或单击、按钮逐步增减数值。

(4) 信号偏置的调整方法。单击Offset按钮，通过输入旋钮选择偏置的大小；或直接单击Enter Number按钮后，输入偏置的数值，再单击按钮Enter确定；或单击、按钮逐步增减偏值。

另外，先单击Enter Number按钮，然后单击按钮，可实现将有效值转换为峰-峰值；反过来，先单击Enter Number按钮，再单击按钮，可实现将峰-峰值转换为有效值。先单击Enter Number按钮，然后单击按钮，可实现将峰-峰值转换为分贝值。

2. 实例分析

例6-1-1　实验电路如图6-1-3所示。要产生一个正弦信号，其表达式为：

$$u = [50\cos(2\pi \times 100kt) + 40]\mathrm{mV}$$

(1) 设置幅度为50mV，注意其是有效值，设置如图6-1-4所示。

(2) 频率为100kHz，设置如图6-1-5所示。

(3) 偏置为40mV即可，注意此为直流成分，设置如图6-1-6所示。

(4) 仿真，输出的波形如图6-1-7所示。

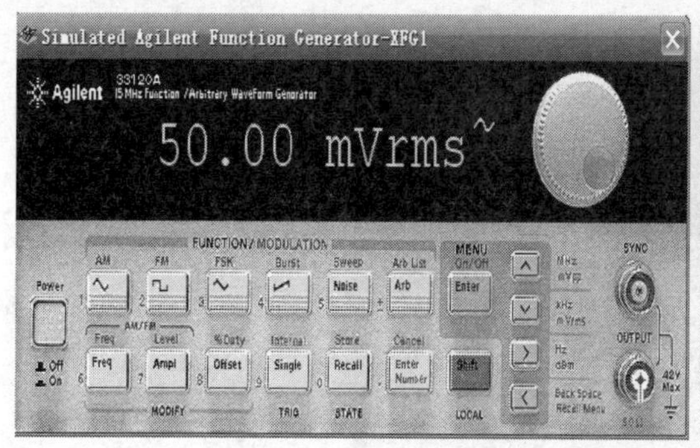

图 6-1-4　正弦波、幅度（有效值）设置

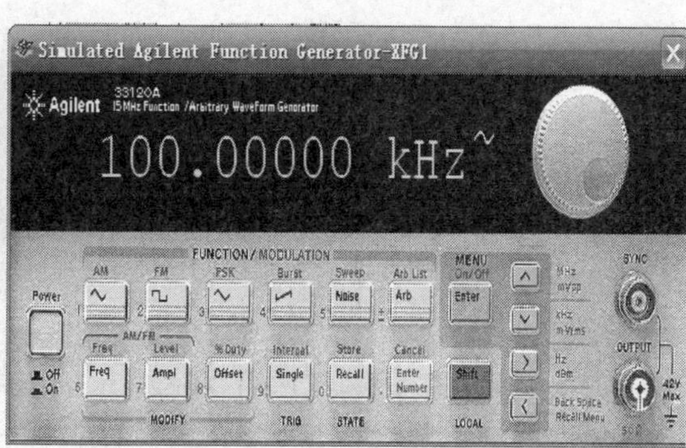

图 6-1-5　频率设置

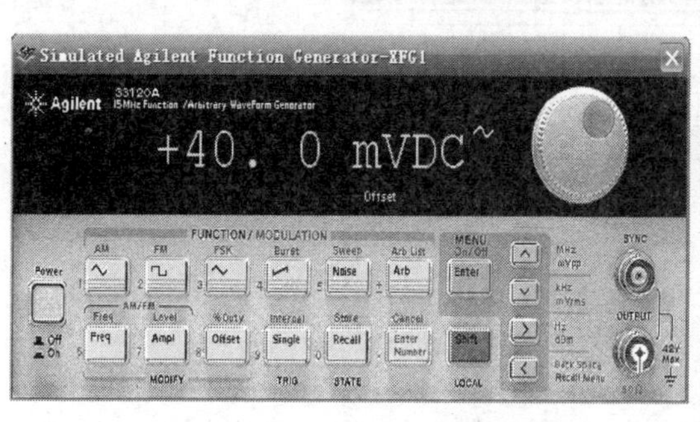

图 6-1-6　偏置（直流成分）设置

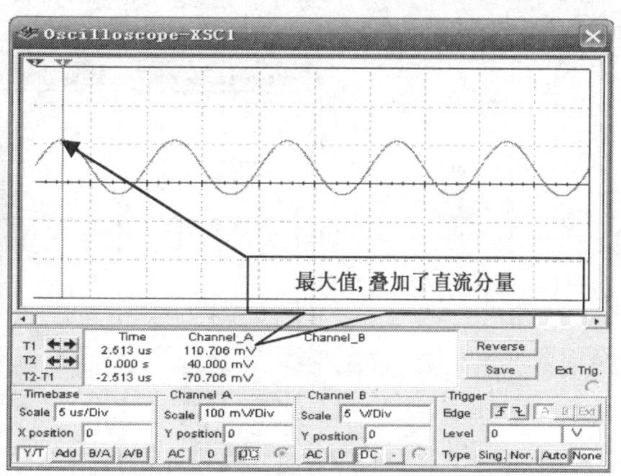

图 6-1-7　仿真结果

（二）方波、三角波和锯齿波

1. 基本操作

基本操作与正弦波的大致相同，分别单击按钮、按钮或按钮，只是对于方波，单击Shift按钮后，再单击Offset按钮，通过输入旋钮（面板右上角大旋钮）可以改变方波的占空比。下面就方波设置举例，其他波形的产生不再详述。

2. 实例分析

例 6-1-2　实验电路如图 6-1-3 所示。设置产生 10kHz、5V 的方波，并调整占空比。

设置如图 6-1-8、图 6-1-9 所示；运行仿真，波形如图 6-1-10、图 6-1-11 所示。

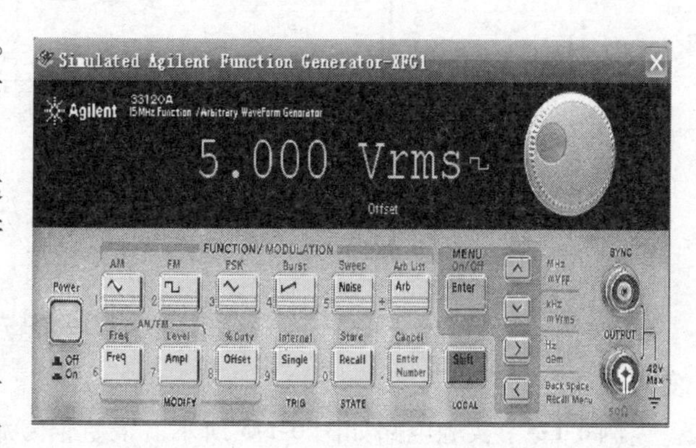

图 6-1-8　设置方波、幅度

（三）噪声源

单击按钮Noise，33120A 型函数信号发生器输出一个模拟的噪声。其幅度可以通过单击Ampl按钮，调节输入旋钮改

图 6-1-9　设置方波频率

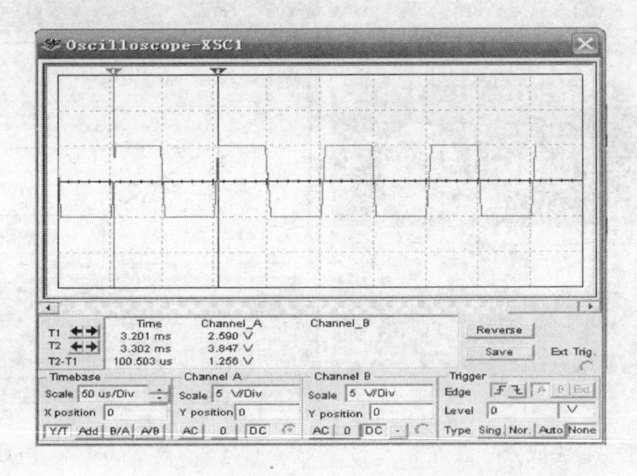

图 6-1-10　方波

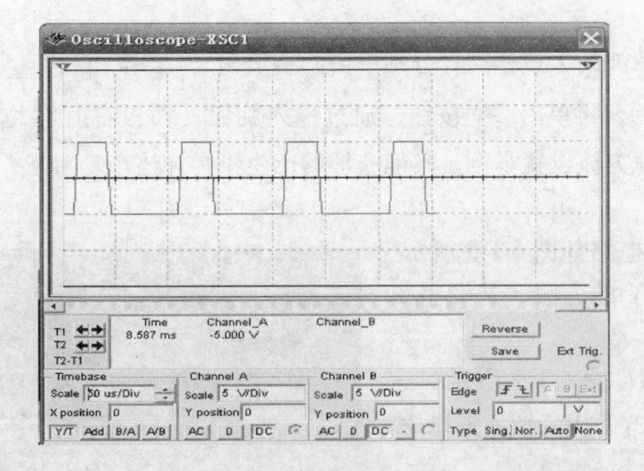

图 6-1-11　调整占空比

变大小。

例 6-1-3　实验电路如图 6-1-3 所示。设置信号源输出幅度为 3.53V，观察到的噪声波形如图 6-1-12 所示。

（四）直流电压源

33120A 型函数信号发生器能产生一个直流电压，范围是 -5 ~ +5V。单击“Offset”按钮不放，持续时间超过 2s，显示屏先显示 DCV 后变成 +0.000 VDC。通过输入旋钮可以改变输入电压的大小，如果用单击 Enter Number 按钮后输入数字的方法，输入大于 5 的数均被定为 5V。

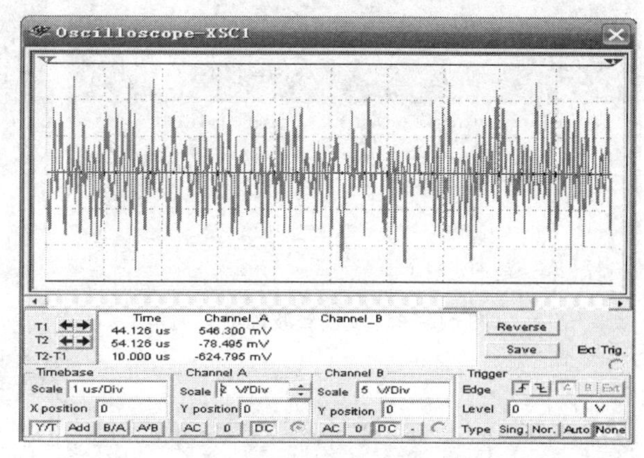

图 6-1-12　噪声信号波形

（五）AM 信号

1. 基本操作（正弦波调制）

单击 Shift 按钮后，再单击 ~ 按钮选择 AM 信号输出，单击 Freq 按钮，通过输入旋钮可以调整载波的频率，单击 Ampl 按钮，通过输入旋钮可以调整载波的幅度；再单击 Shift 按钮后，单击 Freq 按钮，通过输入旋钮可以调整调制信号的频率，再单击 Shift 按钮后，单击 Ampl 按钮，通过输入旋钮可以调整调制信号的幅度。

2. 应用实例

例 6-1-4　实验电路如图 6-1-3 所示。按上述操作方法，设置输出 AM 信号，载波信号为正弦波、频率为 465kHz（见图 6-1-13）、振幅为 1Vpp（见图 6-1-14），调制信号为正弦波、频率为 500Hz（见图 6-1-15 所示）、调幅度为 60% 如图 6-1-16 所示。所产生的 AM 信号如图 6-1-17 所示。

图 6-1-13　设置载波频率

3. 其他调幅波形的产生

例 6-1-5　实验电路如图 6-1-3 所示。设置载波为 465kHz、1Vpp 的正弦波，调制信号频率为 10kHz、60% 调制度，仅将调制信号选为方波，或改变成三角波，观察输出 AM 波形。

（1）设置载波信号的波形、频率、幅度（操作参考图 6-1-13、图 6-1-14）。

（2）设置调制信号的频率和调制度（操作参考图 6-1-15、图 6-1-16）。

（3）选择其他波形作为调制信号，在图 6-1-16 基础上单击 Shift 按钮后，再单击 Enter 按钮进行菜单操作，显示屏显示“Menus”后，立即显示“MOD Menu”，如图 6-1-18 所示。

（4）再单击 ∨ 按钮，显示屏显示“COMMANDS”后立即显示“AM SHAPE”，如图 6-1-19 所示。

（5）再单击 ∨ 按钮，显示屏显示“PAMAMETER”后立即显示“SINE”，是正弦波调制，如图 6-1-20 所示。

（6）再单击 > 按钮选择其他调制信号类型，选择方波调制，如图 6-1-21 所示。

图 6-1-14 设置载波幅度

图 6-1-15 设置调制信号频率

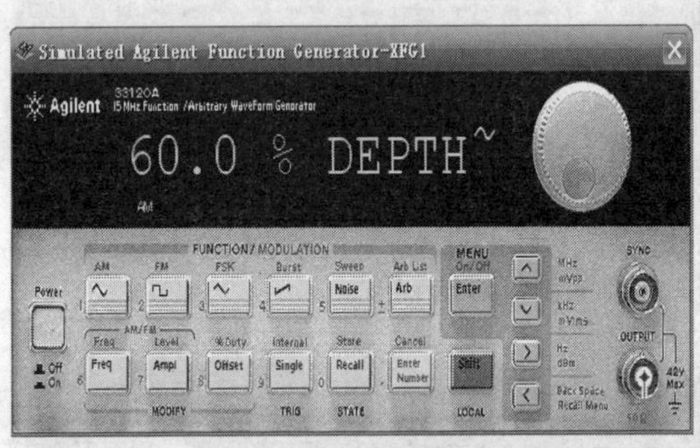

图 6-1-16 设置调制度

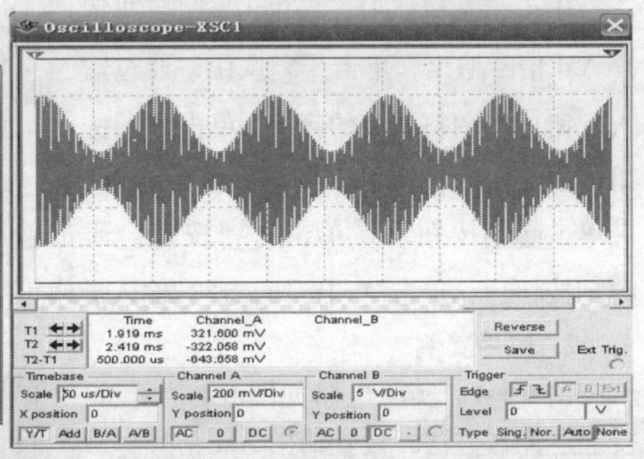

图 6-1-17 调幅波（正弦波调制）

图 6-1-18 改变调制信号 1

图 6-1-19 改变调制信号 2

图 6-1-20 改变调制信号 3

图 6-1-21 选择方波调制

（7）设置完成后，单击 Enter 按钮保存设置。

（8）运行仿真，结果如图 6-1-22 所示。

（9）与上述步骤相同操作，设置三角波调制，仿真结果如图 6-1-23 所示。

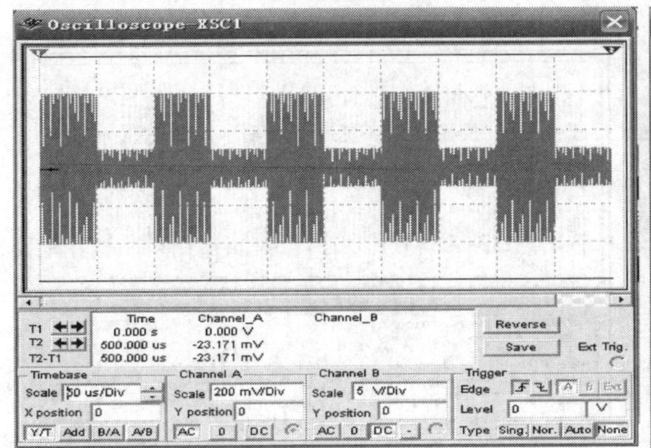

图 6-1-22　方波调幅仿真结果

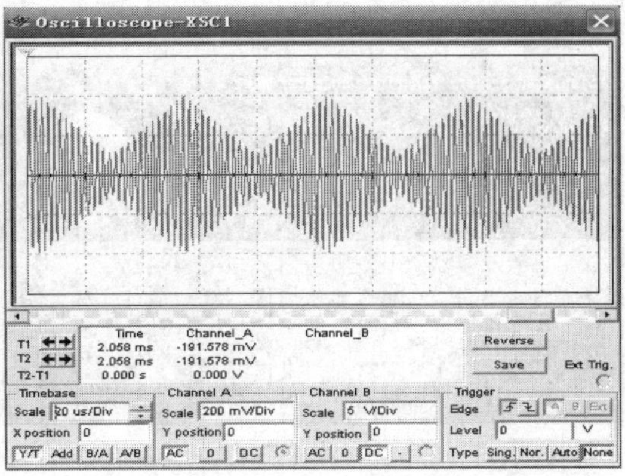

图 6-1-23　三角波调幅仿真结果

（六）FM 信号

单击 Shift 按钮，再单击 FM 按钮，就可输出 FM 信号。其参数的设置、调节方法与 AM 信号基本一致。

例 6-1-6　实验电路如图 6-1-3 所示。设置载波频率为 15MHz，载波幅度为 1Vpp，调制频率为 1kHz，角频偏为 8kHz。

（1）单击 Shift 按钮后，再单击 FM 按钮选择 FM 信号输出（这里可设置载波波形）。

（2）单击 Freq 按钮，通过输入旋钮可以调整载波的频率，如图 6-1-24 所示。

（3）单击 Ampl 按钮，通过输入旋钮可以调整载波的幅度，如图 6-1-25 所示。

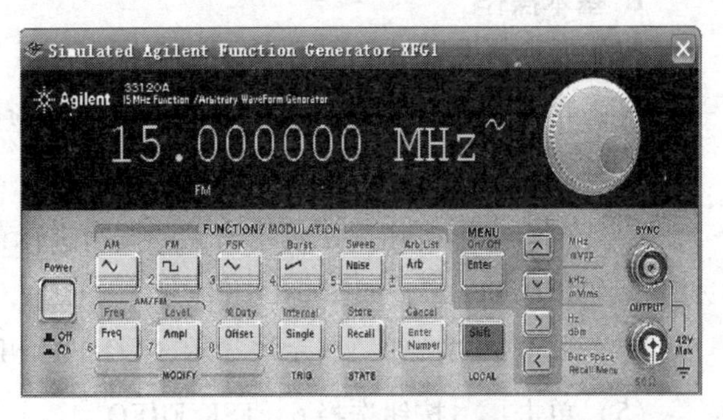

图 6-1-24　设置载波频率和波形

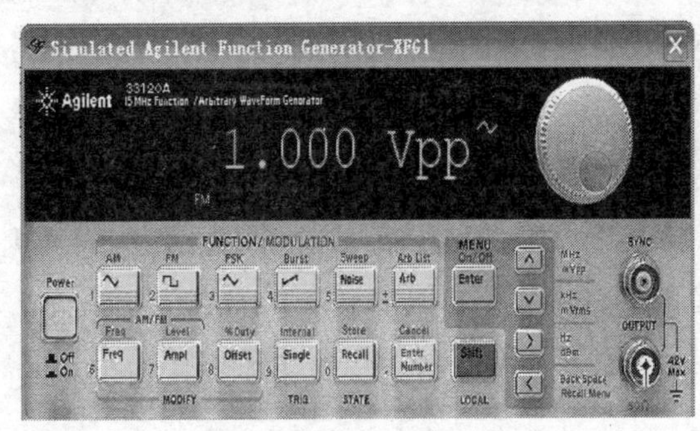

图 6-1-25　设置载波幅度

图 6-1-26　设置调制波频率

（4）再单击Shift按钮后，再单击Freq按钮，调整调制信号的频率，如图6-1-26所示。

（5）再单击Shift按钮后，单击Ampl按钮，调整角频偏，如图6-1-27所示。

（6）运行结果如图6-1-28所示。

图6-1-27　调整角频偏

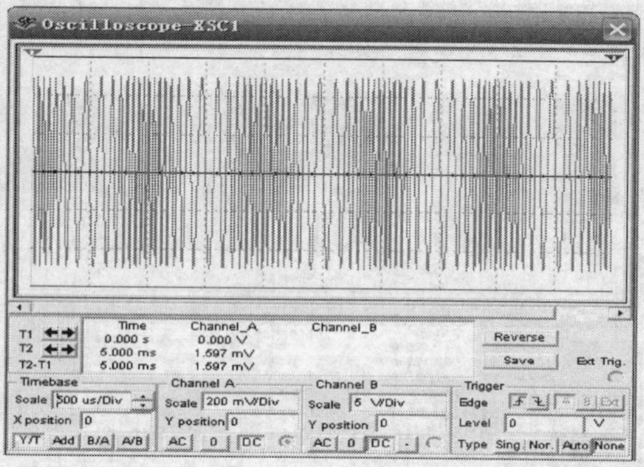

图6-1-28　输出的调频波

三、用33120A产生的非标准波形

（一）FSK调制信号

1. 基本操作

按如下步骤设置可产生FSK调制信号：

（1）单击Shift按钮后，再单击~按钮，选择FSK调制方式。

（2）单击Freq按钮，输入载波频率。

（3）单击Shift按钮后，再单击Enter按钮进行菜单操作，显示屏显示“Menus”后立即显示“A：MOD Menu”，如图6-1-18所示。

（4）单击∨按钮，显示屏显示“COMMANDS”后立即显示“1：AM SHAPE”。

（5）单击>按钮选择6：FSK FREQ。

（6）单击∨按钮，显示屏显示“PAMAMETER”后立即显示“^100.00000Hz”（随机）。

（7）符号“^”在闪动，单击Enter Number输入跳跃频率。

（8）改变设置后，单击Enter按钮保存。

（9）再次单击Shift按钮后，单击Enter按钮进行菜单操作，显示屏显示Menus后立即显示“A：MOD Menu”，单击∨按钮，显示屏显示COMMANDS后立即显示“1：AM SHAPE”，单击>按钮选择7：FSK RATE，单击∨按钮，显示屏显示PAMAMETER后立即显示^1.000kHz，符号“^”在闪动，输入转换频率，设置完成后，单击Enter按钮保存设置。

（10）设置完毕，单击仿真开关，就可以观察到FSK调制信号的波形了。

2. 应用实例

例 6-1-7　实验电路如图 6-1-3 所示。按上述方法设置 FSK 调制信号的载波频率为 15kHz（见图 6-1-29），幅度为 1Vpp（见图 6-1-30），跳跃频率（FSK 频率）为 8kHz（见图 6-1-31、图 6-1-32），两个输出频率的转换速率（转换频率）为 4kHz（见图 6-1-33、图 6-1-34）。

实验运行结果如图 6-1-35 所示。

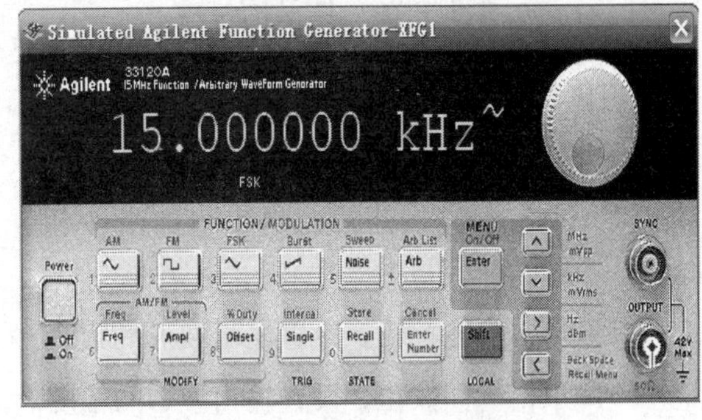

图 6-1-29　设置载波频率和波形

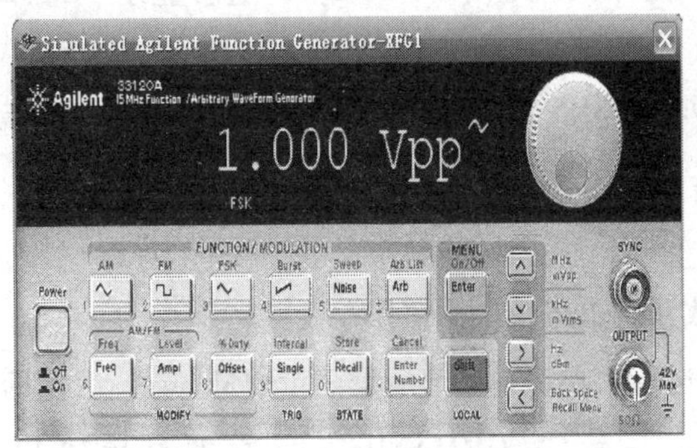

图 6-1-30　设置载波信号的幅度

图 6-1-31　设置跳跃频率 1

图 6-1-32　设置跳跃频率 2

图 6-1-33　设置转换频率 1

图 6-1-34　设置转换速率 2

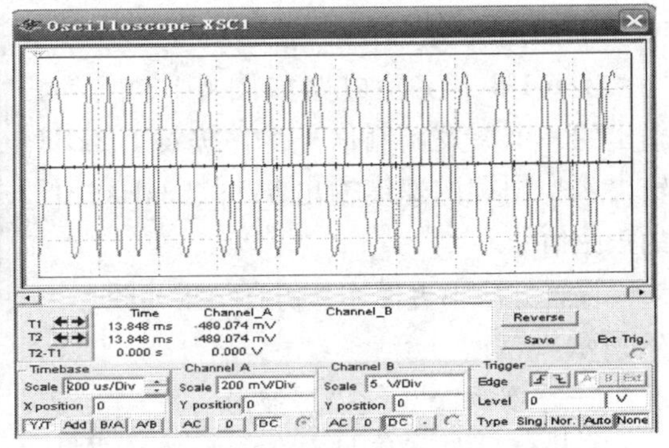

图 6-1-35　输出的 FSK 源信号波

（二）Burst（突发）调制信号

Burst 调制的特点是：输出信号按指定速率输出规定周期数目的信号。

1. 基本设置

按如下步骤设置，可输出 Burst 调制信号。

（1）单击按钮后，再单击按钮，选择突发调制方式（可接着设置信号波形）。

（2）单击按钮，设置输出波形的频率。

（3）单击按钮，设置输出波形的幅度。

（4）单击按钮后，再单击按钮，显示屏先显示“Menus”，随后显示“MOD Menu”。

（5）单击按钮，显示屏先显示“COMMANDS”，随后显示“AM SHAPE”，单击按钮选择 3：BURST CNT。

（6）单击按钮，显示屏先显示“PAMAMETER”，随后显示“^00001 CYC”。

（7）符号“^”闪动，输入显示周期数目，单击按钮保存设置。

（8）再次单击按钮后，单击按钮进行菜单操作，显示屏显示“Menus”后立即显示“MOD Menu”，单击按钮，显示屏显示“COMMANDS”后立即显示“AM SHAPE”，单击按钮选择 4：BURST RATE，单击按钮，显示屏显示“PAMAMETER”后立即显示“^1.000kHz”，符号“^”在闪动，输入转换频率，设置完成后，单击按钮保存设置。

（9）又再次单击按钮后，单击按钮进行菜单操作，显示屏显示“Menus”后立即显示“MOD Menu”，单击按钮，显示屏显示“COMMANDS”后立即显示“AM SHAPE”，单击按钮选择 5：BURST PHAS，单击按钮，显示屏显示“PAMAMETER”后立即显示“^0.00000DEG，”符号“^”在闪动，输入角度，设置完成后，单击按钮保存设置。

（10）单击仿真开关，通过示波器就可以观察到 Burst 调制波形。

2. 应用实例

例 6-1-8 实验电路如图 6-1-3 所示。输出的一个突发调制信号，它按每 1.2kHz 输出 4 个周期的速度输出 5Vpp、2kHz、0°的正弦信号。

设置方法不再描述，仿真结果如图 6-1-36 所示。

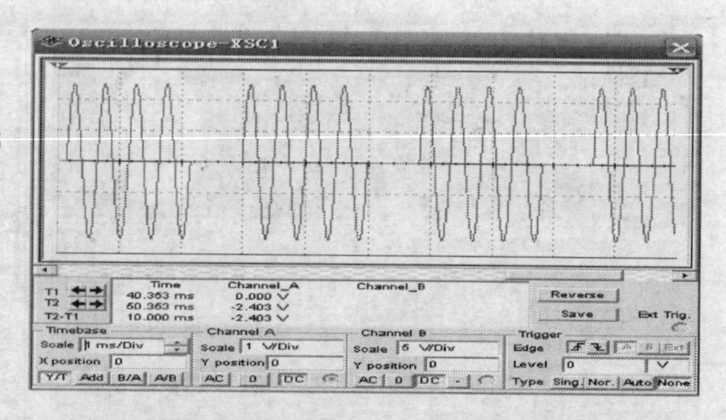

图 6-1-36 Burst 调制波形仿真结果

（三）Sweep（扫描）波形

扫描信号是指信号在某一段频率范围内变化的波形。

1. 基本操作

通过以下设置，可以产生一个扫描信号。

（1）单击Shift按钮后，再单击Noise按钮，选择扫描信号（可接着设置信号波形）。

（2）单击Freq按钮，通过输入旋钮，设置输出信号的频率。

（3）单击Ampl按钮，通过输入旋钮，设置输出信号的幅度。

（4）单击Shift按钮后，单击Enter按钮进行菜单操作，显示屏显示“Menus”后立即显示“MOD Menu”。

（5）单击>按钮选择 B：SWP MENU，显示屏显示“COMMANDS”后立即显示“START F”。

（6）单击∨按钮，显示屏显示“PAMAMETER”后立即显示“^100.00000Hz”。

（7）符号“^”在闪动，输入开始频率，设置完成后，单击Enter按钮保存设置。

（8）单击Shift按钮后，单击Enter按钮进行菜单操作，显示屏显示“Menus”后立即显示“MOD Menu”，单击>按钮选择 B：SWP MENU，单击∨按钮，显示屏显示“COMMANDS”后立即显示“START F”，单击>按钮选择 2：STOP F，单击∨按钮，显示屏显示“PAMAMETER”后立即显示“^1.00000kHz”，符号“^”在闪动，输入截止频率，设置完成后，单击Enter按钮保存设置。

（9）单击Shift按钮后，单击Enter按钮进行菜单操作，显示屏显示“Menus”后立即显示“MOD Menu”，单击>按钮选择 B：SWP MENU，单击∨按钮，显示屏显示“COMMANDS”后立即显示“START F”，单击>按钮选择 3：SWP TIME，单击∨按钮，显示屏显示“PAMAMETER”后立即显示“^100.000ms”，符号“^”在闪动，输入扫描时间，设置完成后，单击Enter按钮保存设置。

（10）单击Shift按钮后，单击Enter按钮进行菜单操作，显示屏显示“Menus”后立即显示“MOD Menu”，单击>按钮选择 B：SWP MENU，单击∨按钮，显示屏显示“COMMANDS”后立即显示“START F”，单击>按钮选择 4：SWP MODE，单击∨按钮，显示屏显示“PAMAMETER ”后立即显示“LOG”，单击>按钮选择“LINEAR”（仅有对数方式和线性方式两种），设置完成后，单击Enter按钮保存设置。

（11）单击仿真开关，通过示波器可以观察（Sweep）扫描波形。

2. 应用实例

例 6-1-9　实验电路如图 6-1-3 所示。输出一个在 50ms 内从 200Hz ~ 1kHz 线性扫描，信号频率为 2kHz、幅度 1Vpp 的正弦信号。

分析设置后仿真（过程略），结果如图 6-1-37 所示。

（四）特殊函数波形

33120A 型函数信号发生器能产生 5 种内置的特殊函数波形，即 sinc 函数、负斜波函数、按指数上升的波形、按指数下降的波形及 Cardiac 函数（心律波函数）。

1. sinc 函数

sinc 函数是一种常用的 Sa 函数，其数学表达式为：$\text{sinc}x = \dfrac{\sin x}{x}$。

如下所述步骤可产生 sinc 函数：

（1）单击 Shift 按钮后，再单击 Arb 按钮，显示屏显示“SINC ~”，如图 6-1-38 所示。

（2）再次单击 Arb 按钮后，显示屏显示“SINC Arb”，如图 6-1-39 所示。

（3）单击 Freq 按钮，通过输入旋钮将输出波形的频率设置为 100kHz；单击 Ampl 按钮，通过输入旋钮将输出波形的幅度设置为 1Vpp（图略）。

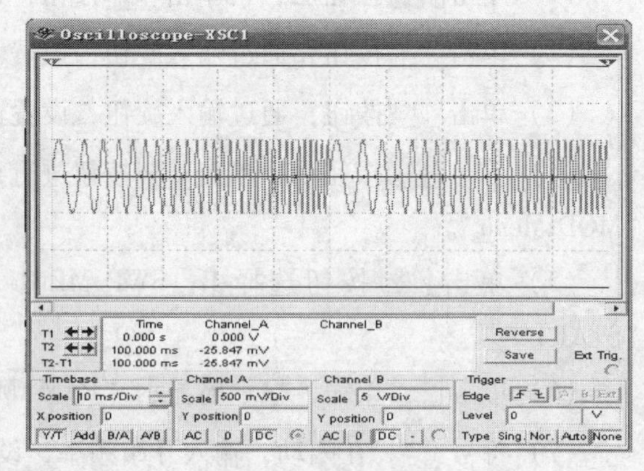

图 6-1-37　Sweep 波形

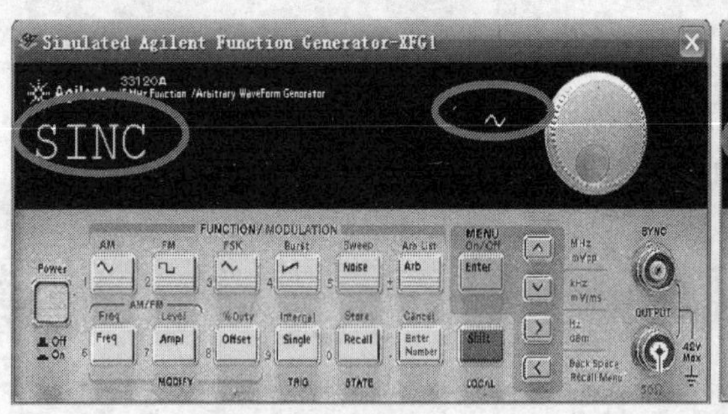

图 6-1-38　sinc 函数设置 1

图 6-1-39　sinc 函数设置 2

（4）设置完毕，单击仿真开关，通过示波器观察波形如图 6-1-40 所示。

2. 负斜波函数

按如下步骤所述，可产生负斜波函数信号：

（1）单击 Shift 按钮后，再单击 Arb 按钮，显示屏显示 SINC ~（参考图 6-1-38）。

（2）单击 Arb 按钮，选择 NEG_RAMP ~，单击 Enter 按钮保存设置函数的类型。

（3）再次单击 Shift 按钮后，单击 Arb 按钮，显示屏显示 NEG_RAMP ~，再单击 Arb 按钮，显示屏显示 NEG_RAMP Arb（参考图 6-1-39），即选择负斜波函数。

（4）单击 Freq 按钮，设置输出波形的频率（设置为 3kHz）。

（5）单击 Ampl 按钮，设置输出波形的幅度（设置为 2V 有效值，参考正弦波基本操作（4），凡是有效值以后不再声明）。

（6）单击 Offset 按钮，设置波形的偏置（这里设为 1V）。

（7）设置完毕，单击仿真开关，通过示波器观察的波形如图 6-1-41 所示。

3. 按指数上升函数波形

按如下所述步骤设置，可产生按指数上升函数信号：

（1）单击Shift按钮后，再单击Arb按钮，显示屏显示“SINC ~”（见图 6-1-38）。

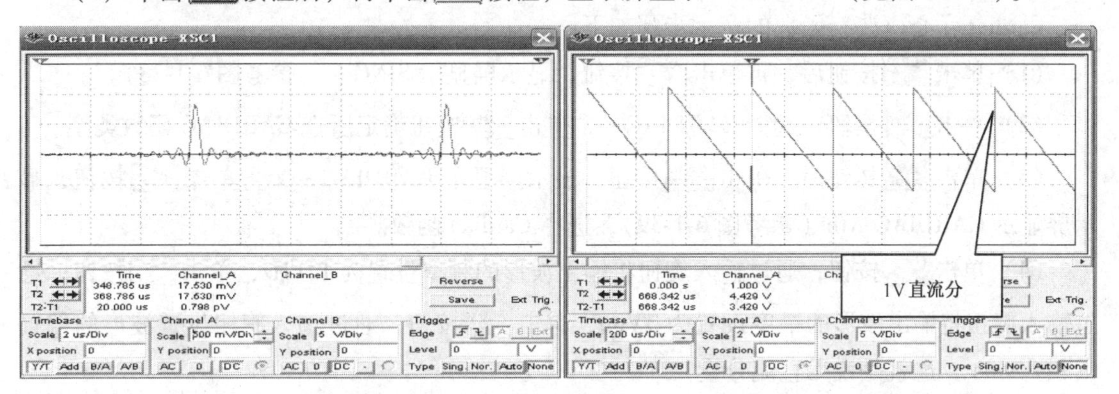

图 6-1-40　输出的 sinc 函数波形　　　　图 6-1-41　负斜波函数曲线

（2）单击>按钮，选择“EXP_RISE ~”，单击Enter按钮确定所选 EXP_RISE 函数类型。

（3）单击Shift按钮后，再单击Arb按钮，显示屏显示“EXP_RISE ~”，再单击Arb按钮，显示屏显示“EXP RISE Arb”（见图 6-1-39），选择按指数上升函数。

（4）单击Freq按钮，通过输入旋钮将输出波形的频率设置为 12kHz；单击Ampl按钮，通过输入旋钮将输出波形的幅度设置为 3Vpp；单击Offset按钮，通过输入旋钮设置输出波形的偏置（1.2V）。

（5）设置完毕，单击仿真开关，通过示波器观察的波形如图 6-1-42 所示。

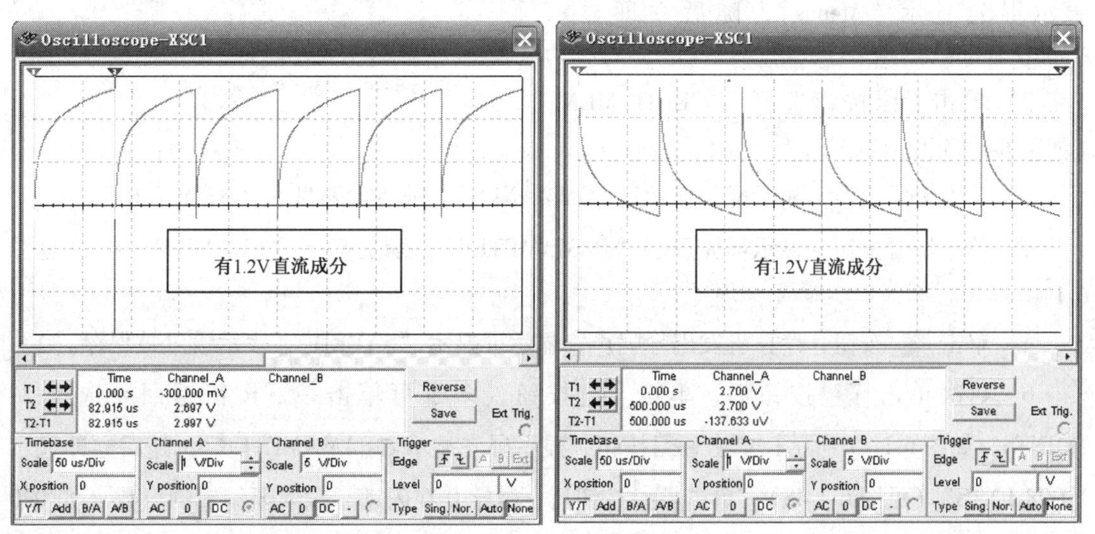

图 6-1-42　按指数上升函数波形　　　　图 6-1-43　按指数下降函数波形

4. 按指数下降函数波形

产生按指数下降函数波形的步骤与产生按指数上升函数的步骤基本上相同，在产生按指数上升函数波形的步骤的基础上，将函数类型设置为 EXP_FALL，即得到如图 6-1-43 所示的按指数下降函数波形。

5. Cardiac（心律波）**函数**

Cardiac（心律波）函数的产生步骤如下：

（1）单击Shift按钮后，再单击Arb按钮，显示屏显示 SINC ~（参考图 6-1-38）。

（2）单击>按钮，选择 CARDIAC ~，单击Enter按钮确定所选 CARDIAC 函数类型。

（3）单击Shift按钮后，单击Arb按钮，显示屏显示 CARDIAC ~，再单击Arb按钮，显示屏显示 CARDIAC Arb（参考图 6-1-39），选择 Cardiac 函数。

（4）单击Freq按钮，通过输入旋钮将输出波形的频率设置为 12kHz，单击Ampl按钮，通过输入旋钮将输出波形的幅度设置为 3Vpp，单击Offset按钮，通过输入旋钮设置波形的偏置（设置为 0V，也就是说无直流分量）。

（5）设置完毕，单击仿真开关，通过示波器观察到 Cardiac 波形如图 6-1-44 所示。

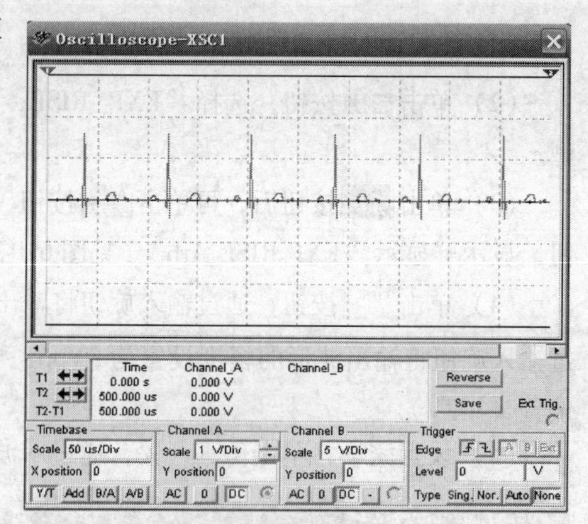

图 6-1-44 Cardiac（心律波）波形

6. 任意波形

33120A 型函数信号发生器能够产生 8 ~ 256 点的任意波形。

按以下步骤设置产生任意波形：

（1）编辑菜单的设置 这是产生任意波形的关键步骤，用它决定输出波形的形状。其设置步骤如下：

1）单击Shift按钮后，再单击Enter按钮，显示屏先显示“Menus”，随后立即显示“MOD Menu”。

2）单击>按钮选择 C：EDIT MENU（如图 6-1-45 所示）。

3）单击∨按钮，显示屏先显示“COMMANDS”，随后立即显示“NEW ARB”。

4）单击∨按钮，显示屏先显示“PAMAMETER”，随后显示“CLEAR MEM”（见图 6-1-46）。

5）单击Enter按钮，计算机发出蜂鸣声，显示屏显示“SAVED”，表示设置被保存。

6）再次单击Shift按钮后，单击<按钮（多了可单击>按钮返回）选择 2：POINTS，如图 6-1-47 所示；单击∨按钮，显示屏先显示“PAMAMETER”，随后立即显示“^008 PNTS”（见图 6-1-48）；单击>按钮后，数字 0 在闪动，输入要编辑的点数（如^020 PNTS，20 个点），完成设置后，单击Enter按钮保存设置。

7）又再次单击Shift按钮后，单击<按钮，显示屏显示“2：POINTS”；单击>按钮，选择 3：LINE EDIT（如图 6-1-49 所示）；单击∨按钮，显示屏先显示“PAMAMETER”，随后立即显示“000：^0.0000”（见图 6-1-50），每个数据的取值范围为 -1 ~ +1；通过单击∧、∨按钮改变数据的极性；单击>按钮右移一位后，输入数值（见图 6-1-

51，“:”前是点数，不用输入，点数从0开始，直到输入的点数减1，即本例是0~19)；单击 Enter 按钮保存，显示屏显示“SAVED”后立即显示下一个点，并等待编辑，编辑方法与前面的数据点相同。当编辑完最后一个点时，单击 ^ 按钮返回到3：LINE EDIT状态；连续单击 > 按钮3次，选择6：SAVED AS（如图6-1-52所示），单击 ∨ 按钮，显示屏先显示“PAMAMETER”，随后立即显示“ARB1 ＊NEW＊”（见图6-1-53所示），最后单击 Enter 按钮，显示屏显示“SAVED”，保存所作的设置。

图6-1-45 任意波编辑1

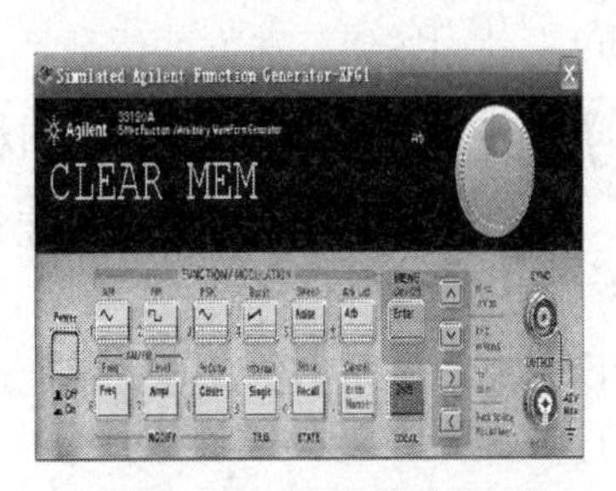

图6-1-46 任意波编辑2

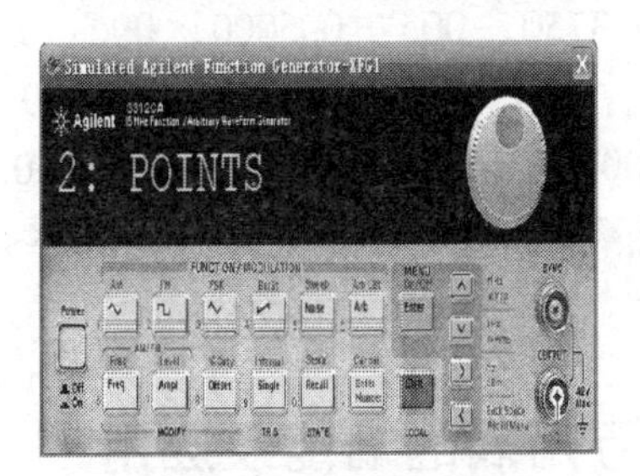

图6-1-47 任意波编辑3

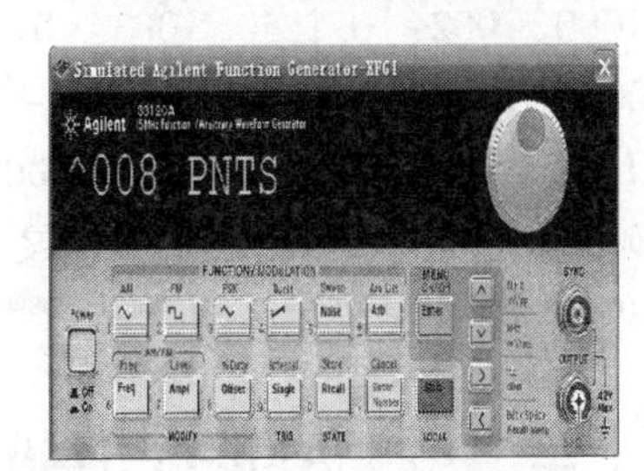

图6-1-48 任意波编辑4

图6-1-49 任意波编辑5

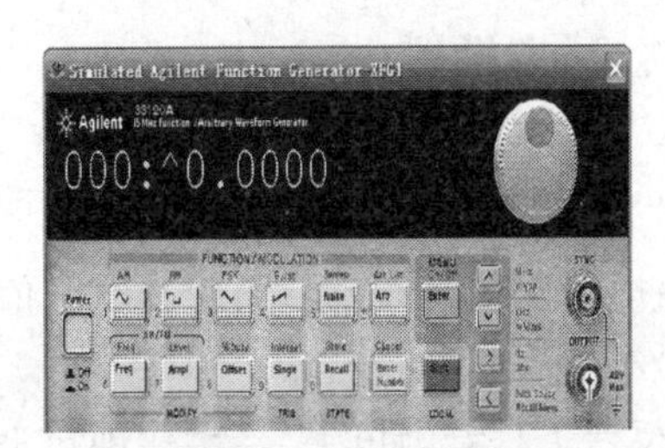

图6-1-50 任意波编辑6

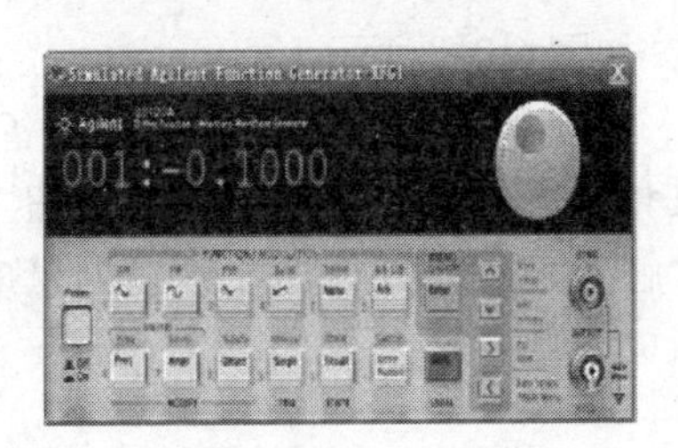

图6-1-51 任意波编辑7

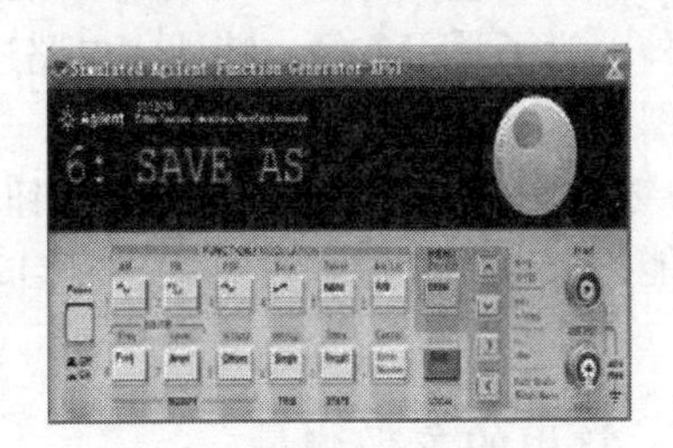

图6-1-52 任意波编辑8

（2）输出任意波形　输出任意波形的步骤如下所述：

1）单击 Shift 按钮后，再单击 Arb 按钮，显示屏显示“SINC ~”（见图 6-1-38），单击 > 按钮，选择 ARB1 ~，单击 Enter 按钮确定所选函数 ARB1 类型。

图 6-1-53　任意波编辑 9

2）单击 Shift 按钮后，再单击 Arb 按钮，显示屏显示“ARB1 ~”，再单击 Arb 按钮，显示屏显示“ARB1 Arb”（见图 6-1-39），选择 ARB1 函数。

3）单击方波按钮，选方波信号。

4）单击 Freq 按钮，通过输入旋钮将输出方波的频率设置为 5kHz，单击 Ampl 按钮，通过输入旋钮将输出方波的幅度设置为 500mV，单击 Offset 按钮，通过输入旋钮设置波形的偏置。

5）设置完毕，单击仿真开关，通过示波器观察编辑的波形。

练习：

操作编辑菜单时，选择 20 点，在 LINE EDIT 编辑时，每个点分别按：000：0.0000、001：0.1000、002：0.1250、003：0.2500、004：0.3750、005：0.5000、006：1.0000、007：0.0000、008：1.0000、009：－1.0000、010：－1.0000、011：－1.0000、012：－0.8750、013：－0.5000、014：0.0000、015：－0.1000、016：－0.8000、017：－0.8000、018：0.0000、019：0.0000，设置幅度为 500mV、频率为 5kHz 的方波信号，观察仿真结果。

第二节　Agilent 34401A 型数字万用表的功能及应用

一、基本设置

Agilent 34401A 型数字万用表是一种 $6\frac{1}{2}$ 位高性能的数字万用表。能测量交/直流电压、交/直流电流、信号频率、周期和电阻值。该表还具有数字运算、dB、dBm、界限测试以及最大/最小/平均等功能。

从仪器工具栏中单击按钮即可调入 34401A 万用表到电路设计窗口中，如图 6-2-1，然后用鼠标双击它，弹出 3D 面板，如图 6-2-2 所示。

另外，为了学习方便，特地将电路连接端口编号，如图 6-2-1 所示。

在图 6-2-2 中，单击面板上的电源“Power”开关，显示屏点亮，即进入测试准备状态；“Shift”键为换挡键，单击“Shift”按钮后，再单击其他功能按钮，将执行面板按钮上方的标识功能；“Single”键触发方式，有自动触发和单次触发两种。其他功能键在测量应用中介绍。

二、常用的参数测量

一般来说，基本的参数测量指：电压、电流、电阻的测量。再细分，有直流电压、交流电压，直流电流、交流电流；随之还将有一些派生的测量，如：测量二极管、晶体管的好坏，电感的通断等，属于电阻系列测量；34401A 数字万用表还能测量信号的频率、周期和 dB 值等。

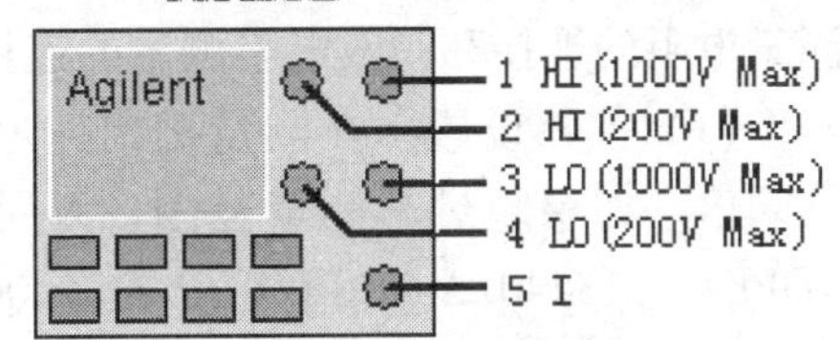

图 6-2-1　电路连接图标

1. 电压的测量

测电压时，34401A 数字万用表应与被测试电路的端点并联。单击面板上的 DC V 按钮，可以测量直流电压，在显示屏上显示的单位为 VDC；而单击 Arb 按钮，可以测量交流电压，在显示屏上显示的单位为 VAC。注意测量范围。

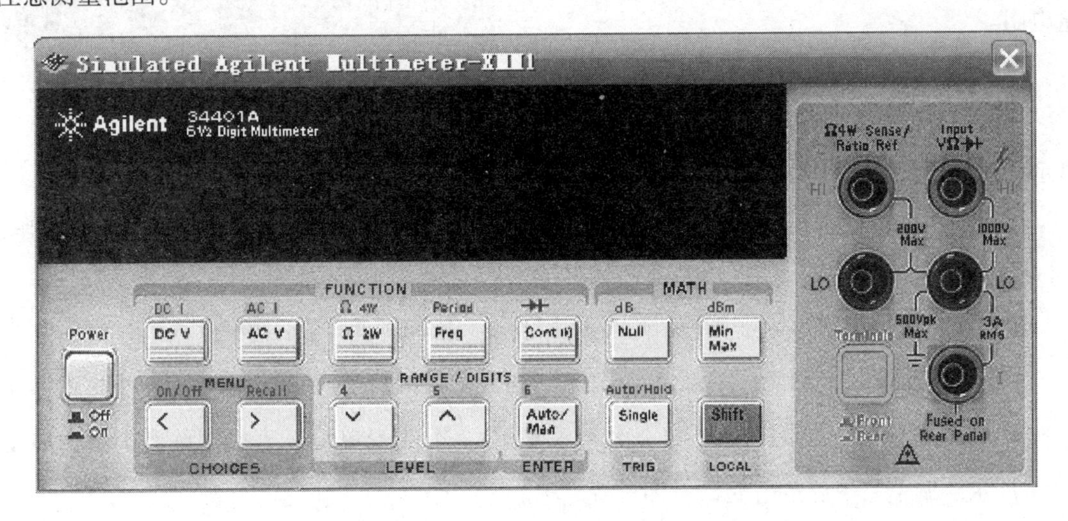

图 6-2-2　Agilent 数字万用表

2. 电流的测量

测电流时，应将图标中的 I、LO（1000V Max，参考图 6-2-1）端串联到被测试的支路中。单击 Shift 按钮，则显示屏上显示 Shift，若再单击 DC V 按钮，显示屏显示的单位为 ADC，则测量直流电流；若单击 AC V 按钮，显示屏上显示的单位为 AAC，即测量交流电流。注意测量范围。

3. 电阻的测量

34401A 数字万用表测量电阻时，将图 6-2-1 中 1 端和 3 端分别接在被测电阻的两端，测量时，单击前面板上的 Ω 2W 按钮，即可测量电阻阻值的大小。

另外，在实体 34401A 数字万用表上，还提供了一种四线测量电阻的方法，这种方法是为了更准确地测量小电阻，提高测量精度。其方法是将 1、2 端并接，3、4 端并接后再测电阻。测量时，先单击面板上的“Shift”按钮，显示屏上显示“Shift”，再单击面板上的 Ω 2W 按钮，即为四线测量法的模式，此时显示屏上显示的单位为 Ohm^{4w}，它为四线测量法的标志。

例 6-2-1　如用四线测量法测量 1mΩ 电阻，连接图及测量结果的显示如图 6-2-3 所示（注意测量时加接地符号，这与实体仪器测量不同）。

4. 连续模式测量电阻

连续模式测量电阻是指 34401A 能跟踪所测电阻的变化，并连续测量其阻值。连续模式测量电阻的连接和一般电阻测量的连接相同。

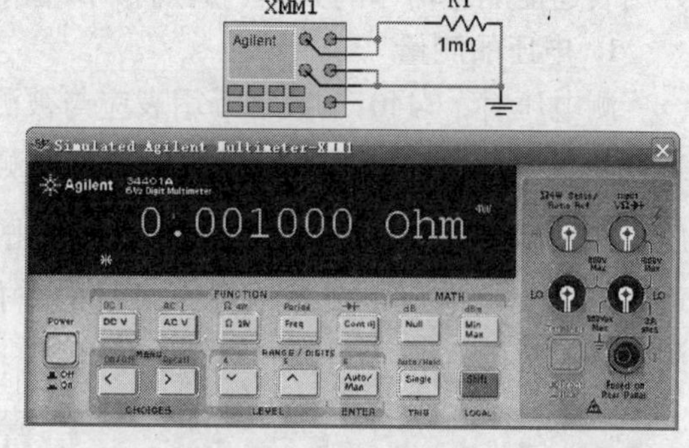

图 6-2-3　四线法测电阻

（1）仪器设置。在测量之前，一般应设定其阈值，如果超过其测量范围，万用表将显示“OPEN”，34401A 阈值可以在 1.000000Ω ~ 1.000000kΩ 范围内能任意设置，其默认值为 10.00000Ω。阈值的调整步骤为：

第一步：单击 Cont 按钮，选择连续模式测量电阻。

第二步：单击面板上的 Shift 按钮，屏上显示“shift”后，单击 < 按钮，打开测量菜单，显示“A：MEAS MENU”，如图 6-2-4 所示。

第三步：单击 ∨ 按钮，先显示“COMMAND”，随后显示“1：CONTINUITY”，如图 6-2-5 所示。

第四步：单击 ∨ 按钮，显示“PARAMETER”，随后显示“^1.000000”，如图 6-2-6 所示，单击 > 按钮，移动光标到某位，单击 ∧ 、 ∨ 按钮，可使数值增加或减小，连续移动 8 次（或符号“^”闪亮时，单击一次 < 按钮），可改变单位，直接调整到 1kΩ，如图 6-2-7 所示。调整完毕后单击 Auto/Man ，即设置完毕。

图 6-2-4　阈值调整 1

图 6-2-5　阈值调整 2

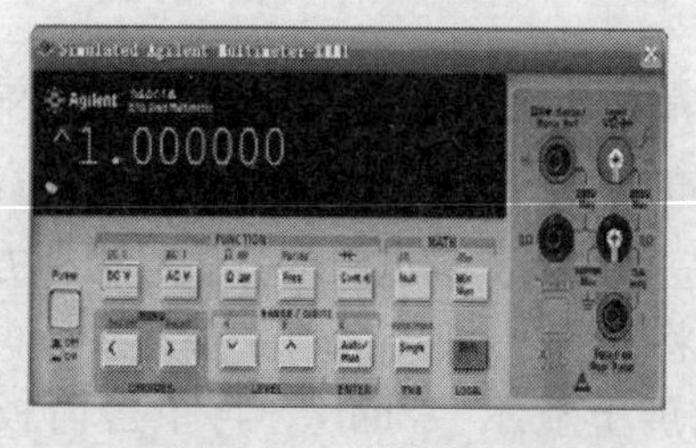

图 6-2-6　阈值调整 3

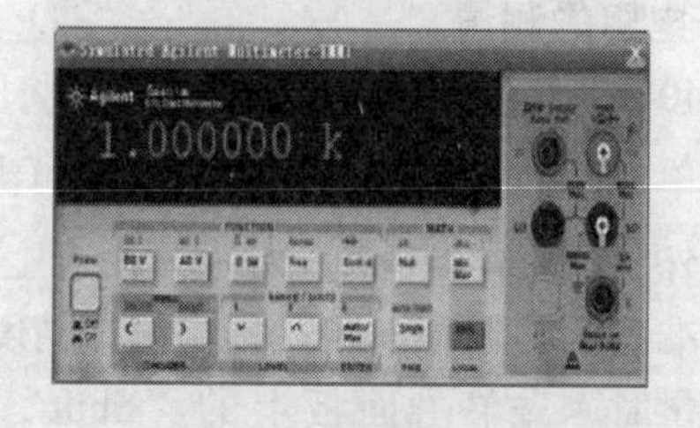

图 6-2-7　阈值调整 4

（2）应用实例。

例 6-2-2　实验电路如图 6-2-8 所示，在测量前按阈值调整方法，设置阈值大于 200Ω，在仿真开关开启后按键盘上“A”键，观察表显示的读数变化情况；如图 6-2-9 所示。

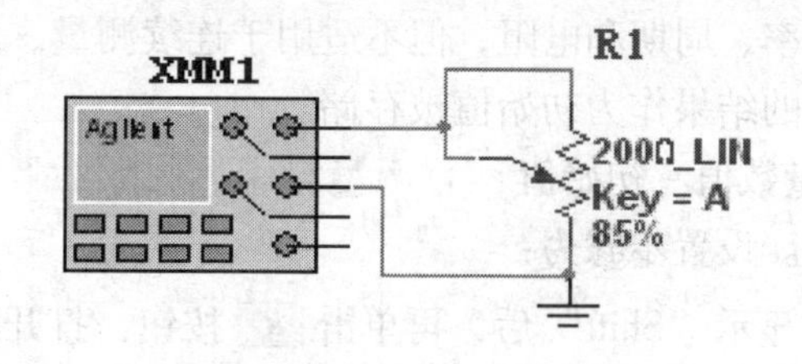

图 6-2-8　实验电路图

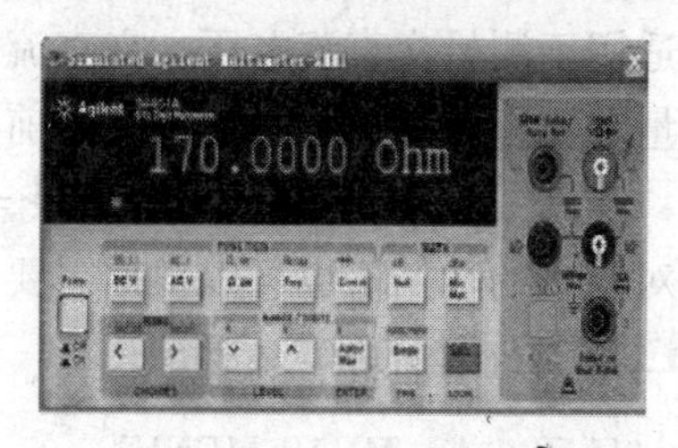

图 6-2-9　按 A 键实验观察

5. 频率或周期的测量

34401A 型数字万用表可以测量电路的频率或周期。

测量时将 1 端和 3 端分别接在被测电路上（以后没特别声明，均指用 1、3 端测量）。测量时，单击面板上的按钮，可测量频率的大小；单击面板上的按钮，显示屏上显示“Shift”后，再单击按钮，则可测量周期的大小。

6. 二极管极性的判断

测量时，先单击面板上的按钮，显示屏上显示 Shift 后，再单击按钮，可测试二极管极性。若数字万用表的 1 端接二极管的正极，3 端接负极时，显示屏上显示二极管的正向导通压降，反之，则显示为 0。若二极管断路时，显示屏显示“OPEN”字样，表明二极管有断路故障。

7. 直流电压比率的测量

34401A 万用表能测量两个直流电压的比率。通常选择一个直流参考电压作为基准，然后自动求出被测信号电压与该直流参考电压的比率。

测量时，需将 34401A 的 1 端接在被测信号的正端，3 端接在被测信号的负端；34401A 的 2 端接在直流参考源的正端，4 端接在直流参考源的负端。3 端和 4 端必须接在公共端，且二者的电压相差不大于 ±2V。参考电压一般为直流电压源，且最大不超过 ±12V。

因为面板上无此功能按钮，因此该测量功能需通过测量菜单才能完成。具体测量步骤是：

第一步：首先单击面板上的按钮，显示屏上显示 Shift 后，单击按钮，测量菜单展开，显示“A：MEAS MENU”。

第二步：单击按钮，先显示“COMMAND”，随后显示“1：CONTINUITY”，单击按钮，显示“2：RATIO FUNC”。

第三步：单击按钮，先显示“PARAMETER”，随后显示“DCV：OFF”，单击或按钮，使其显示“DCV：ON”。

第四步：单击按钮，关闭测量菜单，此时在显示屏显示“Ratio”，即进入比率测量状态。

三、34401A 的运算功能

1. NULL（相对测量）

34401A 的相对测量是指 34401A 能够对前后测量的数值进行比较，并显出二者的差值。

该功能适用于测量交直流电压、交直流电流、频率、周期和电阻，但不适用于连续测量、二极管测量和比率测量。相对测量是把前一次测试的结果作为初始值被存储。

显示结果 = 本次测量数值 − 初始值

相对测量的初始值也可以根据需要人为设置。设置步骤为：

第一步：单击面板上的 Shift 按钮，显示屏上显示“Shift”后，再单击 < 按钮，打开测量菜单，显示“A：MEAS MENU”。

第二步：单击 > 按钮，显示“B：MATH MENU”，如图 6-2-10 所示。

第三步：单击 ∨ 按钮，先显示“COMMAND”，随后显示“1：MIN-MAX”，再单击 > 按钮显示 2：NULL VALUE，如图 6-2-11 所示。

第四步：单击 ∨ 按钮，先显示“PARAMETER”，随后显示“^0. 00000”，如图 6-2-12 所示，单击 > 、 < 按钮，可移动光标，单击 ∨ 、 ∧ 按钮，可调整每位的数值（设置量程）。

第五步：单击 Auto/Man 按钮，显示“CHANGED SAVED”或“EXITING MENU”，关闭测量菜单，设置完毕，如图 6-2-13 所示，此时还可以改变测量类型（如 DCV、ACV、Freq 等）。

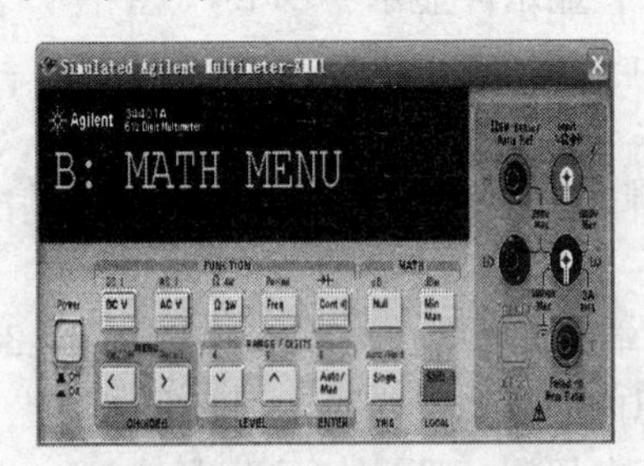

图 6-2-10　相对测量设置 1

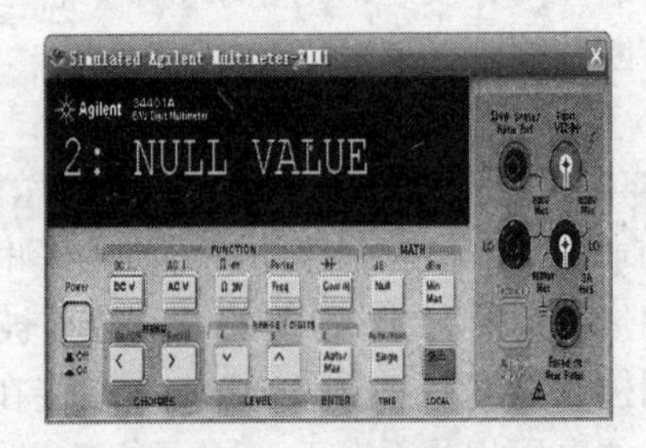

图 6-2-11　相对测量设置 2

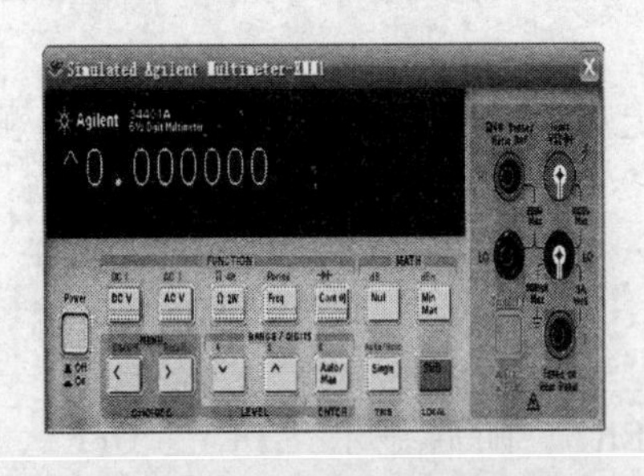

图 6-2-12　相对测量设置 3

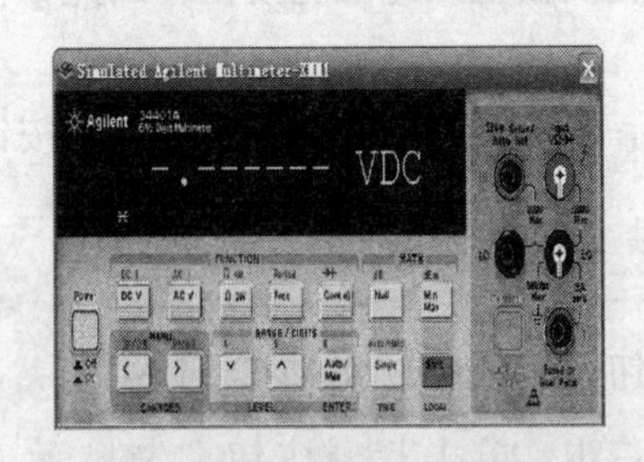

图 6-2-13　测量设置完毕

例 6-2-3　测量串联电阻电路的相对电压，实验电路如图 6-2-14 所示。按动键盘上“A”，观察表的示数变化，如图 6-2-15 所示。

2. MIN-MAX（存储显示最大值和最小值）

34401A 可以存储测量过程中得到的的最大值、最小值、平均值和测量次数等参数。该功能适用于测量交直流电压、交直流电流、频率、周期和电阻阻值，不适用于连续测量、二极管检测和比率测量。

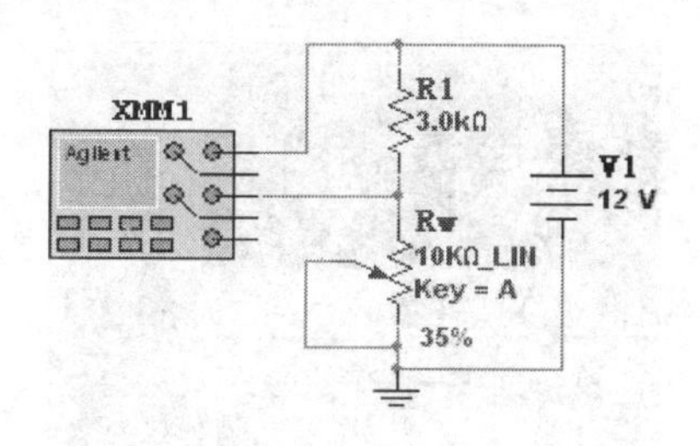

图6-2-14　实验电路

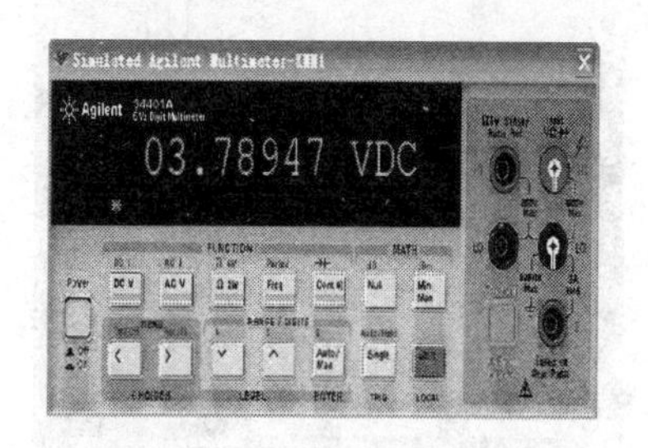

图6-2-15　监测结果显示

例6-2-4　实验电路如图6-2-16所示，以测量直流电压的例子具体描述其测量步骤：

第一步：单击面板上的 Min Max 按钮，显示屏上显示“Math”字样，如图6-2-17所示。

第二步：启动仿真，单击键盘上“A”键，重复单击“A”键以改变Rw值，测得的电压值都被存储，然后关闭仿真。

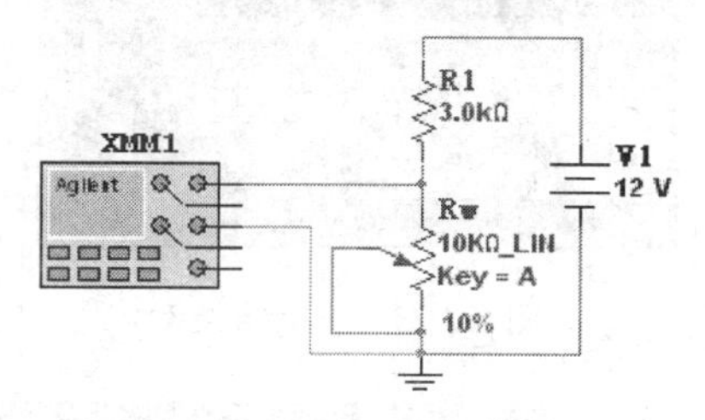

图6-2-16　实验电路

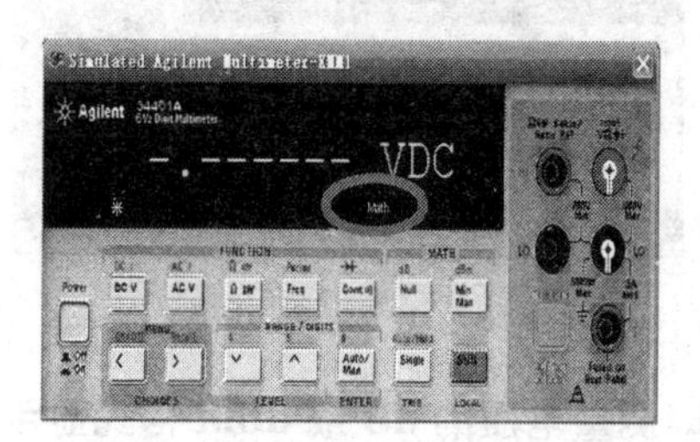

图6-2-17　设置MIN-MAX

第三步：单击面板上的 Shift 按钮，显示屏上显示“Shift”，如图6-2-18所示。再单击 < 按钮，打开测量菜单，显示“A：MEASMENU”，再单击 > 按钮，显示“B：MATH MENU”，如图6-2-19所示。

第四步：单击 ∨ 按钮，显示“COMMAND”后显示“1：MIN-MAX”，如图6-2-20所示。

第五步：再单击 ∨ 按钮，显示“PARAMETER”后立即显示存储内容，然后单击 > 或 < 按钮即可观察最大值、最小值和测量次数，如图6-2-21、图6-2-22、图6-2-23、图6-2-24所示。

第六步：单击 Min Max 按钮，关闭该功能。

注意，关闭“MIN-MAX”功能后存储的数据被清零。

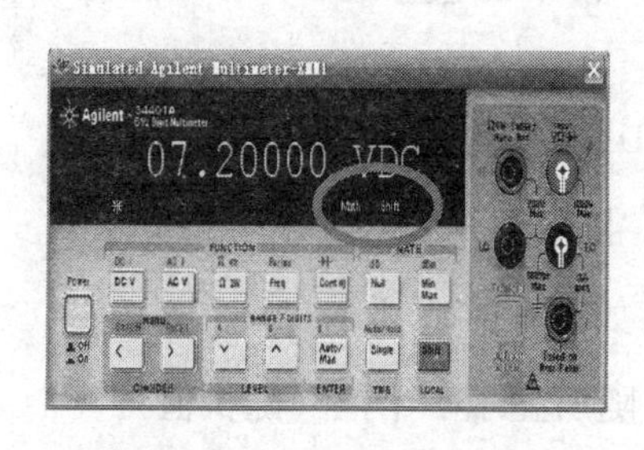

图6-2-18　设置为查阅1

图6-2-19　设置为查阅2

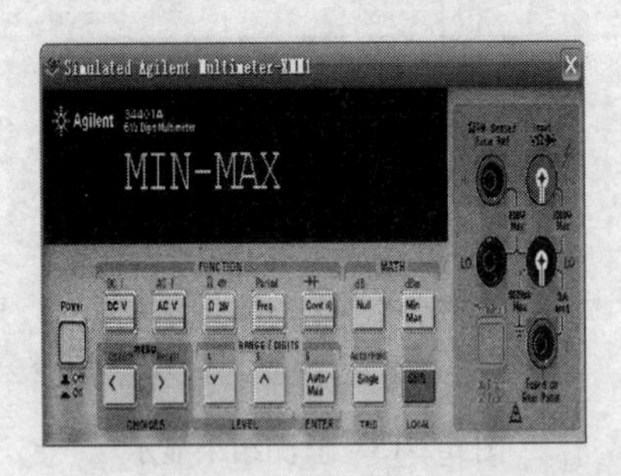

图 6-2-20　设置为查阅 3

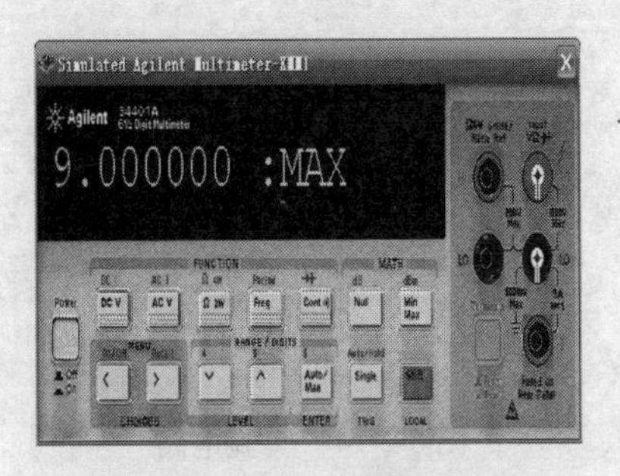

图 6-2-21　查阅结果 1

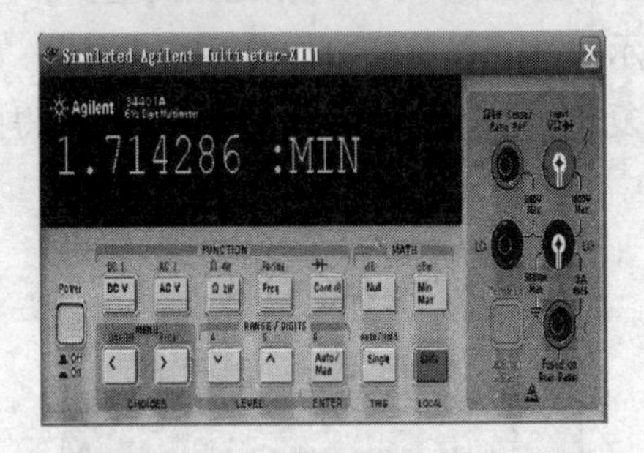

图 6-2-22　查阅结果 2

图 6-2-23　查阅结果 3

3. 测量电压的 dB 或 dBm 格式显示

利用 34401A 测量电压时单位不仅可以是伏特（V），而且可以是分贝（dB 及 dBm）。测量电压分贝值等于被测量电压的分贝值减去参考电压的分贝值。被测量 dBm 值为：

$$\text{dBm} = 10\lg\left(\frac{\text{被测电压}}{\text{每毫瓦设定电阻值对应的电压值}}\right)$$

下面以两例子分别阐述其应用。

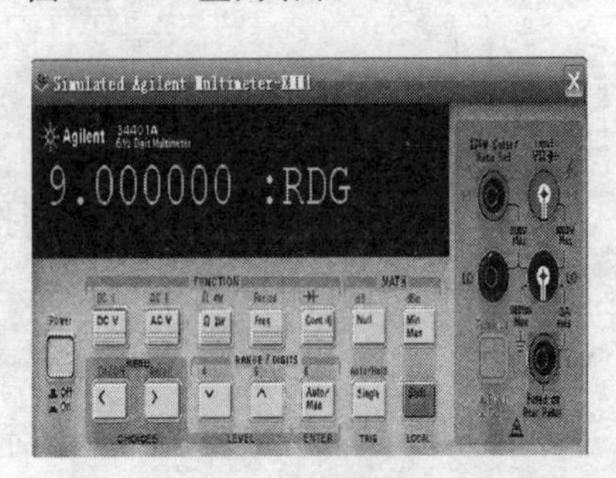

图 6-2-24　查阅结果 4

例 6-2-5　实验电路如图 6-2-16 所示，以 dB 值测量，其步骤如下：

第一步：先选择 DCV 或 ACV 测量模式。

第二步：单击面板上的按钮，屏上显示“Shift”，再单击按钮，显示屏显示如图 6-2-25 所示，运行仿真（此时显示 0.000000dB，随后的设置、调整要保持仿真状态）。

第三步：单击按钮，显示屏上显示 Shift 后，再单击按钮，打开测量菜单，显示 A：MEAS MENU（参考图 6-2-4）。

第四步：单击按钮，显示“B：MATH MENU”（参考图 6-2-10）。

第五步：单击按钮，先显示“COMMAND”，随后显示“1：MIN-MAX”。

第六步：再单击按钮，显示“3：dB Rel”，如图 6-2-26 所示。

第七步：单击按钮，先显示 PARAMETER，随后显示一个值（随机值）。

第八步：通过单击或按钮，可移动光标到某位，单击或按钮调整数值的大小，此时参考电压的分贝值设置完毕。

第九步：单击 Auto/Man 按钮，显示“CHANGED SAVED”（改变设置时保存）或“EXITING MENUU”（关闭菜单），关闭该项设置。

此时，按键盘上的“A”键，以改变 Rw 百分比值，而显示屏将以 dB 值显示调整状态如图 6-2-27 所示。

另一种应用方法是：将 Rw 的百分比值调整到某一状态，单击 Shift 按钮，屏上显示 Shift 后，再单击 Null 按钮，显示屏显示如图 6-2-25，启动仿真，默认其基准值（0dB），然后按键盘上的“A”键，以改变 Rw 百分比值，从而显示屏将以 dB 值显示调整状态。

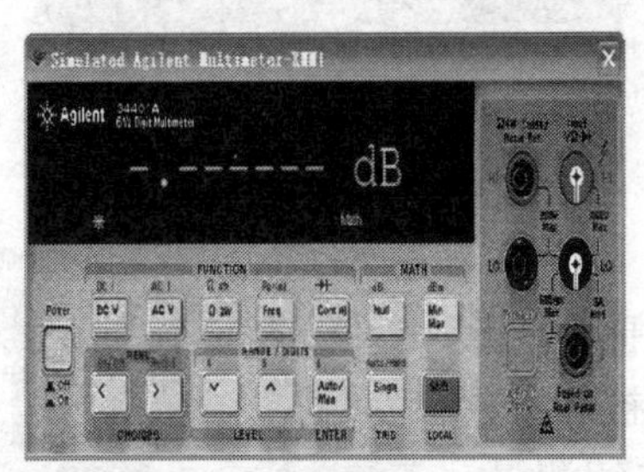

图 6-2-25　设置 dB 测量 1

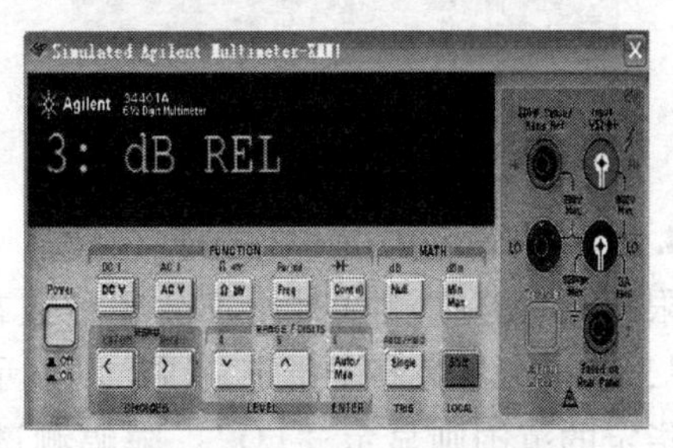

图 6-2-26　设置 dB 测量 2

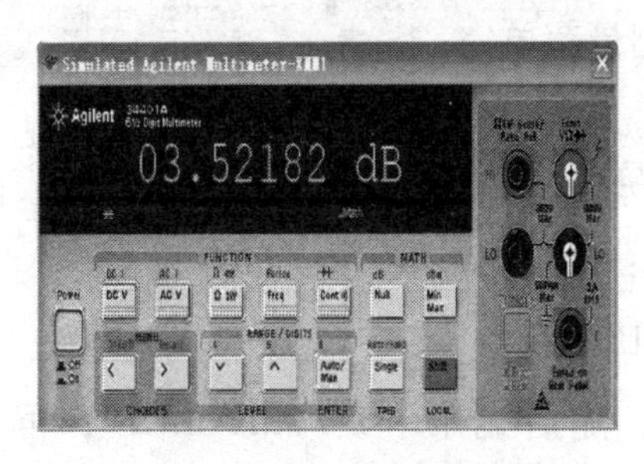

图 6-2-27　分析结果

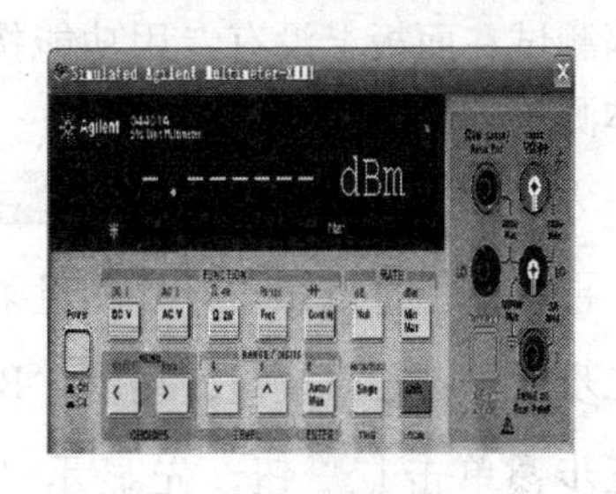

图 6-2-28　测量设置 1

例 6-2-6　实验电路如图 6-2-16 所示，以 dBm 值测量，其步骤如下：

第一步：先选择 DCV 或 ACV 测量模式。

第二步：单击面板上的 Shift 按钮，显示屏上显示 Shift 后，再单击 Min Max 按钮，显示屏显示如图 6-2-28 所示。

第三步：单击 Shift 按钮，显示屏上显示 Shift 后，单击 < 按钮，打开测量菜单，显示“A：MEAS MENU”。

第四步：单击 > 按钮，显示“B：MATH MENU”后，单击 ∨ 按钮，先显示“COMMAND”，随后显示“1：MIN-MAX”。

第五步：单击 > 按钮，显示“4：dBm REF R”，如图 6-2-29 所示。

第六步：单击 ∨ 功能按钮，先显示“PARAMETER”，随后立即显示：600.0000，如图 6-2-30 所示，通过单击 < 或 > 按钮选择参考电阻的大小。

第七步：单击 Auto/Man 按钮，显示“CHANGED SAVED”（改变设置时）或“EXITING

MENU”，关闭该项设置。

启动仿真开关，在显示屏上以 dBm 格式显示所测量的数据，按键盘上“A”键，可以改变 Rw 百分比值，观察显示屏上的数据变化情况，如图 6-2-31 所示。(注意：关闭“dBm”功能后存储的数据被清零)。

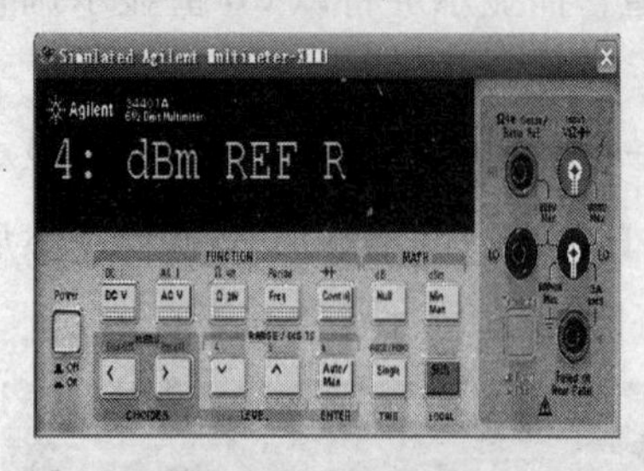

图 6-2-29　dBm 测量设置

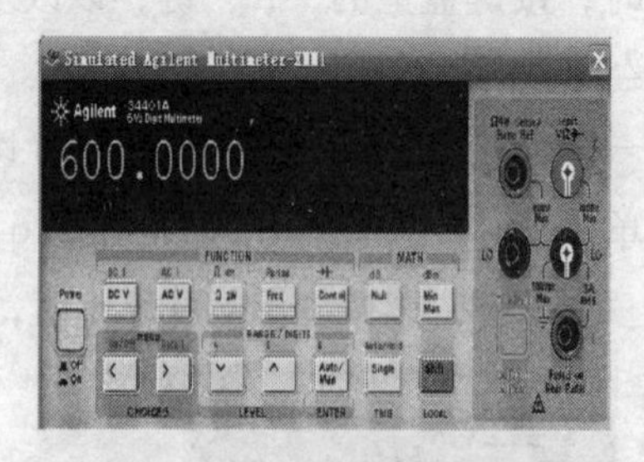

图 6-2-30　参考电阻设置

4. Limit Testing（限幅测试）

限幅测试是在测试时，若被测参数在指定的范围则显示“OK”，若被测参数高于指定范围，则显示“HI”，若被测参数低于指定的范围则显示“LO”。限幅测试不适用于连续测量，也不适用于二极管的测试。

限幅测试在面板上没有专用功能按钮，可通过测量菜单完成。具体测量的步骤为：

图 6-2-31　运行结果

第一步：先单击面板上的 Shift 按钮，显示屏上显示“Shift”，再单击 < 按钮，打开测量菜单，显示“A：MEAS MENU”。

第二步：单击 > 按钮，显示“B：MATH MENU”。

第三步：单击 ∨ 钮，先显示“COMMAND”，随后显示“1：MIN-MAX”；再单击 > 按钮，显示“5：LIMIT TEST”。

第四步：单击 ∨ 按钮，先显示“PARAMETER”随后显示“OFF”，单击 > 按钮，改变为“ON”。

第五步：单击 Auto/Man 按钮，显示“CHANGED SAVED”（改变设置时）或“EXITING MENU”，关闭设置，显示“OK”。启动仿真开关，显示屏显示所测量的电压数值。

若要改变高端设置，先单击面板上的 Shift 按钮，显示屏上显示“Shift”，再单击 < 按钮，打开测量菜单，显示“A：MEAS MENU”后，单击 > 按钮，显示“B：MATH MENU”，再单击 ∨ 钮，先显示“COMMAND”，随后显示“1：MIN-MAX”然后单击 > 按钮，显示“6：HIGH LIMIT”，又再单击 ∨ 按钮，先显示“PARAMETER”，随后显示原先的数值，通过单击 ∧ 或 ∨ 按钮调整数值的大小；最后单击 Auto/Man 按钮，显示“CHANGED SAVED”（改变设置时）关闭设置。

若要改变低端设置，先单击面板上的 Shift 按钮，显示屏上显示“Shift”，再单击 < 按钮，打开测量菜单，显示“A：MEAS MENU”后，单击 > 按钮，显示“B：MATH MEN-

U”，再单击[∨]钮，先显示“COMMAND”，随后显示“1：MIN-MAX”，然后单击[>]按钮，显示“7：LOW LIMIT”，单击[∨]按钮，先显示“PARAMETER”，随后显示原先的数值，通过单击[∧]或[∨]按钮调整数值的大小，最后单击[Auto/Man]按钮，显示“CHANGED SAVED”（改变设置时）关闭设置。

第三节　Agilent 54622D型数字示波器的功能及应用

实体Agilent 54622D型数字示波器，有两个模拟通道和16个逻辑通道，带宽为100MHz的高端示波器。其图标如图6-3-1所示，图标下方有两个模拟通道（通道1和通道2）、16个数字逻辑通道（D0～D15），面板右侧有触发端、数字地和校准信号输出端。

双击图标，弹出3D面板如图6-3-2所示。其中，POWER是电源开关，INTENSITY是辉度调节旋钮，在电源开关和INTENSITY之间是软驱，软驱上方是参数设置按钮，Horizontal为时基调整区，Run Control为运行控制区，Measure为测量控制区，Waveform为波形调整区，Trigger为触发区，Digital为数字通道调整区，Analog为模拟通道的调整区。

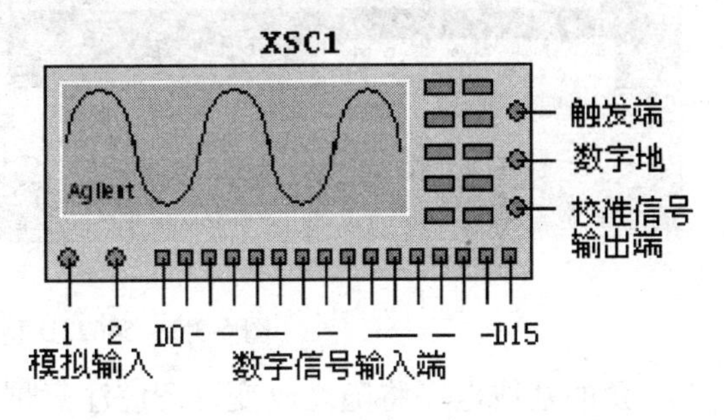

图6-3-1　54622D型数字示波器图标

一、示波器的校准

1. 模拟通道的校正

针对实体的Agilent 54622D型示波器，它与所有示波器一样，在使用之前都需要首先校准仪器，方法很简单，如图6-3-3所示，将校准信号输出端与模拟通道1连接（通道2或1、2同时连接，另外，实体连接是通过专用探头线连接的）；单击“POWER”（电源开关）；单击面板上的[1]按钮选择模拟通道1；单击面板上的[Save Recall]按钮，将示波器设置为默认状态；再单击面板上的[Auto-Scale]按钮（自动测量方式，参见图6-3-2），开启仿真开关[O|I]，此时在示波器显示屏上显示如图6-3-4所示的波形。这是一个5V（图中显示1格，每格5V/div），周期为1ms（图中显示2格，500μs/div）的方波。

2. 数字通道的校正

单击[D7 Thru D0]、[D15 Thru D8]选择数字通道，其他校准参照模拟通道的校准即可，在此不详述。

【注】：在Multisim环境中，一般不要求校准。

二、Agilent 54622D示波器的基本操作

1. Analog模拟通道操作区域

（1）[1]通道选择钮。耦合方式通过软按钮（Coupling）选择，有DC（直接耦合）、AC（交流耦合）和GND（地）3种方式，如图6-3-5所示。

（2）旋钮用来垂直位移。单击之，在波形位移的同时，图6-3-4所示的示波器屏幕

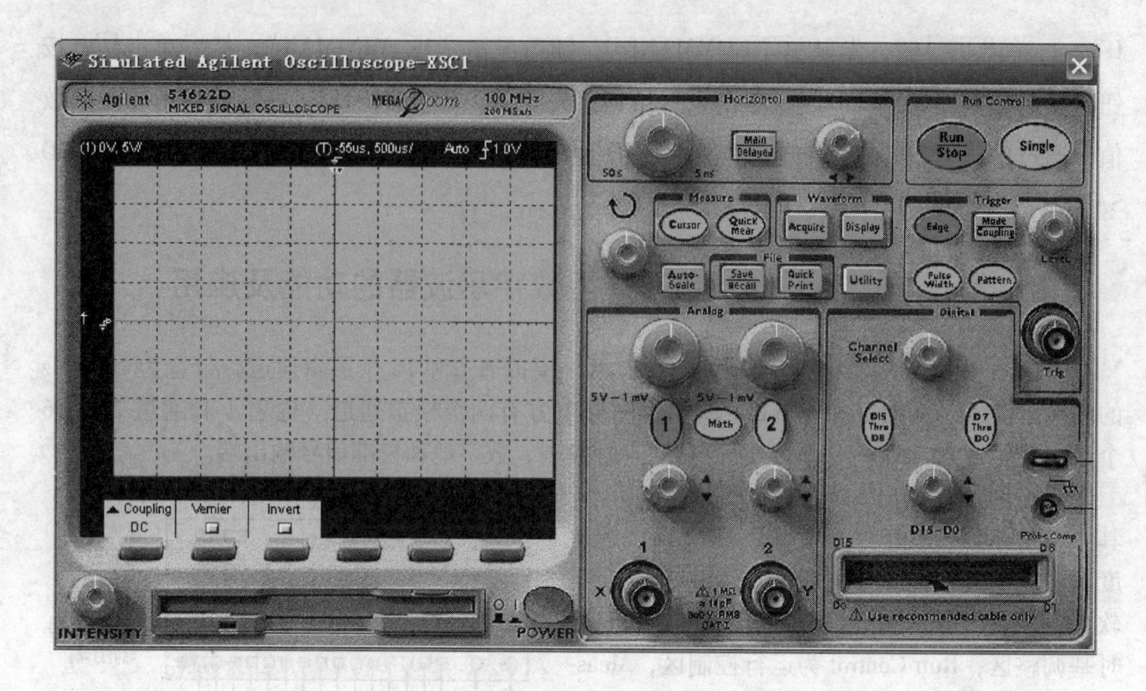

图 6-3-2　54622D 型数字示波器的 3D 面板

左上角的基线电平将随之改变，还应注意屏幕左端的参考接地电平符号也随该旋钮的旋转而移动。单击“Vernier”软按钮，可微调波形的位置。单击“Invert”软按钮，可使波形反相。

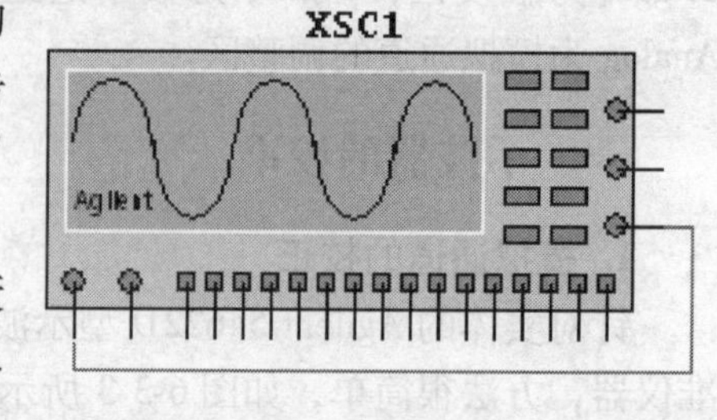

图 6-3-3　校准连接

（3）幅度衰减旋钮，用于改变垂直灵敏度，衰减旋钮设置的范围为 1mV/div ~ 5V/div。单击“Vernier”软按钮，可以较小的增量改变波形的幅度。

（4）通道不再描述。

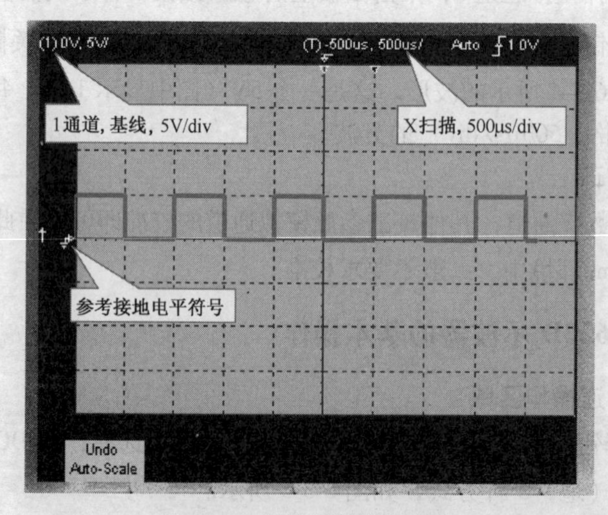

图 6-3-4　模拟通道校准波形

（5）Math按钮用于数学运算选择。

2. Digital 数字通道操作区域

（1）D7 Thre D0、D15 Thre D8按钮用于数字通道 D7 ~ D0 的选择和 D15 ~ D8 的选择，当这些按钮被点亮时，显示数字通道如图 6-3-6 所示。

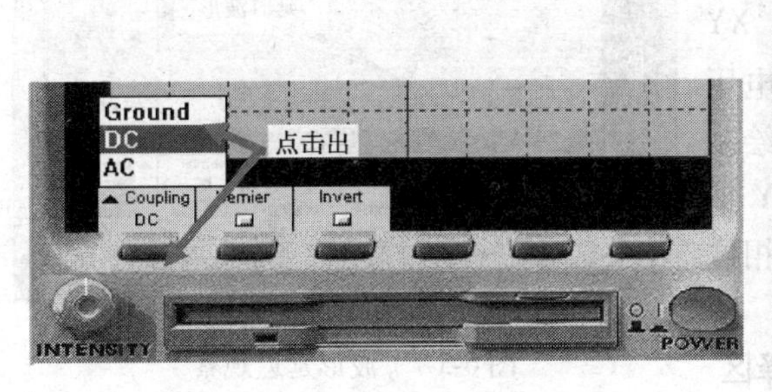

图 6-3-5　耦合方式选择软按钮

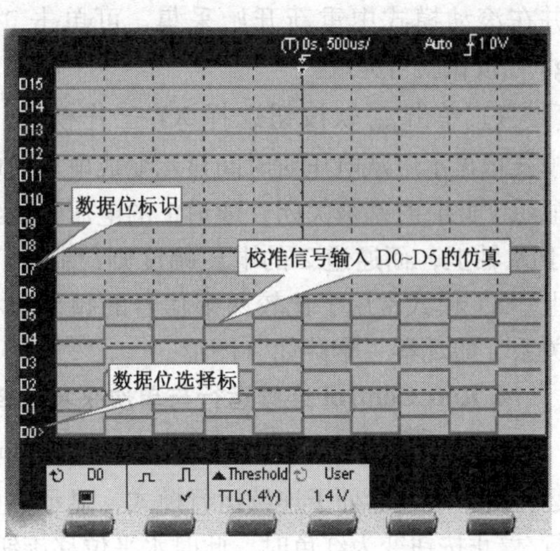

图 6-3-6　数字通道

（2）Channel Select通道选择旋钮，选择所要分析的数字通道，并在所选的通道号右侧显示“ > ”。

（3）位置调整旋钮，在显示屏将所选通道，移位到便于分析的位置，还可以用这种方法重新组织位矢量中“位”的排列顺序。

（4）显示/隐藏 D0 位（通道）软按钮；选择全屏或半屏显示数字通道软按钮；Threshold TTL(1.4V)选择电平软按钮。

3. Horizontal 时基调整区域

（1）将旋钮用于时基调整，时基范围 5ns/div ~ 50s/div。选择适当扫描速度，使测试波形能完整、清晰地显示在显示屏上，便于分析即可。

（2）旋钮用于水平移位。

（3）Main Delayed按钮用于主扫描/延迟扫描测试功能选择，单击之，屏幕显示如图 6-3-7 所示。

1）Main主扫描软按钮，可在显示屏上观察被测波形的显示。此时单击Vernier（时间衰减微调）软按钮后，通过时间衰减旋钮以较小的增量改变扫描速度，这些较小增量均经过校准，因而，即使在微调开启的情况下，也能得到精确的测量结果（可观察图 6-3-7 所示的屏中，上边沿的时基值）。

2）单击Delayed延迟软按钮，可同时在显示屏上观察延迟的测试波形，如图 6-3-7 所示。

3）单击Roll软按钮选择滚动模式，让波形从右向左移动。这种方式最好在 500μs/div 以下的时基下工作，否则就难以分辨。在常规水平模式下，触发前产生的信号事件被绘制在参

考点 (在屏幕的上边沿)的左侧,触发后的信号事件则绘制在该触发点的右侧。在滚动模式中没有触发,屏幕上的固定参考点在屏幕上边沿右端,并引用当前时间作为参考。已产生的事件滚动到参考点的左面。由于没有触发,因此也就没有预触发信息。如果要清空显示屏,并在滚动模式中重新开始采集,可单击“Single”按钮就可完成。

4)单击 软按钮选择 XY 工作模式。XY 模式把显示屏从电压对时间显示变成电压对电压显示。此时时基被关闭,通道 1 的电压幅度绘制于 X 轴上,而通道 2 的电压幅度则绘制于 Y 轴上。XY 模式常用于比较两个信号的频率和相位关系,如观察“李萨如”图形。

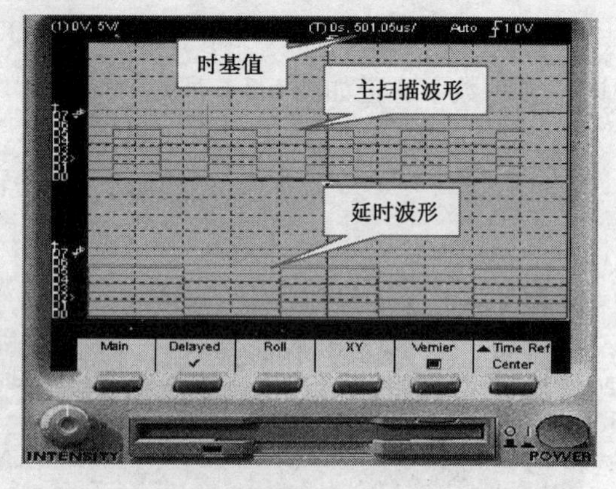

图 6-3-7 波形延迟观察

4. Run Control 连续运行与单次采集选择区

(1) 为运行/停止控制按钮(在 Multisim 环境中可用 代之),单击之变为绿色运行时,示波器处于连续运行模式,显示屏显示的波形是对同一信号连续触发的结果。当运行/停止按钮变为红色时,此时水平位移旋钮和垂直位移旋钮可以对保存的波形进行平移和缩放。

(2) 单次触发按钮,单击之变绿色,示波器处于单次运行模式,显示屏显示的波形是对信号的单次触发。利用“Single”运行控制按钮观察单次事件,显示波形不会被后继的波形覆盖。平移和缩放需要较大的存储器深度,并且,在希望得到最大取样率时应使用这种模式。在 按钮为红色(停止仿真)时,每单击一次 按钮,触发一次,显示一屏波形。

5. Trigger 触发区

(1) 外触发信号输入的端口。

(2) 模式/耦合选择按钮。单击之,显示屏的下部出现 Mode、Holdoff 软按钮(如图 6-3-8 所示),通过设置软按钮,可改变触发模式和设置释抑。

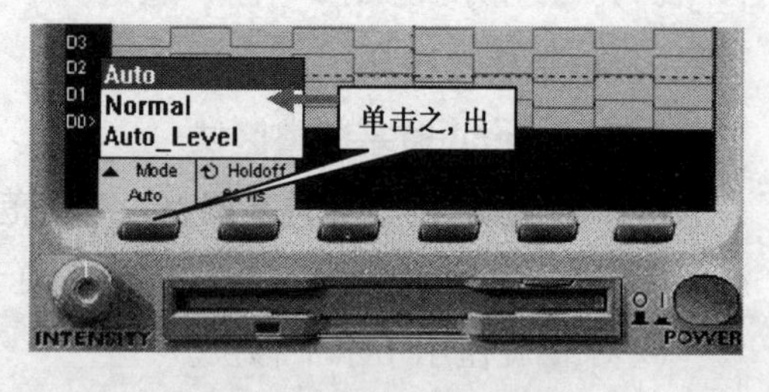

图 6-3-8 触发模式选择

触发模式影响示波器搜索触发的方法。单击 软按钮,将看到“Normal”、“Auto”和“Auto_Level”触发模式选择 3 种。

Normal 模式显示符合触发条件时的波形,否则示波器既不触发扫描,显示屏也不更新。对于输入信号频率低于 20Hz 时或不需要自动触发的情况,应使用常规触发模式。

Auto 模式为自动模式,即使没有输入信号或是输入信号没有被触发同步时,屏幕上仍可以显示扫描基线。

Auto_Level 模式适用于边沿触发或外部触发。示波器首先尝试常规触发,如果未找到触发信号,它将在触发源的 ±10% 的范围搜索信号,如果仍没有信号,示波器就自动触发。实体示波器在把探头从电路板一点移到另一点时,这种工作模式很有用。

（3）设置释抑。在实体示波器中，单击功能按钮，旋转输入旋钮（靠显示屏的旋钮），以增加或减少释抑，软按钮将示意出触发释抑时间。

释抑设置是指触发电路重新触发前，示波器所等待的时间。用释抑能稳定复杂波形的显示。释抑能在上一次触发后的指定时间内，避免产生触发。当波形在一个周期内多次穿越触发电平时，此功能非常有用。如果没有释抑，示波器就要在每个穿越处触发，从而产生混乱的波形。通过正确的释抑设置，示波器就能在同一穿越处触发。正确的释抑设置一般应略小于一个周期。把释抑设置为这一时间就产生一个惟一的触发点。即使在触发期间有许多波形通过，它仍能按要求工作。因为释抑电路是在输入信号上连续工作。改变时基设置，并不影响释抑值。利用安捷伦公司的 Mega Zoom 技术，单击 Stop 按钮，然后平移和缩放数据，以查找重复位置。用光标测量这一时间，然后把释抑设置为该时间值。

（4）软按钮用于选择触发源和触发方式。单击之，屏幕下方会出现、两个软按钮，单击可选择触发源，单击可选择用上升沿或下降沿触发。

（5）按钮用于脉冲选择，单击之，屏幕下方显示五个按钮，其中选择触发源，选择是正脉冲触发或是负脉冲触发，时间限定（上升时间、下降时间、或两者都触发），作触发脉宽要求调节。

（6）按钮用于选择触发码型。单击之示波器屏显示如图 6-3-9 所示。可选择任意一位（通道）来触发。

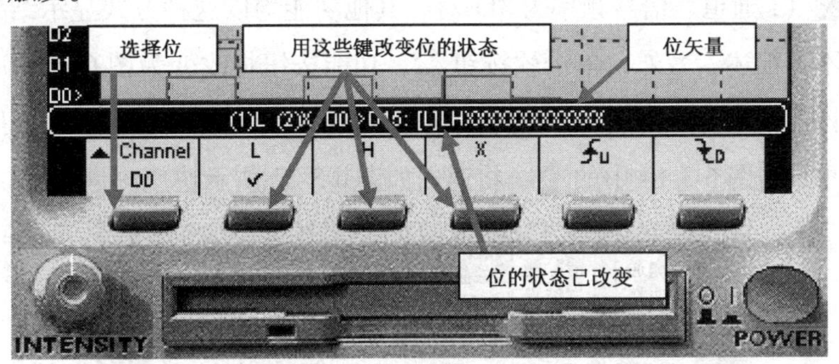

图 6-3-9　码型触发选择

图中：

1）单击按钮选择位（通道）；

2）在已经选择位后，用软按钮来改变其状态（低电平、高电平、任意电平）；

3）、两按钮用来选择上升沿或下降沿触发。

6. Measure 测量控制区

（1）指针测试控制按钮。单击之，出现如图 6-3-10 所示的界面。图中若单击选择被测通道 1，单击选择测变量 x；单击后，调整左边的测试指针右移，单击后，调整右边的测试指针左移，示波器将自动计算 dx（本例计算周期），1/dx（计算频率），单击按钮后，调整可同时调整指针 1 和指针 2 的位置，单击钮后，调整可改变指针的设置（线型、颜色等）。同理，选择 y 时软按钮及功能如图 6-3-11 所示，测试 y 的值。

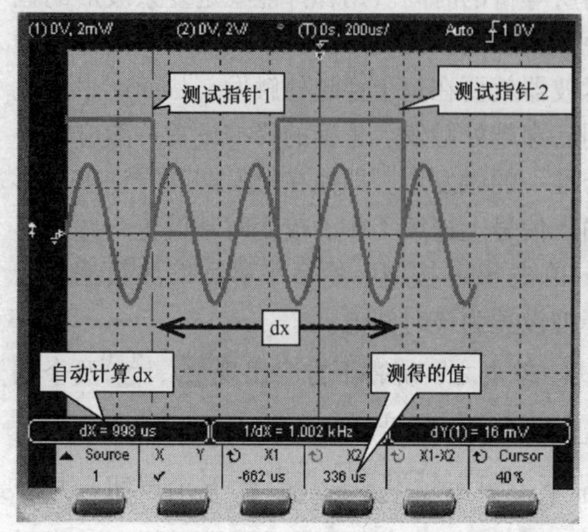

图 6-3-10　测试控制界面

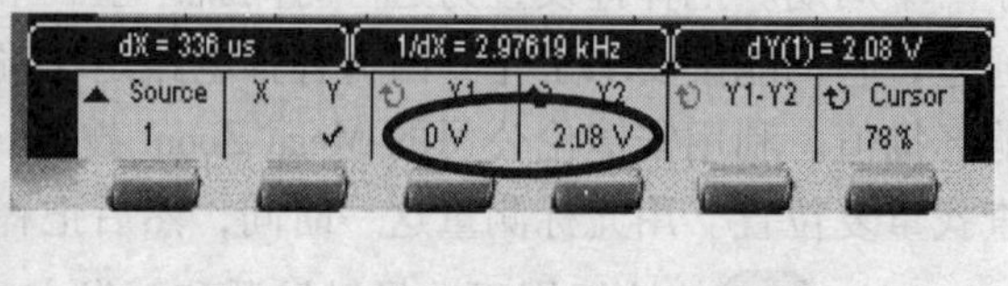

图 6-3-11　选择测量 y 值

（2）快速测量功能按钮。单击之，示波器屏幕显示如图 6-3-12 所示，在图中注释了各软按钮的功能，在图中若选择 1 通道、单击，将立即显示测试结果 Frequency(1)::3 kHz（1 通道、信号频率为 3kHz），其他功能均以这种方式显示结果，请读者在使用中体会，不再细述。另外，单击软按钮，功能按钮将改变为图 6-3-13 所示，软按钮功能也标识于该图中；再单击图 6-3-13 中的，功能按钮如图 6-3-14 所示，按钮功能也标识于该图中；再单击图 6-3-14 中的，将返回如图 6-3-12 所示快速测量功能软按钮。

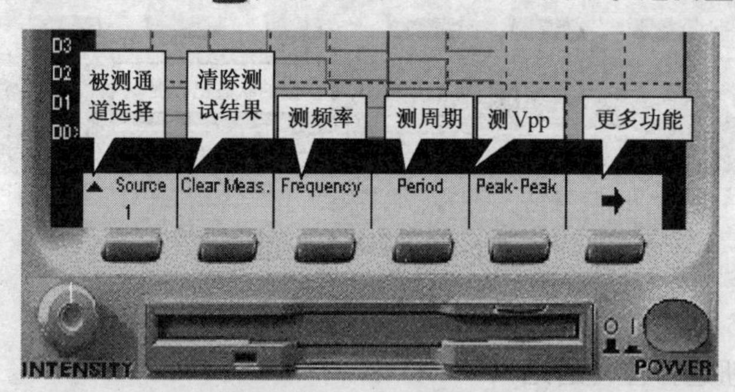

图 6-3-12　快速测量功能软按钮 1

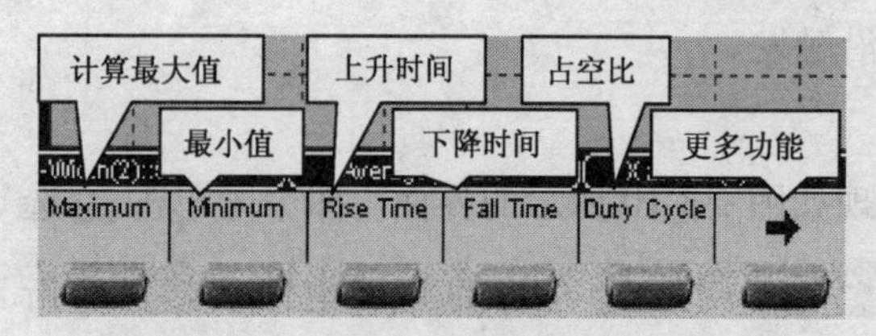

图 6-3-13　快速测量功能软按钮 2

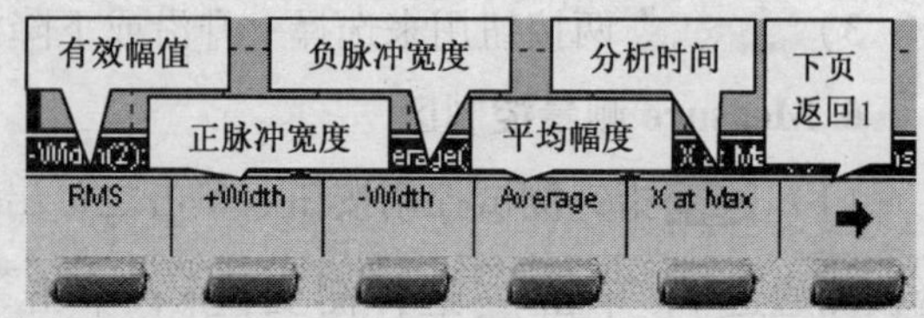

图 6-3-14　快速测量功能按钮 3

7. Waveform 波形调整区

（1）单击按钮，示波器屏幕如图 6-3-15 所示界面的三个软按钮被点亮。单击软按钮，可以正常获取信号波形；单击软按钮后，可通过旋钮调整波形的现状，此时的软按钮上标识数字随之改变；单击软按钮，其标识数字会加倍。

（2）单击按钮，软功能按钮如图 6-3-16 所示，单击按钮清除波形；单击按钮后，可通过旋钮调整栅格亮度；单击按钮后，可通过旋钮调整屏幕亮度等，同时可看到软按钮的数字标识在改变；单击按钮后，通过旋钮调整屏幕背景（边沿）颜色，同时可看到软按钮的数字标识在改变；单击按钮，实现虚线或实线波形转换。

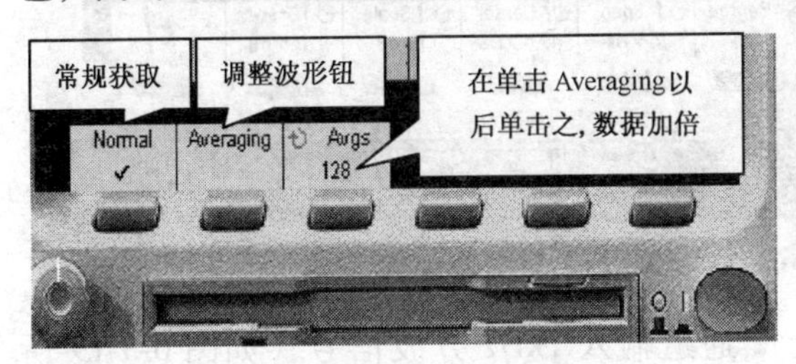

图 6-3-15　波形调整界面

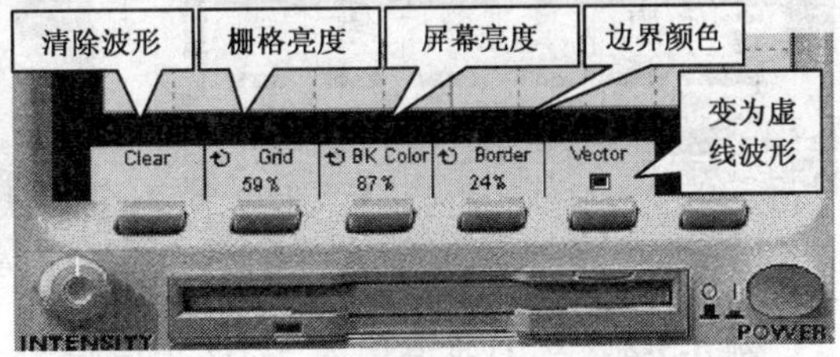

图 6-3-16　屏幕调整的软功能按钮

8. File 文件处理区

（1）单击按钮后，单击在示波器屏幕下方的软按钮存储波形文件。

（2）单击按钮后，单击在示波器屏幕下方的软按钮打印波形文件。

9. 采样设置

单击按钮后，单击在示波器屏幕下方的软按钮显示采样信息；单击默认采样设置。

10. 示波器设置

单击按钮，将示波器设置为自动测量状态

三、数学函数运算

54622D 示波器能对模拟通道上采集的信号进行信号相减、相乘、积分、微分和快速傅里叶变换等数学运算。

单击按钮，运算功能按钮窗口如图 6-3-17 所示，下面分别给予说明：

（1）单击出现的功能软按钮将会因选择的函数运算不同而不同，后面再详述。

（2）单击（快速傅里叶变换）按钮进行选择后，单击其功能按钮如图 6-3-18 所示，图中标识了各功能按钮的功能。快速傅里叶变换功能可获得特定源的数字化时间记录，并把它转换到频域，也就是说，示波器的显示屏显示频率与幅度的关系曲线。

例 6-3-1　输入信号为 1kHz、5V 的方波。单击进行选择后，单击设置如图 6-3-18 所示，运行仿真后的输出曲线如图 6-3-17 所示。

（3）单击按钮选择乘法运算，模拟通道 1、2 的电压值将逐点相乘，并显示相应结果。单击 按钮后显示三个功能软按钮，仿真，调整结果如图 6-3-19 所示。其功能示于图中。

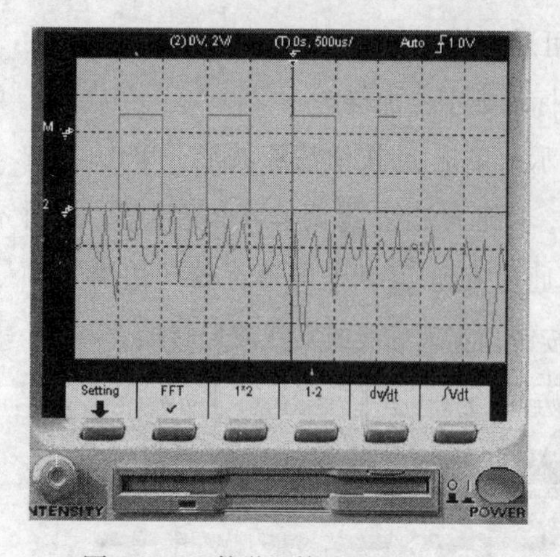

图 6-3-17　数学运算功能按钮窗口

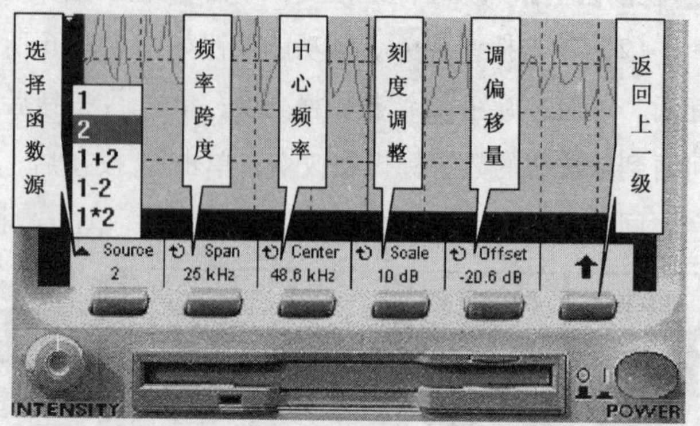

图 6-3-18　选择 FFT 后的下一级（Setting）功能按钮

例 6-3-2　从 1 通道输入 3kHz 正弦信号、2 通道输入 1kHz 方波信号（如图 6-3-19 所示），图中 1×2 为输出信号（已经过刻度值调整、偏置调整）的波形。

（4）单击 按钮选择减法运算，模拟通道 1、2 的电压值将逐点相减，并显示相应结果。应用减法运算能进行差分测量或比较两个波形。

如果要改变减法函数的衰减或偏置，可单击 软按钮，如图 6-3-19 所示，单击 软按钮，然后旋转输入旋钮 可设置减法数学函数的垂直衰减系数。单击 软按钮，旋转输入旋钮 可改变其偏置。

例 6-3-3　从 1 通道输入 3kHz 正弦信号、2 通道输入 1kHz 方波信号。如图 6-3-20 所示，图中“1-2”波形为输出信号（已经过刻度值调整、偏置调整后）的波形。

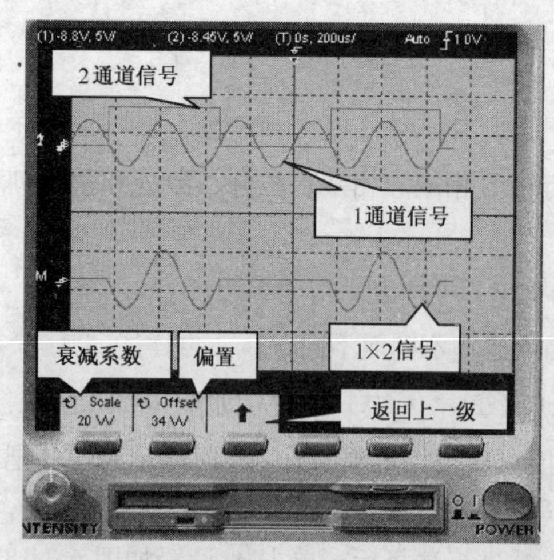

图 6-3-19　选择 1×2 后仿真、调整结果

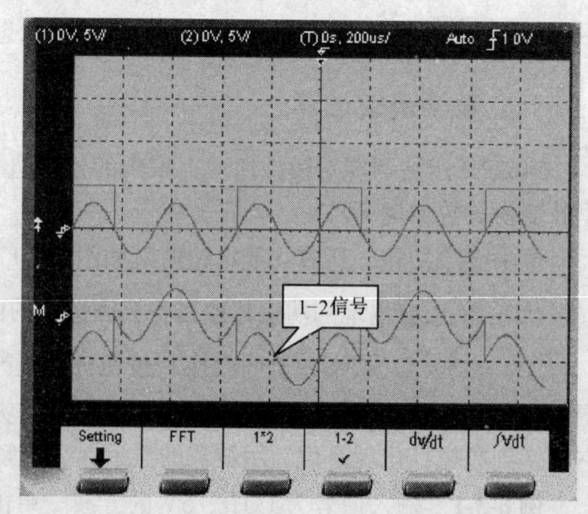

图 6-3-20　“1-2”波形

若要实现通道 1 和通道 2 的信号加法运算，先单击 ，后单击 2（或 1），再单击

软按钮，运行仿真。

例 6-3-4　从 1 通道输入 3kHz 正弦信号、2 通道输入 1kHz 方波信号，如图 6-3-21 所示。图中“1 +2”波形为输出信号（已经过刻度值调整、偏置调整后）的波形。

（5）微分运算按钮。选择微分运算时，d*v*/d*t* 计算所选信号源的离散时间导数。Agilent 54622D 示波器可用微分测量波形的瞬时斜率。例如可使用微分函数测量运算放大器的转换速率。由于微分对噪声非常敏感，因而最好在 Acquire 菜单中将采集模式设置为 Averaging。

d*v*/d*t* 使用“四点估算平均化斜率”公式绘出所选源的导数方程式如下：

$$d_i = \frac{y_{i+2} + 2y_{i+1} - 2y_{i-1} - 2y_{i-2}}{8 \times \Delta t}$$

式中，d 为分波形；y 为道 1、通道 2 或函数 1 +2、1 −2 和 1 ×2 数据点；i 为据点下标；Δt 为点与点间的时间差。

单击软按钮，选择微分运算。如果要改变微分函数的源、衰减或偏置，单击软按钮后，显示微分函数的相关软按钮，如图 6-3-22 所示。单击软按钮后可选择微分运算的信号源。单击软按钮，旋转输入旋钮，调整衰减系数。单击软按钮，旋转输入旋钮，调整其偏置。

例 6-3-5　用函数发生器提供一个 5V/3kHz 的对称三角波，其微分运算的波形如图 6-3-22 所示（已经过刻度值调整、偏置调整后）的方波。

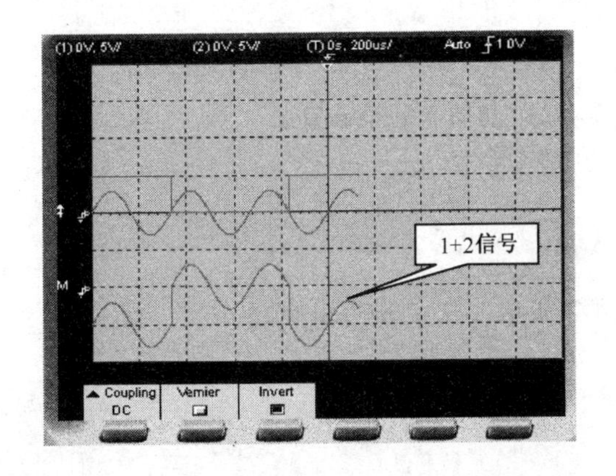

图 6-3-21　“1 +2”波形

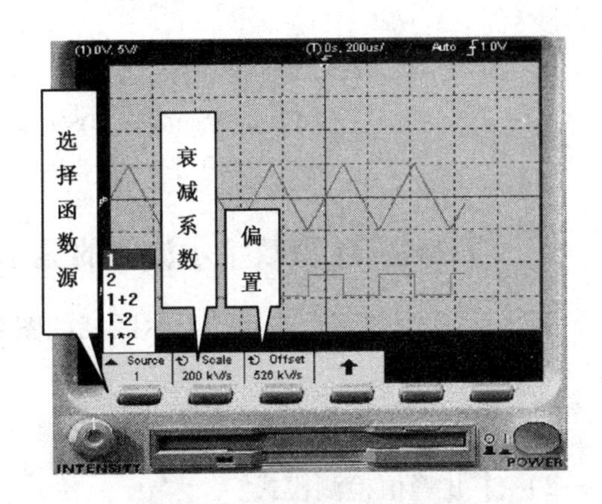

图 6-3-22　微分运算后相关按钮

（6）积分运算按钮。选择积分运算时，$\int$d*t* 计算所选信号源的积分。该示波器可以通过积分或者可以通过测量波形包围的面积来计算脉冲能量。积分运算单位是伏/秒。

$\int$d*t* 使用“梯形法”绘出源的积分方程式如下：

$$I_n = C_o + \Delta t \sum_{i=0}^{n} y_i$$

式中，C_o 为任意常数；Δt 为点与点间的时间差；y 为通道 1、2 或函数 1 +2、1 −2 和 1 ×2 数据点；i 为数据点下标。

选择软按钮，单击后单击选择积分的源，单击调整衰减系数，单击调整偏置。

第四节 Tektronix TDS 2024 型数字示波器的功能及应用

实体的 Tektronix TDS 2024 型数字示波器是一种带宽 200MHz、取样速率 2.0GS/s、4 通道的彩色存储示波器，每个通道 2500 点记录长度，能自动设置菜单，光标带有读数，可实现 11 种自动测量，并可作波形平均和峰值检测等的一种高端设备。其电路图标如图 6-4-1a 所示，其 3D 面板如图 6-4-1b 所示。

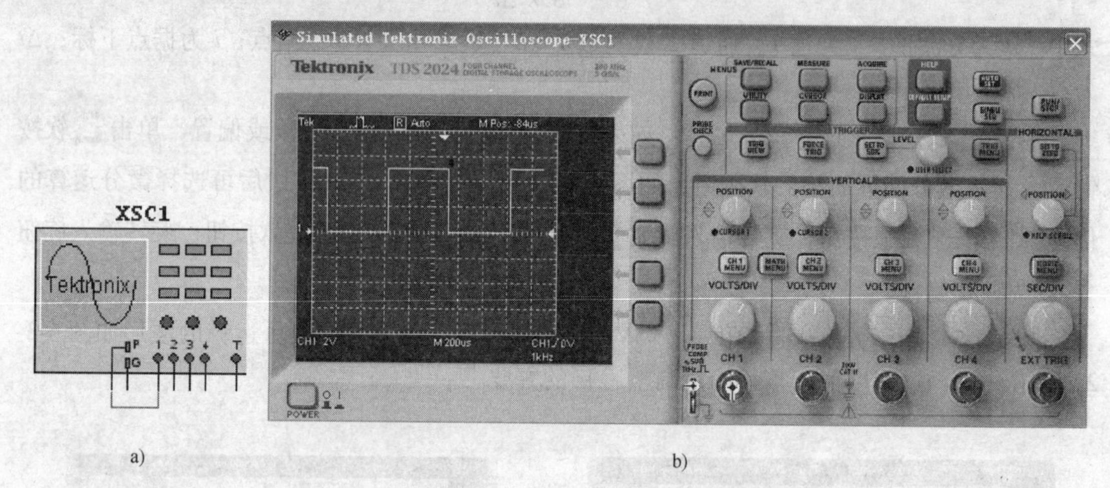

图 6-4-1 Tektronix TDS2024 示波器的电路图标和面板 3D 图
a）电路图标 b）3D 面板

一、TDS 2024 型数字示波器的显示区域

TDS 2024 型数字示波器的显示区域如图 6-4-2 所示，其主要功能如下：

（1）采用模式

1）取样模式。

2）峰值检测模式。

3）均值模式。

（2）触发状态显示

1）已配备。示波器正在采集预触发数据，在此状态下忽略所有触发。

2）准备就绪，示波器已采集所有预触发数据并准备接受触发。

3）已触发，示波器已发现一个触发并正在采集触发后的数据。

4）停止，示波器已停止采集波形数据。

5）采集完成，示波器已完成一个“单次序列”采集。

6）自动，示波器处于自动模式并在无触发状态下采集波形。

7）▭扫描，在扫描模式下示波器连续采集并显示波形。

（3）使用标记显示水平触发位置，旋转“水平位置”旋钮调整标记位置。

（4）用读数显示中心刻度线的时间。触发时间为零。

（5）使用标记显示“边沿”脉冲宽度触发电平，或选定的视频线或场。

（6）使用屏幕标记表明显示波形的接地参考点。如没有标记，不会显示通道。

（7）箭头图标表示波形是反相的。

（8）以读数显示通道的垂直刻度系数。

（9）Bw图标表示通道是带宽限制的。

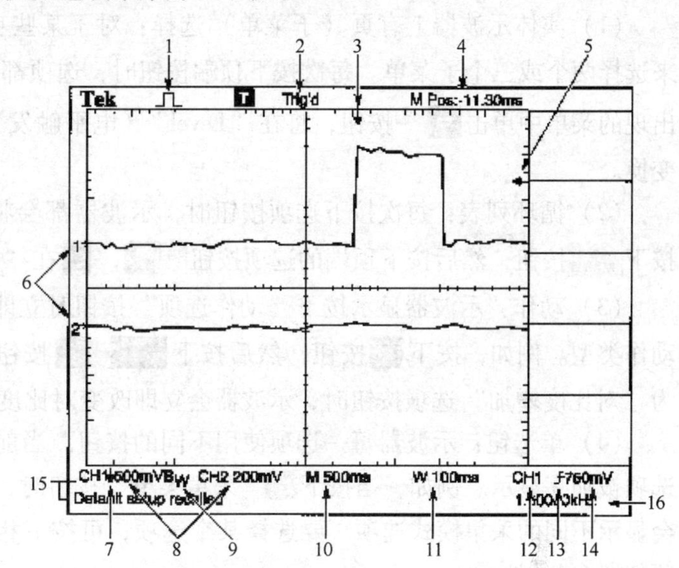

图6-4-2　TDS 2024型数字示波器的显示区域图

（10）以读数显示主时基设置。

（11）如使用窗口时基，以读数显示窗口时基设置。

（12）以读数显示触发使用的触发源。

（13）显示区域中将暂时显示“帮助向导”信息。同时采用图标显示以下选定的触发类型：

1）⎾上升沿的“边沿”触发。

2）⏋下降沿的“边沿”触发。

3）行同步的“视频”触发。

4）场同步的“视频”触发。

5）⎍“脉冲宽度”触发，正极性。

6）⊔“脉冲宽度”触发，负极性。

（14）用读数表示“边沿”脉冲宽度触发电平。

（15）显示区显示有用信息，有些信息仅显示3s。

例如调出某个储存的波形，读数就显示基准波形的信息，如RefA 1.00V 500μs。

（16）以读数显示触发频率。

二、菜单系统

使用TDS2024示波器的用户界面菜单，可方便地查看特殊功能。

按下前面板上的功能按钮，示波器将在显示屏的右侧显示相应的菜单。该菜单可选择显示，单击显示屏右侧未标记的选项按钮▭来选择可用的选项（在某些特殊功能中，选项按钮可能也只显示屏按钮、侧菜单按钮、“bezel”钮或软按钮）。示波器使用下列四种方法显示菜单选项：

（1）实体示波器上有页（子菜单）选择：对于某些功能菜单，可使用顶端的选项按钮来选择两个或三个子菜单。每次按下顶端按钮时，选项都会随之改变。例如单击 HORIZ MENU 后，在出现的菜单中单击 Trig Knob Level Holdoff 按钮，将在“Level”（电平触发）和“Holdoff”（用户控制）中间变换。

（2）循环列表：每次按下选项按钮时，示波器都会将参数设定为不同的值。例如，可按下 CH1 MENU 按钮，然后按下顶端的选项按钮，CH1 Coupling DC 在“DC、AC、Ground”各选项间切换。

（3）动作：示波器显示按下“动作选项”按钮时立即发生的动作类型。例如，按下 DISPLAY 按钮，然后按下 Contrast Increase 按钮，切换为“对比度增加”选项按钮时，示波器会立即改变对比度。

（4）单选钮：示波器每一选项使用不同的按钮。当前选择的选项被加亮显示。例如，当按下 ACQUIRE“采集菜单”按钮时，示波器会显示不同的采集模式选项。要选择某个选项，可按下相应的按钮如图 6-4-3 所示。

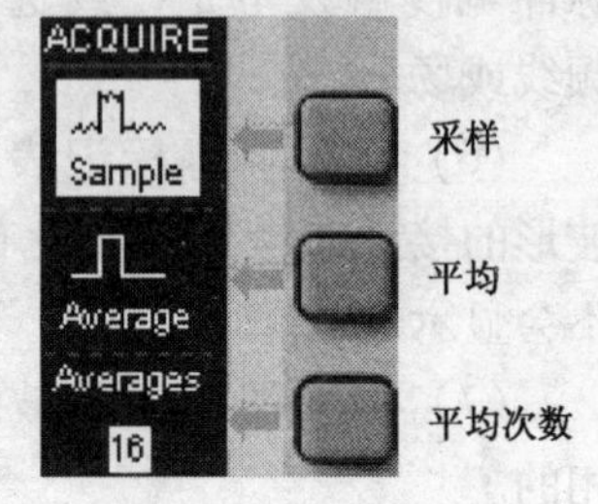

图 6-4-3 采集菜单

在用实体示波器时，如果探测到一个包含断续、狭窄毛刺的噪声方波信号，用不同的采集方式，波形的显示将不同，如图 6-4-4 所示。

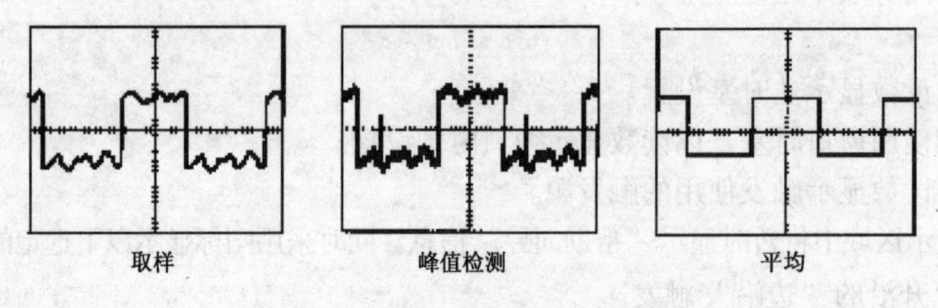

图 6-4-4 不同采集方式下显示的波形

三、菜单及控制系统

（1）用 SAVE/RECALL 保存/调出按钮，显示“设置和波形的保存/调出菜单”。

（2）用 MEASURE 测量按钮，显示“自动测量菜单”。

（3）用 ACQUIRE 采集按钮，显示“采集菜单”（见图 6-4-3）。

（4）用 UTILITY 显示按钮，显示“显示菜单”。

（5）用 CURSOR 光标按钮，显示“光标菜单”。当显示“光标菜单”并且光标被激活时，CH1、CH2“垂直位置”控制钮下的指示灯亮，该旋钮可以调整光标的位置，如图 6-4-5 所示。离开“光标菜单”后，光标保持显示（除非“类型”选项设置为“关闭”），但不可调整。

（6）用 DISPLAY 辅助功能按钮，显示“辅助功能菜单”，如图 6-4-6 所示。

（7）用 HELP 帮助按钮显示“帮助菜单”。

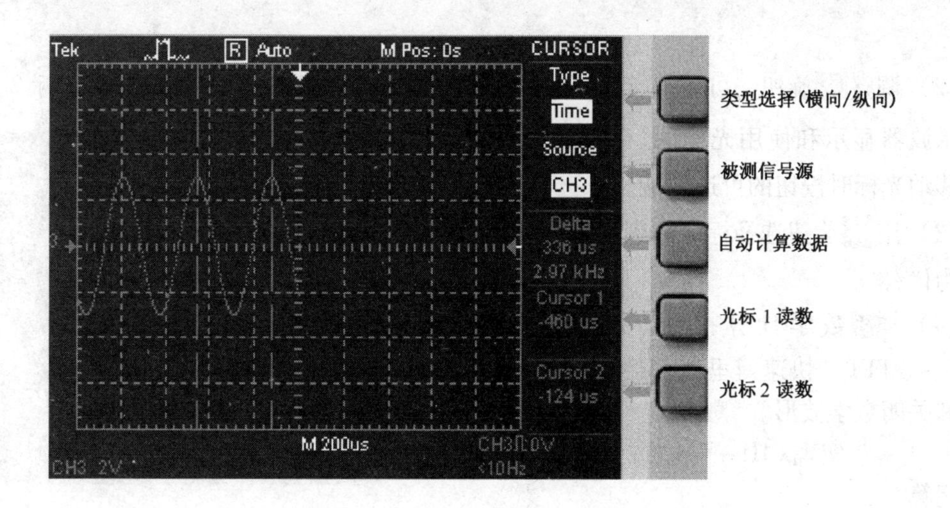

图 6-4-5　光标菜单及光标调整

（8）用默认设置按钮，调出厂家设置自动设置。

（9）用自动按钮，自动设置示波器控制状态，以产生适用于输出信号的显示图形。

（10）用单次序列按钮，采集单个波形，然后停止。

（11）用运行/停止按钮，连续采集波形或停止采集。

（12）用打印按钮，开始打印操作。要求有适用于 Centronics、RS-232 或 GPIB 端口的扩充模块。

（13）实体示波器上，用探头检查按钮快速验证探头是否操作正常。要使用它，将探头接入校准信号源，如图 6-4-7 所示。单击，如果连接正确、补偿正确，而且，示波器“垂直”菜单中的“探头”条目设为与用户的探头相匹配，示波器就会在显示屏的底部显示一条“合格”信息，否则会在示波器上显示一些指示，以指导用户纠正这些问题。

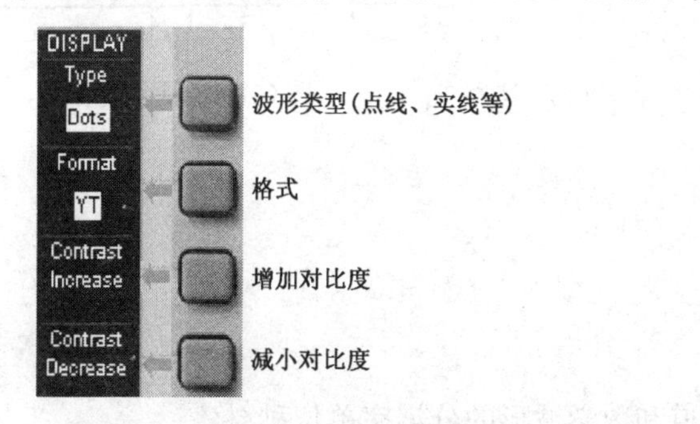

图 6-4-6　辅助功能菜单及其功能

图 6-4-7　校准信号源

四、垂直控制

（1）开关通道选择。在单击、、和按钮的同时，将在示波器显示屏右侧显示垂直菜单，在这些菜单中，可选择“耦合方式（DC、AC、Ground）、刻度（Fine、Coarse）、波形倒向（ON、Off）”。再次单击这些按钮可关闭对通道波形显示，如图 6-4-8 所示。

（2）调整旋钮，可垂直定位 CH1、CH2、CH3、CH4 波形，光标 1 及光标 2 位置。实体示波器显示和使用光标时，CURSOR1 LED 变亮以指示移动光标时按钮的可选功能。

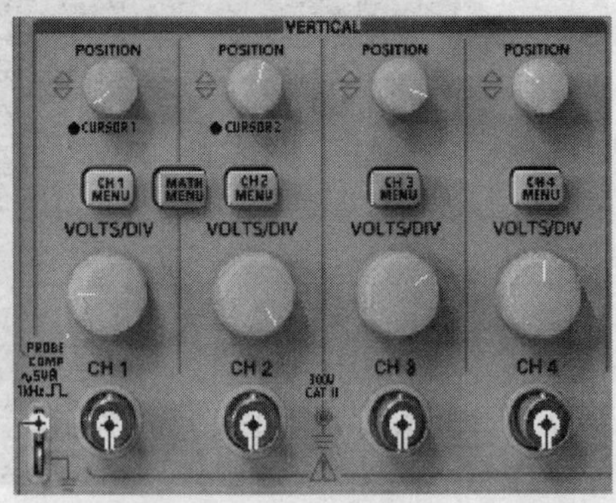

图 6-4-8　垂直控制通道选择按钮

（3）用旋钮选择标定的刻度系数，刻度系数单位为伏/格。

（4）MATH MENU 数学计算按钮。实现通道信号的“+、-、FFT（快速傅里叶变换）”计算。可用于打开和关闭数学波形。

1）“+”实现 CH1 + CH2 或 CH3 + CH4 的幅度相加运算。

2）“-”可选择 CH1 - CH2、CH2 - CH1、CH3 - CH4、CH4 - CH3 的幅度相减运算。

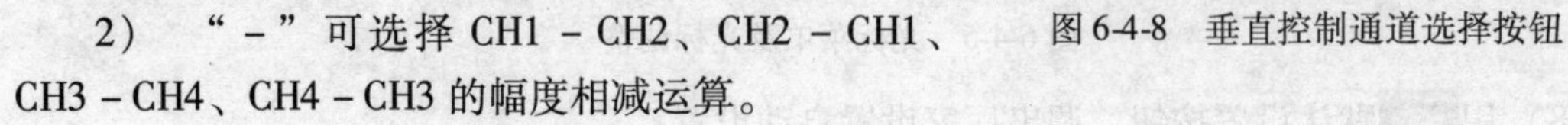

3）“FFT”可以使用这种模式将时域（YT）信号转换为它的频率分量（频谱），如图 6-4-9 所示。

① 可以观察下列类型的信号：

a）分析电源线中的谐波。

b）测量系统中的谐波含量和失真。

c）查看直流电源中的噪声特性。

d）测量滤波器和系统的脉冲响应。

e）分析振动。

② 使用 FFT 模式需执行以下步骤：

a）设置信源时域（YT）波形。

b）显示 FFT 谱。

c）选择某种类型的 FFT 窗口。

d）调整取样速率以便在没有假波的条件下显示基频和谐波。

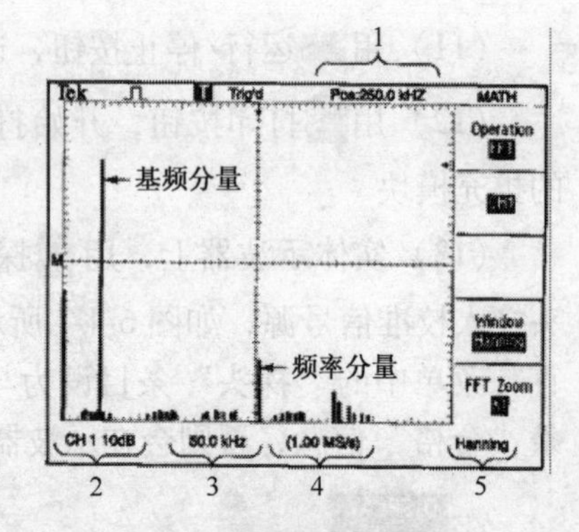

图 6-4-9　FFT 频谱图

e）使用缩放控制放大频谱。

f）使用光标测定频谱。

五、水平控制

（1）时基调整钮，可调整所有通道和数学波形的分辨率单位秒/格。

（2）钮可调整所有通道和数学波形的水平位置。

（3）钮可返回“0”位置。

（4）水平菜单，单击打开如图 6-4-10 所示。

1）Main 主时基，默认设置，用于常规的波形显示。

2）Window Zone 窗口区，单击，用时基调整钮和水平位置调整钮控制调整窗口区，两个光标定义一个窗口区如图6-4-11中a图所示。

3）Window—窗口，在选定窗口区后单击之，将窗口区扩展覆盖整个屏，如图6-4-11b所示。

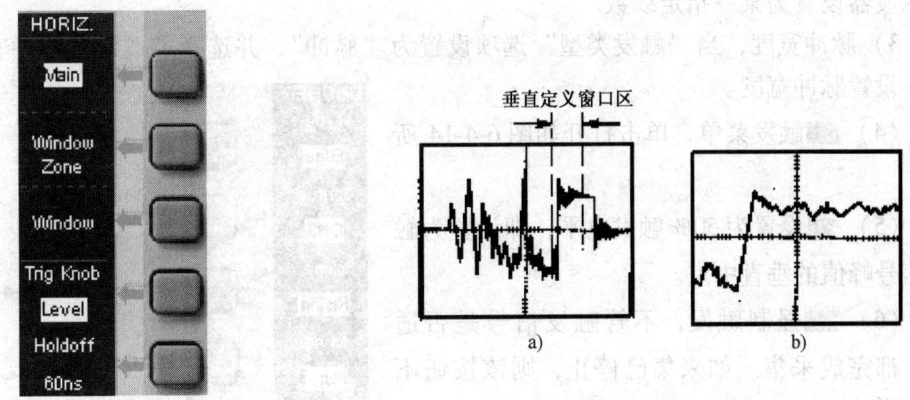

图6-4-10　水平菜单

图6-4-11　窗口区显示波形功能的应用

a）显示出的主时基　b）显示出的"窗口区"

六、触发控制

（1）面板右下角的是外触发输入口。

（2）单击后，在出现的菜单中单击触发钮，将在"Level"（电平触发）和"Holdoff"（释抑）中间变换。

关于释抑设置如图6-4-12所示：

1）使用"触发释抑"功能来生成稳定的复杂波形（如脉冲列）显示。

2）"释抑"是指示波器在检测到某个触发和准备检测另一个触发之间的时差。

3）在释抑期间，示波器不会触发。

4）对于一个脉冲列，可以调整释抑时间，以使示波器仅在该列的第一个脉冲触发，如图6-4-13所示。

图6-4-12　释抑设置

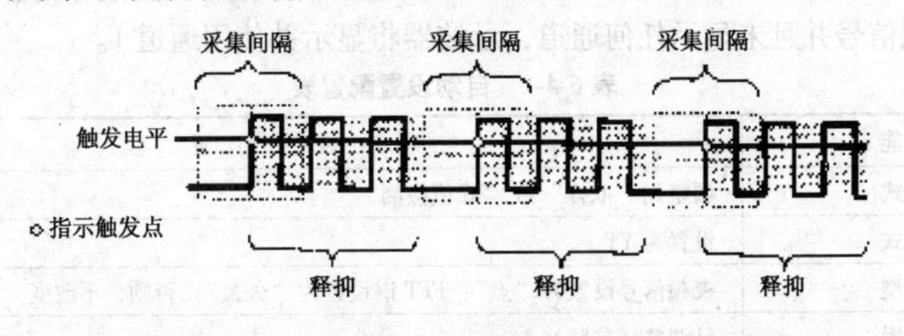

图6-4-13　释抑触发示意图

（3）使用"边沿"触发时，"电平"旋钮的基本功能是设置电平幅度，信号必需高于它才能进行采集。还可使用此旋钮执行"用户选择"的其他功能。旋钮下的LED以指示相应功能。

用户选择有：

1）释抑，设置可以接受另一触发事件之前的时间量。

2）视频线数，当“触发类型”选项设置为“视频”，“同步”选项设置为“线数”时，将示波器设置为某一指定线数。

3）脉冲宽度，当“触发类型”选项设置为“脉冲”，并选择了“设置脉冲宽度”选项时，设置脉冲宽度。

（4）触发菜单，单击打开如图 6-4-14 所示。

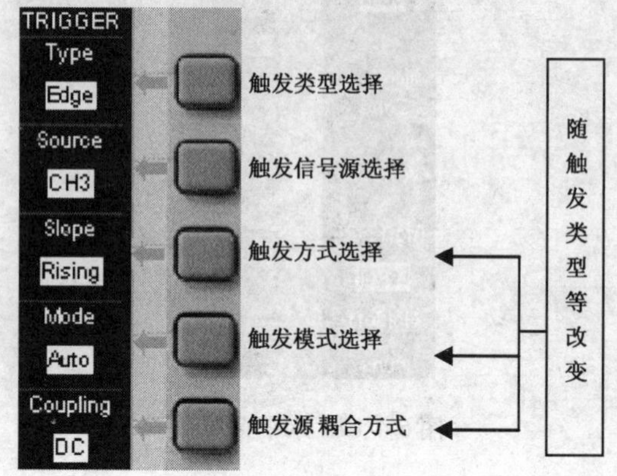

图 6-4-14 触发菜单

（5）设置为 50% 触发电平，即设置为触发信号峰值的垂直中点。

（6）强制触发，不管触发信号是否适当，都完成采集。如采集已停止，则该按钮不产生影响。

（7）触发视图，当按下“触发视图”按钮时，显示触发波形而不显示通道波形。可用此按钮查看诸如触发耦合之类的触发设置对触发信号的影响。

（8）触发频率读数，示波器计算触发事件发生的速率以确定触发频率并在显示屏的右下角显示该频率。

七、自动设置

按下“自动设置”按钮时，示波器识别波形的类型并调整控制方式，从而显示出相应的输入信号。其设置见表 6-4-1。

（1）“自动设置”功能检查信号的所有通道并显示相应的波形。

（2）“自动设置”基于以下条件确定触发源。

1）如果多个通道有信号，则具有最低频率信号的通道作为触发源。

2）未发现信号，则将调用“自动设置”时所显示编号最小的通道作为触发源。

3）未发现信号并且未显示任何通道，示波器将显示并使用通道 1。

表 6-4-1 自动设置配置表

功 能	设 置
采集模式	调整到“取样”或“峰值检测”
显示格式	设置为 YT
显示类型	视频信号设置为“点”，FFT 谱设置为“矢量”；否则，不改变
水平位置	已调整（位移）
时基控制	已调整（秒/格）
触发耦合	调整到直流、噪声抑制或 HF 抑制
触发释抑	最小
触发电平	设置为 50%

（续）

功　能	设　置
触发模式	自动
触发源	已调整；对于“外触发”信号不能使用“自动设置”
触发斜率	已调整
触发类型	边沿或视频
触发视频同步	已调整
触发视频标准	已调整
垂直带宽	全部
垂直耦合	直流（如果以前选择 GND）；对视频信号则为交流；否则不改变
垂直幅度	已调整（伏/格）

八、应用实例

例 6-4-1　用单管放大器电路介绍 TDS2024 示波器的简单应用，以熟悉该示波器的应用操作。

（1）实验电路及连接如图 6-4-15 所示。

（2）选择 CH1、CH2 两个通道，按自动设置按钮，运行仿真，测试波形如图 6-4-16 所示，进行测量步骤如下：

1）按下测量按钮，查看“测量菜单”。

2）按顶部的选项按钮；显示“测量 1 菜单”，如图 6-4-17 所示。

3）按下信源选项按钮，选择 CH1。

4）按下类型选项按钮，选择峰-峰值，测得峰-峰值为（4mV），其他参数读者自行操作（最大值、最小值、频率、周期等的操作），在此不详述。

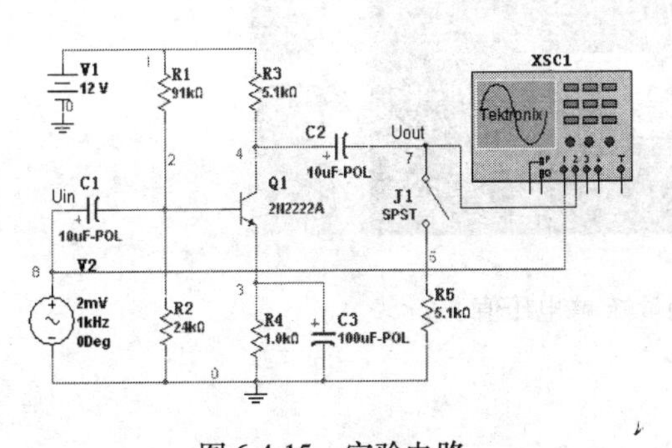

图 6-4-15　实验电路

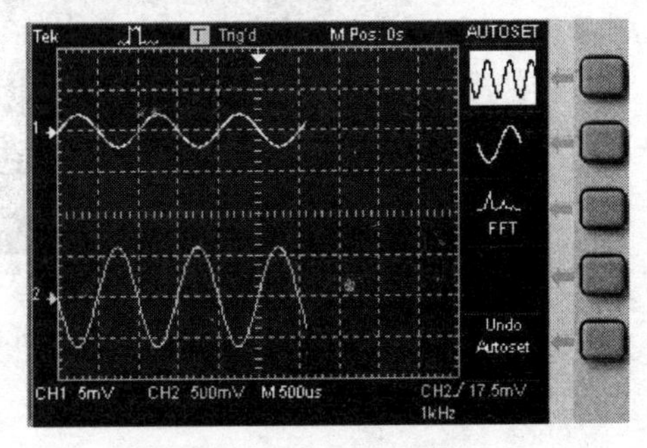

图 6-4-16　测试波形

5）按下返回选项按钮。

6）按下顶部第二个选项按钮，显示“测量 2 菜单”。

7）按下信源选项按钮，选择 CH2。

8）按下类型选项按钮，选择峰-峰值，测得 $V_{pp}=1.21V$。

9）按下返回选项按钮。

10）要计算放大器电压增益，可使用以下公式：

电压增益 = 输出幅值/输入幅值

电压增益（dB） =20lg（电压增益）

R5 未接入时电压增益

$$A_v = \frac{U_o}{U_i} = \frac{1.21}{4 \times 10^{-3}} = 302.5 = 20\lg 302.5\text{dB} = 49.6\text{dB}$$

（3）光标测量。使用光标可快速对波形进行时间和电压的测量，步骤如下：

1）单击键盘上的“空格键”，使开关 J1 闭合，即 R5 接入电路，运行仿真。

2）停止仿真后，按下光标按钮，查看“光标菜单”。

3）单击类型按钮（Type），选择电压（Voltage）。

4）单击信号源按钮（Source），选择 CH2。

5）旋转光标 1 旋钮使光标移动到测试点；旋转光标 2 旋钮使光标移动到测试点，如图 6-4-18 所示。

6）从屏幕右侧读取数据输出信号 V_{pp} =630mV；放大器的输入信号 V_{pp} =4mV。

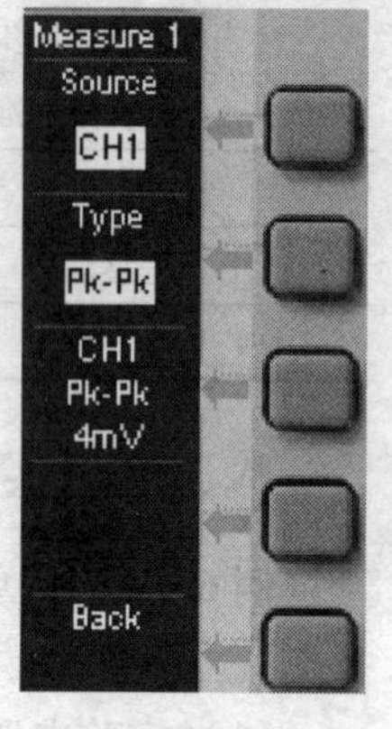

图 6-4-17　测量菜单

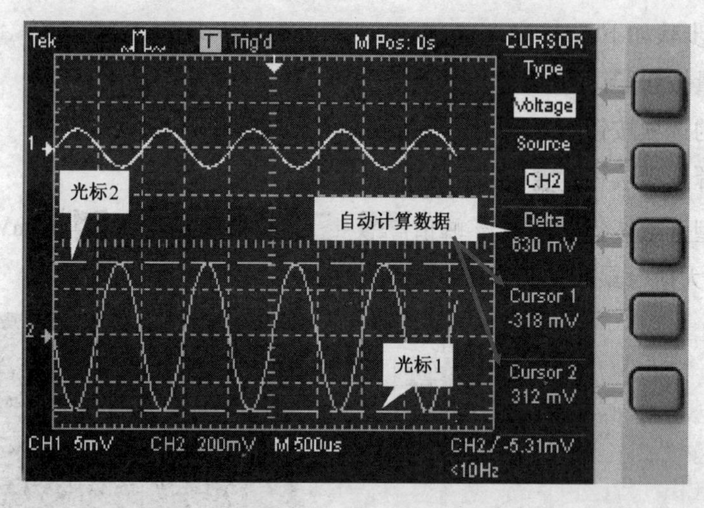

图 6-4-18　光标测量峰-峰电压值

7）计算电压增益（绝对值）：

$$A_v = \frac{U_o}{U_i} = \frac{630}{4} = 157.5$$

用 dB 表示

$$A_v = 20\lg\frac{U_o}{U_i} = 20\lg 157.5 = 44\text{dB}$$

8）单击“Type”按钮，选择 Time（测量信号的时间值），测量信号的周期（方法见图 6-4-5），得周期 T = 1.01ms（约为 1ms），计算频率：

$$f = \frac{1}{T} = 1\text{kHz}$$

9）同理，可测量信号（不一定用本例中的信号和电路）的上升时间、下降时间，脉冲信号的脉冲宽度、信号的振幅等，用户自行操作。

例 6-4-2　测量简单双口网络的输入输出特性。

（1）连接电路如图 6-4-19 所示，将信号源设置为 5kHz。

（2）选择 CH1 MENU、CH2 MENU 运行仿真。

（3）单击辅助功能按钮 DISPLAY，设置格式为“XY”，结果显示如图 6-4-20 所示的李萨如图形。

旋转 CH1 或 CH2 的幅度衰减钮 VOLTS/DIV，可调整方向和形状，旋转 CH1 或 CH2 的位移旋钮 POSITION 可调整其位置。

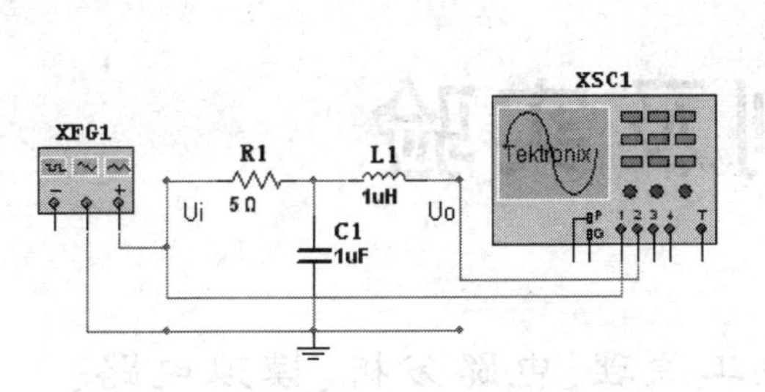

图 6-4-19　简单双口网络连接电路

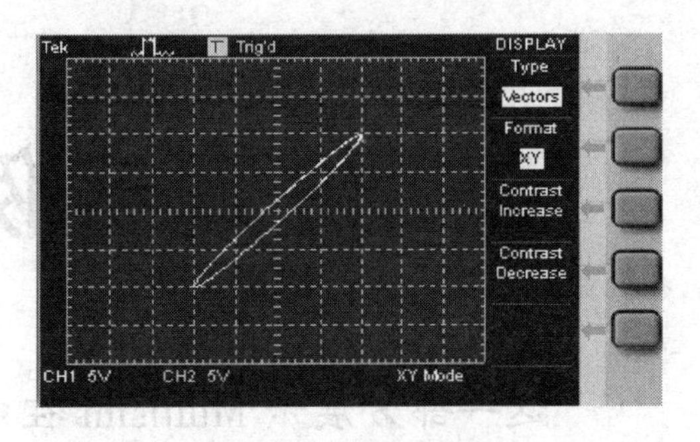

图 6-4-20　李萨如图形

【注】:本实验环境中，示波器等仪器的接地端默认是连接的。

第二部分

仿真实例及实验

这一部分展示 Multisim 在电工原理、电路分析、模拟电路、数字电路和高频电子电路中的若干应用实例。通过实例介绍了常用仪器仪表的测量方法和高级分析方法，主要应用了安培表、伏特表、万用表、信号发生器、示波器、波特图示仪、失真度测量仪、字符发生器、逻辑转换仪、逻辑分析仪、网络分析仪、频谱分析仪等常用电子仪器；在这一部分还应用了安捷伦（Agilent）示波器、信号源、万用表，以及泰克（Tektronix）示波器、信号实时监测表等；并重点介绍了电路的直流工作点分析、交流分析、瞬态分析、温度扫描分析、参数扫描分析、蒙特卡罗分析等常用分析方法，内容包括第七～十二章（共 6 章），在这一部分配备了思考题及实验，以达到学练并举之目的。

第七章　电工原理电路的分析与测试

例一　串联电路测试

1. 实验目的

（1）学习串联电路的定律、特性，验证其规律。

（2）熟悉测量仪表的使用。

2. 实验原理

（1）串联电路中各部分的电流相等。

（2）串联电路中总电压等于各部分电压之和。

3. 实验电路

实验电路如图 7-1 所示。（实验电路有别于理论电路，这里需要确定其参考点“⏚”）

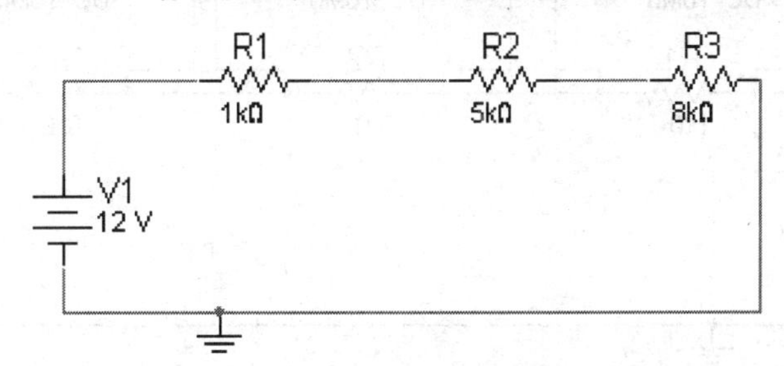

图 7-1　串联电路的实验电路

【注】：如果必须将电路图画成欧制符号格式，可参看图 1-2-43 设置即可。

4. 实验及仿真

（1）建立电路。在 Multisim 的设计界面中，从快捷工具条中单击图标，然后选择放置电源 V1，再从快捷工具条中单击图标，然后选择放置电阻 R1、R2、R3，连接电路如图 7-1 所示。

（2）添加实验仪表。从快捷工具条中单击图标，选择放置电压表，如图 7-2 所示。

（3）仿真。单击屏幕右上角的仿真开关，结果如图 7-3 所示。

电路的总电压为电源电压，即

$$U = 12\text{V}$$

串联电路中

$$U = U_1 + U_2 + U_3$$

即

$$U = 0.858\text{V} + 4.286\text{V} + 6.856\text{V}$$
$$= 11.982\text{V} \approx 12\text{V}$$

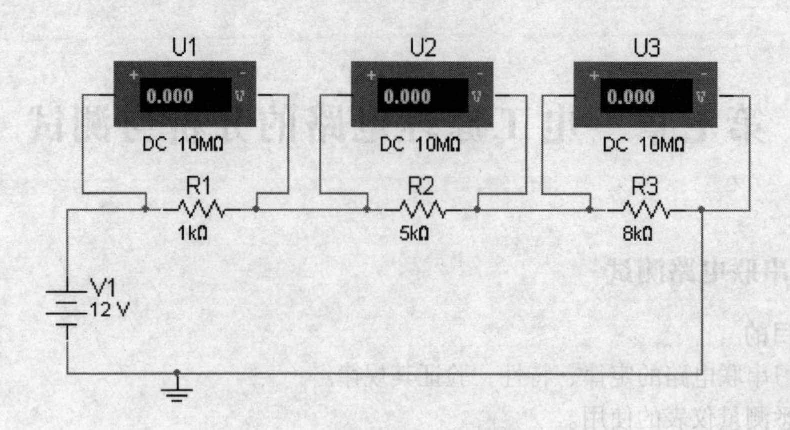

图 7-2 添加电压表后的实验电路

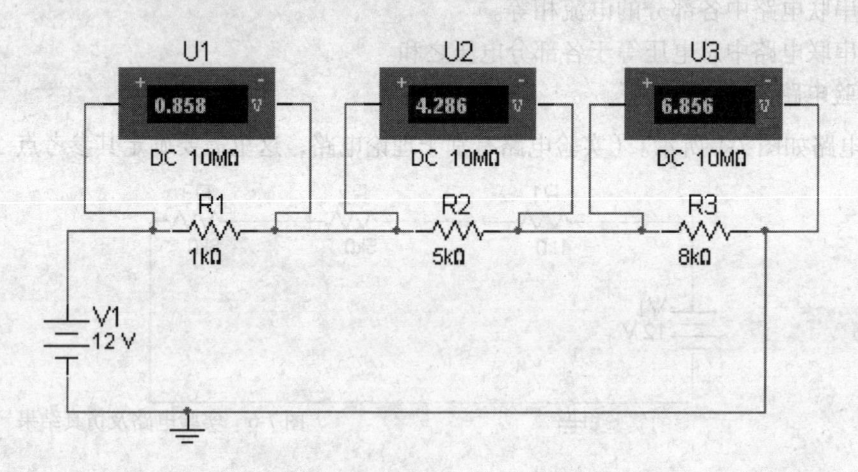

图 7-3 串联电路的电压仿真结果

（4）分析。实验结果表明，串联电路的总电压等于各部分电路的电压之和。

添加仿真仪表后电路如图 7-4 所示，仿真结果也示于图中。

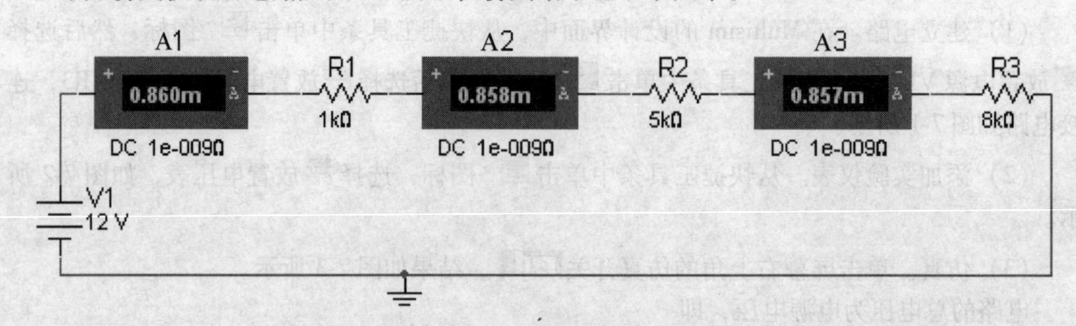

图 7-4 串联电路的电流仿真结果

从图 7-4 中可以看出，串联电路的总电流 I_1（A1 表示数）等于电路中各部分的电流。

思考：任意调整电路中的参数（电源 V1 和电阻的值），反复实验，以验证串联电路原理。

例二　并联电路测试

1. 实验目的

(1) 学习并联电路的定律、特性，验证其规律。

(2) 进一步学习、掌握 Multisim 的仪表应用。

2. 实验原理

并联电路的总电压等于各支路电压；并联电路的总电流等于各支路电流之和。

3. 实验电路

实验电路如图 7-5 所示。

4. 实验及仿真

电流测试：建立实验电路，添加实验仪表后如图 7-6 所示，仿真结果也示于图中。

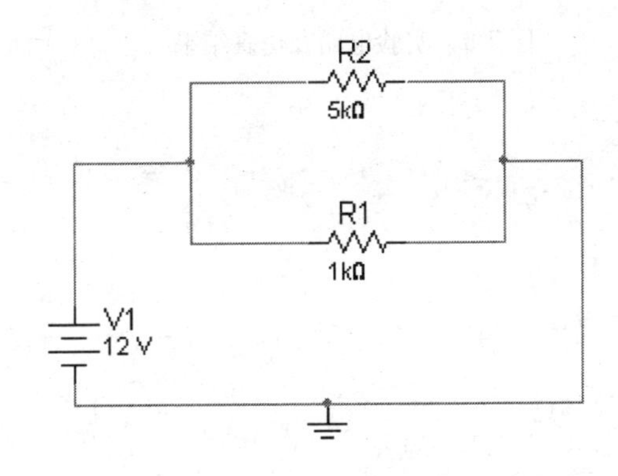

图 7-5　并联电路的实验电路

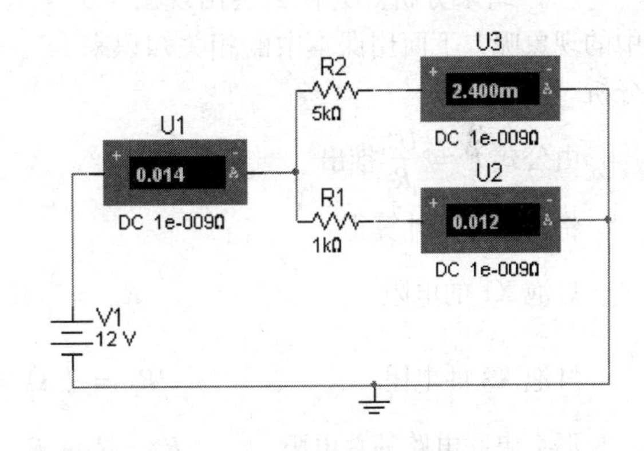

图 7-6　实验电路及仿真结果

图中 U1 表读数为串联电路的总电流

$$I = 0.014\text{A}$$

U2 表读数为 R1 支路电流 $I_1 = 0.012\text{A}$

U3 表读数为 R2 支路电流 $I_2 = 0.0024\text{A}$

$$I = I_1 + I_2 = 0.012\text{A} + 0.0024\text{A} = 0.0144\text{A}$$

由此可见，并联电路的总电流等于各支路电流之和。

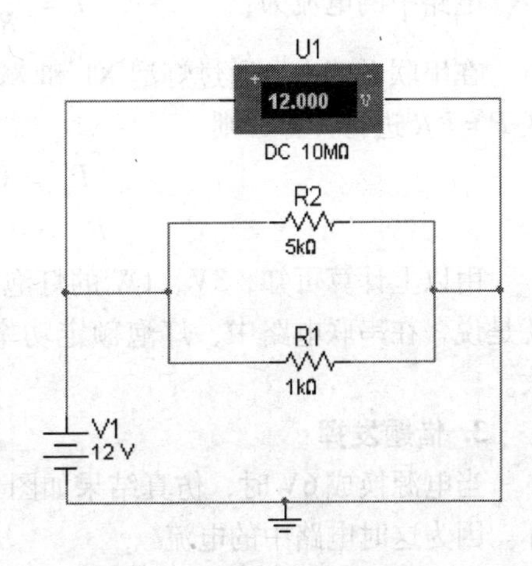

图 7-7　并联电路的电压测试

电压测试：添加仪表后电路如图 7-7 所示，仿真结果也示于图中。

并联电路的总电压等于各支路电压。

思考：任意改变电路参数（电压值或电阻值，添加支路等），反复实验、验证并联电路理论。

例三　应用性研究

课题：将一个标称为 3V、1W 的灯泡 X1 与另一个 3V、2W 的灯泡 X2 串联后经过开关接到 3V 电源上，哪个灯炮获得的实际功率大？若将电源换成 6V 时会出现什么问题？为什么？

1. 建立电路

依题意建立电路如图 7-8 所示。

2. 仿真及结果分析

（1）仿真。在 Multisim 的工作界面中，建立电路后，先单击右上角的仿真开关，再按键盘上的“A”键，开关闭合，会看到如图 7-8 中所示现象，即 X1 亮、X2 不亮，在 Multisim 的工作界面中，效果很明显，X1 呈黄色。

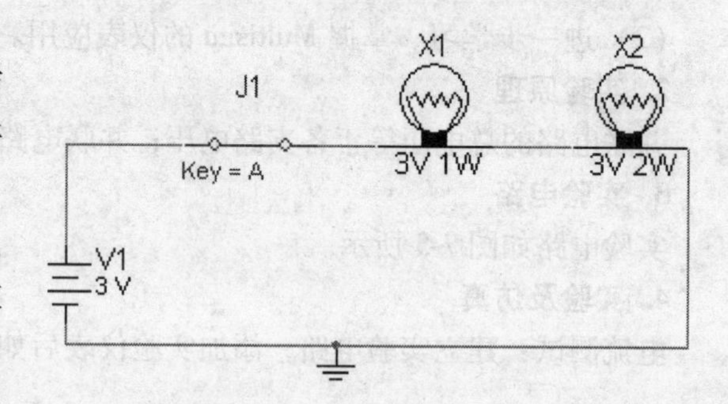

图 7-8　实验电路及仿真结果

（2）结果分析。为什么会出现图 7-8 中的现象呢？下面用课本中的相关知识来分析。

由公式 $P = \dfrac{U^2}{R}$ 推出　　$R = \dfrac{U^2}{P}$

将数据带入计算得

灯泡 X1 的电阻　　$R_1 = \dfrac{3^2}{1}\Omega = 9\Omega$

灯泡 X2 的电阻　　$R_2 = \dfrac{3^2}{2}\Omega = 4.5\Omega$

那么串联电路的总电阻　　$R = R_1 + R_2 = 13.5\Omega$

电路中的电流为：　　$I = \dfrac{U}{R} = \dfrac{3\text{V}}{13.5\Omega} \approx 0.22\text{A}$

在串联电路中，通过灯泡 X1 和 X2 的电流相等，这时 X1 和 X2 获得的实际电功率用公式 $P = I^2R$ 进行计算，则

$$P_1 = 0.22^2 \times 9\text{W} \approx 0.44\text{W}$$

$$P_2 = 0.22^2 \times 4.5\text{W} \approx 0.22\text{W}$$

由以上计算可知，3V、1W 的灯泡比 3V、2W 的灯泡获得的实际功率大，因此较亮。也就是说，在串联电路中，灯泡额定功率较小，其电阻较大，在电路中获得的实际功率也较大。

3. 借题发挥

当电源换成 6V 时，仿真结果如图 7-9 所示。从图中可以看出，X1 灯过亮，很可能被烧坏。因为这时电路中的电流

$$I = \frac{U}{R} = \frac{6\text{V}}{13.5\Omega} \approx 0.44\text{A}$$

那么

$$P_1 = 0.44^2 \times 9\text{W} \approx 1.74\text{W}$$

$$P_2 = 0.44^2 \times 4.5\text{W} \approx 0.87\text{W}$$

计算结果可知，X1 获得的实际功率已经远远超过其额定值，灯丝很可能被烧断。在 Multisim 工作环境中，X1 灯的亮度明显高于图 7-8 中的 X1，其灯丝呈紫红色。

再提高工作电压（V1 的值），将出现如图 7-10 所示的仿真结果。

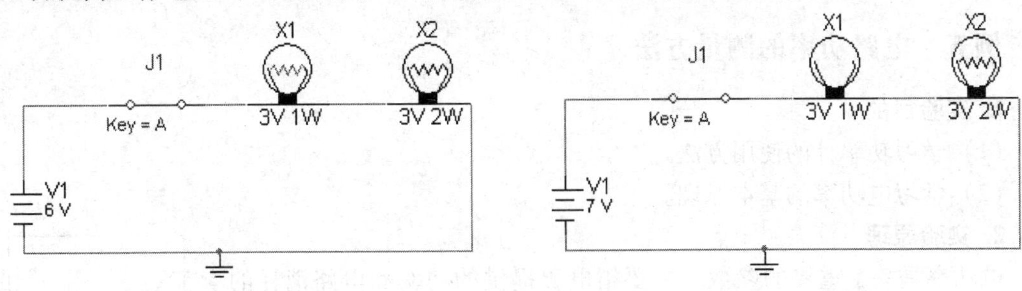

图 7-9　电源电压 6V 时 X1 过亮　　　图 7-10　电源电压 7V 时 X1 损坏

思考：任意改变电路结构，电路参数，反复实验，验证串、并联以及串并联电路的实际工作情况，认真分析其机理。

例四　欧姆定律验证

1．实验目的

（1）掌握欧姆定律，验证欧姆定律。

（2）进一步了解 Multisim 界面友好、操作方便、快捷的特点。

2．实验原理

欧姆定律　　$I = \dfrac{U}{R}$

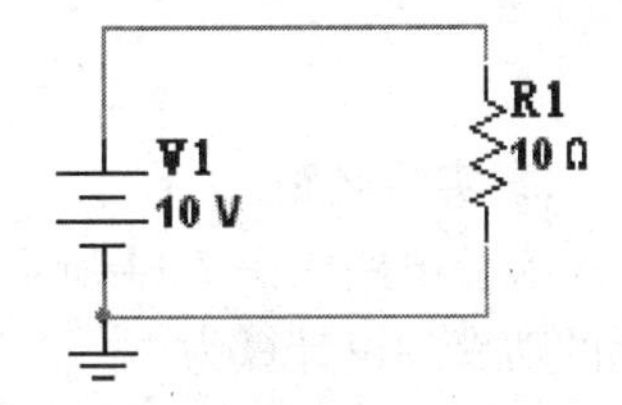

图 7-11　欧姆定律

3. 实验电路

实验电路如图 7-11 所示。

4. 理论分析

图 7-11 所示电路中，电源电压为 10V，负载电阻为 10Ω，理论值电流为

$$I = \frac{U}{R} = \frac{10\text{V}}{10\Omega} = 1\text{A}$$

5. 仿真分析

采用 Multisim 分析的实验电路如图 7-12 所示，仿真结果也示于图中。

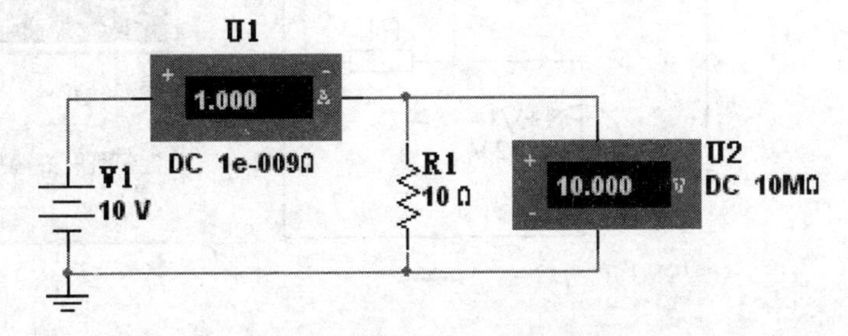

图 7-12　欧姆定律验证电路

结论：实验数据与理论计算结果相符合。

思考：试修改电路参数，用 Multisim 验证欧姆定律，体会 Multisim 仿真的特点。

例五　电路功率的测量方法

1. 实验目的

（1）学习功率计的使用方法。

（2）学习电功率的基本原理。

2. 实验原理

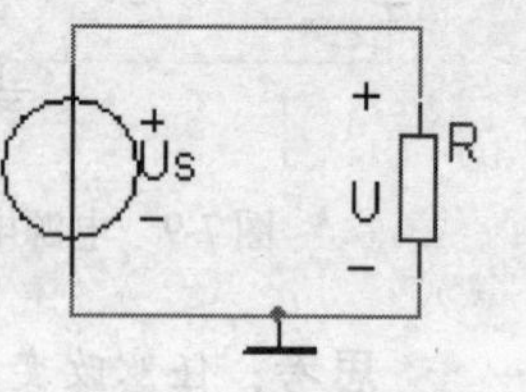

图 7-13　原理图

电功率是一个重要的参数，主要指电源提供的功率和电路消耗的功率两大类。如图 7-13 所示电路中电源提供的最大功率是指电源提供的最大电压 U_{max} 与其能输出的最大电流 I_{max} 的之积

$$P = U_{max} I_{max}$$

电路消耗的功率是指通过用电器的电流与在用电器上产生的电压降之积：

$$P = IU$$

一般情况下，电源提供的功率等于用电器消耗的功率。

另外，用电器上消耗的功率还可通过其等效电阻来换算测量

$$P = I^2 R$$

$$P = \frac{U^2}{R}$$

3. 实验电路

实验电路如图 7-14 所示，电路中电源电压为 12V，负载等效电阻为 10Ω，那么电路消耗的功率理论计算为

$$P = \frac{U^2}{R} = \frac{12^2}{10}\text{W} = 14.4\text{W}$$

功率计连接如图 7-15 所示，运行仿真，测试结果示于图中。

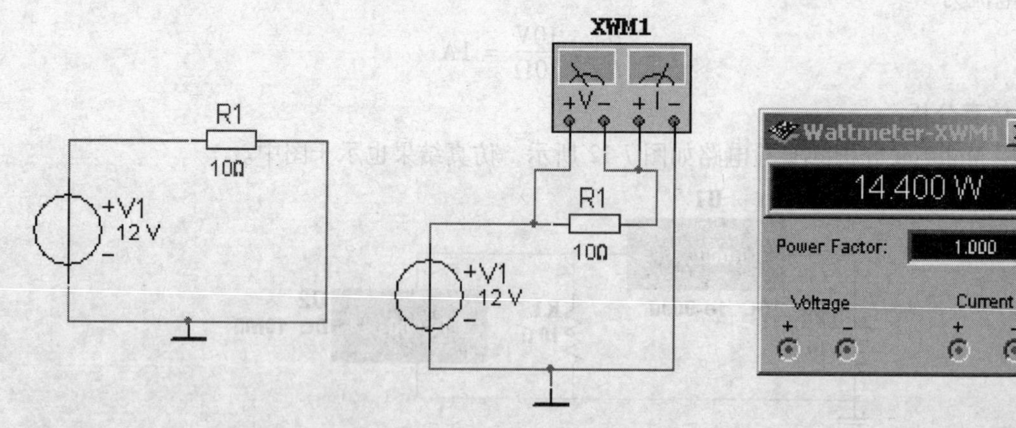

图 7-14　实验电路

图 7-15　功率计的连接及实验结果

第八章　电路分析基础

第一节　仿真分析实例

例一　线性网络的均匀性原理研究

1. 实验目的

（1）理解线性网络的均匀性原理。

（2）了解和掌握 Multisim 的测量设备。

2. 实验原理

在含有一个独立源的线性网络中，每一个电流和电压响应与独立源的数值成线性关系。

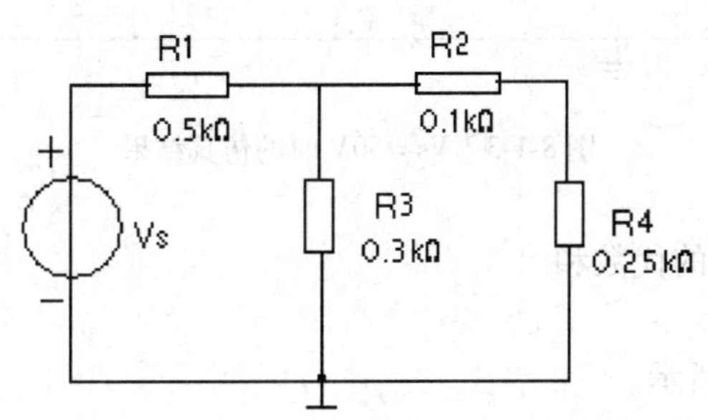

图 8-1-1　均匀性研究实验电路

3. 实验电路

实验电路如图 8-1-1 所示。

4. 添加仪表及仿真

添加仪表后的实验电路如图 8-1-2 所示（如果必须将电路画成图 8-1-1 所示格式，可参看图 1-2-43 进行设置），Vs 为可调电源，取不同值时电路的仿真结果如图 8-1-2、图 8-1-3 所示。

5. 结论分析

从图 8-1-2 和图 8-1-3 中可以看出，支路上的电压与电源电压成线性关系，其电流也与电源电压成线性关系。

例二　线性网络的叠加性原理研究

1. 实验目的

理解和掌握线性网络的叠加原理。

2. 实验原理

在含有多个独立源的线性网络中，任意一支路上的电流或电压响应可以看成是每一个独

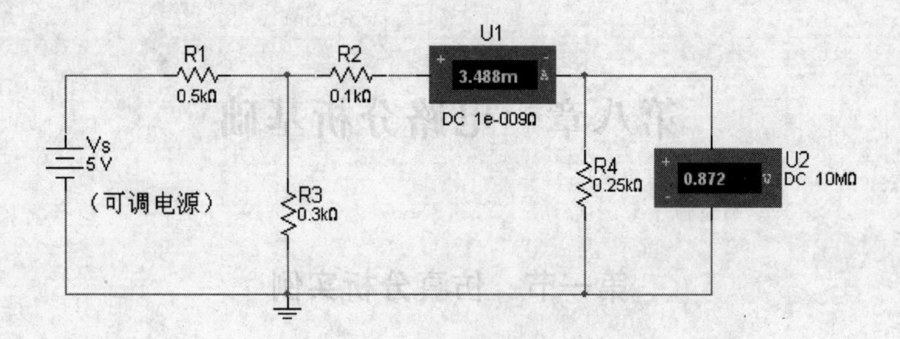

图 8-1-2　Vs = 5V 时的仿真结果

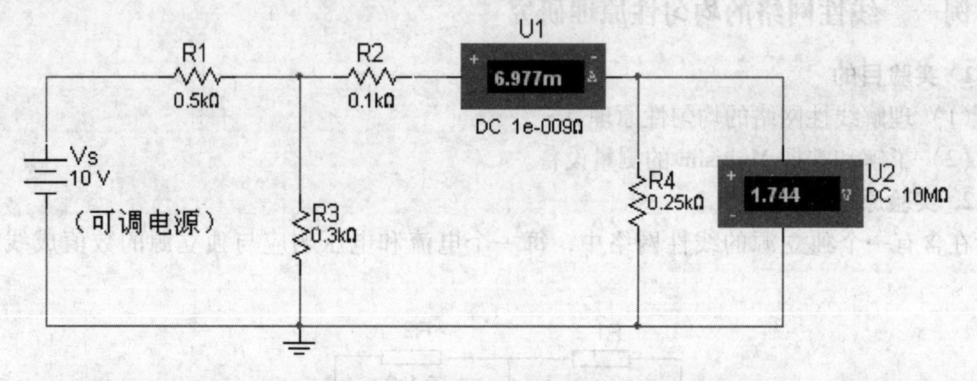

图 8-1-3　Vs = 50V 时的仿真结果

立源单独激励所产生响应的代数和。

3. 实验电路

实验电路如图 8-1-4 所示。

（1）要求测试节点“2”处的电压。

（2）要求测试通过 R3 的电流。

4. 理论计算

计算“2”的电压响应：

（1）根据叠加原理计算节点“2”处的电压。

第一步，短路 V2，电路如图 8-1-5 所示。先计算节点“1”的电压值 U_{11}

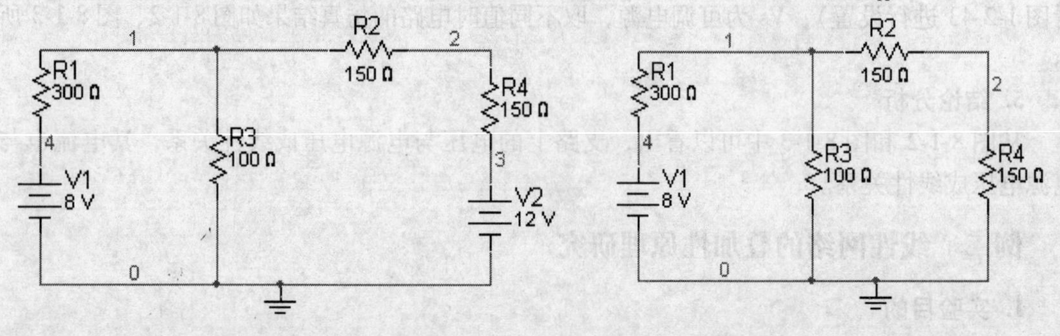

图 8-1-4　叠加性实验电路　　　　图 8-1-5　仅 V1 独立源作用

$$U_{11} = \frac{(R_2 + R_4) /\!/ R_3}{R_1 + (R_2 + R_4) /\!/ R_3} \times V_1$$

$$= \frac{\dfrac{300 \times 100}{300 + 100}}{300 + \dfrac{300 \times 100}{300 + 100}} \times 8\text{V} = 1.6\text{V}$$

再计算节点“2”的电压

$$U_{21} = \frac{R_4}{R_2 + R_4} \times U_{11} = 0.8\text{V}$$

第二步，短路掉 V1，电路如图 8-1-6 所示，计算“2”点电压 U_{22}

$$U_{22} = \frac{(R_1 /\!/ R_3) + R_2}{(R_1 /\!/ R_3) + R_2 + R_4} \times V_2$$

$$= \frac{75 + 150}{75 + 150 + 150} \times 15\text{V} = 9\text{V}$$

第三步，两个独立源在节点“2”处的作用叠加，电压为

$$U = U_{21} + U_{22} = 9.8\text{V}$$

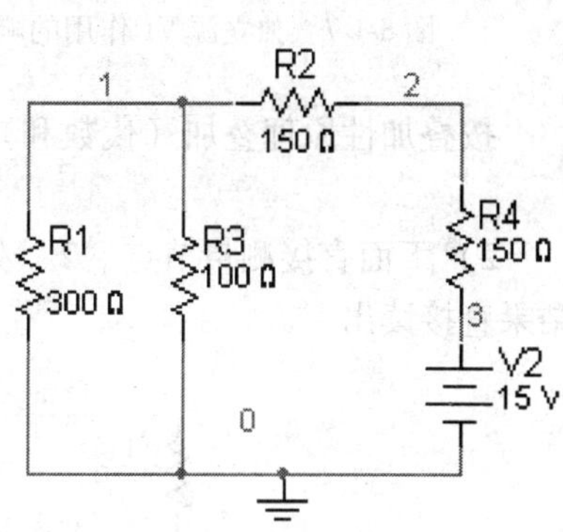

图 8-1-6　独立源 V2 作用

（2）根据叠加原理计算通过 R3 的电流。

前面已经 V1 独立源作用时的节点“1”处的电压 $U_{11}=1.6\text{V}$，那么，通过 R3 的电流 I_{11} 为

$$I_{11} = \frac{U_{11}}{R_3} = \frac{1.6}{100}\text{A} = 16\text{mA}$$

独立源 V2 作用时，“1”节点的电压 U_{12} 为

$$U_{12} = \frac{R_1 /\!/ R_3}{(R_1 /\!/ R_3) + R_2 + R_4} \times V_2$$

$$= \frac{75}{75 + 150 + 150} \times 15\text{V} = 3\text{V}$$

那么独立源 V2 作用时，通过 R3 的电流 I_{12} 为

$$I_{12} = \frac{U_{12}}{R_3} = \frac{3}{100}\text{A} = 30\text{mA}$$

两个独立源共同作用（叠加），通过 R3 的电流 I 为

$$I = I_{11} + I_{12} = 46\text{mA}$$

5. 实验及仿真

（1）测试节点“2”处的电压。

1）按叠加性原理，首先短路掉 V2，在“2”点接电压表 U1，如图 8-1-7 所示，独立源 V1作用的仿真结果也示于图中。同理，可仿真独立源 V2 作用的响应值，如图 8-1-8 所示。

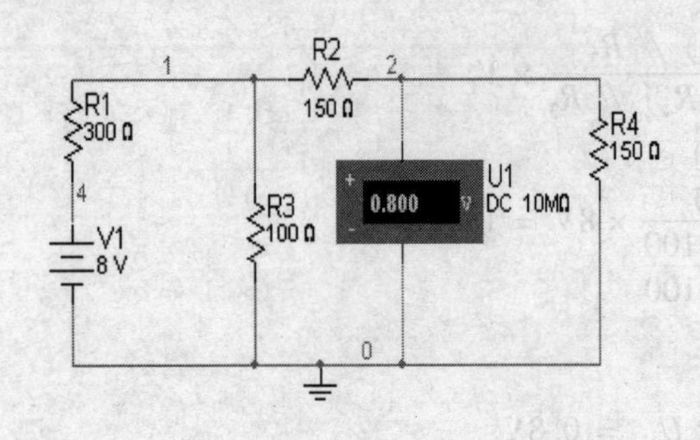

图 8-1-7 独立源 V1 作用的响应值

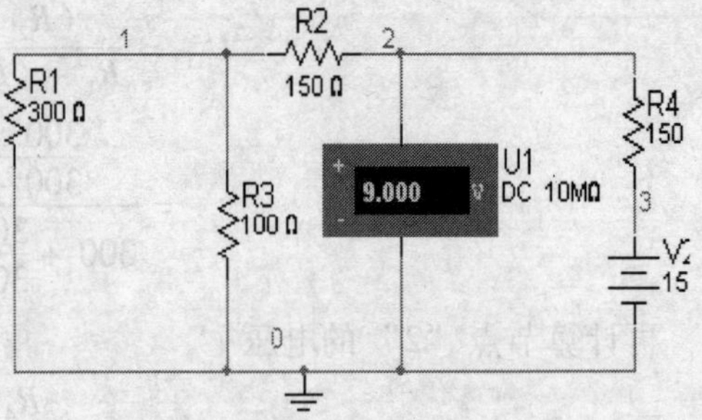

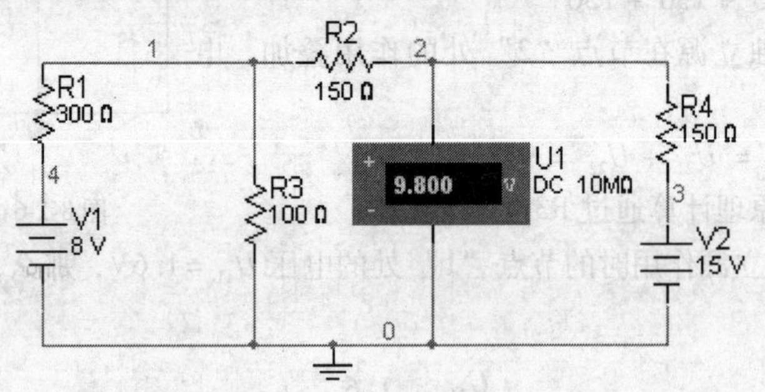

图 8-1-8 独立源 V2 作用的响应值

按叠加性原理叠加（代数和），那么节点“2”的电压响应值

$$U = 0.8\text{V} + 9\text{V} = 9.8\text{V}$$

2）下面直接测量节点“2”处的电压响应，如图 8-1-9 所示，仿真结果示于图中，仿真结果直接读出。

图 8-1-9 节点 2 的叠加电压响应值

3）结果分析。通过理论计算结果与仿真实验结果的比较看出，结果相符。

（2）通过 R3 的电流直接测量即可。添加仪表后电路如图 8-1-10 所示，其仿真结果也示于图中。

从图 8-1-10 中可以看出，其仿真结果与理论计算结果相符。

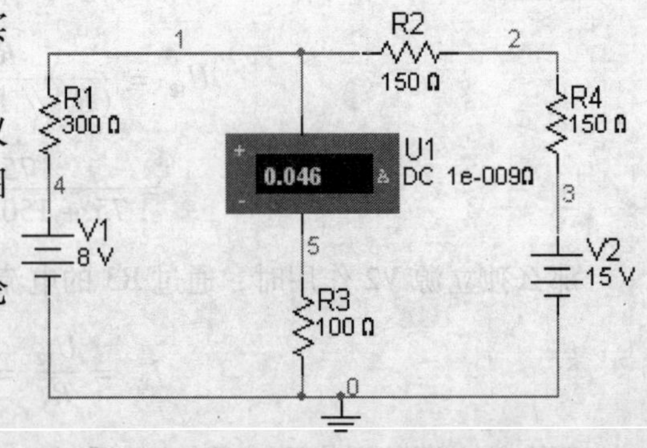

图 8-1-10 测量通过 R3 的电流

例三 线性网络的互易性研究

1. 实验目的

（1）研究线性双口网络的互易性。

（2）学习欧制和美制符号的转换方法。

2. 实验原理

在如图 8-1-11 所示的无源线性双口网络中，无论从哪一个端口激励，另一个端口的电流响应与电压激励的比值是一样的，即

$$\left.\frac{I_2}{U_{s1}}\right|_{U_{s2}=0}=\left.\frac{I_1}{U_{s2}}\right|_{U_{s1}=0}$$

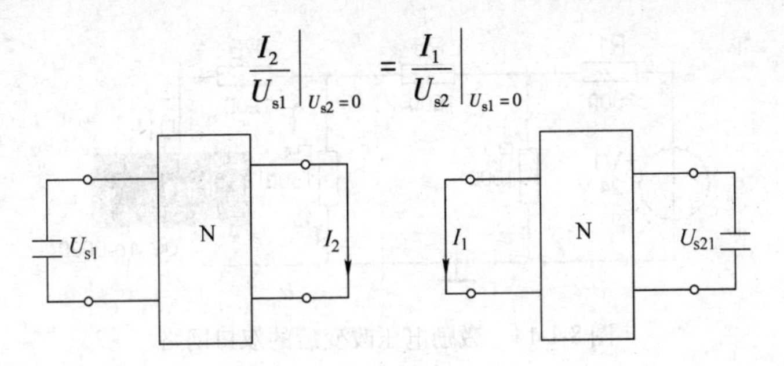

图 8-1-11　无源线性双口网络

3. 实验分析与结论

(1) 如图 8-1-12 所示的双口网络，以左端为电压（V1，电压 12V）激励端，那么，在右端输出的电流为 5. 714mA。

$$\left.\frac{I_1}{U_{s2}}\right|_{U_{s1}=0}=\frac{5.714\text{mA}}{12\text{V}}=0.476\text{mS}$$

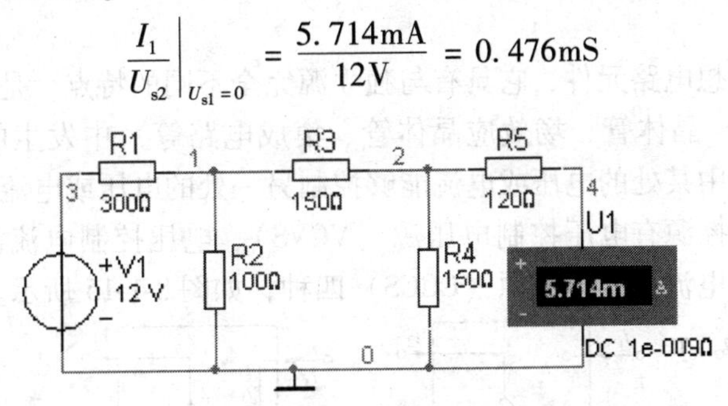

图 8-1-12　左端电压激励的双口网络

(2) 如图 8-1-13 所示的双口网络，以右端为电压（V1，电压 12V）激励端，那么，在左端输出的电流为 5. 714mA。

实验结果与左端电压激励相同。

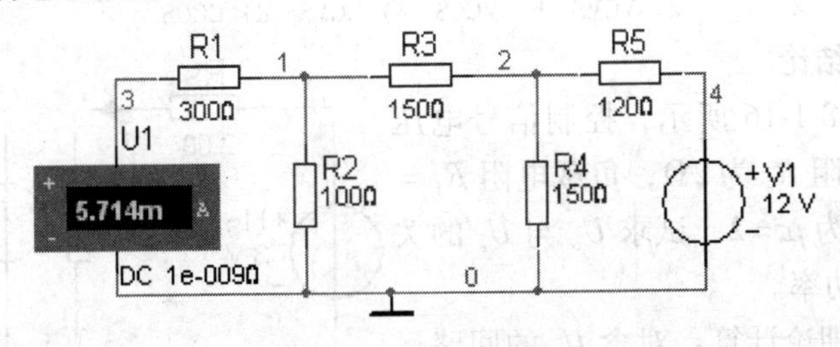

图 8-1-13　右端电压激励

(3) 如图 8-1-14 所示改变激励电压的双口网络，以右端为电压（V1，电压 24V）激励端，那么，在左端输出的电流为 11mA。

$$\left.\frac{I_1}{U_{s2}}\right|_{U_{s1}=0}=\frac{11\text{mA}}{24\text{V}}=0.458\text{mS}$$

由（1）、(3) 的结果分析，因实验误差造成了数值不等，但可以看出，输出电流与激励电压是满足比例关系的。

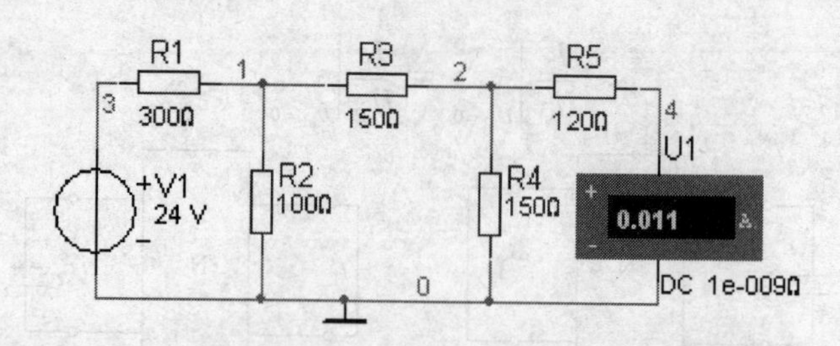

图 8-1-14　激励电压改变后的双口网络

例四　受控源研究

1. 实验目的

（1）测量受控量与控制量之间的关系，深化对受控源原理的理解。

（2）学习和巩固欧制与美制符号的转换。

2. 实验原理

受控源是一种理想电路元件，它具有与独立源完全不同的特点，是用来表示在电子器件（如他励直流发电机、晶体管、场效应晶体管、集成电路等）中发生的物理现象的一种模型，它反映的是电路中某处的电压或电流能够控制另一处的电压或电流的关系。根据受控量和控制量的不同，受控源有电压控制电压源（VCVS）、电压控制电流源（VCCS）、电流控制电压源（CCVS）、电流控制电流源（CCCS）四种，如图 8-1-15 所示。

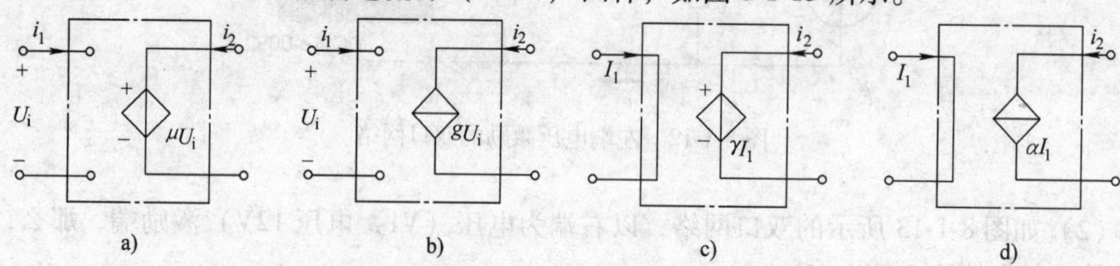

图 8-1-15　受控源

a）VCVS　b）VCCS　c）CCVS　d）CCCS

3. 实验分析与结论

实验电路如图 8-1-16 所示，控制信号电压为 3V，设信号源内阻 R_s 为 2Ω，负载电阻 R_L = 100Ω，受控源设置为 $\mu=2$，试求 U_o 与 U_s 的关系，并求受控源的功率。

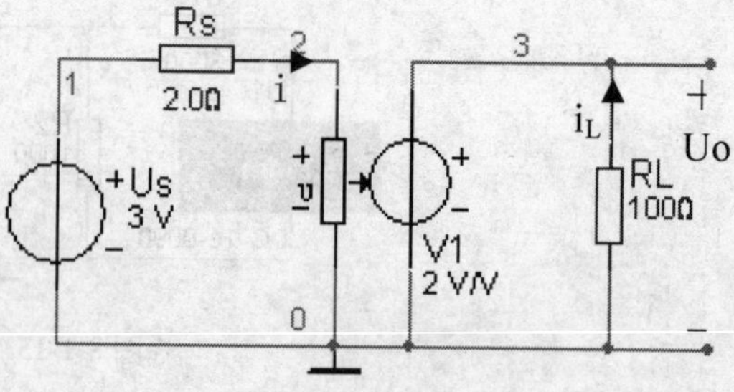

图 8-1-16　VCVS 实验电路

（1）首先，用理论计算：对含 U_s 的回路运用 KVL（基尔霍夫定律），可得

$$U_s - R_s i - U_2 = 0 \quad ①$$

因 u_2 为开路（据原理图），则 $i=0$，故

$$U_s = U_2 \quad ②$$

对 R_L 的回路运用 KVL，此时把受控源看做是端电压为 μu_2 的独立电压源，那么

$$\mu U_2 - U_o = 0 \quad ③$$

由 ②③ 得

$$U_o = \mu U_s \quad ④$$

由④试可知，U_o 与 U_s 呈线性关系

$$U_o = 2 \times 3V = 6V$$

考虑电流方向，由公式 $p(t) = -u(t)i(t)$

得 $$p = -U_o i_L = -\mu U_2(\mu U_2/R_L) = -(\mu U_2)^2/R_L$$

那么 $$p = -(2 \times 3)^2/100W = -0.36W$$

（2）下面用 Multisim 对其仿真，仿真结果如图 8-1-17 所示。

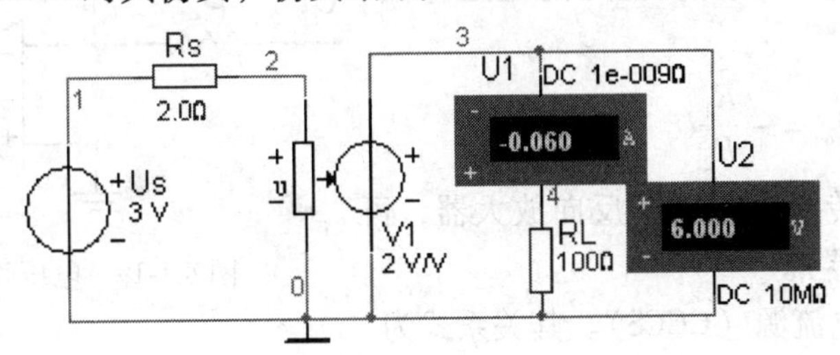

图 8-1-17　VCVS 的仿真结果

从图中可以读出输出电压 $U_o = 6V$

$$i_L = -0.06A$$

$$p = U_o i_L = -6 \times 0.06W = -0.36W$$

通过理论与实验数据的比较，更加确信计算结果的正确性。

例五　受控源电路分析

1. 实验目的

研究受控量和控制量之间的变化关系（受控源特性）。

2. 实验原理

原理参看例四，电路参看图 8-1-15。

（1）电压控制电压源（VCVS）　其关系式为

$$\begin{bmatrix} i_1 \\ U_o \end{bmatrix} = \begin{bmatrix} 0 & 0 \\ \mu & 0 \end{bmatrix} \begin{bmatrix} U_i \\ i_2 \end{bmatrix}$$

其中 $i_1 = 0$ 时，$U_o = \mu U_i$

如图 8-1-18 所示的电压串联负反馈电路中，$i_1 \approx 0$，可以清楚地表明其对应关系

$$U_o = \left(1 + \frac{R_1}{R_2}\right) U_i$$

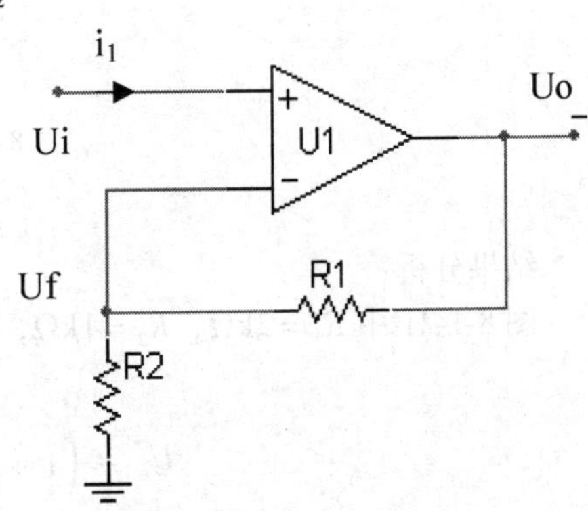

图 8-1-18　电压串联负反馈电路

（2）电压控制电流源（VCCS）　其关系式为

$$\begin{bmatrix} i_1 \\ i_2 \end{bmatrix} = \begin{bmatrix} 0 & 0 \\ g & 0 \end{bmatrix} \begin{bmatrix} U_i \\ U_o \end{bmatrix}$$

其中 $i_1 = 0$，故 $i_2 = gU_i$

也有其对应电路，如场效应晶体管构建的电流串联负反馈电流电路。

（3）电流控制电压源（CCVS）。其关系式为

$$\begin{bmatrix} U_i \\ U_o \end{bmatrix} = \begin{bmatrix} 0 & 0 \\ \gamma & 0 \end{bmatrix} \begin{bmatrix} i_1 \\ i_2 \end{bmatrix}$$

其中 $U_i=0$，故 $U_o=\gamma i_1$

如图 8-1-19 所示的电压并联负反馈电路中，理想状态的 $U_+=U_-$，事实上就是电流起作用，则

$$U_o = -\frac{R_1}{R_2}U_i$$

换言之，电流转换为电压（反向放大器，可以作电流-电压变换器）。

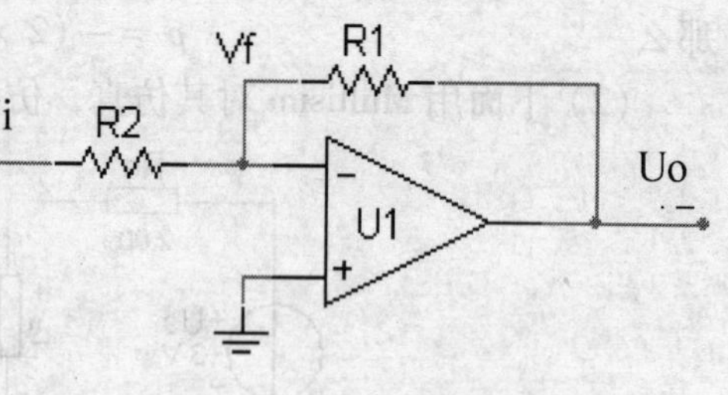

图 8-1-19　电压并联负反馈电路

（4）电流控制电流源（CCCS）。其关系式为

$$\begin{bmatrix} U_i \\ i_2 \end{bmatrix} = \begin{bmatrix} 0 & 0 \\ \beta & 0 \end{bmatrix} \begin{bmatrix} i_1 \\ U_o \end{bmatrix}$$

其中 $U_i=0$，故 $i_2=\beta i_1$。

也有其对应电路，如由结型晶体管构成的电流并联负反馈电路。

其他还有 BVSRC、BISRC 等非线性受控源，本例我们只讨论线性受控源电路。

3. 实验电路

（1）VCVS 测试电路如图 8-1-20 所示，其 V1 设定为 3V/V（鼠标双击之可设定），仿真结果如图所示，即控制电压为 5V 时，输出电压 U_o 为 15V。

实验电路如图 8-1-21 所示，其仿真结果示于图中。

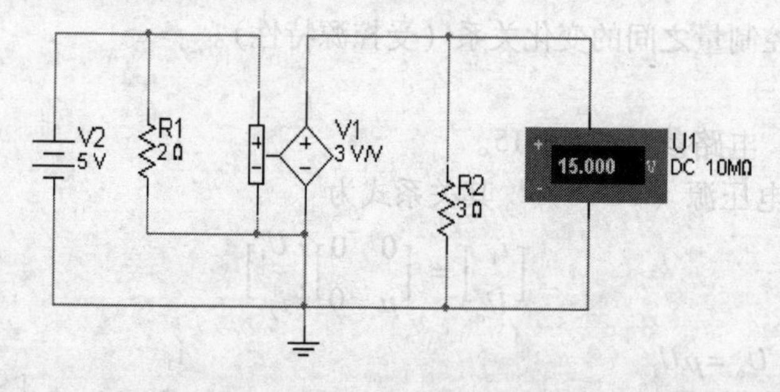

图 8-1-20　VCVS 测试电路

结果分析：

图 8-1-21 中 $R_1=2\text{k}\Omega$，$R_2=1\text{k}\Omega$，$U_i=5\text{V}$，则

$$U_o = \left(1+\frac{R_1}{R_2}\right)U_i = \left(1+\frac{2000}{1000}\right)\times 5\text{V}$$

$$= 15\text{V}$$

由此，理论计算与实验结果相符。

（2）CCVS 测试电路如图 8-1-22 所示，其 V1 设置为 4Ω，可以观察到仿真结果为 4V。

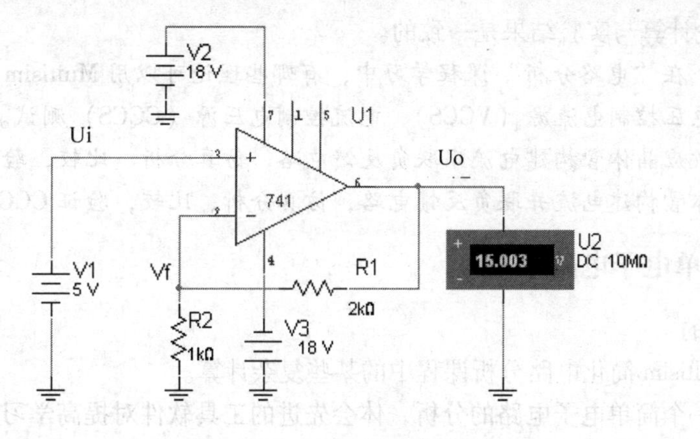

图 8-1-21 VCVS 实验电路图

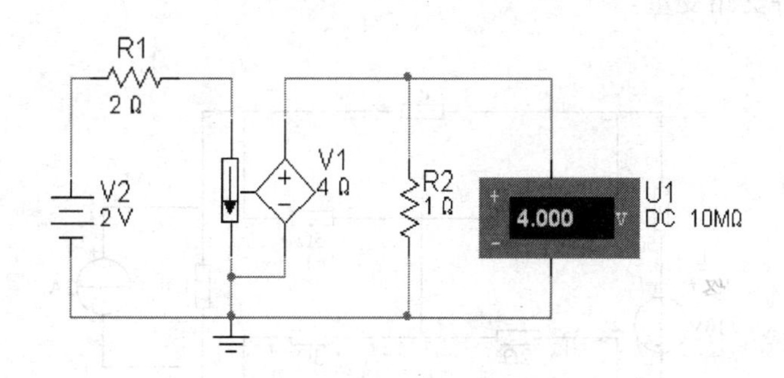

图 8-1-22 CCVS 测试电路

实验电路如图 8-1-23 所示，其仿真结果示于图中。

结果分析：图 8-1-23 中 $R_1=2\text{k}\Omega$，$R_2=1\text{k}\Omega$，$U_\text{i}=2\text{V}$，则

$$U_\text{o}=-\frac{R_1}{R_2}U_\text{i}=-\frac{2000}{1000}\times 2\text{V}=-4\text{V}$$

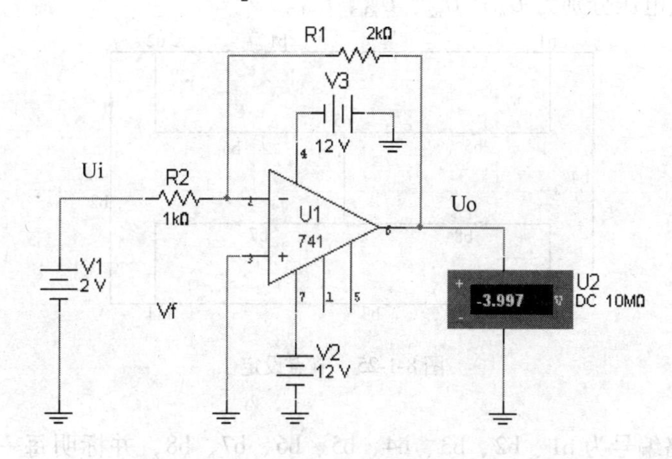

图 8-1-23 电压并联负反馈电路

由此，理论计算与实验结果是一致的。

思考：（1）在“电路分析”课程学习中，有哪些理论可以用 Multisim 验证？

（2）调用电压控制电流源（VCCS）、电流控制电压源（CCCS）测试。

（3）用场效应晶体管构建电流串联负反馈电路，仿真分析、比较，验证 VCCS 原理。

（4）用晶体管构建电流并联负反馈电路，仿真分析、比较，验证 CCCS 原理。

例六　简单电子电路分析

1．实验目的

（1）用 Multisim 简化电路分析课程中的某些复杂计算。

（2）通过一个简单电子电路的分析，体会先进的工具软件对提高学习效率的重要性。

2．简单网络分析

先用传统的教学方法解下面这个简单网络电路分析题，电路如图 8-1-24 所示，试编写节点方程和解出各支路变量。

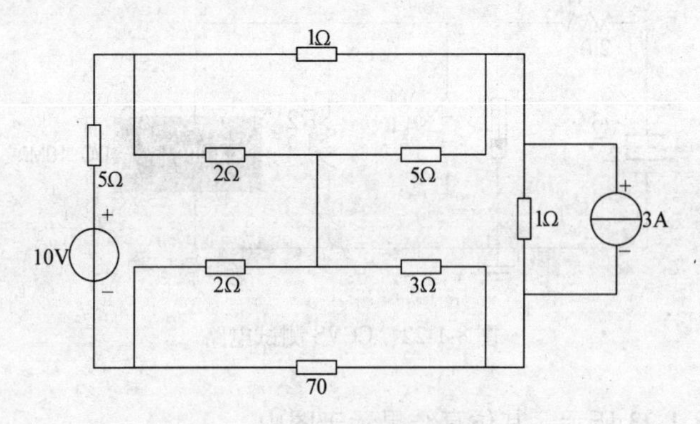

图 8-1-24　简单网络

（1）节点设定如图 8-1-25 所示，选择节点 n5 为参考节点。其余节点分别标以 n1、n2、n3、n4。其他节点电压分别为 U_{n1}、U_{n2}、U_{n3}、U_{n4}。

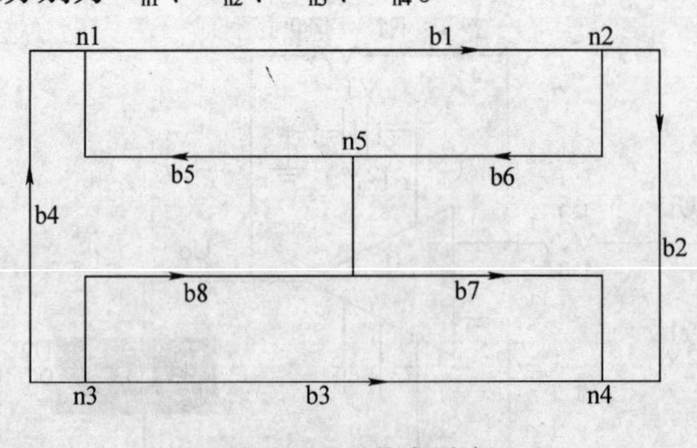

图 8-1-25　节点设定

（2）给各支路编号为 b1、b2、b3、b4、b5、b6、b7、b8，并标明每一支路的参考方向如图 8-1-25 所示。用变量 G_i 表示第 i 条支路的电导。

建立关联矩阵 $\boldsymbol{A}$：

$$
\boldsymbol{A}=\begin{array}{c}\\ n1\\ n2\\ n3\\ n4\end{array}\begin{array}{c}\begin{array}{cccccccc} b1 & b2 & b3 & b4 & b5 & b6 & b7 & b8\end{array}\\ \begin{pmatrix} 1 & 0 & 0 & -1 & -1 & 0 & 0 & 0\\ -1 & 1 & 0 & 0 & 0 & 1 & 0 & 0\\ 0 & 0 & 1 & 1 & 0 & 0 & 0 & 1\\ 0 & -1 & -1 & 0 & 0 & 0 & -1 & 0\end{pmatrix}_{4\times 8}\end{array}
$$

（3）建立支路电导矩阵，由于电路具有 8 条支路，该矩阵为 8×8 阶，且为对角线矩阵。

$$
\boldsymbol{G}=\begin{array}{c} b1\\ b2\\ b3\\ b4\\ b5\\ b6\\ b7\\ b8\end{array}\begin{pmatrix} 1 & 0 & 0 & 0 & 0 & 0 & 0 & 0\\ 0 & 1 & 0 & 0 & 0 & 0 & 0 & 0\\ 0 & 0 & 1/7 & 0 & 0 & 0 & 0 & 0\\ 0 & 0 & 0 & 1/5 & 0 & 0 & 0 & 0\\ 0 & 0 & 0 & 0 & 1/2 & 0 & 0 & 0\\ 0 & 0 & 0 & 0 & 0 & 1/5 & 0 & 0\\ 0 & 0 & 0 & 0 & 0 & 0 & 1/3 & 0\\ 0 & 0 & 0 & 0 & 0 & 0 & 0 & 1/2\end{pmatrix}_{8\times 8}
$$

（4）根据 $\boldsymbol{G}_{\mathrm{n}}=\boldsymbol{AGA}^{\mathrm{T}}$ 计算节点电导矩阵。$\boldsymbol{G}_{\mathrm{n}}=\boldsymbol{AGA}^{\mathrm{T}}$

$$
\boldsymbol{G}_{\mathrm{n}}=\begin{pmatrix} 1 & 0 & 0 & -1/5 & -1/2 & 0 & 0 & 0\\ -1 & 1 & 0 & 0 & 0 & 1/5 & 0 & 0\\ 0 & 0 & 1/7 & 1/5 & 0 & 0 & 0 & -1/3\\ 0 & -1 & -1/7 & 0 & 0 & 0 & -1/3 & 0\end{pmatrix}_{4\times 8}
$$

$$
\boldsymbol{X}=\begin{pmatrix} 1 & -1 & 0 & 0\\ 0 & 1 & 0 & -1\\ 0 & 0 & 1 & -1\\ -1 & 0 & 1 & 0\\ -1 & 0 & 0 & 0\\ 0 & 1 & 0 & 0\\ 0 & 0 & 0 & -1\\ 0 & 0 & 1 & 0\end{pmatrix}_{8\times 4}
$$

故得

$$
\boldsymbol{G}_{\mathrm{n}}=\begin{pmatrix} 17/10 & -1 & -1/5 & 0\\ -1 & 11/5 & 0 & -1\\ -1/5 & 0 & 59/70 & -1/7\\ 0 & -1 & -1/7 & 31/21\end{pmatrix}_{4\times 4}
$$

（5）确定独立电压源向量和独立电流源向量（电压，电流的符号均根据图 8-1-25 决定）：

$$
\boldsymbol{U}_{\mathrm{s}}=(0\quad 0\quad 0\quad -10\quad 0\quad 0\quad 0\quad 0)^{\mathrm{T}}
$$

$$
\boldsymbol{I}_{\mathrm{s}}=(0\quad -3\quad 0\quad 0\quad 0\quad 0\quad 0\quad 0)^{\mathrm{T}}
$$

（6）根据 $\boldsymbol{I}_{\mathrm{n}}=\boldsymbol{AGU}_{\mathrm{s}}-\boldsymbol{AI}_{\mathrm{s}}$ 确定节点电流源向量。

$$AGU_s = \begin{pmatrix} 1 & 0 & 0 & -1/5 & -1/2 & 0 & 0 & 0 \\ -1 & 1 & 0 & 0 & 0 & 1/5 & 0 & 0 \\ 0 & 0 & 1/7 & 1/5 & 0 & 0 & 0 & 1/2 \\ 0 & -1 & -1/7 & 0 & 0 & 0 & -1/3 & 0 \end{pmatrix}_{4\times 8} \times \begin{pmatrix} 0 \\ 0 \\ -10 \\ 0 \\ 0 \\ 0 \\ 0 \end{pmatrix}_{8\times 1}$$

计算得

$$AGU_s = \begin{pmatrix} 2 \\ 0 \\ -2 \\ 0 \end{pmatrix}_{4\times 1}, \quad -AGU_s = \begin{pmatrix} 0 \\ 3 \\ 0 \\ -3 \end{pmatrix}_{4\times 1}$$

故得

$$I_n = AGU_s - AI_s = \begin{pmatrix} 2 \\ 3 \\ -2 \\ -3 \end{pmatrix}$$

（7）得节点方程 $G_n U_n = I_n$

$$\begin{pmatrix} 17/10 & -1 & -1/5 & 0 \\ -1 & 11/5 & 0 & -1 \\ -1/5 & 0 & 59/70 & -1/7 \\ 0 & -1 & -1/7 & 31/21 \end{pmatrix}_{4\times 4} \times \begin{pmatrix} U_{n1} \\ U_{n2} \\ U_{n3} \\ U_{n4} \end{pmatrix} = \begin{pmatrix} 2 \\ 3 \\ -2 \\ -3 \end{pmatrix}_{4\times 1}$$

（8）通过逆矩阵 G_n^{-1} 来求解节点电压

$$\begin{pmatrix} U_{n1} \\ U_{n2} \\ U_{n3} \\ U_{n4} \end{pmatrix} = \begin{pmatrix} 17/10 & -1 & -1/5 & 0 \\ -1 & 11/5 & 0 & -1 \\ -1/5 & 0 & 59/70 & -1/7 \\ 0 & -1 & -1/7 & 31/21 \end{pmatrix}_{4\times 4}^{-1} = \begin{pmatrix} 2 \\ 3 \\ -2 \\ -3 \end{pmatrix}_{4\times 1}$$

$$= \begin{pmatrix} 1.043 & 0.76 & 0.334 & 0.511 \\ 0.706 & 1.14 & 0.303 & 0.802 \\ 0.334 & 0.303 & 1.322 & 0.334 \\ 0.511 & 0.802 & 0.334 & 1.253 \end{pmatrix}_{4\times 4} = \begin{pmatrix} 2 \\ 3 \\ -2 \\ 3 \end{pmatrix}_{4\times 1}$$

解得

$U_{n1} = 2.004\text{V}$　　$U_{n2} = 1.821\text{V}$

$U_{n3} = -2.067\text{V}$　　$U_{n4} = -0.999\text{V}$

3. 用 Multisim 来仿真分析

（1）仿真模型如图 8-1-26 所示。

（2）在“Simulate”下拉菜单中选择“Analyses”，再在“Analysis”的下拉菜单中选择“DC Operating Point”，开始直流工作点分析，在“Output variables”翻页标签中选择 n1、

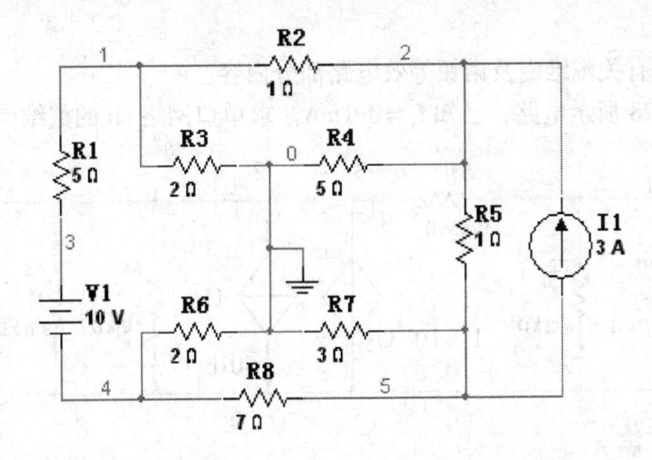

图 8-1-26　Multisim 仿真模型

Grapher View

File　Edit　View　Tools

DC operating point

Circuit1
DC Operating Point

	DC Operating Point	
1	$4	-2.06660
2	$5	-998.92589 m
3	$2	1.82062
4	$1	2.00430

Selected Diagram:　DC Operating Point

图 8-1-27　Multisim 仿真的结果

n2、n3、n4 四个节点，单击“Simulate”，仿真结果如图 8-1-27 所示。

【注】：图 8-1-27 与图 8-1-25 节点对照，n1 = $1、n2 = $2、n3 = $4、n4 = $5。

4. 实验数据及结论

从图 8-1-27 中读得仿真数据 $U_1 = U_{n1} = 2.00430\text{V}$，$U_2 = U_{n2} = 1.82062\text{V}$，$U_4 = U_{n3} = -2.06660\text{V}$，$U_5 = U_{n4} = -998.92589\text{mV}$；而理论计算结果为 $U_{n1} = 2.004\text{V}$，$U_{n2} = 1.821\text{V}$，$U_{n3} = 2.067\text{V}$，$U_{n4} = -0.999\text{V}$。由此可以看出，计算结果与实验结果相符。

思考：(1) 在“电路分析”课程学习中，有哪些理论可以用 Multisim 验证？

(2) 试选几个复杂的串并联电路，用以上两种方法进行分析比较。

例七　戴维南及诺顿等效电路

1. 实验目的

(1) 用 Multisim 验证戴维南及诺顿等效电路理论。

(2) 进一步掌握 Multisim 界面仪器使用方法。

2. 实验要求

(1) 认真复习有关戴维南及诺顿等效电路部分内容。

(2) 如图 8-1-28 所示电路，已知 $I_s = 0.1\text{mA}$。求单口网络 ab 的戴维南及诺顿等效电路。

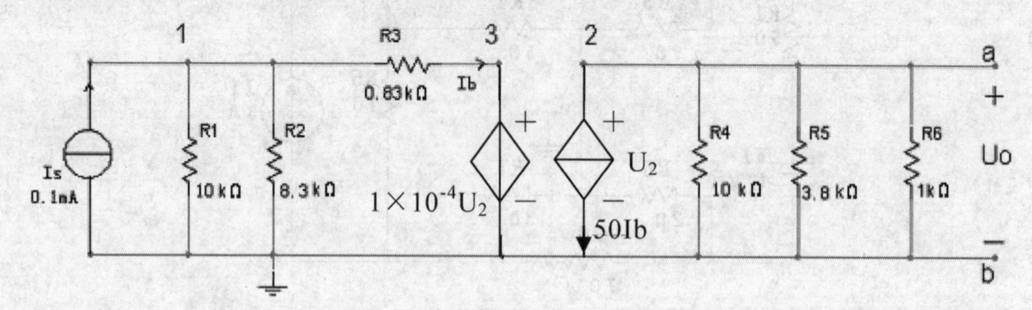

图 8-1-28 戴维南及诺顿等效电路分析实验图

3. 电路基本原理

戴维南定理：任何一个线性含源二端网络 N，如图 8-1-29a 所示，就其端口 a、b 而言，可以用一个电压源与一个电阻相串联的支路来代替，如图 8-1-29b 所示，电压源的电压等于该网络 N 端口 a、b 处的开路电压 U_{oc}，其串联电阻 R_o 等于该网络 N 中所有独立源为 0 值时所得网络端口 a、b 处的等效电阻。

诺顿定理：任何一个线性含源二端网络 N，如图 8-1-29a 所示，就其端口 a、b 而言，可以用一个电流源与一个电阻相并联的支路来代替，如图 8-1-29c 所示，电流源的电流等于该网络 N 端口 a、b 处的短路电流 I_{sc}，其并联电阻 R_o 等于该网络 N 中所有独立源为 0 值时所得网络端口 a、b 处的等效电阻。

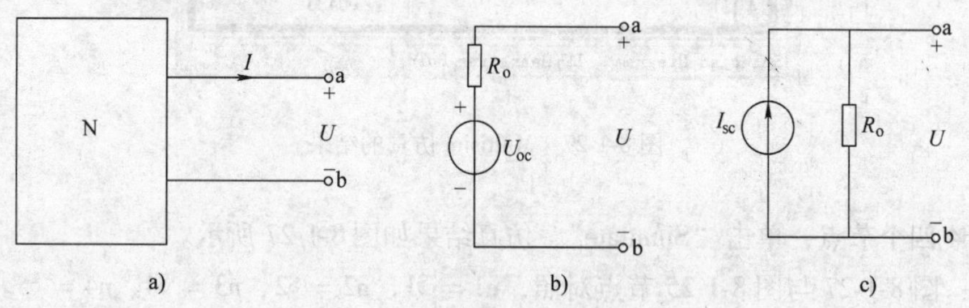

图 8-1-29 含源二端网络及等效电路

a）含源二端网络 b）戴维南等效网络 c）诺顿等效网络

4. 电路的理论计算

根据电路理论求电路的戴维南等效电路可分为两步，即先求开路电压 U_{oc}，再求等效电阻。求诺顿等效电路也分两步，即先求短路电流，再求等效电阻。

(1) 先求开路电压。当 ab 两端开路时 $U_{oc} = U_{ab}$，用节点分析法列出节点方程，并取 b 为参考点，节点名称如图 8-1-28 所示，则 $U_2 = U_{oc}$，节点方程为

$$\left(\frac{1}{R_1} + \frac{1}{R_2} + \frac{1}{R_3}\right)u_1 - \frac{1}{R_3}u_3 = I_s \quad ①$$

$$(u_1 - u_3)\frac{1}{R_3} = I_b \quad ②$$

$$\left(\frac{1}{R_4}+\frac{1}{R_5}+\frac{1}{R_6}\right)U_2 = -50I_b \qquad ③$$

$$u_3 = 10^{-4}U_2 \qquad ④$$

将①②③④联立求解，得开路电压为：$U_{oc}=U_2=-3.1037\text{V}$。

（2）再求等效电阻 R_o。采用外加电压法，如图 8-1-30 所示。

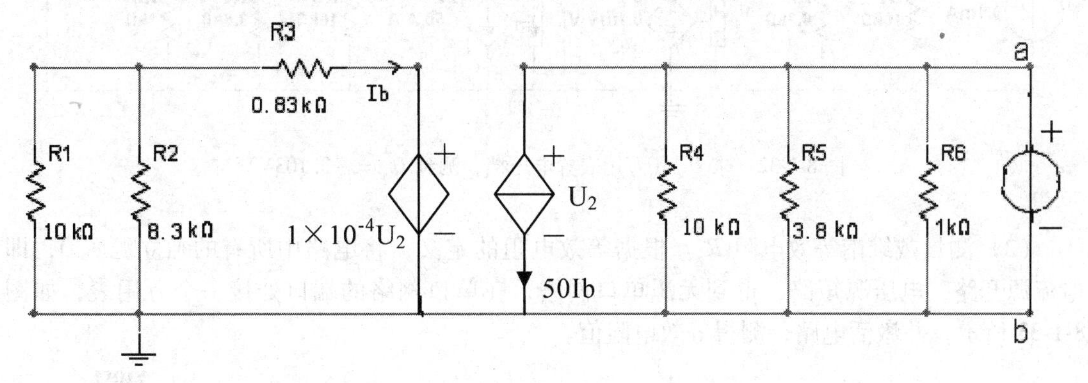

图 8-1-30　求等效电阻 R_o

此时 $U=U_2$，求解得

$$I_b = -\frac{10^{-4}U}{(10\,/\!/\,8.3+0.83)\times 10^3} \qquad ⑤$$

又

$$I = 50I_b + \left(\frac{1}{10}+\frac{1}{3.8}+1\right)\times 10^{-3}U \qquad ⑥$$

那么，等效电阻 $R_o = \dfrac{U}{I} = \dfrac{1}{\dfrac{5\times10^{-4}}{\left(\dfrac{83}{18.3}+0.38\right)\times 10^3}+1.263\times10^{-3}}\Omega = 732\Omega$

（3）求短路电流。为求诺顿等效电路，还需求短路电流，如图 8-1-31 所示，由电路可知，短路电流

$$I = -50I_b = -50\times\frac{10\,/\!/\,8.3}{10\,/\!/\,8.3+0.38}I_s = -4.23\text{mA}$$

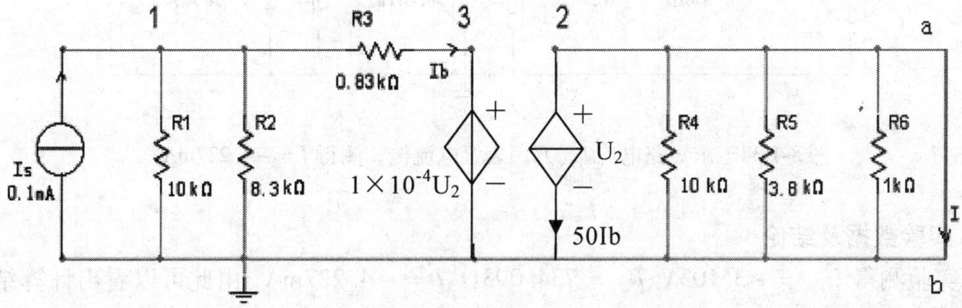

图 8-1-31　求短路电流

5. 用 Multisim 进行实验分析

（1）测开路电压 U_{oc}。电路连接如图 8-1-32 所示，并激活电路，即可测到 U_{oc}。

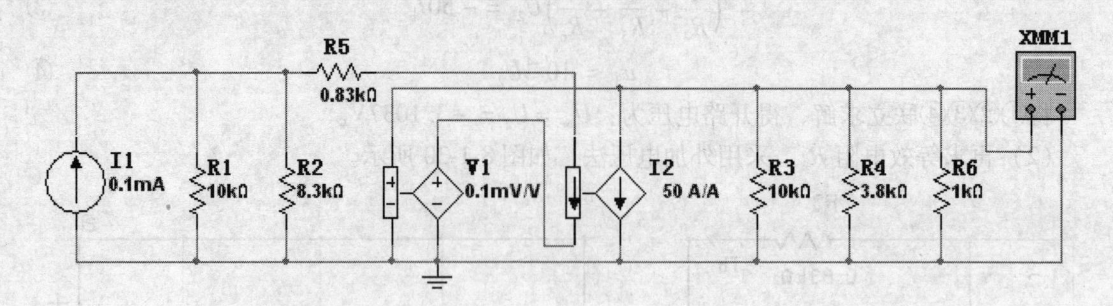

图 8-1-32　求 U_{oc}（万用表置电压档，测到 $U_{oc}=-3.103\text{V}$）

（2）测量戴维南等效电阻 R_o。根据等效电阻的定义，将电路中所有的独立源置 0，即电流源开路，电压源短路，得到无源单口网络，在单口网络的端口处接一个万用表，如图 8-1-33 所示，并激活电路，测得等效电阻值。

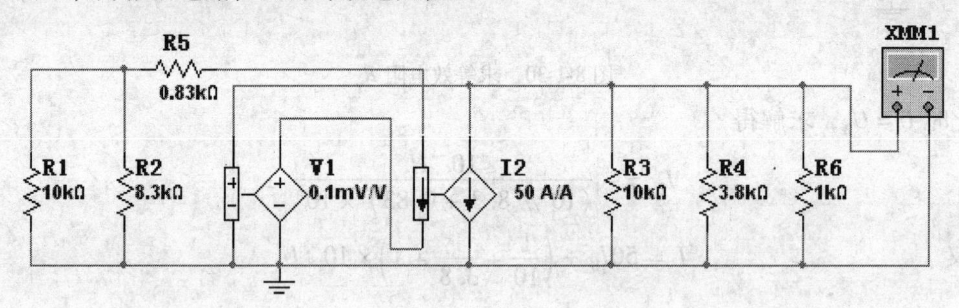

图 8-1-33　求 R_o（万用表置电阻档，测得 $R_o=734.093\Omega$）

（3）测短路电流。电路连接如图 8-1-34 所示，激活电路即可测到短路电流。

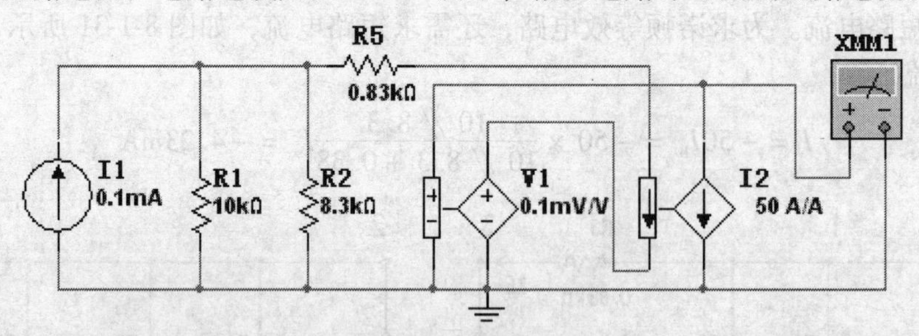

图 8-1-34　求短路电流 I（万用表置电流档，测得 $I=-4.227\text{mA}$）

6. 实验数据及结论

由实验测得 $U_{oc}=-3.103\text{V}$、$R_o=734.093\Omega$、$I=-4.227\text{mA}$，由此可以看出计算结果与 Multisim 的实验结果相吻合。

思考：（1）在“电路”课程学习中，有哪些理论可以用 Multisim 验证？

（2）“电路”课程理论学习的难点在哪里？

（3）如何提高电路课程学习的效率。

例八　含 L、C 的电路特性分析

1. 实验目的

（1）分析含有 L、C 的电路的特性。

（2）学习一阶电路、二阶电路的暂态响应。

2. 实验原理

对于 R（电阻）、L（电感）和 C（电容），这三个器件都是二端器件，其电特性：

R：　$i = \dfrac{u}{R}$　（没有能量聚集）

C：　$i_C = C\dfrac{du_C}{dt}$　（与能量有关）

L：　$i_L = L\dfrac{di_L}{dt}$　（与能量有关）

L、C 是储能元件，在电路中有充（能量聚集）、放（能量释放）电现象。

L、C 的能量不能突变。也就是说，能量的聚集或耗散是需要时间的。

通常称包含 L、C 的电路为动态电路。描述动态电路的方程用微分方程，电路的阶数决定微分方程的阶数。

含有一个储能元件和电阻的电路称为一阶电路，有 RC、RL 电路两种。一阶电路的暂态特性公式为

$$f(t) = f(\infty) + [f(0_+) - f(\infty)]e^{-t/\tau}$$

式中，$f(t)$ 为电压或电流信号；$f(\infty)$ 为电压或电流的稳态值；$f(0_+)$ 为初始值；τ 为时间常数（$\tau = RC$ 或 $\tau = L/R$）。

（1）一阶电路通常有如图 8-1-35 所示形式，即 RC、RL 形式。在图 8-1-35a 所示电路的输入端口加上方波信号 u_i，其暂态响应曲线如图 8-1-36 所示。

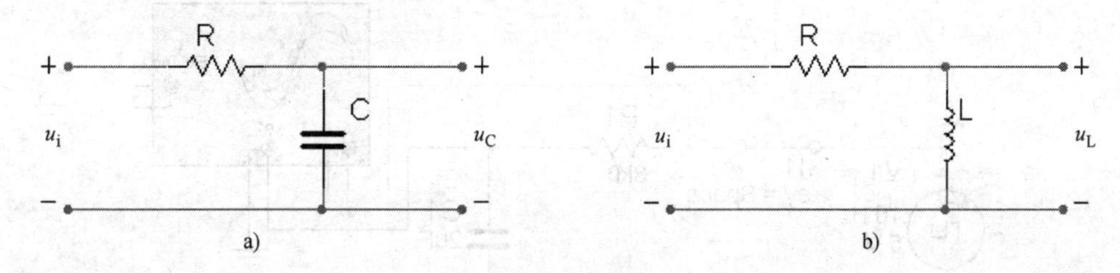

图 8-1-35　一阶电路

a）RC 电路　b）LC 电路

（2）二阶电路的组合形式较多，下面以一个 RLC 串联电路为例分析其电特性，电路如图 8-1-37 所示。

其对阶跃信号响应的微分方程为：

$$LC\frac{d^2u_C}{dt^2} + RC\frac{du_C}{dt} + u_C = \varepsilon(t)$$

其特征方程为：

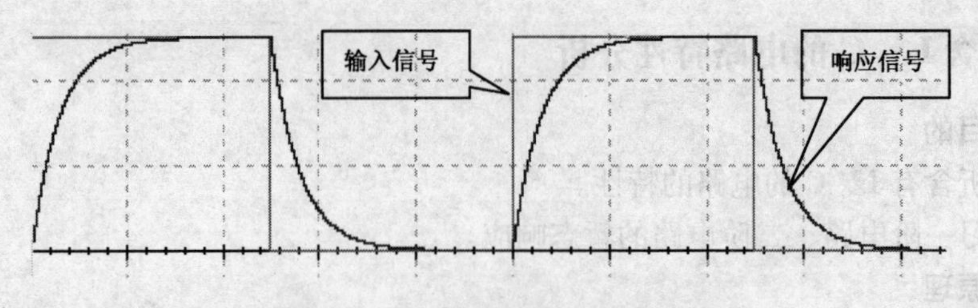

图 8-1-36　RC 电路的暂态响应曲线

$$LC_s^2 + RC_s + 1 = 0$$

方程的根为：

$$s = \frac{R}{2L} \pm \sqrt{\left(\frac{R}{2L}\right)^2 - \frac{1}{LC}} = -\alpha \pm \sqrt{\alpha^2 - \omega_0^2}$$

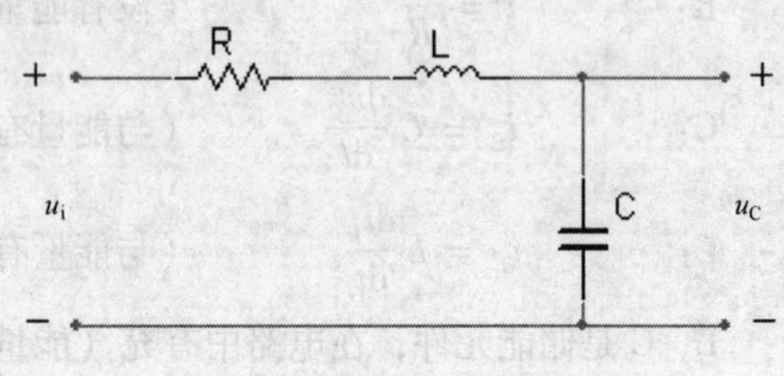

图 8-1-37　RLC 串联电路

式中，α 为衰减系数，ω_0 为自然谐振频率。

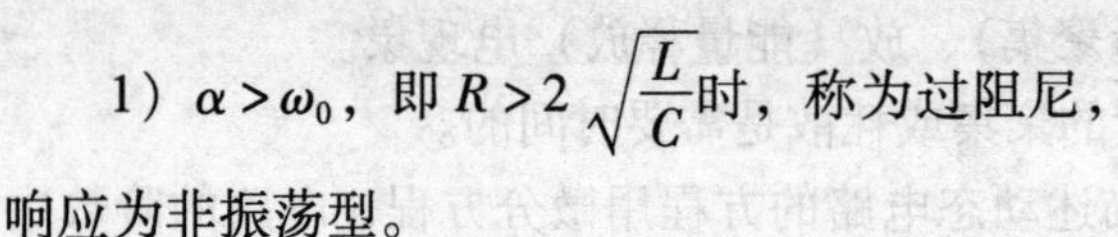

1）$\alpha > \omega_0$，即 $R > 2\sqrt{\frac{L}{C}}$时，称为过阻尼，响应为非振荡型。

2）$\alpha = \omega_0$ 即 $R = 2\sqrt{\frac{L}{C}}$时，称为临界阻尼，响应为临界振荡型。

3）$\alpha < \omega_0$ 即 $R < 2\sqrt{\frac{L}{C}}$时，称为欠阻尼，响应为振幅按指数衰减的正弦振荡。

3. 实验分析与结论

（1）RC 电路。实验电路如图 8-1-38 所示，当激励信号 V1 幅度为 5V，频率为 10Hz 时，在输出端口的响应曲线如图 8-1-39a 所示。

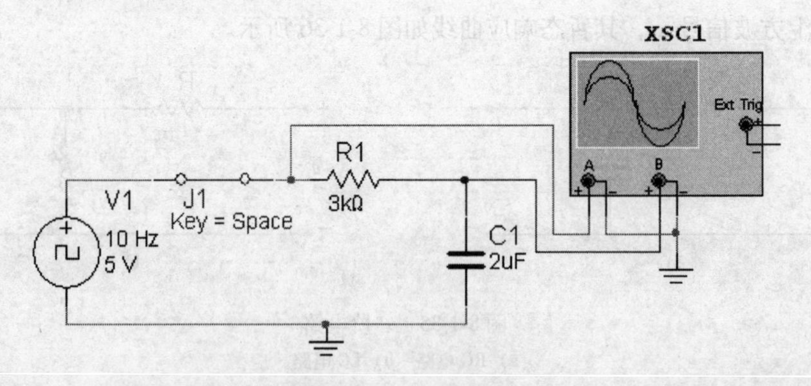

图 8-1-38　RC 电路分析

结果分析：

因 $\tau = RC$，即上升时间（下降时间）τ 在电容值确定时，与电阻值成正比，于是，在图 8-1-38 中，当电容值为 2μF 不变，电阻值从 3kΩ 改变为 5kΩ 时，波形的上升时间和下降时间都增加了，如图 8-1-39b 所示。

（2）RL 电路。实验电路如图 8-1-40a 所示，当激励信号 V1 幅度为 5V，频率为 10Hz

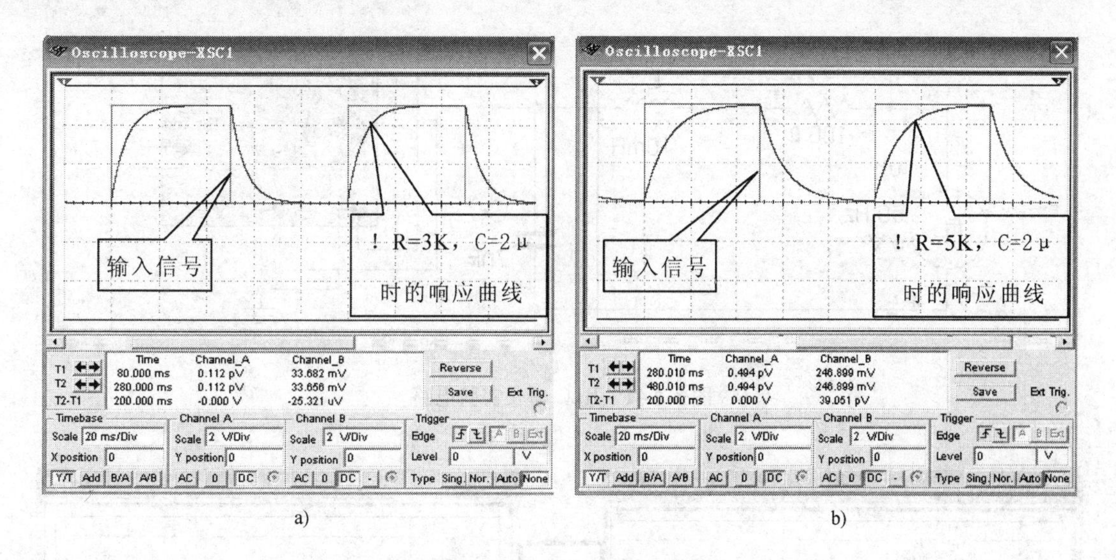

a)　　　　b)

图 8-1-39　RC 电路的响应曲线

a）R 为 3K 时的响应曲线　b）R 为 5K 时的响应曲线

时，在输出端口的响应曲线如图 8-1-40b 所示。

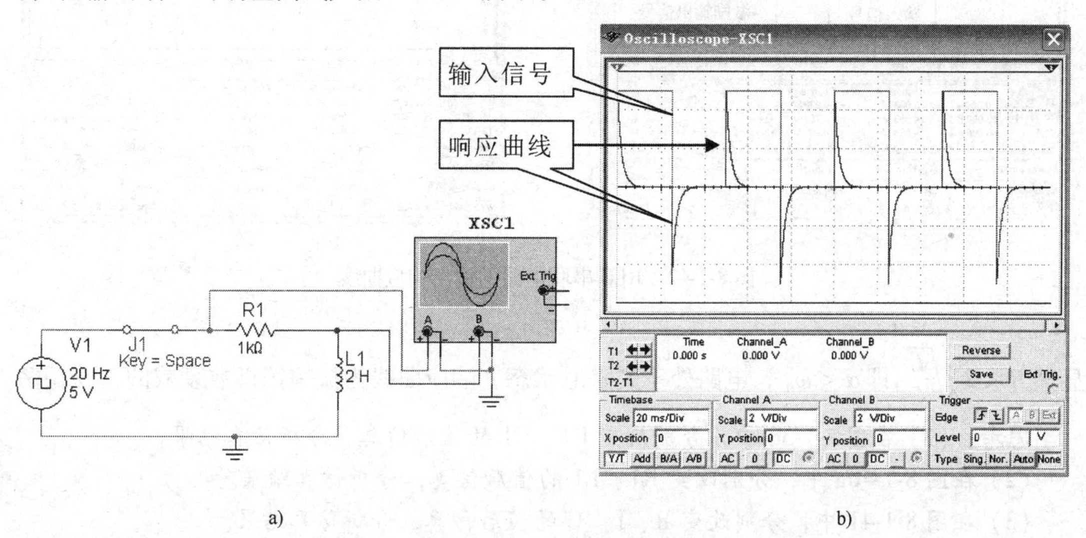

a)　　　　b)

图 8-1-40　RL 电路分析

a）RL 实验电路　b）RL 电路响应曲线

（3）RLC 串联电路。实验电路如图 8-1-41 所示，当激励信号 V1 幅度为 5V，频率为 50Hz 方波时，在输出端口的响应曲线如图 8-1-42 所示。

结果分析：

$$R = 100\Omega$$

$$2\sqrt{\frac{L}{C}} = 2\sqrt{\frac{10\times10^{-3}}{7\times10^{-9}}}\Omega > 2\text{k}\Omega$$

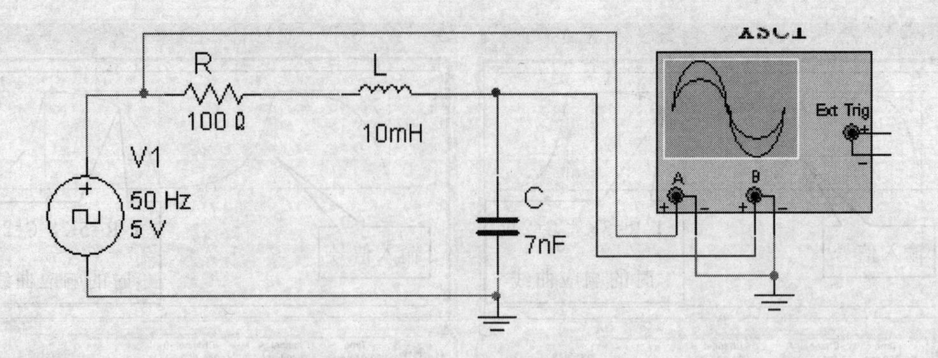

图 8-1-41　RLC 串联实验电路

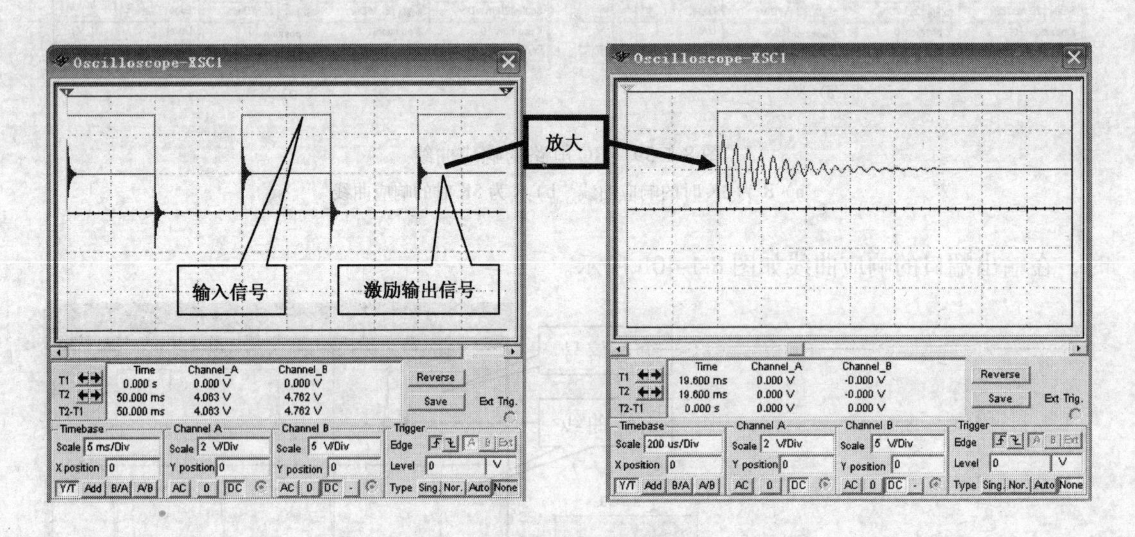

图 8-1-42　RLC 串联电路的输出响应曲线

显然 $R < 2\sqrt{\dfrac{L}{C}}$,即 $\alpha < \omega_0$，电路处于欠阻尼状态，响应曲线为振幅按指数衰减的正弦振荡。

思考：(1) 在图 8-1-38 中，分别改变 R1、C1 的值后仿真，分析仿真结果。

(2) 在图 8-1-40a 中，分别改变 R1、L1 的值后仿真，分析仿真结果。

(3) 在图 8-1-41 中，分别改变 R、L、C 的值后仿真，分析仿真结果。

第二节　电路分析实验

实验一　实验电路如图 8-2-1 所示，求各支路的电流和各节点的电压。

要求：

(1) 用电压表、电流表分别测量各支路电流和节点电压。

(2) 用 KVL、KCL 定律计算各支路电压和电流，将计算结果与实验测试结果相比较。

(3) 改变 V1 值为 10V，重复上述实验。

【注意】电路中是没有确定参考点的，仿真时必须确定参考点。

实验二　实验电路如图 8-2-2 所示，求电路中的 I 和 U。

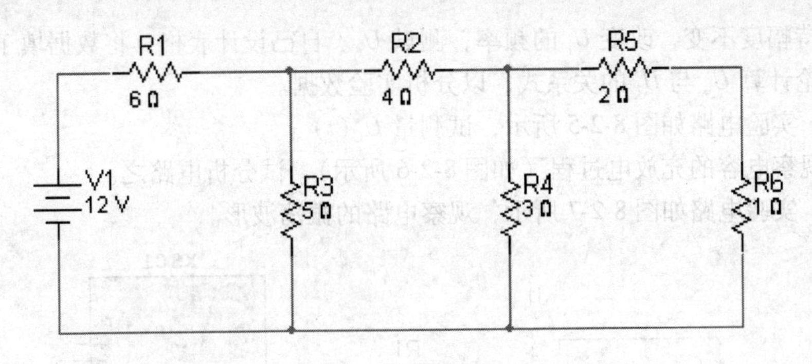

图 8-2-1　实验电路 1

要求：

（1）因 Multisim 默认设计环境中，元件符号为美制，要画图 8-2-1 所示电路必须将设计环境改变为欧制。

（2）调用电压表和电流表测量 U 和 I。

（3）理论计算 U 和 I 的值，将理论值与实验值比较。

（4）将电路中的 I1 修改为 10A 后，再重复上述实验。

实验三　实验电路如图 8-2-3 所示，求 U_o 与 U_i 的关系。

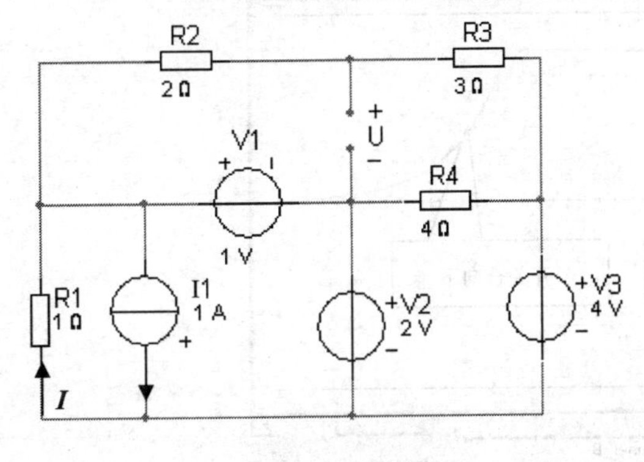

图 8-2-2　实验电路 2

图 8-2-3　实验电路 3

要求：

（1）用电压表测试 U_o。

（2）设计一个表格，改变 U_i 的值，分别测试 U_o，记录于表格中。

（3）理论计算 U_o 与 U_i 的关系式，试比较分析。

实验四　实验电路如图 8-2-4 所示，求 U_o 与 U_i 的关系。

要求：

（1）在 U_i 端输入 1mV、1kHz 的交流信号，测试 U_o。

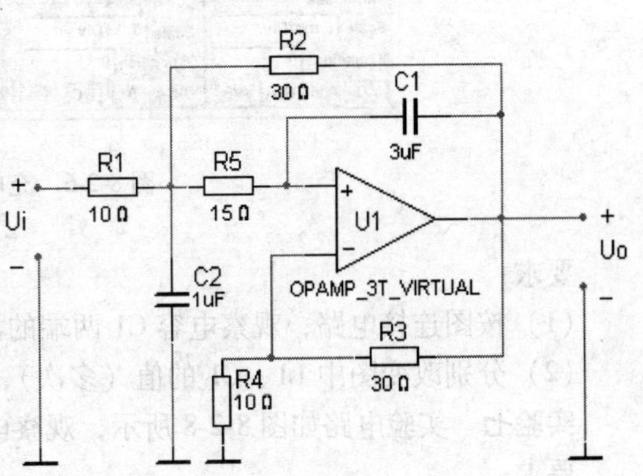

图 8-2-4　实验电路 4

（2）保持幅度不变，改变 U_i 的频率，测试 U_o。自己设计表格，将数据填于表中。

（3）理论计算 U_o 与 U_i 的关系式，以分析实验数据。

实验五　实验电路如图 8-2-5 所示，试测量 $U_C(t)$ 。

要求：观察电容的充放电过程（如图 8-2-6 所示），试分析电路之。

实验六　实验电路如图 8-2-7 所示，观察电路的振荡波形。

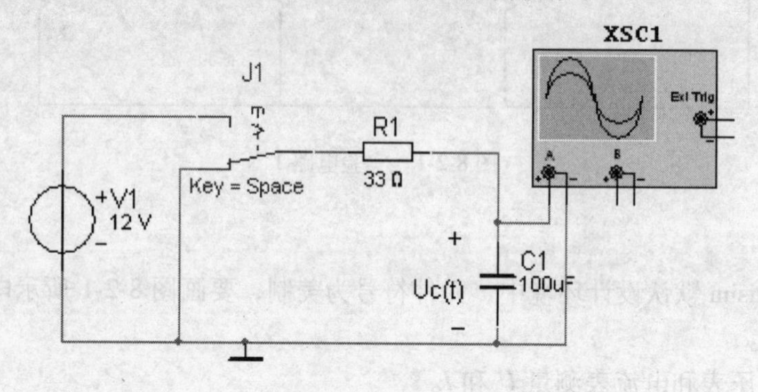

图 8-2-5　实验电路 5

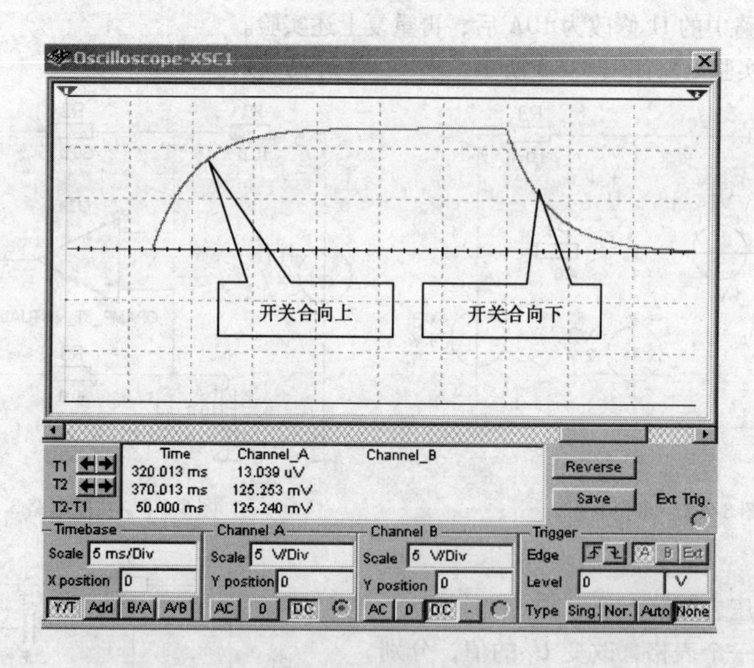

图 8-2-6　充电和放电情况

要求：

（1）按图连接电路，观察电容 C1 两端的波形。

（2）分别改变图中 L1、C1 的值（多次），观察 C1 两端的波形。

实验七　实验电路如图 8-2-8 所示，观察电路的振荡波形。

要求：

（1）按图连接电路，观察电容 C1 两端的波形。

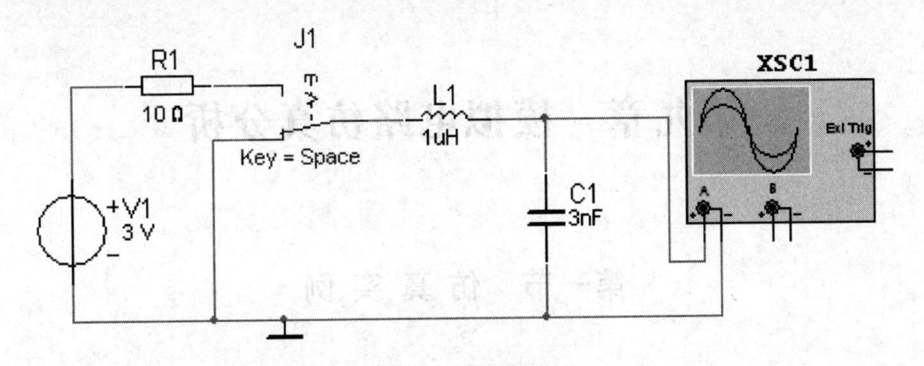

图 8-2-7　实验电路 6

(2) 分别改变图中 R2、L1、C1 的值（多次），观察 C1 两端的波形。

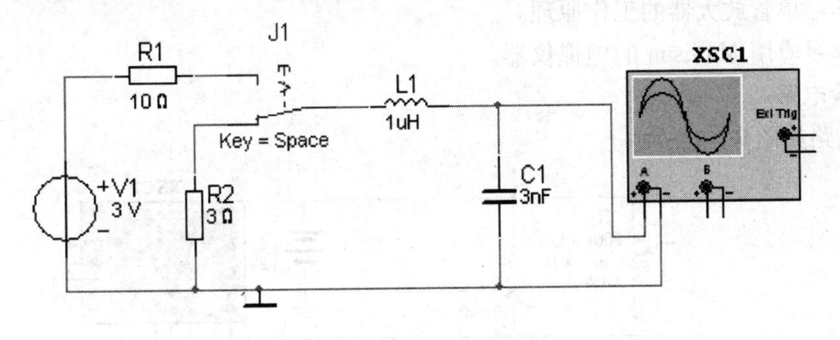

图 8-2-8　实验电路 7

第九章　模拟电路仿真分析

第一节　仿真实例

例一　分析单管放大器

1. 实验目的

（1）学习单管放大器的工作原理。

（2）学习应用 Multisim 的虚拟仪器。

2. 实验电路

实验电路如图 9-1-1 所示。

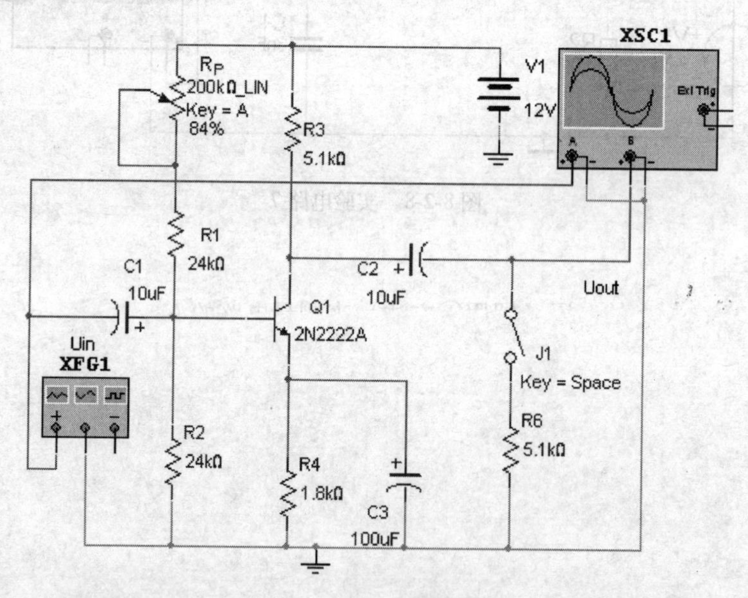

图 9-1-1　单管放大器实验电路

3. 实验内容

（1）测量 I_C。

（2）信号发生器设置为正弦波，$f=1\text{kHz}$，$V=3\text{mV}$。

（3）调整 R_P，在示波器上观察波形，使波形输出幅度最大，且不失真。

（4）测试电路的幅频特性。

（5）测量电路的失真度。

（6）测量输入电阻 R_i，输出电阻 R_o。

4. 实验分析

（1）测量 I_C。I_C 的测量方法很多，一般用电流表直接测量或通过测量 V_e 间接测量，下面用两种方法分别测量：

① 测量 V_e，用 $I_e = V_e/R_e \approx I_C$ 计算集电极电流，如图 9-1-2 所示。

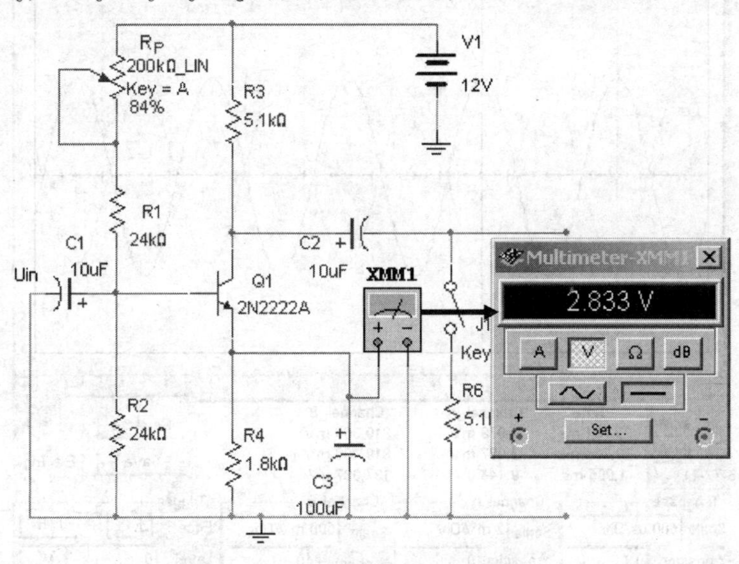

图 9-1-2　传统方法测量 I_C

$$I_e = I_c + I_b \approx I_c \Rightarrow I_c = \frac{V_e}{R_e} = \frac{2.833}{1800}\text{A} = 1.57\text{mA}$$

② 用电流表直接测量，如图 9-1-3 所示。

电压表测得　$I_C = 1.567\text{mA}$

结论：由上①、②分析看出，两种方法的结果是一致的。在实际电路中往往是用万用表测量晶体管发射极电阻上的电压（即用①方法）来测量电路的 I_C。

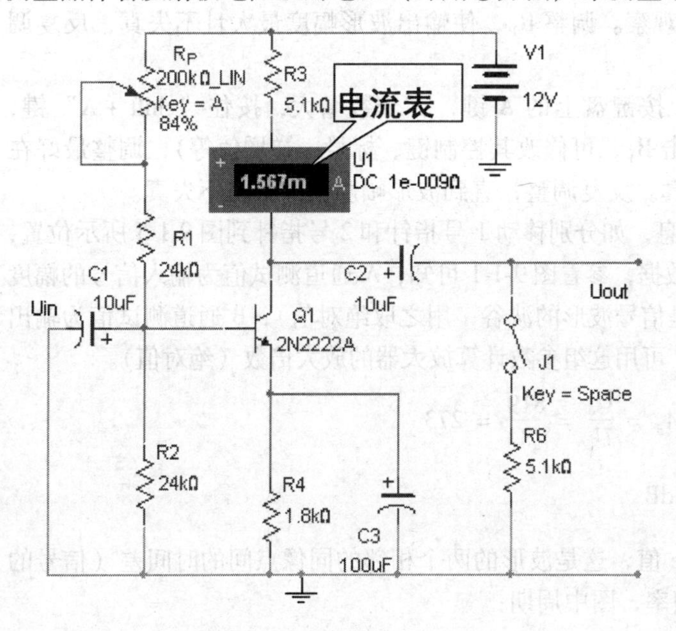

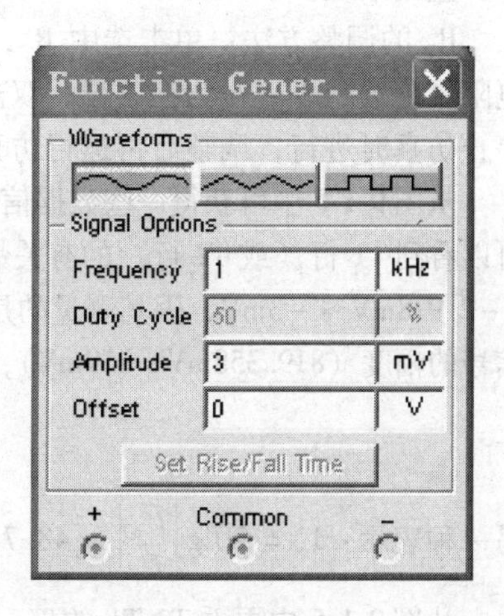

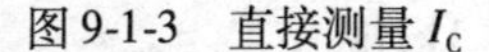

图 9-1-3　直接测量 I_C　　　　图 9-1-4　信号源设置界面

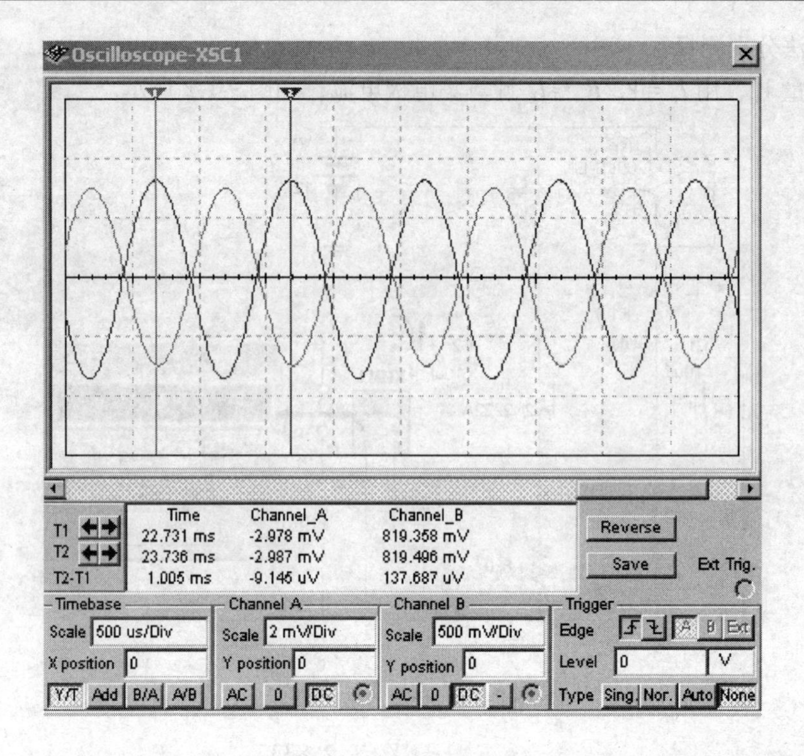

图 9-1-5　波形分析

（2）信号源的设置。双击 XFG1 图标，出现如图 9-1-4 所示界面，设置交流信号，频率为 1kHz，幅度为 3mV。

（3）运行仿真。双击 XSC1 图标，出现如图 9-1-5 所示界面，调整“ChannelA、B”的“Scale”（A 为 5mV/Div，B 为 200mV/Div），使波形有一定的幅度，调整“Timebase”的“Scale（500uS/Div）”，使波形便于观察。调整 R_P，使输出波形幅度最大且不失真，反复调整，直到最佳。

R_P 的调整方法：单击选中 R_P，按键盘上的 A 键，百分数增大，按住“shift + A”键，电阻百分数减小（A 为控制键，双击 R_P，可修改其控制键、标号、递增值等），调整最好在停止仿真时进行，调整后再运行仿真。反复调整，直到波形幅度最大，且不失真。

从图 9-1-5 中可获得一些数据信息，如分别移动 1 号指针和 2 号指针到图 9-1-5 所示位置，可以看到 T1 行（或 T2 行）的有关数据，参看图 9-1-1 可知，A 通道测试值为输入信号的幅度（$-2.978\text{mV} \approx -3\text{mV}$，因其测量的是信号波形的波谷，用之取绝对值），B 通道测试值为输出信号的幅度（$819.358\text{mV} \approx 819\text{mV}$），可用这组参数计算放大器的放大倍数（绝对值）。

$$A_v = \frac{U_\text{o}}{U_\text{i}} = \frac{819}{3} = 273$$

另一种表示：$A_v = 20\lg\left|\frac{U_\text{o}}{U_\text{i}}\right| = 48.7\ \text{dB}$

从图 9-1-5 中再看 T2-T1 的 Time 值，这是波形的两个相邻的同像点间的时间差（信号的周期），用它可计算信号的周期和频率，图中周期：

$$T = 1\text{ms} \qquad f = \frac{1}{T} = 1\text{kHz}$$

由此看出，测量值与信号源的设置值是一致的。

（4）测量电路的幅频特性。用波特图示仪测试电路的幅频特性曲线非常方便，连接方法如图 9-1-6 所示，可改变波特图示仪右边的 F、I 值调整波特图的幅度和形状。

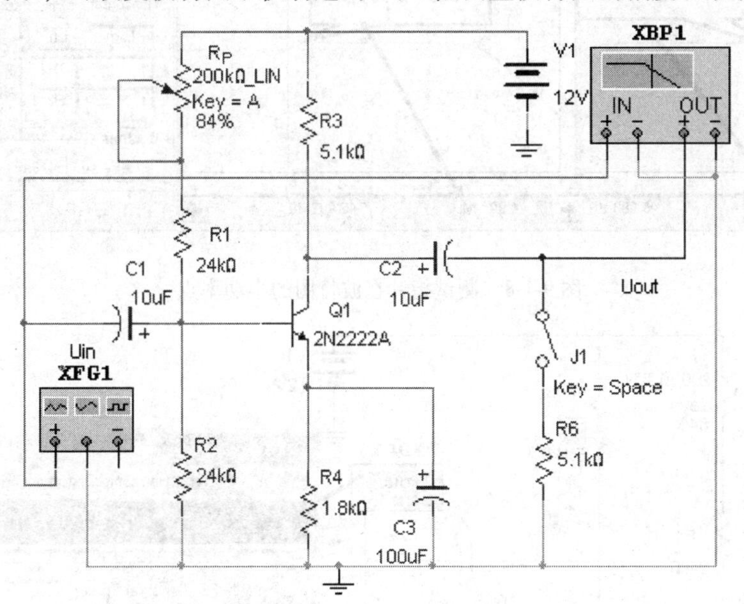

图 9-1-6　波特图示仪连接方法

结论分析：

移动测试指针，如图 9-1-7 所示，可测量放大器的幅度值

$$A_v = 20\lg \frac{U_o}{U_i} = 48.986\text{dB}$$

根据频带宽度的测试原理，移动测试指针，使幅度值下降 3dB，如图 9-1-8 所示，此时的频率值分别为

$$f_L = 93.886\text{Hz} \qquad f_H = 4.996\text{MHz}$$

那么放大器的频带宽度为

$$f_W = f_H - f_L = 4.996\text{MHz}$$

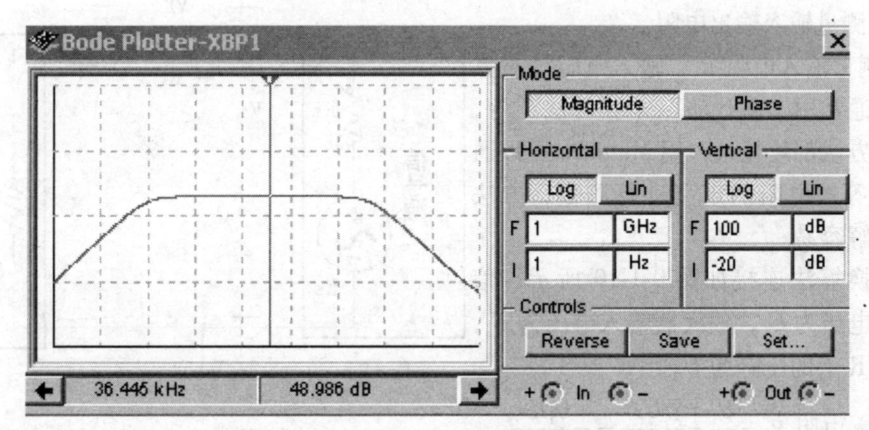

图 9-1-7　测试指针在波特图的最佳放大区

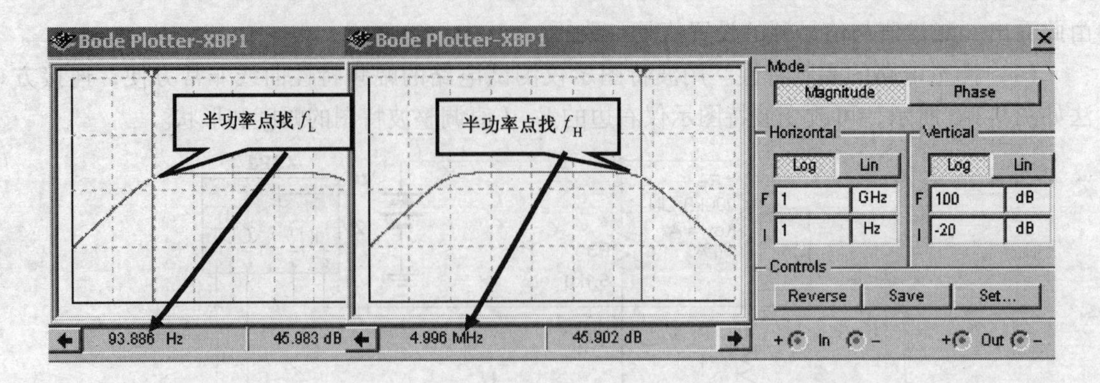

图 9-1-8　测试指针在波特图的半功率点

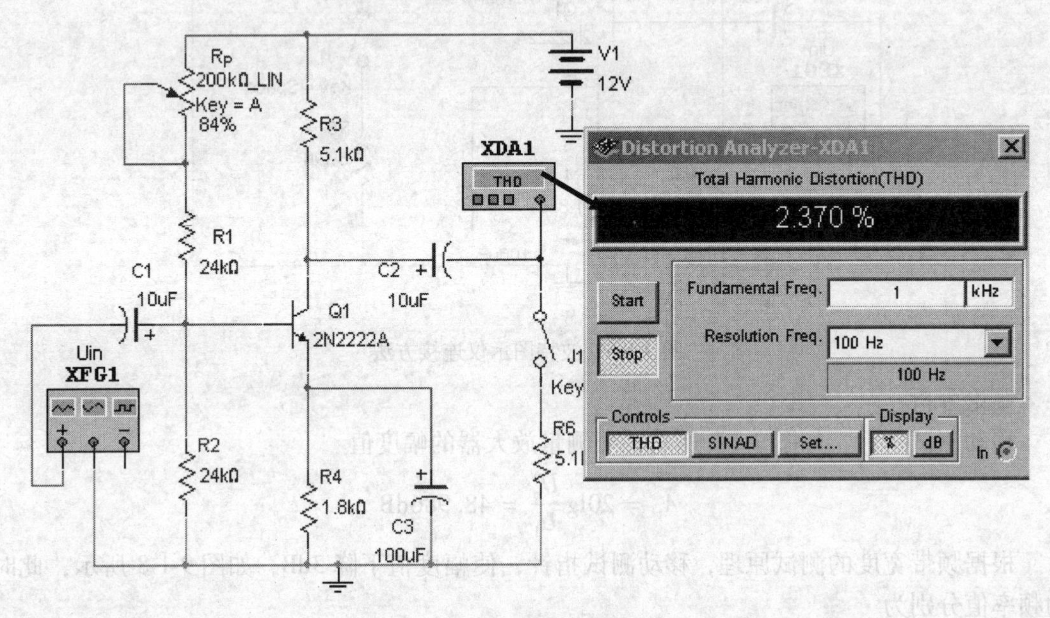

图 9-1-9　失真度测量仪的连接与测量

(5) 测量电路的失真度。可以用失真度测量仪直接测量，如图 9-1-9 所示。

结论：电路的失真度为 2. 662%。

(6) 测量输入输出电阻。

1) 测量输入电阻 R_i。输入电阻测量方法很多，通常用“替代法”、“换算法”等，这些测量方法都较复杂，用 Multisim 可以通过放大器等效电阻的定义进行测量，方法简单，理解容易。

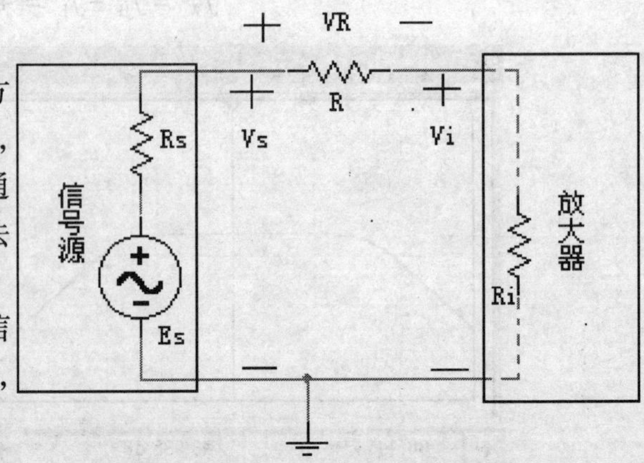

图 9-1-10　换算法测试输入电阻连接

其中换算法连接如图 9-1-10 所示，信号源输出电压为 U_s，放大器输入电压为 U_i，测试电阻 R 上的压降为 U_R

则输入电阻 $R_i = \dfrac{U_i}{I_i} = \dfrac{U_i}{U_R/R} = \dfrac{U_i R}{U_s - U_i}$

① 用传统方法"换算法"测量 R_i，电路如图 9-1-11 所示。

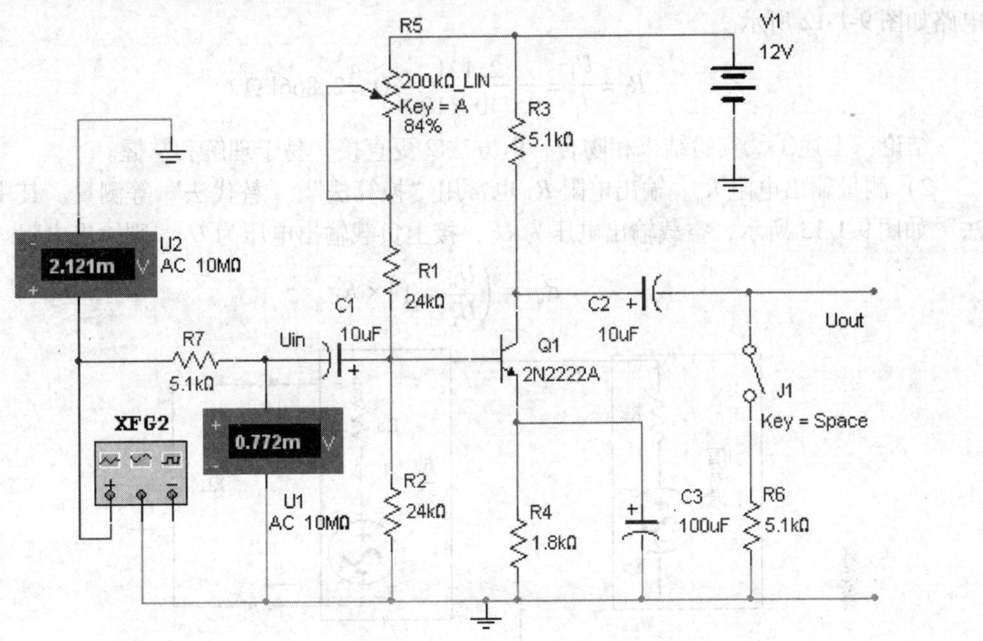

图 9-1-11　换算法测 R_i

输入电阻　$R_i = \dfrac{U_i}{I_i} = \dfrac{U_i}{U_R/R} = \dfrac{U_i R}{U_s - U_i}$

那么　$R_i = \dfrac{0.772 \times 5.1}{2.121 - 0.772} \times 10^3\Omega = 2.92\text{k}\Omega$

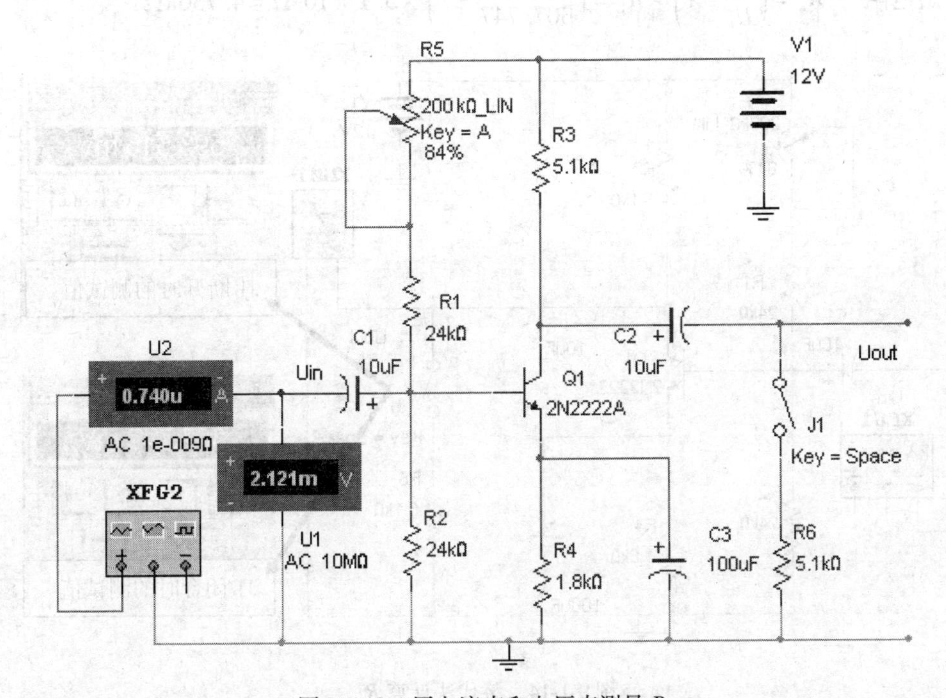

图 9-1-12　用电流表和电压表测量 R_i

② 用 Multisim 的电流表和电压表测量 R_i。可以通过放大器等效电阻的定义进行测量，电路如图 9-1-12 所示。

$$R_i = \frac{U_i}{I_i} = \frac{2.121}{0.740 \times 10^{-3}} \Omega = 2.866 \text{k}\Omega$$

结论：上述①②实验结果相吻合，但方法②更直接，易于理解和掌握。

2）测量输出电阻 R_o。输出电阻 R_o 也常用“换算法”、“替代法”等测量。其中“换算法”如图 9-1-13 所示，空载输出电压为 U_o，接上负载输出电压为 U_L。则输出电阻

$$R_o = \left(\frac{U_o}{U_L} - 1\right) \times R_L$$

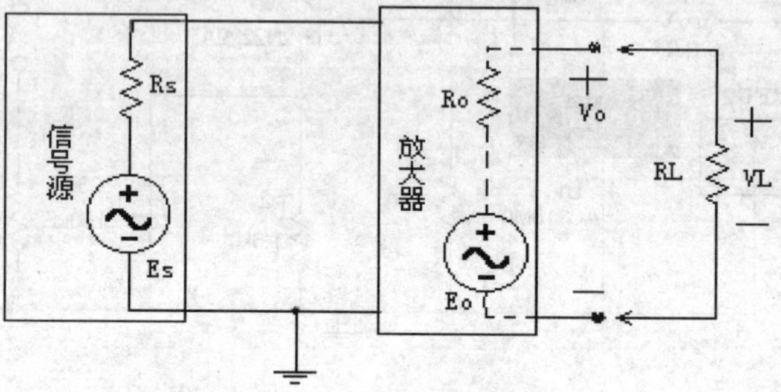

图 9-1-13 “换算法”测试 R_o

仍用“替代法”计算 R_o 如图 9-1-14 所示，在负载电阻 R6（R_L）接上时运行仿真，得到 U_{out}（U_L）值为 222.573mV；断开 R6 后运行仿真，得到 U_{out}（U_o）值为 433.923mV。

输出电阻 $R_o = \left(\frac{U_o}{U_L} - 1\right) \times R_L = \left(\frac{593.515}{307.747} - 1\right) \times 5.1 \times 10^3 \Omega = 4.736 \text{k}\Omega$

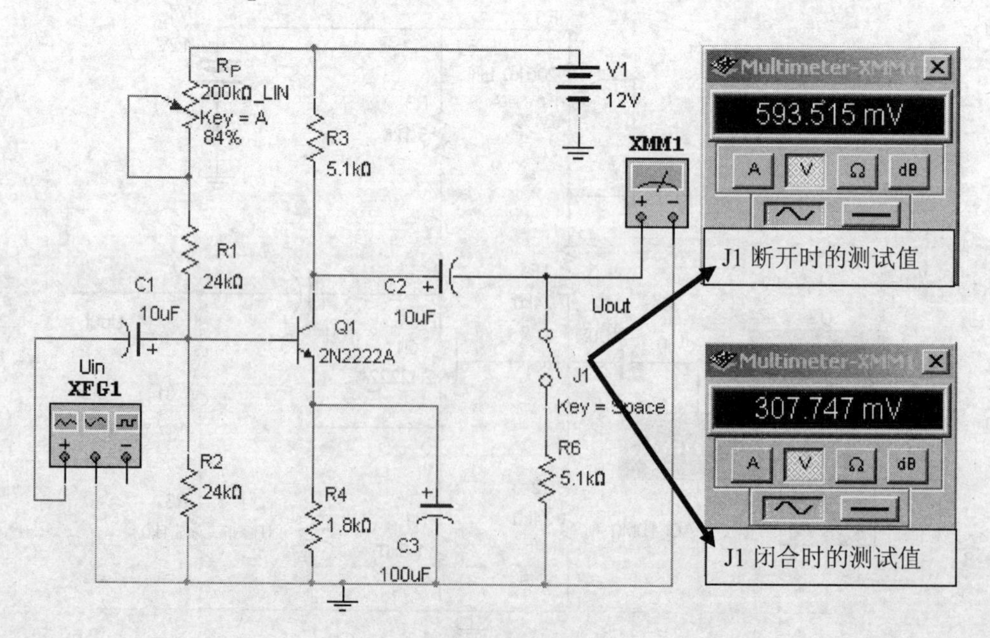

图 9-1-14 替代法计算 R_o

【注】:设置 Multisim 的信号源时应注意，其单位 V_{pp}应理解为峰值电压，教材中 V_{pp}的含义为峰峰值电压（波峰-波谷之间的电压幅度值）。

思考:（1）Multisim 的仪器设备使用方法与实际使用的仪器设备使用比较，有何特点?

（2）信号发生器有三个端子，即“+”“-”“Common（公共端)”，其“+”或“-”对“Common”输出信号与“+”对“-”（用“-”接地）输出信号相比，有何差别?

（3）试更换电路器件，实验类似电路，体会“构造电路容易、无元器件损坏、无接触不良、分析结果直接”之含义。

例二　晶体管负反馈放大电路的分析

1. 目的

（1）学习电路的负反馈原理。

（2）学习应用 Multisim 的高级分析功能。

2. 要求

按图 9-1-15 所示电路连接电路，利用 Multisim 进行如下分析。

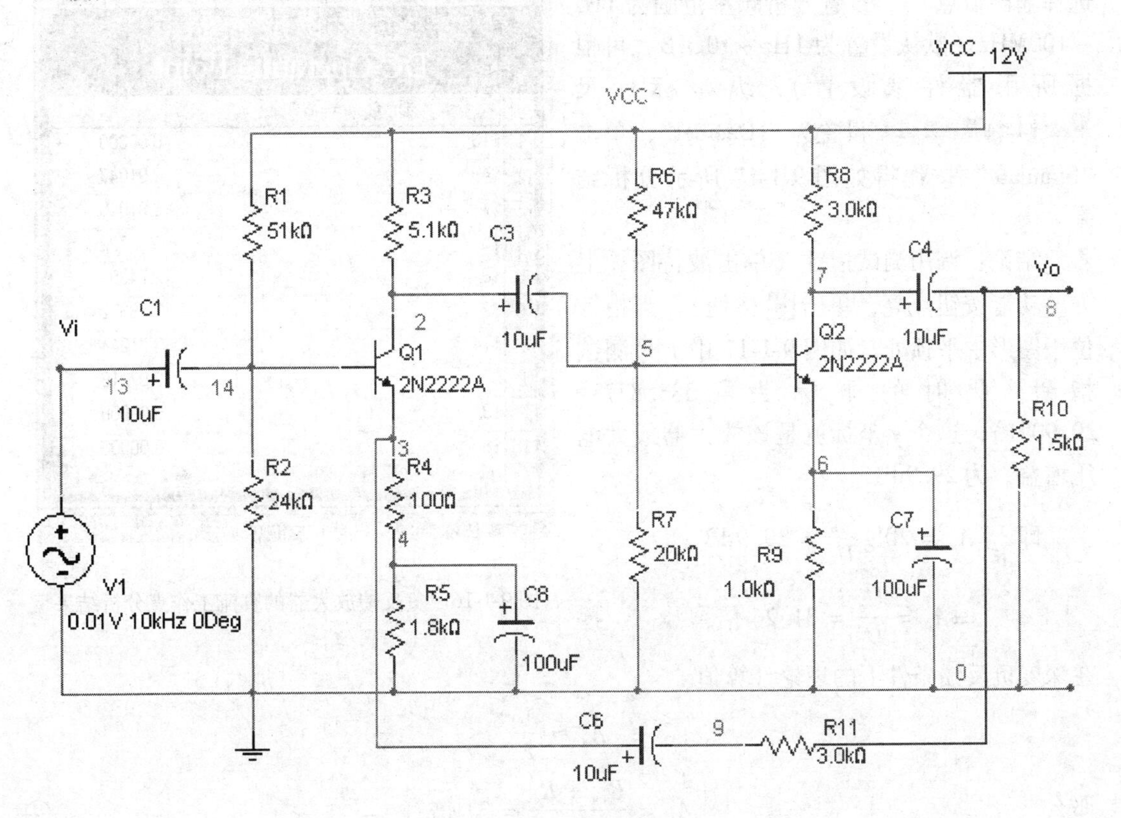

图 9-1-15　负反馈放大器

（1）直流工作点分析。计算各节点电压。

（2）交流分析。采用每 10 倍频程扫描 10 个点的方式，分析 1Hz ~ 10GHz 内电路的频率特性。

（3）瞬态分析。分析 0 ~ 0. 3ms 内电路的瞬态特性。

（4）参数扫描分析。R1 以 20kΩ 为增量从 27kΩ 线性增长到 87kΩ 分析电路的瞬态特性，确定 R1 的最佳值；R11 分别为 2kΩ，3kΩ，5kΩ，10kΩ 时分析电路的交流特性。

（5）温度扫描分析。工作温度分别为 -25℃、25℃、50℃、100℃时分析电路的瞬态特性。

（6）容差分析。若晶体管模型参数 R_b、C_{jc}和 C_{je}的容差为 8%，分析该容差对电路频率特性的影响。

3. 分析

（1）计算各节点电压。在图 1-2-1 所示界面中单击按钮，选择“DC Operating Point”，设置需要分析的节点，单击“Simulate”，结果如图 9-1-16 所示。

结论：节点参考图 9-1-15 所示电路，分析直流工作电压，其值合乎设计要求。

（2）交流分析。单击按钮，选择“AC Analysis”，设置分析节点（根据自己所画图形的节点名确定，按图 9-1-15 中显示，选择输出节点 8），设置分析频率范围为 1Hz ~100MHz（默认设置为 1Hz ~ 10GHz，可根据所用器件来设置），纵坐标标尺 Vertical scale 设置为“Decibel”，单击“Simulate”按钮得如图 9-1-17 所示分析结果。

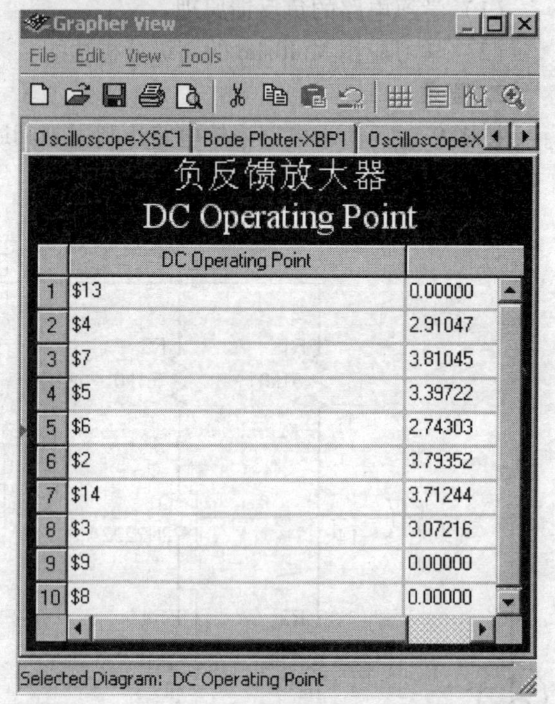

图 9-1-16 负反馈放大器的直流工作点分析结果

结论：调用测试指针（单击波特图，上方的功能按钮点亮，单击按钮），当指针位于图形中平顶处，如图 9-1-17 中 1 号测试指针，此时的坐标为（383.8773，29.9091），这个 y 坐标就是该放大器最大电压增益，为 29.9dB，

即 $A_v = 20\lg\dfrac{U_o}{U_i} = 29.9\text{dB}$

$$\Rightarrow A_v = \frac{U_o}{U_i} = 31.26\ 倍， \quad ①$$

在深度负反馈条件下的理论计算值

$$A_v \approx \frac{1}{F}$$

那么

$$A_v = \frac{R_{11} + R_4}{R_4} = 31\ 倍 \quad ②$$

由式①②计算结果可以看出，实验结果是正确的。

再看频带宽度，定义是波特图中，两个半功率点（幅度最大值下降 3dB 的点）的频率之差为频带宽度。

那么，在图 9-1-17 中，将指针拉到低频端（随便移动哪根指针），可找到 y 坐标为 26.9dB（左右）的点，此时的 x 坐标为 f_L = 30Hz；再将指针移动到高频端（也可移动另一

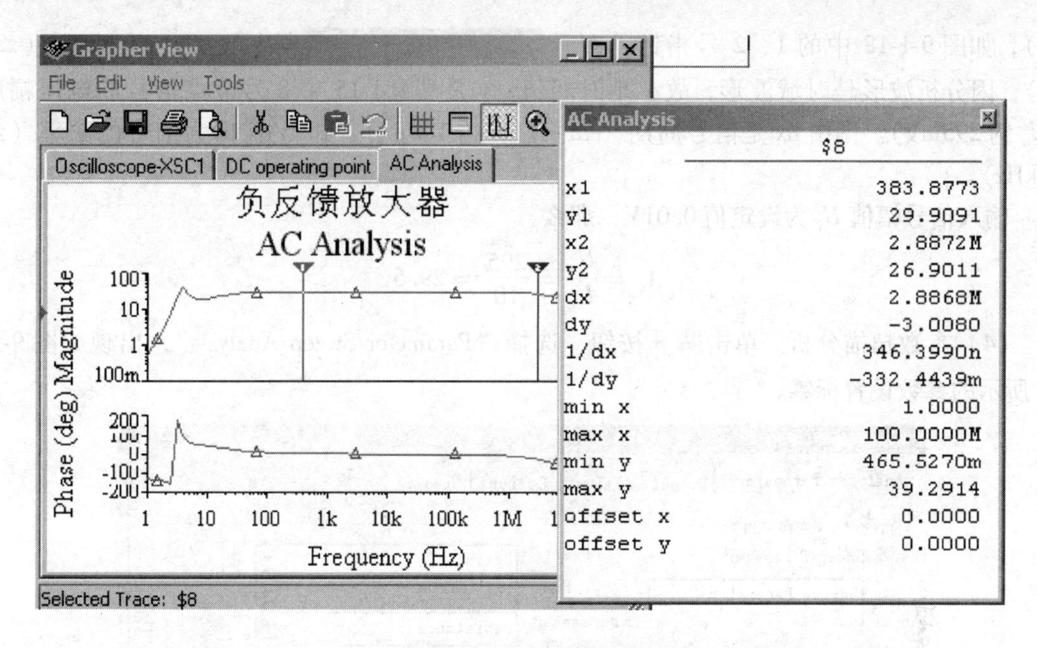

图 9-1-17　AC 分析结果

根指针），也可以找到 y 坐标为 26.9dB 的点（如图 9-1-17 所示的 2 号指针，看 y_2 的值），这时的 x 坐标为 $f_H=2.8872\text{MHz}$，即该放大器的频率范围

$$f_W=f_H-f_L=2.8872\text{MHz}$$

（3）瞬态分析。单击按钮，选择“Transient Analysis”，设置输出节点（节点 8），设置分析时域，开始时间 0s，结束时间 0.0003s（依据输入信号的频率，计算其周期，观察 3～5 个周期，即观察 3～5 个波形为益），单击“Simulate”按钮，即得到如图 9-1-18 所示的瞬态特性曲线。

结论：从图 9-1-18 中，调用测试指针（单击波形图，上方的功能按钮点亮，单击按

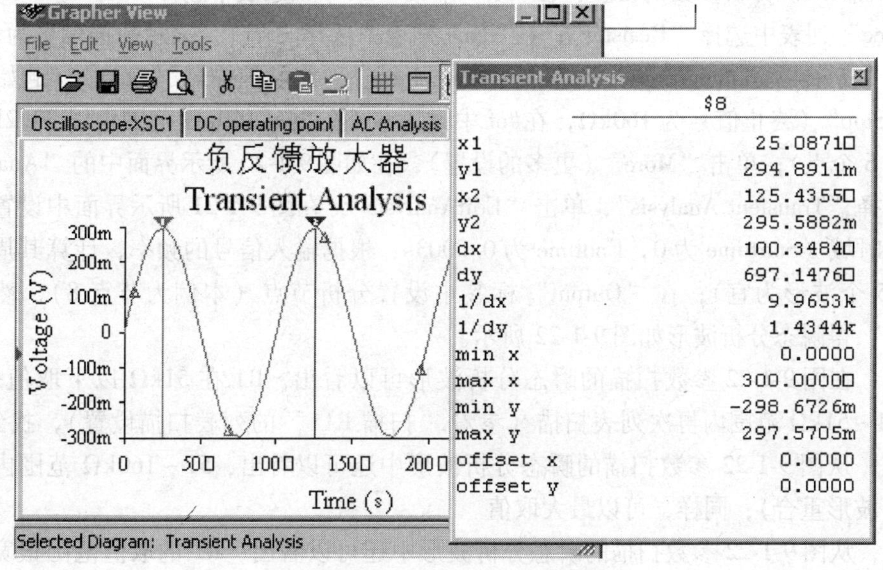

图 9-1-18　瞬态分析结果

钮)，如图9-1-18 中的1、2号指针，查看 Transient Analysis 表中的（x1，y1）、（x2，y2)，因分析波形是时域波形，故 x 是时间值，y 是图9-1-15 中8号节点信号的电压幅度（U_o 约295mV)。图中 dx 是信号周期（x2 - x1，约100μs)，即1/dx 即为信号的频率（约10kHz)。

输入信号幅值 U_i 为设定值0.01V，那么

$$A_v = \frac{U_o}{U_i} = \frac{295}{10} = 29.5$$

(4) 参数扫描分析。单击 按钮，选择“Parameter Sweep Analysis”，出现如图9-1-19 所示的参数设置标签。

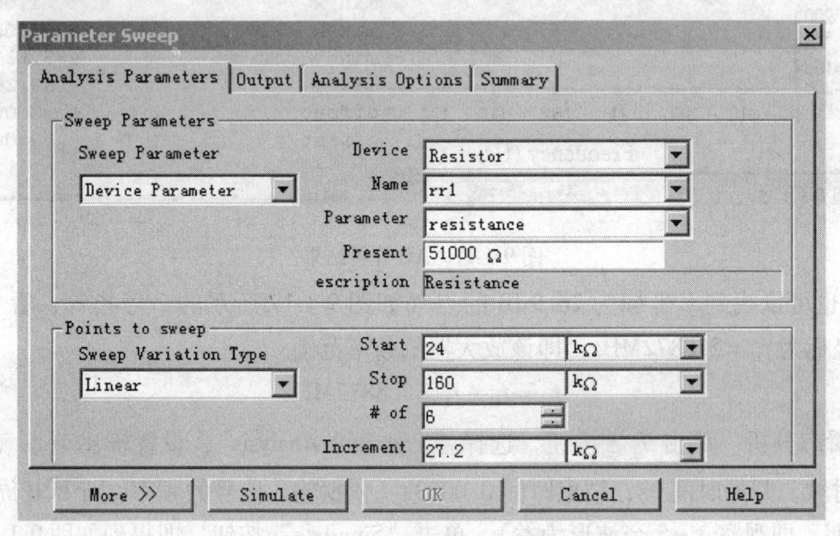

图9-1-19 参数设置标签

1) 扫描R1。分析参数的设置：在“Sweep Parameter”列表中选择“Device Parameter”；在“Device”列表中选择“Resistor”；在Name 列表中选择“rr1”（表示扫描标号为R1 的电阻)；在“Sweep Variation Type”列表中选择“Linear”（线性扫描)；“Start”（起始值）为24kΩ，“Stop”（终止值）为160kΩ，在#of 中键入6（在24 ~ 160kΩ 范围内以27.2kΩ 为递增值扫描6个点)；单击“More”（更多的设置)，在如图9-1-20 所示界面中的“Analysis to”列表中选择“Transient Analysis”，单击“EditAnalysis”，在图9-1-21 所示界面中设置分析瞬态分析的时域（Starttime 为0，Endtime 为0.0003s，根据输入信号的频率，计算其周期，即观察3 ~ 5 个波形为宜)；在“Output”标签中设置分析节点（本例为节点8)，然后单击“Simulate”得瞬态分析波形如图9-1-22 所示。

结论：在图9-1-22 参数扫描的瞬态分析波形可以看出，R1 在51kΩ 以下取值应注意，可以在24 ~ 51kΩ 范围内再次列表扫描（参看“扫描R11”的列表扫描设置)，找到R1 的最小取值；从图9-1-22 参数扫描的瞬态分析波形中还可以看出，51 ~ 160kΩ 范围内可以任意取值（波形重合)；同样，可以最大取值。

另外，从图9-1-22 参数扫描的瞬态分析波形中还可以看出，R1 的取值范围很宽，说明电压串联负反馈提高了电路的稳定性，降低了器件的精度要求，在生产过程中可以降低产品

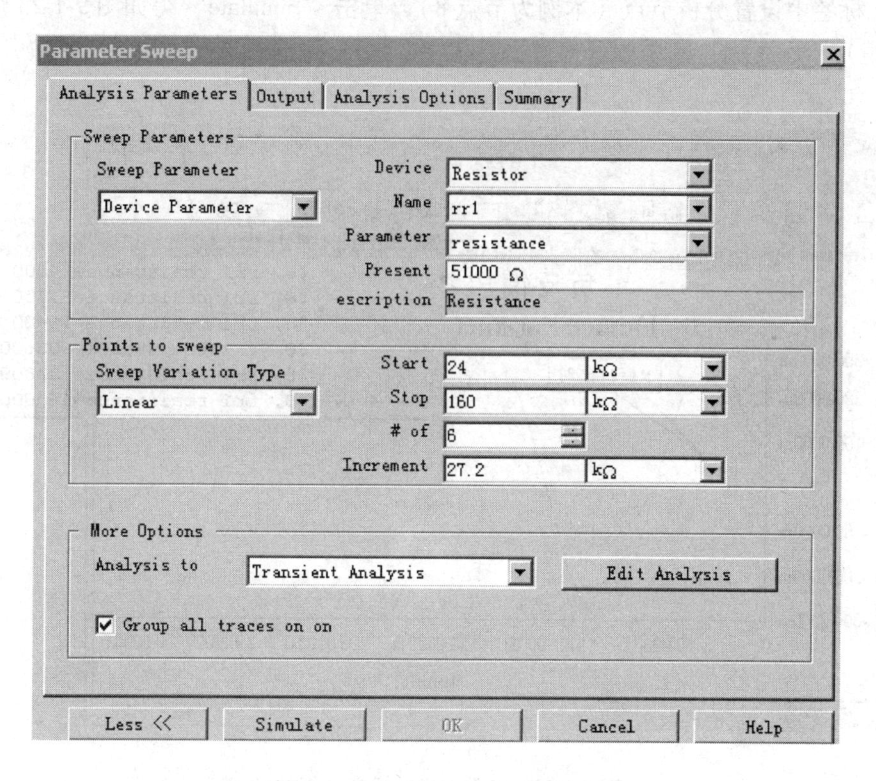

图 9-1-20　分析设置标签中更多的设置

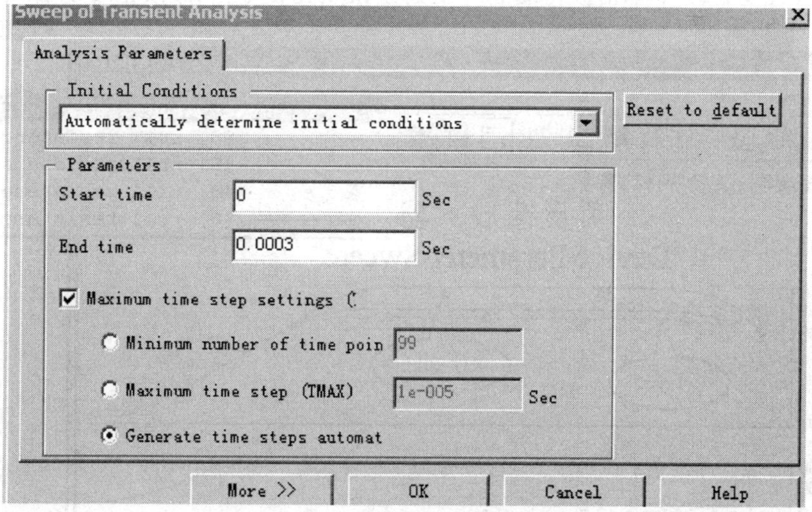

图 9-1-21　瞬态分析范围设置

的成本。

2）扫描 R11。在图 9-1-20 所示标签中，在“Name”的下拉列表中选择为“rr11”；在“Analysis to”列表中选择“ACAnalysis”，频率范围默认（1Hz ~ 10GHz），在“Sweep Variation Type”列表中选择“list”；在“Values”中输入“2000，3000，5000，10000”；在

"Output"标签中设置分析节点（本例为节点8），单击"Simulate"得如图9-1-23所示波形（波特图组）。

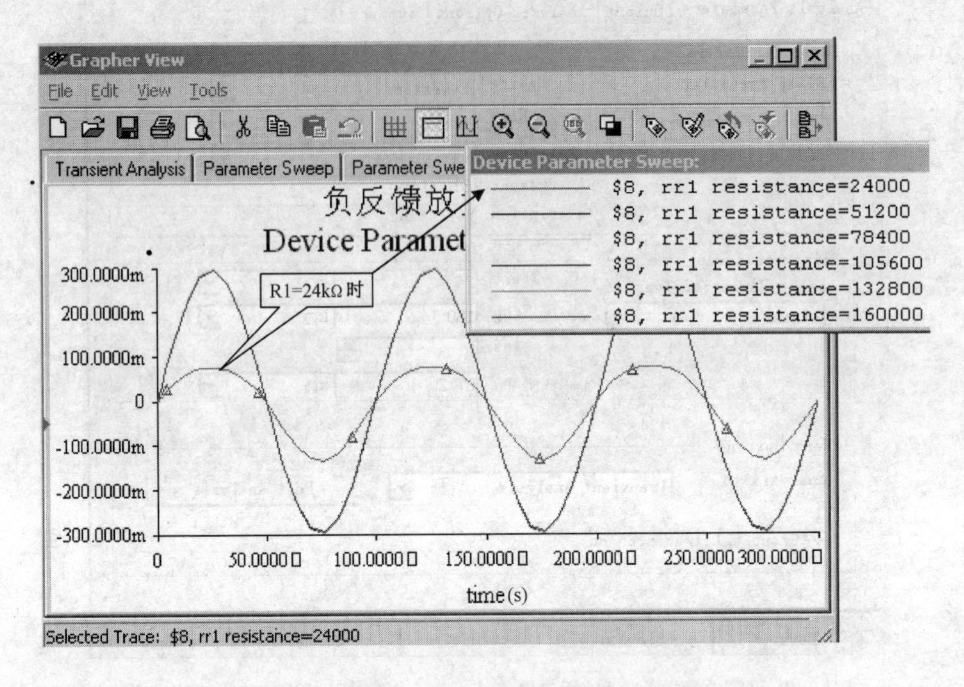

图 9-1-22 参数扫描的瞬态分析波形

结论：在图9-1-23中单击波特图后，工具按钮点亮，单击按钮可以看出，R11阻值

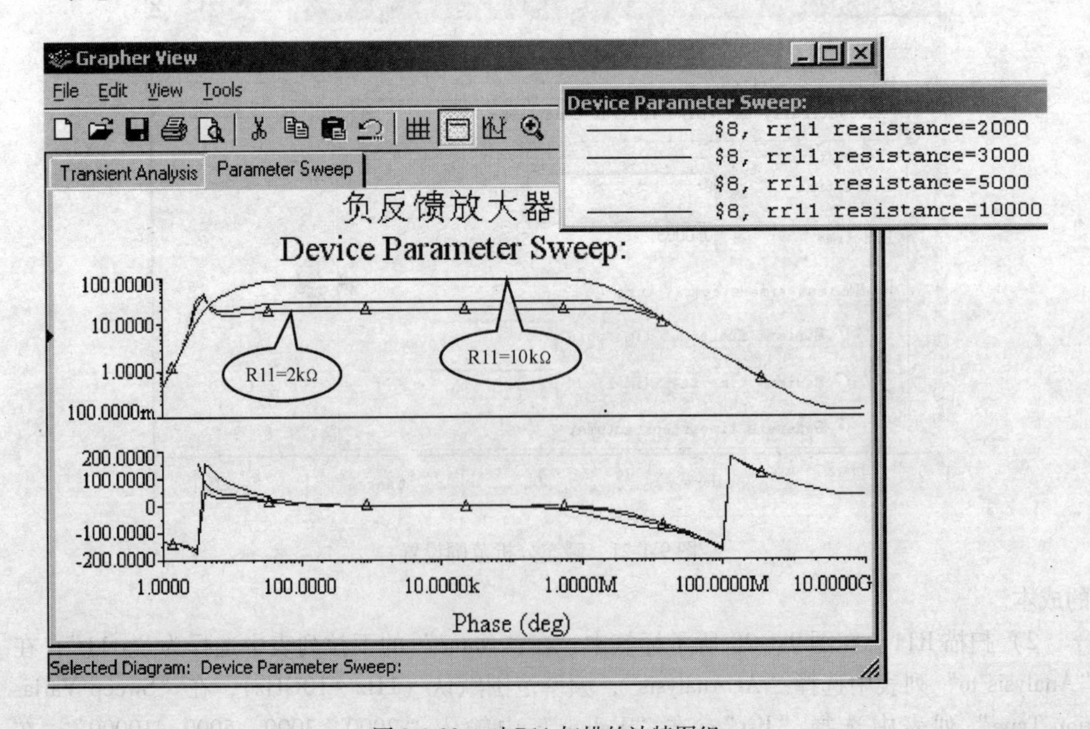

图 9-1-23 对 R11 扫描的波特图组

增大，放大器的频带变窄，放大器的增益增大。本电路是一个电压串联负反馈电路，R11 增大，反馈到晶体管 Q1 发射极的信号减弱。

$$U_f = \frac{R_4}{R_{11} + R_4}U_o \quad \text{反馈深度} \quad F = \frac{R_4}{R_{11} + R_4}$$

从而使放大器的输出幅度增大。也就是说，R11 减小，反馈速度加深，通频带展宽，但放大器的增益在降低，即“负反馈扩展了放大器的频带宽度，但它是以降低增益为代价的”。

（5）温度扫描分析。在分析菜单中选择“Temperature Sweep Analysis”，在“Analysis to”列表中选择“Transient Analysis”，单击“Edit Analysis”，设置分析瞬态分析的时域（Starttime 为 0，Endtime 为 0.0003s）；设置分析节点（节点 8），在“Sweep Variation Type”列表中选择“List”；在 Values 中输入“ -27，0，27，60，100”；单击“Simulate”得图 9-1-24 所示瞬态分析波形。

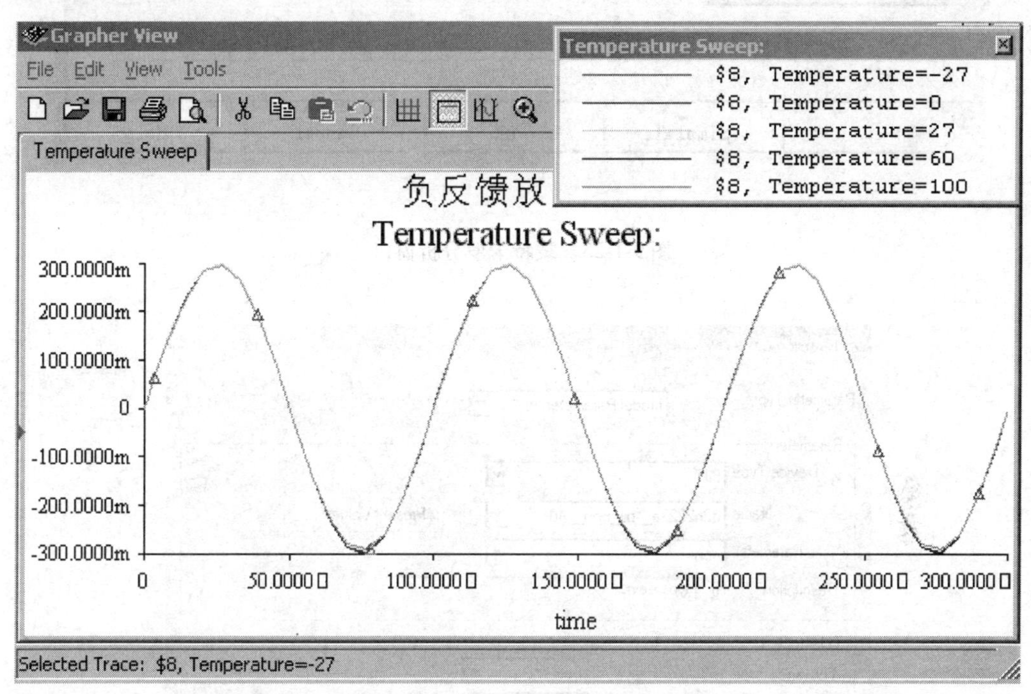

图 9-1-24 温度扫描的瞬态波形

结论：以上分析结果表明，温度对放大器输出性能影响不大，由于负反馈电路的作用，提高了电路的温度稳定性。

（6）容差分析。

1）分析晶体管 rb（最大零偏基极电阻，参看附录）容差为 8% 时，对电路性能的影响。

在分析菜单中选择“Monte Carlo”，窗口如图 9-1-25 所示，在“Model tolerance list”翻页标签中单击“Add a new tolerance”；再在如图 9-1-26 所示“Tolerance”界面中的“Device Type”下拉列表中选择“BJT”，在“Parameter”下拉列表中选择“rb”，在“Tolerance Value”中键入 8，其他默认，单击“Accept”即将分析项目添加到列表中，如图 9-1-27 所示。然后选择“Analysis Parameter”标签，在如图 9-1-28 所示参数分析标签的“Number of runs”

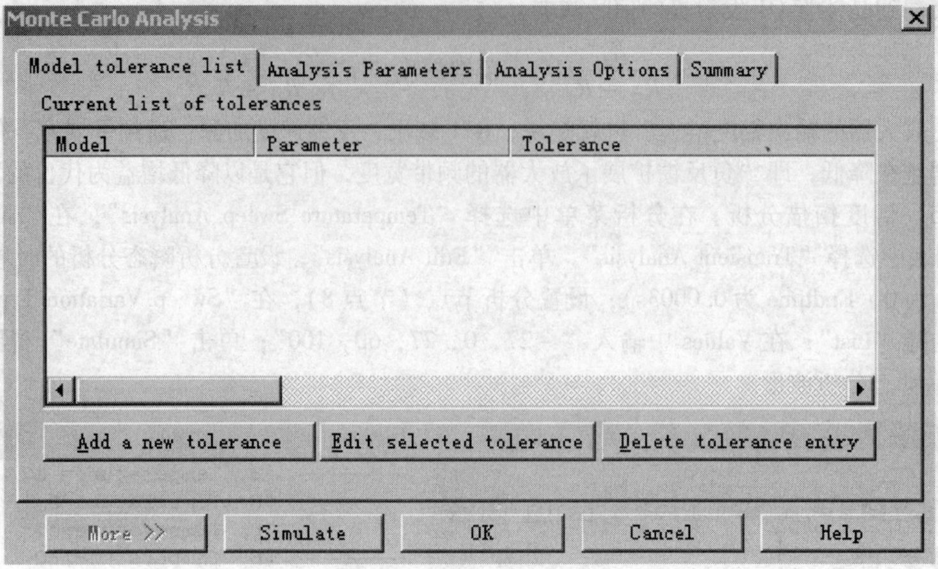

图 9-1-25 蒙特卡罗分析窗口

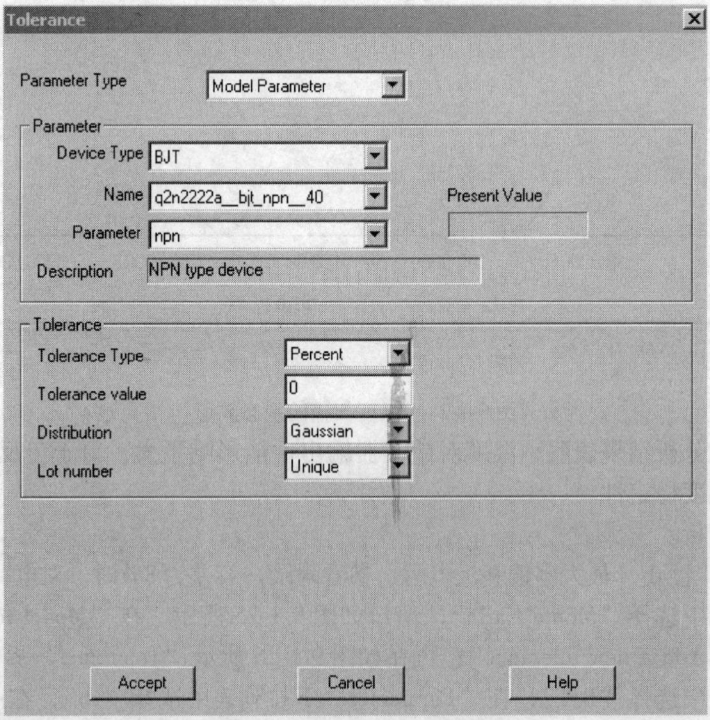

图 9-1-26 容差分析目标选择标签

Monte Carlo Analysis
Model tolerance list
Analysis Parameters
Analysis Options
Summary
Current list of tolerances
Model
Parameter
Tolerance
q2n2222a__bjt_npn__
rb
Model value: 80%, Distribution: G
Add a new tolerance
Edit selected tolerance
Delete tolerance entry
More >>
Simulate
OK
Cancel
Help

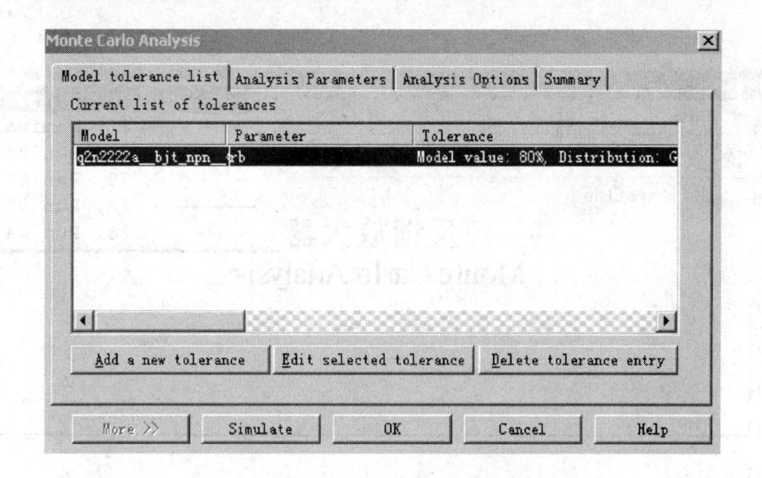

图 9-1-27　加入分析目标后的容差分析标签

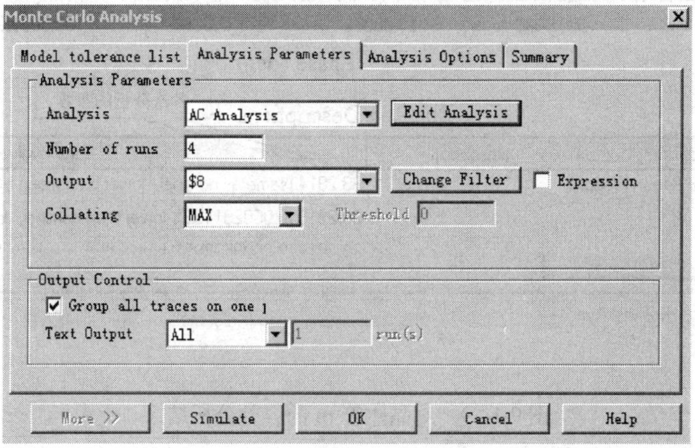

Monte Carlo Analysis
Model tolerance list
Analysis Parameters
Analysis Options
Summary
Analysis Parameters
Analysis
AC Analysis
Edit Analysis
Number of runs
4
Output
$8
Change Filter
Expression
Collating
MAX
Threshold
0
Output Control
Group all traces on one
Text Output
All
1
run(s)
More >>
Simulate
OK
Cancel
Help

图 9-1-28　分析参数设置标签

中键入 4（即除标称值外，在其离散范围内任意取值再运算 4 次即共 5 次），在“Analysis”下拉列表中选择“ACAnalysis”，在“Output”下拉列表中选择节点“8”，其他默认，单击“Simulate”得如图 9-1-29 所示波特图组波形。

从图 9-1-29 所示波特图组可以看出，rb 在 8% 容差范围内，对电路没有影响。

2）Cjc 容差为 8%，方法同 rb 设置，分析结果如图 9-1-30 所示。

从图 9-1-30 所示波特图组分析结果表明，晶体管的 Cjc 容差对该电路高端的频率特性影响较大，Cjc 容差越小越好。

3）Cje 容差为 8%，方法同 rb 设置，分析结果如图 9-1-31 所示。

结论：以上分析结果表明，晶体管的 Cje 容差对该电路的频率特性有些影响，但在有效使用频带内影响不大。

思考：(1) 这些高级分析与虚拟仪器有何关系？（提示：挂上示波器仿真，相当于调用瞬态分析，它形象、直观、易于掌握，但“Transient Analysis”可完成的功能远远多于示波器）。

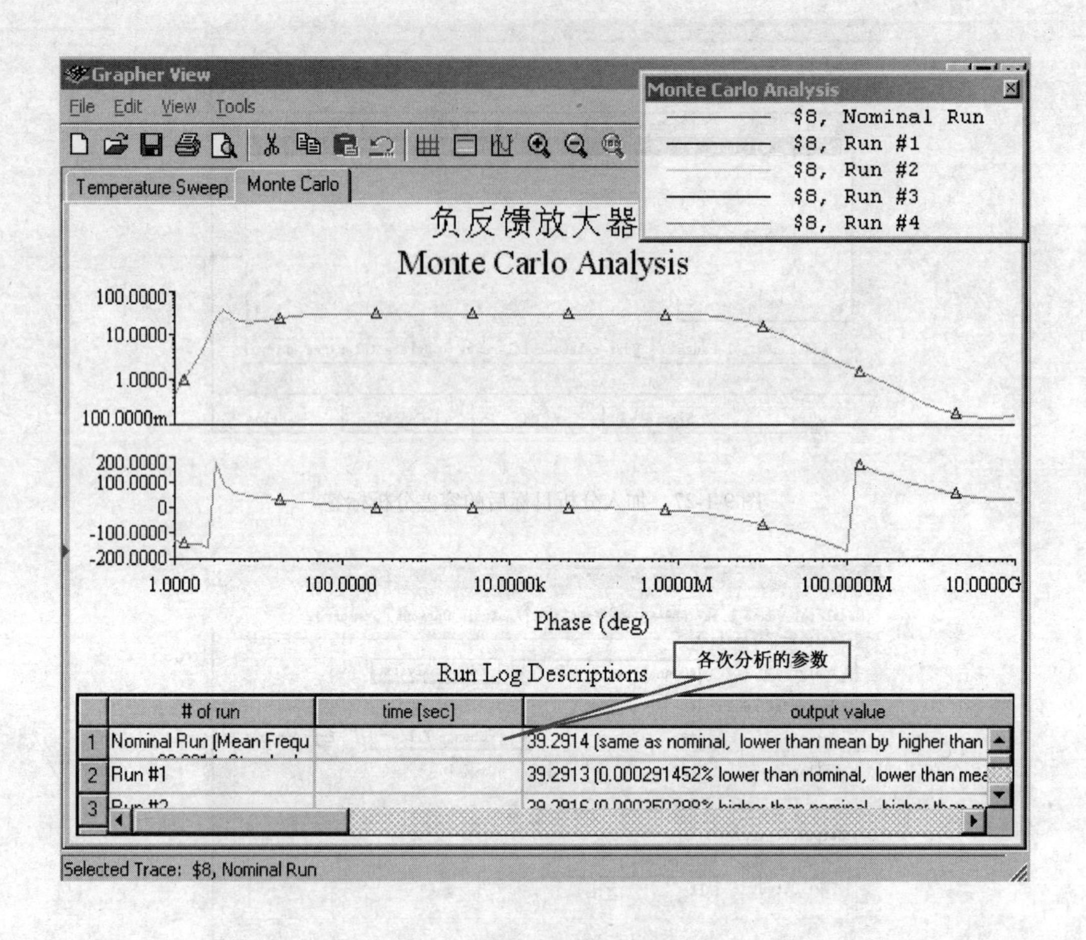

图 9-1-29　对晶体管 rb 的容差分析结果

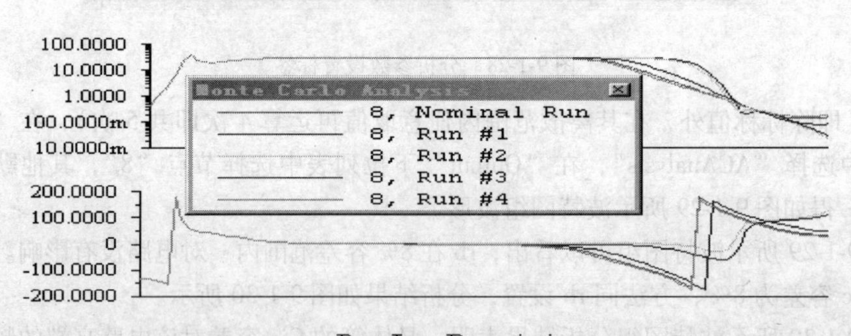

图 9-1-30　Cjc 容差的 AC 分析结果

(2) 改变电路结构，再运行仿真，试理解“用 Multisim 仿真实验”，学生可以尽情发挥。如更换元件（或元器件的参数），调整元件连通方式，可以出现不同的结果，对拓宽思维、创新电路将起到很好的作用，因为它不怕元件损坏，不怕电路接错，也不怕结果混乱。”

(3) 本实验中还有哪些参数需要分析？调用哪些分析？

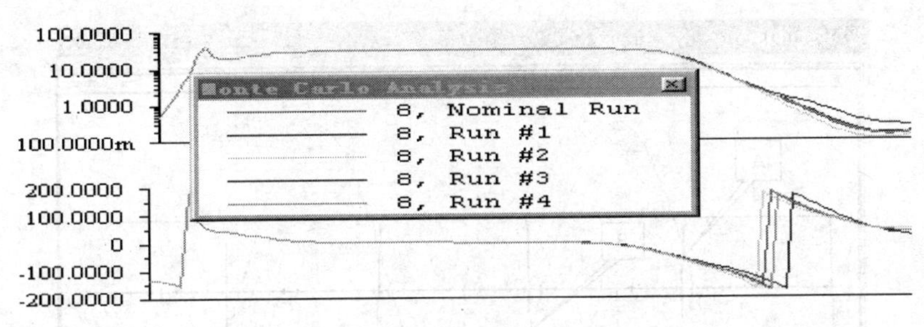

图 9-1-31　Cje 容差的 AC 分析结果

例三　反相迟滞比较器

1. 实验目的

理解反相迟滞比较器的工作原理。

2. 实验电路

实验电路如图 9-1-32 所示。

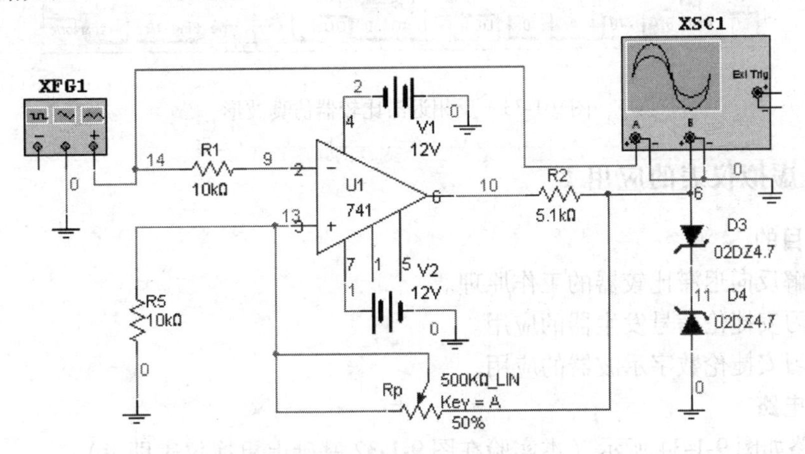

图 9-1-32　反相迟滞比较器实验电路

3. 实验分析

信号源设置 500Hz、5V 后运行仿真，可以得到如图 9-1-33 所示的波形。

结论：图 9-1-33 所示的分析波形表明，输入信号电压（正弦波）上升到 A 点，电路翻转输出低电平；当输入电压下降到 B 点时，电路才再次翻转输出高电平。从图中可以看到，A 点和 B 点电压值是不一样的，也就是说，电路的翻转点的时间是滞后的（触发翻转的电压 U_A 和恢复原态的电压 U_B 不同）。

调整 R_P（电位器），可以改变滞回点，读者可试一试。

【注】:本电路是局部电路单元，故电路中的标号不连续，以后出现类似问题，不再一一注出。

思考： 更换 R1、R5，D3、D4 等，电路结果会怎样？（试操作）

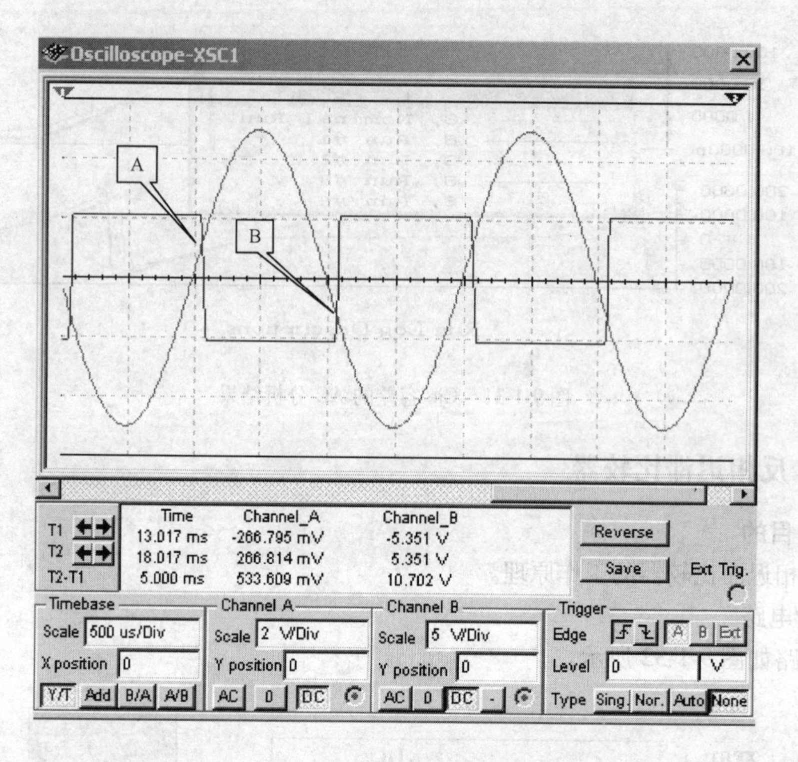

图 9-1-33　反相迟滞比较器仿真波形

例四　虚拟仪表的应用 1

1. 实验目的

（1）理解反向迟滞比较器的工作原理。

（2）学习安捷伦信号发生器的应用。

（3）学习安捷伦数字示波器的应用。

2. 实验电路

实验电路如图 9-1-34 所示（本实验在图 9-1-32 基础上更换仪表即可）。

3. 仪器设置

（1）设置信号源输出为 500Hz 正弦波　双击安捷伦信号源图标，打开设置界面如图 9-1-35 所示，单击左下角的“Power”按钮开启信号源，单击设置为正弦波信号，单击“Freq”按钮（切换频率），再旋转右上角大旋钮设置频率为 500Hz。

（2）设置信号输出幅度为 5V　单击面板上的“Ampl”按钮，再调整右上角大旋钮设置输出信号幅度为 5V（设置为 10Vpp，Vpp 指信号的峰峰值电压，注意比较两种信号源的设置），如图 9-1-36 所示。

在如图 9-1-36 所示设置的基础上，可以将输出值转换为有效值显示。方法是：先单击按钮，再单击按钮即可，显示如图 9-1-37 所示（5 × 0. 707V = 3. 535V）。要重新以 Vpp 显示，可以单击按钮后，再单击即可。

【注】：安捷伦信号源的其它应用，请参考本书第六章“Agilent 33120A 型函数发生器的

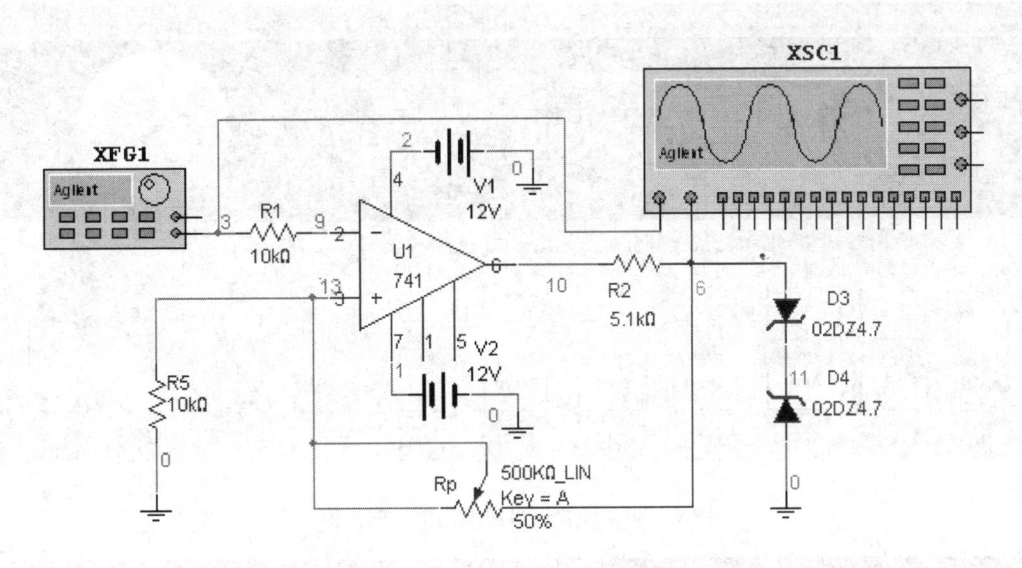

图 9-1-34 安捷伦仪表实验电路

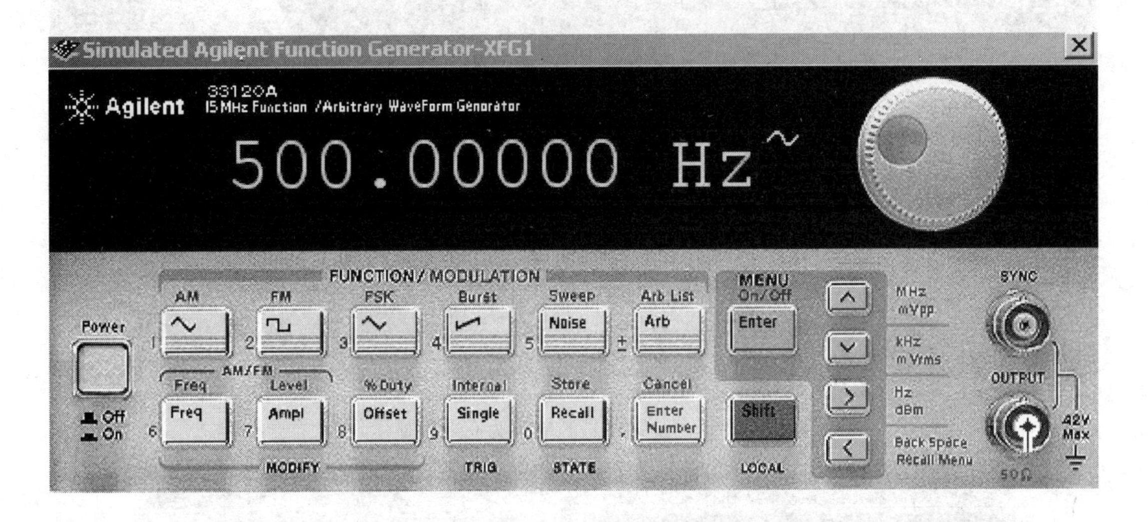

图 9-1-35 设置信号源频率

功能与应用”一节。

4. 实验分析

信号源设置完毕，双击安捷伦示波器图标后运行仿真，可以得到如图 9-1-38 所示的波形。

安捷伦示波器的简单使用：双击图标后弹出安捷伦示波器的界面如图 9-1-38 所示，单击面板上的“POWER”按钮开启示波器，单击 1 或 2 按钮开启模拟通道 1 或模拟通道 2，单击可调整该通道的波形的位移，单击 5V～1mV 旋钮可调整该通道信号波形的幅度（波形高度），单击调整 50s～5ns 旋钮可调节扫描速率（让波形展开或压缩）。

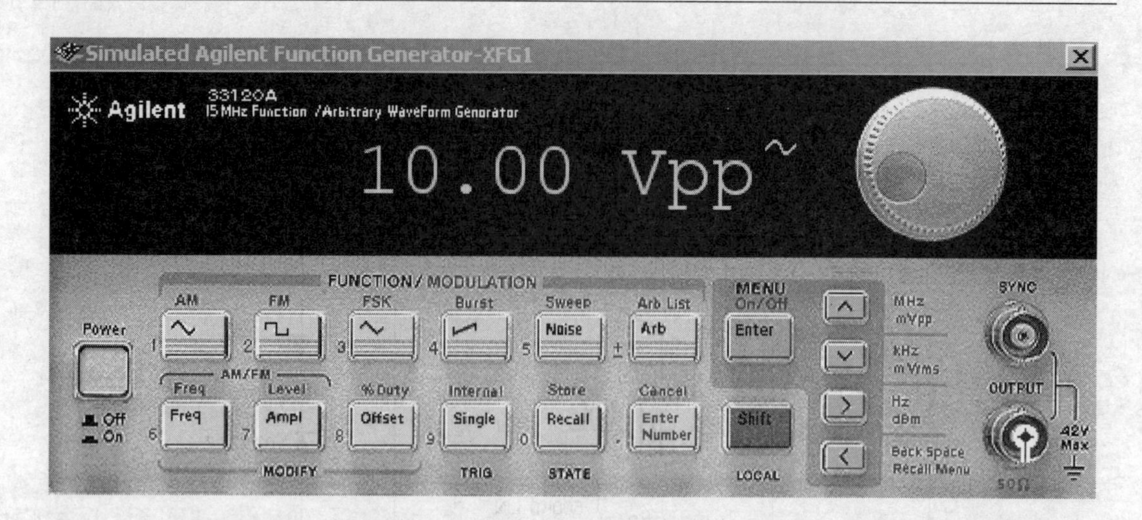

图 9-1-36　设置信号源输出信号的幅值

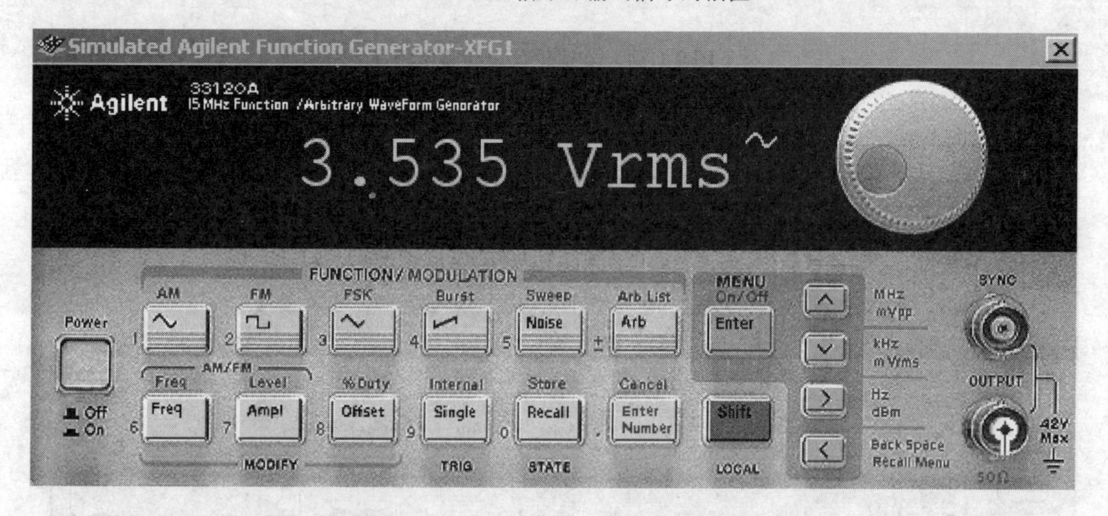

图 9-1-37　设置信号源输出为有效值显示

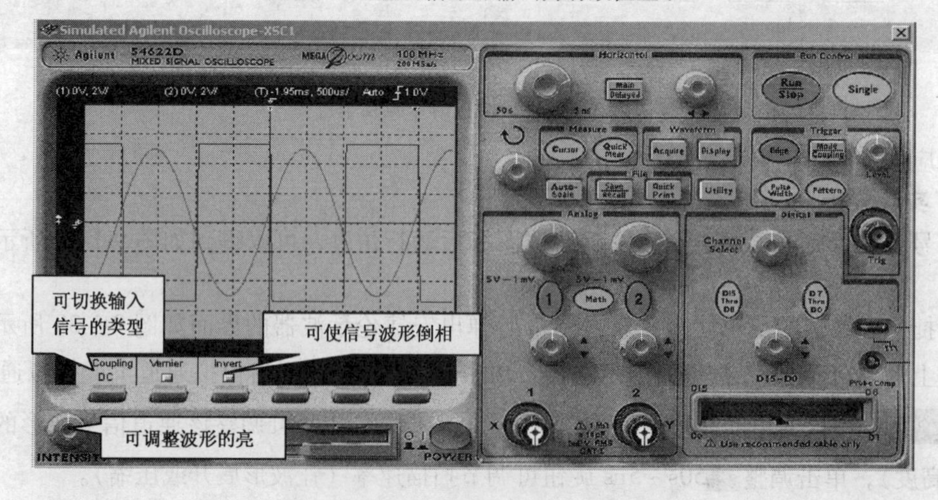

图 9-1-38　安捷伦示波器测试的波形

波形测试方法：单击[Cursor]按钮开启测试菜单，如图 9-1-39 所示。单击示波器屏幕下的软按钮可进行被测试通道选择、测试线（1 号、2 号没显示标号，应用时注意感觉和观察）选择、横纵向（x/y）测试选择等，选择后单击旋转旋钮，以改变测试线的位置（较淡，注意观察），然后示波器会自动计算 dx、1/dx 或 dy、1/dy 等。

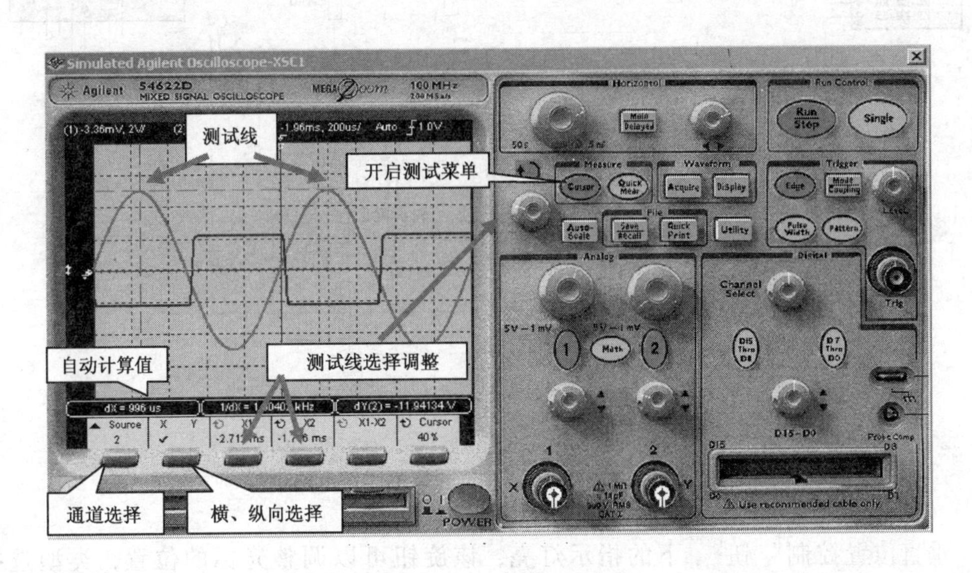

图 9-1-39　波形测试菜单

【注】:安捷伦示波器的其它高级应用，请参考本书第六章“Agitent 54622D 型数字示波器的功能及应用”一节，本例仅抛砖引玉。

例五　虚拟仪表的应用 2

1. 目的

（1）学习泰克示波器的简单应用。

（2）学习安捷伦万用表的简单应用。

（3）学习节点信号实时监测法。

2. 实验电路

泰克示波器简单应用电路如图 9-1-40 所示。

3. 信号源设置

信号源设置为 1kHz、幅度为 60mVpp 的正弦波（参考例四）。

4. 测试实验

（1）泰克示波器应用。双击泰克示波器图标，弹出泰克示波器 TDS2024 的界面如图 9-1-41 所示，单击“POWER”按钮开启示波器，本例只用了“1”、“2”两个通道，所以单击按钮“CH1”、“CH2”，单击旋钮“VOLTS/DIV”调整该通道的波形幅度，单击旋钮“POSITION”调整该通道波形的位移，如图 9-1-41 中已经调整过位移，单击旋钮“SEC/DIV”调整示波器的时基（扫描速率），让波形压缩或展开。

单击[CURSOR]按钮，显示“光标菜单”。当显示“光标菜单”并且光标被激活时，CH1、

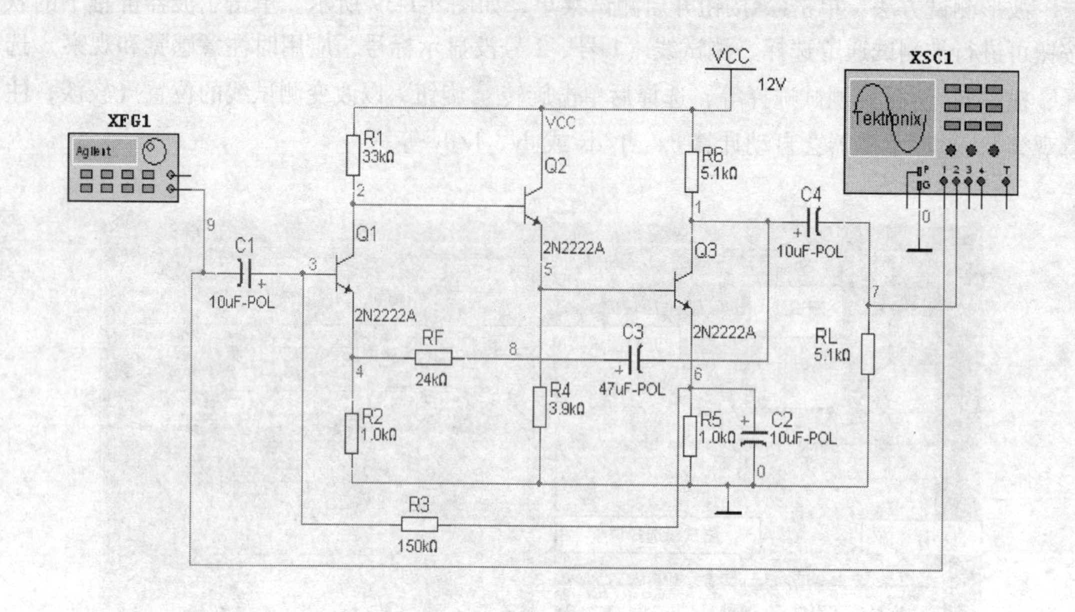

图 9-1-40　泰克示波器的简单应用电路

CH2“垂直位置控制”钮下的指示灯亮，该旋钮可以调整光标的位置，类型选择为“Time”（测横向）时，调整光标如图 9-1-42 所示；类型选择为“Voltage”（测纵向）时，调整光标如图 9-1-43 所示。离开“光标菜单”后，光标保持显示（除非“类型”选项设置为“关闭”），但不可调整。

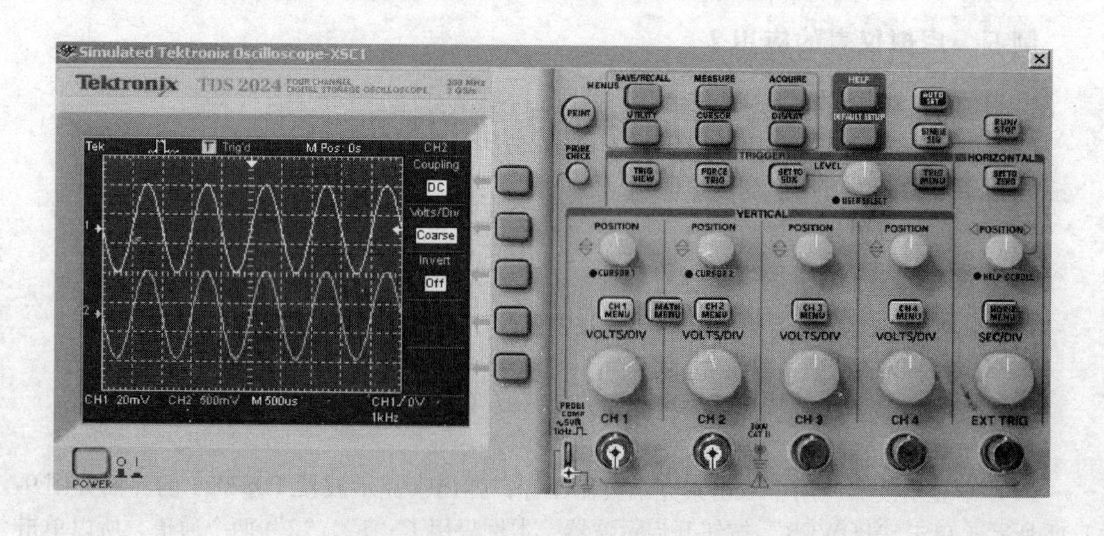

图 9-1-41　位移波形后

【注】:泰克示波器更高级的使用方法，请参考本书第六章中“Tektronix TDS 2024 型数字示波器的功能及应用”一节。

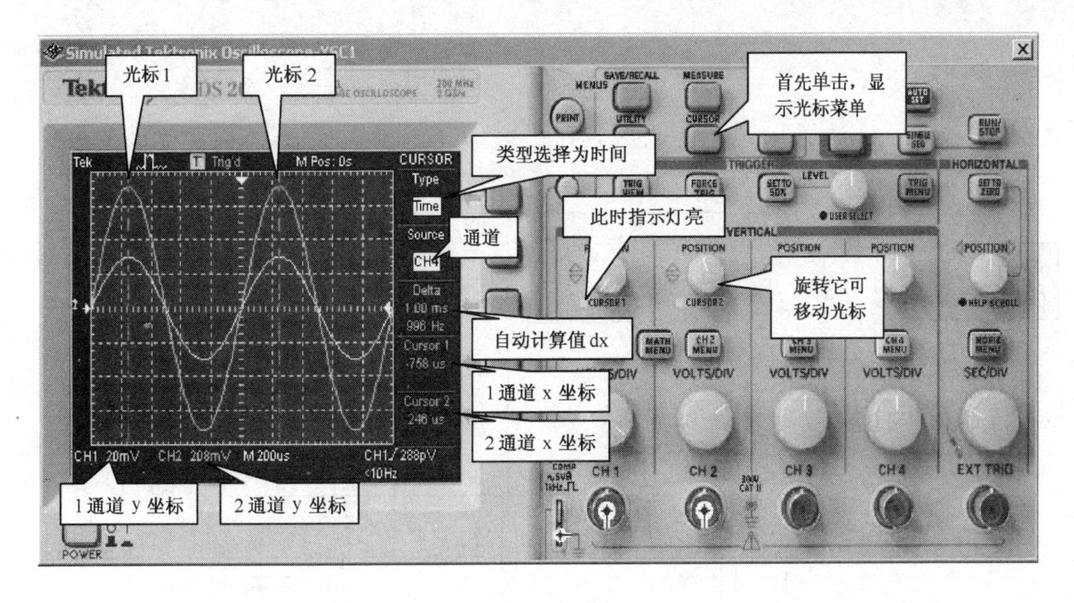

图 9-1-42　波形 x 向测量

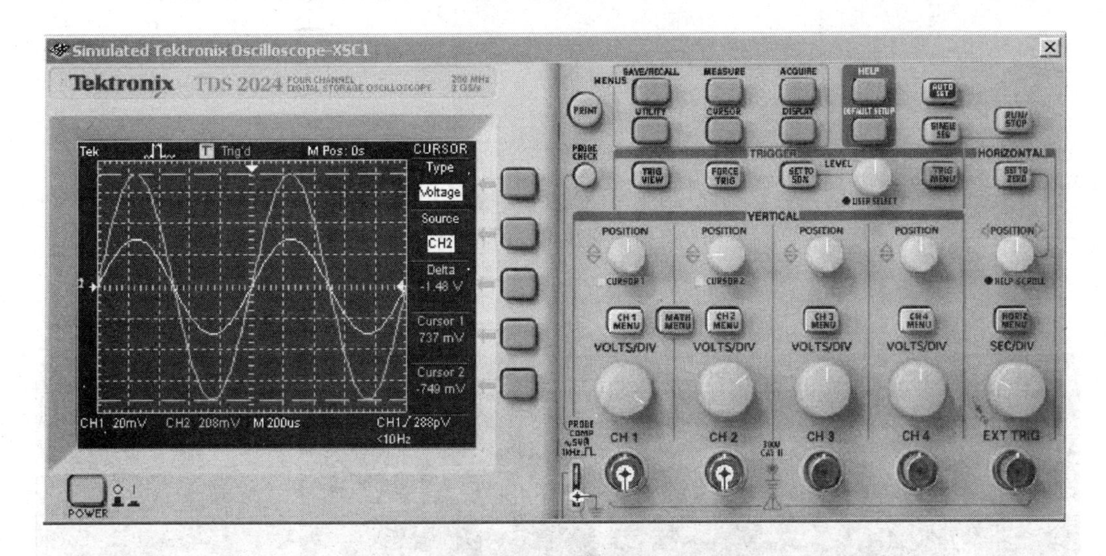

图 9-1-43　泰克示波器波形的 y 向测试

（2）安捷伦万用表的简单应用。电路连接如图 9-1-44 所示，信号源设置不变，双击安捷伦万用表图标，弹出面板如图 9-1-45 所示，单击“Power”按钮开启万用表，选择 AC V 按钮后运行仿真，测得的输出信号电压如图 9-1-45 所示。

【注】:安捷伦万用表更高级的使用，参看本书第六章中“Agilent 34401A 型数字万用表功能及应用”一节。

（3）节点信号的实时监控法。单击仪表工具栏的 1.4v 图标，放置于电路的节点上，如图 9-1-46 所示。其默认情况下是显示的，可用鼠标右击之，在弹出式菜单中单击选中 Show Comment/Probe 即可隐藏实时监控表，再次可开启实时监控表，如图 9-1-46 所示。

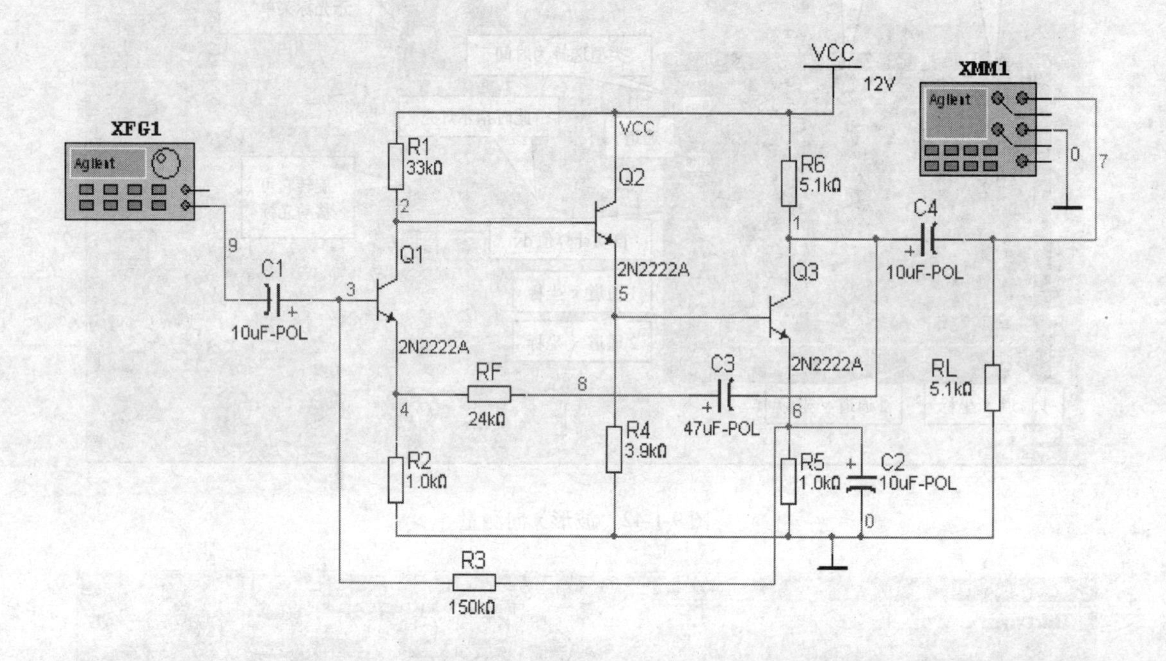

图 9-1-44　安捷伦万用表的连接

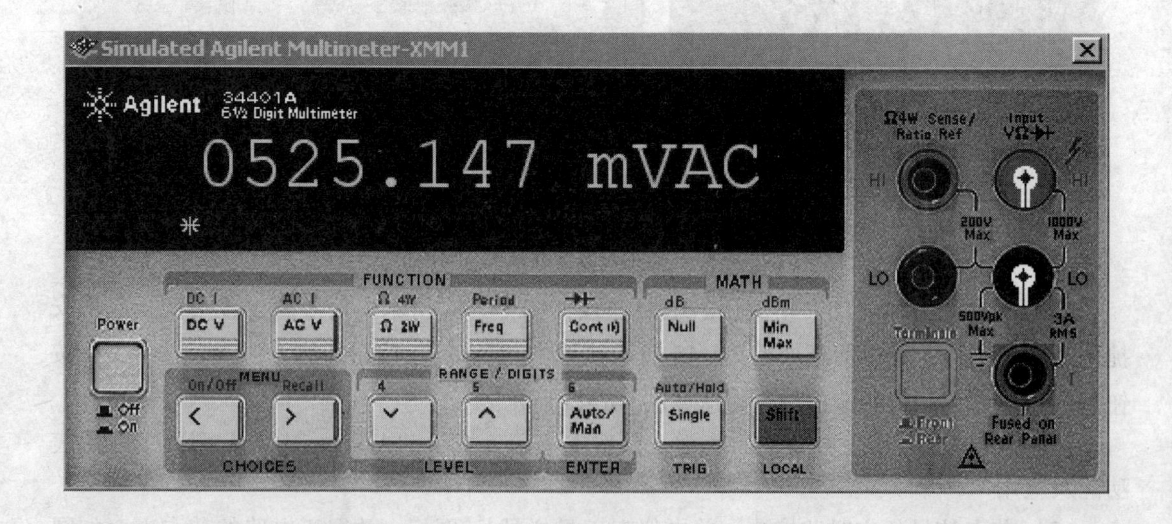

图 9-1-45　安捷伦万用表界面及输出交流信号电压

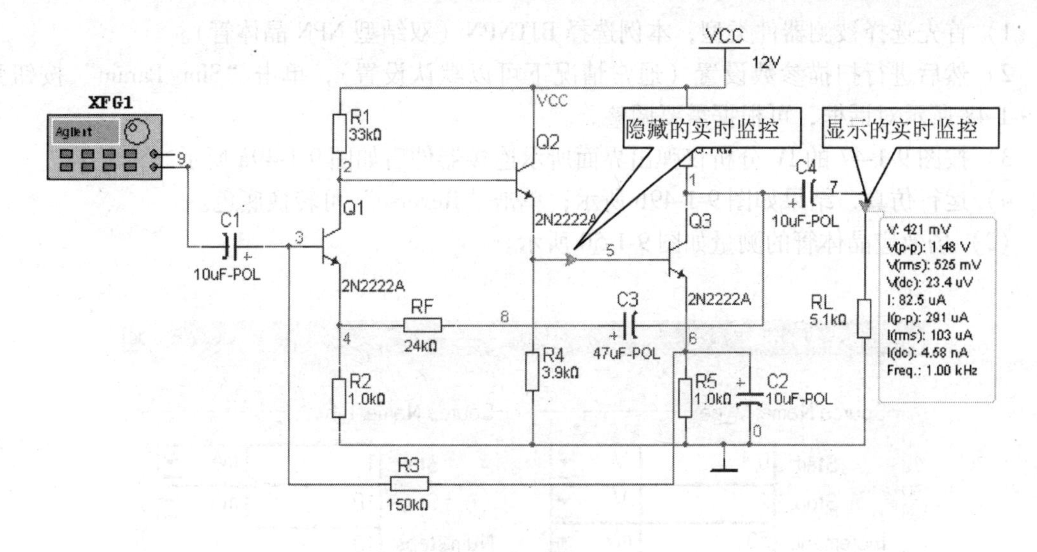

图 9-1-46　实时监控法

例六　晶体管图示仪的应用

1. 实验目的

学习晶体管特性图示仪（IV 分析仪）的应用方法。

2. 实验操作

（1）调用晶体管特性曲线测试仪（IV 分析仪），如图 9-1-47a 所示，双击图标打开测试界面，如图 9-1-47b 所示。

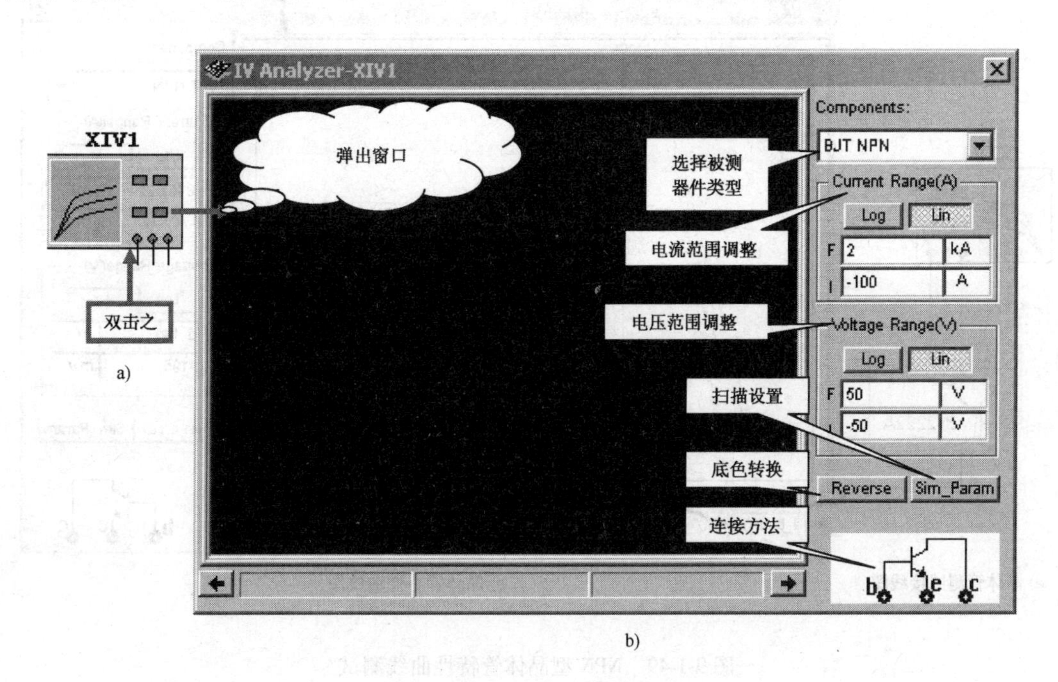

b)

图 9-1-47　IV 分析仪设置界面

a）电路连接的图标　b）弹开的 IV 仪器界面

1）首先选择被测器件类型，本例选择 BJTNPN（双结型 NPN 晶体管）。

2）然后进行扫描参数设置（通常情况下可以默认设置），单击“Sim_Param”按钮弹出 9-1-48 所示对话框，可根据需要调整。

3）按图 9-1-47 的 IV 分析仪弹出界面所示连接器件后如图 9-1-49a 所示。

4）运行仿真，结果如图 9-1-49b 所示；单击“Reverse”可转换底色。

（2）场效应晶体管的测量如图 9-1-50 所示。

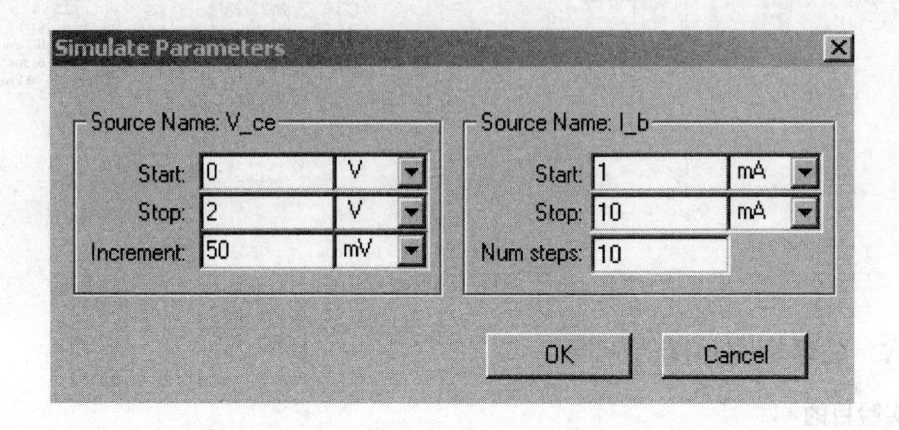

图 9-1-48　晶体管特性的扫描设置

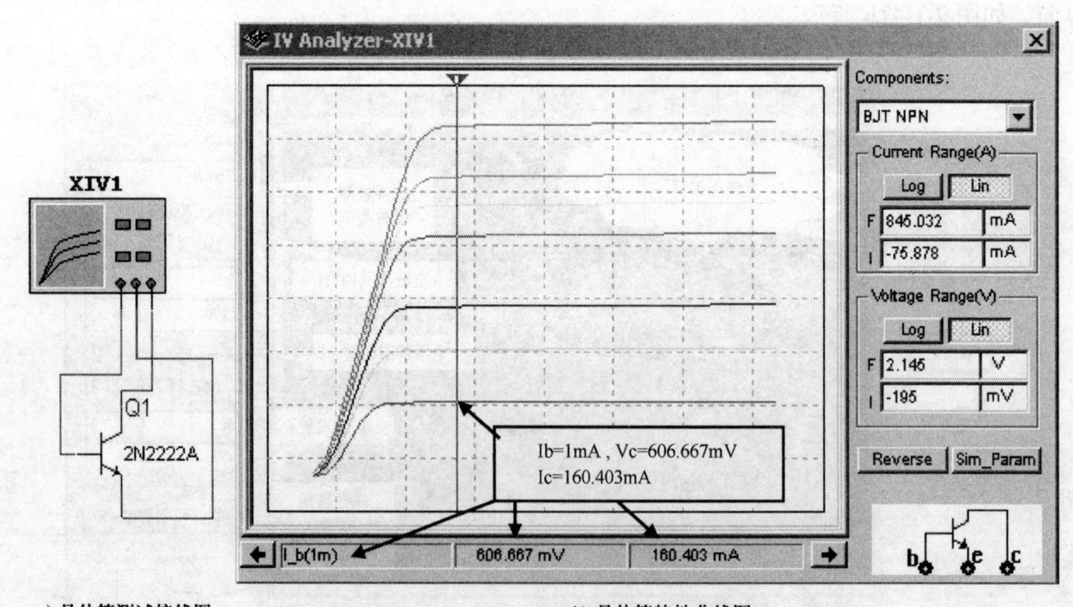

a) 晶体管测试接线图　　b) 晶体管特性曲线图

图 9-1-49　NPN 型晶体管特性曲线测试

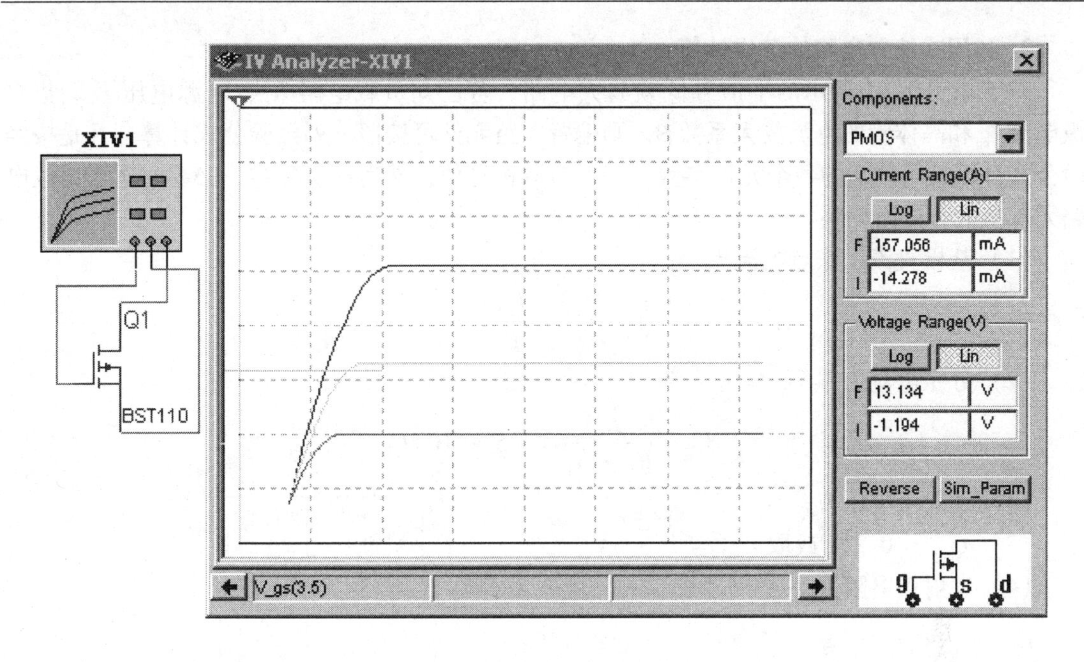

图 9-1-50 场效应晶体管的测量

第二节 模拟电子技术实验

本节设置了 13 个实验，这些实验都是根据“模拟电子技术”课程要求而设置的，属于传统的验证性实验，但在此基础上可以任意发挥，充分满足学生的好奇心、想像力。实验环境是计算机上的虚拟环境、实验元器件是虚拟元器件、实验设备是虚拟设备，不会因电路连接错误而造成元器件损坏、设备损坏，也不会出现因错误操作造成的器件损坏时发出可怕的声响、闪光、气味等（集成块冒烟、爆炸，特别是电解电容的极性接反或电容的耐压不够等造成的爆炸等）。其实学生中有很多奇妙的想法，有些可以说是创造性思维，但可能因实验环境不具备、经济条件不具备等原因而破灭。EWB 正好为学生的奇思妙想提供了很好的试验平台。

实验一 单管低频放大器

1. 实验目的

（1）学习元器件的放置和手动、自动连线方法。
（2）熟悉元件标号及虚拟元件值的修改方法。
（3）熟悉节点及标注文字的放置方法。
（4）熟悉电位器的调整方法。
（5）熟悉信号源的设置方法。
（6）熟悉示波器的使用方法。
（7）熟悉放大器主要性能指标的测试方法。
（8）掌握示波器、信号源、万用表、电压表、电流表的应用方法。
（9）学习实验报告的书写方法。

2. 分压式偏置电路的工作计算

对于如图 9-2-1 所示的小信号低频放大电路，若已知负载电阻 R_L、电源电压 E_c、集电极电流 I_{co}和晶体管的电流放大系数 β，则偏置电路元件可按照下列经验公式计算，凡是按经验公式计算结果确定的各个元件参数，一般应取标称值，然后在实验中，必要时适当修改电路元件参数，进行调整。

（1）基极直流工作点电流 I_{bQ}

$$I_{bQ} \approx \frac{I_{cQ}}{\beta}$$

（2）分压电流 I_1

$$I_1 \approx \frac{E_c}{R_1 + R_2} = (5 \sim 10) I_{bQ}$$

（3）发射极电压 U_{eQ}

$U_{eQ} = 0.2E_c$ 或取 $U_{eQ} = 1 \sim 3\text{V}$

（4）发射极电阻 R_e

$$R_e \approx \frac{U_{eQ}}{I_{cQ}}$$

（5）基极电压 U_{bo}

$$U_{bo} = U_{co} + U_{beQ}$$

式中，硅管的 $U_{beQ} \approx 0.7\text{V}$，锗管的 $U_{beQ} \approx 0.2\text{V}$。

（6）分压器电阻 R_1 和 R_2

$$R_1 \approx \frac{E_c - U_{bQ}}{I_{bQ}}$$

$$R_2 = \frac{U_{bQ}}{I_1}$$

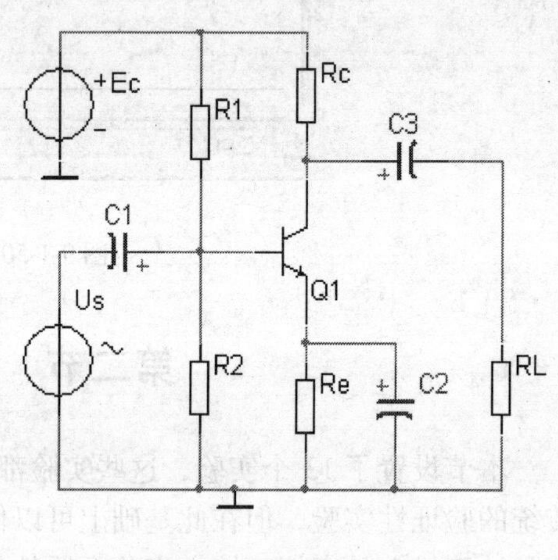

图 9-2-1　单管放大器

（7）集电极电阻 R_c

$$R_c = (1 \sim 5) R_L$$

（8）输入电阻 R_i 和输出电阻 R_o 的测量方法见第三章第二节的例一。

3. 实验内容

实验电路如图 9-2-2 所示（如果一定要画成图 9-2-1 的形式，请参看图 1-2-43 所示方法，改变符号制式即可），调用元件并连接电路。

（1）测量 I_c（调整 R_w，按电路计算 I_c 值设置）。

（2）信号发生器设置为正弦波，$f = 1\text{kHz}$，$V = 3\text{mV}$。

（3）调整 R_w，在示波器上观察波形，使波形输出幅度最大，且不失真。

（4）测量单管放大器的输入输出电阻 R_i、R_o。

（5）用“失真度测量仪”测量电路的失真度。

（6）用“波特图示仪”测试电路的幅频特性曲线。

【注】:本次实验是按传统实验方法设置的，而用 Multisim 的设计方法，在电路元件值都设定了的情况下，可以按顺序（2）→（3）→（1）→（4）→（5）→（6）做更好。没有必要对电路进行仔细计算（初步估计是必要的），复杂的数学计算可由计算机完成。

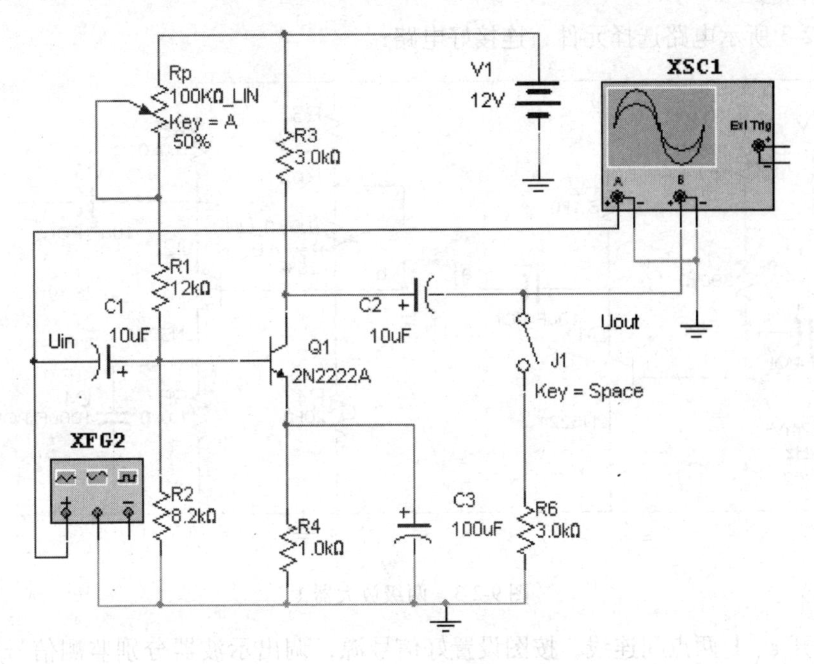

图 9-2-2 单管放大器实验电路

另外，Multisim 的信号源设置时应注意，它的单位 Vpp 应理解为峰值电压 V，Vpp 的含义为峰峰值电压（波峰—波谷之间的信号幅度值，还可以参看本章例四和第六章安捷伦信号发生器一节）。

4. 实验报告

（1）在指定的硬盘区域，以你的“姓名和学号”建立一个文件夹（该文件夹本学期不变，座位固定）。

（2）在你的文件夹中建一个“Word”文档。

（3）写清楚实验目的、原理，记录元器件、仪器设备的使用方法于“Word”文档中。

（4）特别注意将实验原理图用 Multisim 文件存入你的文件夹中，运行仿真得到的分析结果图表粘贴在“Word”文档中。

（5）将实验方法、分析结论等写在相应的图形前/后。

【建议】:按标准认真写一份实验报告，其他的可直接写实验步骤、仿真结果、结果分析、电路扩展功能及设想。

实验二 两极放大器 1

1. 实验目的

（1）熟悉元件标号及虚拟元件值的修改方法。

（2）熟悉节点及标注文字的放置方法。

（3）熟悉电位器的调整方法，特别是电路中有两个以上电位器的调试方法。

（4）学习两级放大器的调试方法。

2. 实验内容

按图 9-2-3 所示电路选择元件，连接好电路；

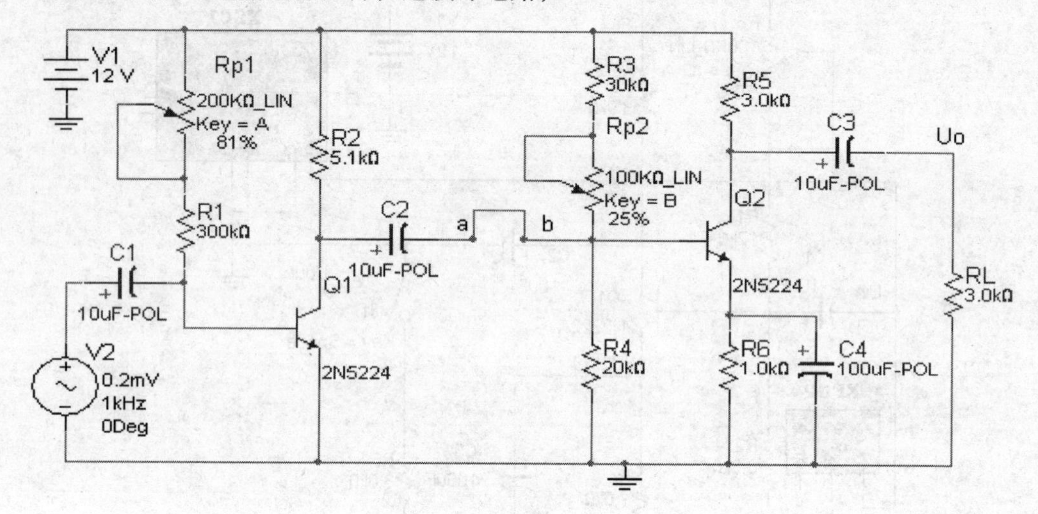

图 9-2-3　两级放大器 1

（1）断开 a、b 两点间连线，按图设置好信号源，调出示波器分别监测信号输入端和 a 点波形。

（2）调节 Rp1，使 a 点波形最大、不失真。

（3）连接 a、b 间连线。

（4）用示波器监测信号输入端和 U_o 点的波形。

（5）调节 Rp2，使 U_o 点波形最大，且不失真。

（6）断开 RL，观察 U_o 点波形的变化，并记录。

（7）用波特图示仪测试幅频特性曲线，记录下限频率和上限频率，记录放大电路的放大率，确定频带宽度。

（8）测量放大器的失真度。

（9）测试放大器的输入电阻和输出电阻。

3. 实验报告

参考实验一，将实验步骤、原理图、测试数据、图表、分析结果记录于你的文件夹中。

实验三　两级放大器 2

1. 实验目的

学习 Multisim 的分析方法。

2. 实验内容

实验电路如图 9-2-4 所示。

（1）计算电路中各节点的电压（根据自己绘图的显示节点）。

（2）对电路作交流分析（观察 100MHz 以内，节点 8 的图形），观察其幅频特性曲线。

（3）记录下限频率和上限频率，计算电路的放大率，确定频带宽度。

（4）对电路作瞬态分析（观察 5 个周期）。

（5）对 R1 参数扫描，从 27～100kΩ 扫描 5 个点，观察瞬态特性，写出结论。

（6）对 R6 参数扫描，观察阻值分别为 27kΩ、33kΩ、47kΩ、51kΩ、76kΩ 的交流特性，写出结论。

（7）对电路作温度扫描，观察 -20℃、0℃、27℃、50℃、100℃的瞬态特性。

（8）对晶体管参数进行容差分析，Cje 容差为 6%、Rb 容差为 7%，写出结论。

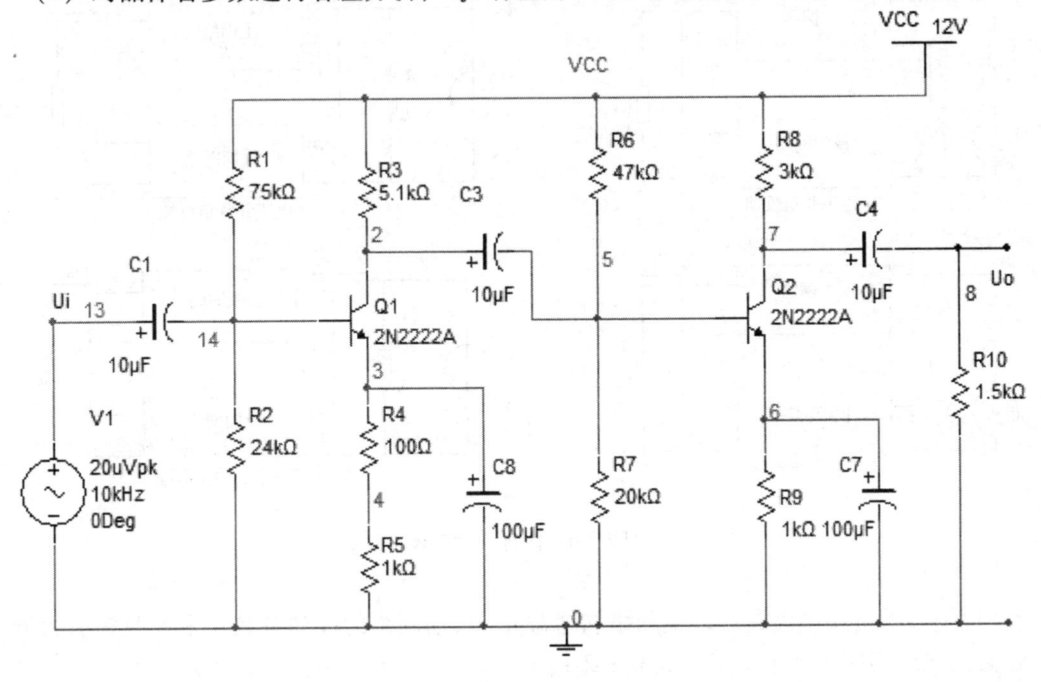

图 9-2-4　两级放大器 2

【注】:显示节点的方法参看图 1-2-41 所示界面，选择“Net Names”下的“Show All”，单击“OK”即可，节点的产生是计算机根据您绘图时连线的顺序自动产生的，不需人为干预。

3. 实验报告

参考实验一，将实验步骤、原理图、测试数据、图表、分析结果记录于你的文件夹中。

实验四　负反馈放大器 1

1. 实验目的

（1）了解负反馈对放大器性能的影响。

（2）进一步了解放大器性能指标的测量方法。

（3）进一步掌握 Multisim 的分析功能应用。

2. 负反馈放大器的实验原理

负反馈放大器是由主网络（即无反馈的放大器）和反馈网络组成，如图 9-2-5 所示。图中，将原输入信号 X_s 与反馈信号 X_f 进行比较，得到净输入信号 $X_i = X_s - X_f$，加到主网络输入端；主

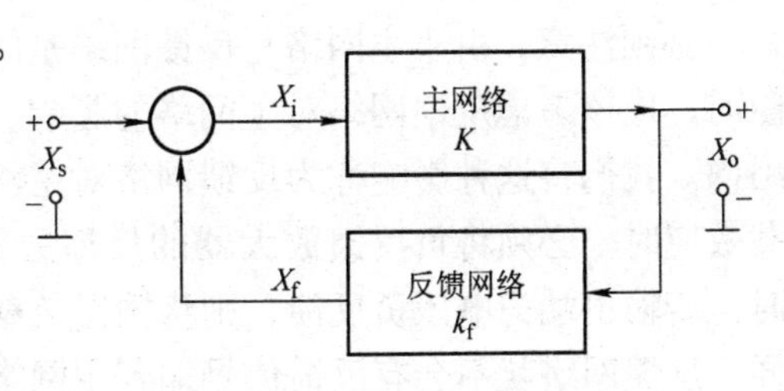

图 9-2-5　负反馈放大器框图

网络的输出信号为 X_o，X_f 就是 X_o 通过反馈网络得到的反馈信号。

根据主网络与反馈网络的不同连接方式，可以组成四种不同类型的负反馈放大器，如图 9-2-6 所示，放大器输入端若采用并联连接方式，则应采用内阻较大的信号源激励；若输入端采用串联连接方式，则应采用内阻较小的信号源激励。

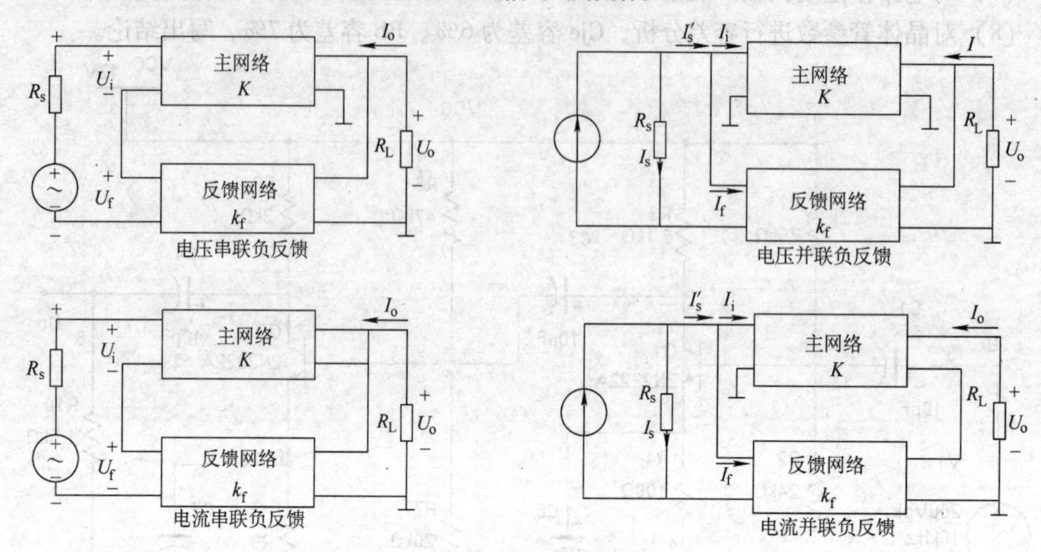

图 9-2-6　四种反馈框图

不同类型的负反馈放大器，主网络的增益 K、反馈网络的反馈系数 k_f 和负反馈放大器增益 K_f 必须采用相应的表示形式，见表 9-2-1。

表 9-2-1　负反馈计算公式

负反馈类型	主网络增益 K	主网络源增益 K_s	反馈系数 k_f	反馈深度 F	考虑了 R_s 的反馈深度 F_s	负反馈放大器的源电压增益 K_{uf}
电压串联	$K_u=\frac{U_o}{U_i}$	$K_{us}=\frac{U_o}{E_s}$	$k_{fu}=\frac{U_f}{U_o}$	$1+K_u k_{fu}$	$1+K_{us}k_{fu}$	$\frac{U_o}{E_s}=K_{ufs}$
电压并联	$K_r=\frac{U_o}{I_i}$	$K_{rs}=\frac{U_o}{I_s}$	$k_{fg}=\frac{I_f}{U_o}$	$1+K_r k_{fg}$	$1+K_{rs}k_{fg}$	$\frac{U_o}{E_s}=\frac{K_{rfs}}{R_s}$
电流串联	$K_g=\frac{I_o}{U_i}$	$K_{gs}=\frac{I_o}{E_s}$	$k_{fr}=\frac{U_f}{I_o}$	$1+K_g k_{fr}$	$1+K_{gs}k_{fr}$	$\frac{U_o}{E_s}=-K_{gfs}R_L$
电流并联	$K_i=\frac{I_o}{I_i}$	$K_{is}=\frac{I_o}{I_s}$	$k_{fi}=\frac{I_f}{I_o}$	$1+K_i k_{fi}$	$1+K_{is}k_{fi}$	$\frac{U_o}{E_s}=-K_{gfs}\frac{R_L}{R_s}$

必须注意，由于主网络与反馈网络是闭环连接的，计算主网络增益和输入电阻、输出电阻时，应该考虑反馈网络对主网络的影响，即将反馈网络在主网络上呈现的阻抗考虑在主网络内。我们将这种影响称为反馈网络对主网络的负载效应。主网络为无反馈放大器，考虑负载效应时，必须将负反馈放大器的反馈去掉。在考虑反馈网络对主网络输入端的负载效应时，若输出端为电压负反馈，则将输出负载短路，若为电流负反馈，则将输出负载开路，这样，反馈网络就不会有反馈信号加到主网络的输入端。

在考虑反馈网络对主网络输出端的负载效应时，若输入端为串联负反馈，这时，将输入端开路，反馈网络就不能将反馈信号加到主网络的输入端；若为并联负反馈，则将输入端短路，反馈网络就不能将反馈信号加到主网络的输入端。

3. 负反馈对放大器性能的影响

（1）降低了增益。

$$K_{fs} = \frac{K_s}{1 + K_s k_f} = \frac{K_s}{F_s}$$

当 F_s（称为反馈深度）远远大于 1 时，$K_{fs} \approx \frac{1}{k_f}$

（2）提高了增益的稳定性。若设 ΔK_s 和 ΔK_{fs}分别表示因各种原因引起主网络增益和负反馈放大器增益的变化量，则

$$\frac{\Delta K_{fs}}{K_{fs}} = \frac{\frac{\Delta K_s}{K_s}}{F_s}$$

（3）改变了输入电阻。若设主网络的输入电阻为 R_i，则构成串联负反馈电路的输入电阻为

$$R_{if} = (1 + Kk_f)R_i = FR_i$$

构成并联负反馈电路的输入电阻为

$$R_{if} = \frac{R_i}{1 + Kk_f} = \frac{R_i}{F}$$

（4）改变了输出电阻。若设主网络的输出电阻为 R_o，则构成电压负反馈电路的输出电阻为

$$R_{of} = \frac{R_o}{1 + \frac{R_o}{R_L}K_s k_f}$$

构成电流负反馈电路的输出电阻为

$$R_{of} = (1 + K_s k_f)R_o = F_s R_o$$

（5）展宽了电路的通频带。

4. 实验内容

（1）电压串联负反馈。

1）实验电路如图 9-2-7 所示，在信号输入端加入 $f = 1\text{kHz}$，$U_i = 0.1\text{mV}$ 的正弦信号。

2）配置示波器，运行仿真，调节电位器 R_P，使输出信号波形最大、且不失真。

3）显示电路节点。

4）对电路作直流工作点分析，根据得到的数据判断电路设计是否合理。

5）断开 ab、cd（可以用单刀开关代替）；连接 ad，运行仿真，再调节电位器 R_P，使输出信号波形最大且不失真，记录信号的输入、输出幅度，计算增益；测量放大器主网络的输入输出电阻；用波特图示仪测量幅频特性曲线和相频特性曲线。

6）断开 ac，连接 ab、cd，运行仿真，记录信号输入输出幅度，计算增益；测量放大器有反馈时的输入输出电阻；用波特图示仪测量幅频特性曲线和相频特性曲线。

7）测量 a 点与地的电压 U_f 和 Uo1，计算反馈深度。

8）对 R11 作参数扫描分析，从 3kΩ 到 12kΩ 线性扫描 5 个点，分析扫描结果。

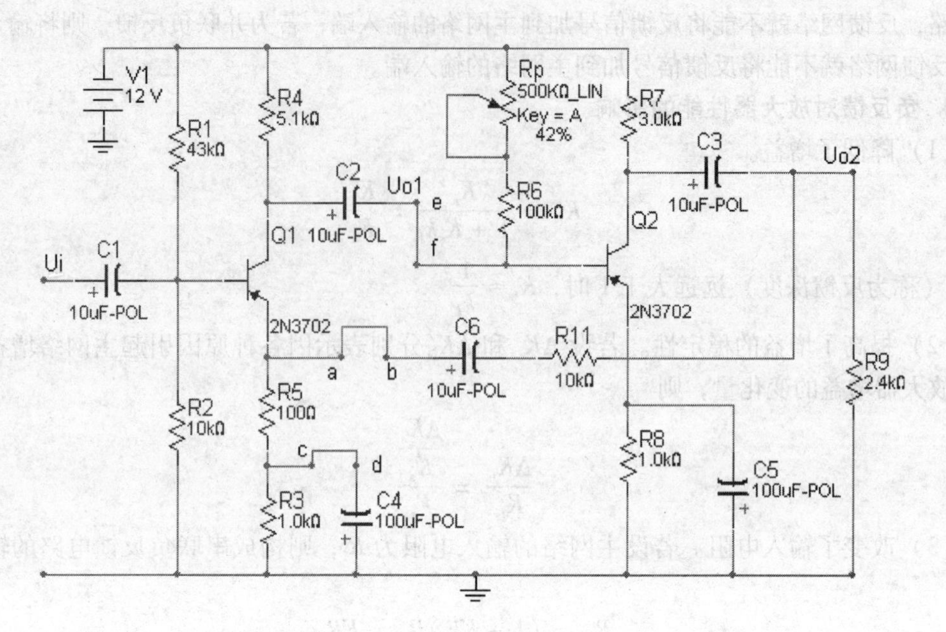

图 9-2-7 电压串联负反馈实验电路

9）对 5）~8）的结果进行比较，分析负反馈对放大器性能的影响。

（2）电流串联负反馈放大器的研究。在图 9-2-7 中，将第二级放大器的所有元件删除（若电路中设置开关，就将后级电路断开即可），R11 也删除后，以 Uo1 为电路的输出，R9 作负载，构成一个电流串联负反馈电路，然后按以下步骤操作：

1）显示电路节点。

2）对电路作直流工作点分析，根据得到的数据判断电路设计是否合理。

3）断开 cd，连接 ac，运行仿真，记录信号的输入、输出幅度，计算增益；测量放大器主网络的输入输出电阻；用波特图示仪测量幅频特性曲线和相频特性曲线。

4）断开 ac，连接 cd，运行仿真，记录信号的输入、输出幅度，计算增益；测量放大器有反馈时电路的输入输出电阻；用波特图示仪测量幅频特性曲线和相频特性曲线。

5）测量、计算电路的反馈深度。

6）比较 3）~5）的结果，分析负反馈对放大器性能的影响。

（3）自行设计“电压并联负反馈电路”和“电流并联负反馈电路”，并作相应分析。

5. 实验报告

参考实验一，将实验步骤、原理图、测试数据、图表、分析结果记录于你的文件夹中。

实验五　负反馈放大器 2

1. 实验目的

（1）进一步了解负反馈对放大器性能的影响。

（2）进一步了解放大器性能指标的测量方法。

（3）进一步掌握 Multisim 的分析功能及应用。

（4）学习符号制式转换方法。

2. 实验内容

实验电路如图 9-2-8 所示，电路形式采用了欧制符号，参看图 1-2-43 所示方法，改变符号形式为欧制即可（注意观察，这只影响后续电路）。

（1）断开 J1（单击空格键，双击之可以修改控制键），断开反馈网络。

1）U_i 为正弦信号，幅度从 50μV 开始逐渐上调，使信号不失真放大输出，找到 U_i 的最大值（记录），测量输出信号幅度 U_o，计算放大器增益 A_v。

2）对电路作频域分析（AC 分析）。

3）测量放大器的输入电阻、输出电阻。

4）测量放大器的失真度。

（2）使 J1 闭合，接入反馈支路后，再重复（1）的操作，比较分析结果，总结电压串联负反馈电路的特性。

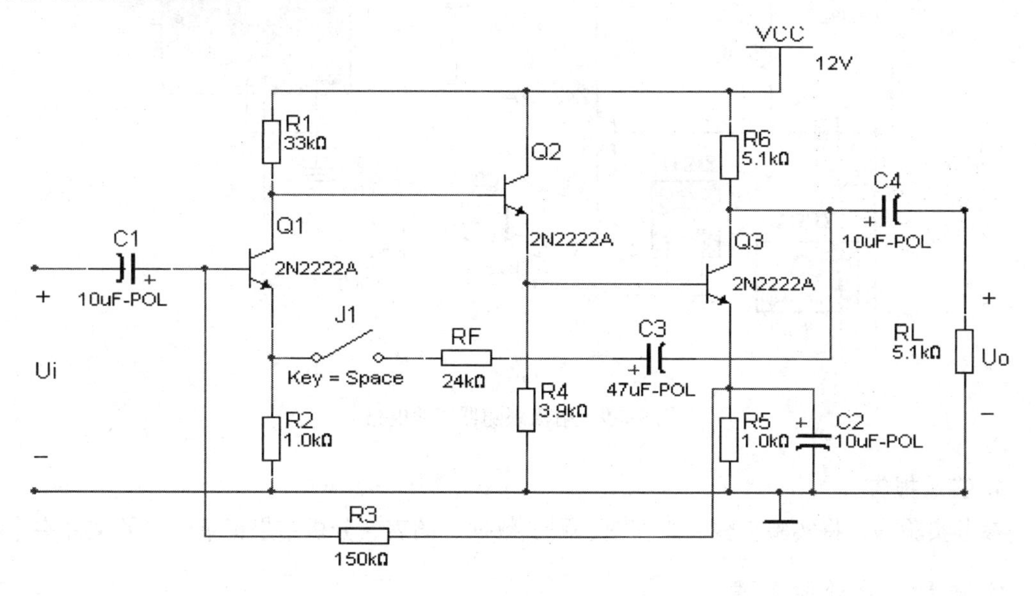

图 9-2-8　电压串联负反馈电路

3. 实验报告

参考实验一，将实验步骤、原理图、测试数据、图表、分析结果记录于你的文件夹中。

实验六　射极跟随器

1. 实验目的

（1）了解射极跟随器（也叫射极输出器）的工作原理。

（2）进一步熟悉 Multisim 虚拟仪表的使用方法。

2. 实验原理

射极跟随器是一种电流放大器，其电压放大系数小于等于 1，有输出阻抗小、高频特性好、带动负载的能力强等特点。

3. 实验内容

实验电路如图 9-2-9 所示。

（1）设置信号频率为 1kHz，$U_{\mathrm{i}}=100\mathrm{mV}$，正弦波。

（2）设置万用表为电压档。

（3）运行仿真，调整 $\mathrm{R_P}$，观察 Q1 发射极电压变化，分析射极跟随器的特点。

（4）观察负载电阻 R2 接入与断开时的输出波形，记录结论。

（5）频率不变，有负载，增加信号幅度，直到输出信号出现失真，记录信号幅度、输出信号 Vpp，分析结果。

（6）测量放大器的输入输出电阻。

（7）测试放大器的幅频特性曲线。

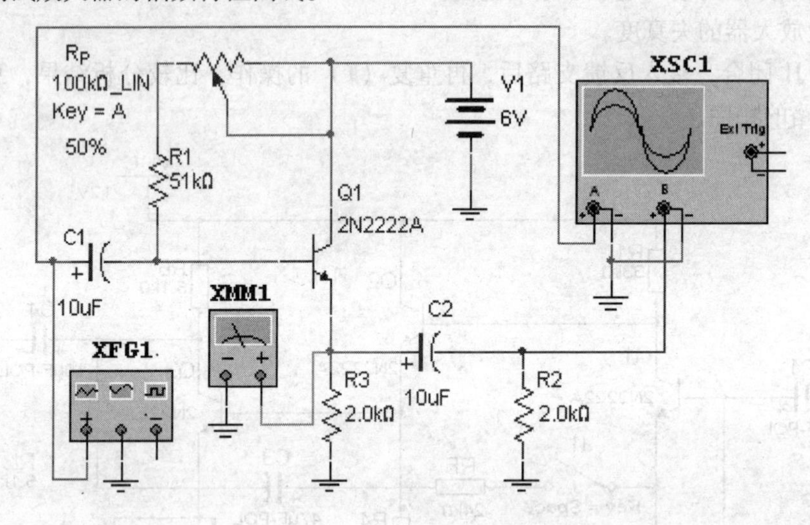

图 9-2-9 射极跟随器实验电路

4. 实验报告

参考实验一，将实验步骤、原理图、测试数据、图表、分析结果记录于你的文件夹中。

实验七 差动放大器

1. 实验目的

（1）熟悉差动放大器的工作原理。

（2）掌握差动放大器的基本测试方法。

2. 差分放大器的主要性能

（1）差模电压增益 K_{ud}。不论接成简单差分放大电路或带有恒流源的差分放大电路，静态工作电流 I_0 相同时，它的差模电压增益相同；放大器在单端输入或双端输入时，它们的差模电压增益也相同。但是，双端输出和单端输出的差模电压增益却不相同。

设图 9-2-10 所示电路中，$\mathrm{R_P}$ 作为 R_{e}，触头左端电阻为 R_{e1}，右端电阻为 R_{e2}，$R_4=R_5=R_{\mathrm{c}}$，当发射极电阻 $R_{\mathrm{e1}}=R_{\mathrm{e2}}=R_{\mathrm{e}}$ 时，负载为 R_{L}，单端输出的差模电压增益为

$$K_{\mathrm{ud}}(\text{单}) \approx -\frac{\beta R_{\mathrm{c}}'}{2[h_{\mathrm{ie}}+(1+\beta)R_{\mathrm{e}}]} \quad ①$$

式中，$R_{\mathrm{c}}' \approx R_{\mathrm{c}}//R_{\mathrm{L}}$

而双端输出的差模电压增益为单端输出的两倍，即

$$K_{ud}=2K_{ud}(单)\approx-\frac{\beta R_c'}{h_{ie}+(1+\beta)R_e}\qquad ②$$

由上式可见，差分放大器双端输出的差模电压增益K_{ud}实际上和单管共发放大器的电压增益相同。

（2）共模电压增益K_{uc}。基本差分放大器（用一只电阻R_{ee}代替图9-2-10中Q2做成的恒流源电路）单端输出的共模电压增益为

$$K_{uc}(单)=\frac{U_{oc1}}{U_{ic1}}=-\frac{\beta R_c}{h_{ie}+(1+\beta)(R_e+R_{ee})}\qquad ③$$

在图9-2-10中，设Q2做成的恒流源电路输出电阻为R_{of}，用R_{of}代替上式中的R_{ee}，就可得到带有恒流源差分放大器的共模增益。R_{of}由下式计算

$$R_{of}\approx\frac{1}{h_{ce}}\left(1+\frac{\beta R_7}{R_b+h_{ie}+R_7}\right)\qquad ④$$

式中，$R_b\approx R_1//R_6$。

在理想对称的情况下，双端输出共模电压放大增益趋于零。

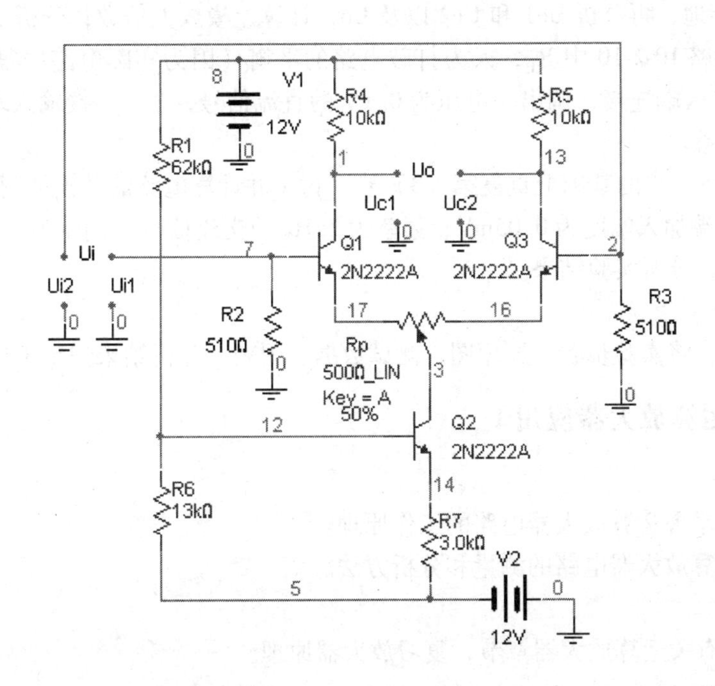

图9-2-10　差分放大器

（3）共模抑制比$CMRR$。共模抑制比定义为差模放大增益K_{ud}与共模放大增益K_{uc}的比值，常以分贝（dB）为单位

$$CMRR=20\lg\left|\frac{K_{ud}}{K_{uc}}\right|\quad(\text{dB})\qquad ⑤$$

对于基本差分放大电路，由式①③并考虑$2R_{ee}\gg R_e$，$(1+\beta)\ 2R_{ee}\gg h_{ie}$，则单端输出电路的共模抑制比为

$$CMRR \approx \frac{\beta R_{ee}}{h_{ie} + (1 + \beta) R_e} \qquad ⑥$$

可见，要提高 $CMRR$，可增大稳流电阻 R_{ee}或改用恒流源电路。在满足理想对称的情况下，双端输出电路的共模抑制比 $CMRR$ 趋于无穷大。

3. 实验内容

电路如图 9-2-10 所示。

（1）分析电路各点的直流电压（着重分析 Uo）。

（2）调节电位器 R_P，分析 Uc1 和 Uc2 以及 Uo，写出结论。（注：因为元件都是理想的标准参数，所以用 R_P 来讨论共模特性。）

（3）双端输入：恢复 R_P 为50%，调出一电压为0.1V 的直流信号，“+”接 Ui1，“-”接 Ui2，再分析 Uc1 和 Uc2 以及 Uo，分别计算差模放大倍数（即单端输出和双端输出），记录数据并分析。

（4）单端输入：调出一电压为0.1V 直流信号，“+”接 Ui1，“-”接地，再分析 Uc1 和 Uc2 以及 Uo，计算差模放大倍数；“+”接地，“-”接 Ui1，再作一次；同样，“+”接 Ui2，“-”接地，再分析 Uc1 和 Uc2 以及 Uo，计算差模放大倍数；分析实验结果。

（5）调整电路 10-2-10 中 R_P，人为打破电路的平衡（因为实际电路中很难做到平衡），将 Ui1、Ui2 两输入端连接，调出一电压为 0.1V 的直流信号，“+”接输入端，“-”接接地，讨论共模增益。

（6）在第（5）步的基础上重复第（3）步，讨论并计算电路的共模抑制比。

（7）在 Ui1 端加入幅度为 0.05mV、频率为 1kHz 的交流信号，用示波器分别观察 Uc1、Uc2、Uo 的波形，分析实验结果。

4. 实验报告

参考实验一，将实验步骤、原理图、测试数据、图表、分析结果记录于你的文件夹中。

实验八　运算放大器应用 1

1. 实验目的

（1）学习和掌握运算放大器电路的工作原理。

（2）学习运算放大器电路的测量和分析方法。

2. 实验要求

预习课本中有关运算放大器章节，复习放大器原理。

3. 实验内容

（1）用 741 组成电压跟随器如图 9-2-11 所示，改变 U_i 值，记录万用表读数（U_o）并填表 9-2-2 中，断开 R_1 再重复记录一次。

表 9-2-2　电压跟随器数据记录

U_i/V		-1	-0.5	0	1	3
U_o/V	$R_1 = \infty$					
	$R_1 = 5.1\text{k}\Omega$					

（2）反相比例放大器如图 9-2-12 所示，改变 U_i，观察 U_o 并记录于表 9-2-3 中。

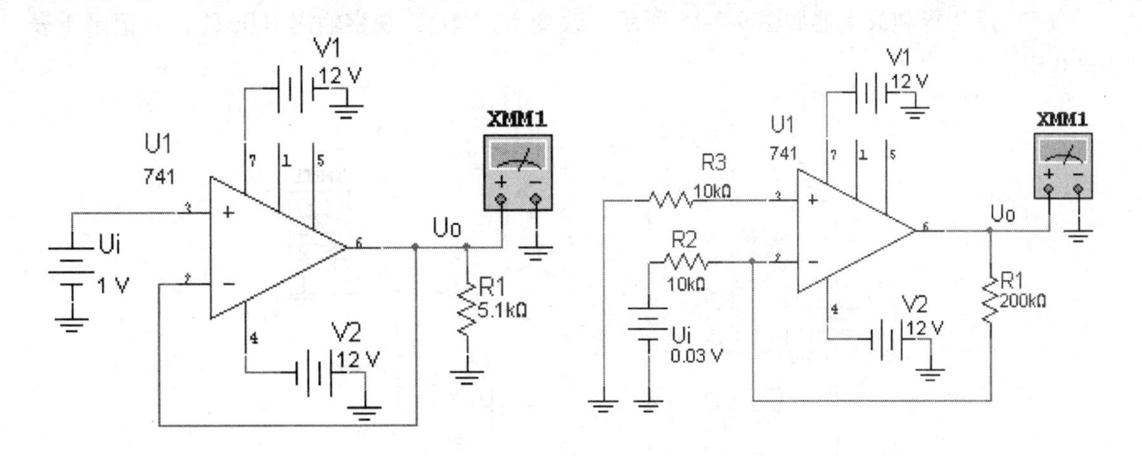

图 9-2-11　电压跟随器　　　　图 9-2-12　反相比例放大器

表 9-2-3　反相比例放大器数据记录

U_i	20mV	100mV	500mV	1V	2V	3V	5V
U_o							

（3）同相比例放大器如图 9-2-13 所示，改变 U_i，观察并记录 U_o 于表 9-2-4 中。

表 9-2-4　同相比例放大器数据记录

U_i	20mV	100mV	500mV	1V	2V	3V	5V
U_o							

（4）双相求和放大器如图 9-2-14 所示，改变 U_{i1}、U_{i2}，观察并记录输出电压 U_o 于表 9-2-5 中。

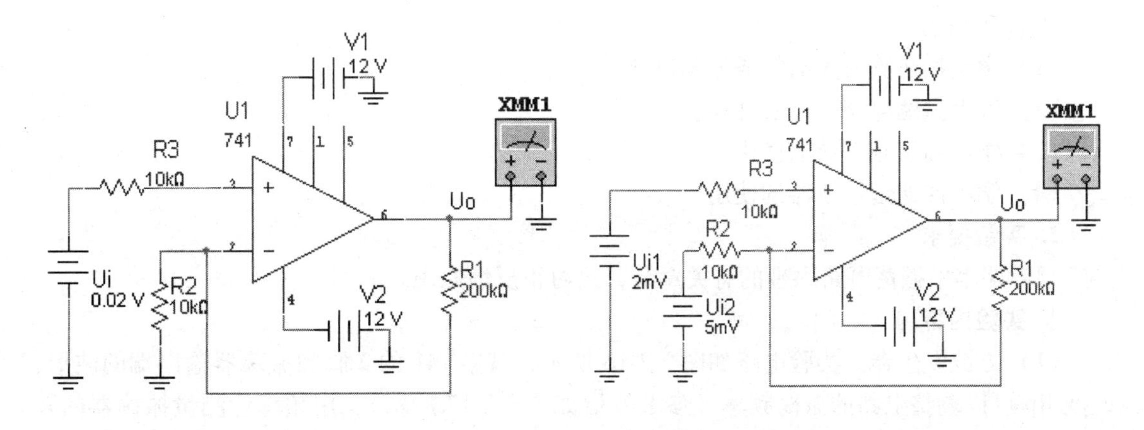

图 9-2-13　同相比例放大器　　　　图 9-2-14　双相求和放大器

表 9-2-5　双相求和放大器数据记录

U_{i1}/mV	5	20	-50
U_{i2}/mV	10	-5	20
U_o/mV			

（5）反相求和放大器如图 9-2-15 所示，改变 U_{i1}、U_{i2}，观察输出电压 U_o，并记录于表 9-2-6 中。

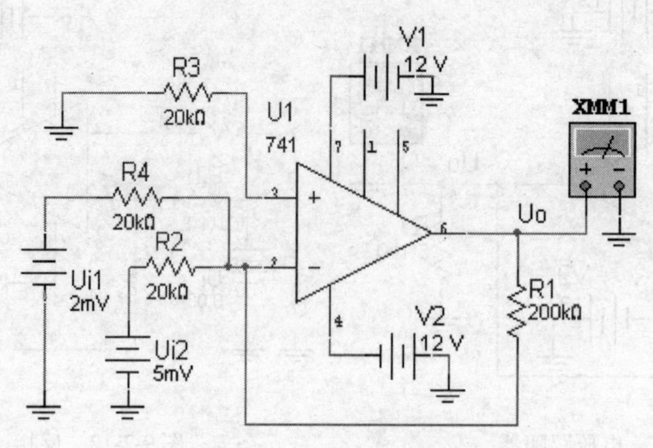

图 9-2-15　反相求和放大器

表 9-2-6　反相求和放大器数据记录

U_{i1}/mV	5	20	−50
U_{i2}/mV	10	−5	20
U_o/mV			

4. 实验报告

参考实验一，将实验步骤、原理图、测试数据、图表、分析结果记录于你的文件夹中。

实验九　运算放大器应用 2

1. 实验目的

（1）学会用运算放大器组成振荡电路。

（2）掌握振荡电路特点及性能。

（3）学习数字频率计的使用。

（4）学习四通道示波器的使用。

2. 实验要求

预习课本中振荡电路原理的有关章节，复习正反馈原理。

3. 实验内容

（1）方波发生器。实验电路如图 9-2-16 所示，观察 741 的 2 脚和振荡器输出端的波形；改变 Rp 可以调整电路的振荡频率（参考波形如图 9-2-17 所示）；用频率计测量振荡器的频率（连接方法如图 9-2-18 所示）；分析 C1、Rp、R2、D1、D2 在电路中的作用。

（2）占空比可调的矩形波发生器。如图 9-2-19 所示，电路基本上是在图 9-2-18 的基础上添加 D3、D4（1N4148）两只二极管，观察电路输出波形，分析 D3、D4 的作用；调整 Rp2 可以调整占空比，调整 Rp1 可以调节电路的振荡频率（用频率计监测）。

四通道示波器的使用与二通道示波器的使用相比，仅是输入通道的调整方法不同，如图 9-2-20 中的圆圈，用它可以转换通道，分别进行调整。

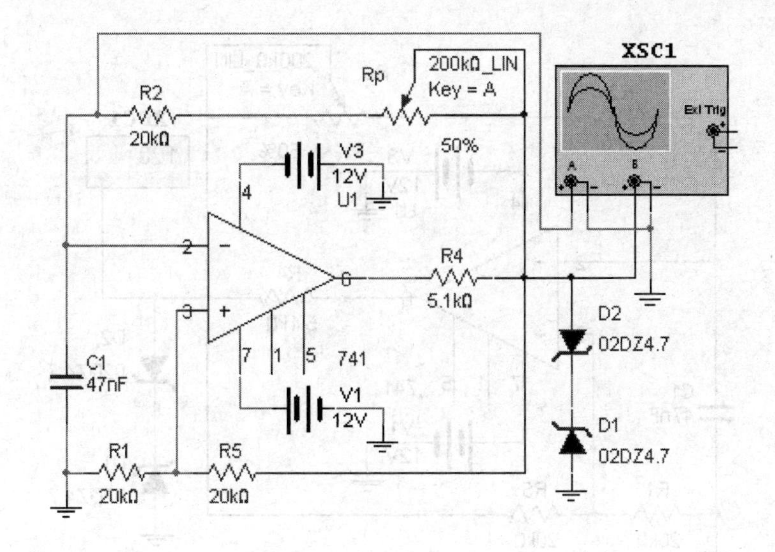

图 9-2-16　方波发生器

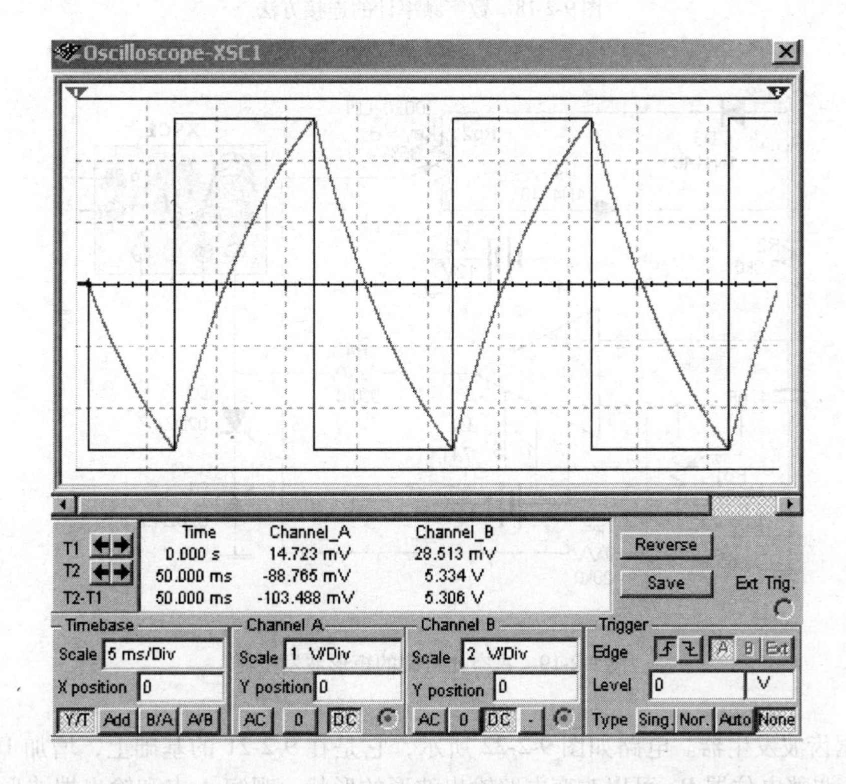

图 9-2-17　参考波形

（3）三角波发生器。电路如图 9-2-21 所示，调整 R_P 观察电路 A 点和输出波形 Uo 的变化情况，并分析电路。

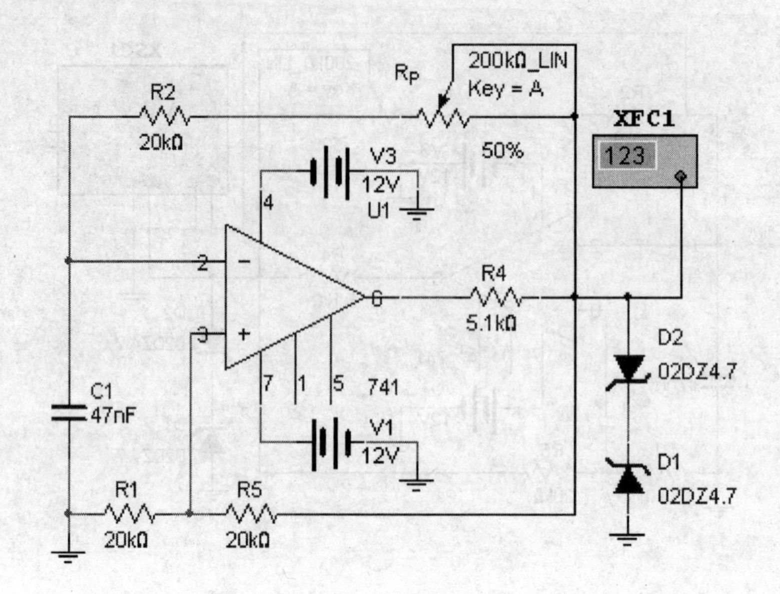

图 9-2-18 数字频率计的连接方法

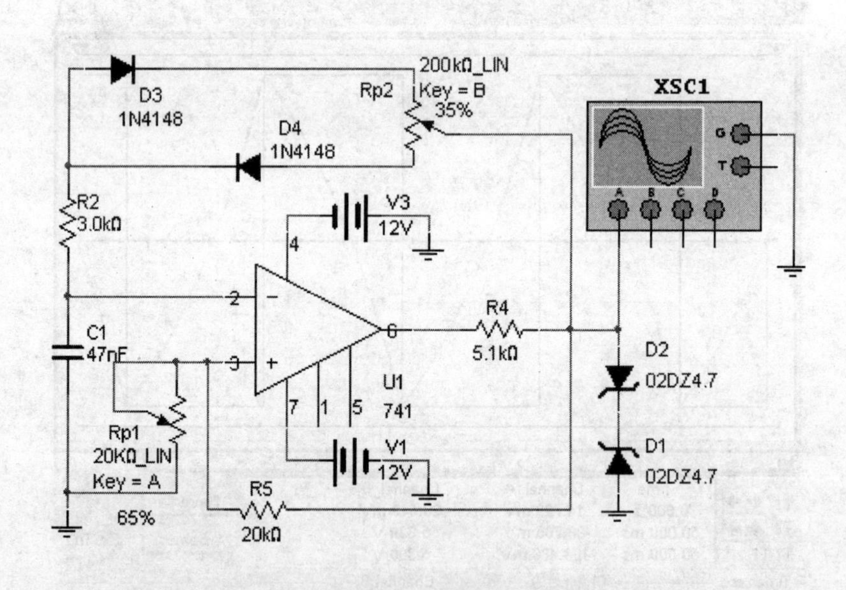

图 9-2-19 占空比可调的矩形波发生器

（4）锯齿波发生器。电路如图 9-2-22 所示，它是在 9-2-21 的基础上，增加 D3、D4 后变形而来，调整电位器 Rp 可以改变电路输出波形的形状，观察 A 点和输出端波形，分析电路。

（5）文氏电桥振荡器。电路如图 9-2-23 所示，设定振荡过程及波形，分析电路的振荡条件，改变 R3、R4 或 C1、C2，再观察电路的输出波形。

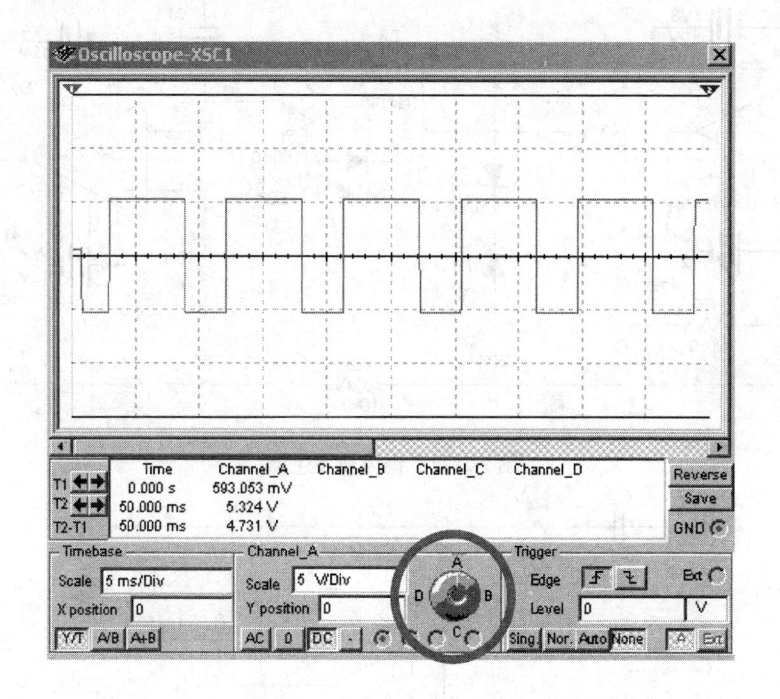

图 9-2-20　四通道示波器的使用

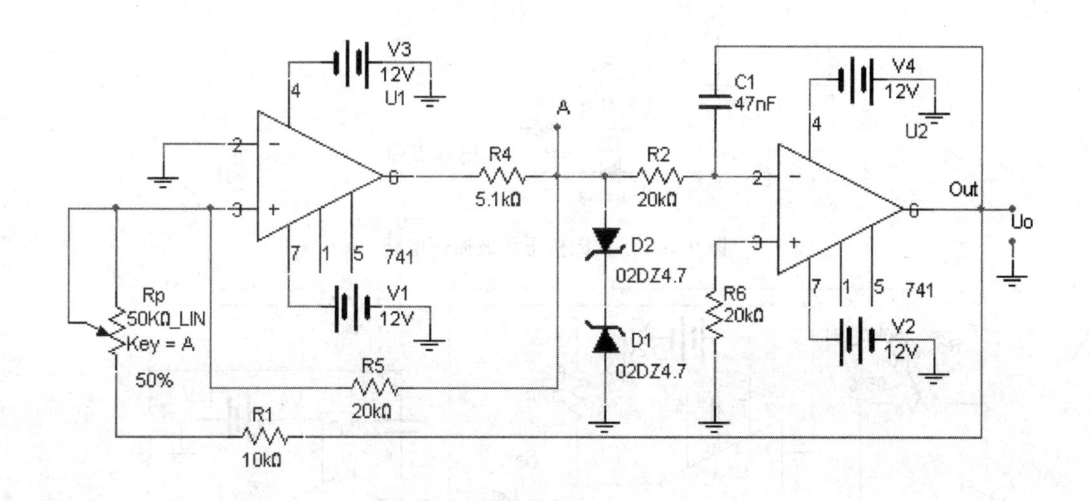

图 9-2-21　三角波发生器

（6）压控振荡器。电路如图 9-2-24 所示，由 R5、R6、R7 和 V5 组成电压控制电路，调整 R_P 观察电路输出波形的频率变化情况。

4. 实验报告

参考实验一，将实验步骤、原理图、测试数据、图表、分析结果记录于你的文件夹中。

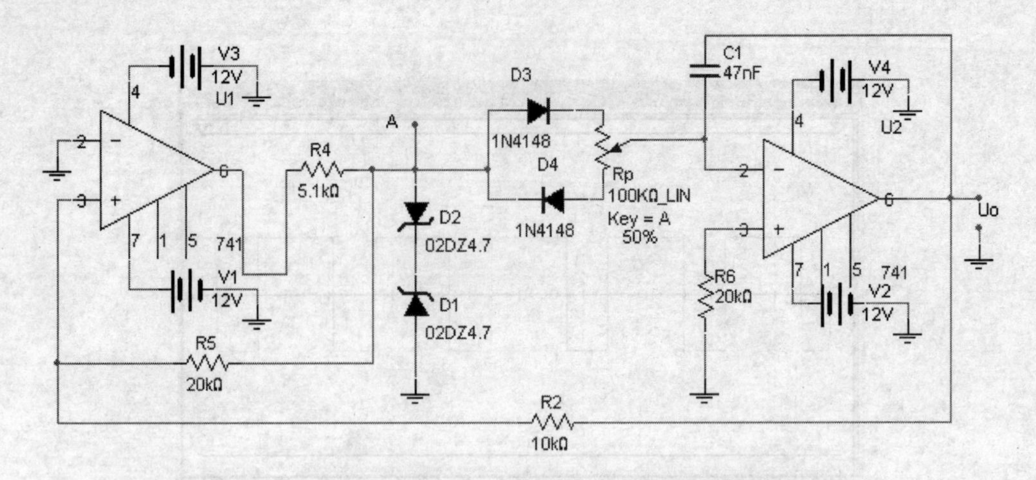

图 9-2-22　锯齿波发生器

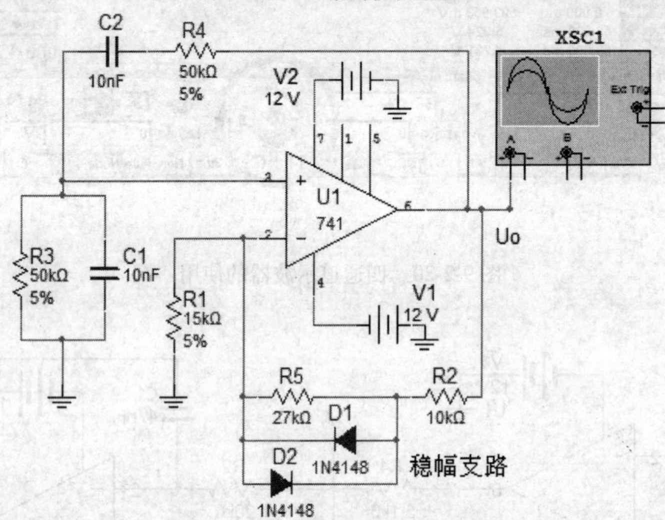

图 9-2-23　文氏桥正弦波振荡电路

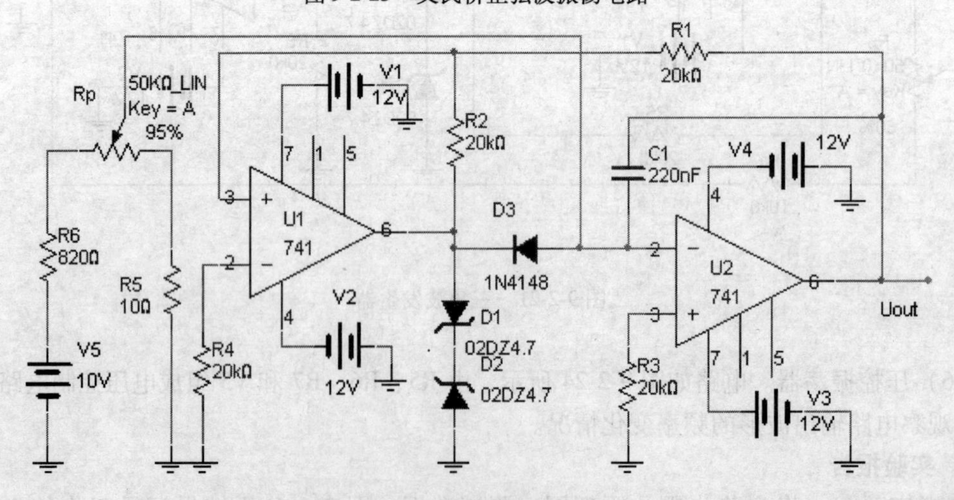

图 9-2-24　压控振荡器

实验十　运算放大器应用3

1. 实验目的

（1）熟悉有源滤波器结构和特性。

（2）进一步学习 Multisim 的交流分析（AC Analysis）方法。

2. 实验要求

预习课本中滤波器的有关章节。

3. 实验原理

（1）一阶低通滤波器电路。一阶低通滤波器电路如图9-2-25a所示，它的输入与输出的关系为：

$$\frac{U_o}{U_i}=\frac{\frac{1}{j\omega C}}{\frac{1}{j\omega C}+R}=\frac{1}{1+j\omega RC}$$

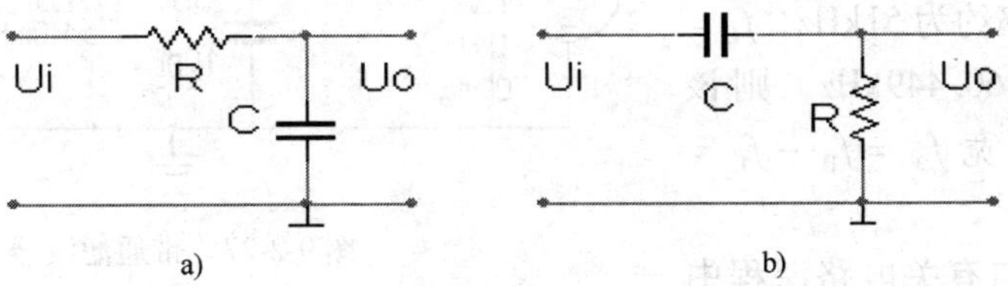

a)　　b)

图9-2-25　滤波器

a）低通滤波器　b）高通滤波器

若用频率相对量表示，即令

$$\omega_o=\frac{1}{RC}$$

则：

$$\frac{U_o}{U_i}=\frac{1}{1+j\frac{\omega}{\omega_o}}$$

上式称为RC网络的传输函数，电路的响应曲线如图9-2-26a所示，当$\omega=\omega_o$时，输出信号比最大值下降3dB，频率ω_o称为上限频率。

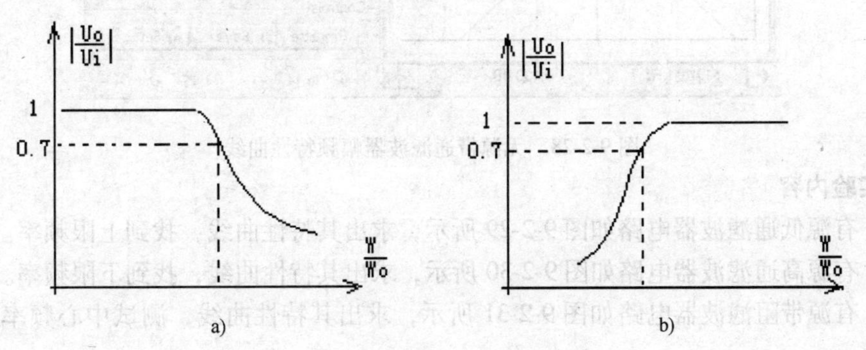

图9-2-26　滤波器的响应曲线

a）低通滤波器响应曲线　b）高通滤波器响应曲线

（2）一阶高通滤波器电路如图 9-2-25b 所示，其输出与输入的关系表达式为

$$\frac{U_o}{U_i}=\frac{j\omega RC}{1+j\omega RC}=\frac{j\dfrac{\omega}{\omega_o}}{1+j\dfrac{\omega}{\omega_o}}$$

式中，$\omega_o=\dfrac{1}{RC}$为下限频率，一阶高通滤波器的响应曲线如图 9-2-26b 所示。

（3）带通滤波器电路。带通滤波器电路如图 9-2-27 所示，其输出与输入的关系表达式较为复杂，可参考有关的书籍，在此不作详细描述。

在电路中已经设置了相应的参数，复杂计算可由计算机完成。

用 Multisim 来完成上述电路的计算：电路设计图输入之后，运行交流分析（AC Analysis）后，得到如图 9-2-28 所示的结果。从图上可以读出其中心频率约为 51kHz，f_L = 43.729kHz，f_H = 60.449kHz，则该带通滤波器的带宽 $f_W=f_H-f_L$ = 16.7kHz。

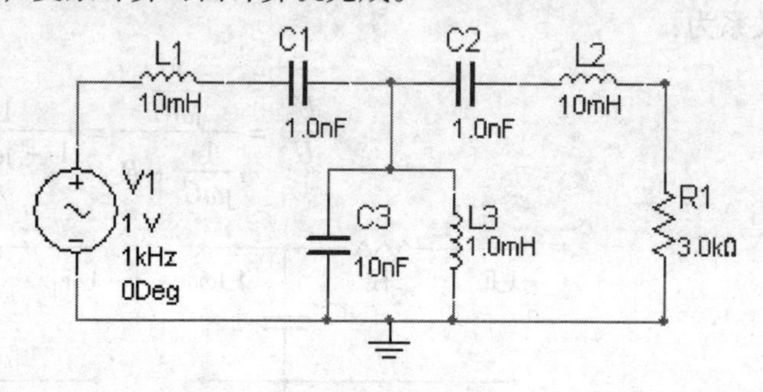

图 9-2-27　带通滤波器

【注】：此图与有关电路课程中图样有差别，但其数据是正确的，图形差别主要是分析设置问题，当然与软件也有关系，同学们可以通过计算，与图中结论进行比较。数据的读取是移动测试指针来进行的，很难做到 100% 的准确，所以要注意值的取舍。

另外，调用仪器“波特图示仪”分析，事实上就是调用的 AC 分析。

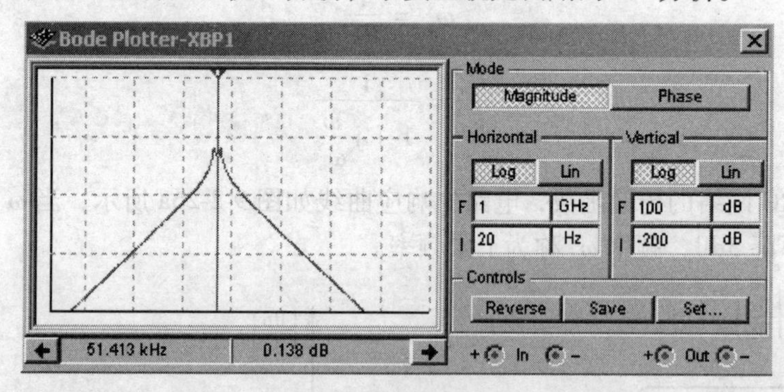

图 9-2-28　无源带通滤波器幅频特性曲线

4. 实验内容

（1）有源低通滤波器电路如图 9-2-29 所示，求出其特性曲线，找到上限频率。

（2）有源高通滤波器电路如图 9-2-30 所示，求出其特性曲线，找到下限频率。

（3）有源带阻滤波器电路如图 9-2-31 所示，求出其特性曲线，测试中心频率，分析结果。

（4）有源带通滤波器电路如图 9-2-32 所示，求出其特性曲线，测试中心频率，分析结果。

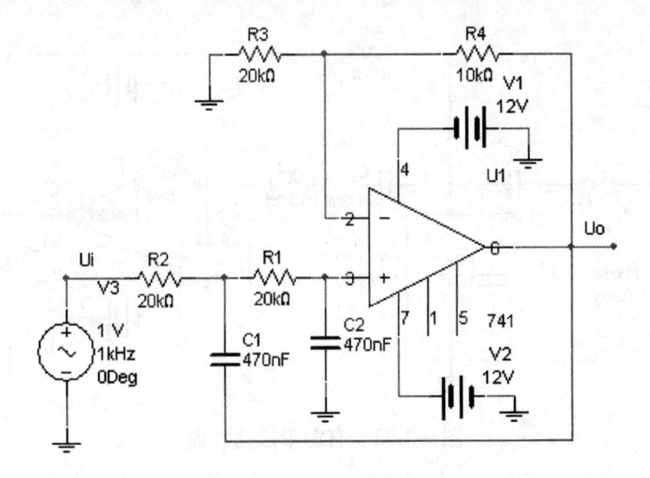

图 9-2-29　有源低通滤波器

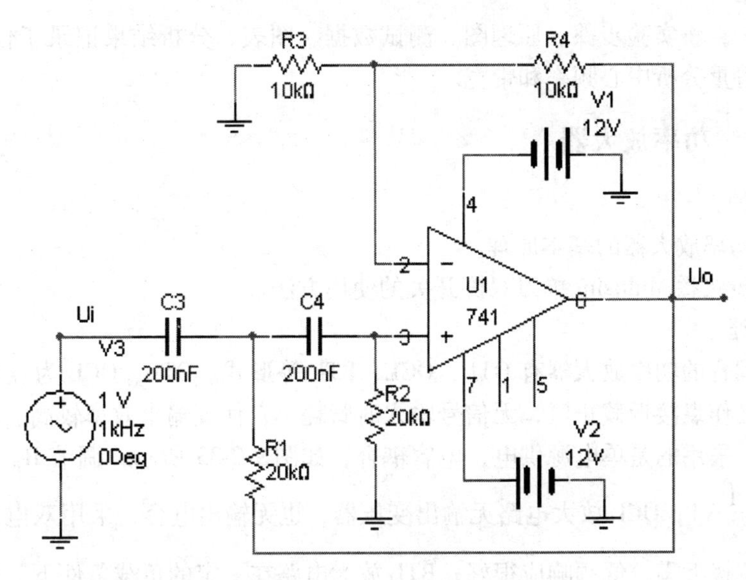

图 9-2-30　有源高通滤波器

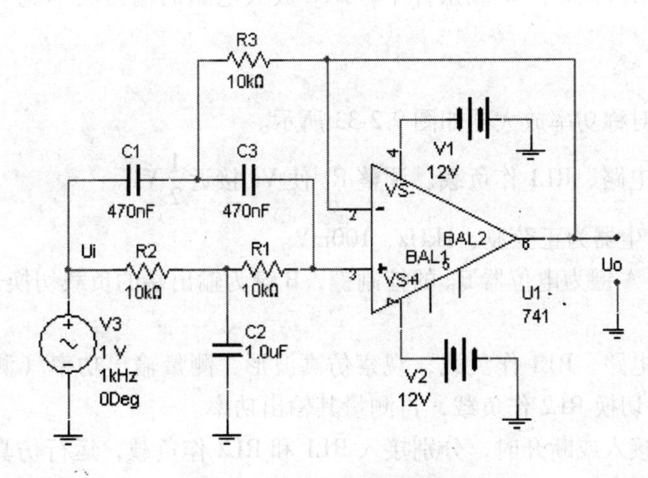

图 9-2-31　有源带阻滤波器

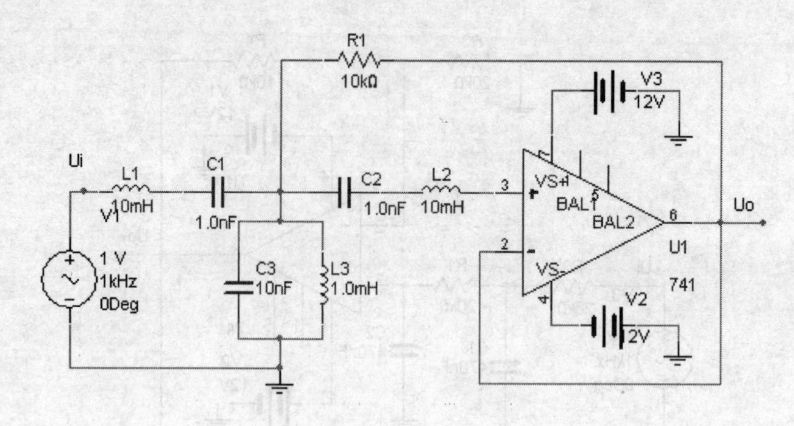

图 9-2-32 有源带通滤波器

5. 实验报告

参看实验一，将实验步骤、原理图、测试数据、图表、分析结果记录于你的文件夹中，带通滤波器要着重分析中心频率和带宽。

实验十一 功率放大器

1. 实验目的

（1）熟悉功率放大器的基本原理。

（2）进一步熟悉 Multisim 单刀双掷开关的使用方法。

2. 实验原理

无变压器耦合的功率放大器有 OTL、OCL、BTL 等形式。OTL、OCL 为互补对称式功率放大器，静态工作点接近截止区，无信号输入时管耗小，使其输出效率较高。OTL 放大电路无输出变压器，采用的是单电源供电，电容耦合，如图 9-2-33 所示，调节 R_P 可使静态工作点电位 Va 接近$\frac{1}{2}$V1；OCL 放大电路无输出变压器，也无输出电容，采用双电源供电，输出静态工作点电位接近零，低频响应很好；BTL 放大电路在一定的负载条件下，输出功率与输出电压的平方成正比，在相同负载条件下，BTL 放大电路的输出功率比 OTL 高得多（约 4 倍）。

3. 实验内容

（1）OTL 互补对称功率放大器如图 9-2-33 所示。

1）将 D3 接入电路、RL1 作负载，调整 R_P 使 Va 接近$\frac{1}{2}$V1。

2）设置信号发生器为正弦波、1kHz、100mV。

3）设置键盘上 A 键为电位器 R_P 的控制键，B 键为输出端的负载切换开关扭，C 键为二极管 D3 切入按钮。

4）将 D3 接入电路、RL1 作负载，观察仿真波形，测量输出功率（测量输出电流和输出电压进行计算）；切换 RL2 作负载，再测量其输出功率。

5）当电路 D3 接入或断开时，分别接入 RL1 和 RL2 作负载，运行仿真，观察波形（注意观察如图 9-2-34 所示的交越失真现象，以及改善之方法），并记录分析结果。

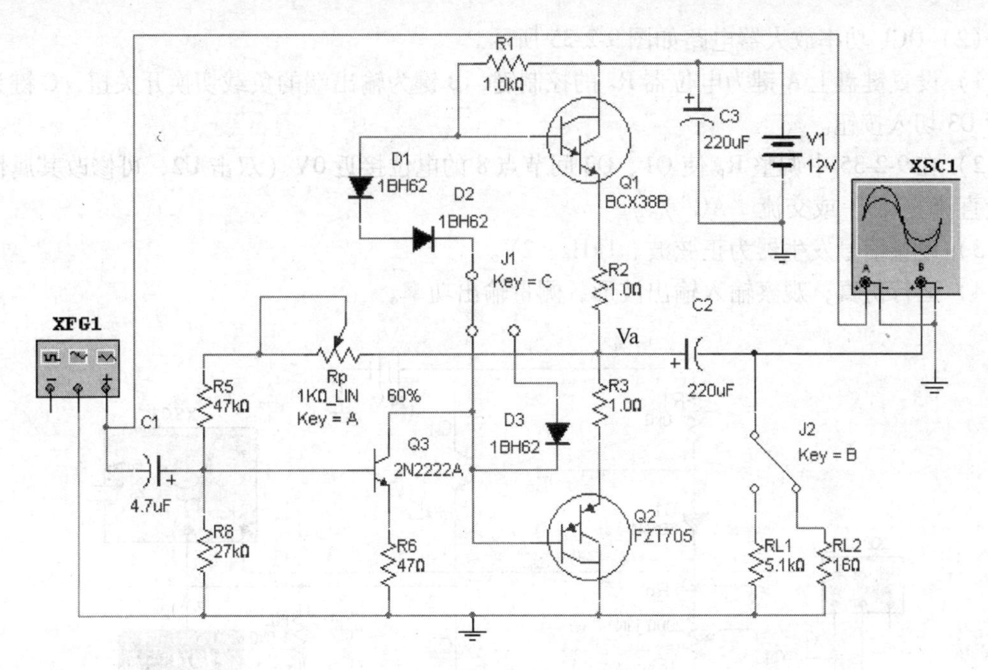

图 9-2-33　OTL 功率放大器

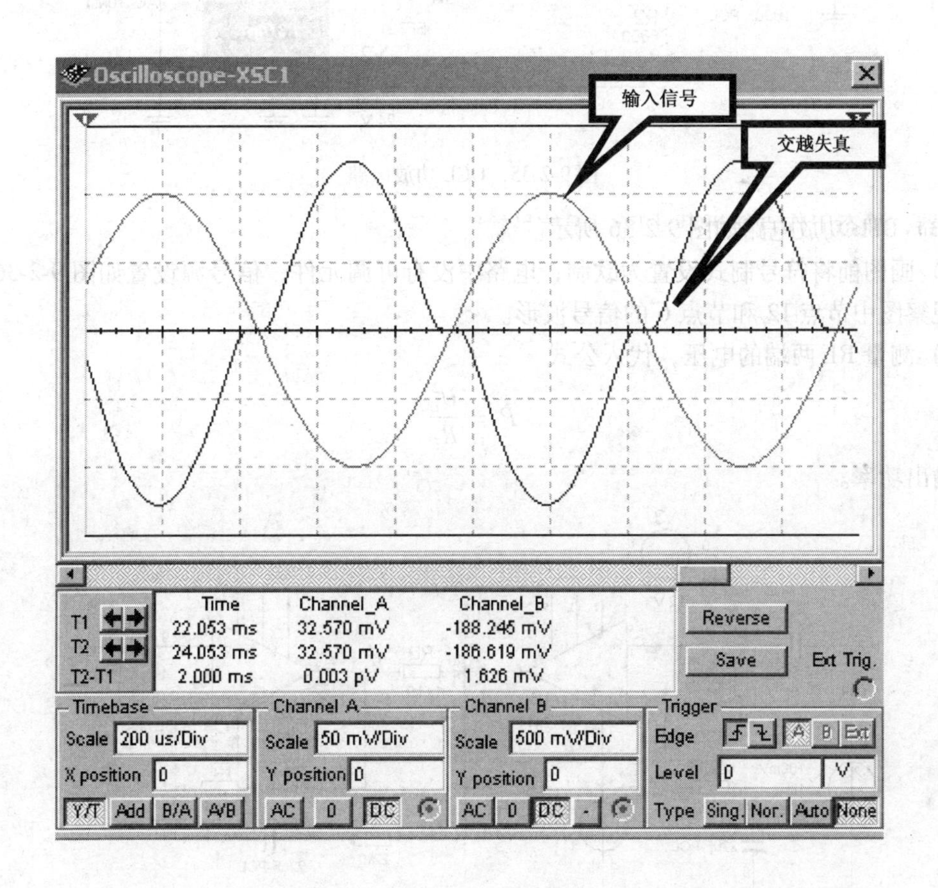

图 9-2-34　功放电路出现的交越失真现象

（2）OCL 功率放大器电路如图 9-2-35 所示。

1）设置键盘上 A 键为电位器 R_P 的控制键，B 键为输出端的负载切换开关扭，C 键为二极管 D3 切入按钮。

2）在 9-2-35 中调整 R_P 使 Q1、Q2 间节点 8 的电位接近 0V（双击 U2，可修改其属性为测量直流“DC”或交流“AC”）。

3）设置信号发生器为正弦波、1kHz、2V。

4）运行仿真，观察输入输出波形，测量输出功率。

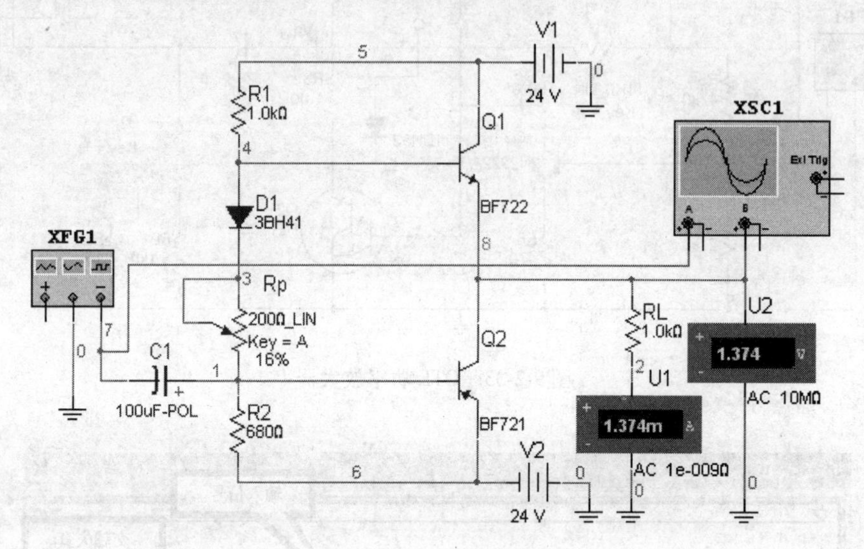

图 9-2-35　OCL 功放电路

（3）BTL 功放电路如图 9-2-36 所示。

1）画图前将符号制式设置为欧制，电路中没有可调元件，信号源设置如图 9-2-36 中所示，观察图中节点 12 和节点 6 的信号波形。

2）测量 RL 两端的电压，代入公式

$$P = \frac{U_L^2}{R_L}$$

计算输出功率。

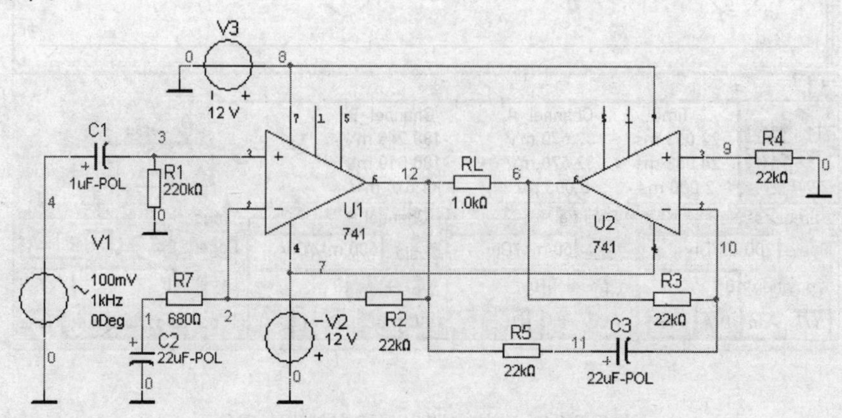

图 9-2-36　BTL 功放电路

4. 实验报告

（1）参考实验一，将实验步骤、原理图、测试数据、图表、分析结果记录于你的文件夹中，着重分析交越失真。

（2）比较 OTL 功放电路、OCL 功放电路、BTL 功放电路的输出功率，分析其各自的特点。

实验十二　稳压电源

1. 实验目的

学习三端稳压电源的使用方法。

2. 实验步骤

（1）按图 9-2-37 连接电路，切换开关，观察输出电压的变化。

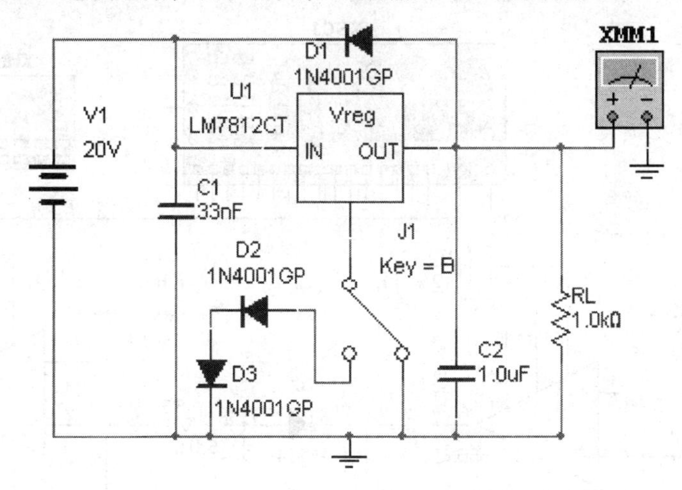

图 9-2-37　三端稳压电源

（2）将开关置于接地，对 V1 进行参数扫描分析（V1 值取 12V，13V，15V，18V，20V，25V），分析输出电压的变化，并记录于实验报告中。

（3）改变 RL 的取值，看看输出电压有何变化。

（4）按图 9-2-38 连接电路，调整 R_P，观察输出电压的变化范围，并记录于实验报告中。

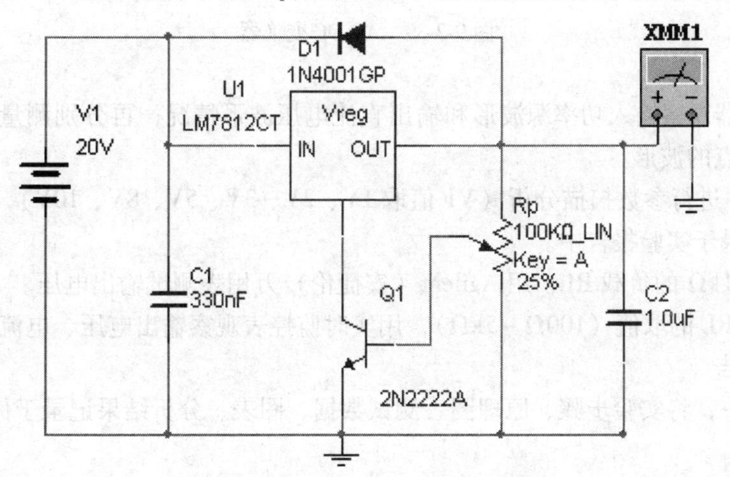

图 9-2-38　输出电压可调的稳压电源

3. 实验报告

参考实验一，将实验步骤、原理图、测试数据、图表、分析结果记录于你的文件夹中。

实验十三　AC-DC 变换器

1. 实验目的

（1）学习 Agilent（安捷伦）万用表和示波器的实验。

（2）学习实时监控法。

（3）学习 AC-DC（交流-直流）变换器原理。

2. 实验步骤

（1）按图 9-2-39 所示电路连接实验电路。

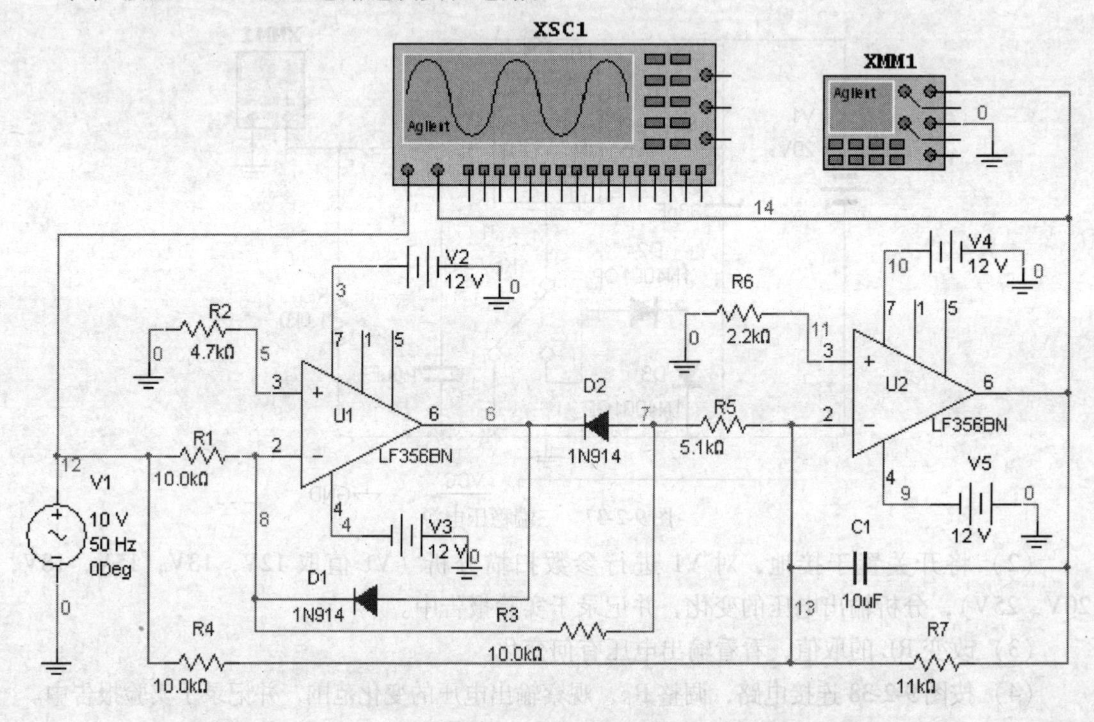

图 9-2-39　AC-DC 变换器

（2）示波器观察输入功率源波形和输出直流电压波形情况；再分别测量电路中节点 8、6、7、13 号节点的波形。

（3）对 V1 进行参数扫描分析（V1 值取 1V、2V、3V、5V、8V、10V），分析输出电压的变化，并记录于实验报告中。

（4）接入 1kΩ 的负载 RL，用 Agilent（安捷伦）万用表测试输出电压。

（5）改变 RL 的取值（100Ω ~ 5kΩ），用实时监控表观察输出电压、电流的变化。

3. 实验报告

参考实验一，将实验步骤、原理图、测试数据、图表、分析结果记录于你的文件夹中。

第十章　数字电路仿真分析

第一节　仿真实例

例一　门电路的测试

1. 实验目的

（1）理解“与非门”的逻辑功能。

（2）学习字符发生器和逻辑分析仪的使用。

（3）学习发光二极管的使用。

用于实验的“与非门”实验电路及其真值表如图10-1-1 所示。

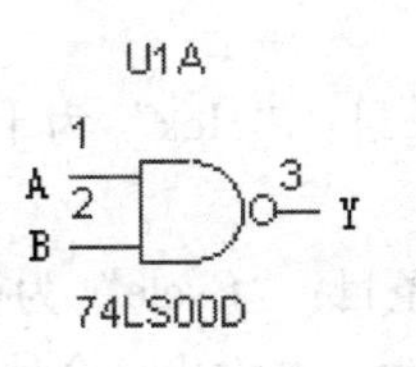

输入		输出
A	B	Y
0	0	1
0	1	1
1	0	1
1	1	0

图 10-1-1　与非门实验电路及其真值表

2. 实验电路

利用 Multisim 的虚拟仪表和元器件制作的实验电路如图 10-1-2 所示（图中字符发生器可以像一个器件一样，横向翻转 180°，但由于初学者常出现接到字符发生器的 16、17、18 的情况，所以本书编辑时保持其原态）。

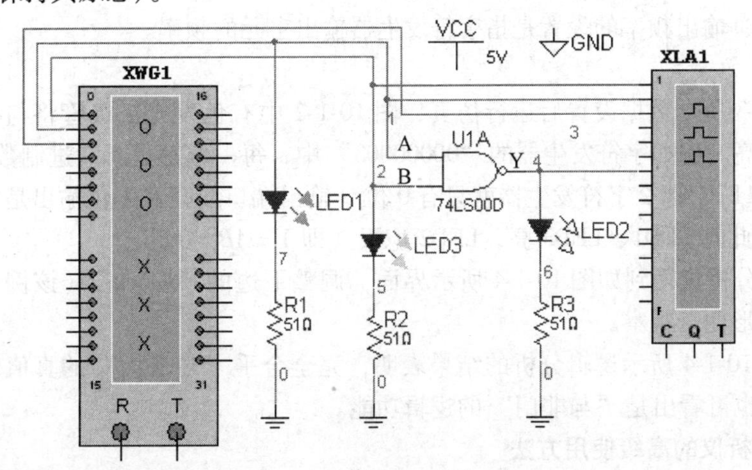

图 10-1-2　与非门的 Multisim 实验电路

3. 仪器的设置

字符发生器的设置：字符发生器在数字电路仿真中应用非常广泛，是并行输入多路数字信号的理想仿真工具，它最多可以输出 32 路数字信号。

双击“XWG1”出现字符设置界面，如图 10-1-3 所示（已设置好），界面中右半部分区域显示一系列 8 位并行 16 进制字元，左半部分为“Display”（显示栏）、“Controls”（控制设置栏）、“Trigger”（触发设置栏）、“Frequency”（输出频率设置栏）。

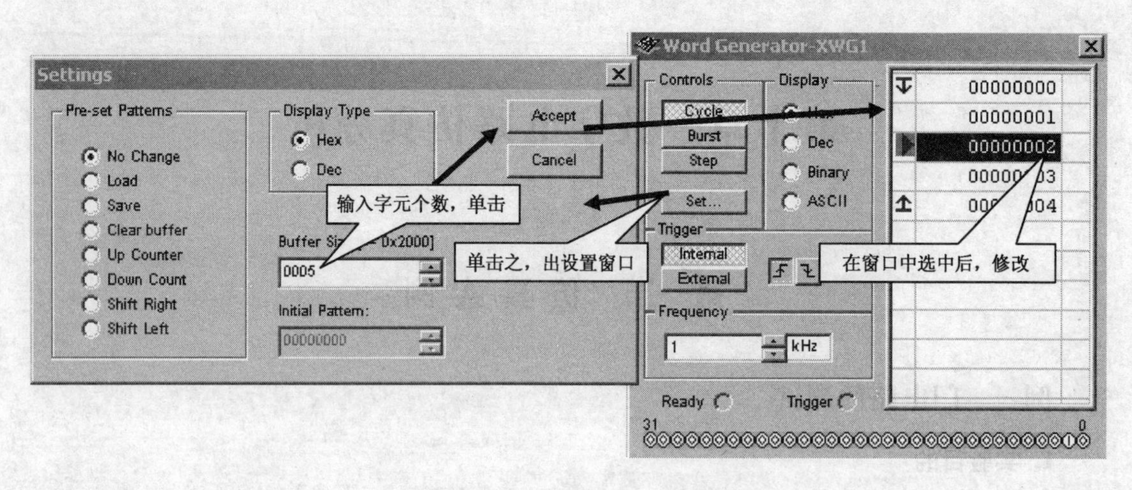

图 10-1-3 字符发生器的设置界面

Display：有 4 个条目："Hex" 为十六进制；"Dec" 为十进制；"Binary" 为 二进制；"AscⅡ" 为 ASCⅡ码。

Controls：有 3 个条目："Cycle" 为循环输出；"Burst" 为一次性从初始地址到最大地址的字元输出；"Step" 为一次输出一个地址的字元。

Set…：在 "Buffer Size" 中设置字符组数，其数字决定输出字符组数（如输入 5，按 "Accept" 按钮即得 "Word Generator-XWG1" 窗口中右边的字符组数）。

Trigger：可以设置触发信号为 "Internal"（内触发）、"External"（外触发），以及是上升沿触发还是下降沿触发。

Frequency：输出频率的设置是指字符发生器输出字元的频率。

4. 仿真

按图 10-1-3 所示数据设置后运行仿真，图 10-1-2 中有色发光二极管将与字符发生器的输出同步而闪亮。例如字符发生器的 "00000003" 中，每一位都是十六进制数，即 "3" 是二进制的 "0011"，那么字符发生器就只有 0 位（输出端口线）和 1 位输出是 "1"，其他位均输出 "0"，此时 LED1、LED3 亮，LED2 熄灭（即 $Y=\overline{AB}=0$）。

双击逻辑分析仪得到如图 10-1-4 所示界面，调整下边的 "Clock"（该例设置为 6 个脉冲/度），让波形便于观察。

结论：图 10-1-4 所示逻辑分析的结果表明，完全合乎 "与非门" 的真值表；发光二极管的闪烁情况也可看出是 "与非门" 的逻辑功能。

5. 逻辑分析仪的高级使用方法

逻辑分析仪是一种非常有用的数字仿真仪表，它的作用类似于示波器，但它可以同时跟踪 16 路数字信号的波形。它还能够高速获取数字信号进行时域分析，这对大型数字系统设计是非常有用的。

在图 10-1-4 所示窗口中，单击 "Clock" 栏内的 "Set"，出现图 10-1-5 所示的时钟设置窗口，首先选择时钟是来自内部或是外部信号，然后设置时钟频率，最后设置采样数据的数量。如果设置成内触发即可设置采样频率；若设置成外触发，采样频率则由外触发信号决定。

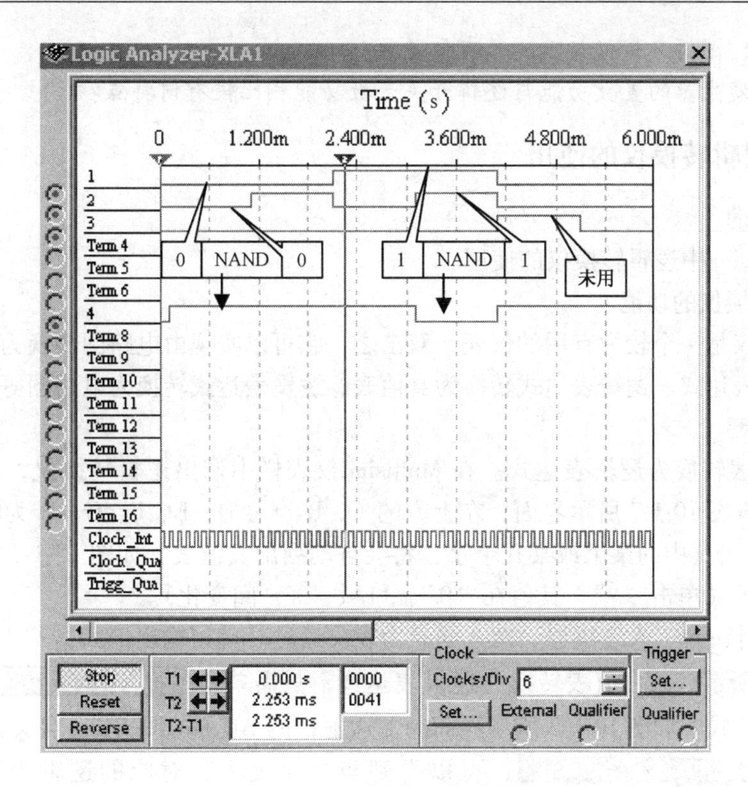

图 10-1-4 逻辑分析仪分析结果

在图 10-1-4 所示窗口中，单击“Trigger”栏内的“Set”，出现图 10-1-6 所示的时钟设置窗口，首先选择时钟的是上升沿还是下降沿有效，然后在“Trigger Patterns”（触发模式）栏内键入相应字节，X 为任意值。最后从“Trigger Combinations”的下拉菜单中设置 A、B、C 的组合方式，包括：A；B；C；A or B；A or C；A or B or C；A and B；A and C；A and B and C；A no B；A no C；B no C；A then B；A then C；B then C；（A or B）then C；A then（B or C）；A then B then C；A then（B without C）。

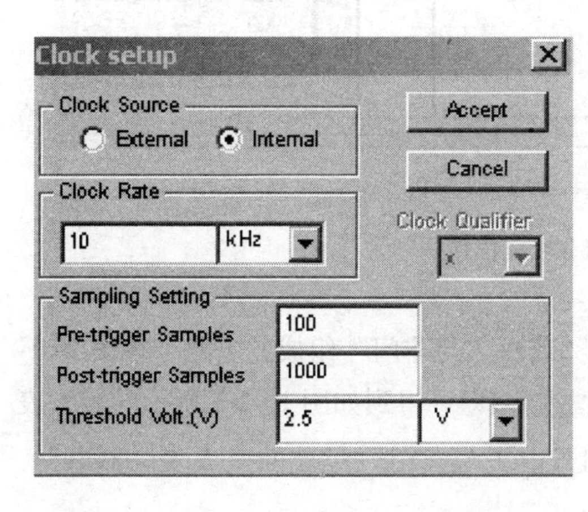

图 10-1-5 Clock 栏内的“Set”设置窗口

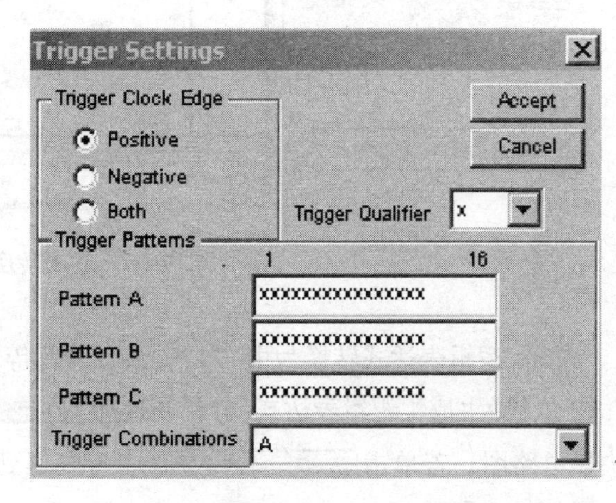

图 10-1-6 Trigger 栏内的“Set”设置窗口

思考：(1) 逻辑分析仪与示波器有何差异？

(2) 字符发生器的置数功能与逻辑开关置数功能相比较有何特点？

例二　逻辑转换仪的使用

1. 实验目的

学习 Multisim 中逻辑转换仪的使用。

2. 逻辑转换仪的功能

逻辑转换仪是一个较为有用的仪表，双击之，它可以实现由电路图转换为真值表、真值表转换为逻辑表达式、逻辑表达式转换为真值表、逻辑表达式转换为电路图等功能。

3. 实验内容

(1) 真值表转换为逻辑表达式。在 Multisim 仪表栏中调出逻辑转换仪，再双击逻辑转换仪图标，出现图 10-1-7 所示界面，左上方的 A、B、C、D、E、F、G、H 为输入变量（作输入端口），单击其中的某个或某几个字，将会自动列出真值表，如图 10-1-7 所示，只需确定输出状态即可（单击“?”，其值在‘0’、‘1’、‘X’间变化）。

例如，设计一个三人表决器，两人同意为表决通过（确定输出值为‘1’），即设定真值表如图 10-1-7 所示。用真值表转换为逻辑表达式，只需单击 10|1 SIMP→ A|B ，即可得到化简的逻辑表达式，如图 10-1-7 所示界面的下边框中的 AC + AB + BC（含义是 $Y = AC + AB + BC$）；若单击 10|1 → A|B ，可以得到与真值表一一对应的逻辑表达式 A'BC + AB'C + ABC' + ABC（其含义是 $Y=\overline{A}BC+A\overline{B}C+AB\overline{C}+ABC$）。

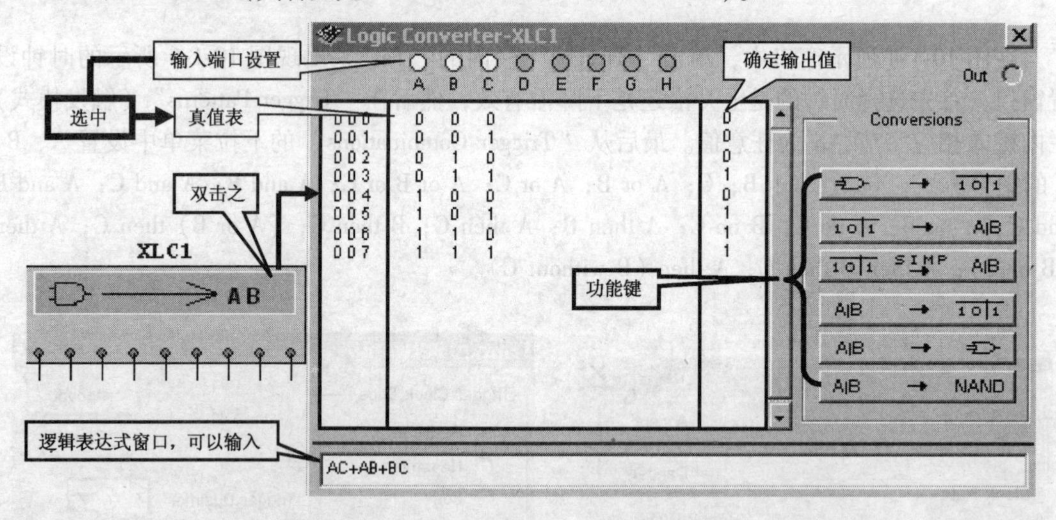

图 10-1-7　逻辑转换仪功能描述

(2) 逻辑表达式转换为由“与、或、非门等”或由“与非门”组成的电路　在图 10-1-7 中（已经生成了逻辑表达式），单击 A|B → (门) 即可得到如图 10-1-8 所示的三人表决器电路图；若单击 A|B → NAND 可以得到只由“与非门”组成的三人表决器电路，如图 10-1-9 所示。

(3) 由逻辑表达式转换为真值表。假若在逻辑转换仪的下边框内中输入 $Y=\overline{A}\,\overline{B}\,\overline{C}+$

$A\overline{B}CD+AB\overline{C}D+AD'$布尔方程，如图 10-1-10 所示，然后单击 AIB → 10|1 按钮可得到的真值表，如图 10-1-11 所示，再单击按钮 10|1 SIMP→ AIB 可以化简布尔方程，参看上述方法（2）可以得到电路。

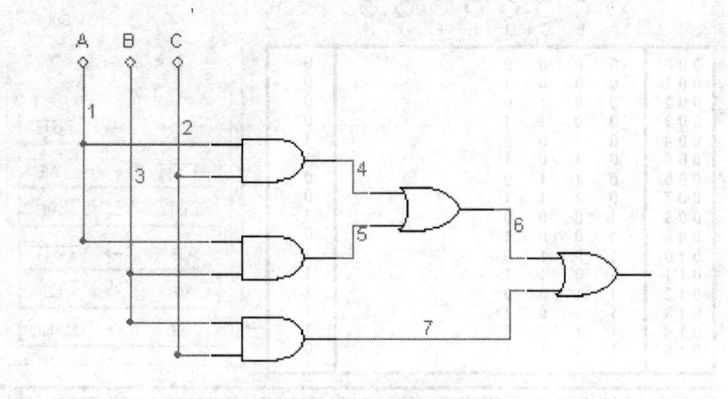

图 10-1-8　三人表决器电路

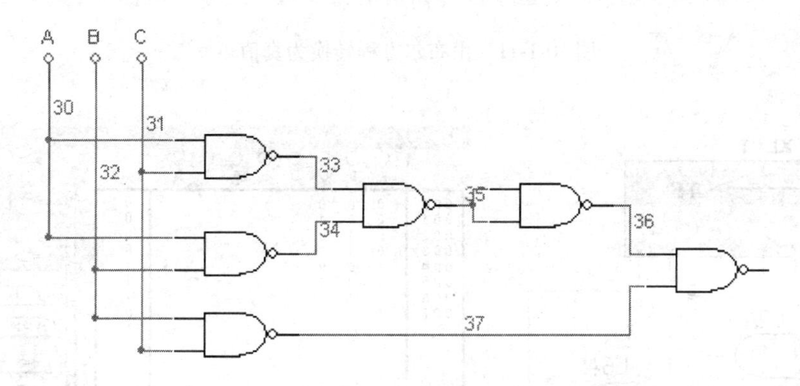

图 10-1-9　只用与非门构成的三人表决器电路

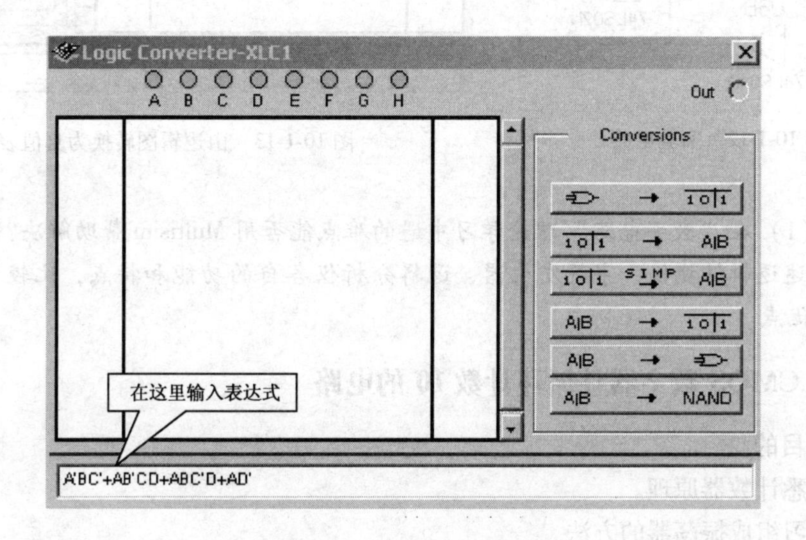

图 10-1-10　输入布尔方程

（4）由电路图转换为真值表　假设电路如图 10-1-12 所示，将之与逻辑转换仪连接，点

击 → 10|1 得到如图 10-1-13 所示的真值表，参看上述方法（1）、（2）可得化简的布尔方程和电路。

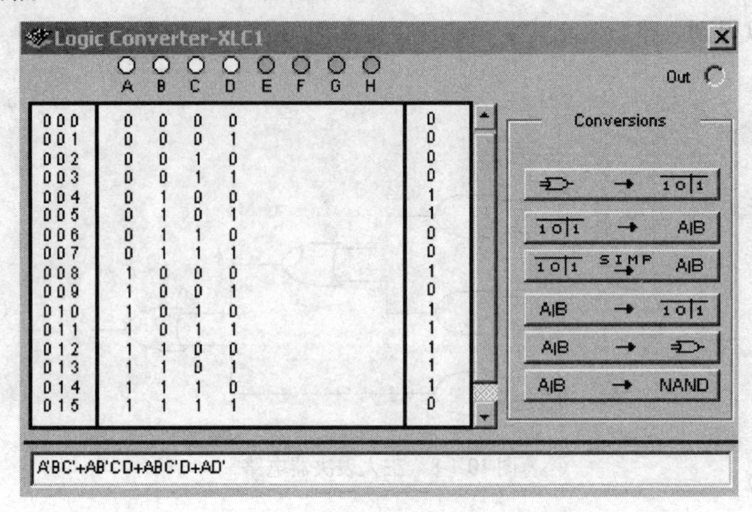

图 10-1-11　由布尔方程转换为真值表

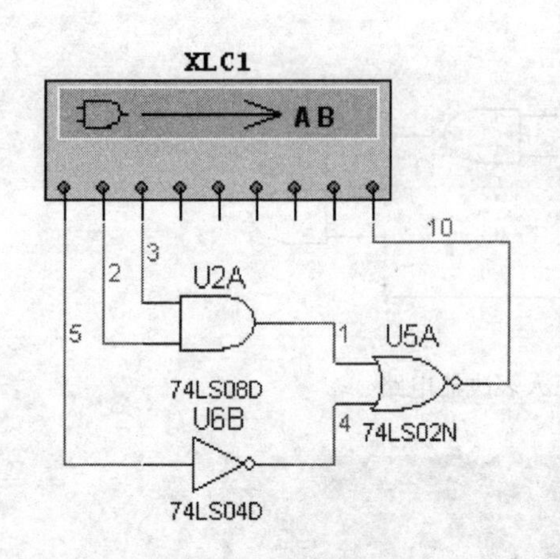

图 10-1-12　实验电路

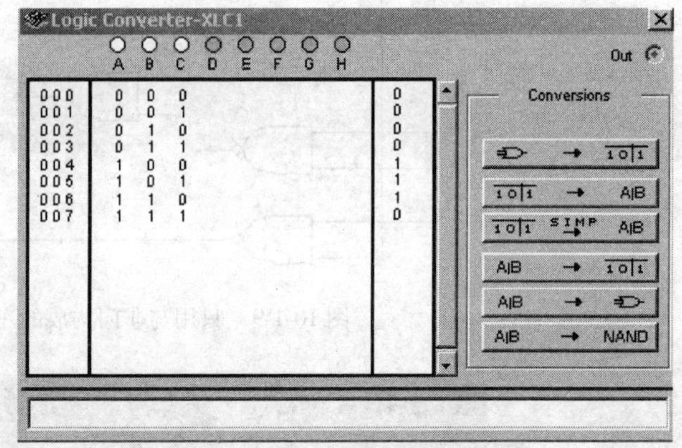

图 10-1-13　由逻辑图转换为真值表

思考：（1）在“数字电路”理论学习中遇的难点能否用 Multisim 帮助解决？

（2）简述逻辑转换仪、字符发生器、逻辑分析仪各自的功能和特点，比较示波器和逻辑分析仪的优点。

例三　CMOS 数字器件循环计数 10 的电路

1. 实验目的

（1）熟悉计数器原理。

（2）学习组成振荡器的方法。

1）熟悉 Multisim 的模型开关、LED 用法。

2）了解数字器件的类型。

2. 实验电路

在CMOS元件箱中调出4093和4017两种10V的CMOS器件，组成循环计数器电路，如图10-1-14所示。运行仿真，按空格键，可以控制开关J1（双击J1，可以修改开关的控制键），从而控制循环计数器的动作。

思考： 改变电容C1的容量，即改变振荡器的脉冲频率，从发光二极管的闪烁可以观察；想像这个循环计数器的输出状态与日常生活中的哪些东西有关？

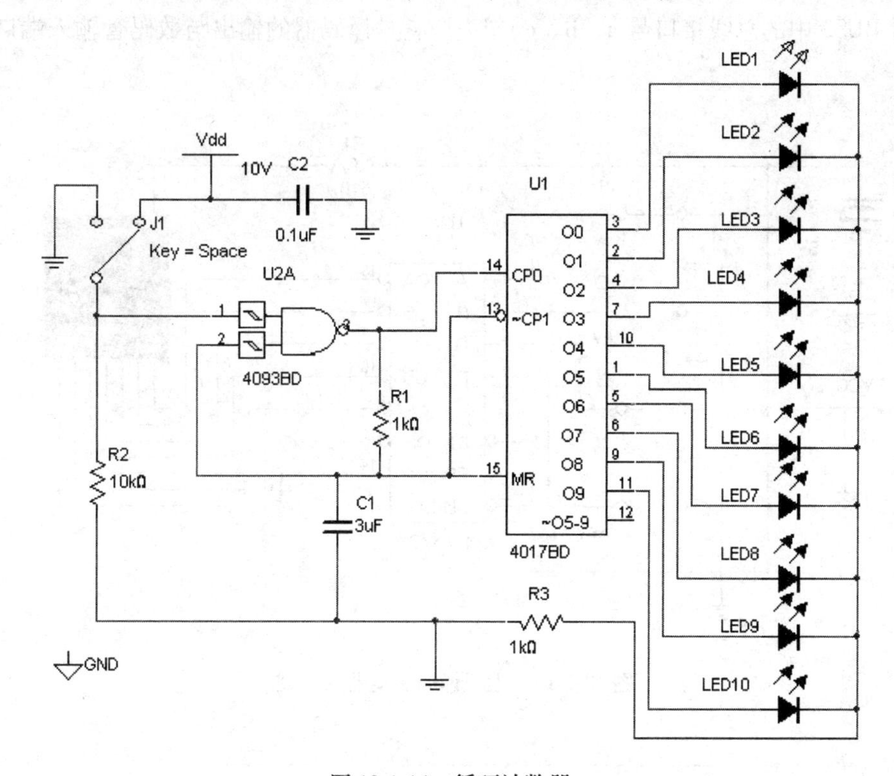

图10-1-14　循环计数器

例四　译码器功能测试电路

1. 实验目的

（1）熟悉译码器的功能。

（2）学习Multisim总线设计。

（3）熟悉数码管的使用方法。

2. 实验电路

实验电路如图10-1-15所示，电路中的J1～J4开关（用鼠标双击开关模型，在出现的对话框中改变其控制键名）分别用键盘上A、B、C、D四个键来控制，它们又分别代表二进制数的低位到高位，图中以“DCBA”设置为“0101”即十进制数的“5”。通过这个实验，大家可以很容易理解译码器的功能。

3. 用总线设计

用总线设计的目的是使电路更加清晰明了，同时可以大大缩小电原理图的版面，在图10-1-15所示的电路中，电路结构完全采用传统方法，在电路系统较小的情况下，这种方法是完全可行的，而且直观明了。但是，如果设计的系统较大时，传统方法就显得力不从心了。

在图 10-1-16 所示的电路中，用了 3 根总线（注意总线的标号），输入端的总线标号为 BUS1，输出端的两根总线标号都为 BUS2，在电路中总线标号相同，说明它们是同一根总线，它们间的电气连接是导线连接关系；总线标号不同，说明它们之间没有导线电气连接关系（但也不绝对，如总线中的电源和地线等也可以视为导线连接关系）。

再看 BUS2 中的总线接口号 a、b、c、d……它是译码器的输出与数码管输入端口的导线连接。

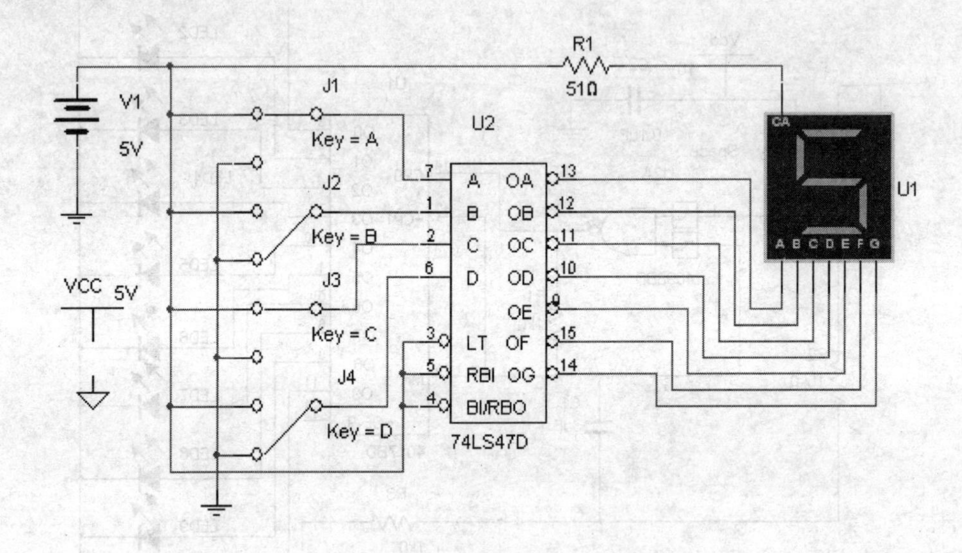

图 10-1-15　七段译码驱动器的测试

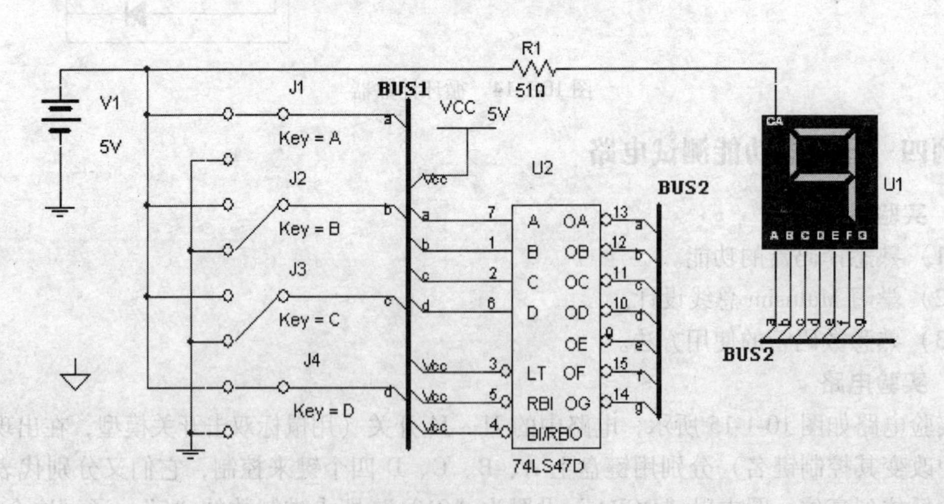

图 10-1-16　总线画法图例

思考：（1）从图 10-1-15 与图 10-1-16 的比较中可以得出什么结论？

（2）总线的优点在什么时候显得特别突出？

第二节　数字电子技术实验

本节设置了13个实验，这些实验都是根据“数字电子技术”课程要求而设置的，系传统的验证性实验，但在此基础上可以任意发挥、充分满足学生的好奇心、想象力。

虚拟实验环境的最大特点是设备齐全、元器件丰富、实验成本低。器件库中有丰富的有色发光管、有色电平探测器、各式开关等，让电路实验变得象做游戏一样有声有色、趣味横生。EWB有通用器件库、TTL电路库、CMOS电路库等丰富资源，并且Multisim的仿真器和器件库都还在不断的扩充和完善，例如现在用的Multisim中可以镶嵌MultiMCU，也就是说该实验环境中的模拟器件、数字器件、单片机、PLD等可以联合仿真，这给电路课程学习、电子设计提供了一个低成本、高效益、乐趣无穷的实验舞台。

实验一　555型集成定时器

1. 实验目的

（1）熟悉555定时器的基本工作原理及其功能。

（2）掌握用555定时器构成单稳触发器、方波发生器、锯齿波发生器的基本原理。

2. 实验原理

555定时器是一种应用极广泛的模拟、数字混合式集成电路，又称为集成时基电路或集成定时器。只要在其外部配上几个适当的阻容元件就可以构成性能稳定、精确的单稳态触发器、多谐振荡器及施密特触发器等脉冲产生与整形电路。该器件的电源电压为3～18V，驱动电流大，$I_{oL}=100\sim200\text{mA}$并能提供与TTL、COMS电路相容的逻辑电平。

（1）555定时器的电路结构。如图10-2-1所示为555定时器的框图。它由两个电压比较器U1和U2，一个R-S触发器等元件组成。该器件有8个引脚，分别标注于框图中。555定时器的功能主要由两个比较器决定，比较器的参考电压$\frac{1}{3}E_c$（E_c为电源电压）、$\frac{2}{3}E_c$由串联在E_c与地之间的三个精密电阻分压提供。控制端5脚外加电压时，可改变两个比较器的参考电压，对触发电压和阀值电压的要求也随之改变，从而改变了电路的定时作用。该端不用时，应通过约0.01μF的电容接地。

当阀值端6脚电压$U_6\geqslant\frac{2}{3}E_c$时，上比较器输出为高电平，使触发器置“0”，经过输出级反相，从3脚输出低电平；若触发端2脚的输入电压$U_2\leqslant\frac{1}{3}E_c$时，下比较器输出高电平，使触发器置“1”，经过输出级反相，从3脚输出高电平；当复位端4脚为低电平时，则不管两比较器的输出状态如何，都使触发器强制复位，555的3脚输出低电平；若不用复位时，应将4端接E_c；放电管T1的输出端7脚可作集电极开路输出（$I_{CM}\leqslant50\text{mA}$），当$Q$低电平，$\overline{Q}$为高电平时，T1导通，外接定时电容经T1放电。

根据上述讨论，可归纳出各输入端对输出端的影响，见表10-2-1。

(2）555定时器的典型应用。

1）单稳态触发器。单稳态触发器的典型电路如图10-2-2所示，R、C为定时元件，R_1、

C_1 为输入回路的微分环节。

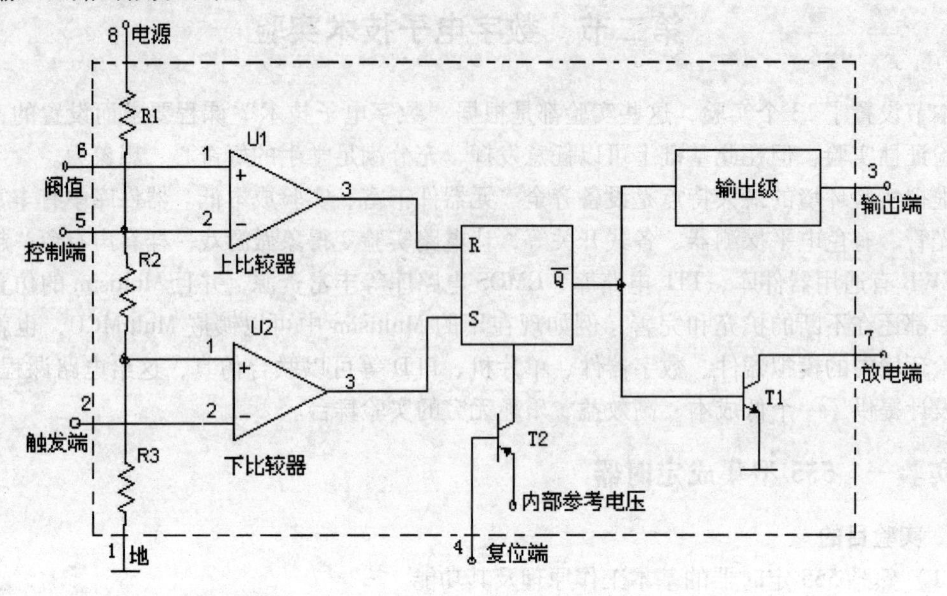

图 10-2-1　555 定时器框图

表 10-2-1　555 各输入端对输出端的影响

复位端 4	触发端 2	阀值端 6	输出端 3
0	Φ	Φ	0
1	1	0	保持
1	0	0	1
1	1	1	0

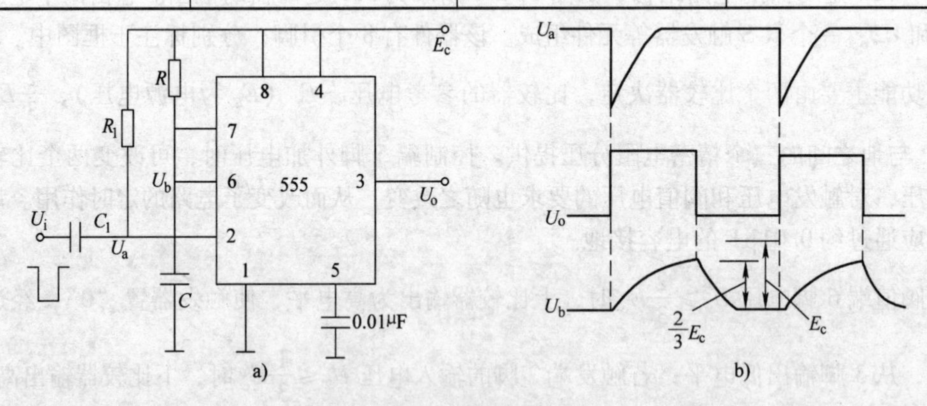

图 10-2-2　单稳态触发器

a）单电路图　b）关键点的波形及其对应关系

电源接通后，电路有一个逐渐稳定的过程，E_c 通过电阻 R 对电容 C 充电，当 C 上电压上升到 $U_b \geqslant \frac{2}{3}E_c$ 时，触发器置“0”状态，$\overline{Q}=1$，使放电管 T1 饱和导通，定时电容 C 通过 T1 放电，该电路进入稳态，输出 U_o 为低电平。

若触发器 2 脚输入负向触发脉冲，使其电平低于$\frac{1}{3}E_c$，下比较器 U2 输出“1”，使触发器置“1”，$\overline{Q}=0$，输出 U_o 为高电平，T1 截止，电路进入暂稳态，定时开始；电源 E_c 经 R 向 C 充电，U_b 按指数规律上升，趋向值为 E_c；当 U_b 上升到超过$\frac{2}{3}E_c$ 时，上比较器 U1 输出为“1”，触发器置“0”，输出 U_o 从高电平变为低电平，放电管 T1 饱和导通，定时结束；其后，C 经 T1 放电，U_b 按指数规律下降；由于 T1 的导通电阻比外接电阻 R 小得多，因而放电很快，电路很快恢复到稳定状态，其输出 U_o 维持在低电平。

按照图 10-2-2b 中的 U_b 波形，可计算单稳态电路输出正方波的宽度，U_b 的初始值为 0V，趋向值为 E_c，而电路的转换值为$\frac{2}{3}E_c$，根据描述 RC 过渡过程的公式可求得 t_w

$$U_b(t) = U_b(\infty) - [U_b(\infty) - U(0^+)]e^{-t/\tau}$$

$$t_w = \tau\ln\frac{U_b(\infty) - U_b(0^+)}{U_b(\infty) - U_b(t_w)}$$

式中，$\tau=RC$，$U_b(\infty)=E_c$，$U_b(0^+)=0$，$U_b(t_w)=\frac{2}{3}E_c$，所以

$$t_w = RC\ln\frac{E_c-0}{E_c-\frac{2}{3}E_c} = RC\ln3 = 1.1RC$$

可以看出，t_w 与 R、C 的大小有关，而与输入触发信号的宽度、电源值大小无关，调整 R、C 数值，就可以改变输出方波的宽度。

2）多谐振荡器。用 555 定时器构成自激多谐振荡器如图 10-2-3 所示，它具有两个暂稳态。当电源接通后，E_c 通过 R_1、R_2 对 C 充电，充电时间常数 $\tau_1=(R_1+R_2)C$，U_c（电容上的电压）按指数规律上升，当 $U_c\geqslant\frac{2}{3}E_c$ 时，触发器置“0”；$\overline{Q}=1$，输出 U_o 为低电平，T1 导通，电容 C 经 T1 放电，放电回路为 C（+）→R_2→T1→地→C（-），放电时间常数 $\tau_2\approx R_2C$；随着 C 放电，U_c 按指数规律下降，并趋向于 0V；当 $U_c<\frac{1}{3}E_c$ 时，电路又发生翻转，输出 U_o 变为高电平，电容 C 又从放电状态变为充电，其后重复上述过程。

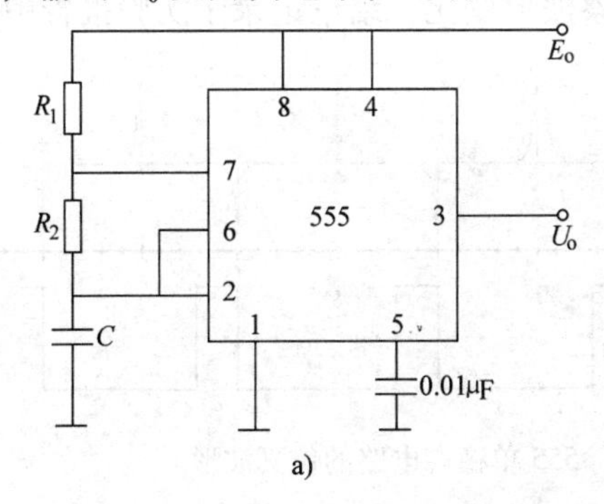

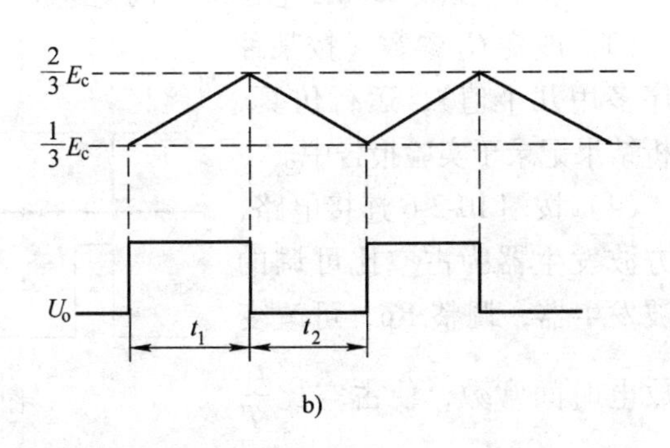

图 10-2-3　自激多谐振荡器

a）多谐振荡器电路　b）关键点的波形及其对应关系

电路的振荡周期 $T=t_1+t_2$。其中 t_1 和 t_2 分别为 C 的充电、放电时间。它们的表达式为

$$t_1 = (R_1 + R_2)C\ln\frac{E_c - \frac{1}{3}E_c}{E_c - \frac{2}{3}E_c} \approx 0.7(R_1 + R_2)C$$

$$t_2 = R_2 C\ln\frac{0 - \frac{2}{3}E_c}{0 - \frac{1}{3}E_c} \approx 0.7R_2 C$$

所以 $T = t_1 + t_2 = 0.7(R_1 + 2R_2)C$

可以看出，改变 R_1、R_2 或 C 就可以调整输出方波的周期。

3. 实验内容

（1）单稳态电路按图 10-2-4 所示连接，设置信号发生器的输出信号频率为 100Hz、幅度为 5V、方波；运行仿真，得到图 10-2-5 所示的波形，试用计算值与实验结果比较，结论记录于实验报告中（写出计算过程）。

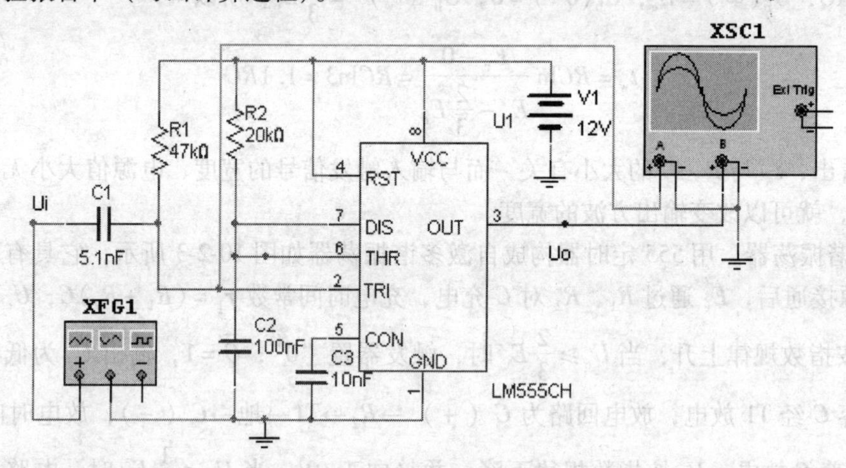

图 10-2-4　555 构成的单稳态电路

（2）将 R_2 换成 200kΩ 电位器，调整电位器，观察波形变化，结论记录于实验报告中。

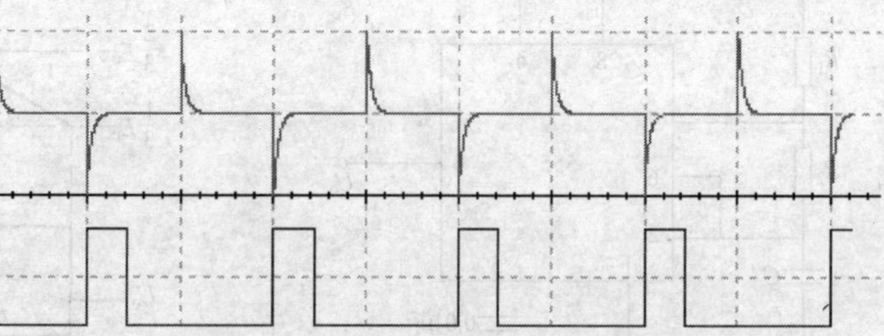

图 10-2-5　555 单稳态电路的仿真波形

（3）改变 C_2 参数（按某种顺序多用几个值），运行仿真，分析结果记录于实验报告中。

（4）按图 10-2-6 连接电路，该方波发生器为占空比可调的

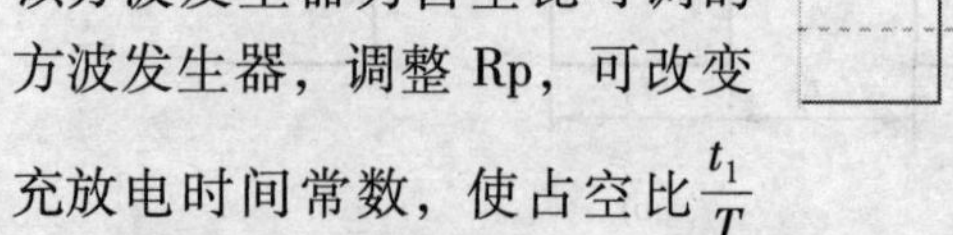

方波发生器，调整 Rp，可改变充放电时间常数，使占空比$\frac{t_1}{T}$发生改变。将电路产生的波形、信号周期、分析结论记录于实验报告中。

4. 实验报告

（1）在指定的硬盘区域，以你的“姓名和学号”建立一个文件夹（该文件夹本学期不变，座位固定）。

（2）在你的文件夹中建一个 Word 文档。

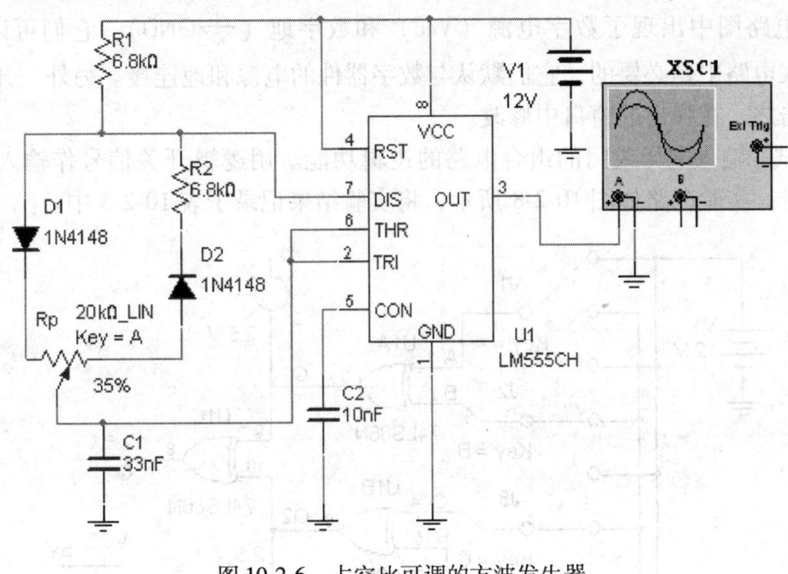

图 10-2-6　占空比可调的方波发生器

（3）写清楚实验目的、原理，记录元器件、仪器设备的使用方法于 Word 文档中。

（4）特别注意将实验原理图用 Multisim 文件存入你的文件夹中，运行仿真得到的分析结果图表粘贴在 Word 文档中。

（5）将实验方法、分析和结论等写在相应的图形前后。

【建议】：按标准认真写一份实验报告，其他的可直接写实验步骤、仿真结果、结果分析、电路扩展功能及设想。

实验二　门电路逻辑功能的测试

1. 实验目的

（1）学习门电路的功能测试方法。

（2）熟悉 Multisim 的数字逻辑功能的显示方法以及单刀双掷开关的应用。

2. 实验内容

（1）测试四输入与非门的逻辑功能。用逻辑开关信号作输入，电压表显示输出信号，实验电路如图 10-2-7 所示，将实验结果记录于表 10-2-2 中。

表 10-2-2　与非门真值表

输入		输出
A	B	C

图 10-2-7　与非门测试实验电路

【注】：电路图中出现了数字电源（Vcc）和数字地（GND），它们可以不予连接，但实验时调入电路中是必要的，它们默认与数字器件的电源和地连接。另外，开关控制键的修改可以双击之，在弹出的窗口中修改。

（2）测试二输入端异或门的组合电路的逻辑功能。用逻辑开关信号作输入，用探测器显示输出信号，实验电路如图 10-2-8 所示，将实验结果记录于表 10-2-3 中。

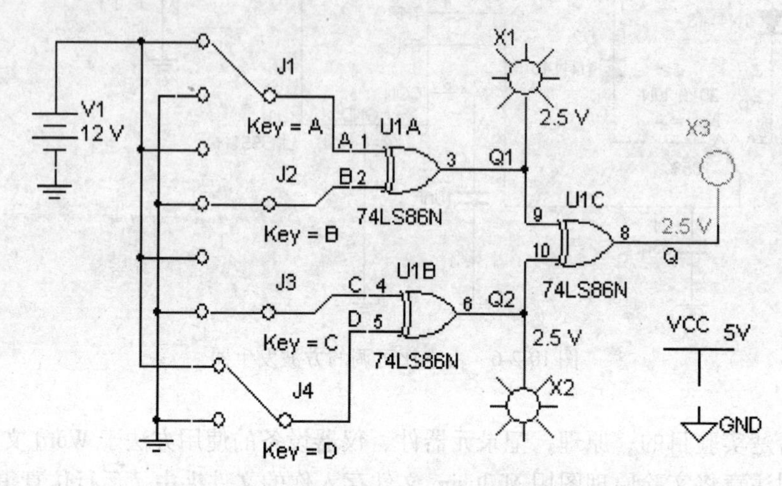

图 10-2-8 异或门组合电路逻辑功能测试实验电路

表 10-2-3 异或门的组合电路的逻辑功能

A	B	C	D	Q1	Q2	Q

（3）测试用与非门搭成的逻辑功能电路。电路如图 10-2-9 所示，自己拟定表格记录实

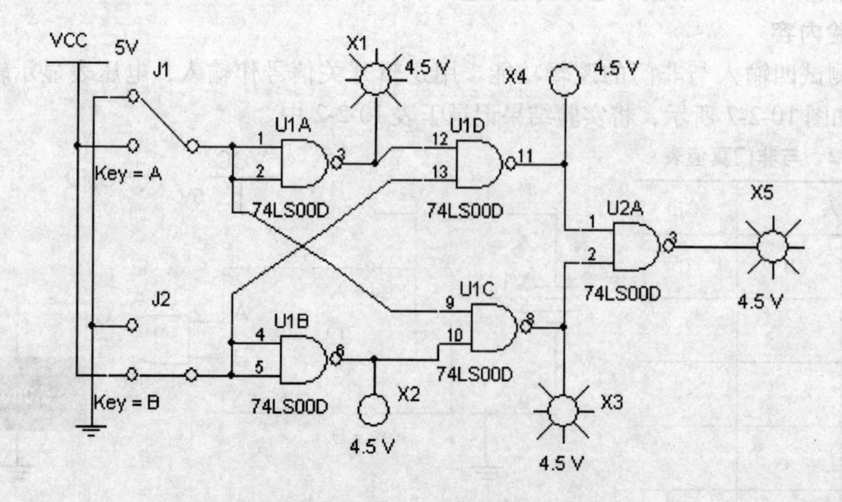

图 10-2-9 用与非门搭接的逻辑电路

验数据于实验报告中。

（4）研究 R-S 触发器　用二输入端与非门搭试 R-S 触发器，电路如图 10-2-10 所示，自拟表格记录实验数据。

3. 实验报告

将实验步骤、原理图、测试数据、图表、分析结果记录于你的文件夹中。

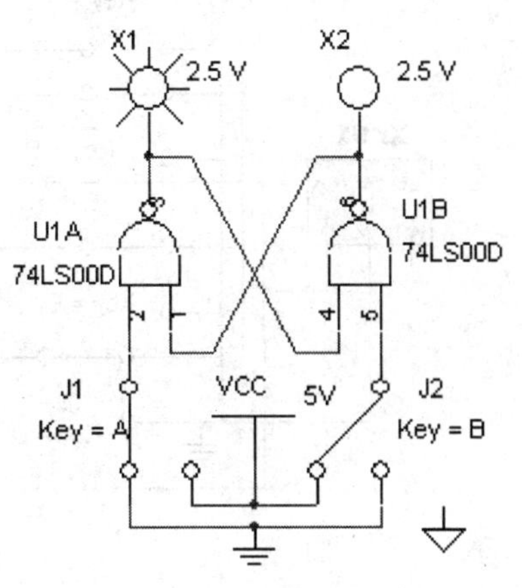

图 10-2-10　R-S 触发器研究

实验三　集成电路触发器的研究

1. 实验目的

（1）学习集成电路触发器的工作原理。

（2）学习触发器电路的测试方法。

2. 实验内容

（1）集成电路 D 触发器的研究。D 触发器研究电路如图 10-2-11 所示，图中 PR 为触发器置位端，CLR 为复位端，也就是说，PR 为“0”时，输出端 Q 为“1”，CLR 为“0”时，输出端 Q 为“0”。

信号源设置为频率 1kHz、幅度 3V，观察输出端 Q 与 D、PR、CLR 端的关系；自拟表格记录实验数据。

将图 10-2-11 电路中的信号源换成逻辑开关，注意观察输入端 D 与时钟端 CLK（电路中的 3 脚）和输出端 Q 之间的关系。

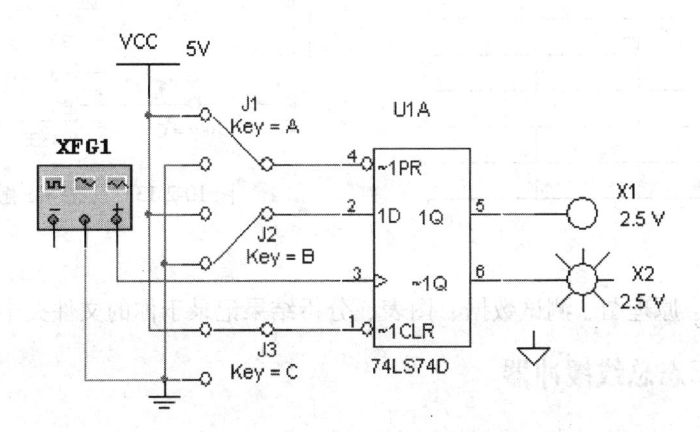

图 10-2-11　D 触发器研究电路

（2）集成电路 J-K 触发器的研究。图 10-2-12 所示电路中的 PR 和 CLR 功能与 D 触发器相同，观察 J、K 及时钟输入端 CLK（图中 1 脚）输入端与 Q 输出端之间的关系，自拟表格，记录实验数据。

（3）R-S 发器的研究。CD4043 是一种三态 R-S 触发器，如图 10-2-13 所示（注意：在实际集成电路的运用过程中，CMOS 电路的输入端不能悬空，不用的必须接地），观察电路的工作状态，记录于表 10-2-4 中并分析结果。（提示：S 端为置数端，R 端为复位端，EO 为三态输出控制端。）

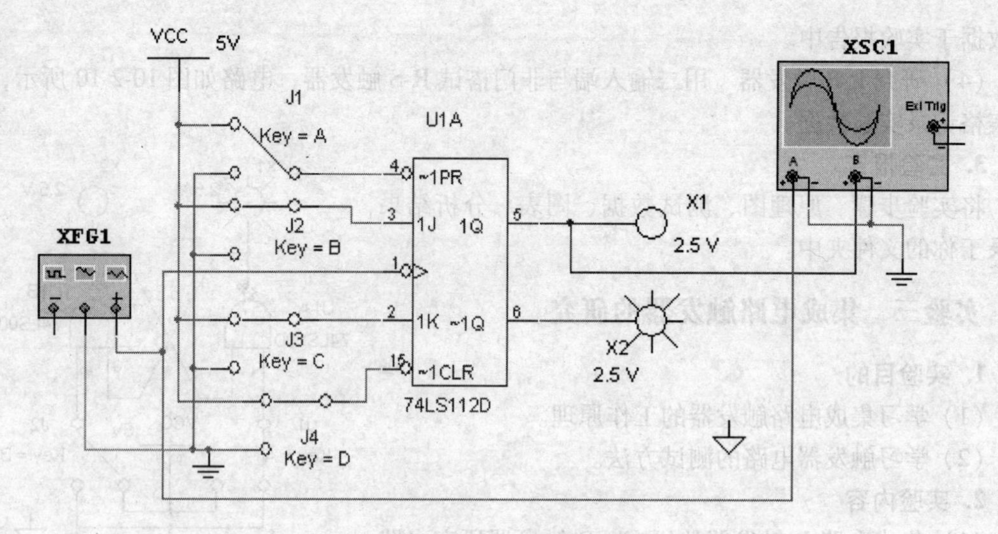

图 10-2-12 J-K 触发器研究

表 10-2-4 4043 功能表

R	S	EO	Q1

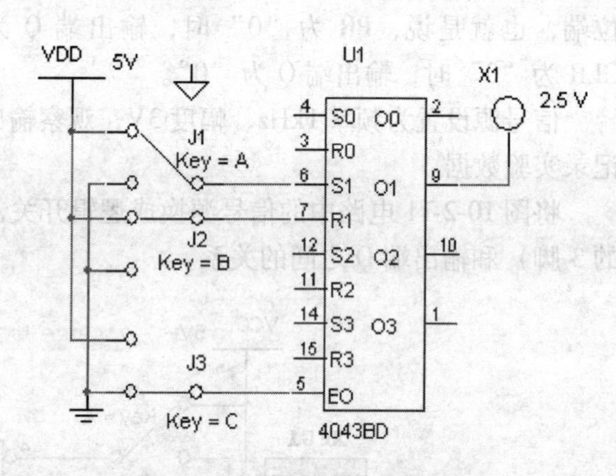

图 10-2-13 三态 R-S 触发器

3. 实验报告

将实验步骤、原理图、测试数据、图表、分析结果记录于你的文件夹中。

实验四 三态总线缓冲器

1. 实验目的

（1）学习三态总线缓冲器的工作原理。

（2）学习正确使用三态总线缓冲器。

2. 实验内容

（1）三态总线缓冲器 74LS126 是一个较为有用的器件，它的一个单元有一个输入端子，一个输出端子，和一个控制端子，如图 10-2-14 所示。分别改变 J1、J2 的状态，将结果记录于表 10-2-5 中。

（2）将 74LS126 芯片和 74LS00 接成如图 10-2-15 所示的组合电路，分别改变 J1、J2、J3 的状态，将电压表读数记录于表 10-2-6 中。

表 10-2-5　三态总线缓冲器功能表

控制 B	0V		3.6V	
输入 A	0V	3.6V	0V	3.6V
Vout				

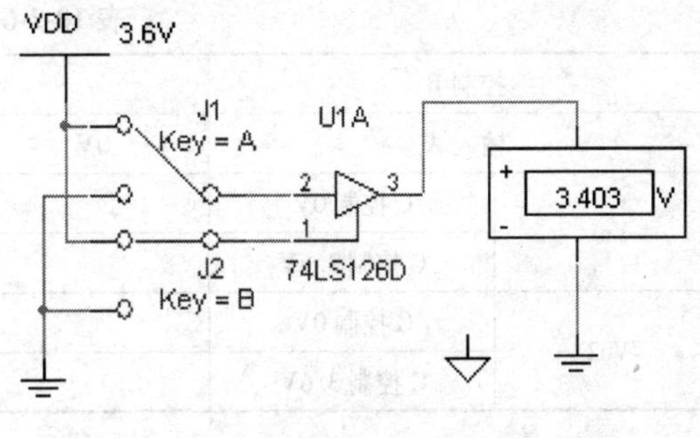

图 10-2-14　三态总线缓冲器的测试电路

（3）三态总线缓冲器 74LS126 的应用如图 10-2-16 所示，图中 DB 为数据总线，四路信号 V1 ~ V4 经 74LS126 与 DB 相连，A、B、C、D 分别为四路信号的控制端，当 A、B、C、D 轮流为高电平时，四路信号将依次出现在总线 DB 上。

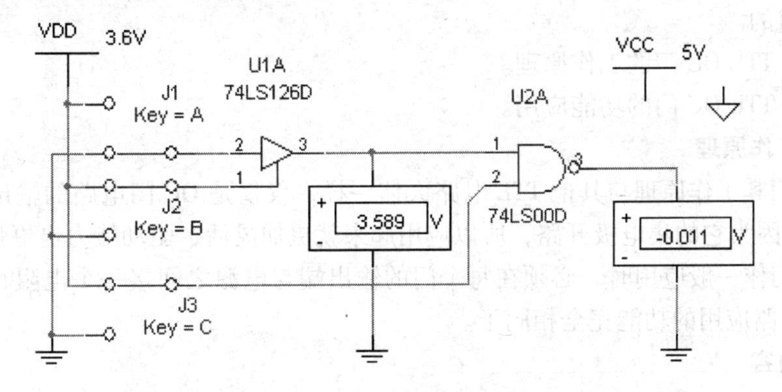

图 10-2-15　74LS126 与 74LS00 的组合电路

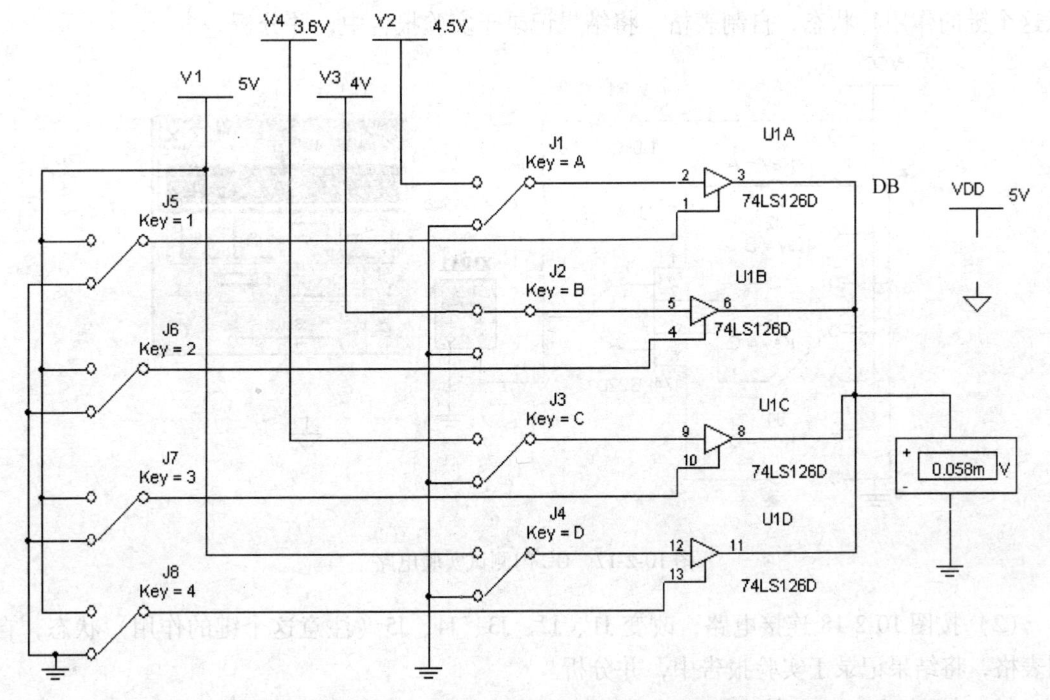

图 10-2-16　三态总线缓冲器 74LS126 的应用

表 10-2-6 电压表读数

控制 B		0V		3.6V	
输入 A		0V	3.6V	0V	3.6V
Vo1	C 控制 0V				
	C 控制 3.6V				
Vo2	C 控制 0V				
	C 控制 3.6V				

3. 实验报告

将实验步骤、原理图、测试数据、图表、分析结果记录于你的文件夹中。

实验五 TTL OC 门

1. 实验目的

（1）学习 TTL OC 门的工作原理。

（2）学习 TTL OC 门的功能应用。

2. 基本工作原理

TTL OC 门其工作原理与其他 TTL 电路大体一样，仅仅是 OC 门电路的输出级晶体管的集电极开路。因为它的集电极开路，所以应用起来就更加灵活，驱动能力也更强。

TTL OC 门作一般应用时，必须在每个门的输出端与电源之间接一个电阻，之后就与一般的 TTL 门电路应用的功能完全相同了。

3. 实验内容

（1）按图 10-2-17 所示连接电路，74LS22 是 TTL OC 门，改变 J1、J2、J3、J4、J5（注意这个键的作用）状态，自制表格，将结果记录于实验报告中，并分析。

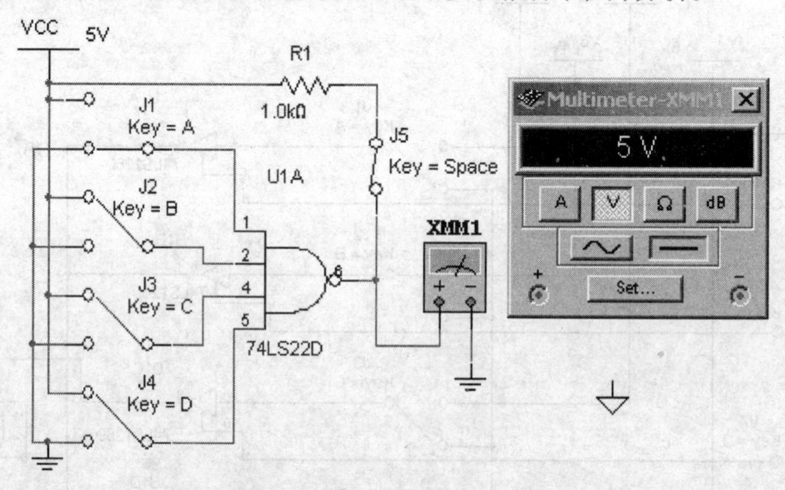

图 10-2-17 OC 门测试实验电路

（2）按图 10-2-18 连接电路，改变 J1、J2、J3、J4、J5（注意这个键的作用）状态，自制表格，将结果记录于实验报告中，并分析。

（3）按图 10-2-19 连接电路，改变 J1、J2、J3、J4、J5（注意这个键的作用）状态，仔细观察继电器的动作、灯泡的状态变化、万用表的读数变化；调整 R_1 的值，在观察万用表的数值变化。

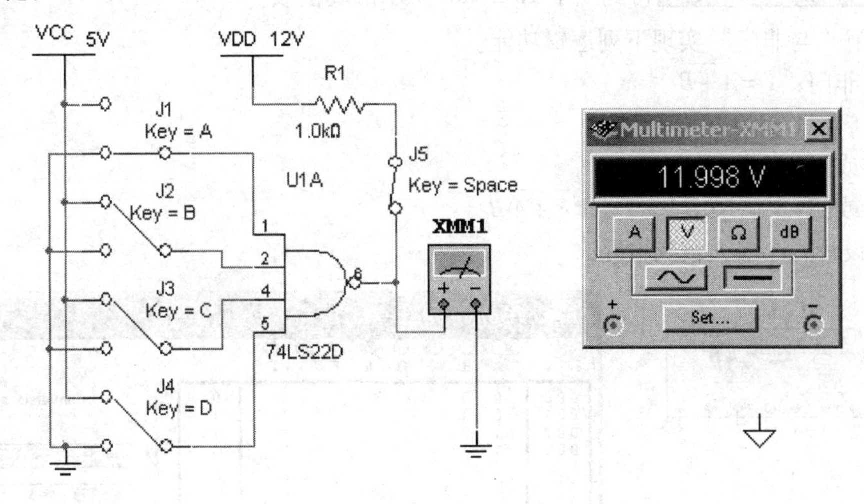

图 10-2-18　OC 门应用

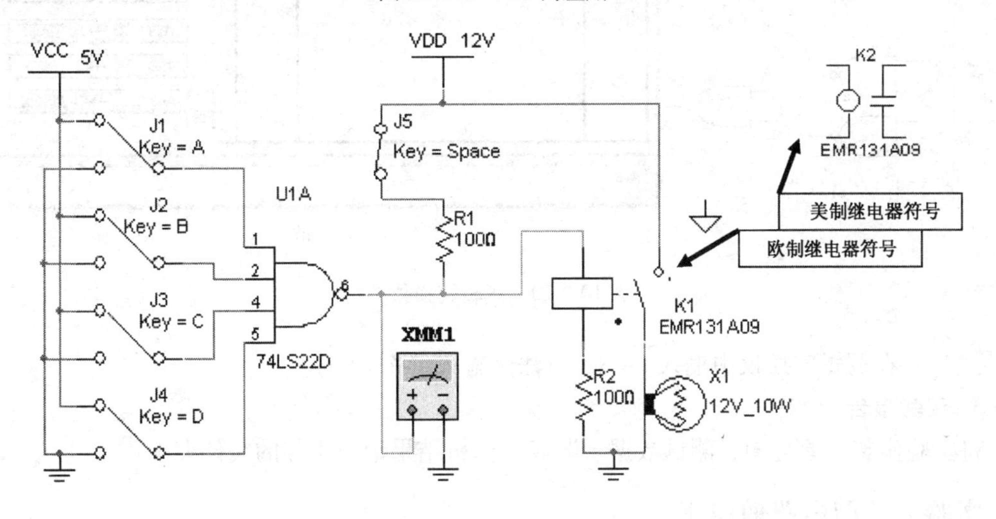

图 10-2-19　OC 门应用

4. 实验报告

(1) 将实验步骤、原理图、测试数据、图表、分析结果记录于你的文件夹中。

(2) 自己设计一个应用 OC 门的实验电路。

实验六　门电路的逻辑变换

1. 实验目的

(1) 学习和巩固 Multisim 的逻辑转换仪的功能应用。

(2) 学习门电路的逻辑转换。

2. 实验内容

(1) 用“与非门”实现“或门”功能：调出逻辑转换仪图如图 10-2-20a 所示，双击其图标，在打开的仪表窗口的下边框内输入 A + B（即 Y = A + B），如图 10-2-20b 所示。单击

逻辑转换仪右边的 A|B → NAND ，结果得到如图 10-2-20c 所示的电路，单击逻辑转换仪右边的 A|B → 1O|1 得到图中 10-2-20b 所示的真值表。

（2）用“与非门”实现下列逻辑功能。

1）或非门：$Y=\overline{A+B}$

2）与门：$Y=AB$

3）与或门：$Y=AB+CD$

4）异或门：$Y=A\odot B \Rightarrow Y=A\overline{B}+\overline{A}B$

（3）设计一个 5 人裁判电路。

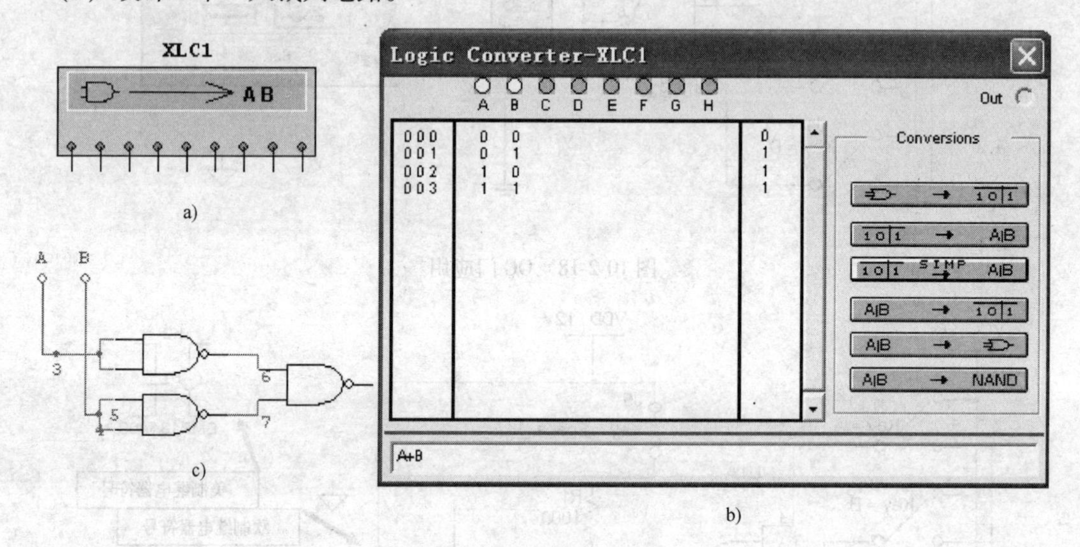

图 10-2-20　逻辑转换仪图

【注】：在逻辑转换仪中输入$\overline{A+B}$，方法是输入（A+B）′。

3. 实验报告

将实验步骤、原理图、测试数据、图表、分析结果记录于你的文件夹中。

实验七　门电路的应用

1. 实验目的

（1）通过 CMOS 门电路的应用实例，加深对门电路的理解。

（2）掌握用门电路构成脉冲电路的调试方法。

（3）进一步学习子电路制作。

2. 实验内容

（1）环形振荡器。用 CD4049 组成的环形振荡器如图 10-2-21 所示，观察和记录 a、b、c 点的波形。

（2）微分电路。按图 10-2-22 连接电路，图中 zhdq 即图 10-2-21 所示的振荡器子电路，观察图中 D、E、F、G 的波形。

（3）占空比可调的 RC 振荡器。如图 10-2-23 所示，改变图中的二极管 D1 的连接方向，可以改变充电时间常数，当电容 C1 选定后，充电时间常数大小取决于 R = R1 + R2，只要改变二极管的接法和总阻值，就可以调节波形的占空比和振荡频率。

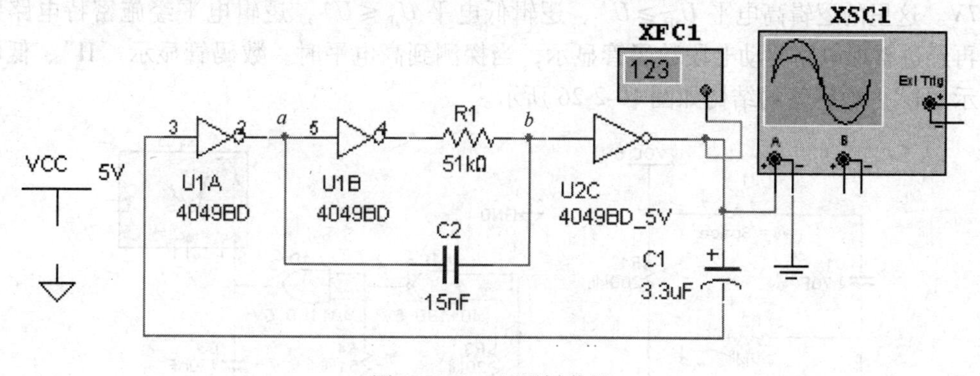

图 10-2-21　环形振荡器

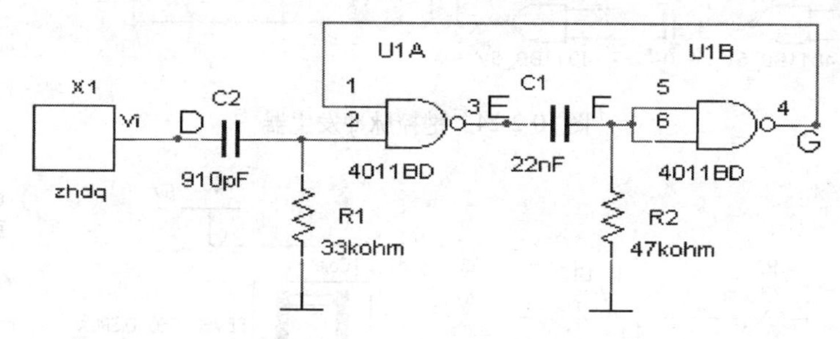

图 10-2-22　微分电路

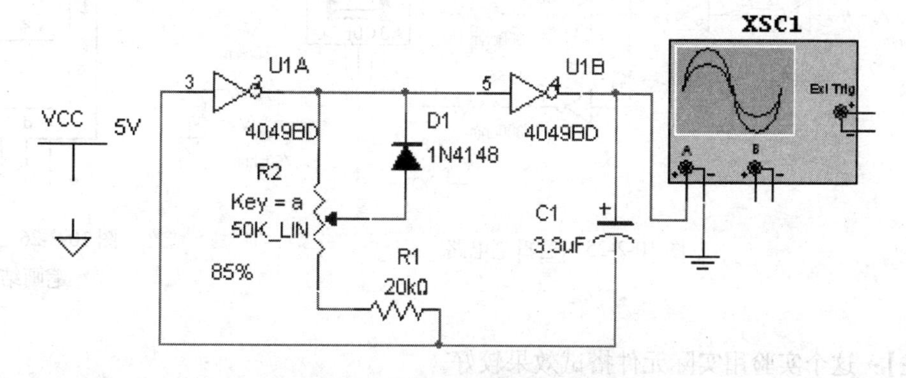

图 10-2-23　占空比可调的 RC 振荡器

（4）键控脉冲发生器。电路如图 10-2-24 所示，该电路由 U1（4011）的门 A 和门 B 组成上升沿触发单稳电路，由门 C 和门 D 组成可控 RC 振荡电路。静态时门 C 输出低电平，振荡器停振，当 J1 接通时，单稳电路产生一固定宽度的高电平输出，可控振荡器起振，在单稳脉冲宽度期间，输出数个脉冲，输出脉冲信号的频率为：

$$f = \frac{1}{T} = \frac{1}{2.2RC}$$

（5）逻辑笔电路。如图 10-2-25 所示，它可以直接测量逻辑电路的“高”“低”电平；U1（4049）的门 A、B 和 R1、R2 构成施密特触发器，其回差电压 $\Delta U = (U^{+} - U^{-}) = \frac{R_1}{R_2}E_D$，

U^+、U^- 为施密特触发器的两个阈值电平，这里取 $E_D=5V$、$R_1=10k\Omega$、$R_2=30k\Omega$，则 $\Delta U\approx1.7V$。这里的逻辑高电平 $U_{iH}\geqslant U^+$、逻辑低电平 $U_{iL}\leqslant U^-$，逻辑电平经施密特电路判别后，再经过整形电路驱动七段数码管显示，当探测到高电平时，数码管显示“H”、低电平时显示“L”。数码管的结构如图 10-2-26 所示。

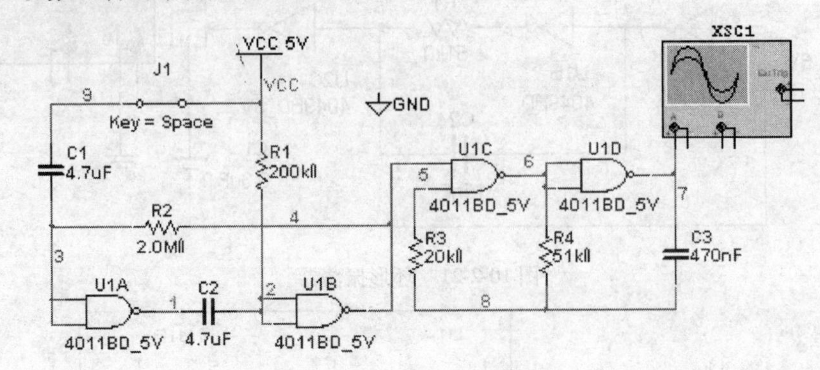

图 10-2-24　键控脉冲发生器

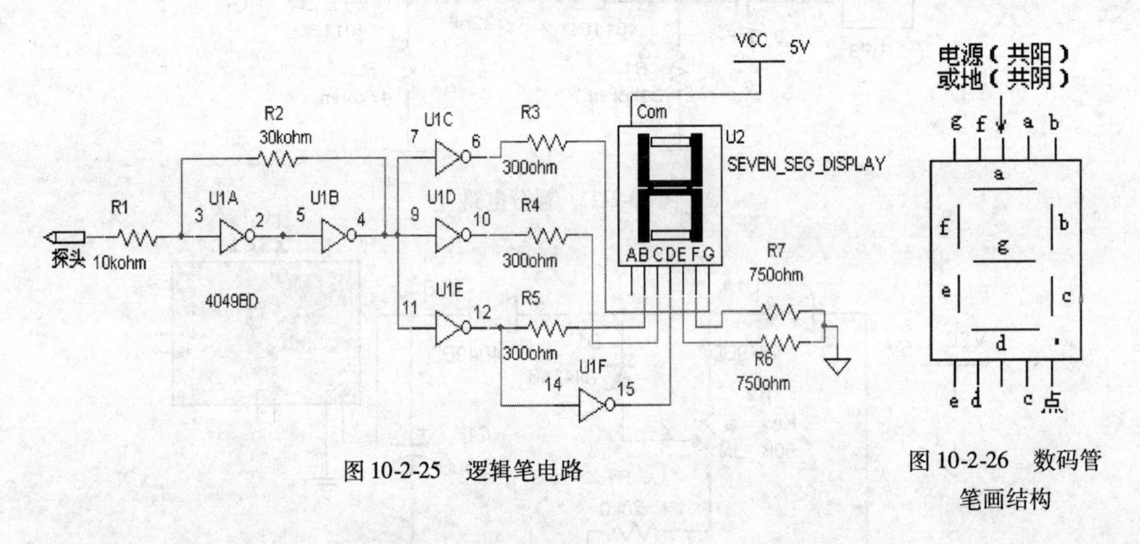

图 10-2-25　逻辑笔电路

图 10-2-26　数码管笔画结构

【注】：这个实验用实际元件搭试效果较好。

实验八　计数器的研究

1. 实验目的

（1）学习常用时序电路的分析、设计及测试方法。

（2）掌握逻辑分析仪的使用方法。

2. 实验内容

（1）异步二进制计数器。按图 10-2-27 连接电路，电路是一个二进制加法计数器，运行仿真，观察电路的工作状态；将电路中的脉冲源用电平开关（像 J1），“拨动”开关，观察并分析实验结果；分析电路，将它改为减法计数器，记录电路图及实验结果于实验报告中。

（2）异步二-十进制计数器。电路如图 10-2-28 所示，运行仿真，观察电路的工作状态；用逻辑分析仪观察电路中 A、QA、QB、QC、QD 的波形，分析结果并记录于实验报告中。

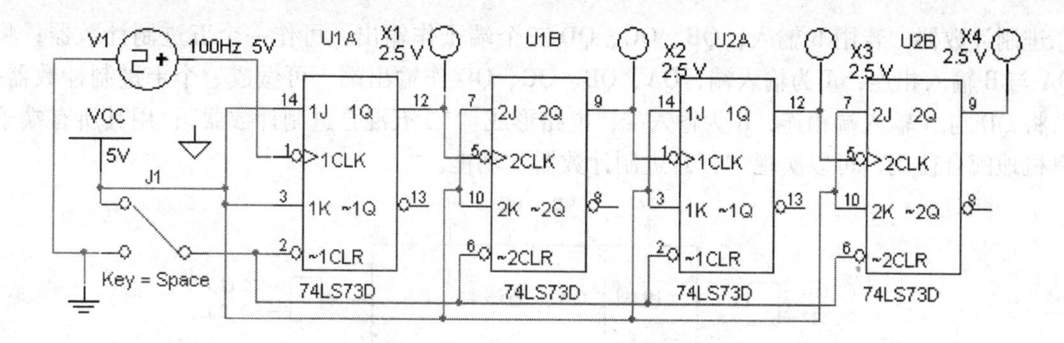

图 10-2-27　异步二进制计数器

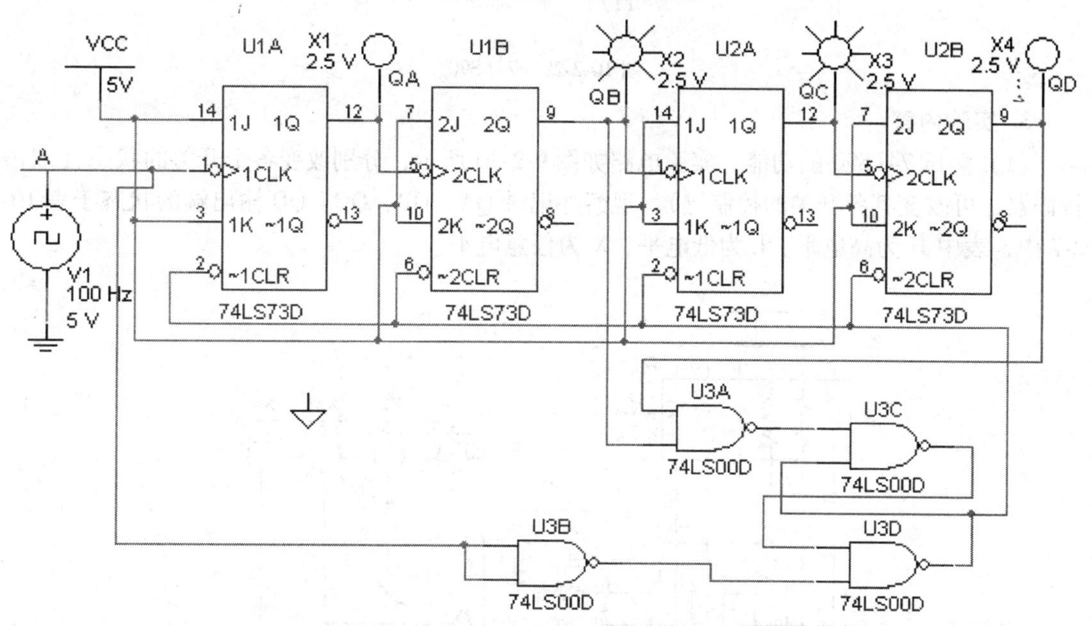

图 10-2-28　异步二-十进制计数器

3. 实验报告

将实验步骤、原理图、测试数据、图表、分析结果记录于你的文件夹中。

实验九　集成计数器的研究

1. 实验目的

（1）了解计数器的基本原理。

（2）通过实验掌握计数器的功能和应用。

（3）进一步掌握总线功能。

（4）进一步掌握自带译码驱动器的数码管的应用。

（5）学习拨码器、排阻的应用。

2. 实验基本原理

以 74LS90 为例。如图 10-2-29 所示，R0(1)、R0(2)是计数器置“0”端，同时为“1”有效；S9(1)、S9(2)为置“9”端，同时为“1”有效；若用 A 输入，QA 输出，可作一个二进制计数器；若用 B 输入，QB、QC、QD 三个端子作输出，可作一个五进制计数器；将 QA 与 B 输入相连，A 为输入端，QA、QB、QC、QD 作输出端，可做成一个十进制计数器；若将 QD 与 A 输入端相连，B 为输入端，电路形成“二-五混合进制计数器”；用其所有端子有机地配合使用，可以实现“任意进制计数器”功能。

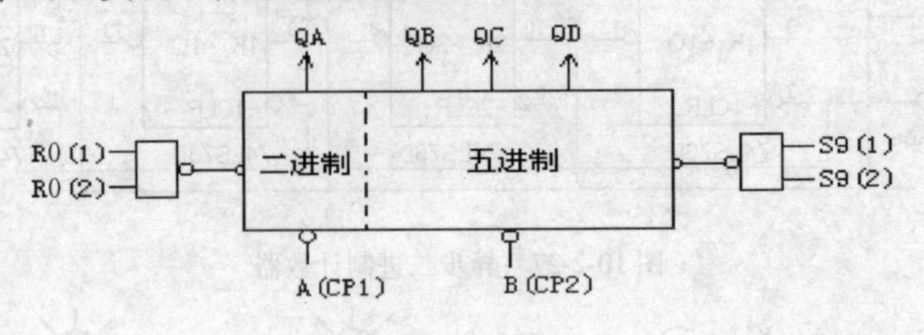

图 10-2-29 74LS90

3. 实验内容

（1）测试 74LS90 的功能。实验电路如图 9-2-30 所示，分别改变各个开关的状态（双击拨码器，可改变其各开关的控制键），观察并记录 QA、QB、QC、QD 输出端的状态于表 10-2-7 中，表中 H 为高电平、L 为低电平、X 为任意电平。

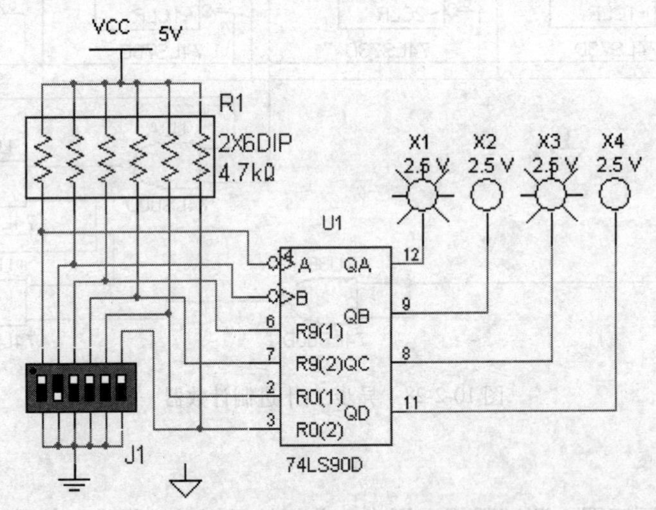

图 10-2-30 测试 74LS90 的功能

表 10-2-7 74LS90 的功能表

R0（1）	R0（2）	R9（1）	R9（2）	QA	QB	QC	QD
H	H	L	X				
H	H	X	L				
X	X	H	H				
X	L	X	L				
L	X	L	X				
L	X	X	L				
X	L	L	X				

（2）十进制计数器如图 10-2-31 所示，观察并记录输出状态于表 10-2-8 中。

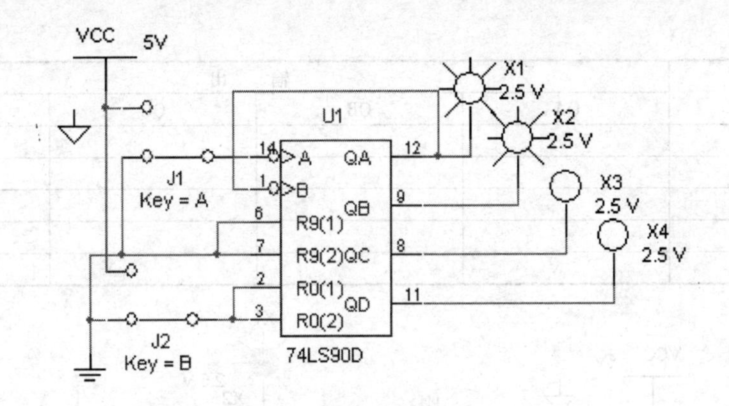

图 10-2-31　十进制计数器

表 10-2-8　十进制计数器输出状态表

计　数	输　出			
	QA	QB	QC	QD
0				
1				
2				
3				
4				
5				
6				
7				
8				
9				

（3）二-五进制计数器如图 10-2-32 所示，观察并记录输出状态于表 10-2-9 中。

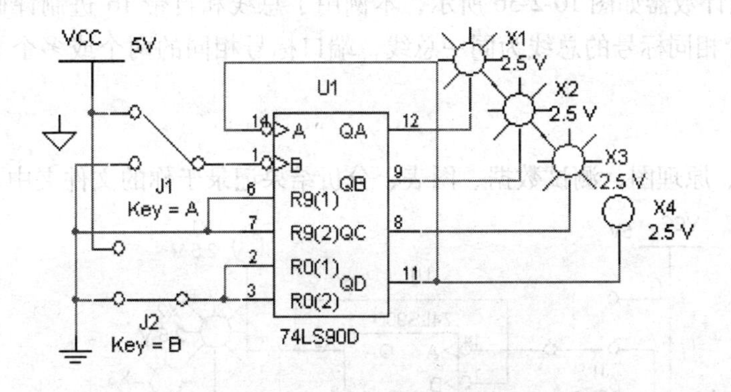

图 10-2-32　二-五进制计数器

表 10-2-9　二-五进制计数器状态表

计　数	输　出			
	QA	QB	QC	QD
0				
1				
2				
3				
4				

（续）

计　数	输　出			
	QA	QB	QC	QD
5				
6				
7				
8				
9				

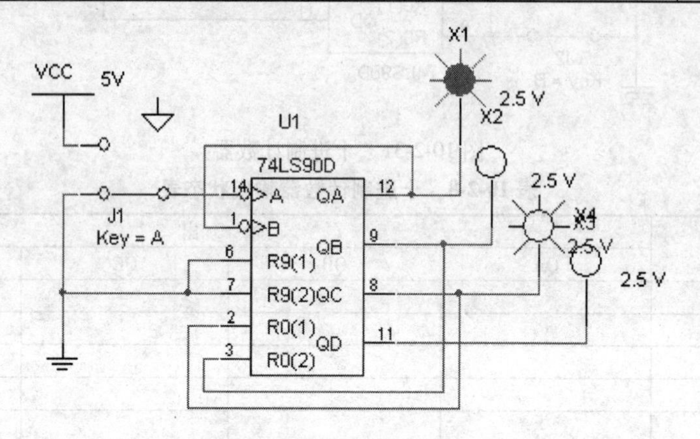

图 10-2-33　六进制计数器

（4）任意进制计数器。简单的举几个例子，说明 74LS90 应用的灵活性。

1）六进制计数器如图 10-2-33 所示。

2）七进制计数器如图 10-2-34 所示。

3）八进制计数器如图 10-2-35 所示。

4）六十进制计数器如图 10-2-36 所示，本例用了总线和自带 16 进制译码驱动的数码管（注意总线画法，相同标号的总线为同一总线，端口标号相同的两个或多个端口有导线连接关系）。

4. 实验报告

将实验步骤、原理图、测试数据、图表、分析结果记录于你的文件夹中。

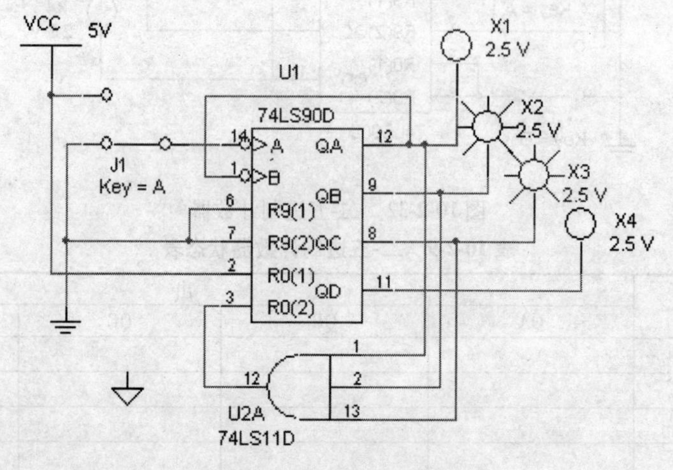

图 10-2-34　七进制计数器

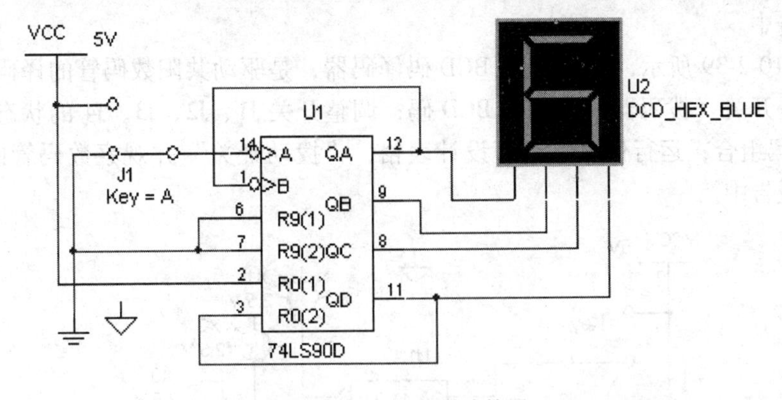

图 10-2-35　八进制计数器

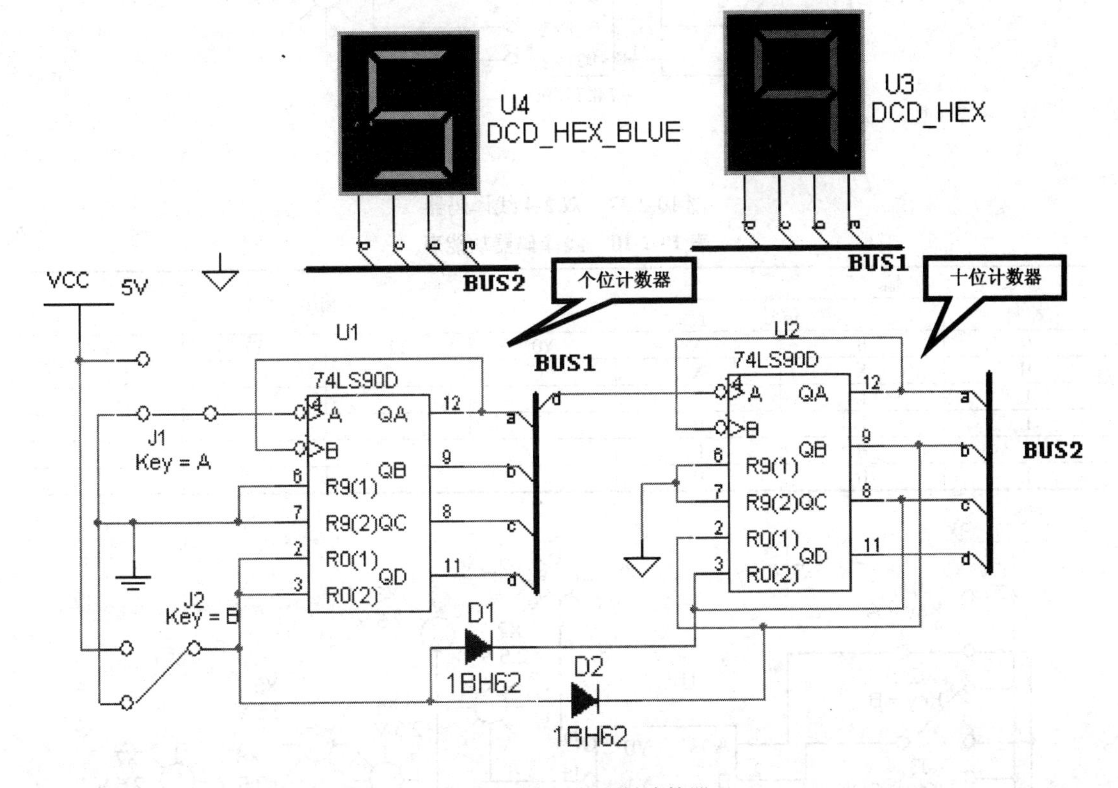

图 10-2-36　六十进制计数器

实验十　译码器和数据选择器研究

1. 实验目的

(1) 了解译码器的工作原理。

(2) 进一步学习拨码器和排阻的应用。

2. 实验内容

(1) 译码器功能测试。

1) 如图 10-2-37 所示，74LS139 是一个双 2-4 线译码器，将实验结果记录于表 10-2-10 中。

2) 如图 10-2-38 所示，74LS138 是 3-8 线译码器，参照表 10-2-10 自制表格，将结果记录于实验报告中。

3）如图 10-2-39 所示，74LS47 是 BCD 码译码器，是驱动共阳数码管的译码驱动器，我们用逻辑电平开关（拨码器）来代替 BCD 码；调整开关 J1、J2、J3、J4 的状态，可以得到不同的 BCD 码组合；运行仿真，自行设计表格，“拨动开关”并观察数码管的显示结果，记录于实验报告中。

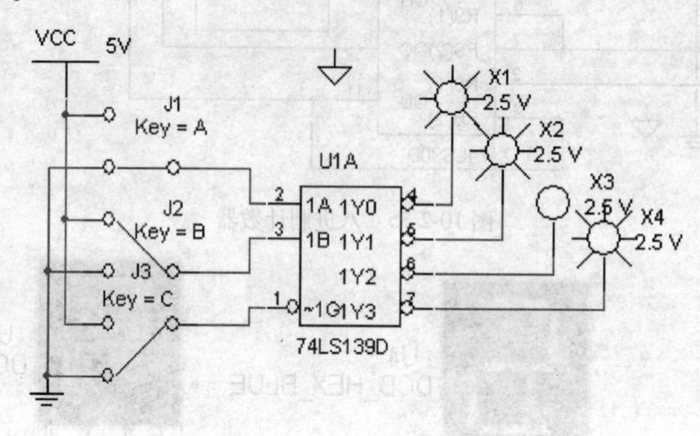

图 10-2-37 双 2-4 线译码器

表 10-2-10 线译码器功能表

输入			输出			
控制	信号					
G	B	A	Y0	Y1	Y2	Y3
H	X	X				
L	L	L				
L	L	H				
L	H	L				
L	H	H				

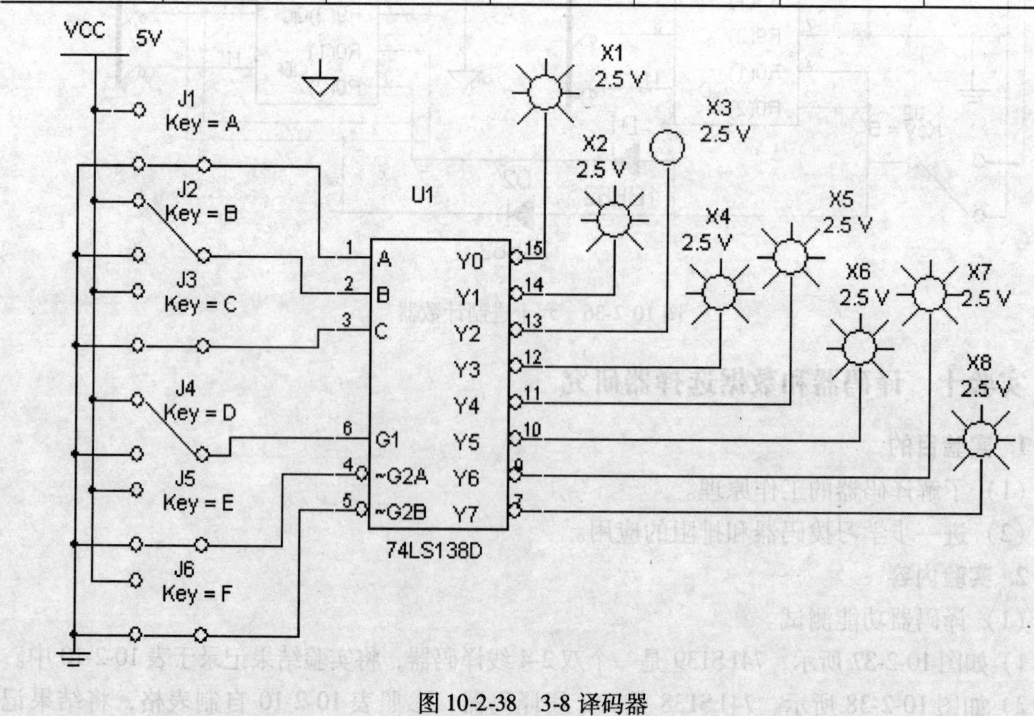

图 10-2-38 3-8 译码器

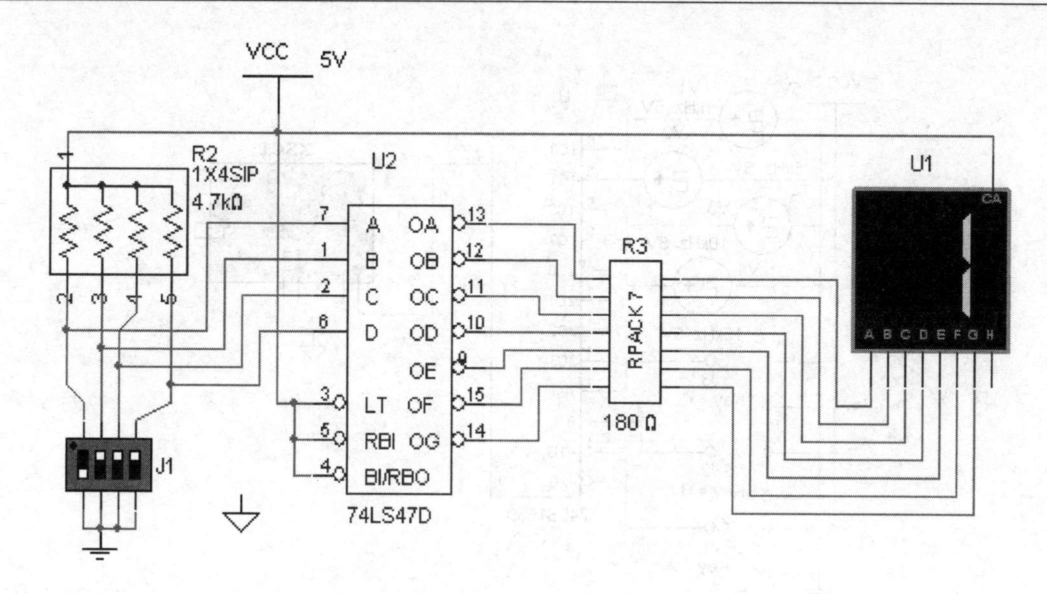

图 10-2-39 BCD 码译码器

电路中 R3（排阻）在实际应用电路中是一个较为有用的器件，如果没有这只电阻排，数码管极易受损坏。

（2）将十进制计数器与 BCD 译码器结合，得到如图 10-2-40 所示的电路。在这个实验电路中再次应用了总线，它有使电路图简洁、直观之功效。另外，用一只电阻 R1 代替了图 10-2-39 中的 R3（注意序号是调用器件时自动产生，若有必要，可双击以修改之），其作用也是作限流用，真实电路中防电流过大损坏数码管。

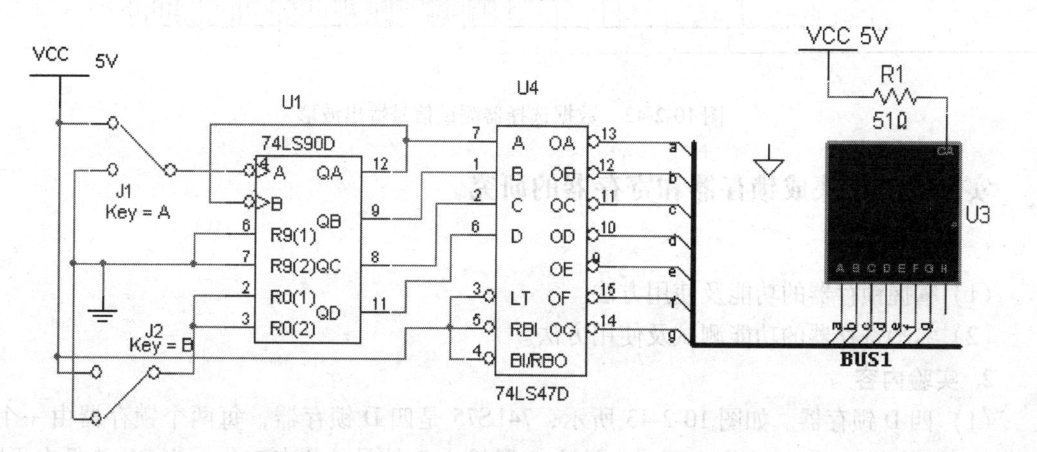

图 10-2-40 计数、译码、显示组合电路

（3）数据选择器功能测试。如图 10-2-41 所示是双 4 选 1 数据选择器，在输入端分别输入四种不同频率的信号，调整开关 J_2(B)、J_3(A)，使“BA”分别为“00”…“11”，在输出端将得到四种信号轮流输出。如图 10-2-42 所示。

【注】：图 10-2-42 中的输出信号波形是因操作方便而没按规律排列。

3. 实验报告

将实验步骤、原理图、测试数据、图表、分析结果记录于你的文件夹中。

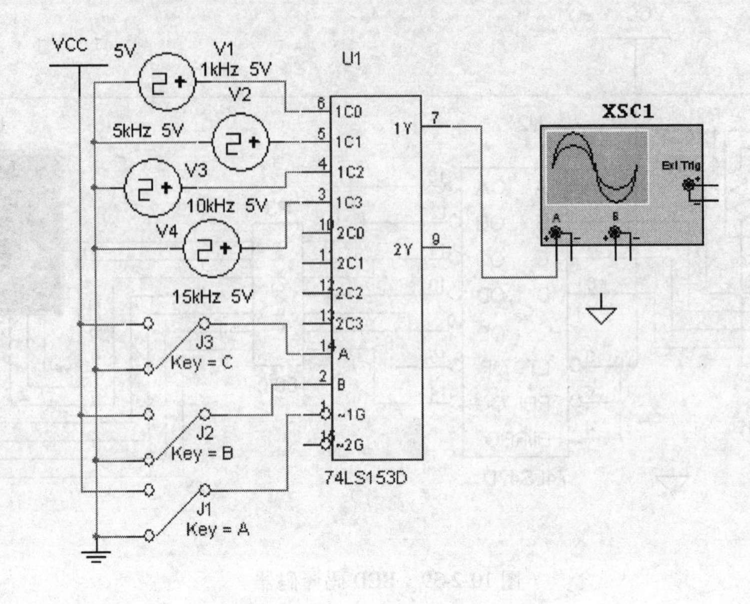

图 10-2-41　数据选择器测试电路

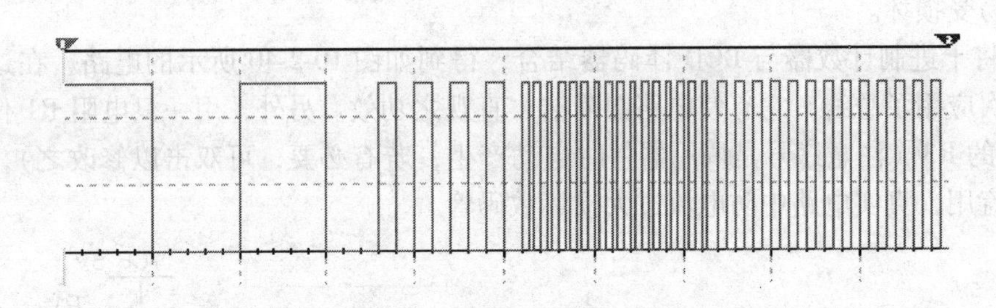

图 10-2-42　数据选择器测试信号输出波形

实验十一　集成锁存器和寄存器的研究

1. 实验目的

(1) 掌握锁存器的功能及使用方法。

(2) 熟悉寄存器的功能测试及使用方法。

2. 实验内容

(1) 四 D 锁存器。如图 10-2-43 所示，74LS75 是四 D 锁存器，每两个锁存器由一个锁存信号 EN 控制，当 EN 为高电平时，输出 Q 随输入 D 信号的状态变化，当 EN 为低电平时，Q 锁存在 EN 由高变低前 Q 的电平上；运行仿真，观察并分析实验结果用表格方式记录于实验报告中。

(2) D 锁存器应用如图 10-2-44 所示，电路由一片 74LS75 构成，输出用了一个自带译码驱动的 16 进制方式显示的 LCD，实验时注意 EN 的作用。

(3) 八 D 锁存器。74LS373 内部具有八个锁存触发器，三态输出，脉冲输入端采用了施密特门电路，以抗噪声干扰，能并行输入/输出八路二进制数据。

图 10-2-45 是一个双向数据总线驱动器，自己配置开关和测试仪器进行实验。

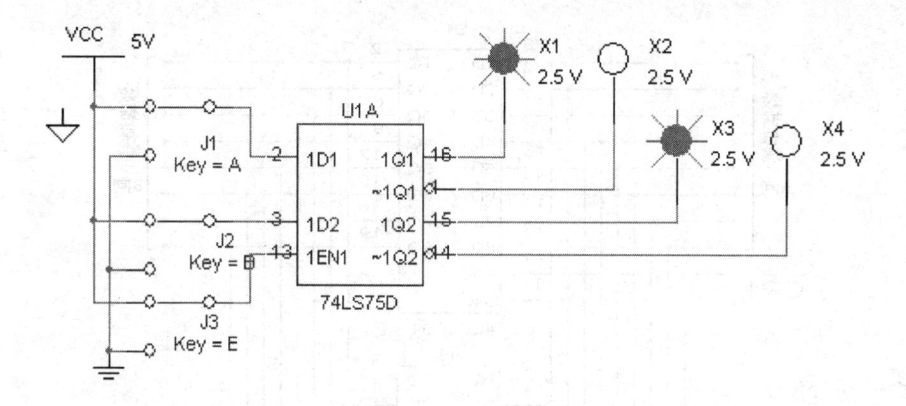

图 10-2-43　四 D 锁存器

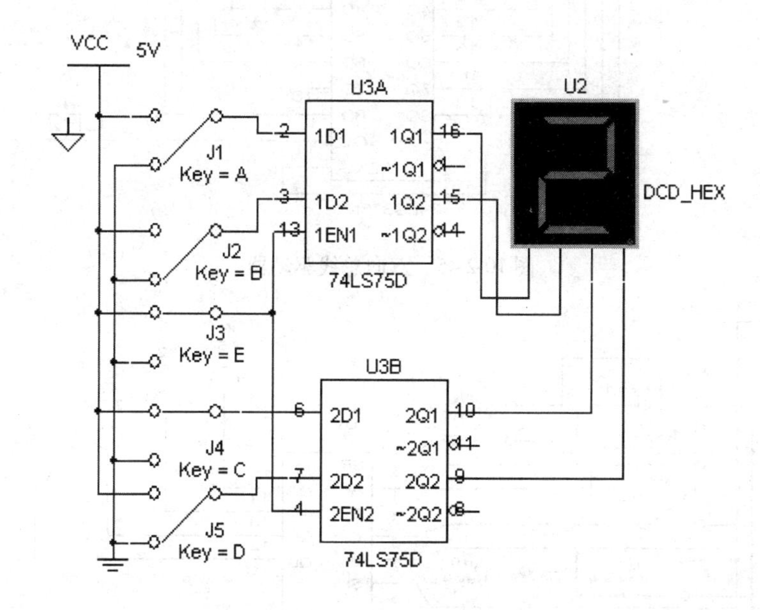

图 10-2-44　D 锁存器应用

（4）移位寄存器。74LS194 是四位的双向移位寄存器如图 10-2-46 所示，芯片具有如下性能：

1）具有四位串入、并入与并出结构。

2）脉冲上升沿触发，可完成同步并入、串入左移位、右移位和保持等四种功能。

3）有直接清零端 CLR。

芯片的 A、B、C、D 为并行输入端，QA、QB、QC、QD 为并行输出端；SR 为右移串行输入端，SL 为左移串行输入端；CLR 为清零端；S0、S1 为方式控制，作用如下

S1 S0 = 00　　保持

S1 S0 = 01　　右移操作

S1 S0 = 10　　左移操作

S1 S0 = 11　　并行送数

配置开关及测试仪器如图 10-2-46 所示，按表 10-2-11 进行实验并将实验结果填于表中。

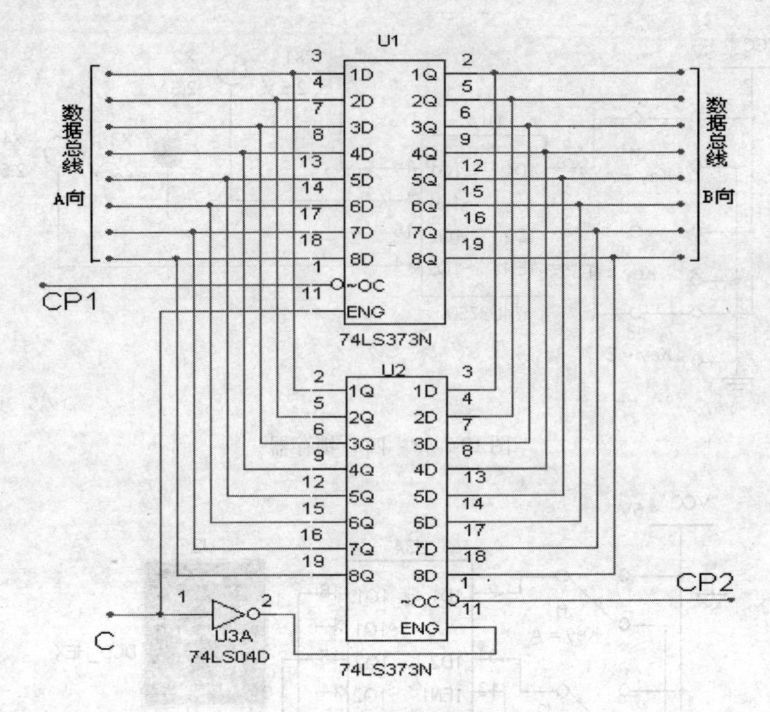

图 10-2-45 双向总线驱动器

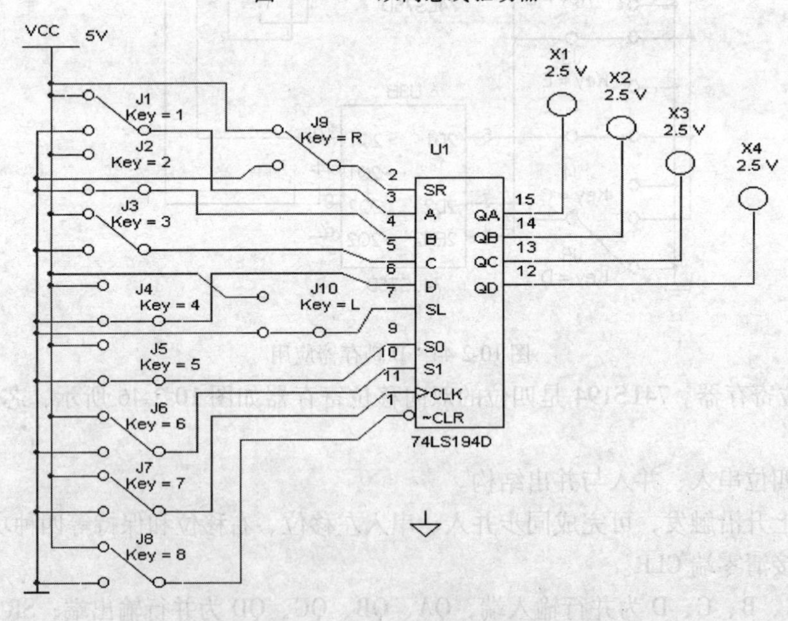

图 10-2-46 双向移位寄存器测试电路

（5）八位移位寄存器。用两片 74LS194 可以构成一个八位的双向移位寄存器，如图 10-2-47 所示，自行设置开关电路，当 S1 S0 取值分别为 00、01、10、11 时，参照表 10-2-11 观察电路的运行情况。

（6）八位串行-并行转换电路。电路如图 10-2-48 所示，图中 U1、U2 和 U7A 实现八位串行-并行转换，U3、U4 用于数据寄存，自行配置开关电路和输出状态检测电路，设计表格记录实验数据于实验报告中。

表 10-2-11　74LS194 功能测试表

$\overline{CLR}$	S1 S0	CLK	SR SL	A B C D	QA QB QC QD
0	X X	X	X X	X X X X	
1	X X	0	X X	X X X X	
1	1 1	上升沿	X X	A B C D	
1	0 1	上升沿	1 X	X X X X	
1	0 1	上升沿	0 X	X X X X	
1	1 0	上升沿	X 1	X X X X	
1	1 0	上升沿	X 0	X X X X	
1	0 0	X	X X	X X X X	

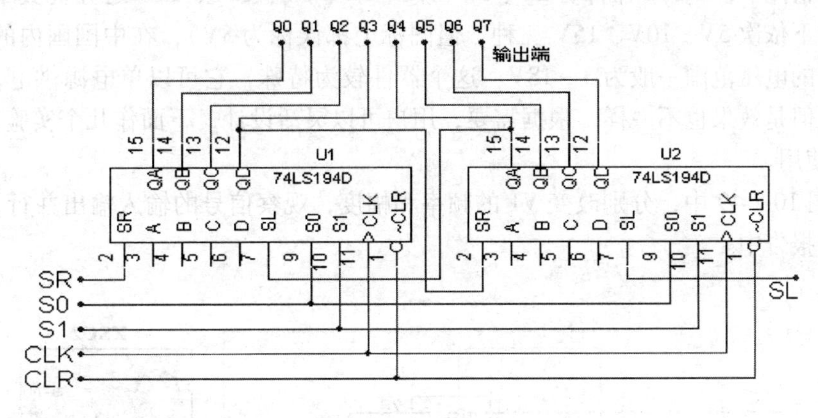

图 10-2-47　八位移位寄存器

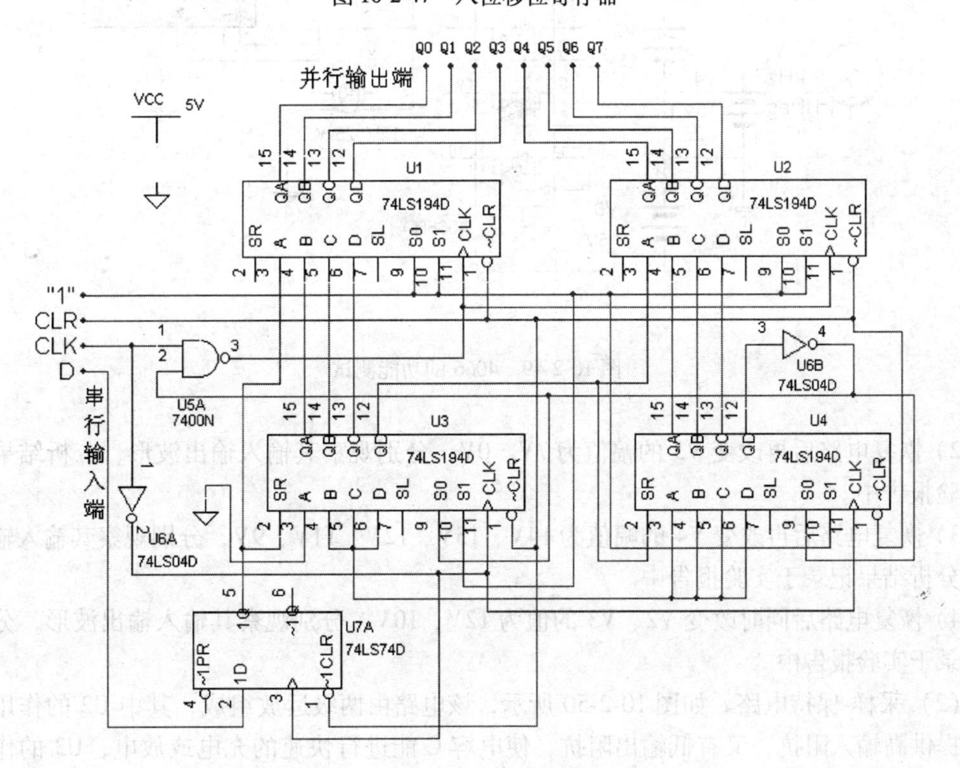

图 10-2-48　八位串行-并行转换电路

3. 实验报告

将实验步骤、原理图、测试数据、图表、分析结果记录于你的文件夹中。

实验十二　双向开关电路的应用

1. 实验目的

通过实验掌握双向开关的工作原理及其使用。

2. 实验内容

（1）双向开关 4066 的功能测试。电路如图 10-2-49 所示，电路中 4066 调用 15V 电源，在 Multisim 软件中，CMOS 器件有 2V、3V、4V、5V、6V、10V、15V 之分（其中 40XXX 系列有从上到下依次 5V、10V、15V 三种，但图标上都误标为 5V），在中国国内的 40XXX 系列元件应用的电压范围一般为 3 ~ 18V；这个器件较为特殊，它可以单电源供电，也可以双电源供电，但是效果也不一样，根据需要，用户可以灵活设计，下面作几个实验，进一步探讨 4066 的使用。

1）在图 10-2-49 中，分别改变 V1 的频率和幅度，观察信号的输入输出并行，分析结果记录于实验报告中。

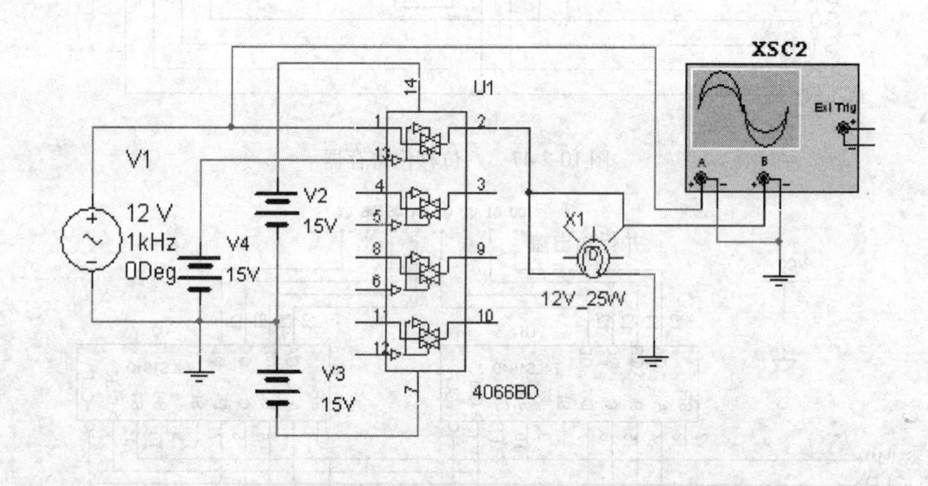

图 10-2-49　4066 的功能测试

2）恢复电路后再改变 V3 的幅值为 7V、0V，分别观察其输入输出波形，分析结果记录于实验报告中。

3）恢复电路后再改变 V4 的幅值为 14V、13V、12V、11V、9V，分别观察其输入输出波形，分析结果记录于实验报告中。

4）恢复电路后同时改变 V2、V3 的值为 12V、10V，分别观察其输入输出波形，分析结果记录于实验报告中。

（2）采样-保持电路。如图 10-2-50 所示，该电路由两级运放组成，其中 U2 的作用是对信号提供高输入阻抗，又有低输出阻抗，使电容 C 能进行快速的充电或放电；U3 的作用是电容和输出端之间的缓冲器。进行如下实验，更进一步了解电路功能。

1）电容 C 为 1nF，输入信号频率为 100Hz，幅度为 10V，控制信号频率为 1kHz，幅度为 15V，观察输入输出波形的幅度和频率。

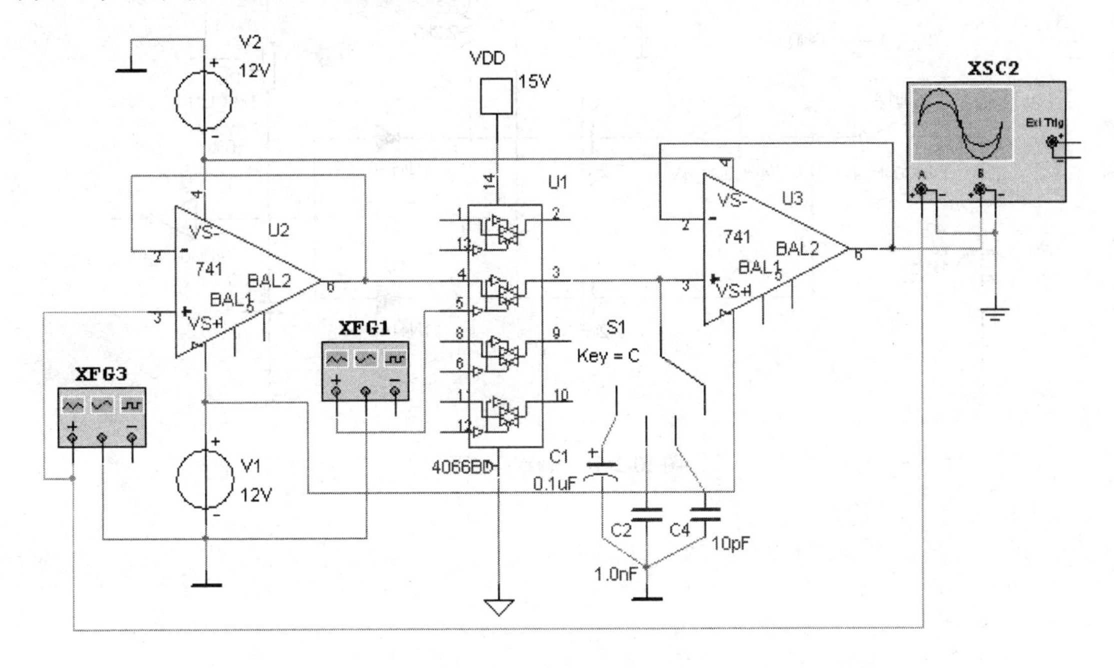

图 10-2-50　采样-保持电路

2）改变电容 C 值，观察电路输入输出波形，分析结果记录于实验报告中。

3）分别改变输入信号和控制信号的频率，观察其输入输出波形，分析结果记录于实验报告中。

4）改变输入信号和控制信号的幅度，分别观察其输入输出波形，分析结果记录于实验报告中。

3. 实验报告

将实验步骤、原理图、测试数据、图表、分析结果记录于你的文件夹中。

实验十三　“频率分割器”设计

1. 实验目的

（1）通过实验掌握模数混合电路的设计和仿真方法。

（2）学习频率分割器的工作原理。

2. 实验内容

频率分割器是一个非常有用的电路，用它可以产生 2 倍频信号，还可以用它产生窄脉冲，以作一些特殊用途。

（1）按图 10-2-51 所示连接频率分割器电路（本例取自 Multisim 的 Samples 文件夹），用示波器观察输入输出波形，调整 Rp 可以调节波形的分割比例。

（2）将信号源换成信号发生器，设置方波输出，调整信号频率，分别观察其输出信号。

3. 实验报告

将实验步骤、原理图、测试数据、图表、分析结果记录于你的文件夹中。

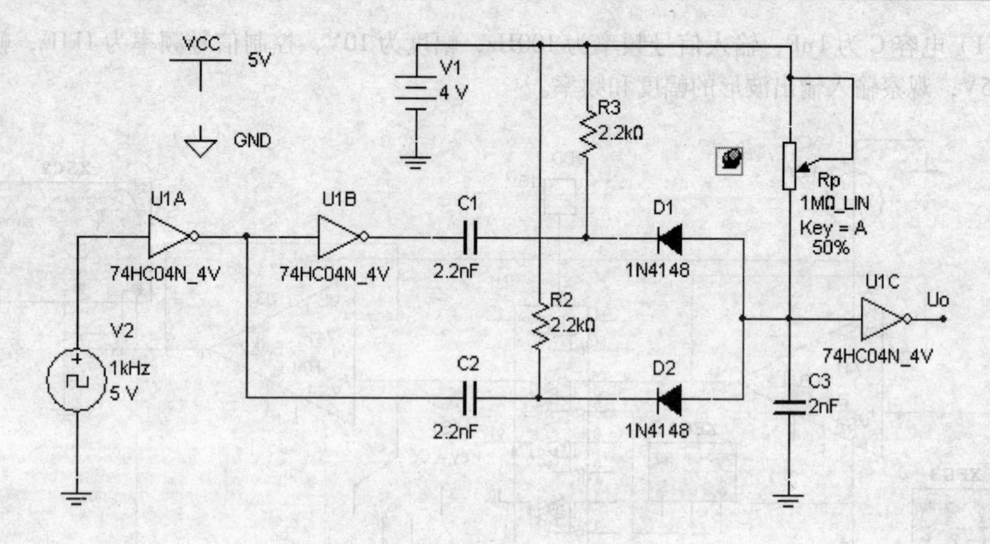

图 10-2-51　频率分割器

第十一章　高频电子线路仿真及实验

第一节　实 例 分 析

例一　晶体管的高频特性分析

1. 实验目的

（1）理解晶体管的频率特性参数。

（2）认识低频管和高频管的频响差别。

2. 实验原理

晶体管频率特性主要指晶体管对不同频率信号的放大能力，表现为：在低频范围内，晶体管的电流放大系数（α、β）基本上是恒定值，但频率升高到一定数值后，α 和 β 将随频率的升高而下降。

为定量比较晶体管的高频特性，工程上确定了几个频率参数：共基极截止频率 f_α（又称 α 截止频率，是指 α 降低到其低频值的 0.707，即下降 3dB 时的频率）、共发射极截止频率 f_β（又称 β 截止频率，是指 β 降低到其低频值的 0.707 时的频率）、特征频率 f_T（β 值下降到 1 时所对应的频率）、最高振荡频率 f_{max}（功率增益为 1 时所对应的频率）。

3. 实验电路

实验电路如图 11-1-1 所示。

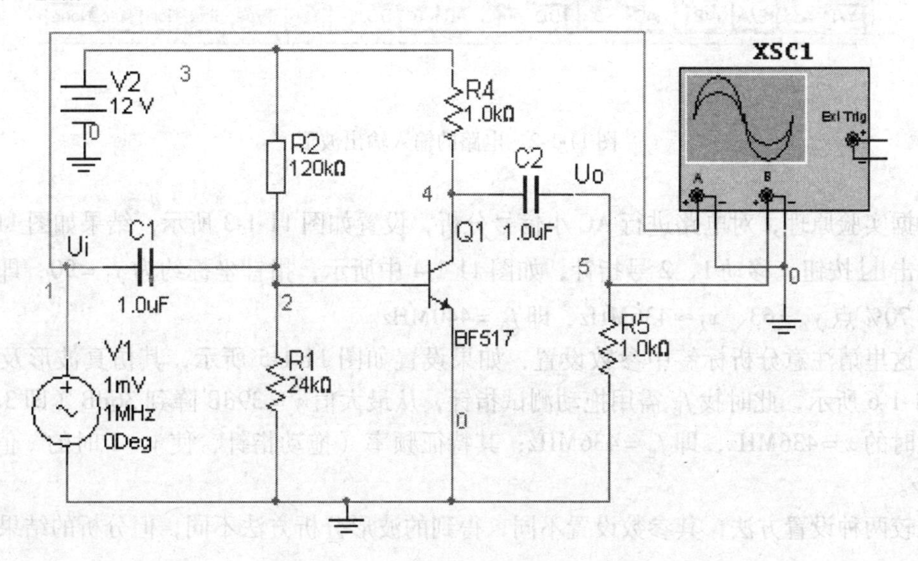

图 11-1-1　晶体管高频特性分析电路

4. 实验步骤

首先观察电路波形是否失真，U_i 和 U_o 的波形如图 11-1-2 所示。从输入输出波形幅度可

以计算电路的交流放大倍数（绝对值）

$$A_v = \frac{U_o}{U_i} = \frac{88024}{987.194} \approx 89$$

增益为　$20\lg|A_v| = 38.9\ \text{dB}$

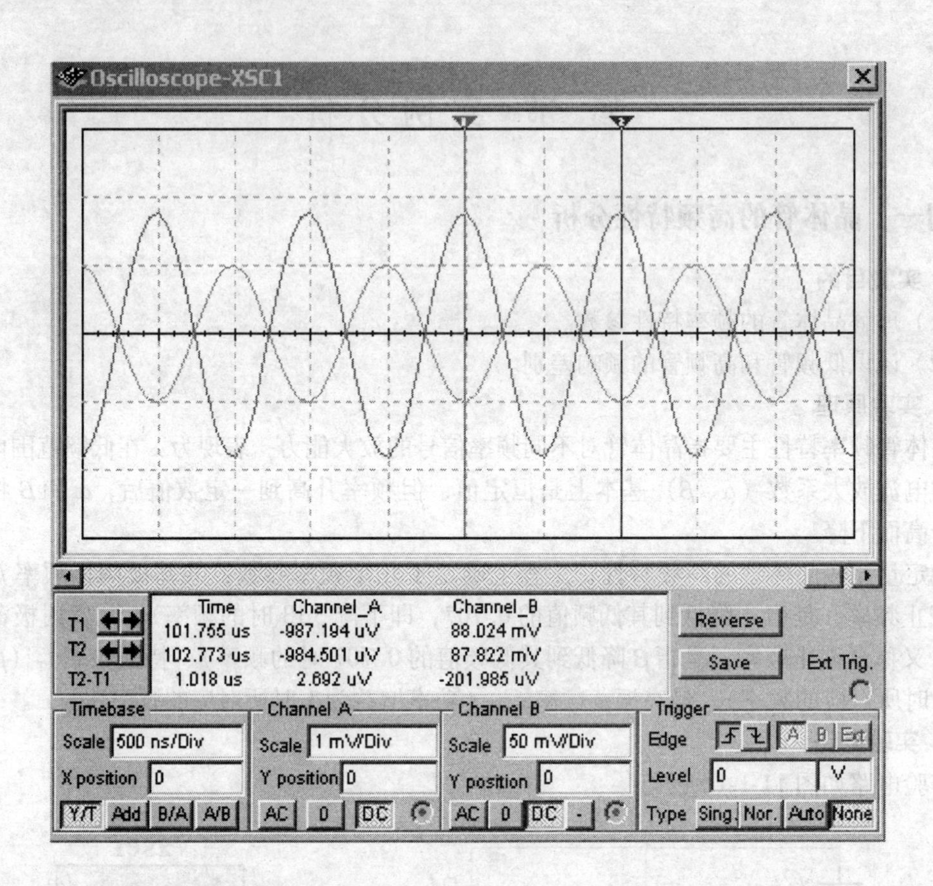

图 11-1-2　电路的输入输出波形

根据实验原理，对电路进行 AC 小信号分析，设置如图 11-1-3 所示，结果如图 11-1-4 所示，单击按钮，移动 1、2 号指针，如图 11-1-4 中所示，指针坐标约为 $y_1=90$，即最大幅值；其 70% 点 $y_2=63$、$x_2 \approx 436\text{MHz}$、即 $f_\beta = 440\text{MHz}$。

在这里请注意分析标签中参数设置，如果设置如图 11-1-5 所示，其仿真波形及其数据如图 11-1-6 所示，此时找 f_β 需用拖动测试指针，从最大值 $y=39\text{dB}$ 降到 36dB（即 3dB）的点，此时的 $x=436\text{MHz}$，即 $f_\beta=436\text{MHz}$；其特征频率（拖动指针，使 $y=1$ 时的 x 值）$f_T=3.8\text{GHz}$。

比较两种设置方法，其参数设置不同，得到的波形分析方法不同，但分析的结果是一致的。

本例与第九章第一节的例一比较可知，不同的晶体管其频率特性可能存在很大的差异，对放大器的频响特性起关键性的作用。

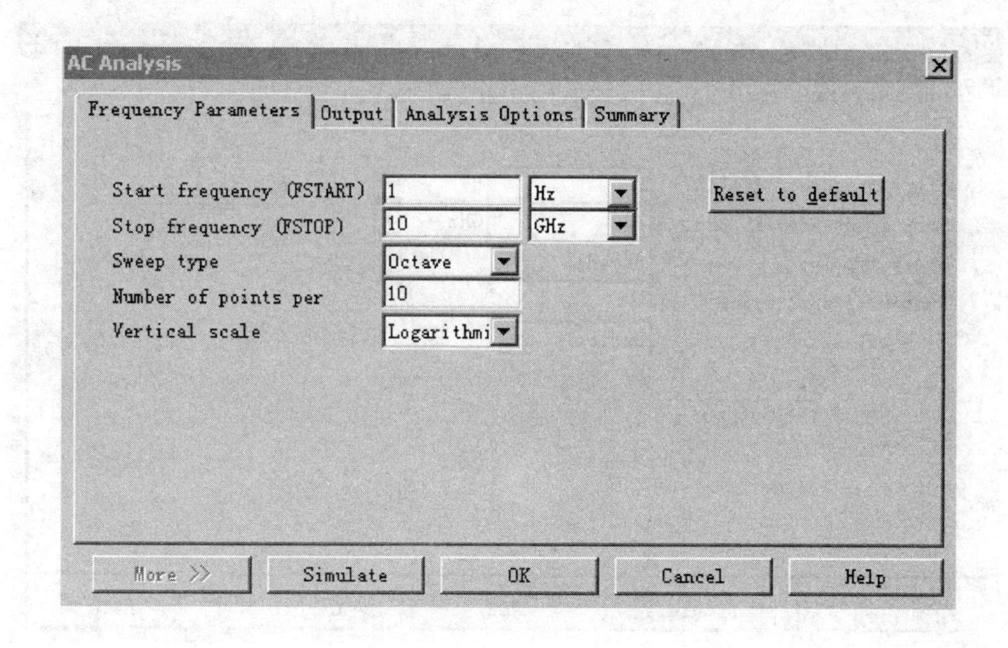

图 11-1-3　AC 分析参数设置 1

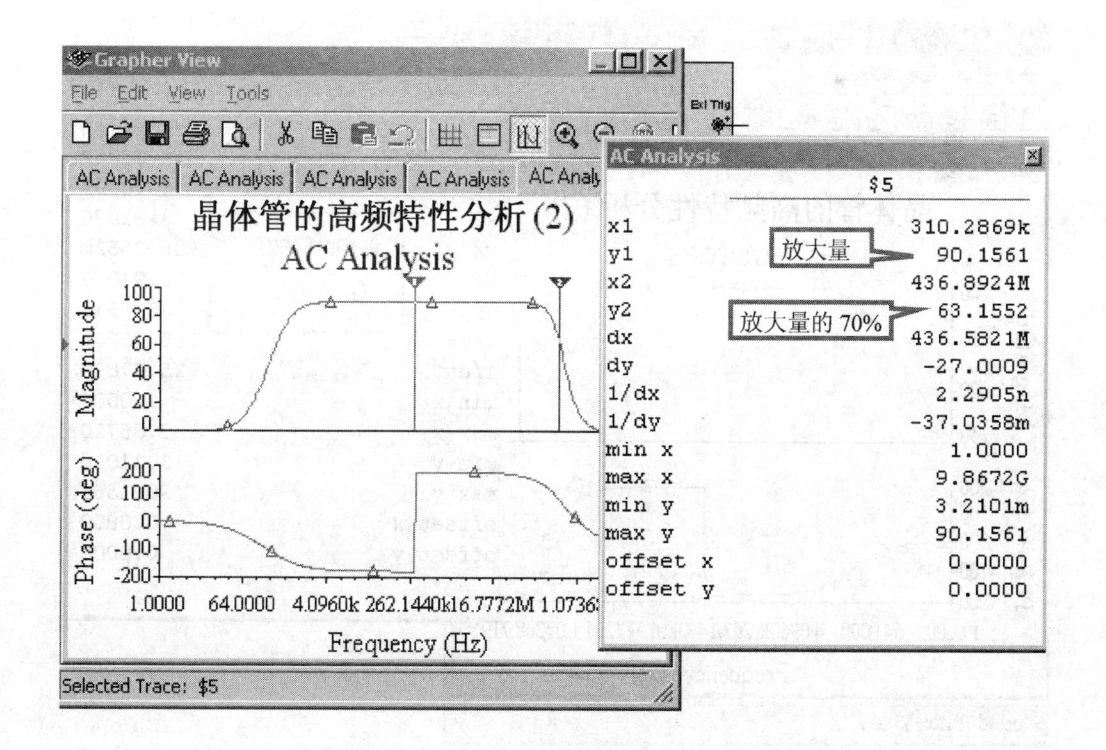

图 11-1-4　AC 分析结果 1

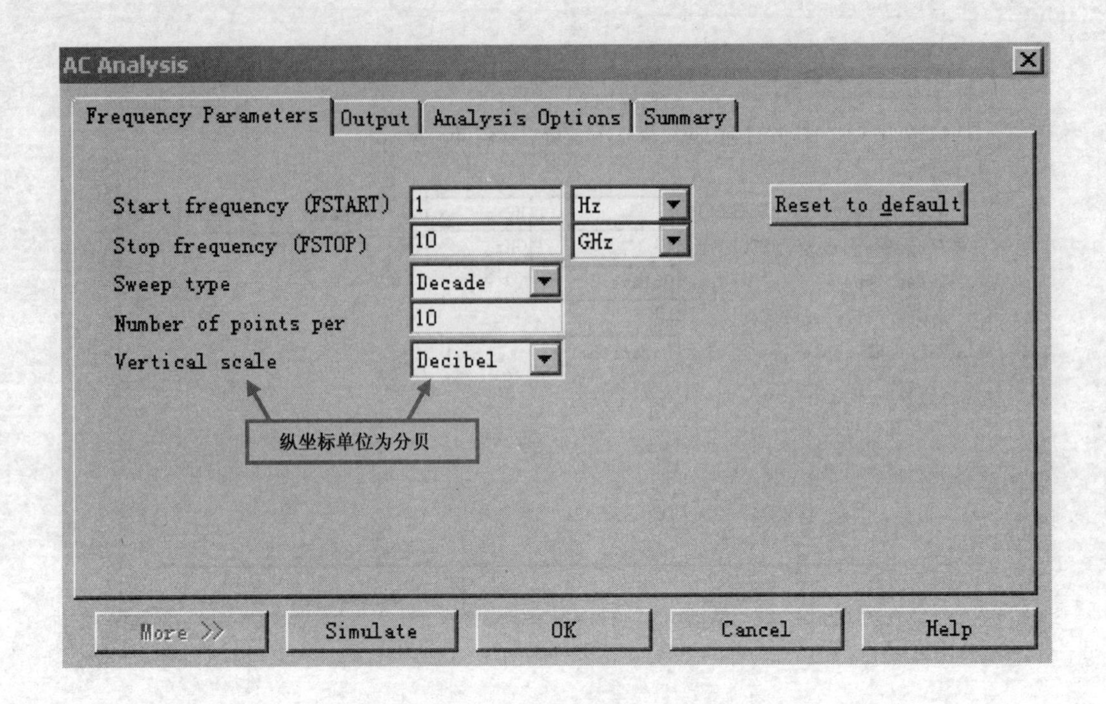

图 11-1-5　AC 分析参数设置 2

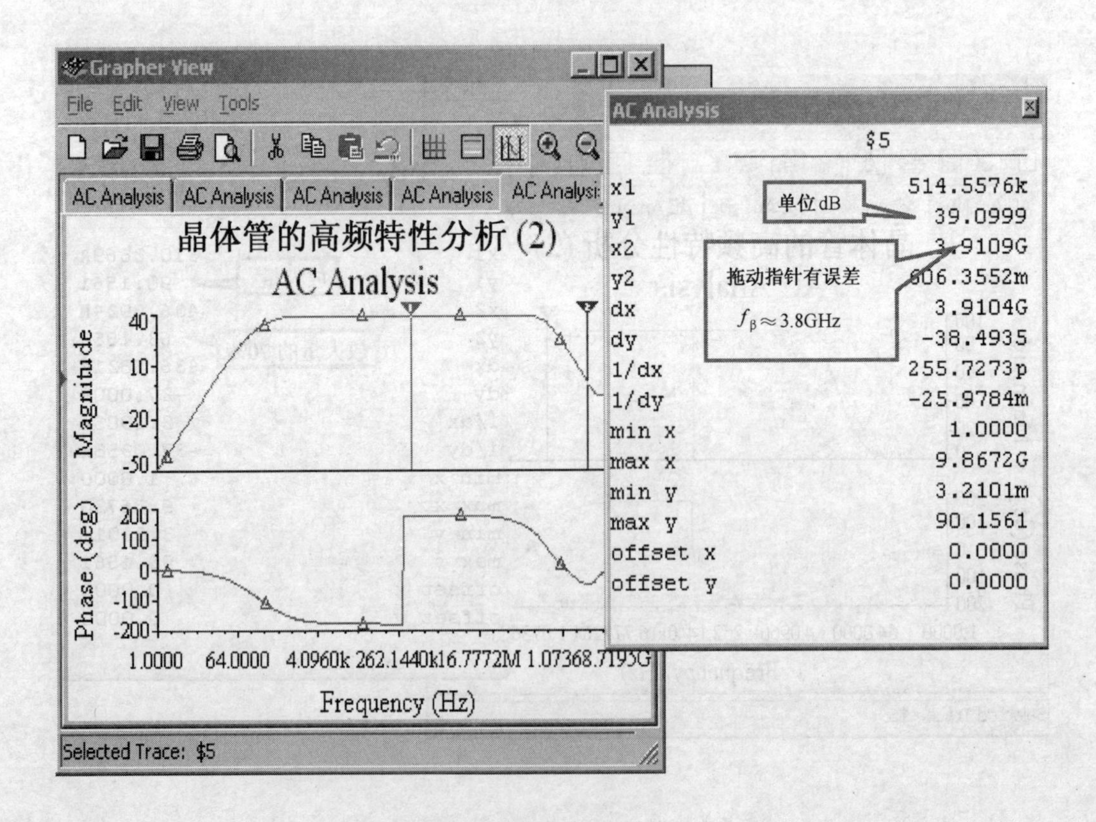

图 11-1-6　AC 分析结果 2

例二　谐振电路分析仿真实验

1. 实验目的

（1）理解并联谐振电路的幅频特性和相频特性。

（2）掌握谐振频率与 L、C 的关系。

（3）了解回路 Q 值的测量方法，理解回路频率特性与 Q 值的关系。

（4）了解耦合状态对双调谐回路频率特性的影响。

2. 实验原理

并联谐振电路如图 11-1-7 所示。

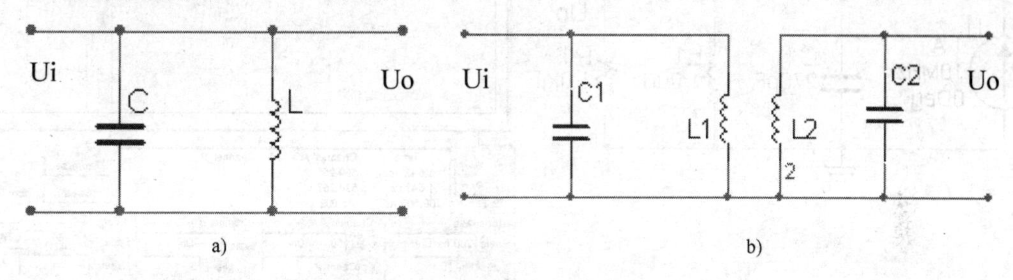

图 11-1-7　LC 并联谐振回路

a）单调谐回路　b）双调谐回路

（1）在高频电子线路中，小信号放大器和功率放大器均以并联谐振电路作为晶体管负载，放大后的输出信号从回路两端取出，因此研究并联回路的频率特性具有重要的实用意义。

（2）并联谐振电路具有选频作用，其频率特性可由幅频特性曲线、相频特性曲线体现。

（3）谐振电路的谐振频率取决于电感和电容的值，即

$$f_0=\frac{1}{2\pi\sqrt{LC}}$$

（4）品质因数 Q 的测量可借助公式

$$Q=\frac{f_0}{B}$$

进行，式中 B 为频带宽度。

（5）品质因数 Q 反映 LC 回路的选择性：Q 越大，幅频特性曲线越尖锐，通频带越窄，选择性越好；当谐振阻抗 R 一定时，可通过减小回路（L/C）比值来提高 Q 值，因为 $Q=\frac{R}{\sqrt{L/C}}$。

3. 实验步骤

（1）单调谐回路的分析。按图 11-1-8 所示给定参数绘制单调谐回路，该谐振回路的谐振频率为

$$f_0=\frac{1}{2\pi\sqrt{LC}}\approx 10\text{MHz}$$

故加入 1A、10MHz 的激励源，R1 为负载。用示波器观察 U_o 波形，如图 11-1-9 所示。

结论：由图 11-1-9 中分析可知，回路两端输出信号幅度为 550V，频率为 10MHz，回路处于并联谐振状态。

（2）频率特性的测试。对电路进行“AC 小信号分析”，参数设置如图 11-1-10 所示，仿真结果如图 11-1-11 所示。

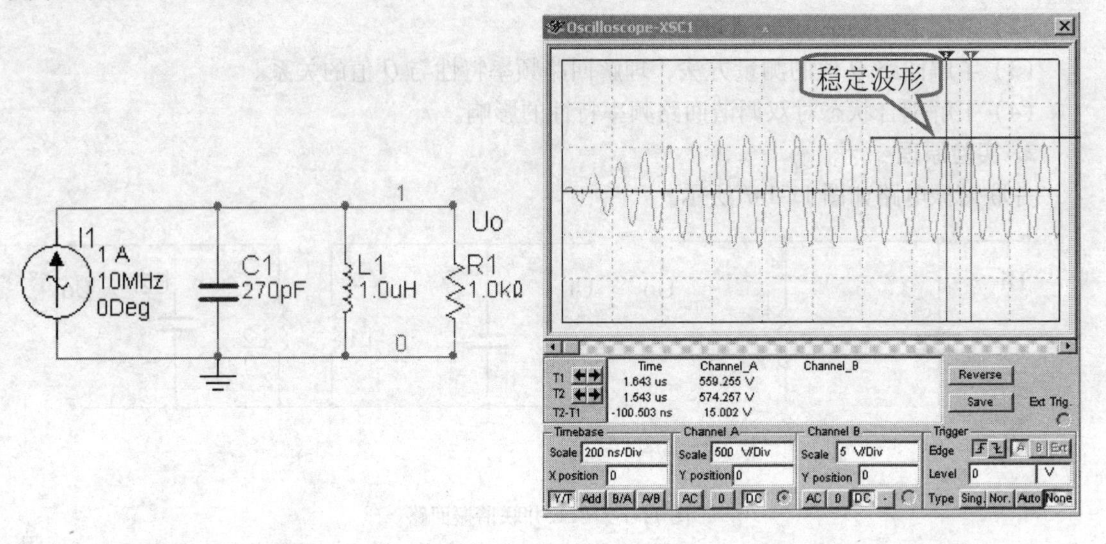

图 11-1-8 单调谐实验电路　　　　图 11-1-9 单调谐回路的输出波形

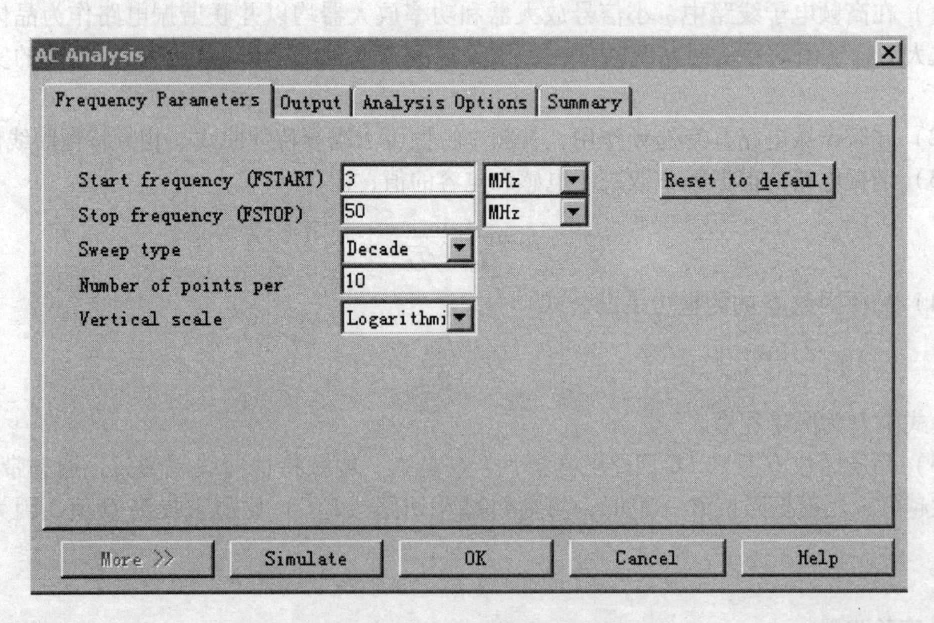

图 11-1-10 AC 分析参数设置

由图 11-1-11 所示波特图中可见，谐振时，输出电压幅值达最大，且与电流源的相位差为 0，该单调谐回路的谐振频率为 9.44MHz，此外，由幅频特性曲线还可测得通频带约为 2MHz；利用公式 $Q=\frac{f_0}{B}$ 可算得 Q 值约为 4.7。

（3）观察电感和电容取值变化对频率特性的影响。对电感进行 Parameter Sweep 分析，电感量取值分别为 0.5μH、1μH、1.5μH 的幅频特性，分析结果如图 11-1-12 所示；对电容进行 Parameter Sweep 分析，电容量取值分别为 150pF、250pF、350pF，结果如图 11-1-13 所示。

结果表明：电感和电容的取值改变会使幅频特性曲线发生变化，具体变化情况见表 11-1-1。

（4）观察负载阻值（阻尼）变化对频率特性的影响。对电阻进行参数扫描分析，电阻值分别取 0.5kΩ、1kΩ、1.5kΩ，得到如图 11-1-14 所示的幅频特性。

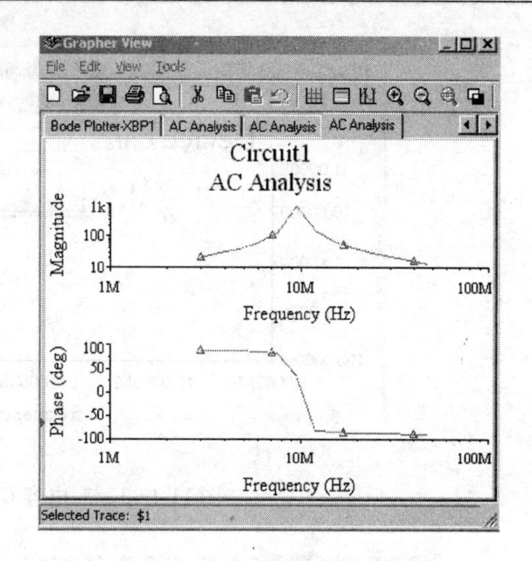

图 11-1-11　单调谐电路的波特图

表 11-1-1　电容电感分析表

	谐振频率	通频带	品质因数 Q
电感 L 减小	升高	影响不大	升高
电感 L 增大	降低	影响不大	降低
电容 C 减小	升高	变宽	降低
电容 C 增大	降低	变窄	提高

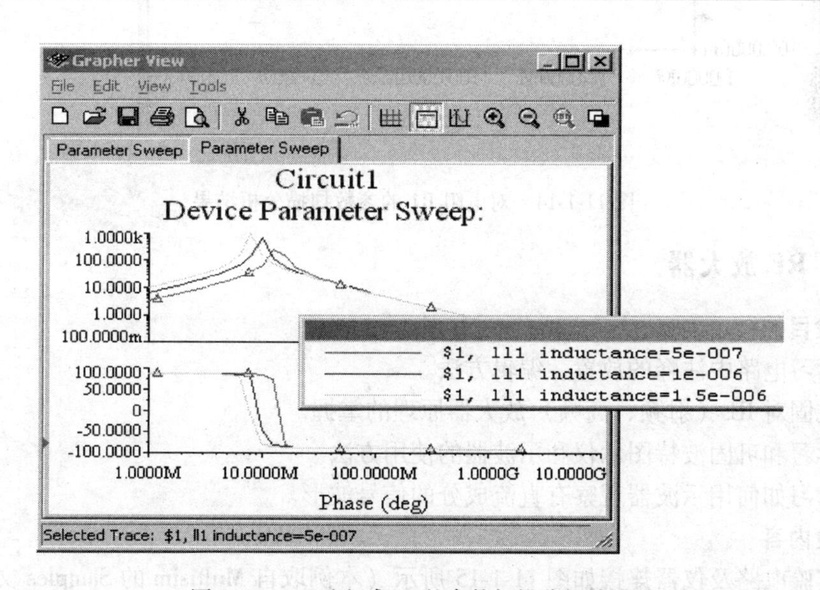

图 11-1-12　对电感 L1 的参数扫描分析结果

从图 11-1-14 中看到，负载阻值的改变会使幅频频特性曲线发生变化，具体表现为，阻值增大时，通频带变窄、Q 值变大。在阻值较小时，这种变化尤为明显。

双调谐回路本例不作介绍。

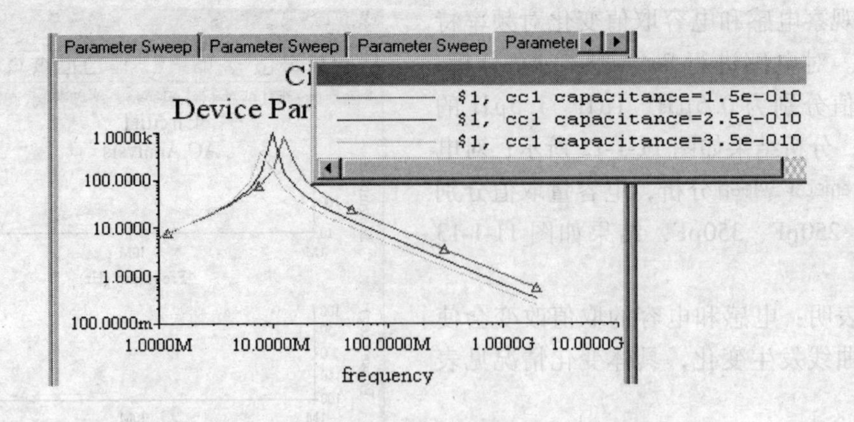

图 11-1-13 对电容 C1 的参数扫描分析结果

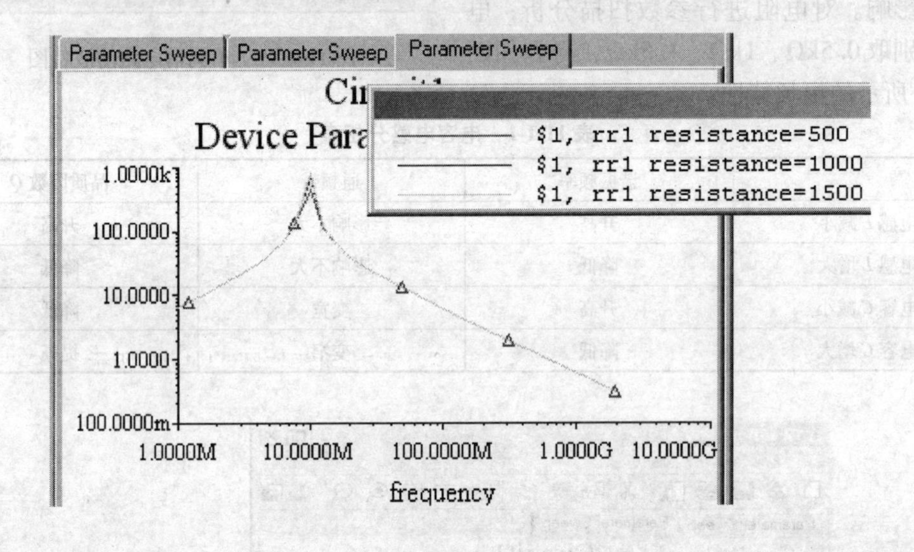

图 11-1-14 对电阻 R1 的参数扫描分析结果

例三 RF 放大器

1. 实验目的

（1）学习电路中注释的放置、编辑方法。

（2）巩固对 RF（射频、高频）放大器原理的掌握。

（3）学习和巩固波特图示仪和示波器的使用方法。

（4）学习如何用示波器观察有直流成分的信号波形。

2. 实验内容

（1）实验电路及仪器连接如图 11-1-15 所示（本例取自 Multisim 的 Samples 文件夹）。

（2）单击主菜单中 Place，在下拉菜单中选择 Comment，放置于用户想放置注释的点，编辑注释即可（默认状态有当即日期，可接着编写）。

（3）其注释放置后默认为隐藏，若需显示，可右击之，在弹出式菜单中选择 Show Comment/Probe 即可，再次操作可隐藏。

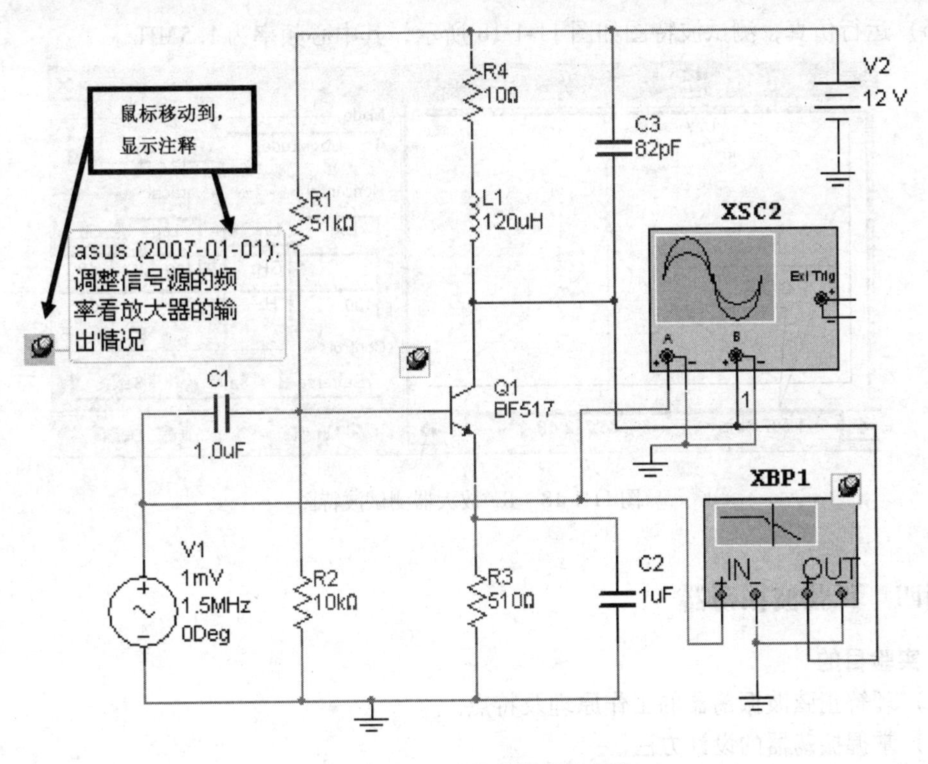

图 11-1-15　RF 放大器实验电路

（4）如需再编辑注释文字，可双击之，弹出其对话框如图 11-1-16 所示，在“Display”标签中修改注释即可。

（5）运行仿真，观察放大器波形，此时输出信号的波形在上边，如图 11-1-17 所示，甚至是看不见（示波器默认状态），单击示波器的“AC”（示波器面板的下边沿）按钮，选择测试其 AC 信号波形。

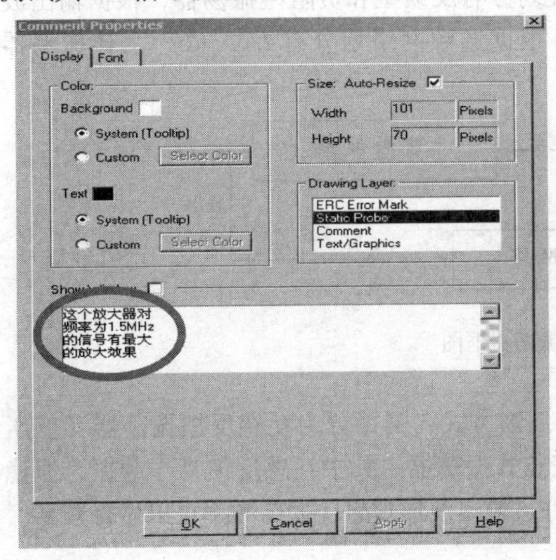

图 11-1-16　注释编辑对话框

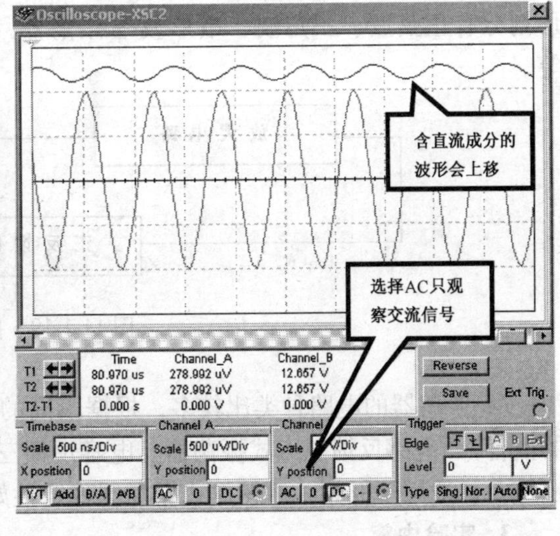

图 11-1-17　观察含直流成分的信号方法

（6）运行仿真，测试波特图如图 11-1-18 所示，其中心频率为 1.5MHz。

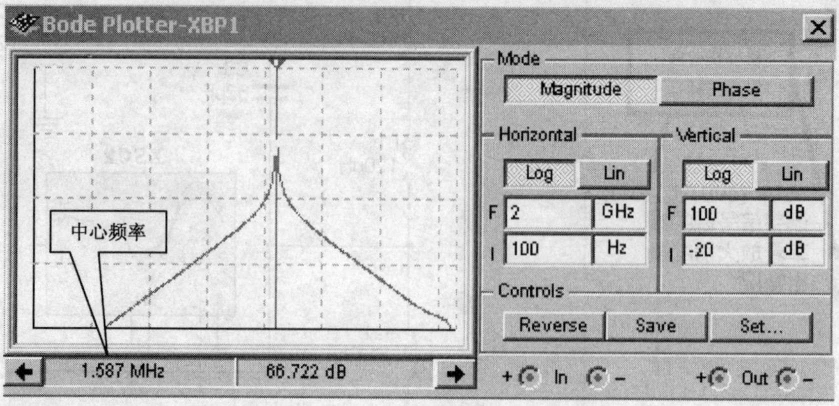

图 11-1-18　RF 放大器测试波特图

例四　正弦波振荡器

1. 实验目的

（1）理解正弦波振荡器的工作原理及特点。

（2）掌握振荡器的设计方法。

2. 原理

在电子线路中，除了要有对各种电信号进行放大的电子线路外，还需要有能在没有激励信号的情况下产生周期性振荡信号的电子电路，这种电路就称为振荡器。在电子技术领域，广泛使用各种各样的振荡器。在广播、电视、通信设备、测控仪器、各种信号源中，振荡器都是它们的必不可少的核心组件。

振荡器是一种能量转换器，由晶体管等有源器件和具有选频作用的无源网络及反馈网络组成，其框图如图 11-1-19 所示。根据工作原理划分有反馈型和负阻型振荡器，根据输出波形划分有正弦波、三角波、矩形波等振荡器，根据选频网络划分有 *LC*、*RC*、晶体振荡器等。

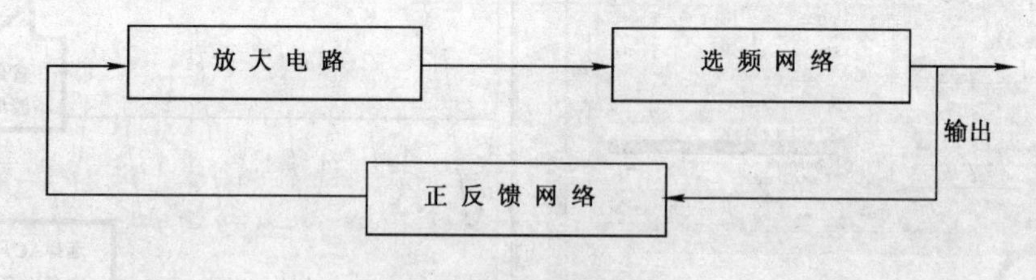

图 11-1-19　振荡器框图

LC 振荡器的电路种类比较多，根据不同的反馈方式，又可分为互感反馈振荡器（变压器耦合）、电感反馈三点式振荡器、电容反馈三点式振荡器。其中互感反馈易于起振，但稳定性差，适用于低频，而三点式振荡器稳定性好、输出波形理想、振荡频率可以做得较高。

3. 实验内容

（1）电容三点式振荡器（又称考毕兹振荡器）如图 11-1-20 所示。

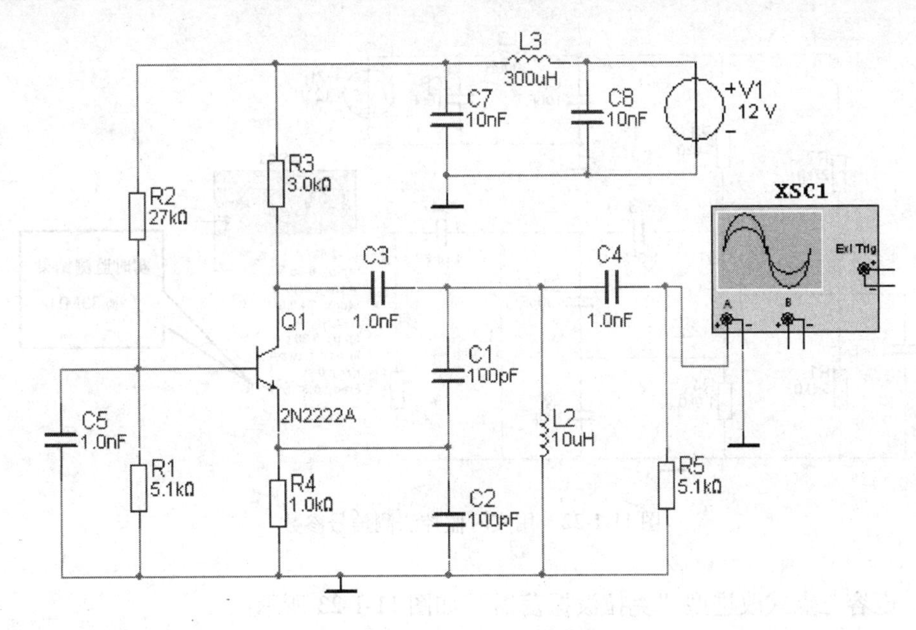

图 11-1-20　考毕兹振荡器

理论计算振荡器的频率为

$$f \approx \frac{1}{2\pi\sqrt{\dfrac{L_2(C_1 C_2)}{C_1 + C_2}}} \approx 7\text{MHz}$$

观察到的振荡波形如图 11-1-21 所示，从波形看出其振荡极不稳定，测试波形频率为

$$f \approx \frac{1}{155 \times 10^{-9}} = 6.5\text{MHz}$$

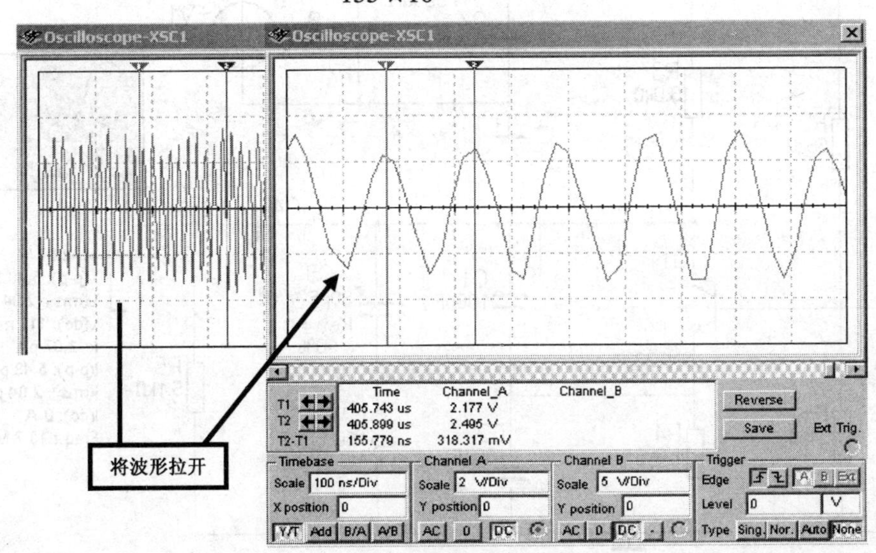

图 11-1-21　考毕兹振荡器输出信号波形

用实时监控法测量信号频率为 6.33MHz（如图 11-1-22 所示），计算结果与测试结果对照，有一定的差异，这是误差所致，应属正常。

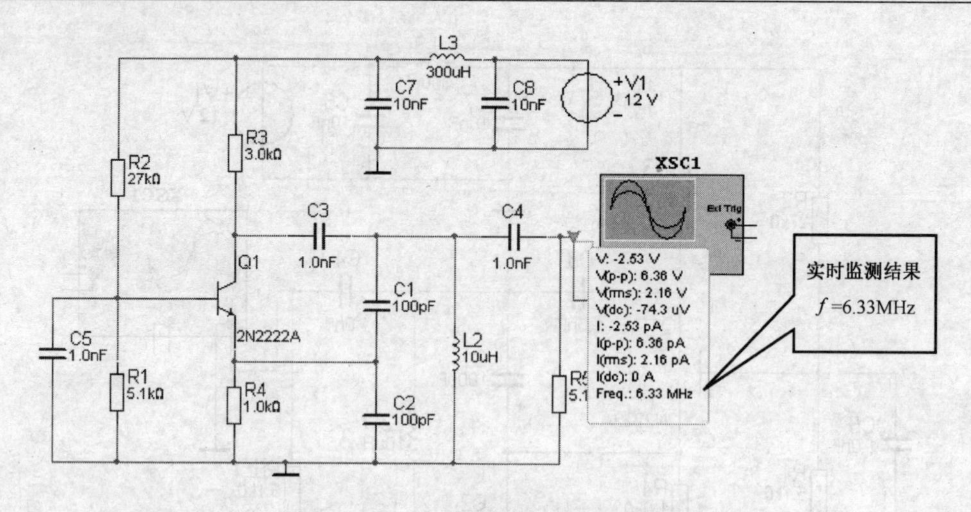

图 11-1-22　用实时监控法测信号参数

（2）电容三点式改进型“克拉泼振荡器”如图 11-1-23 所示。

克拉泼振荡器的频率

$$f=\frac{1}{2\pi\sqrt{L_2C_3}}\qquad (C_1\gg C_3,\ C_2\gg C_3)$$

电路中 C3 为可变电容，调整它即可在一定范围内调整其振荡频率。

输出信号的幅值、频率等用实时监测法测试（参见图 11-1-23），信号波形如图 11-1-24 所示，调整 C3 观测振荡信号的波形和频率变化。

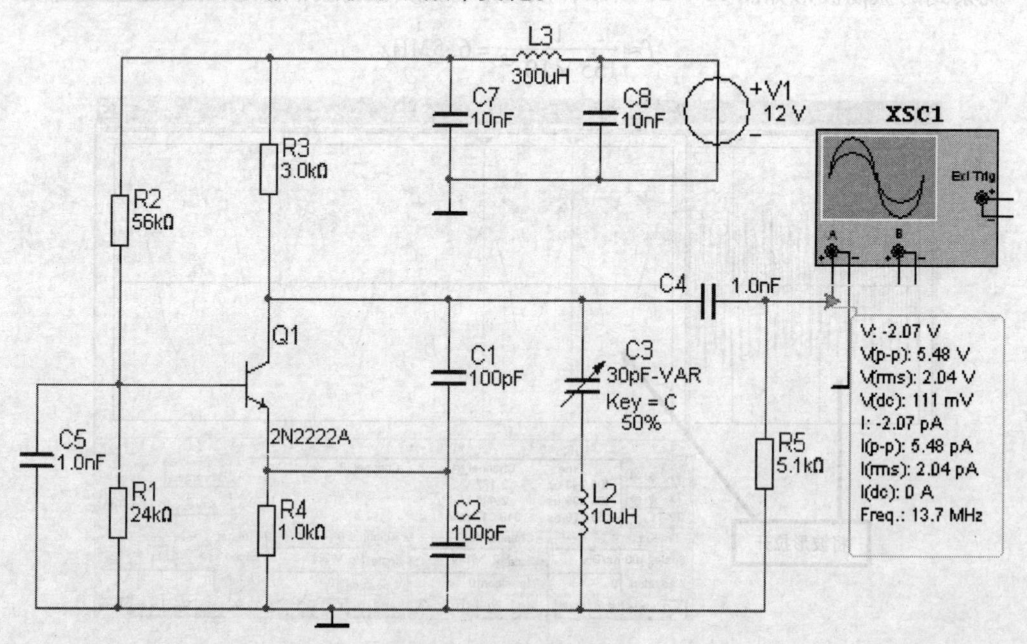

图 11-1-23　克拉泼振荡器

（3）电容三点式的改进型“西勒振荡器”如图 11-1-25 所示。

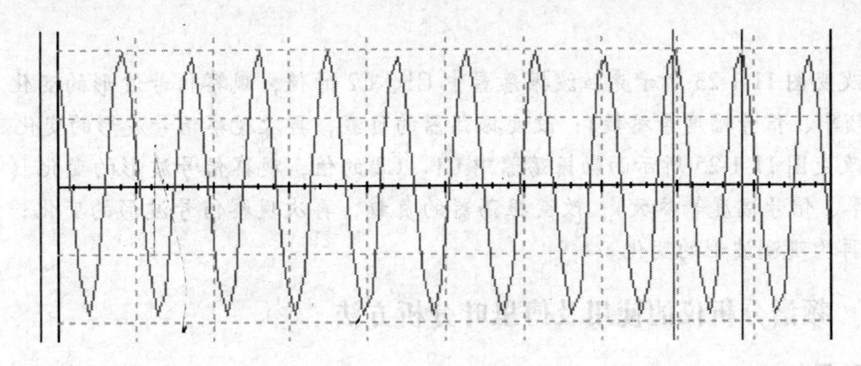

图 11-1-24　克拉泼振荡波形

振荡器的频率

$$f=\frac{1}{2\pi\sqrt{L_2(C_6+C_3)}}\quad (C_1\gg C_6,\ C_2\gg C_6)$$

输出信号的幅值、频率等用实时监测法测试（参见图 11-1-25），信号波形如图 11-1-26 所示，调整 C6、C3 观测振荡信号的波形和频率变化。

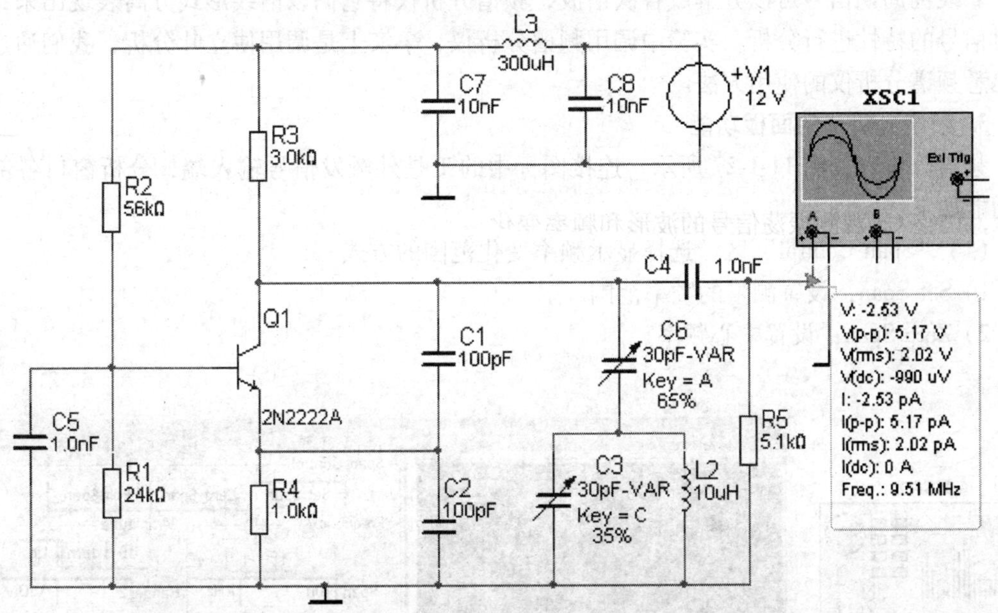

图 11-1-25　西勒振荡器

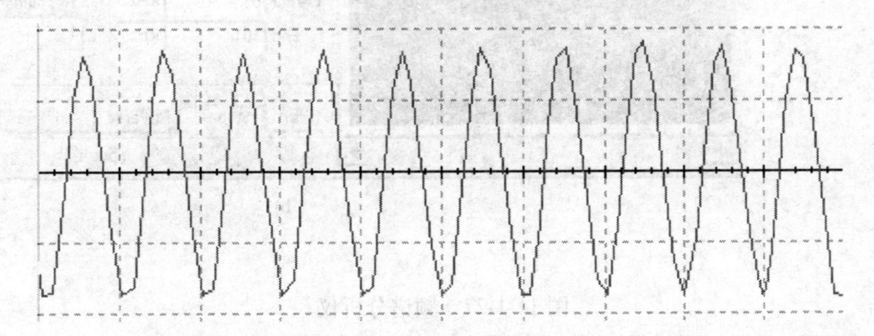

图 11-1-26　西勒振荡器波形

思考：

（1）改变图 11-1-23 所示克拉泼振荡器中 C1、C2 的值，观察信号波形的变化（包括信号波形、频率、信号幅度等参数）；改变振荡器的负载，再次观察信号波形的变化。

（2）改变图 11-1-25 所示西勒振荡器中 C1、C2 的值，观察信号波形的变化（包括信号波形、频率、信号幅度等参数）；改变振荡器的负载，再次观察信号波形的变化；分别调整 C3、C6，再次观测波形的变化。

例五　频谱分析仪的使用及傅里叶分析方法

1. 实验目的

（1）了解频谱分析仪的基本功能。

（2）学习频谱分析仪的参数测试方法。

（3）了解频谱分析仪在傅里叶分析中的应用。

（4）学习傅里叶分析方法。

2. 实验原理

非线性周期信号可以分解成各次谐波，频谱分析仪将它们以谱线形式分离表现出来，方便对信号的特性进行分析。实验中调用频谱分析仪，事实上是调用傅立叶分析，我们通过实验熟悉频谱分析仪的使用方法。

3. 频谱分析仪的面板功能

频谱分析仪如图 11-1-27 所示，连接图标中的 T 是外触发信号输入端，分析窗口各部分的功能如下：

（1）“Span Control”区　选择显示频率变化范围的方式。

1）Set Span：设置测量的频率范围。

2）Zero Span：设置中心频率。

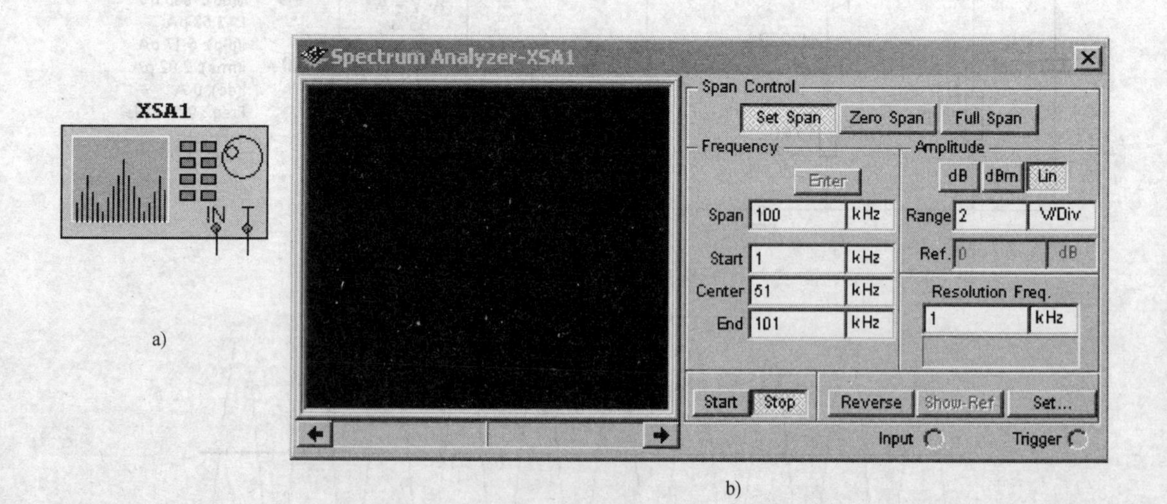

图 11-1-27　频谱分析仪

a）频谱分析仪的电路连接图标　b）频谱分析仪的设置分析窗口

3）Full Span：设置全频段 0 ~4GHz 范围。

（2）“Frequency” 区主要用于设置频率范围。

1）Span：频率范围。

2）Start：开始频率。

3）Center：中心频率。

4）End：结束频率。

（3）Amplitude 区选择频谱纵坐标的刻度。

1）dB：表示纵坐标用 dB 即以 $20 \times \log_{10} V$ 为刻度。

2）dBm：表示纵坐标用 dBm 即以 $10 \times \log_{10}$（$V/0.775$）为刻度。0dBm 是电压为 0.775V 时，在 600Ω 上的功耗，此时功率为 1mW。如果一个信号是 +10dBm，意味其功率是 10mW。在以 0dBm 为基础显示信号功率时，终端电阻是 600Ω 的应用场合（如电话线），直接读 dBm 会很方便。

3）Lin：表示纵坐标使用线性刻度。

4）Range：设置纵坐标每格的幅值，V/格。

5）Ref：设置参考标准。所谓参考标准就是确定显示窗口中信号频谱的某一幅值所对应的频率范围。由于频谱分析仪的数轴上没有标明大小，通常利用测试指针来读取每一点的频率和幅度。当测试指针移动到某一位置，此点的频率和幅度以 V、dB 或 dBm 的形式显示在分析仪的（窗口）右下角。如果读取的不是一个频率点，而是某一个频率范围，则需要与 “Show-Ref” 按钮配合使用，单击该按钮，则在频谱分析仪的显示窗口中出现以 “Ref” 条形框所设置的分贝数（如 -3dB）的横线，移动测试指针就可以方便地读取横线和频谱交点的频率和幅度。利用此方法可以快速读取信号频谱的带宽。

（4）“Resolution Freq” 区　设置频率的分辨率，所谓频率分辨率就是能够分辨频谱的最小谱线间隔，它代表不了频谱分析仪区分信号的能力。

频率分辨率的默认状态是最大分辨率，最大分辨率 $\Delta f = fend/1024$。一般需要调整其分辨率，才能阅读到的频率点为信号频率的整倍数。

（5）右下方还有 5 个控制按钮，其功能如下：

1）Start：继续频谱分析仪的频谱分析。此按钮常与 “Stop” 按钮配合使用，通常在电路的仿真过程中停止了频谱分析仪的频谱分析之后，又要启动频谱分析仪时使用。

2）Stop：停止频谱分析仪的频谱分析，此时电路的仿真过程仍然继续进行。

3）Reverse：频谱分析窗口的图形和背景反向显示。

4）Show-Ref：显示参考值。

5）Set：用于设置触发参数。单击该按钮，弹出 “Settings” 对话框，可设置内触发、外触发以及连续触发和单次触发。

4. 实验内容

（1）按照 11-1-28 构建 RF 放大器（本例取自 Multisim 的 Samples 文件夹），信号源如图中设置，用示波器观察电路的输出波形（R6 上的电压波形）如图 11-1-29 所示，双击频谱分析仪，在弹出界面中设置频率范围，中心频率等，运行仿真，其频谱如图 11-1-30 所示，如果看不见谱线，可以调整 “Range”，还不行就改变 “Resolution Freq”，再次运行仿真。调用频谱分析仪仿真，事实上是进行傅里叶分析。

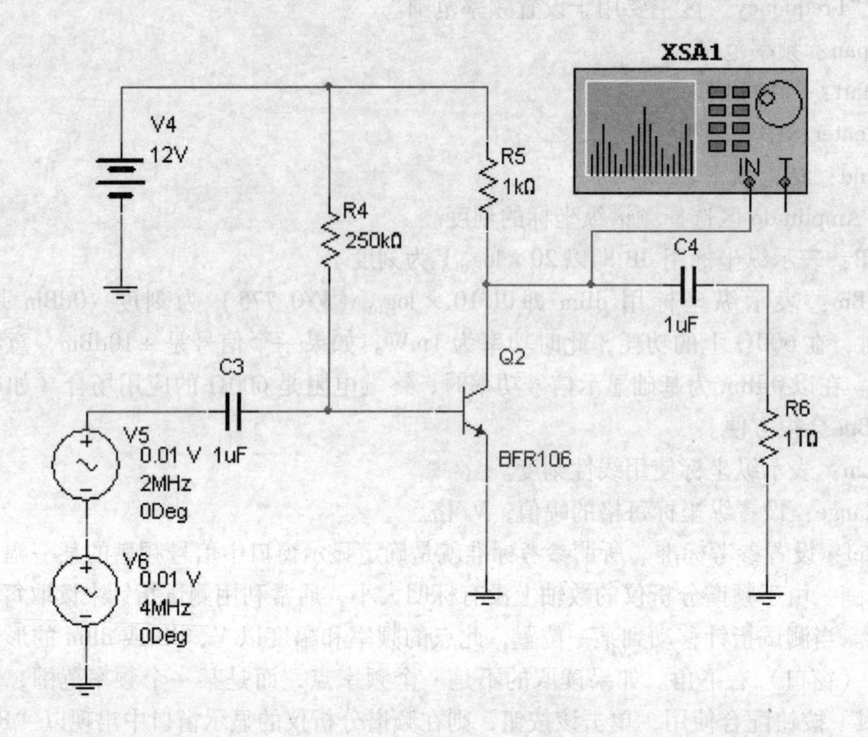

图 11-1-28 RF 放大器

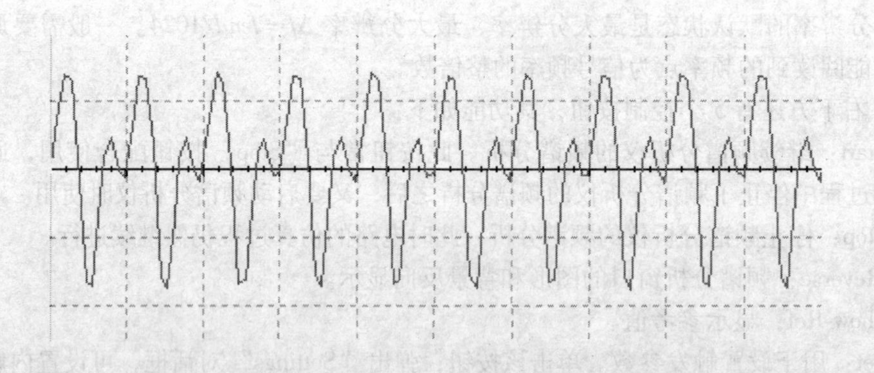

图 11-1-29 放大器的输出波形

（2）按照图 11-1-31 所示电路连接（本例取自 Multisim 的 Samples 文件夹），是一个三角波振荡器，其输出波形图 11-1-32 所示。对它进行傅里叶分析，设置参数如图 11-1-33 所示（输出节点为 OUT），运行仿真后的谱线图如图 11-1-34 所示。其谱线图中还有个“Excel”表，表中列出谱线的有关参数。

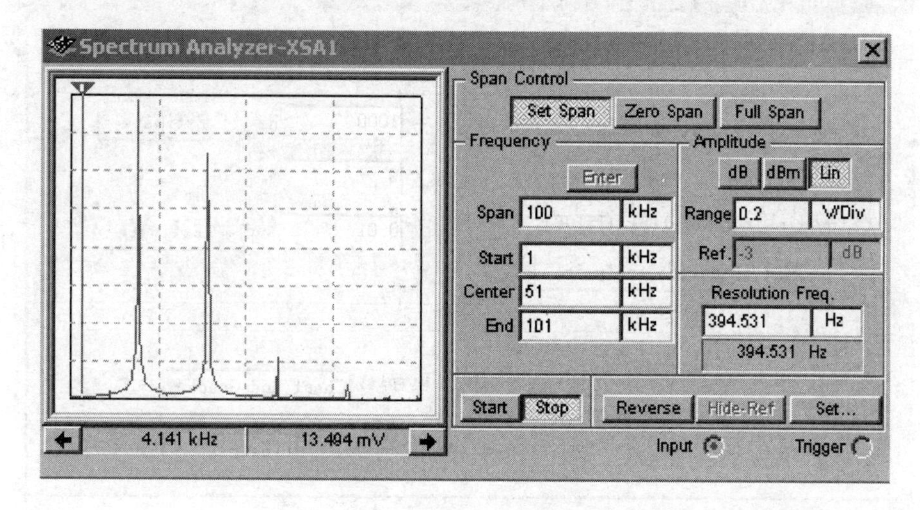

图 11-1-30　输出信号的频谱分析结果

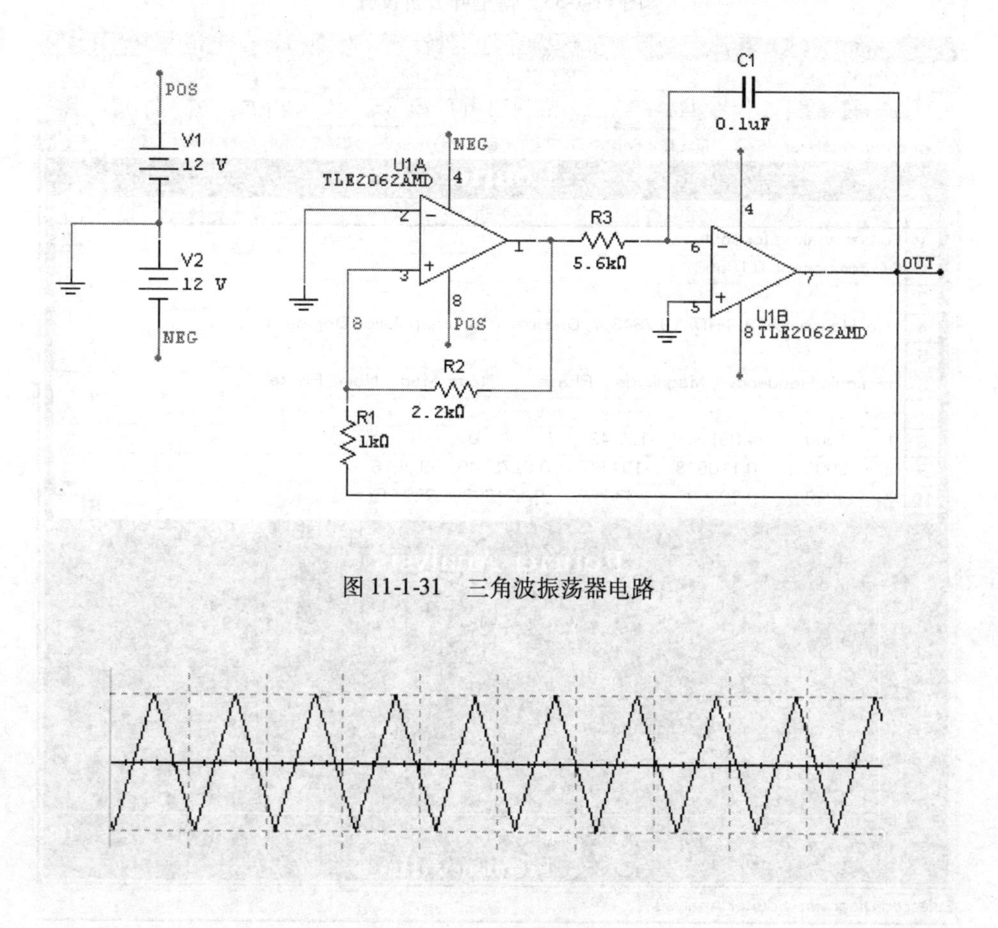

图 11-1-31　三角波振荡器电路

图 11-1-32　输出波形

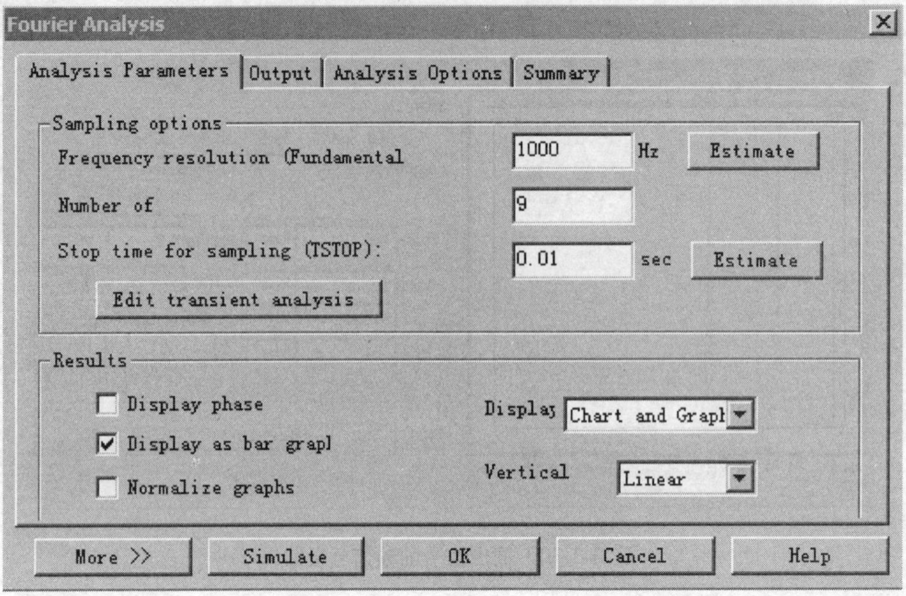

Fourier Analysis
Analysis Parameters
Output
Analysis Options
Summary
Sampling options
Frequency resolution (Fundamental
1000
Hz
Estimate
Number of
9
Stop time for sampling (TSTOP):
0.01
sec
Estimate
Edit transient analysis
Results
Display phase
Display as bar grapl
Normalize graphs
Displa
Chart and Grapl
Vertical
Linear
More >>
Simulate
OK
Cancel
Help

图 11-1-33　傅里叶分析设置

Grapher View
File Edit View Tools
Spectrum Analyzer-XSA1
Oscilloscope-XSC2
Spectrum Analyzer-XSA1
Fourier Analysis
Fourier
Fourier analysis for $out:
DC component: 0.180581
No. Harmonics: 9, THD: 13.7943 %, Gridsize: 256, Interpolation Degree: 1
Harmonic Frequency Magnitude Phase Norm. Mag Norm. Phase
1 1000 4.03174 -125.42 1 0
2 2000 0.110933 -134.68 0.0275149 -9.2616
Fourier Analysis
Voltage (V)
Frequency (Hz)
0
1
2
3
4
5
2k
4k
6k
8k
Selected Diagram: Fourier Analysis

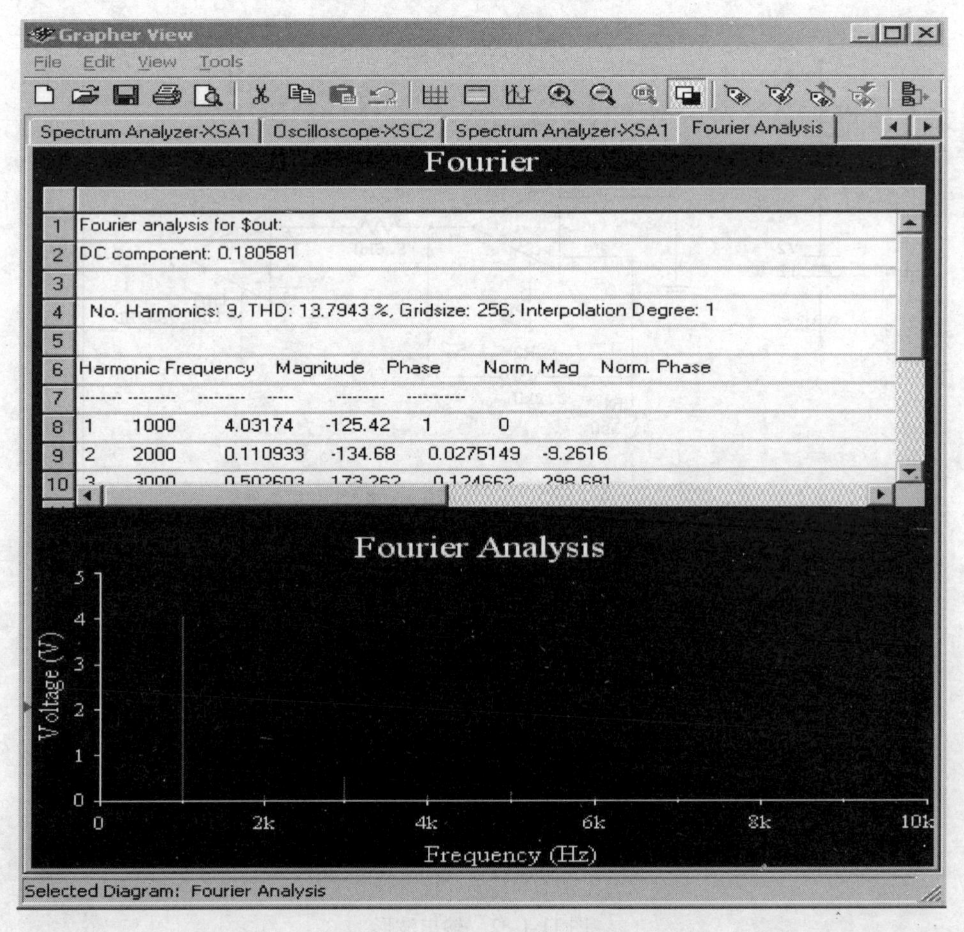

图 11-1-34　傅里叶分析谱线图

例六 网络分析仪应用

1. 实验目的

（1）了解网络分析仪的基本功能。

（2）学习网络分析仪的参数测试方法。

2. 实验原理

射频电路的设计方法不同于低频电路的设计，设计者必须关注电路的 S 参数、输入/输出阻抗、功率增益、噪声指数和稳定性等性能参数。这些参数不能直接从 SPICE 仿真电路中获取，如阻抗匹配需要通过史密斯圆图才能得到，而 SPICE 不能提供史密斯圆图。

网络分析仪是一种测试两端口网络 S 参数的仪器，常常用来分析高频电路。Multisim 所提供的虚拟网络分析仪不但可以测量 S 参数，还可以测量 H、Y 和 Z 等参数。

网络分析仪如图 11-1-35 所示。网络分析仪的图标有两个端子，P1 端子用来连接被测电路的输入端口，P2 端子用来连接被测电路的输出端口。当进行仿真时，网络分析仪自动对电路进行两次交流分析，第一次交流分析用来测量输入端的前项参数 S11、S21，第二次交流分析用来测量输出端的反相参数 S22、S12。S 参数被确定后，就可以利用网络分析仪以多种方式查看数据，并将这些数据用于进一步的仿真分析。

3. 网络分析仪的面板功能

在图 11-1-35 所示网络分析仪面板的左侧是显示窗口，用于显示电路的四种参数、曲线、文本以及相关的电路信息。右侧是参数设置区有 5 个，具体功能如下：

（1）“Mode” 区　用于设置仿真分析的模式。

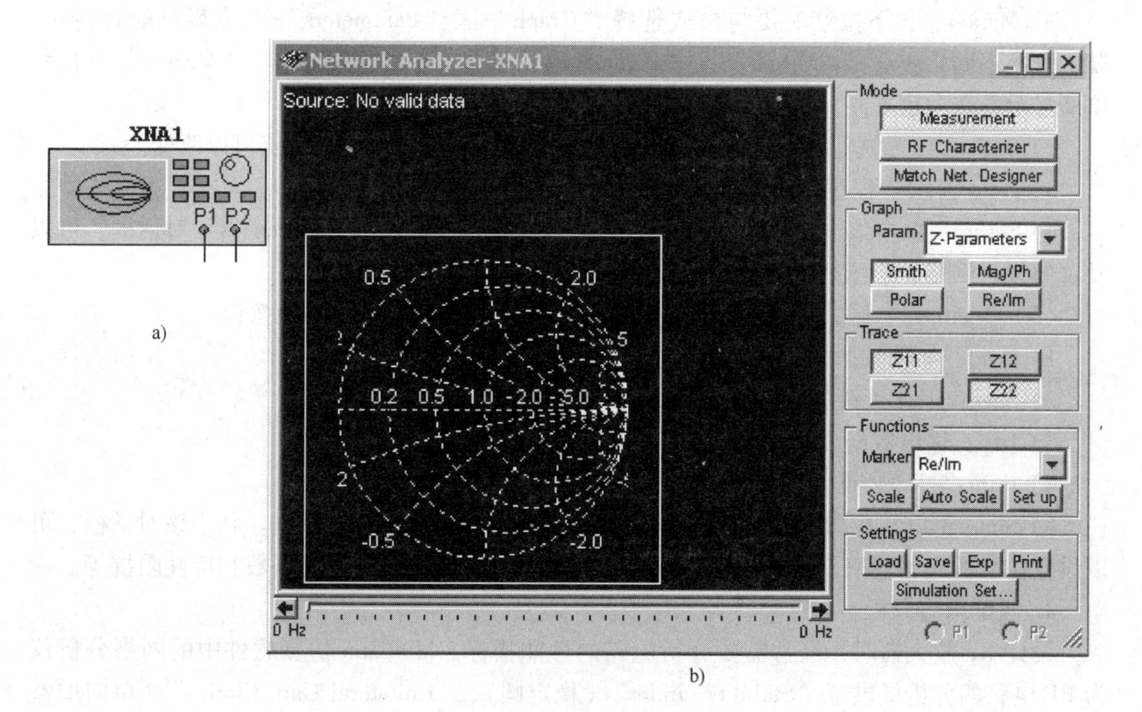

图 11-1-35 网络分析仪

a）电路连接图标 b）参数分析设置界面

1）Measurement：选择测量模式。

2）RF Characterizer：选择射频电路分析模式，包括功率增益、电压增益以及输入/输出阻抗。

3）Match Net. Designer：高频电路的设计工具（打开匹配网络分析对话框，另行介绍）。

（2）“Graph”区 设置仿真分析的参数类型。

1）Param…：在“Measurement”模式下，“Parameters”下拉菜单提供选择的参数有“S-Parameters”、“Y-Parameters”、“H-Parameters”、“Z-Parameters”和“Stability factor”（稳定因子）等5种类型。在“RF Characterizer”模式下，“Parameters”下拉菜单提供选择的参数有“Power Gains”（功率增益）、“Gains”（电压增益）和“Impedance”（阻抗）3种参数。

2）Smith：以史密斯格式显示。

3）Mag/Ph：显示幅频特性曲线和相频特性曲线。

4）Polar：显示极化图。

5）Re/Im：分别显示实部和虚部。

（3）“Trace”区：设置“Graph”区“Parameters”下拉菜单中所选择参数类型的具体参数。

“Graph”区“Parameters”下拉菜单中选择的参数不同，“Trace”区所显示的按钮也不同。例如选择Z参数，“Trace”区显示的4个按钮为Z11、Z12、Z21和Z22，被按下的按钮就是显示窗口所显示的参数。

（4）“Functions”区：设置所要分析的参数类型。

1）Marker：该下拉菜单要与模式选择“Graph”区“Parameters”下拉菜单配合使用。模式选择不同，或选择“Graph”区“Parameters”下拉菜单的选项不同，“Marker”下拉菜单所显示的选项也不同。

2）Scale：设置纵轴的刻度。只有极点、实部/虚部点和幅度/相位点可以改变。

3）Auto Scale：程序自动调整刻度。

4）Set up：单击该按钮弹出“Preferences”对话框。通过.“Preferences”对话框，可以设置曲线、网格、绘图区域和文本的属性。

（5）“Settings”区：对显示窗口中数据进行处理。该区有5个功能按钮。

1）Load：加载数据。

2）Save：保存资料。

3）Exp：输出数据。

4）Print：打印数据。

5）Simulation Set：单击该按钮，弹出“Measurement Setup”对话框。利用该对话框，可以设置仿真的起始频率、终止频率、扫描的类型、每十倍坐标刻度的点数和特性阻抗等。

4. 匹配网络分析

设计RF放大器时，经常需要分析电路的性能指标。Multisim仿真软件中的网络分析仪为RF电路的分析提供了“Stability circles”（稳定圆）、“Unilateral Gain Circles”（单向增益圆）、“Impedance Matching”（和阻抗匹配）3种分析方法。

单击网络分析仪面板中的“Match Net. Designer”按钮，弹出如图11-1-36所示的

“Match Net. Designer”对话框。

注意：在打开“Match Net. Designer”对话框之前，必须停止电路的仿真。

该对话框含有3个标签，分别是“Stability circles”、“Impedance Matching”和“Unilateral Gain Circles”标签，具体功能如下所述：

(1)“Stability circles”标签。该标签用于研究一个电路在不同频率点的稳定性。在理想情况下，输入信号输入到二端口网络时，整个信号的传输没有任何损失。在实际情况下，有部分输入信号反馈到信号源。另外，输入的信号被RF电路放大后，输出到负载的输出信号也有部分信号反馈到RF电路的输出端。如果RF电路不是单向的，则将从负载反馈回来的信号反向传输到信号源上。如果反馈回来的信号等于传输到RF电路的输入信号或RF电路的输出信号，则认为该电路是不稳定的。所以，应该设法使这种“反馈”效应减少到最小，以使信号最大传送到负载。

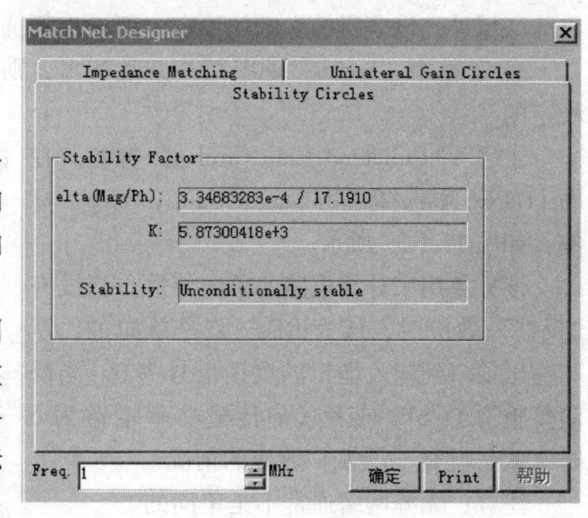

图11-1-36　Match Net. Designer对话框

创建被测RF电路的电路图后就可以利用网络分析仪进行“Stability circles”（稳定圆）分析了，具体步骤如下：

1）利用两个电容（100pF）将网络分析仪连接到被测RF电路中，电容值的选取是为了减少数值误差。在直流模式下，两个电容被用来隔开放大器的前、后级电路。

注意：这电容的阻抗不应影响到输入/输出信号。

2）对RF电路进行AC分析。AC分析之后，停止仿真分析，不管DC分析。

3）在电路窗口双击网络分析仪，在弹出的网络分析仪面板中，单击“Match Net. Designer”按钮，弹出“Match Net. Designer”对话框。

4）在“Match Net. Designer”对话框中，单击“Stability circles”标签，参看图11-1-36。

5）在“Stability circles”标签中，在“Freq”条形框中设置工作频率。

6）设置完后，单击“OK”按钮，就返回网络分析仪面板。在网络分析仪面板显示窗口所显示的“Smith”圆图中，就可观察到输入稳定圆和输出稳定圆曲线。稳定圆代表边界，圆的边界代表的是K=1的点的位置，这个边界可以区分引起稳定和不稳定的源电阻值或负载电阻值。

注意：稳定圆的内部或外部都有可能是不稳定区域，不稳定区域在“Smith”圆图上是混杂的。

稳定圆的几点说明：

1）若“Smith”圆图上没有被杂乱标出的区域，则认为该电路是“无条件稳定”，意味着在“Smith”圆图上的任何区域都代表着一个有效的源阻抗或负载阻抗。电路设计人员可以用其他标准来选择输入/输出阻抗（例如噪声标准等）。

2）若“Smith”圆图上的部分区域被杂乱标出，则认为该电路是“部分稳定”，这意味着选择无源输入/输出阻抗使电源稳定是可靠的。输入阻抗应该落在输入稳定圈中被杂乱标出的区域外，以获得输入端的稳定；而输出阻抗应该落在输出稳定圈外，以获得输出稳定。

3）若整个“Smith”圆图都被杂乱标出，则认为不管输入/输出阻抗多大，电路都是不稳定的。

（2）“Unilateral Gain Circles”标签。在图 11-1-36 中选择“Unilateral Gain Circles”标签，如图 11-1-37 所示。

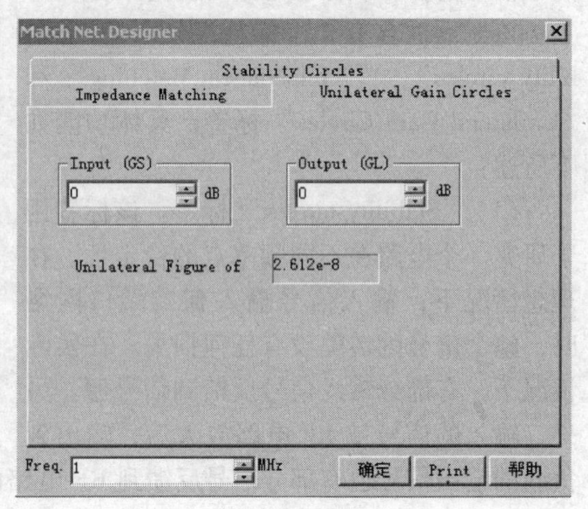

图 11-1-37　“Unilateral Gain Circles”标签

该标签用来分析电路的单向特性。当没有“反馈”效应时，认为 RF 电路是单向的，意味输出端口到输入端口的反馈信号为 0。当反向传输系数 S12 或者反向传输功率增益为 0 时，就是没有“反馈”效应的情况。

注意：无源网络通常不是单向的。

RF 电路的单向性指标通常是由参数“Unilateral Figure of Merit”来衡量的。利用该参数可以判断 RF 电路的单向特性，判断的具体过程如下：

从“Unilateral Figure of Merit”中读出“Unilateral Figure of Merit”值（简记为 U）。

利用读出的 U 值计算下列不等式的上、下限。

$$\frac{1}{(1+U)^2} < \frac{GT}{GTU} < \frac{1}{(1-U)^2}$$

其中，GT 是传输功率增益，GTU 为单向特性 S12 = 0 时的传输功率增益。如果上、下限为 1 或者 U 接近 0，则认为放大器是单向的。否则，需要改变频率，直至获得最小的 U。该频率代表放大器单向特性最好的工作点。

注意：放大器取得最好单向特性的频率工作点并不需要和最大增益点一致。

（3）“Impedance Matching”标签。在图 11-1-36 中选择“Impedance Matching”标签，如图 11-1-38 所示。

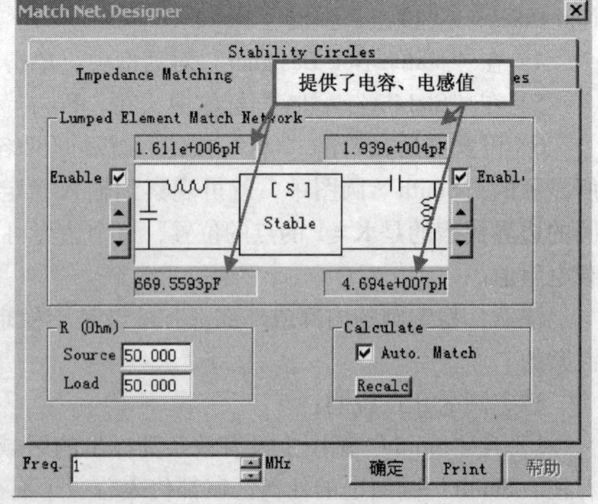

图 11-1-38　“Impedance Matching”标签

若 RF 电路是无条件稳定，意味着该放大器在任何无源负载或源阻抗条件下都不会发生振荡。在这种情况下，可以用合适的阻抗匹配改变 RF 放大器的结构以获得最大增益阻抗，即所谓合适的阻抗匹配，阻抗匹配就是 RF 电路的输出和输出端口的阻抗匹配、输入阻抗和源阻抗匹配。

创建被测 RF 电路后，利用阻抗匹配找到一个匹配网络的具体步骤如下：

1）利用两个电容（100pF）将网络分析仪连接到被测 RF 电路中（若有疑惑，读者请查阅 Multisim 的“Help \ Matching Network

Analysis\Stability Circles”)。

2）运行分析后，改变频率到需要的工作点。

3）单击（选中）“Calculate” 区中的 “Auto Match” 单选框，则所选择的阻抗匹配网络的各种参数就出现在 “Lumped Element Match Network” 区中。网络分析仪提供了阻抗匹配的结构，可单击左右两端的阻抗匹配窗口来改变结构。

5. 实验内容

（1）RF 放大器测试。实验电路如图 11-1-39 所示（本例取自 Multisim 的 Samples 文件夹），双击网络分析仪图标，在弹出界面中进行设置，运行仿真，其 Z 参数分析结果如图 11-1-40 所示；H 参数分析结果如图 11-1-41 所示。

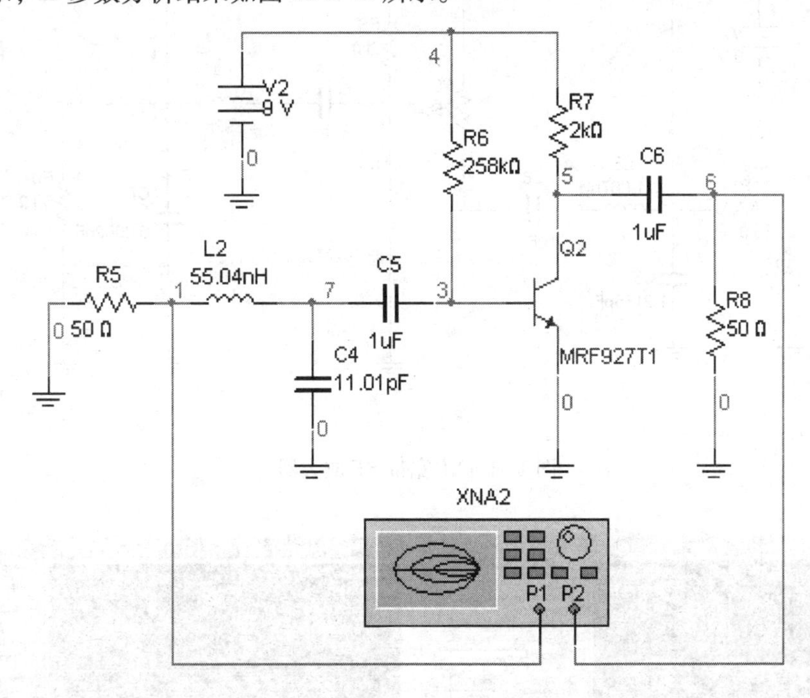

图 11-1-39　RF 放大器

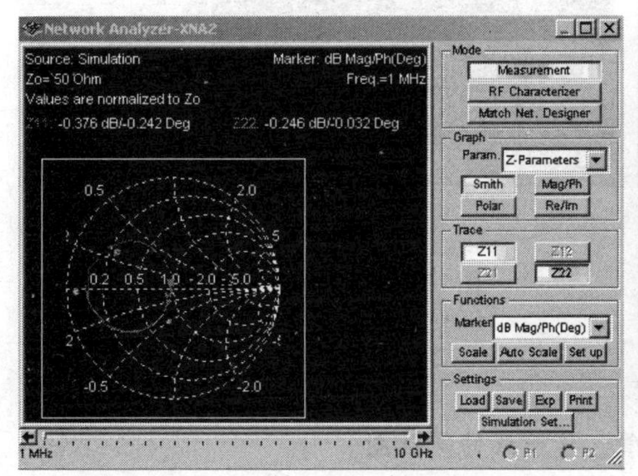

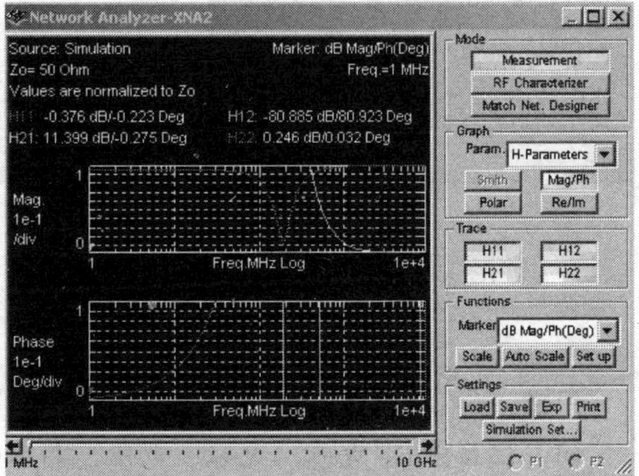

图 11-1-40　Z 参数测试结果　　　　图 11-1-41　H 参数测试结果

（2）宽带 RF 放大器测试。实验电路如图 11-1-42 所示（本例取自 Multisim 的 Samples 文件夹），其 S 参数测试结果如图 11-1-43 所示，H 参数测试结果如图 11-1-44 所示。电路的阻抗匹配器结构如图 11-1-45 所示。

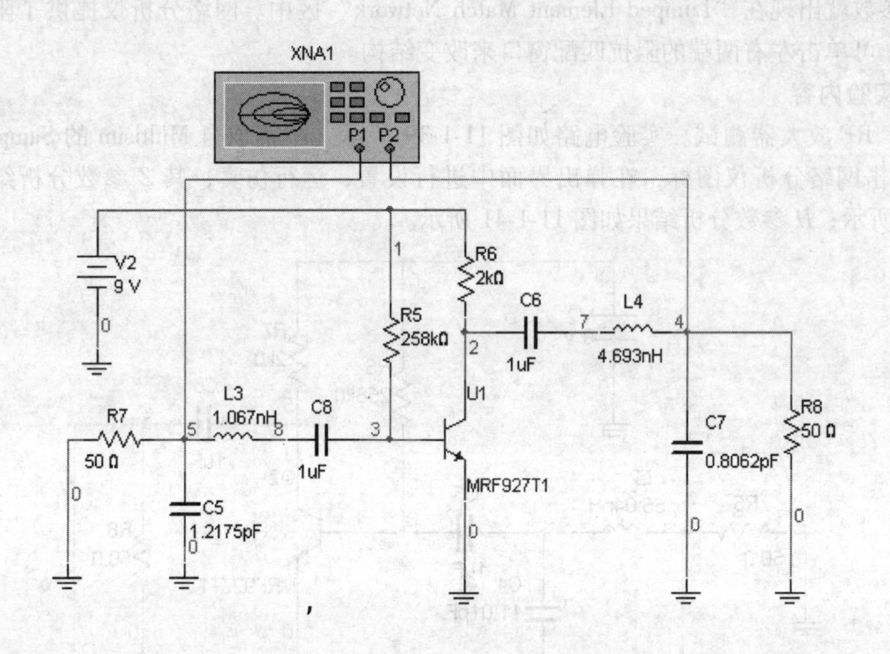

图 11-1-42 宽带 RF 放大器

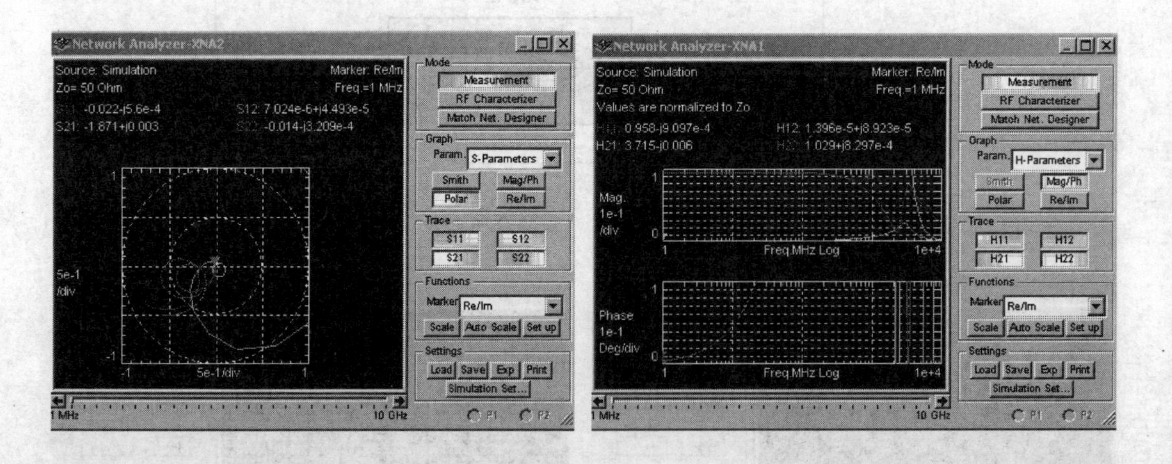

图 11-1-43 S 参数分析结果　　　　图 11-1-44 H 参数分析结果

思考：

（1）试画出 RF 电感、电容、电阻、晶体管、传输线的等效图。

（2）自己设计一个 RF 放大器，并测量放大器的电压增益、功率增益、输入输出阻抗。

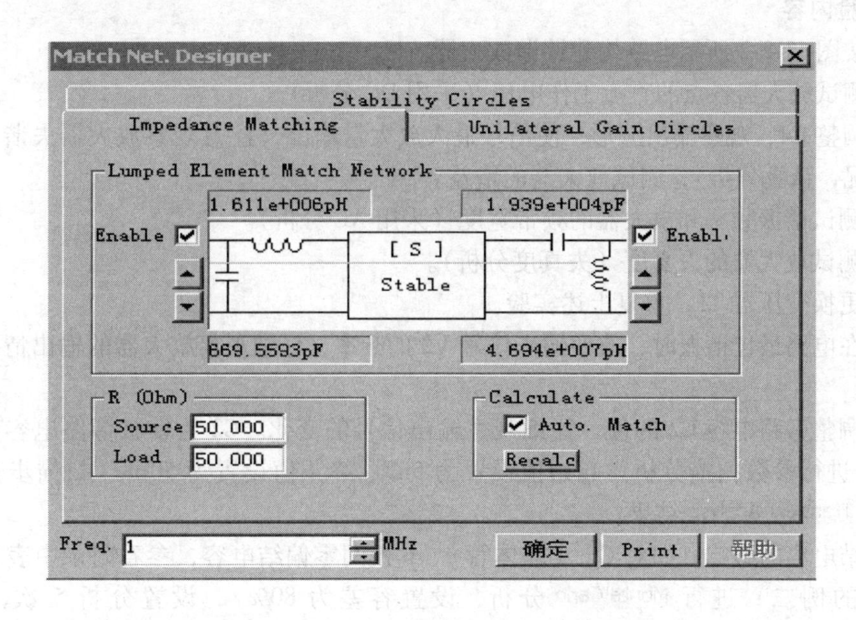

图 11-1-45　电路的阻抗匹配器结构

第二节　高频电路实验

实验一　高频小信号调谐放大器

1. 实验目的

（1）了解调谐放大器的结构和基本功能。

（2）了解调谐放大电路的参数测试方法。

（3）了解结电容对高频调谐放大器的影响。

（4）了解调谐放大器产生相移的主要原因，从而掌握其解决办法。

2. 实验原理

（1）*RC* 或 *LC* 回路具有选频作用。

（2）高频小信号调谐放大器通常用作超外差式接收机的高放和中放等电路，对其功能的基本要求是必须兼有放大和选频双重作用，这分别由放大电路和选频网络两部分实现。

调谐放大器的基本组成如图 11-2-1 所示。

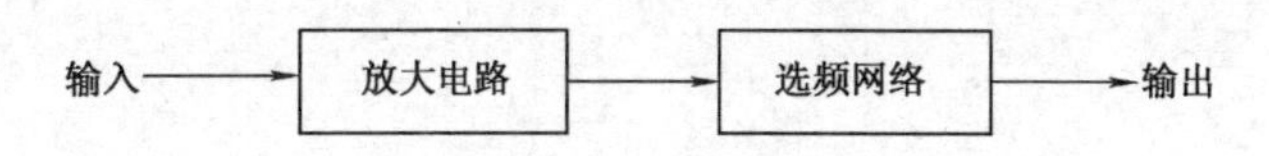

图 11-2-1　调谐放大器的框图

3. 实验内容

（1）按图 11-2-2 所示电路构建调谐放大器。

（2）测试放大器各点的直流工作电压（采用 DC 分析）。

（3）调整 C4，观察输出波形，使信号最大放大量输出（注意观察放大器失谐、谐振时的波形情况，认真分析），测试放大器的增益。

（4）测试谐振频率和放大器的频带宽度（采用 AC 分析）。

（5）测试放大器的失真度（失真度分析）。

（6）更换变压器 T1，重复上述实验。

（7）在电路最佳谐振时，改变输入信号 V2 的频率，仔细观察放大器的输出情况，并分析。

（8）调整旁路电容 C2 的值，仔细观察输出信号的变化。C2 为射极旁路电容：按以下设置对 C2 进行参数扫描分析：起始值设置为 5nF、终止值设置为 50nF、扫描步长设置为 5nF，观察 Transient Analysis 结果。

（9）结电容的影响：如对 Cjc（晶体管 c、b 极间零偏结电容，参看附录中表 2 和第九章第一节的例二）进行 Monte Carlo 分析，设置容差为 80% ，设置分析 5 次，观察其 Transient Analysis 结果。

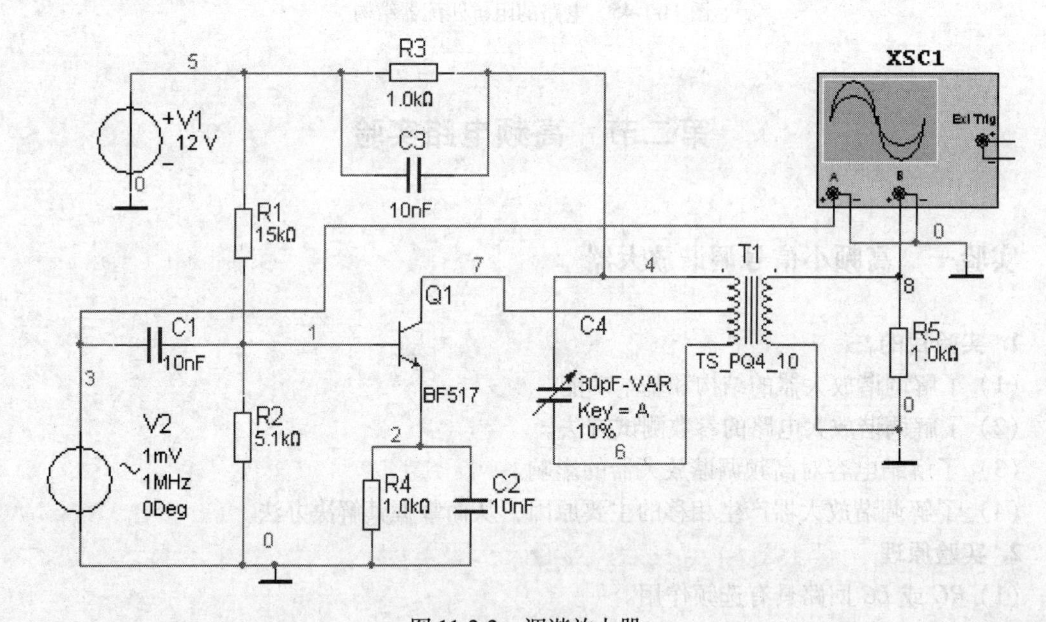

图 11-2-2 调谐放大器

4. 实验报告

（1）参看实验一，将实验步骤、原理图、测试数据、图表、分析结果记录于你的文件夹中。

（2）思考：

1）发射极旁路电容的数值为何会影响谐振回路（从等效电路考虑）？

2）为了使放大电路的移相尽可能小，在电路上应重点考虑什么因素？

实验二 石英晶体振荡器

1. 实验目的

（1）了解晶体振荡器的工作原理及特点。

（2）掌握晶体振荡器的设计方法。

2. 要求

复习晶体振荡的工作原理与频率稳定的原因。

3. 实验内容

实验电路如图 11-2-3 所示。

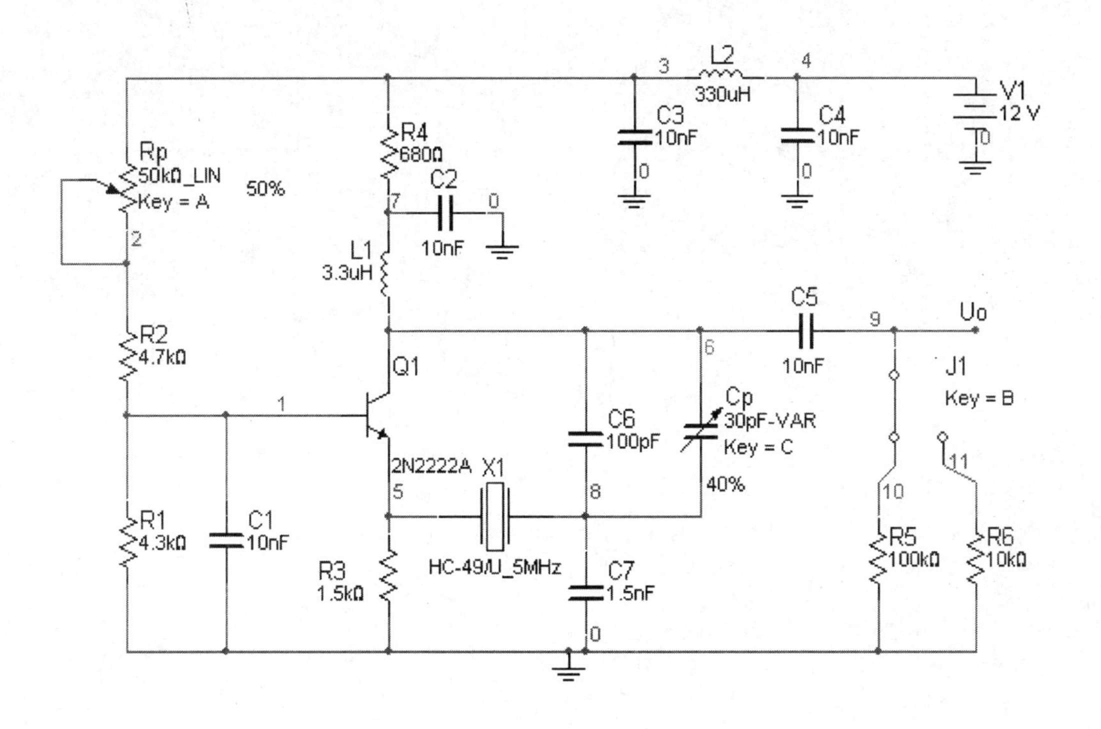

图 11-2-3 石英晶体振荡器电路

（1）调整 Rp，用万用表测三极管 Q1 的 U_e，计算 I_e 的范围。

$$I_{eQ} = \frac{U_e}{R_e}$$

（2）测量当工作点在不同值时的振荡频率及输出电压峰-峰值，记录于表 11-2-1 中。

表 11-2-1 工作点与输出信号的关系表

U_e									
f									
U_o									

（3）输出电阻为 10kΩ 或 100kΩ 时（电路中没有设置 1kΩ 负载，可自行添加），观察波形变化，结果记录于表 11-2-2 中。

表 11-2-2 负载与输出信号的关系表

	1k	10k	100k
幅度值			
相 位			

（4）改变微调电容，观察输出波形变化。

4. 实验报告

（1）画出实验电路的交流等效电路。

（2）整理实验数据。

（3）写出实验中的波形变化情况。

第十二章 电子设计

EWB 是一个较为完整的 EDA 集成系统，可以完成电路的设计、仿真、制板（PCB）等，是一个非常人性化的设计环境，它设备齐全、元器件丰富、实验效率高、成本低。器件库中有丰富的继电器、有色发光管、有色电平探测器、各式开关、各种规格的灯泡等等，让电路设计变得像做游戏一样简单而又有趣。EWB 有通用器件库、TTL 电路库、CMOS 电路库等丰富资源，并且 Multisim 的仿真器和器件库都还在不断的扩充和完善，例如现在用的 Multisim 中可以镶嵌 Multi MCU 等，也就是说该实验环境中的模拟器件、数字器件、单片机、PLD 等可以联合仿真，这给电路课程学习、电子设计提供了一个低成本、高效益、乐趣无穷的实验舞台。

但需注意，本书使用的是教育版的 EWB 软件，其器件库中元器件是有限的。还有，每个人的知识结构、知识面都是有限的，所以本书提供的实例等也只是抛砖引玉。

第一节 电子设计实例

例一 继电器控制电路

1. 实验目的

（1）了解继电器的控制原理。

（2）了解继电器在现实生活中的作用。

2. 实验内容

电路如图 12-1-1 所示，运行仿真后可以用空格键控制 J1，用 J1 控制继电器 K1，再由 K1 的开关去控制警灯 X1。（一般情况下，V2 脉冲源的频率不能太低，否则观察现象困难，

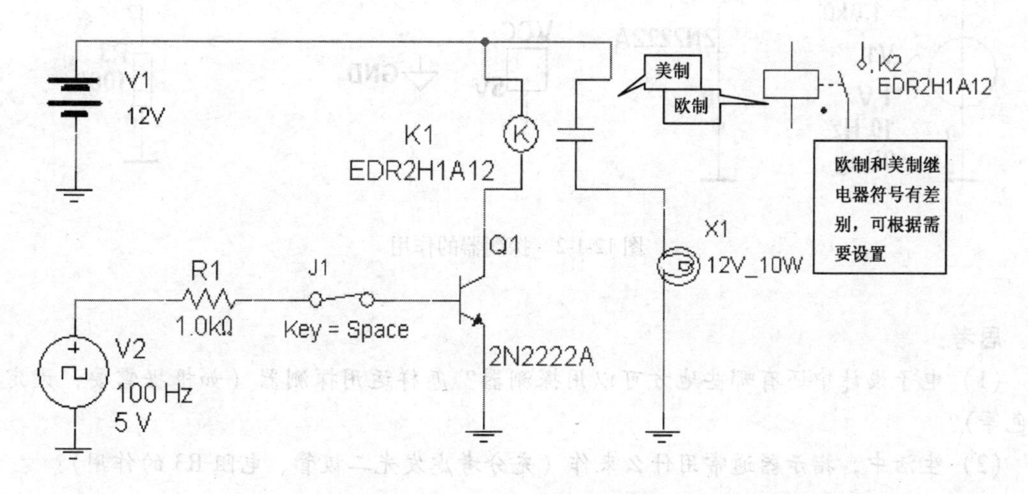

图 12-1-1 继电器应用实例

这是因为由于计算机的主频低或内存不够等，通过仿真后，在实际电路制作时必须注意眼睛与光的频率的关系）。对电路中的每一个器件同学们都可以展开想象，将其更换为一个控制电路或是更换成另一个器件会发生什么现象，得到什么样的结果？

例如：将信号源 V2 换成一个振荡器，将继电器 K1 控制冲压机，冲压机就能以一定的运作规律进行生产，提高生产效率。

思考：

如何制作一个防盗报警器？

【注】：实际生活中，控制信号源 V2 的频率应在 1～5Hz。

例二　探测器的妙用

1. 实验目的

（1）了解探测器作用。

（2）进一步熟悉欧、美“器件形式”的转换。

（3）与发光二极管比较，在数字电路的原理分析电路中，进一步了解探测器的特点。

2. 实验内容

探测器（电平指示器）是一个单端器件，它接到电路中某点，当该点为高电平时，探测器亮（像逻辑笔）。如图 12-1-2 所示（探测器 X1 的门限值可以双击之，在其属性对话框中设置）。在电子设计中用作功能指示等也是一个极好的器件。

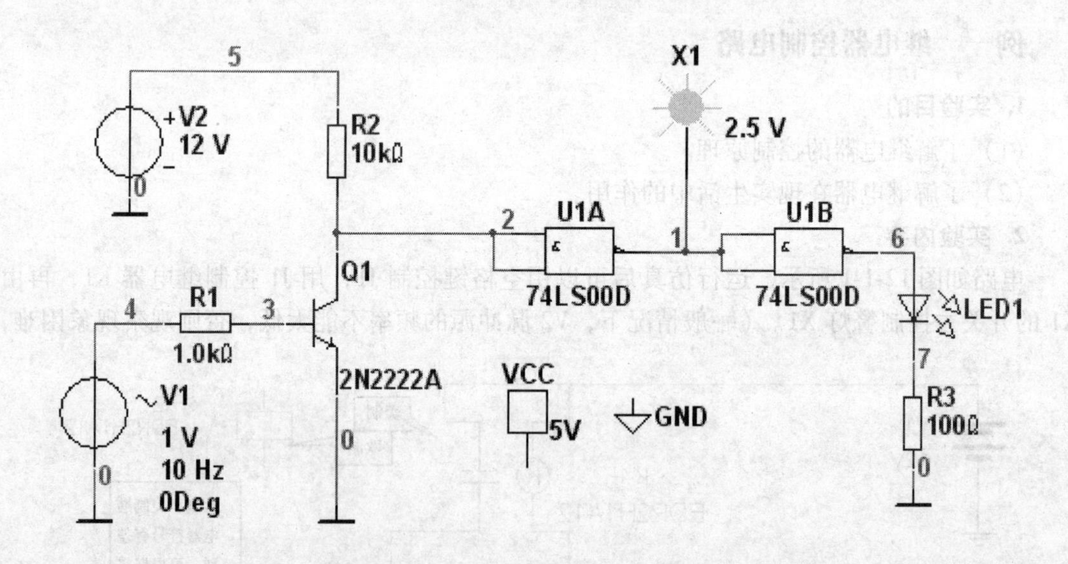

图 12-1-2　探测器的作用

思考：

（1）电子设计中还有哪些地方可以用探测器？怎样运用探测器（如根据需要，设定其颜色等）？

（2）生活中，指示器通常用什么来作（充分考虑发光二极管、电阻 R3 的作用）？

（3）做一个抢答器或其他趣味电路。

例三　光柱使用

1. 实验目的

了解光柱的工作原理。

2. 实验内容

光柱（分压发光二极管组件）在日常生活中的收录机、音响等产品上随处可见，如图12-1-3所示是一个简单的实验，用来阐述光柱的使用方法。

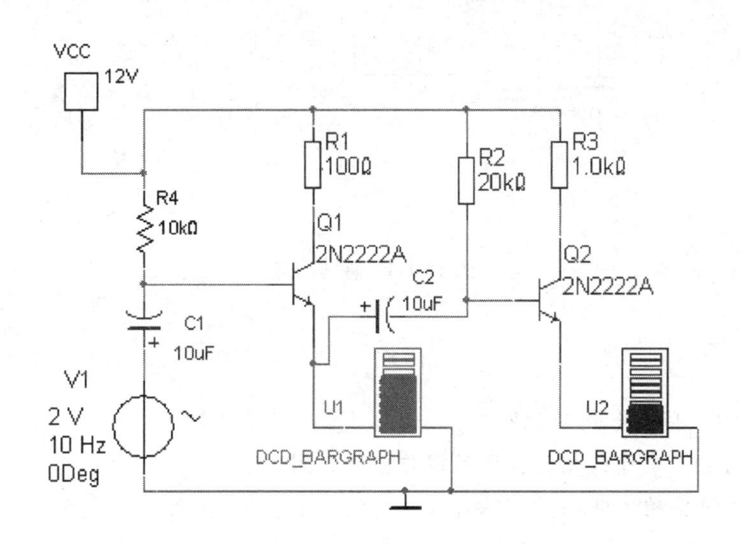

图 12-1-3　光柱应用

思考：

（1）将图中的信号源换其他的电路设计，或将电路级数增加等，会有什么结果？

（2）做一个声控彩灯。

例四　趣味闪灯

1. 实验目的

（1）学习555时基电路的应用。

（2）学习3D器件的应用方法。

2. 实验内容

按图12-1-4所示连接电路，电路是由555时基电路构成的振荡器，C1是充电电容，改变它，可改变振荡频率（不只是它可以改变频率），调整R4可改变输出信号的占空比（还影响频率，但不明显）。3D发光二极管从虚拟器件工具箱中提取。

555时基电路是一种非常有用的器件，其产品价格便宜、资源丰富（国际上有很多厂商都生产有这种器件，其中以NE555最佳，NE556为一片两组型），该器件应用时外围元件少、容易起振，在低频应用中用途广泛。其缺点是振荡频率不够稳定，很难做到中高频。

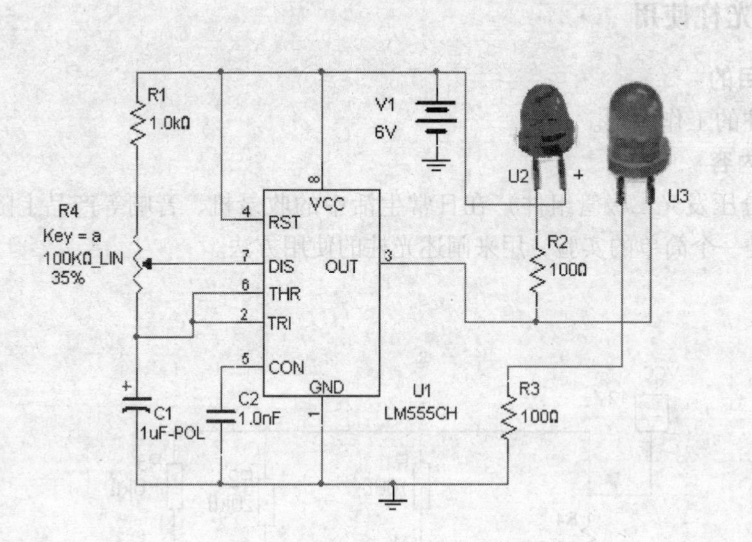

图 12-1-4 趣味闪灯

思考：

（1）改变 C1，闪灯如何变化？

（2）电路与生活中什么相关，还可以作些什么用？

（3）用 555 做些趣味电路。

例五 交通灯设计

1. 实验目的

（1）熟悉子电路制作。

（2）学习输出信号功能的指示方法。

（3）了解较大规模电路的设计方法。

2. 实验内容

以一个十字路口的交通指示为例，红灯禁止通行，黄灯为过渡灯，绿灯通行。如图 12-1-5 所示电路，运行仿真后，指示灯的循环指示顺序为红灯→黄灯→绿灯→黄灯→红灯……黄灯亮的时间较短。

图 12-1-5 中的 Bus 为总线围成的框，目的是使图形美观，jtdl 为一个打包后的子电路，内部电路如图 12-1-6 所示，其中 g、y、r 为图 12-1-5 中 jtdl 的引脚，图 12-1-6 中的 jsq 和 jz 又是两个子电路，其内部电路分别为图 12-1-7 和图 12-1-8 所示。

用子电路的目的是：把一个复杂的电路打包为一个组件，尽可能使电路简洁，这样电路可以做得很大。本电路仅是个例子，实际制作时，jsq、jz 两个电路并不复杂，不需分别打包。

将原理图绘制在屏幕上，运行仿真就可看到真实的数字显示和各色灯的指示状态，非常生动、有趣。

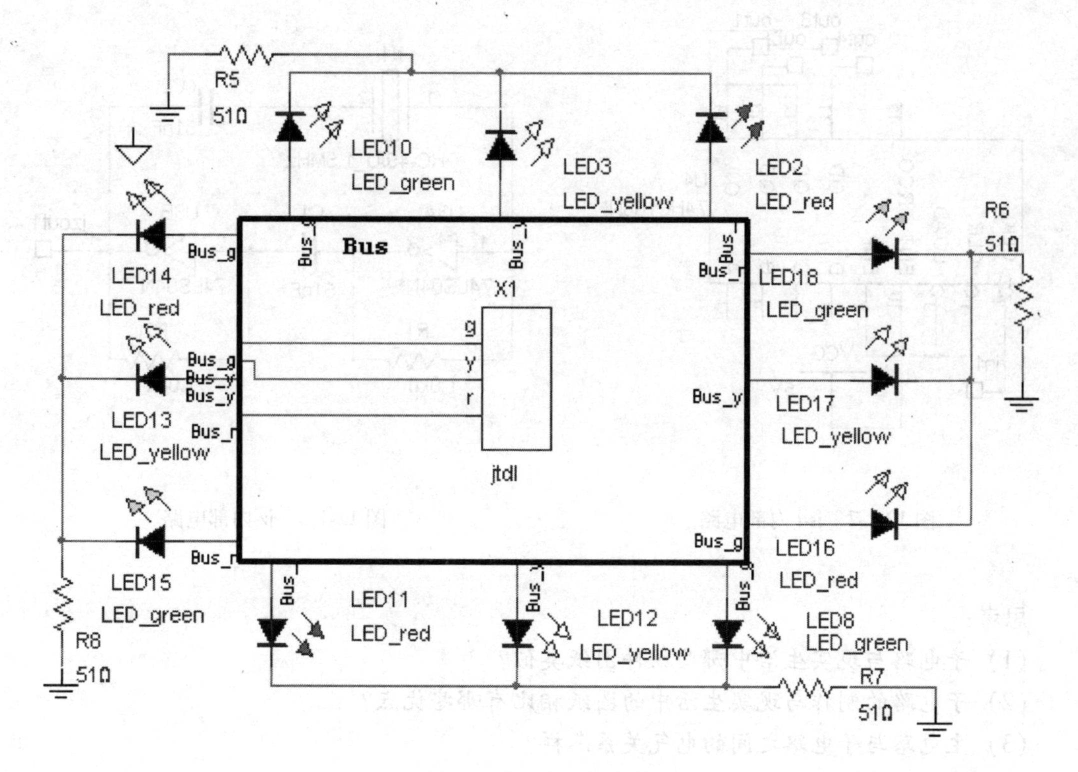

图 12-1-5 交通灯电路

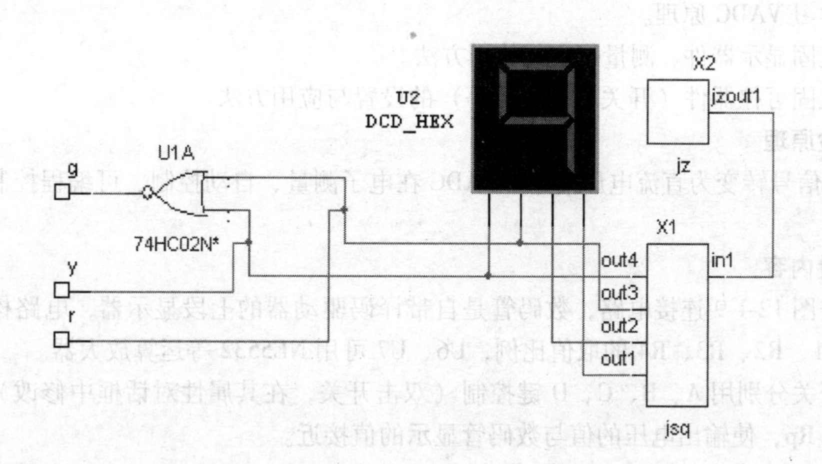

图 12-1-6 jtdl 的内部电路

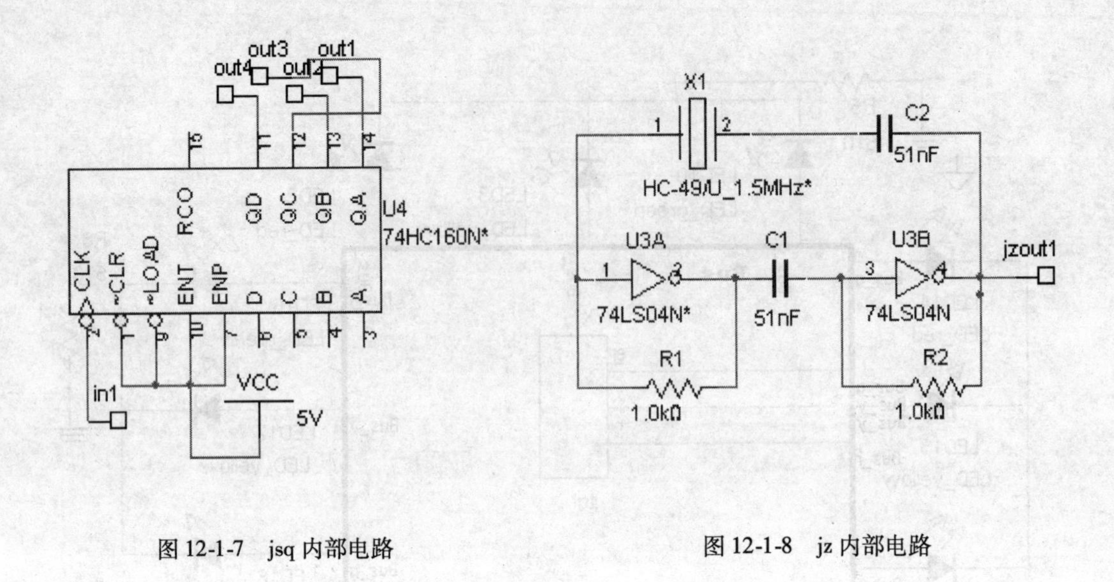

图 12-1-7　jsq 内部电路　　　　图 12-1-8　jz 内部电路

思考:

(1) 子电路与现实生活中哪些物件图纸类似?

(2) 子电路的制作与现实生活中的图纸相比有哪些优点?

(3) 主电路与子电路之间的电气关系怎样?

(4) 子电路的修改如何操作?

(5) 图 12-1-5 中 3 个发光管一组，共用一个电阻，有问题吗?

例六　VADC 电路设计

1. 实验目的

(1) 学习 VADC 原理。

(2) 巩固显示器件、测量仪表的使用方法。

(3) 巩固可控器件（开关、电位器等）的设置与应用方法。

2. 实验原理

将电流信号转变为直流电压信号。VADC 在电子测量、自动控制、可编程控制等方面应用较为广泛。

3. 实验内容

(1) 按图 12-1-9 连接电路，数码管是自带译码驱动器的七段显示器，电路构建时特别注意本例 R1、R2、R3、R4 的取值比例，U6、U7 可用 NE5532 等运算放大器。

(2) 开关分别用 A、B、C、D 键控制（双击开关，在其属性对话框中修改），Rp 用 G 控制，调节 Rp，使输出电压的值与数码管显示的值接近。

(3) 分别控制开关的闭合与断开，观察数码管的显示和电压表、电流表的显示。调整 Rp，观察电压表读数的变化。仔细观察数码管读数与电压表读数的对应关系。修改 V1 的值，重复上述实验。

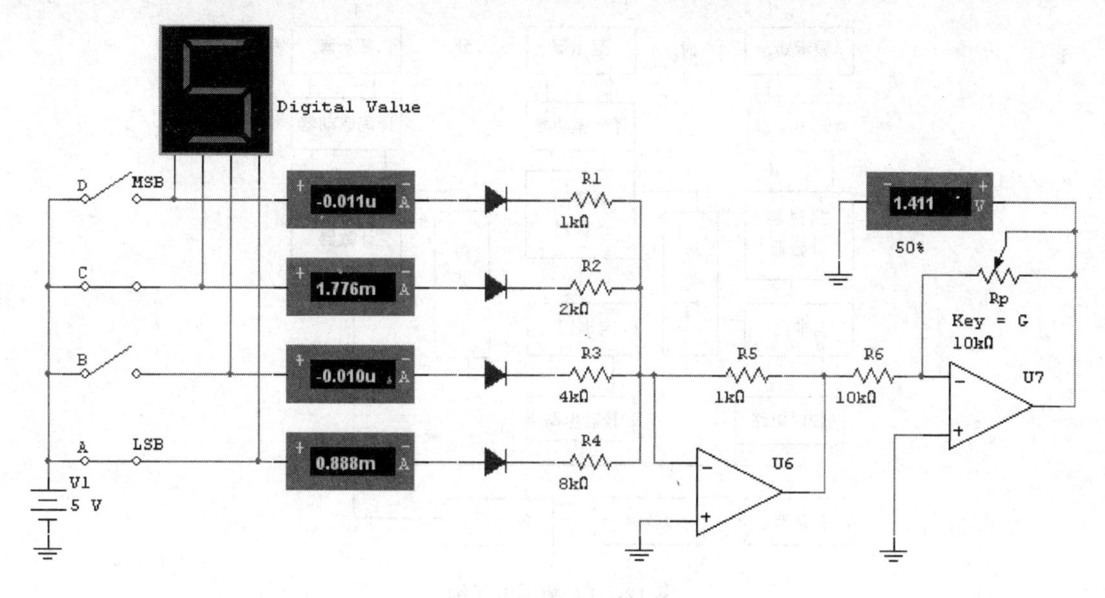

图 12-1-9　VADC 原理电路

第二节　电子设计应用

实验一　数字电子钟

1. 实验目的

（1）熟悉数字逻辑电路的原理和使用方法。

（2）学习设计、安装、调试一台仪器的方法。

2. 实验内容

（1）设计、安装一个具有“时”、“分”、“秒”调校电路的电子钟（24 时制）。

（2）用中、小规模数字逻辑电路组成。

3. 实验原理

实验电路原理参考图见图 12-2-1 所示。本电路主要由振荡器和分频器产生 1Hz（即 1s）的秒脉冲，用秒脉冲驱动“秒”计数器，因每分钟有 60s，所以“秒”计数器应为 60 进制计数器。计数输出经译码、显示时钟秒；利用“秒”计数器的复位脉冲作为“分”计数器的计数脉冲，因每小时有 60min，所以“分”计数器也应是 60 进制计数器，计数器的输出经译码、显示时钟分；利用“分”计数器的复位脉冲作为“时”计数器的计数脉冲，因每天有 24 小时，所以“时”计数器应为 24 进制计数器，其输出经译码、显示时钟“时”。

调校电路原理：

（1）校“时”电路：用一路调校脉冲，不经过“秒”和“分”计数器直接输入“时”计数器，使“时”计数器快速计数，当快速计数到要求的时间后，关断调校脉冲，接入计数脉冲使计数器正常计数，达到校“时”的目的。输入的调校脉冲频率越高，调校速度越快。本电路可使用“秒”脉冲作为“时”的调校脉冲。

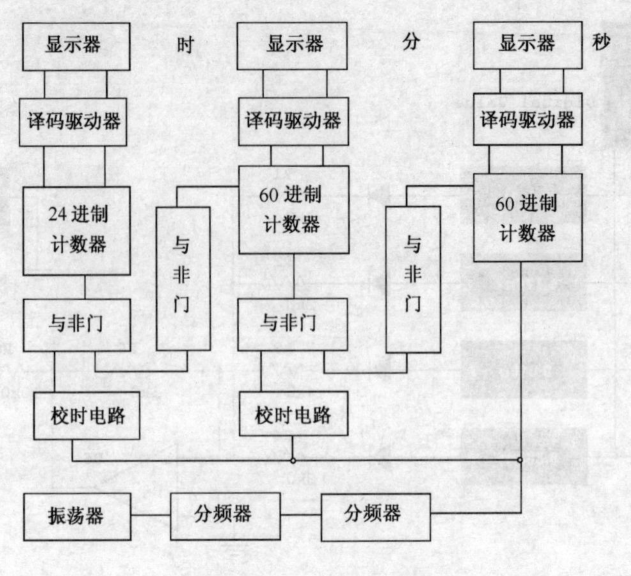

图 12-2-1　数字电子钟

（2）校“分”电路同校“时”电路一样，把调校脉冲直接加入“分”计数器即可。

（3）校“秒”电路有两种方式：

1）停止秒计数，等待计数达到显示的秒数，开始秒计数。

2）用大于 1Hz 的脉冲输入“秒”计数器，使“秒”计数器快速计数，计数到要求的秒数时，关断调校脉冲，加入秒脉冲正常计数即可。

60 进制计数器：

“秒”和“分”的计数器都是 60 进制计数器，由一级十进制计数器和一级六进制计数器级联而成。十进制计数器的复位方法大家比较熟悉，六进制计数器的复位方法是：当 CP 输入端输入第六个脉冲时，它的 4 个触发器输出的状态为“0110”，这时 Q_b、Q_c 均为高电平“1”。将它们相“与”（用两级“与非”门，保证复位信号为高电平）后，送到计数器的清除端 C_r，使计数器复“0”，从而实现 60 进制计数。原理图如图 12-2-2 所示。

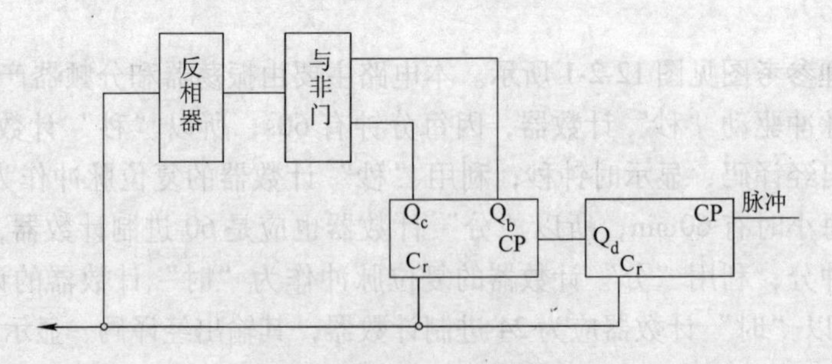

图 12-2-2　60 进制计数器

24 进制计数器：

由两级计数器级联、两级与非门组成。原理为：当“时”计数器个位输入端 CP 脉冲到来第 10 个触发脉冲时，“时”的个位计数器复“0”，并向“时”的十位进位，在第 24 个触发脉冲到来时，“时”的个位计数器的四个输出端状态为“0100”，而“时”的十位计数器的状态为“0010”，这时“时”的个位计数器的 Q_c 和“时”的十位计数器的 Q_b 输出为“1”，把它们相“与”经两级反相器反相后，送到“时”计数器的清除端 C_r，使计数器复“0”，从而实现了 24 进制计数。原理图如图 12-2-3 所示。

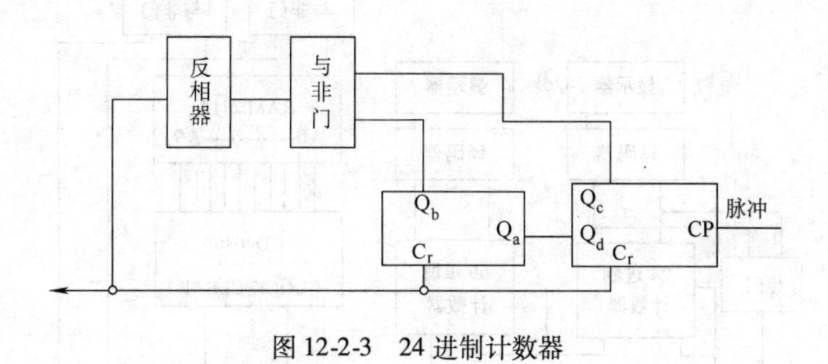

图 12-2-3　24 进制计数器

实验二　可编程时间控制器

1. 实验目的

（1）掌握可编程时间控制器的设计方法。

（2）熟悉随机动态存储器原理和使用方法。

2. 实验内容及要求

（1）设计、安装一个控制精度为 1min 的可编程时间控制器。

（2）控制时间可任意设定，使用 24 小时制。

（3）存储器芯片采用 RAM2114。

3. 实验原理

可编程时间控制器是一种应用广泛的时间控制器，它可用于学校、机关、工厂及家庭等的自动可控制系统，如：自动打铃、路灯控制、定时录像、定时转播、广播及电视等。本实验通过小规模数字集成电路和存储器 REM2114 组成一个可编程时间控制器。

本实验的参考电路框图如图 12-2-4 所示。

本实验的时基部分和时钟显示部分可采用“数字电子钟”的电路，其关键部分在于对核心芯片 REM2114 的运用。

REM2114 为 4 ×1K 的存储器，具有 10 位地址线，其存储单元为 2^{10}，即共有 1024 个单元，每单元有 4 位，可以输出 4 个不同的数据。现要产生 24h 精度为一分钟的控制，其控制的点有 24 ×60 = 1440 个，这个数大于 1024，所以直接使用这个存储器是不行的；如果把 24h 分为上、下午各 12h，那么 12 ×60 =720 点，这个数小于 1024，可以存储；但这样会产生一个问题，如果想控制上午 6:00 点响铃，REM2114 在上午和下午相同的时间（如 6:00 点和 18:00）都将发出控制信号，多出 18:00 点的一次而发生误控制；怎样解决这个问题呢？好在 REM2114 每个单元有 4 位，可以用其中的一位存储上午的控制数据，而用另一位存储下午的控制数据，还多出两位可作其他的控制用。这样虽然解决了上、下午控制数据存储问题，然而上、下午的控制信号都是控制同一对象，如电铃，还会产生上、下午控制信号干扰的问题。解决的办法是：用 12h 的进位脉冲控制一个 D 触发器，用这个触发器的 Q 端

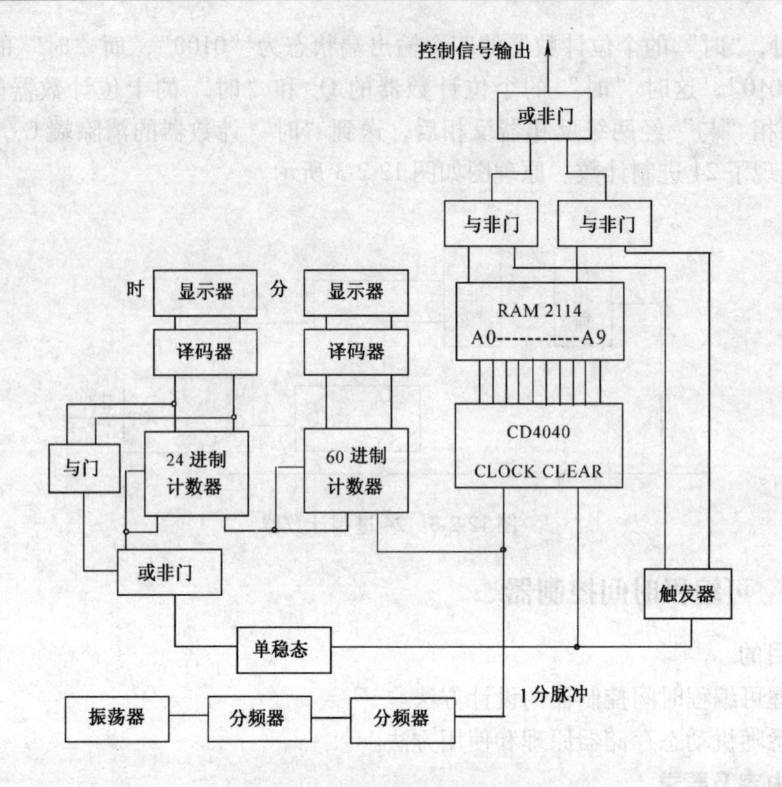

图 12-2-4　可编程时间控制器框图

和 Q 非端分别控制两个二输入端与非门的一个输入端，这两个与非门的另一端分别接 REM2114 的控制信号输出端，再把两与非门输出经一个或非门输出，这样任何时候就只有一位控制输出信号输出了。

有关 REM2114 的应用请参阅有关书籍。

实验三　锁相环

1. 实验目的

（1）通过实验掌握锁相环的基本原理。

（2）应用标准 IC（数字集成电路）构成锁相环，并测量一些主要参数。

2. 模拟锁相环基本原理

锁相技术是近代电子技术中的一种基本技术，它利用闭环反馈系统，使输出信号频率与输入信号频率保持一致，而它们相位维持一定的关系。

锁相环电路基本结构如图 12-2-5 所示，它是由鉴相器，低通滤波器和压控振荡器部件所组成的闭环反馈系统。

开始时，压控振荡器处于自由振荡，当信号输入后（通常 $f_i \neq f_o$）鉴相器的 $U_i(t)$ 和 f_i、Q_i 与 $U_o(t)$ 的 f_o、Q_o 进行比相，并输出与两信号相位差（$Q_i - Q_o$）成正比的误差电位 $U_d(t)$，通过低通滤波器对压控振荡器进行调节控制，改变其输出频率与相位，驱使 VCO 的输出频率向输入频率靠拢，最后输出频率被锁到输入频率上（$f_o = f_i$）。一定的相位差是必要的，因为只有这样才能保持一定控制电压 $U_d(t)$ 从而保持一定输出频率。

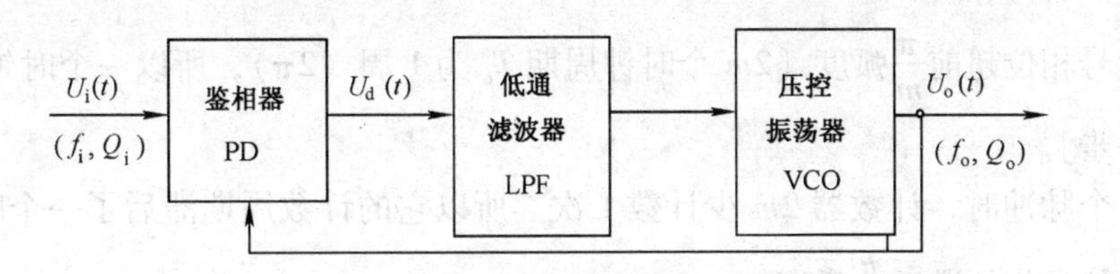

图 12-2-5 基本锁相环

一般而言输出信号和输入信号具有相同数量级频率稳定度。可见利用锁相环电路可提高 VCO 输出信号频率稳定度。若输入信号的频率或相位在一定范围内以一定变化速度变化，则输出信号也将随着变化，即锁相环具有跟踪特性。

由于锁相环是一个闭环的负反馈系统，因此可用一般自动控制系统的分析方法来进行分析，具体请参看有关书籍，模拟锁相环现在应用不多，在此不作更多的介绍。

3. 数字锁相环原理

随着通信技术以及数字技术的发展，人们开始研究数字锁相环。通过深入研究和改进，已出现了许多全新的全数字化锁相环路。它与模拟锁相环具有完全不同的原理。由于数字锁相环具有高可靠性、正确性，便于集成化，便于与微机连接等优点，所以近年来得到很大发展并得到广泛应用。本实验仅提及以下两种数字锁相环。

(1) 一种全数字化锁相环（+1/-1 型）。最简单脉冲加减数字锁相环如图 12-2-6 所示。

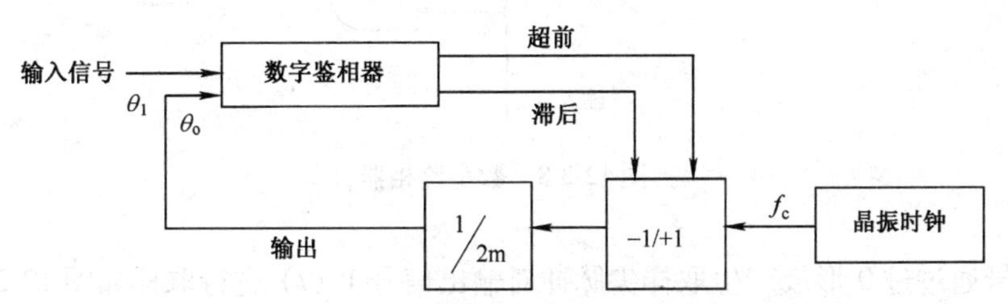

图 12-2-6 脉冲加减数字锁相环

数字鉴相器用于比较输入输出信号相位 θ_1、θ_o 的关系（在一个周期中比较一次），当 θ_1 超前 θ_o 则输出一个超前脉冲，而 θ_1 滞后 θ_o 则输出一个滞后脉冲，脉冲加减原理波形图如图 12-2-7 所示。

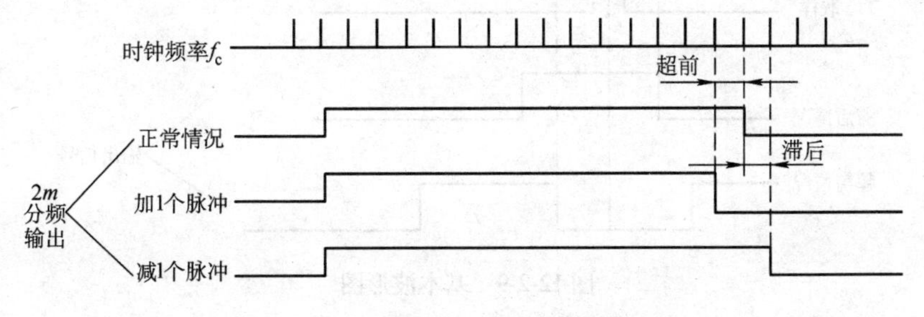

图 12-2-7 $2m=16$ 时波形图

当加 1 个脉冲时，计数器 $2m$ 多计数 1 次，所以它的计数周期提前一个时钟周期 T_c，即可使输出信号相位超前$\frac{\pi}{m}$弧度〔$2m$个时钟周期T_c为1周（2π），所以一个时钟周期占$\frac{\pi}{m}$弧度，称为一步〕。

当减1个脉冲时，计数器$2m$少计数1次。所以它的计数周期滞后了一个时钟周期T_c，即可使输出信号相位滞后$\frac{\pi}{m}$弧度。

当θ_1超前θ_o时输出一个超前脉冲，那么在时钟中加1个脉冲使输出相位θ_o超前一个时钟周期T_c，向θ_1靠近一步，称为一次修正一步。

当θ_1滞后θ_o时输出一个滞后脉冲，那么在时钟中扣除一个脉冲，使输出相位向θ_o靠近一步。

经过多次修正最终输出信号相位达到输入信号相位。然而，它们并不能完全相同，而是有±1步的误差。

由于最大的相位差为$\pm\pi$，所以最大修正步数为m步。

1）数字鉴相器。简单数字鉴相器如图12-2-8所示。

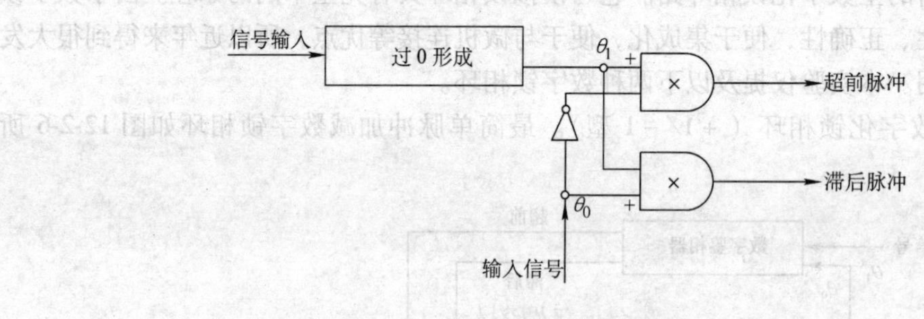

图12-2-8 数字鉴相器

输入信号通过过0形成产生取样尖脉冲对输出信号$V_o(t)$进行取样如图12-2-8所示，取样得到高电平，表示θ_o滞后于θ_1。而取样是低电平则表示θ_1超前θ_o。通过图12-2-9所示方法可以获得超前脉冲与滞后脉冲。

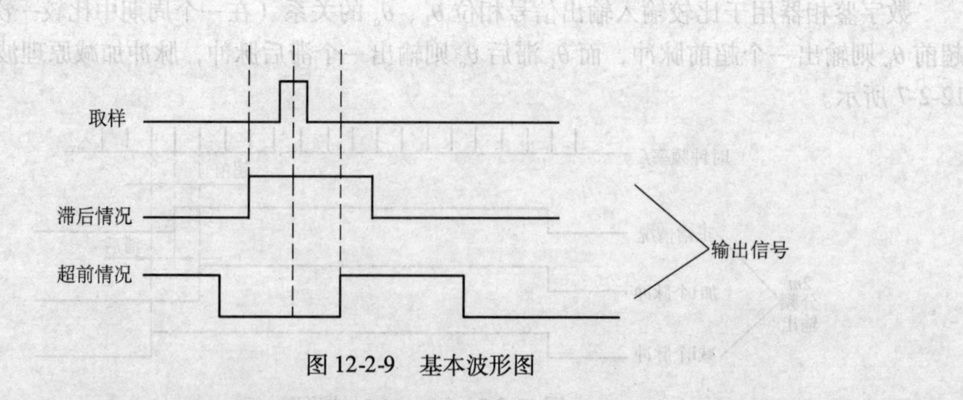

图12-2-9 基本波形图

2）$-1/+1$电路。简单加减脉冲电路如图12-2-10所示。

晶振产生0相和π相输出，以便把扣除脉冲与加脉冲在时间上分开来。为了有效地加一个脉冲或减去一个脉冲，滞后与超前脉冲宽度应为一个时钟周期 T_1 宽度，过窄会发生加减不到脉冲，过宽会发生加减 2 个脉冲或多个脉冲现象。

3）捕捉带，稳态相位误差，捕捉时间。

① 捕捉带：由于在一个周期只加减一个脉冲，所以输出频率范围为

$$f_{0上} = \frac{f_c}{2m-1} \qquad f_{0下} = \frac{f_c}{2m+1}$$

所以捕捉带

$$\Delta f_0 = f_{0上} - f_{0下} = \frac{2f_c}{(2m-1)(2m+1)} \approx \frac{f_c}{2m^2} \approx \frac{f_0}{m} \quad ①$$

（因为 $m >> 1$）

② 稳定相位误差：前面提到锁定存在 ±1步误差，所以稳态相位误差为

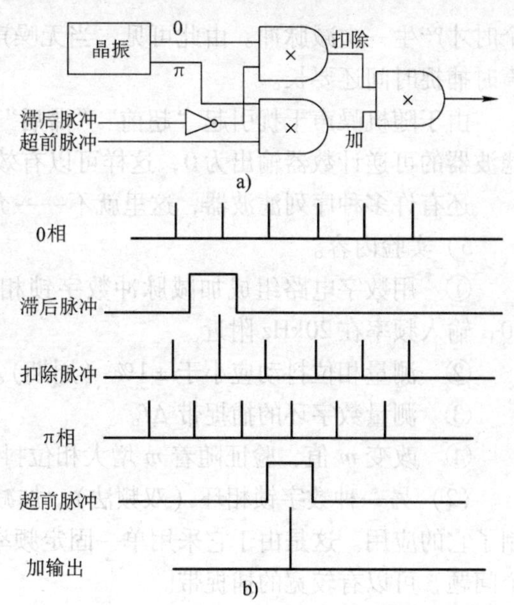

图 12-2-10　加减脉冲原理与波形

a）加减脉冲原理图　b）关键点波形及其对应关系

$$\theta_e(\infty) = \pm\frac{\pi}{m} \quad ②$$

③ 捕捉时间：由于最大捕捉需要 m 步，所以最大捕捉时间为

$$T = mT_i \quad ③$$

（T_i 为信号周期）

4）序列滤波器。由于随机噪声干扰，会引起输入、输出信号的相位抖动，所以数字鉴相器输出“超前脉冲”“滞后脉冲”并不能完全确定输入输出信号之间的相位关系，然而如果时间上输入信号相位超前于输出信号相位，那么超前脉冲频率必定大于滞后脉冲频率，反之亦然，所以“超前脉冲”与“滞后脉冲”进行概率变化，可输出新的序列，用于有效抑制相位抖动，这就是序列滤波器原理。

当然由于多次对“超前脉冲”“滞后脉冲”进行概率积分才能产生一次输出，产生一次修正，所以它的捕捉时间会变长。

实际上一个可逆计数器可作为最简单随机徘徊序列滤波器，如图 12-2-11 所示。

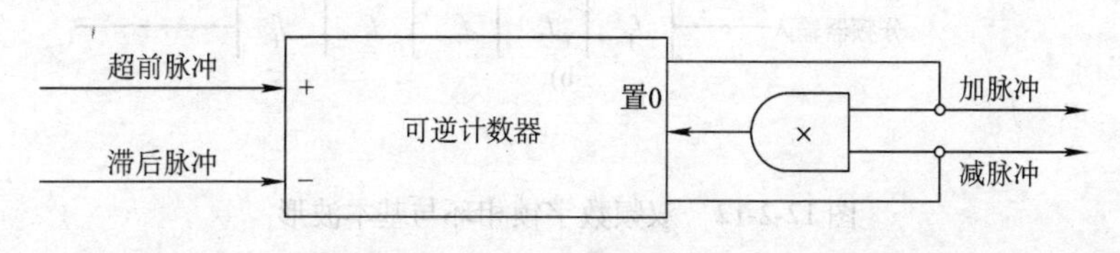

图 12-2-11　序列滤波器

可逆计数器其计数长度为 N，超前脉冲用于加法计数，而滞后脉冲进行减法计数。当超前脉冲数超过滞后脉冲数 N 个才产生一次加脉冲。同样，必须滞后脉冲数超过超前脉冲数 N

个时才产生一次减脉冲。由此可见，当无噪声时，捕捉时间延长 N 倍，即为 NNT_i，而有噪声时捕捉时间还要长。

由于随机噪声干扰引起“超前”“滞后”概率相同，那么多次观察破解，噪声引起序列滤波器的可逆计数器输出为0，这样可以有效地减少噪声干扰。

还有许多种序列滤波器，这里就不一一介绍了。

5）实验内容。

① 用数字电路组成加减脉冲数字锁相环（带有序列滤波器），晶振 $f_0=2\text{MHz}$，$m=50$，输入频率在20kHz附近。

② 测量相位抖动应小于±1%（周期）。

③ 测量数字环的捕捉带 Δf。

④ 改变 m 值，验证随着 m 增大相位抖动率减少。

（2）另一种数字锁相环（双频法）。加减脉冲数字锁相环由于捕捉过于小，这样大大限制了它的应用。这是由于它采用单一固定频率与固定分频比所引起的，而双频法可以解决这个问题，可以有较宽的捕捉带。

双频数字锁相环原理如图12-2-12所示。

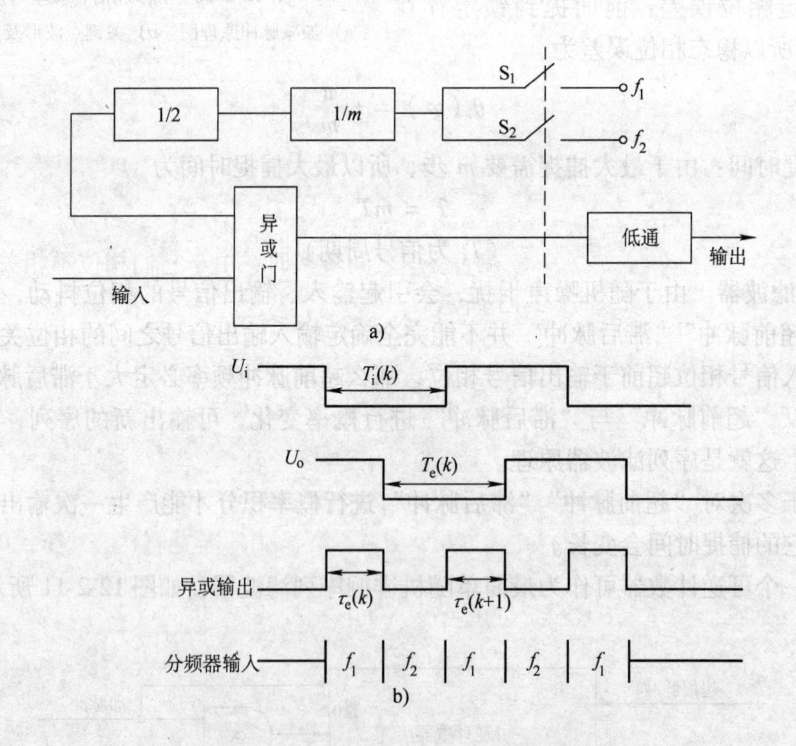

图12-2-12 双频数字锁相环与基本波形
a）双频锁相环原理框图 b）波形对应关系

从图12-2-12可以看出异或门输出脉冲宽度 $\tau_e(k)$ 准确反应了输入信号与输出信号的相位关系。当输出高电平 $\tau_e(k)$ 期间打开 S_1 开关，而关闭 S_2 开关，这样只输入 f_1 频率信号。

当异或门输出为低电平 $T_i(k)-\tau_e(k)$ 期间，则关闭 S_1 而打开 S_2，这样只有 f_2 频率信号输入，所以输入信号频率只能在 $f_1/(2m)$ 与 $f_2/(2m)$ 之间($f_1>f_2$)。

当 $T_e>T_i$ 时，$\tau_e(k+1)$ 的宽度要比锁定时长，这时高频 f_1 输入时间变长，从而使计数器计数速度加快，这样计数器周期变短，从而减少输出信号周期 T_e 向 T_i 靠近。当 $T_e<T_i$ 时，那 $\tau_e(k+1)$ 的宽度要比锁定时短，这时高频 f_1 输入时间变短，相应低频 f_2 输入时间变长，从而使计数器计数速度减慢，这样计数器周期变长，从而增加输出信号周期 T_e，经过多次调整，最后达到 $T_e=T_i$。

1）从图 12-2-12 可以看出有以下关系式

$$[T_i(k)-\tau_e(k)]f_2+\tau_e(k+1)f_1=M \quad ④$$

当锁定时，$\tau_e(k)=\tau_e(k+1)$，那么式④可变为

$$\frac{\tau_e(k)}{T_e(k)}=\frac{M/T_i-f_2}{f_1-f_2}=\frac{M}{f_1-f_2}\cdot\frac{1}{T_i}-\frac{f_2}{f_1-f_2}=\frac{M}{f_1-f_2}\cdot\frac{1}{f_1}-\frac{f_2}{f_1-f_2} \quad ⑤$$

从式⑤可见双频数字锁相环是采用改变异或门输出的占空比而达到与输入信号锁定；由式⑤也可以看出占空比与输入信号频率成正比关系。

这样，通过低通滤波器可以获得与输入信号频率成正比的直流电平，因此可以很简单地用它作为调频波的调解。

2）捕捉带、稳态相位误差。

捕捉带：
$$\Delta f=\frac{f_1}{2M}-\frac{f_2}{2M}=\frac{f_1-f_2}{2M} \quad ⑥$$

稳态相位差：因为 $0<\tau_e(k)<\tau_i(k)$

所以 $0<\theta_e(k)<\pi$ ⑦

3）内部噪声。在图 12-2-12 中，在 f_1、f_2 之间转换时，由于它们相位不相关，这样在转换时可以产生一定时隙，如图 12-2-13 所示。

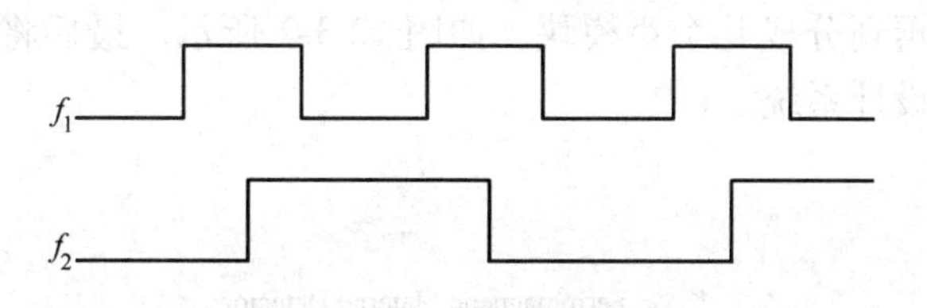

图 12-2-13 时隙产生

可见转换时它们相位并不对齐，而在每次转换时可能相位都不一样，这样就产生了时隙噪声。

在一个周期 $T_0(K)$ 时间产生一次 f_1 转变为 f_2、一次 f_2 转变为 f_1，最大时隙为 $\Delta T=T_1+T_2$。

所以最大内部噪声为：
$$\frac{T_1+T_2}{T_0}\pi\approx\frac{2\pi}{m} \quad ⑧$$

$\left(因为\frac{T_1+T_2}{T_0}\approx\frac{2T_0}{T_0\cdot m}=\frac{2}{m}，T_0 为平均时间周期\right)$

实际上内部噪声要比式⑧小得多。为了减少内部噪声，必须加大分频比 m，也可采用相关的 f_1 与 f_2（f_2 由 f_1 分频获得）。这样就可大大减少内部相位噪声。

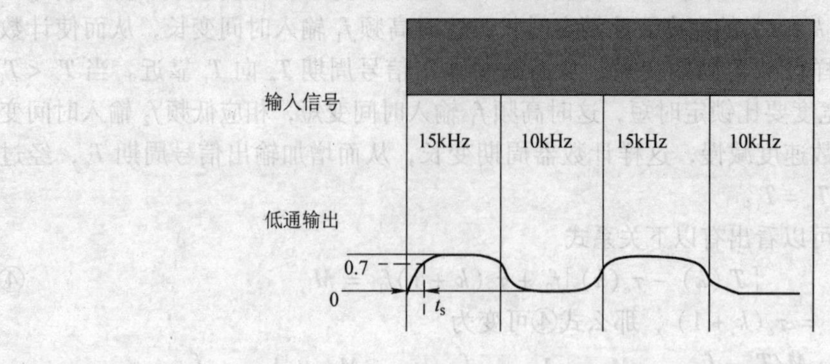

图 12-2-14　输入输出波形

4）实验内容。

①　用数字电路组成双频数字锁相环 f_1 取 2MHz，f_2 取 500kHz，m 取 50，那和输入信号频率范围为 5 ~ 20kHz。

②　测量相位抖动率应小于 1%。

③　测量数字环的捕捉带 Δf。

④　采用 10kHz 与 15kHz 周期变化的信号输入，从低通滤波器输出测量过渡时间 t_s，如图 12-2-14 所示。

第三节　综合设计方法

要进行大型设计时，可以采取模块设计方法，即将一个大型设计系统划分成若干个较小的、功能相对独立的设计（即模块），如图 12-3-1 所示。然后分别对这些模块进行设计，若某模块还很大，可以再划分成几个小模块，如图 12-3-2 所示。最后将这些模块有机地组织起来，就完成了整体设计系统。

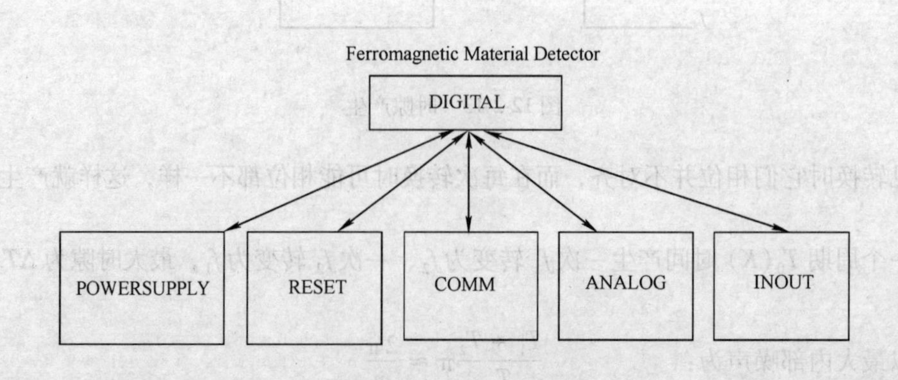

图 12-3-1　总体设计框图

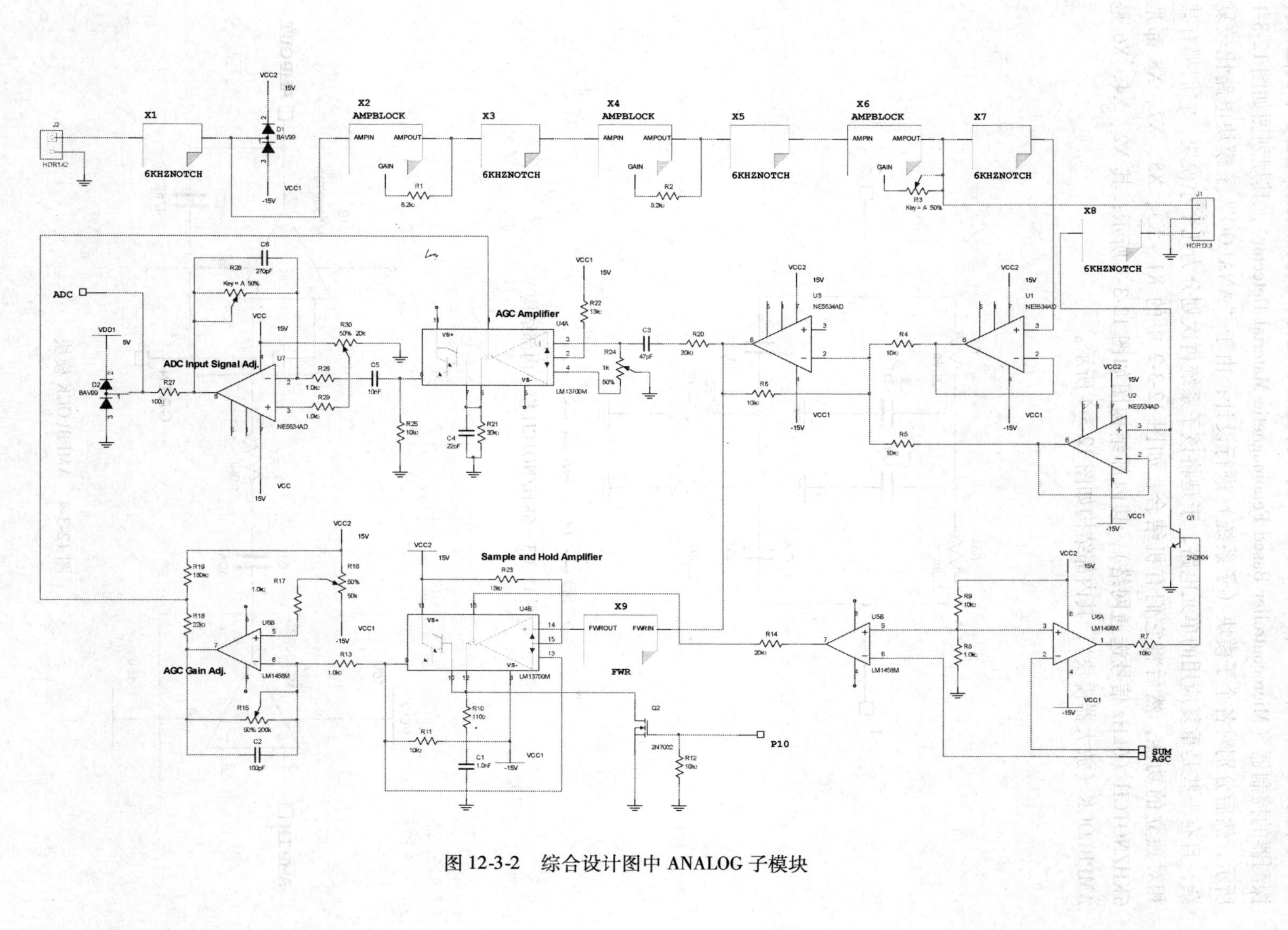

图 12-3-2 综合设计图中 ANALOG 子模块

下面以 Multisim 的 Samples\Advanced 设计为例加以说明，该设计的系统是一个铁磁材料探测器的控制器（Microcontroller Based Fenomagnetic Material Detector），其规划图如图 12-3-1 所示，然后分别对各个子模块（子系统）进行设计；由于“ANALOG”子模块电路比较复杂，且有一些是重复应用的单元电路，于是将该子系统再次划分为几个小模块，它们都有其相对独立的功能，然后将它们有机结合，如图 12-3-2 中的 X1、X3、X5、X7、X8 都是 6KHZNOTCH（6kHz 信号选通网络），其内部结构图如图 12-3-3 所示；其 X2、X4、X6 是 AMPBLOCK（放大器模块），其内部结构如图 12-3-4 所示。

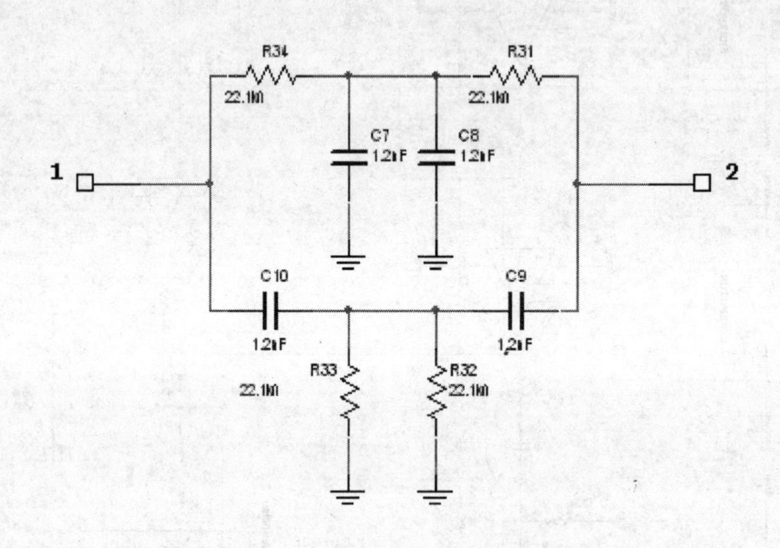

图 12-3-3　6KHZNOTCH 模块内部结构

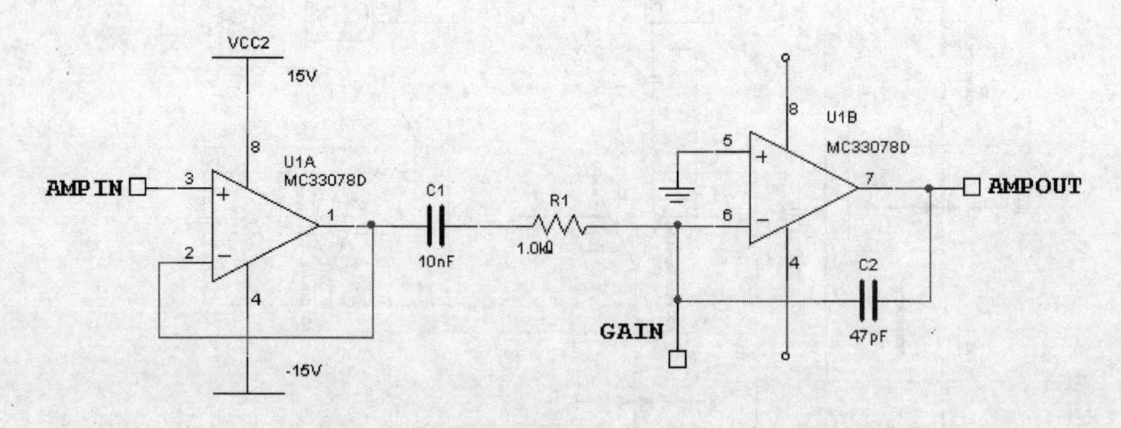

图 12-3-4　AMPBLOCK 模块

【注】：子模块的设计与制作请参看本书第一章第五节。

另外，设计中模块间的连接，除用“FWROUT□—”类似端口连接外（内部模块），还可以用插头、插座进行板间连接（板卡结构，如图 12-3-2 中的 J1 与图 12-3-5 所示 COMM 子模块中的 J1 是通过接口相连接的），所有模块设计完毕后，再进行整体设计系统的构建，综合结构图如图 12-3-6 所示。

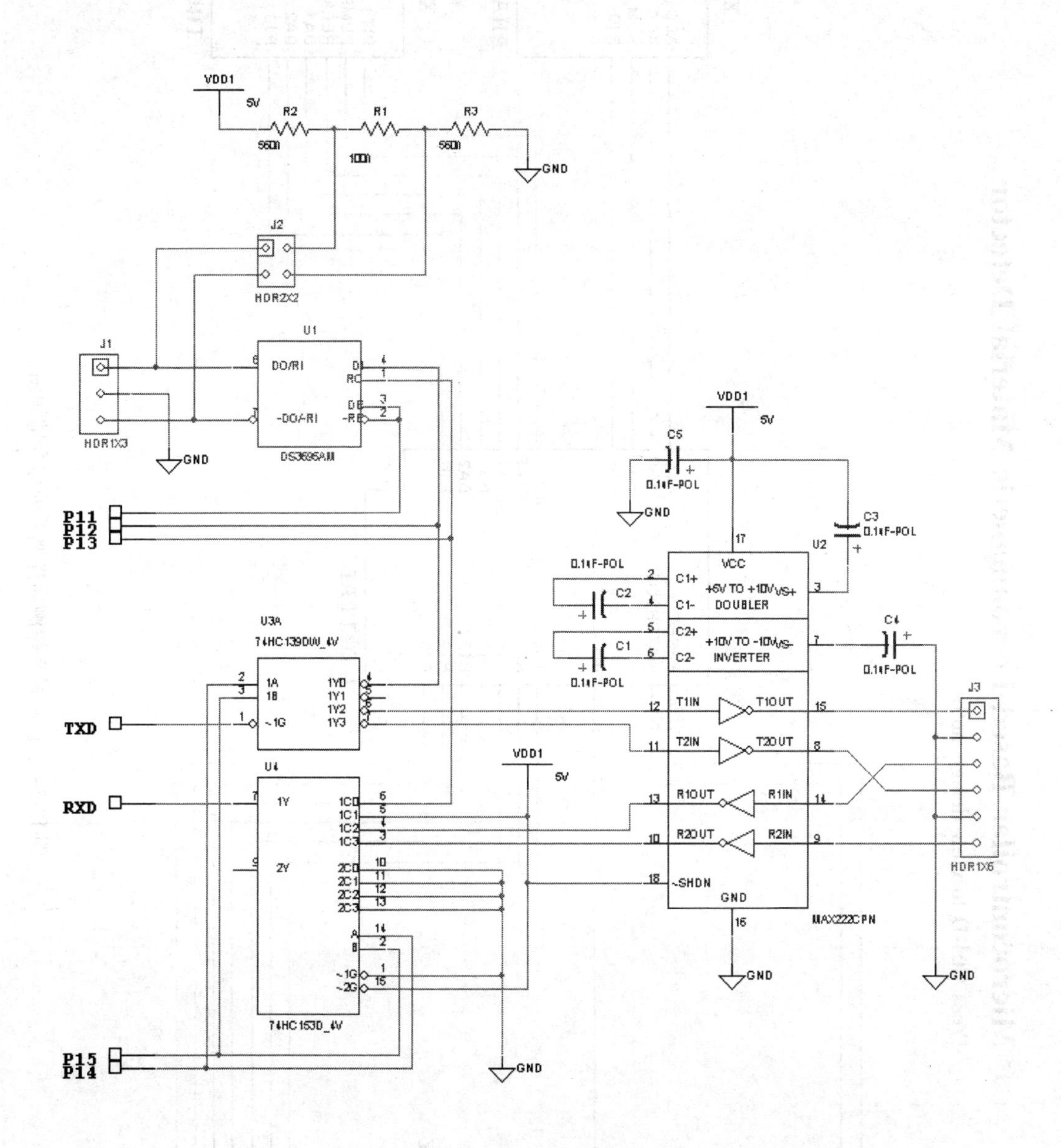

图 12-3-5 COMM 子模块

所有模块设计完毕后，可以查看设计文件夹中的文档，如图 12-3-7 所示，还可以在“Multisim”界面中，选择View菜单中的Design Toolbox打开设计管理器，如图 12-3-8 所示。

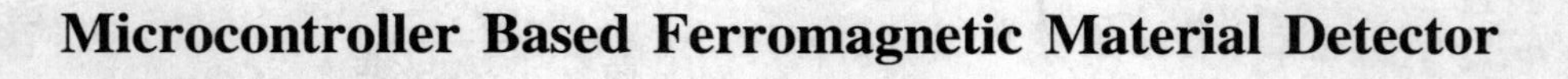

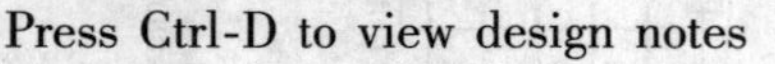

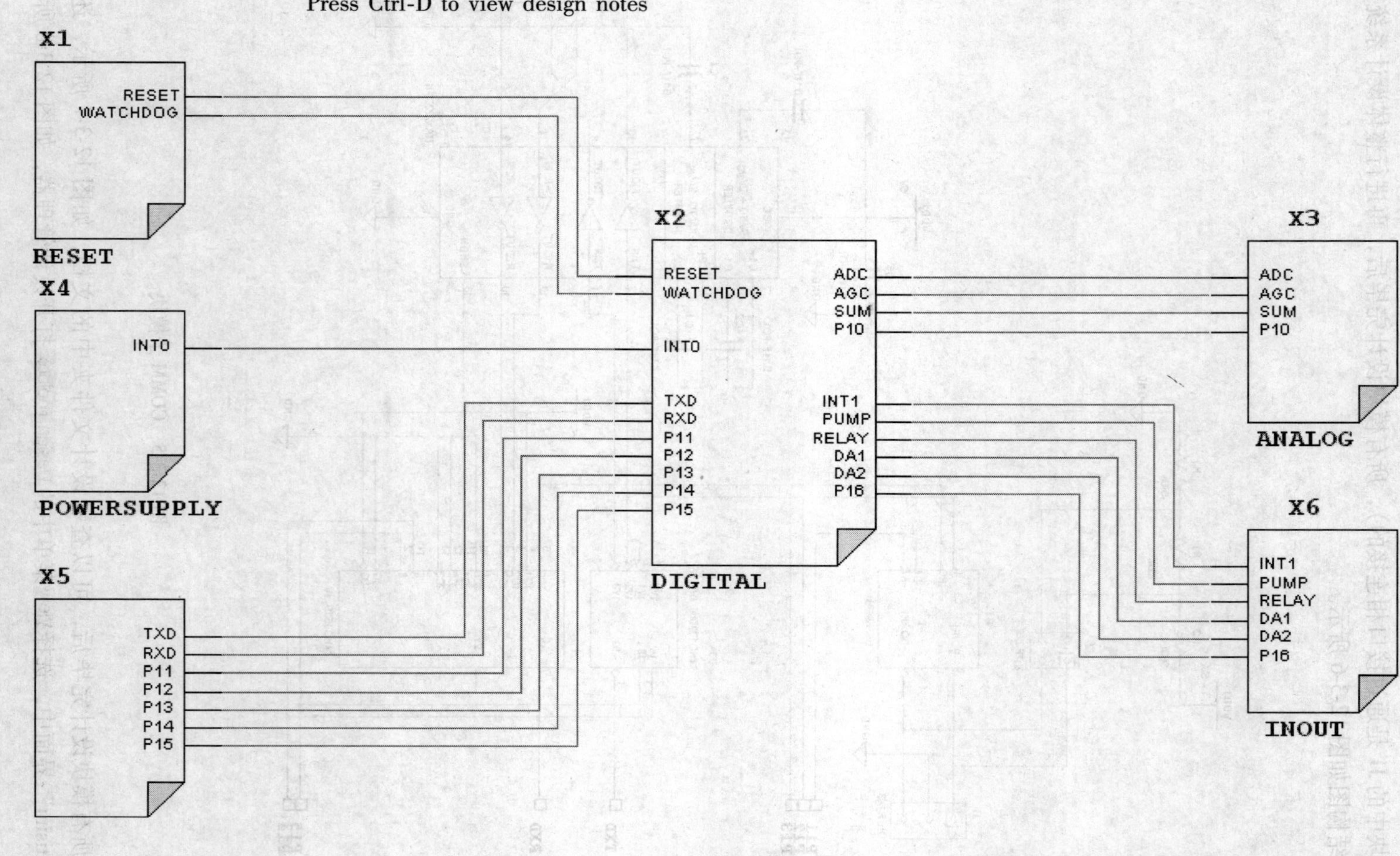

图 12-3-6 铁磁材料探测器控制器的综合结构图

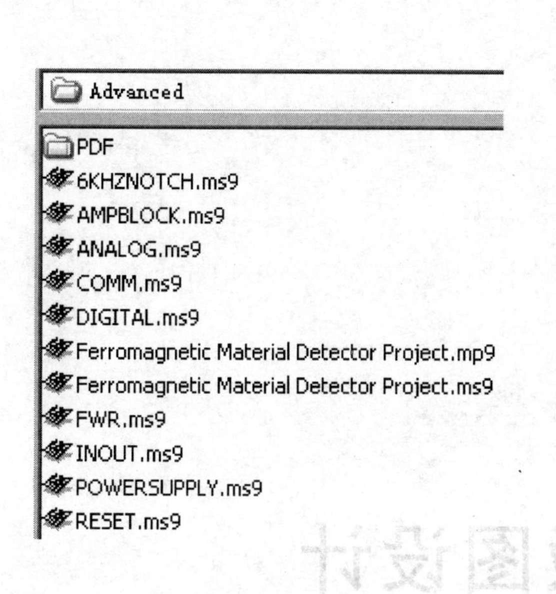

图 12-3-7　文件夹管理

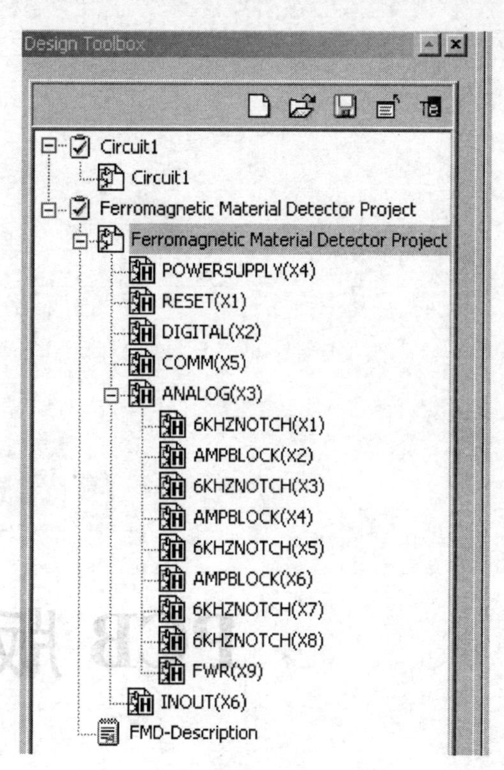

图 12-3-8　设计管理器

【注】：本例仅作示范，不是完整实例。

第三部分

PCB 版图设计

任何电子设计的最终物理实现都必须有 PCB，它既是各类电路元器件的承载体，又起到保障电气连接的作用，电子设计技术人员学习 PCB 版图设计，非常必要。

PCB 设计工具及版本种类很多，最早进入中国市场的是 Protel（现在叫 Altium Designer Release），之后有 orCAD、Proteus、TINA. 等，Ultiboard 也是进入中国市场较早的优秀 PCB 版图设计工具。PCB 设计方法基本通用，只是不同设计工具的操作界面及某单工具等有所不同，设计及检测内容都是一致的。

第十三章　Ultiboard 的功能与应用

第一节　Ultiboard 概述

一、Ultiboard 的特点

电路设计的主要物理实现形式之一就是印制电路板（Printed Circuit Board，PCB），它既是各类电路元器件的承载体，又起到保障电气连接的作用。对于研发电子设备或电子电路系统的设计者而言，无论使用集成度多么高的 IC 器件，总是不能回避 PCB 设计环节。对比较复杂的电路系统进行 PCB 设计时，如果采用纯粹的手工布线，需要投入比其电气原理图设计更多的精力和时间，而且难以做到设计无误，不但浪费了时间，还会增加研制开发费用。显然，设计者只有具备和掌握出色的 PCB 设计工具，才能适应日益激烈的电子技术市场竞争的需要。

EDA 开发软件 Electronics Workbench 是加拿大公司 Interactive Image Technologies Ltd. 于 1988 推出的一个很有特色的 EDA 工具，自发布以来，已经有 35 个国家、10 种语言的人在使用这种工具。它（Electronics Workbench）与其他同类工具相比，不但设计功能比较完善，而且操作界面十分友好、形象，易于使用掌握。电子设计工具平台 Electronics Workbench 主要包括 Multisim 和 Ultiboard 两个基本工具模块。Ultiboard 是 Electronics Workbench 中用于 PCB 设计的后端工具模块，它可以直接接收来自 Multisim 模块输出的前端设计信息，并按照确定的设计规则进行 PCB 的自动化设计。为了达到良好的 PCB 自动布线效果，通常还在系统中附带一个称为 Ultiroute 的自动布线模块，并采用基于网格的“拆线—重试”布线算法进行自动布线。Ultiboard 的设计结果可以生成光绘机需要的 Gerber 格式板图设计文件。

Ultiboard 是一款功能强大的印制电路板软件，它可以同 Multisim、Ultiroute 进行无缝链接，从而可以设计出高性能的多层电路板，并且能够迅速的把设计电路转化为实际产品。Ultiboard 这款软件的功能虽然非常强大，但是，由于印制电路板电路设计比绘制电路图难一些，各方面的要求也比较严格，而且它是最终的产品，要想达到对其操作时有一种驾轻就熟的感觉，还真得下一番功夫。Ultiboard 与其他同类的 Layout 设计工具相比较，它具有自己独特的特点。

1. 直观、友好的全新菜单

可与 Multisim 无缝链接，生成共享信息，减少往返传递次数，使它们构成一个综合完整体。元件属性包括零件数、封装列表、门组、布局、镜像、旋转、锁存规则、固定规则、VCC、GND 电源引脚等，都由 Multisim 集成，然后传递到 Ultiboard。

2. 板层多、精度高

Ultiboard 最大的制板尺寸为 42×42inch（英寸）。总共 32 层，（顶层、底层、30 个内电层）。

3. 快速、自动布线

自动布线器是带有推挤、存储、拉件、优化的智能化16层的基于形状的，无网格的自动布线器。可以快捷简便地建立和使用，效益高。过孔可减少至40%。比原来的网络布线快10~20倍。

4. 强制向量和密度直方图

为了使PCB设计的布局达到最佳效果，Ultiboard提供了“强制向量”和“密度直方图”功能，相对而言，这是Ultiboard布局操作中比较有特色的两个功能，将有助于用户使自己的PCB设计尽可能达到较完美的布局效果。

强制向量（Force Vectors）是Ultiboard提供达到最佳智能布局的有力功能之一，即在用户采用手工放置元件封装时，也应注意利用强制向量功能，它可保证布局时将属于同电气连接网络的元件尽可能靠近，从而保证板上各元件引脚间连线最短化的要求。强制向量实际上是一种特殊的算法，它把每个元件上的各条有方向和长短的飞线视为一个向量，则每个元件存在一个向量空间，将这些向量求和生成一个所谓“强制向量”，该向量既有大小也有方向，并可显示在工作区内。通过沿强制向量方向上移动元件，尽量使该向量长度变短，等效于使元件的各条飞线最短化，以达到此规则下的最佳布局效果。

Ultiboard中的密度直方图（Density Histograms）是用来表示印制板在X、Y轴两个方向板面上布线的连接密度。如果板上布线密度十分不均匀，密度过高地方的走线布通就很困难，而密度过低又会浪费板面积，所以布局时最好使整个板面保持相对均匀的连接密度。通过观察密度直方图后相对调整布局以改善布线密度。

5. 智能化的覆铜技术

智能化的覆铜技术使复杂的铜区容易布线。

6. 全方位的库支持

库管理器（Library Manager）使库及封装管理流线化。全面的PCB封装形式，结合图形化的管理、编程，使得建库、封装简单易行。

7. 支持CAM

产生Gerber文件，使制板工程师无需考虑制板厂商文件格式的兼容性，从而使设计工作到出产品一气呵成。

8. 使用元件（自动、圆形驱动、元件组等）放置器

使用元件放置器可以大量节省放置元件的时间。

9. 模拟的三维印制电路板视图

为了观察印制电路板设计的效果，Ultiboard提供了“三维视图”的功能。对比与其他印制电路板EDA设计软件，这是Ultiboard布局操作中很有特色的一个功能。这将有助于用户随时可以观察自己的PCB设计的实际效果图。

三维效果图（3D）是Ultiboard提供给用户观察PCB设计效果的一项功能。当用户在设计印制电路板时，利用三维效果的功能，就可以随时在设计过程中观察整个印制电路板的三维结构图（包括器件的布局、布线），从而保证设计者对所设计的电路板有个直观的认识，有助于使自己的PCB设计尽可能达到比较完美的布局、布线效果。这自然会缩短产品设计周期、降低设计风险。

二、Ultiboard 工作界面

Ultiboard 的界面如图 13-1-1 所示，在元件布局时需要较大的工作区，此时可将俯视图、设计工具箱、3D 示窗关闭，也可以关闭一些暂时不用的工具条来扩大工作区，需要用时再通过主菜单中“View”来显示之。其主菜单及其功能如下：

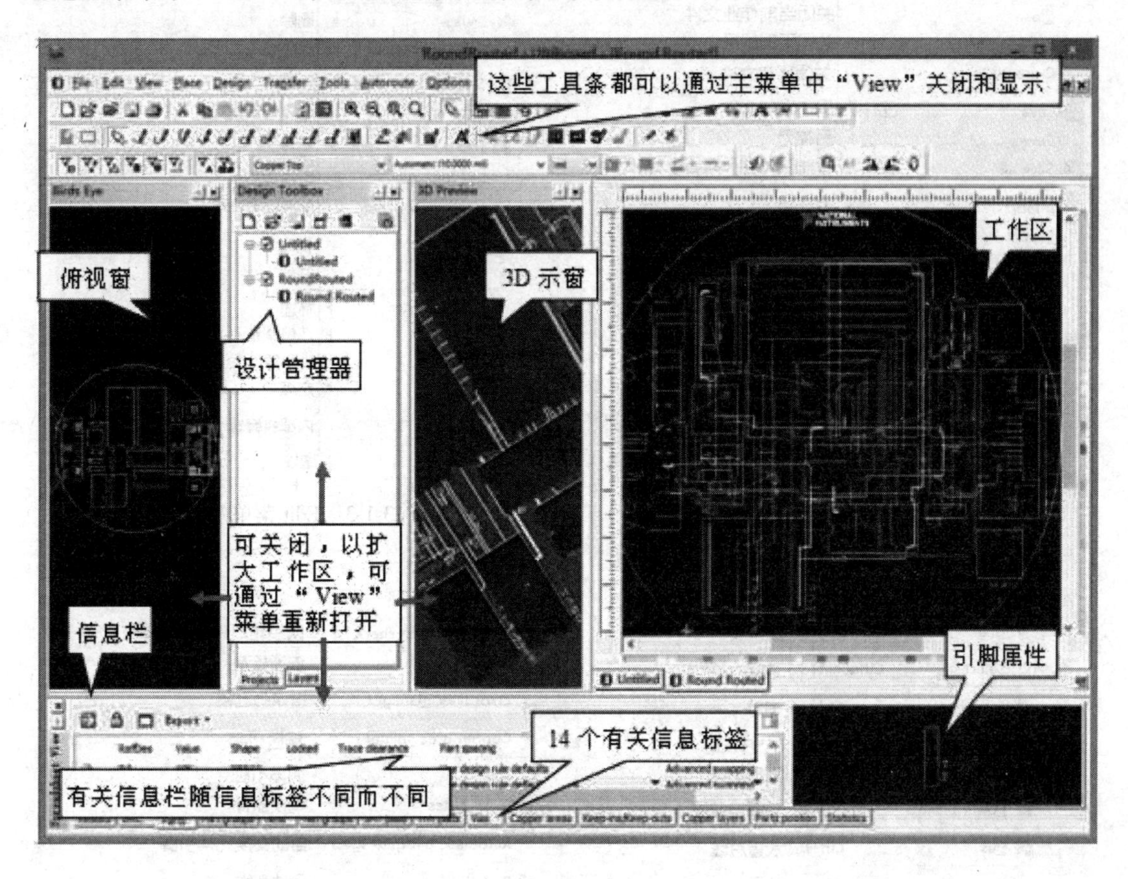

图 13-1-1 Ultiboard 工作界面

1. 主菜单

（1）File（文件）菜单及功能如图 13-1-2 所示。

（2）Edit（编辑）菜单及功能如图 13-1-3 所示。

（3）Place 菜单及功能如图 13-1-4 所示。

（4）Design 菜单及其功能如图 13-1-5 所示。

（5）Autoroute 菜单及功能如图 13-1-6 所示。

（6）View 菜单及其功能如图 13-1-7 所示；其中 Toolbars 下属菜单如图 13-1-8 所示。

（7）Options 菜单及其功能如图 13-1-9 所示。

（8）Tools 菜单及其功能如图 13-1-10 所示。

（9）Window 菜单及其功能如图 13-1-11 所示。

（10）Help 菜单及其功能如图 13-1-12 所示。

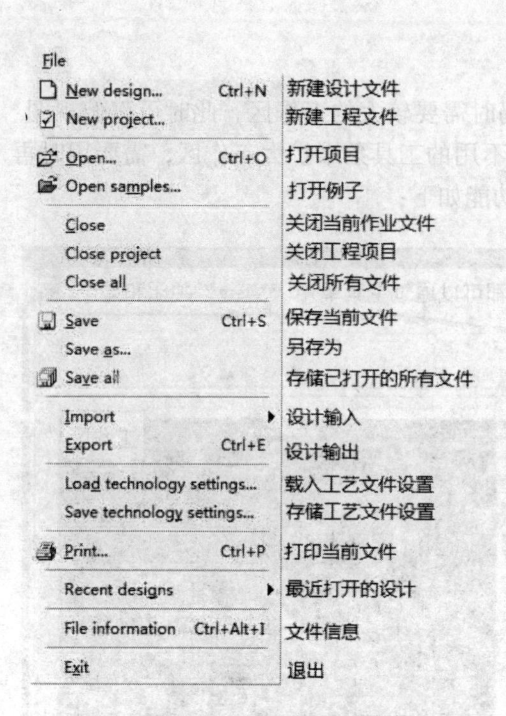

File
New design... Ctrl+N 新建设计文件
New project... 新建工程文件
Open... Ctrl+O 打开项目
Open samples... 打开例子
Close 关闭当前作业文件
Close project 关闭工程项目
Close all 关闭所有文件
Save Ctrl+S 保存当前文件
Save as... 另存为
Save all 存储已打开的所有文件
Import 设计输入
Export Ctrl+E 设计输出
Load technology settings... 载入工艺文件设置
Save technology settings... 存储工艺文件设置
Print... Ctrl+P 打印当前文件
Recent designs 最近打开的设计
File information Ctrl+Alt+I 文件信息
Exit 退出

图 13-1-2 File 菜单及功能

Edit
Undo Ctrl+Z 撤销
Redo Ctrl+Y 重复
Cut Ctrl+X 剪切
Copy Ctrl+C 复制
Paste Ctrl+V 粘贴
Paste special 选择性粘贴
Delete Delete 删除
Copper delete 删除铜
Select all Ctrl+A 全选
Select entire trace 选择全部走线
Find Ctrl+F 查找
Group selection 群组选择
Ungroup selection 取消群组选择
Lock 锁定
Unlock 开锁
Selection filter 筛选
Orientation 方位调整
Align 排列器件
Vertex 定点
In-place part edit 内部块编辑
Properties 属性

图 13-1-3 Edit 菜单及功能

Place
From database... Ctrl+W 选库
Line Ctrl+Shift+L 放置线
Select Ctrl+Shift+S 选择
Follow-me Ctrl+T 追踪
Dimension 尺寸标注
Graphics 图形工具
Power plane... 放置电源层
Bus Ctrl+B 放置总线
Keep-in/keep-out area 外区
Group array box... 网格
Pins... 放置引脚
Via 放置过孔
Test point 测试点
Jumper 放置跳线
Net bridge... 添加桥接脚
Hole... 放置孔
Unplace parts 撤销元件放置
Comment 注释

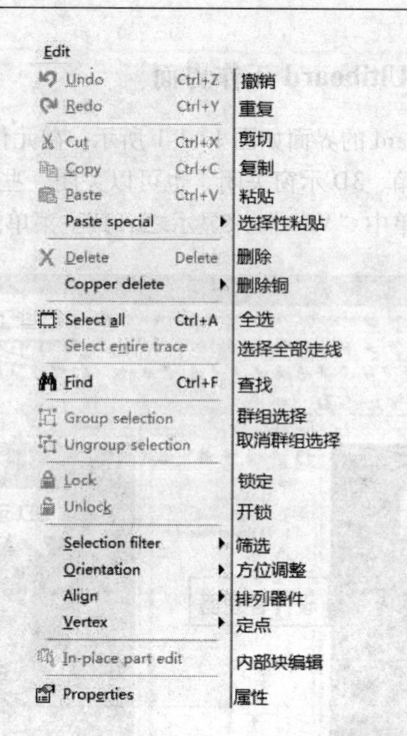

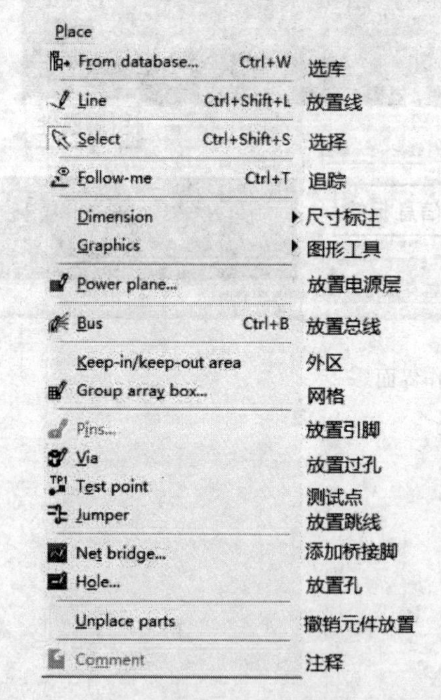

图 13-1-4 Place 菜单及功能

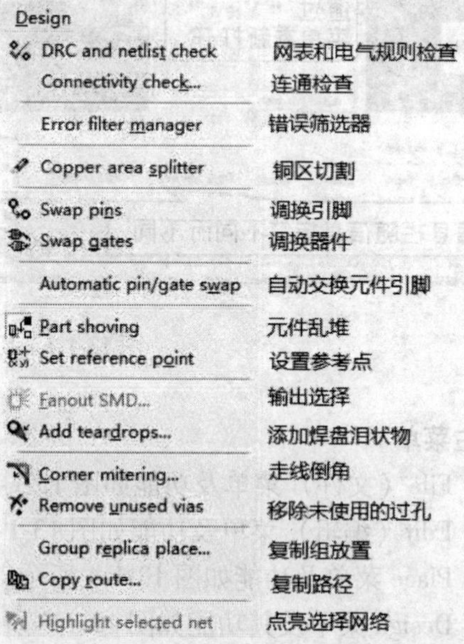

Design
DRC and netlist check 网表和电气规则检查
Connectivity check... 连通检查
Error filter manager 错误筛选器
Copper area splitter 铜区切割
Swap pins 调换引脚
Swap gates 调换器件
Automatic pin/gate swap 自动交换元件引脚
Part shoving 元件乱堆
Set reference point 设置参考点
Fanout SMD... 输出选择
Add teardrops... 添加焊盘泪状物
Corner mitering... 走线倒角
Remove unused vias 移除未使用的过孔
Group replica place... 复制组放置
Copy route... 复制路径
Highlight selected net 点亮选择网络

图 13-1-5 Design 菜单及功能

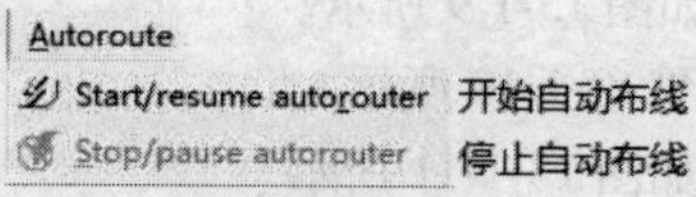

Autoroute
Start/resume autorouter 开始自动布线
Stop/pause autorouter 停止自动布线

图 13-1-6 Autoroute 菜单及功能

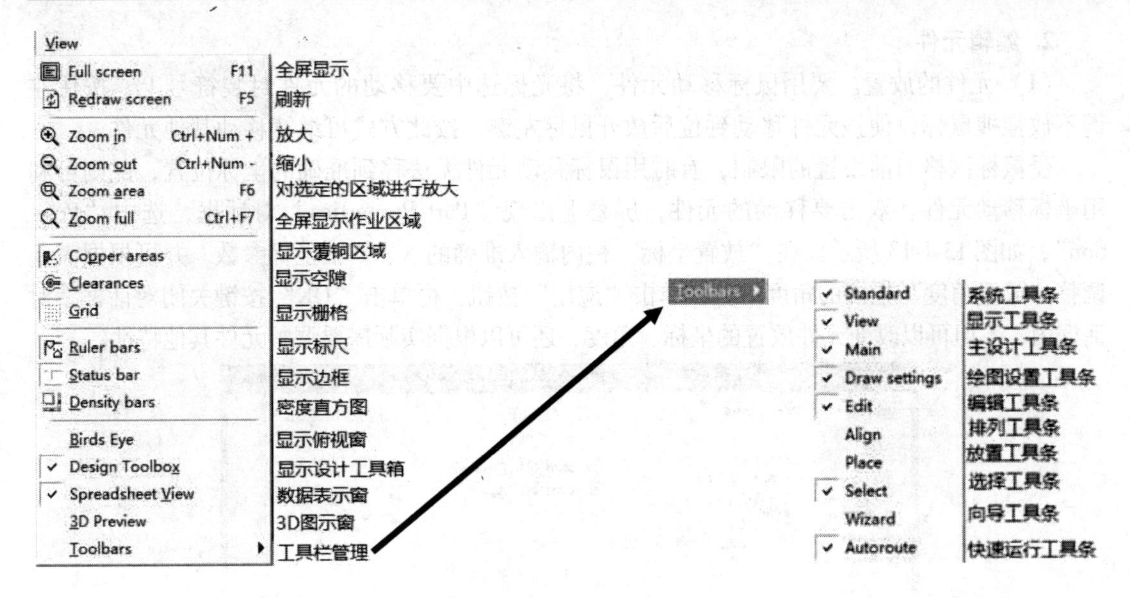

图 13-1-7 View 菜单及其功能　　图 13-1-8 Toolbars 菜单

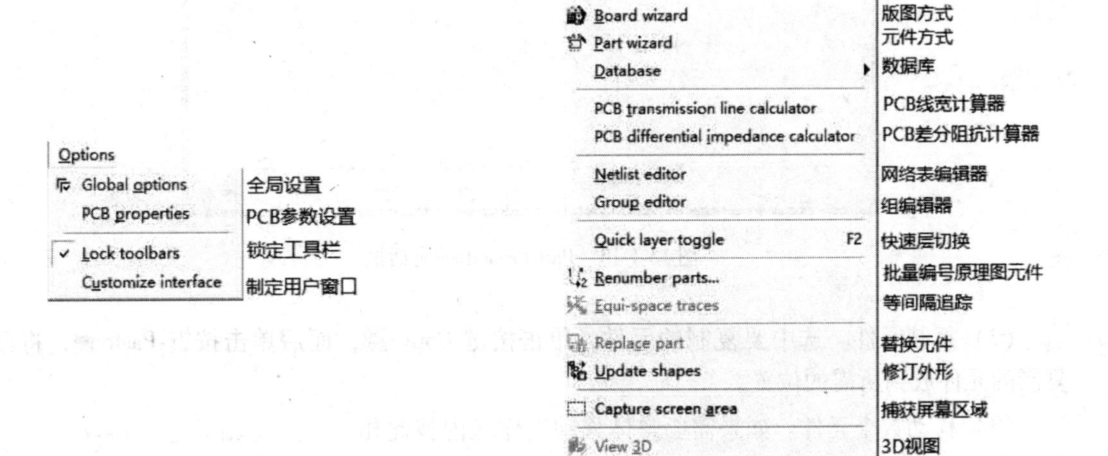

图 13-1-9 Options 菜单及功能　　图 13-1-10 Tools 菜单及其功能

Window
New window 新建窗口
Close 关闭当前窗口
Close all 关闭所有窗口
Cascade 叠放窗口
Tile horizontally 平排窗口
Tile vertically 竖排窗口
Windows... 激活窗口
Next window 下一窗口
Previous window 上一窗口
1 Untitled 未命名

Help
Ultiboard help F1 Ultiboard帮助
Getting Started 启动帮助文件
Patents 专利
About Ultiboard 版本信息

图 13-1-11 Windows 菜单及其功能 　　图 13-1-12 Help 菜单及其功能

2. 编辑元件

（1）元件的放置。要用鼠标移动元件，将光标选中要移动的元件封装符号上，按住左键不放拖拽鼠标，使该元件移动到位后放开鼠标左键，按此方式可继续移动其他元件。

受鼠标网格当前设置的限制，有时用鼠标移动元件无法移到准确的坐标位置，此则可利用坐标移动元件。双击要移动的元件，屏幕上出现“Part Properties”对话框，选中“Position”，如图 13-1-13 所示。在“放置坐标”栏内输入准确的 X、Y 轴坐标参数，并可根据需要调整“放置角度”栏内的角度参数，单击“应用”按钮，再单击“OK”按键关闭对话框。对话框内，不但可以改变元件放置的坐标、角度，还可以根据实际需要调整元件其他特性。

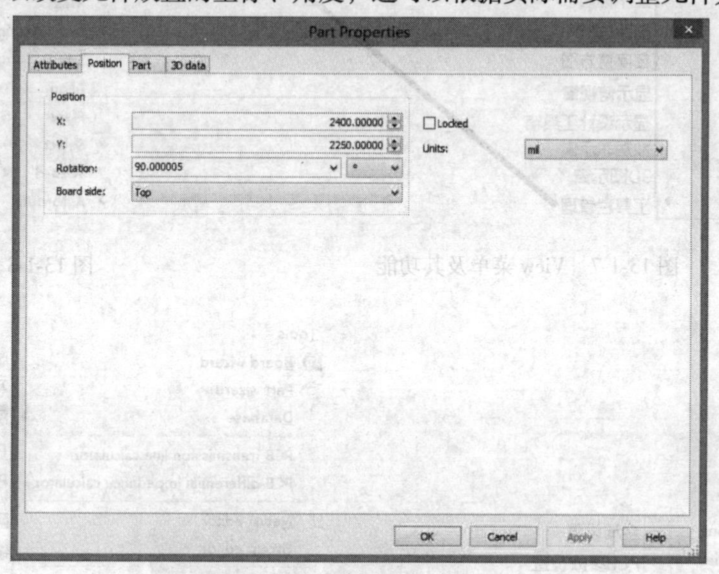

图 13-1-13　Part Properties 对话框

（2）复制元件。选中要复制的元件，单击按键-Copy ，而后单击按键-Paste ，将已复制的元件放到所需的位置。

（3）移动数个元件。如果需要整体移动工作区内彼此相邻的数个元件封装，不必逐个移动，可以按住键盘上的“Shift”键，逐个选中，而后拖动到位。

（4）删除元件。当放置的元件封装不合适或者要用其他元件封装代替时，就需要进行元件删除操作。将光标置于要删除的元件上，单击左键选中元件，单击 或按键盘上的“Delete”按键，就删除了所选元件。

（5）锁定元件与解锁元件。锁定（Lock）元件与解锁（Unlock）元件也是重要的操作步骤。当用户肯定整个元件位置不需要再移动位置后，可将其放置位置锁定。先选中要锁定的元件，右击出现菜单后（如图 13-1-14 所示），单击 后，则这元件的位置被锁定，如图 13-1-15所示在俯视图用红色标出。

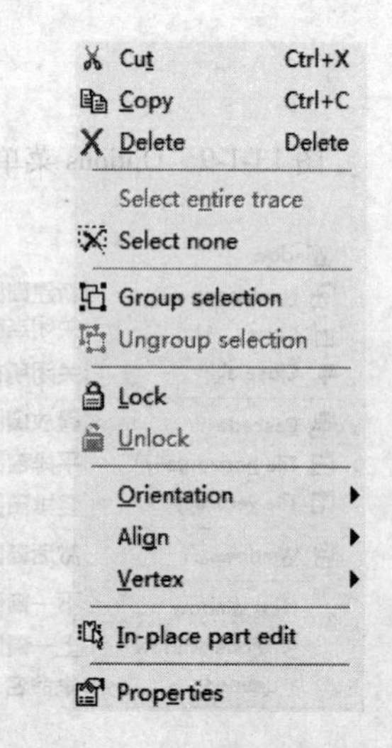

图 13-1-14　右击元件出编辑栏

如果要移动被锁定的元件，系统立刻会出现是否继续操作提示框，如图 13-1-16 所示。用户单击“Yes”，则该元件可以继续移动，否则不移动。

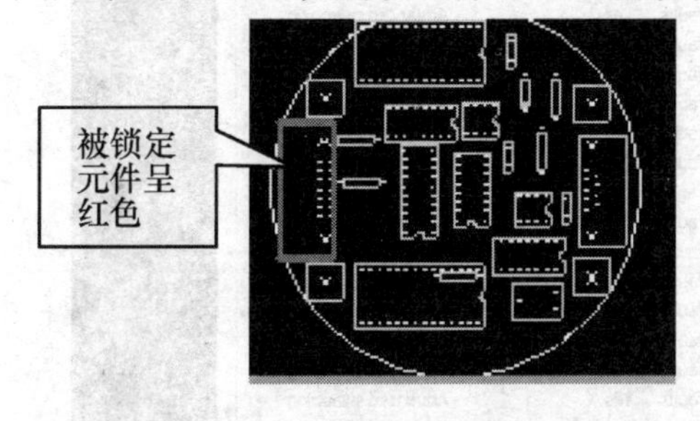

图 13-1-15 锁定元件在俯视图中的标志

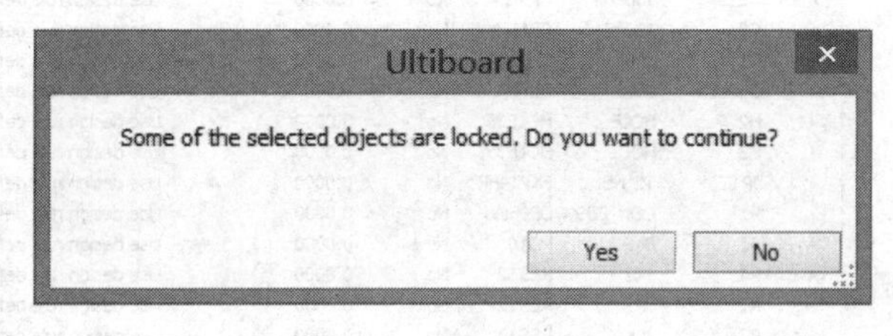

图 13-1-16 操作提示

3. 修改元件封装

如果想改变现有元件的封装形式，只需选中该元件，单击 Tools 菜单下的 Replace part（参看图 13-1-10），出现对话框“Get a part from the Database”，如图 13-1-17 所示，在中间的红线圈的地方，选择封装形式，浏览在右边“Preview”中，电阻 R1 改变封形式如图 13-1-18 所示。

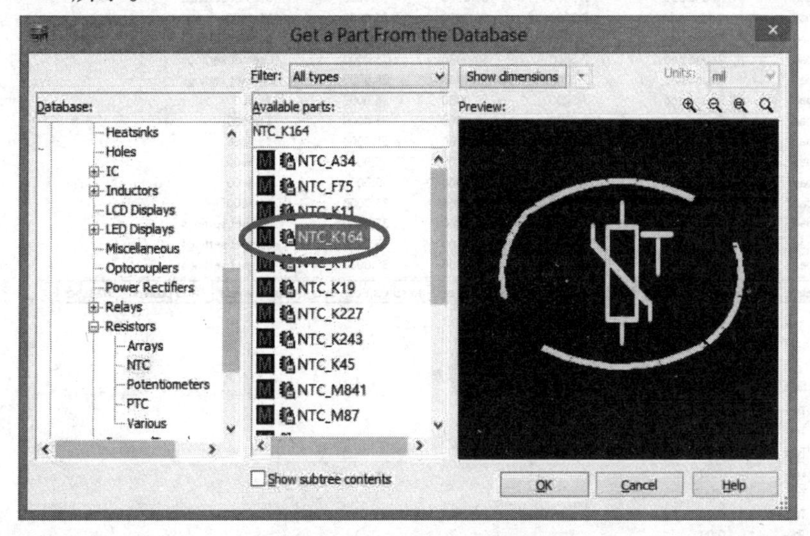

图 13-1-17 改变元件封装

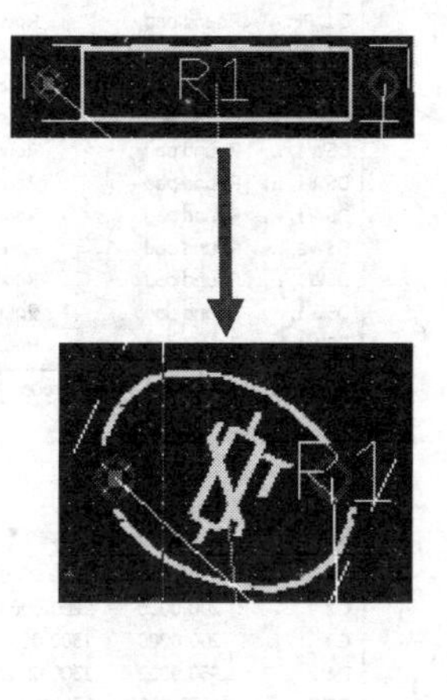

图 13-1-18 电阻 R1 改变封装形式

4. 元件列表

在设计过程中，常常需要及时了解放置了多少个元件、使用了哪些元件标识等信息，此时可执行单击屏幕下方的信息栏对话框中的“Part”，如图 13-1-19 所示。如果该信息栏关闭，可通过 View/Spreadsheet View 打开信息栏（参看图 13-1-7）。

5. 焊盘信息

与查看元件列表类似，查看焊盘（Pads 衬垫）信息，可以单击屏幕下方的信息栏对话框中的“THT Pads”，结果如图 13-1-20 所示。

6. 元件位置

查看元器件位置（Ports Position）信息，可以单击屏幕下方的信息栏对话框中的“Ports Position”，结果如图 13-1-21 所示。其他有关信息查看，请读者自行操作，在此不再详述。

Export

RefDes	Value	Shape	Locked	Trace clearance	Part spacing	Pin swap	Gate swap
C1	100N	CRM5A	No	0.0000	Use design rule defaults	Yes	Advanced swapping
C2	150PF	CRM5A	No	0.0000	Use design rule defaults	Yes	Advanced swapping
C3	330PF	CRM5A	No	0.0000	Use design rule defaults	Yes	Advanced swapping
D1	5V6	DIOD1	No	0.0000	Use design rule defaults	Yes	Advanced swapping
DSW1	DIP6	DIP16	No	0.0000	Use design rule defaults	Yes	Advanced swapping
H2	HOLE	HOLE35	No	0.0000	Use design rule defaults	Yes	Advanced swapping
H3	HOLE	HOLE35	No	0.0000	Use design rule defaults	Yes	Advanced swapping
JP1	12_HE...	FKV14HR	No	0.0000	Use design rule defaults	Yes	Advanced swapping
P1	CON_DB9	DB9FLW	No	0.0000	Use design rule defaults	Yes	Advanced swapping
P2	5K6	POT0	No	0.0000	Use design rule defaults	Yes	Advanced swapping
R1	1K2	RES12	No	0.0000	Use design rule defaults	Yes	Advanced swapping
R2	3K3	RES12	No	0.0000	Use design rule defaults	Yes	Advanced swapping
R3	10K	RES12	No	0.0000	Use design rule defaults	Yes	Advanced swapping
R4	12K	RES12	No	0.0000	Use design rule defaults	Yes	Advanced swapping
R5	1K2	RES12	No	0.0000	Use design rule defaults	Yes	Advanced swapping
RPACK1	R-PAC...	DIP16	No	0.0000	Use design rule defaults	Yes	Advanced swapping

Results | DRC | Parts | Part groups | Nets | Net groups | SMT pads | THT pads | Vias | Copper areas | Keep-ins/Keep-outs | Copper layers | Parts position | Statistics

图 13-1-19 元件列表

Pad name	Top pad shape	Inner pad shape	Bottom pad shape	Annular ring	Pad diameter	Drill diameter	Trace clearance
C1, Pin 1	Round pad	Round pad	Round pad	7.5000	50.0000	35.0000	Use net settings
C1, Pin 2	Round pad	Round pad	Round pad	7.5000	50.0000	35.0000	Use net settings
C2, Pin 1	Round pad	Round pad	Round pad	7.5000	50.0000	35.0000	Use net settings
C2, Pin 2	Round pad	Round pad	Round pad	7.5000	50.0000	35.0000	Use net settings
C3, Pin 1	Round pad	Round pad	Round pad	7.5000	50.0000	35.0000	11.5000
C3, Pin 2	Round pad	Round pad	Round pad	7.5000	50.0000	35.0000	Use net settings
D1, Pin A	Round pad	Round pad	Round pad	7.5000	50.0000	35.0000	Use net settings
D1, Pin C	Round pad	Round pad	Round pad	7.5000	50.0000	35.0000	Use net settings
DSW1, ...	Round pad	Round pad	Round pad	7.5000	50.0000	35.0000	11.5000
DSW1, ...	Round pad	Round pad	Round pad	7.5000	50.0000	35.0000	11.5000
DSW1, ...	Round pad	Round pad	Round pad	7.5000	50.0000	35.0000	11.5000
DSW1, ...	Round pad	Round pad	Round pad	7.5000	50.0000	35.0000	11.5000
DSW1, ...	Round pad	Round pad	Round pad	7.5000	50.0000	35.0000	11.5000
DSW1, ...	Round pad	Round pad	Round pad	7.5000	50.0000	35.0000	11.5000
DSW1, ...	Round pad	Round pad	Round pad	7.5000	50.0000	35.0000	Use net settings
DSW1, ...	Round pad	Round pad	Round pad	7.5000	50.0000	35.0000	Use net settings
DSW1, ...	Round pad	Round pad	Round pad	7.5000	50.0000	35.0000	Use net settings

Results | DRC | Parts | Part groups | Nets | Net groups | SMT pads | THT pads | Vias | Copper areas | Keep-ins/Keep-outs | Copper layers | Parts position | Statistics

图 13-1-20 焊盘信息

RefDes	Position X	Position Y	Side	Rotation
C1	2200.0000	1000.0000	Top	0.00
C2	200.0000	2200.0000	Top	0.00
C3	200.0000	1500.0000	Top	0.00
D1	450.0000	1300.0000	Top	0.00
DSW1	1000.0000	200.0000	Top	90.00
H2	2770.0039	2538.3346	Top	0.00
H3	2770.0039	638.3346	Top	0.00
JP1	-106.0387	1288.3346	Top	90.00
P1	2661.8852	1783.5431	Top	270.00
P2	2250.0000	1700.0000	Top	0.00
R1	2200.0000	2250.0000	Top	90.00
R2	50.0000	1100.0000	Top	0.00
R3	200.0000	2350.0000	Top	90.00
R4	2400.0000	2250.0000	Top	90.00
R5	700.0000	1050.0000	Top	90.00
RPACK1	500.0000	200.0000	Top	90.00
U1	2000.0000	1700.0000	Top	90.00

Results | DRC | Parts | Part groups | Nets | Net groups | SMT pads | THT pads | Vias | Copper areas | Keep-ins/Keep-outs | Copper layers | Parts position | Statistics

图 13-1-21 查看元器件位置信息

7. 印制电路板布局

在 PCB 轮廓线内放置元件封装时的元件相对空间位置，包括哪些元件应该彼此相邻、哪些元件应该放置得相对远一些，元件与元件之间的距离保持多大等等，都属于印制板的布局问题。布局是否达到最佳状态，直接关系到印制板整体的电磁兼容性能和造价，最佳布局会使接下来的布线更为容易和有效。

（1）强制向量。强制向量（Force Vectors）是 Ultiboard 提供达到最佳智能布局的有力功能之一，即使在用户采用手工放置元件封装时，也应注意利用强制向量功能，它可保证布局时将属于同一电气连接网络的元件尽可能靠近，从而保证板上各元件引脚间连线最短化的要求，强制向量标记如图 13-1-22 所示的红线所圈。可以看出，每个元件封装都标出了一个合成强制向量，该向量起始于元件封装的中心，结束于建议该元件封装所应移到的最佳位置（圆圈标记处）。

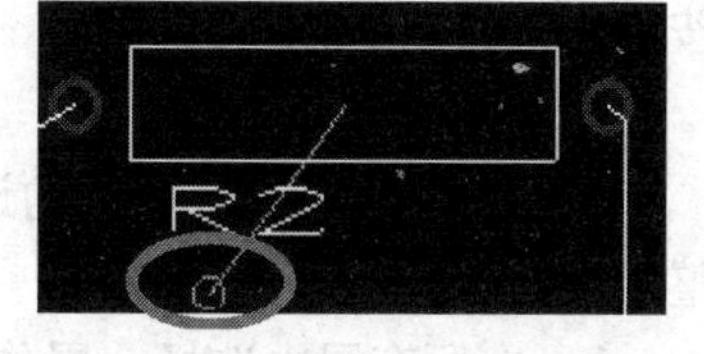

图 13-1-22　“强制向量”的标记

尽管强制向量所起的布局向导作用是非常有价值的，但使用时也不可过于盲目依赖它，因为这种算法要保持所有飞线最短化，必然导致各合成强制向量几乎都指向板面中心区域，会导致板面中心区域的布线密度相对于板面边沿的布线密度要高得多。

（2）密度图。Ultiboard 中的密度图（Density Bar）是用来表示印制板在 X、Y 轴两个方向剖面上，布线的连接密度。如果板上布线密度十分不均匀，密度过高地方的走线布通就很困难，而密度过低又会浪费板面积，所以布局时最好使整个板面保持相对均匀的连接密度，单击 View/Density bar，这时印制板周围就出现彩带，如图 13-1-23 所示。

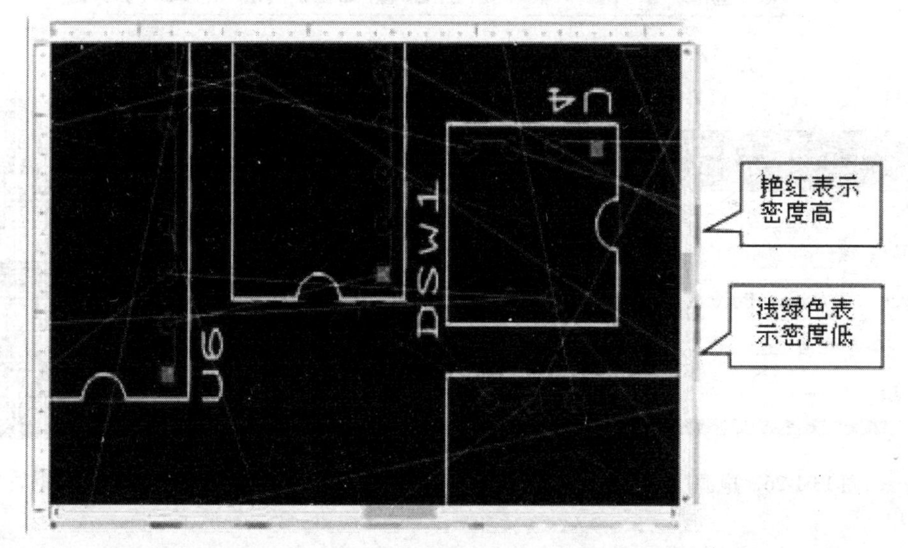

图 13-1-23　印制板及其密度图

当然，要使整个板面达到真正的均匀布线密度是不大可能的，因为强制向量与密度图的同时最佳化存在矛盾，板面中心区域总会比边沿的布线密度高，只能通过观察密度图后相对调整布局以改善布线密度。

三、铜板操作

1. 设置敷铜区域（copper area）

（1）选择敷铜层，在如图 13-1-24 所示快捷工具菜单中选择需要放置铜区的 PCB 板层。

（2）单击快捷工具条中的后，如图 13-1-25 所示；在需要放置铜区的区域单击几点后，让其围成闭合区域，即完成铜区放置，可继续放置其他铜区，单击键盘上“ESC”键结束放置（也可单击鼠标右键结束）。

2. 删除铜区

如果想要删除，选择需要删除的“Copper Area”后，按键盘上的“Delete”即可。

3. 铜层设置

电源层（Powerplanes）的设置：“Powerplanes”是覆盖整个平面的“Copper Areas”。

1）在所有层中选择一层作为“Powerplane”层（参看图 13-1-24）。

2）选择 Place 菜单中的 Powerplane 命令（参看图 13-1-4 所示菜单）。

3）在弹出如图 13-1-26 所示的对话框中定义“Powerplane”的网络号及层。“Powerplane”设置完毕如图，单击“OK”。本例放置电源地线层，即选择如图 13-1-26 所示，网络号选择 0，单击“OK”后如图 13-1-27 所示。

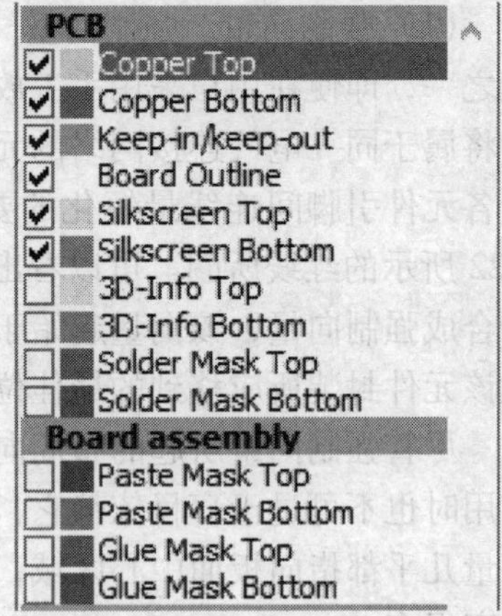

图 13-1-24 PCB 板层选择

图 13-1-25 快捷工具条

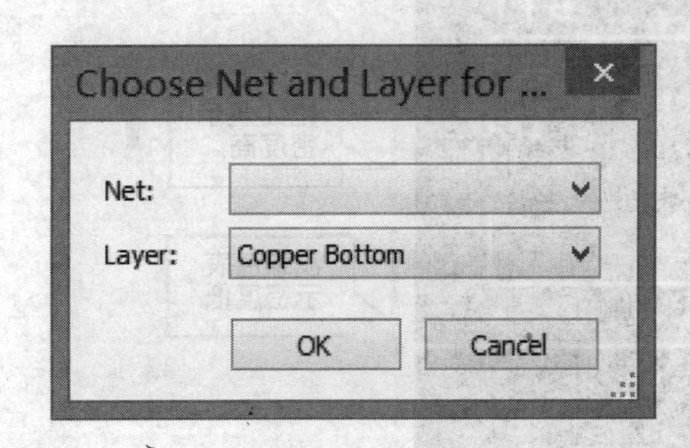

图 13-1-26 电源层的设置

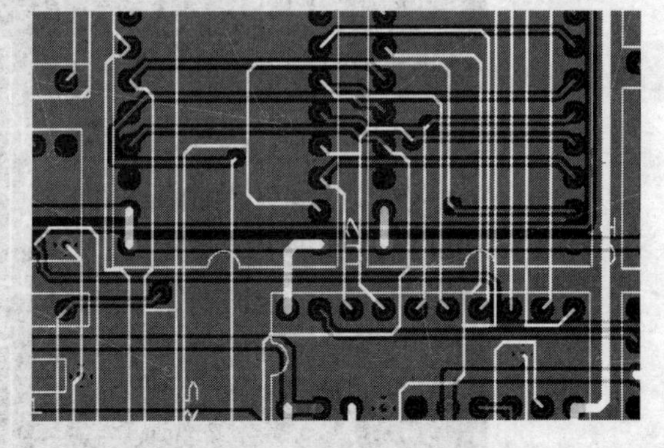

图 13-1-27 Copper Bottom 覆铜后

4. 分离 Copper Area 或 Powerplane

（1）选择 Design 菜单下的 Polygon Splitter（参看 13-1-5），或选择快捷工具条中的命令。

（2）移动光标到你想分离的多边形处。

（3）在你想开始分离处单击鼠标。

（4）移动光标，一条线出现暗示分离发生，击中完成此次分离。

（5）右击取消“Polygon Splitter”功能。

四、创建与编辑网络

“Tools”下的 Netlist Editor.. 命令（参看图 13-1-10）可查阅电路设计中的网络和网络中的

焊盘。同时也可通过 Netlist Editor 命令在设计中增加网络，以及在已有的网络中增加或删除焊盘。

选择菜单“Tools”中执行“Netlist Editor”命令，“Net edit”窗口如图 13-1-28 所示。

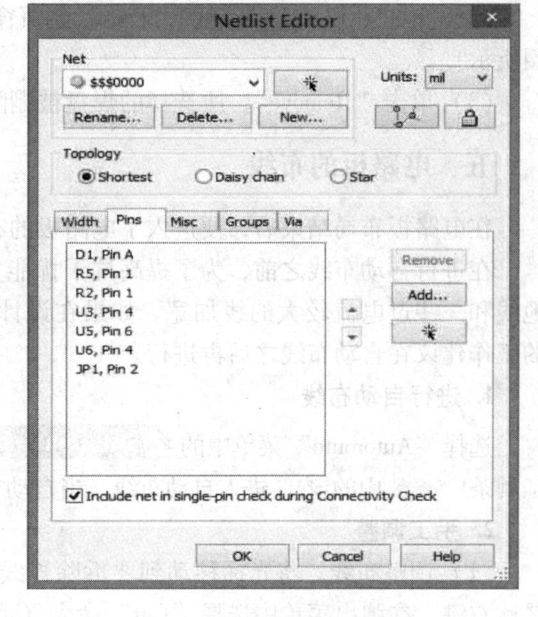

图 13-1-28　网络编辑器窗口

1. 增加网络

（1）单击“New”按钮，弹出“Add net”窗口如图 13-1-29 所示。

（2）输入网络名字，单击“OK”储存新名字或单击“Cancel”取消此操作。则新网络出现在“Net”的下拉窗内。

2. 网络重新命名

（1）选择想要重新命名的网络。

（2）单击图 13-1-28 中的 Rename ，再次弹出窗口如图 13-1-29 所示。

（3）输入网络名字，单击“OK”储存新名字或单击“Cancel”取消此操作。

3. 删除网络

选择要删除的网络名，单击图 13-1-28 中的 Remove 即可删除该网络。

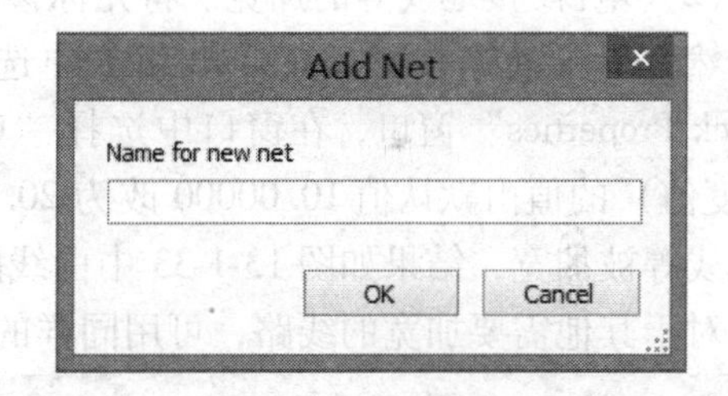

图 13-1-29　“Add net”窗口

4. 在一网络中增加焊盘

（1）在“Net”的下拉窗内中，选择想增加焊盘的网络号。

（2）单击“Add”按钮，弹出“Add Pins to the net…”窗口如图 13-1-30 所示。

（3）选择增加的焊盘，单击“Add”，该窗口关闭，在“Pins”翻页窗口中将显示增加的焊盘，如图 13-1-31 中红线圈所示。

图 13-1-30　添加焊盘

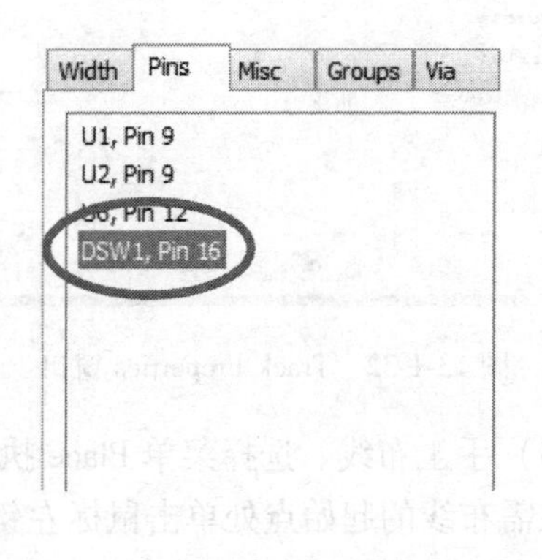

图 13-1-31　Pins 窗口

5. 从网络中删除焊盘

（1）在“Net”的下拉窗内中，选择想删除焊盘的网络号。

（2）在如图 13-1-31 所示的“Pins”翻页窗口中，选择要删除的焊盘（选择如图中红线圈所示）。

（3）单击“Remove”，所选择的焊盘被删除。

五、电路板的布线

在电路板布局结束后，便进入了电路板的布线过程。

在进行自动布线之前，为了提高抗干扰能力，增加系统的可靠性，往往需要将电源/接地线和一些过电流较大的线加宽。如果在设计中采用了铜区域（Copper Areas），线的加宽的工作建议在自动布线之后再进行。

1. 进行自动布线

选择“Autoroute”菜单中的 Start/resume autorouter 参看图 13-1-6 所示菜单，或点击快捷工具条中的，进入自动布线，当自动布线完毕将自动返回到 Ultiboard 设计窗口。

2. 手工调整

（1）调整布线。将光标移动到要拆除连线上，在线上显示一个“×”图标，然后单击鼠标右键，在弹出菜单中选择“Cut”命令（或选中之，按键盘上的“Delete”），则拆线过程结束。

（2）电源/接地线等的加宽。将光标移动到要加宽的连线上，在线上显示一个“×”图标，然后单击鼠标右键，在弹出菜单中选择“Properties”命令（或双击之），在弹出的“Track Properties”窗口，在窗口中选择“General”菜单，如图 13-1-32 所示，将“Width”（宽度值）的值由默认值 10.00000 改为 20.00000、30.00000 等，然后按“确定”，则电源/接地线等被加宽，结果如图 13-1-33 中白线圈所示。

对于其他需要加宽的线路，可用同样的方法进行处理。

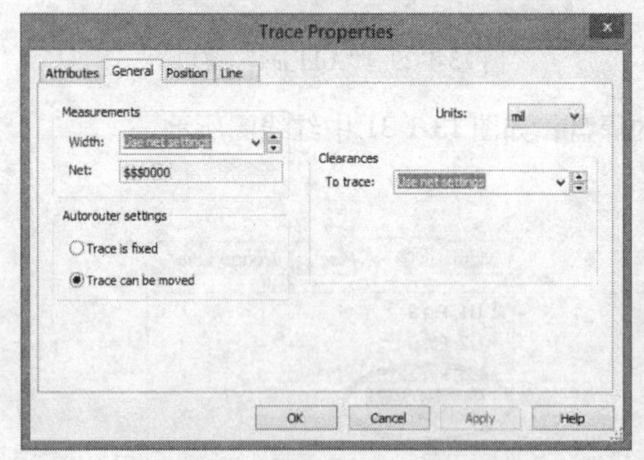

图 13-1-32　Track Properties 窗口

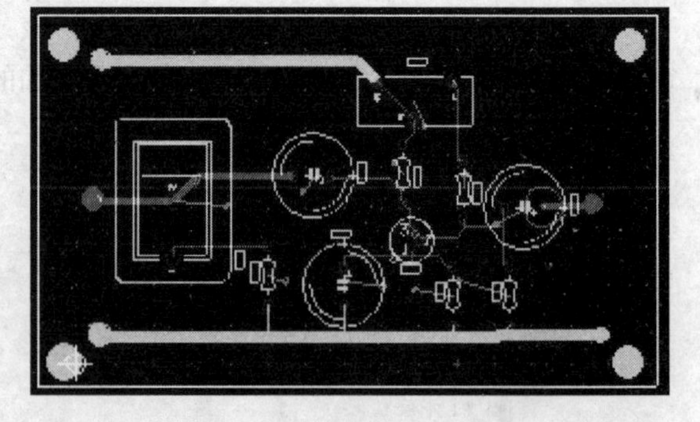

图 13-1-33　加宽的线路

（3）手工布线。选择菜单 Place 执行 Line 命令（参看图 13-1-4）或单击快捷菜单中的。在需布线的起始点处单击鼠标左键，拖动光标画线，再单击鼠标左键确定画线，可继续画线、转折等，单击键盘上的“ESC”结束该次布线任务。在画线过程中，单击鼠标右键，可选择下面需要画加宽线或画窄线。

六、三维视图设计

选择菜单 Tools 执行 View 3D 命令（参看图 13-1-10），或单击快捷工具工具条中的，观察结果如图 13-1-34 所示。要想关闭三维视图，可选择位于主窗口右上角的“×”即可。

图 13-1-34 3D 视图

七、设计检查与整理

1. 设计检查

在 Design 菜单下选择 DRC and netlist check 命令（参看图 13-1-5），可以实现网络表和电气规则检查，结果保存于信息栏的 Results 标签栏中。

2. 连通检查

选择 Connectivity Check 命令可以实现网络的连通检查，结果保存于信息栏的 Results 标签栏中。

3. 自动参量计算

Ultiboard 还提供了一些 PCB 自动参量计算，下面分别介绍。

（1）网络微分阻抗计算。在 Ultiboard 界面中，执行菜单 Tools 下的 PCB differential impedance calculator 命令，Ultiboard 将自动计算有关电参量，如图 13-1-35 所示，有关参量示于图中。

（2）网络传输线参量计算。在 Ultiboard 界面中，执行菜单 Tools 下的 PCB transmission line calculator 命令，Ultiboard 将自动计算有关电参量，如图 13-1-36 所示，有关参量示于图中。

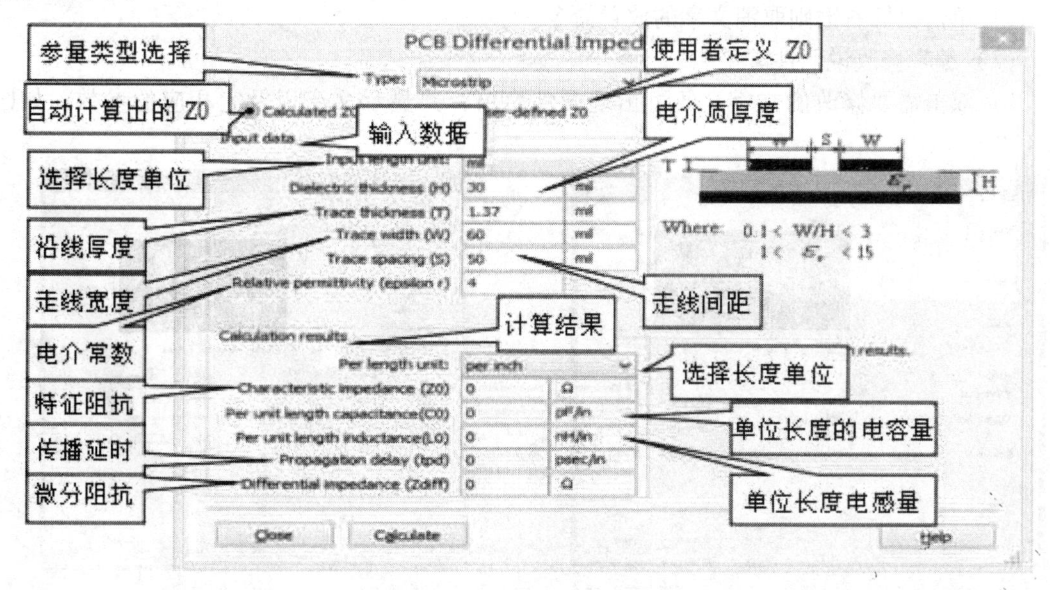

图 13-1-35 自动计算微分阻抗

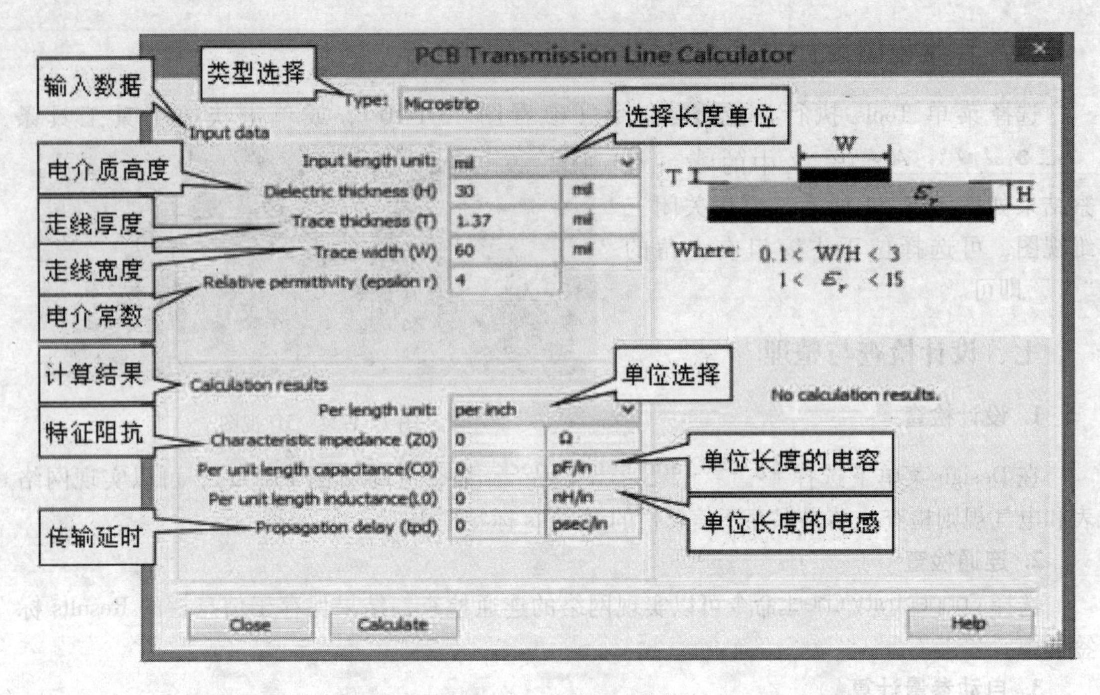

图 13-1-36　传输延时计算

4. 元件标注文字与重新编号

（1）说明性文字的放置。规范性的印制电路板应该包含必要性的说明性文字。

1）选择快捷工具条中的A命令，弹出“Text”子窗口，如图 13-1-37 所示。

2）在“Value”框内输入要放置的文字，并定义该文字的其他参数，一般可采用默认值。

3）单击“OK”，属性窗口消失，需放置的文字附着在光标上。

4）移动光标到合适的位置后单击鼠标左键即可完成文字的放置。

5）单击鼠标右键则取消文字的放置命令。

（2）编辑修改说明性文字。

1）双击需要修改的文字，便可出现属性窗口，并显示文字以及它相应的参数，如图 13-1-38 所示。

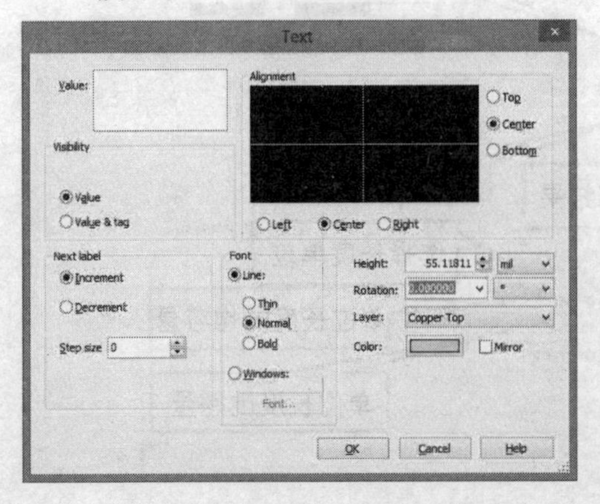

图 13-1-37　文字标注

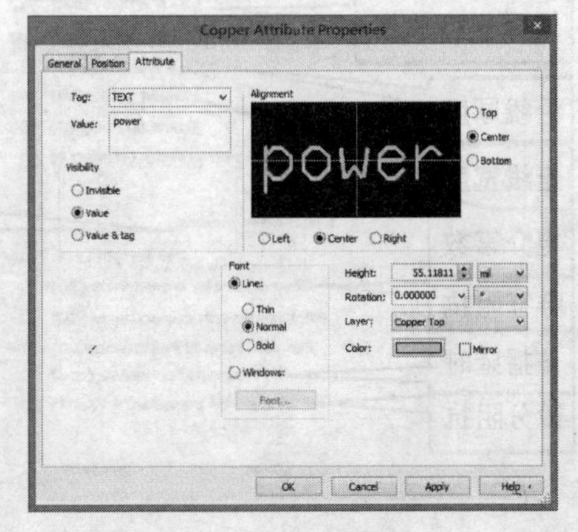

图 13-1-38　编辑文字

2）编辑文字，然后选择“确定”，完毕。

3）如果要移动或删除已放置的文字，可直接选中，然后进行移动或删除。

（3）元件的重新编号。由于优化布局时元件位置的调整，原有元件编号顺序已经被打乱，为了便于生产和售后服务，应按照元件放置的顺序重新对元件进行编号，使设计更加规范。操作如下：

1）选择菜单“Tools”中的 Renumber parts... 命令，弹出窗口如图 13-1-39 所示。

2）在“Direction”下拉窗内选择元件编号顺序方向（水平 H、垂直 V）。

3）在“Start corner”的下拉窗内选择元件编号顺序的起始位置，包括左上角（Upper Left）、左下角（Lower Left）、右上角（Upper Right）、右下角（Lower Right）。

4）完成各项选择后单击“Apply”按钮使系统接受设置，单击“OK”关闭对话框。Ultiboard 立刻按照用户的要求自动完成元件的重新编号。

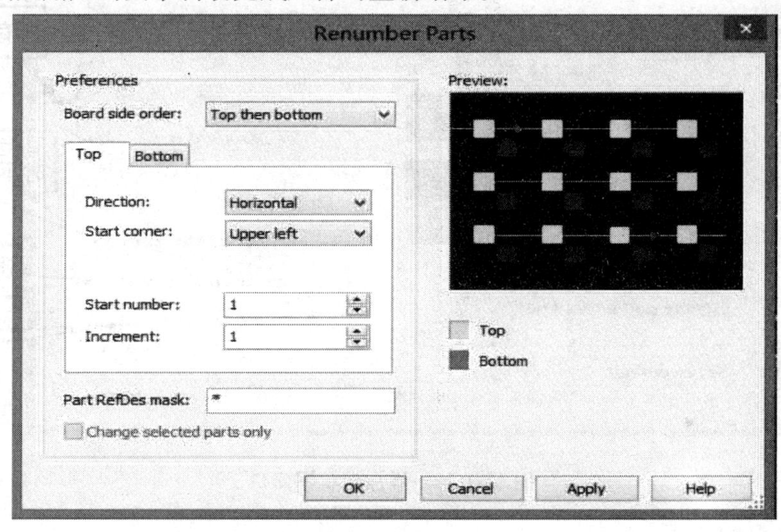

图 13-1-39　重新编号

八、整理布线

1. 走线设置

为了减小高频工作时的辐射和适当缩短连线的长度，必须保证电路板上的连线拐角为 45°。

1）选择需要斜接的连线。

2）选择“Design”（参看图 13-1-5）菜单中的 Corner Mitering... 命令，弹出“Corner Mitering”子窗口，如图 13-1-40 所示。

3）“Current Selection”选项适用于已选择了所需斜接的连线；“Whole design”选项适用于整个设计中；“Minimum length”选项为设计拐角线段的最小长度；“Maximum length”选项为设计拐角线段的最大长度，一般采用默认值；

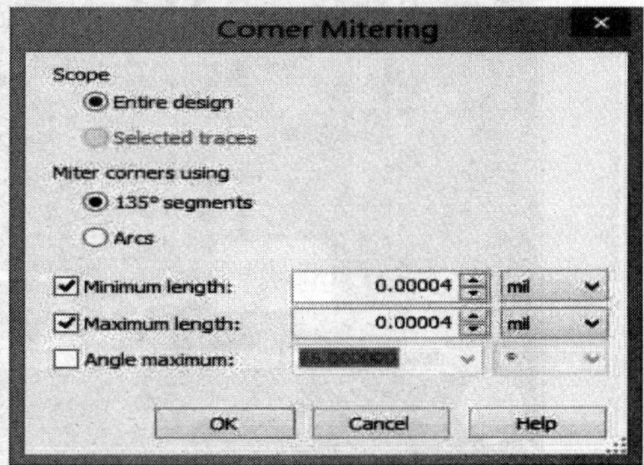

图 13-1-40　走线设置对话框

“Angle”选项设置为 95 意味着所有小于 95°的拐角均被斜接为 135°，一般采用默认值。

4）单击“OK”，设置结束。

2. 添加泪状铜

有时为提高接脚的可靠性，需要增大焊盘面积，这时可以用 Ultiboard 的添加泪状铜功能：

选择“Design”菜单下的 Add teardrops 命令，出现如图 13-1-41 所示窗口，其功能示于图中，选择、修改完毕，单击“OK”，结果如图 13-1-42 所示。

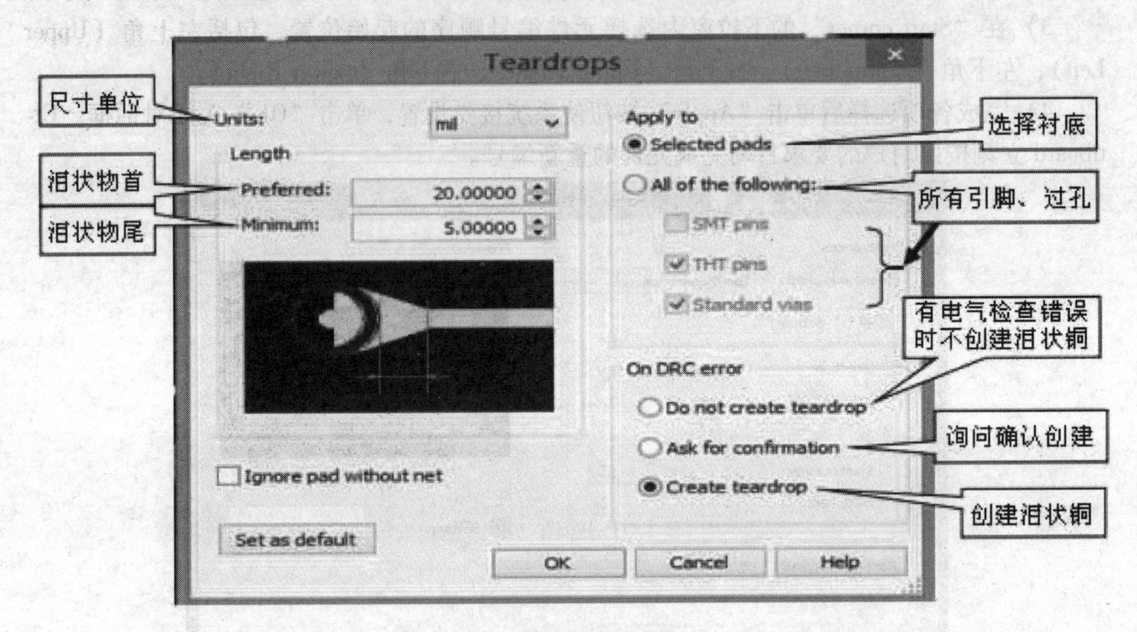

图 13-1-41 添加泪状铜窗口

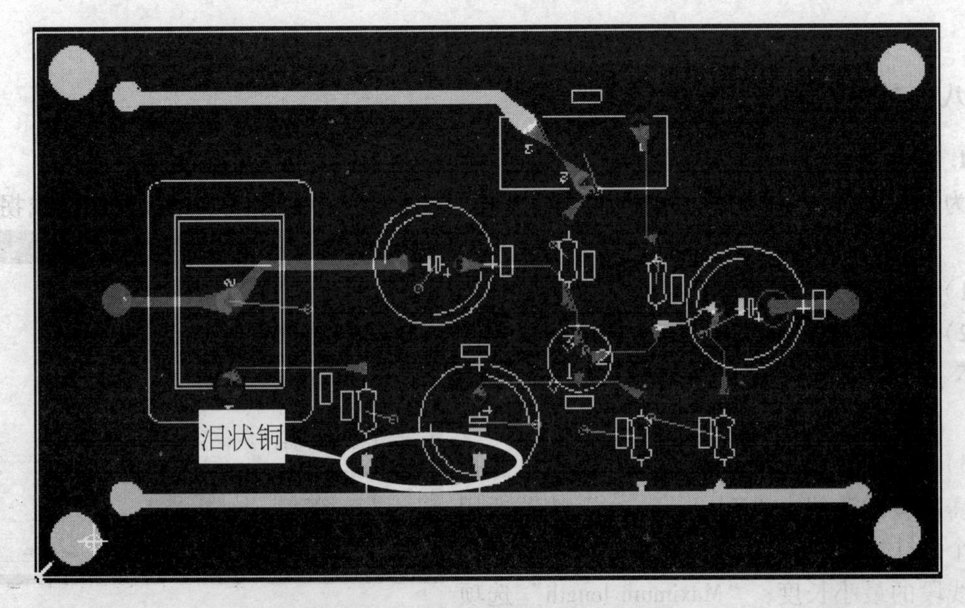

图 13-1-42 添加泪状铜后的 PCB 版图

3. 拆除开路线头及删除无用过孔等

如图 13-1-43 所示，选择执行菜单“Edit”菜单下的“Copper Delete”中的“Open Trace Ends”命令，可拆除开路线头；执行“Unused Vias”命令，可删除无用过孔；执行“All Copper”命令，删除所有铜；执行“All teardrops”命令，删除所有泪状铜；执行“Delete copper island”命令，删除孤岛铜。

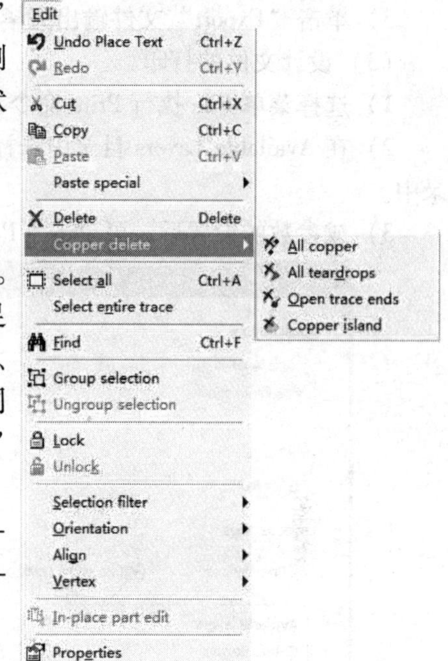

图 13-1-43　拆除开路线头及删除无用过孔等

九、文件报表的输出

输出文件包含如何加工生产电路板的所有信息。在 Ultiboard 中可以产生多种格式的输出文件，以满足不同制板商生产设备的需要，它包括“Gerber”、“plotter”、“DFX”、“NC drill”（钻孔文件）格式，同时也可以输出文本文件，可包括“Board Statistics”（统计报表）、“Part Centroids”、“Bill of Materials”。

（1）创建新的输出设置。选择菜单 File 执行 Export 命令（参看 13-1-2），弹出 Export 窗口，如图 13-1-44 所示。

（2）显示输出类型的特性及文件的输出。

1）如图 13-1-44 所示，在 Export 窗口中选择所需格式；该格式的特性窗口就显示在图 13-1-44 所示的右半部份。

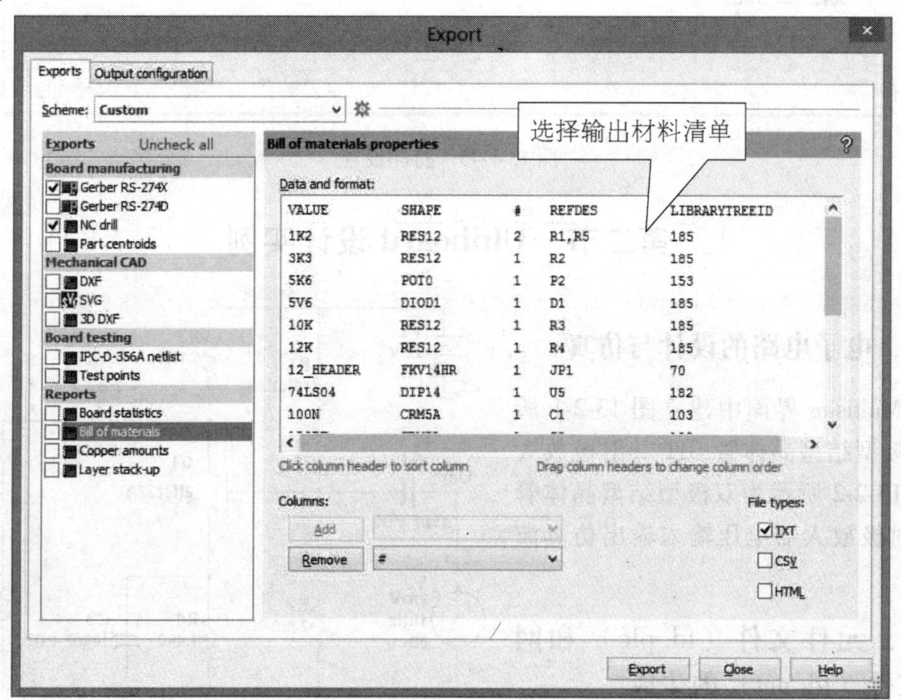

图 13-1-44　输出文件报表窗口图

2）选择需输出的类型，单击“-Save as”，定义输出文件的文件名及路径，如果输出多余一个文件，必须定义每个文件的文件名及路径。

3）单击“Export”文件输出完毕。

（3）设计文件的打印。

1）选择菜单 File 执行 Print 命令，弹出 Print 窗口，如图 13-1-45 所示。

2）在 Available Layers 目录中选择需要打印的层，并用箭头将其移到动 Layers to Print 目录中。

3）成参数的设置后，可单击“Preview”，进行打印预览；单击“print”。进行打印。

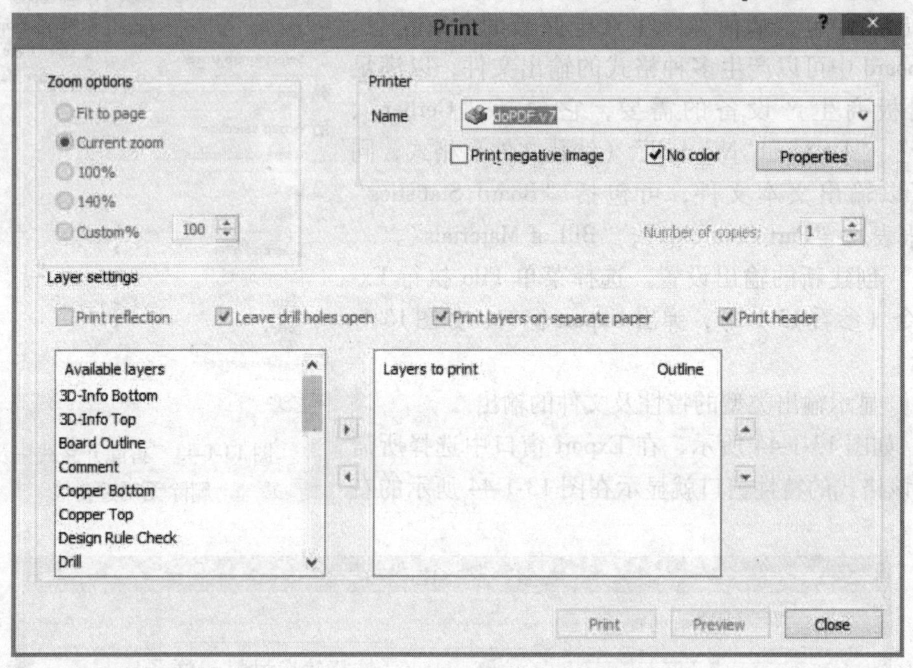

图 13-1-45　打印设置

第二节　Ultiboard 设计实例

一、电子电路的设计与仿真

在 Multisim 界面中建立图 13-2-1 所示的双极型结型晶体管 BJT 共射极放大器。图 13-2-2 所示为双极型结型晶体管 BJT 共射极放大器电压输入输出仿真波形图。

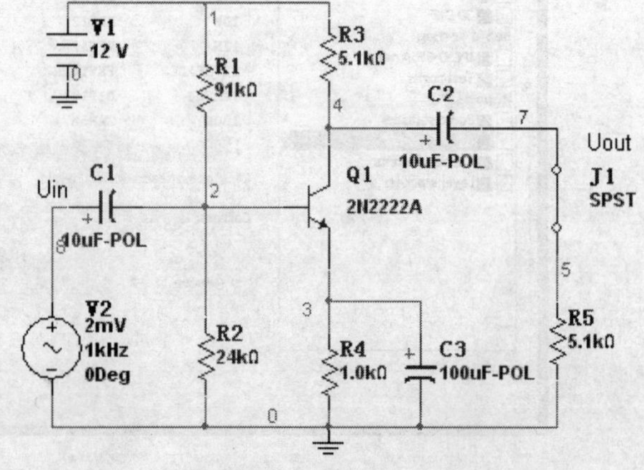

图 13-2-1　双极型结型晶体管 BJT 共射极放大器

二、元件文件（fd. plc）和网络表文件（fd. net）的生成

利用 Ultiboard 设计 PCB 时，并不是

孤立地使用 Ultiboard 模块，一个完整的 PCB 设计过程需要在前端设计上有 Multisim 的支持，它完成电路的输入以及仿真验证，完成电路设计后，如果要继续进行 PCB 设计，还必须生成代表电路设计全部信息的元件文件（ *. plc）和网络表文件（ *. net），才能实现 Multisim 设计工具与后端 PCB 设计工具 Ultiboard 的无缝链接。

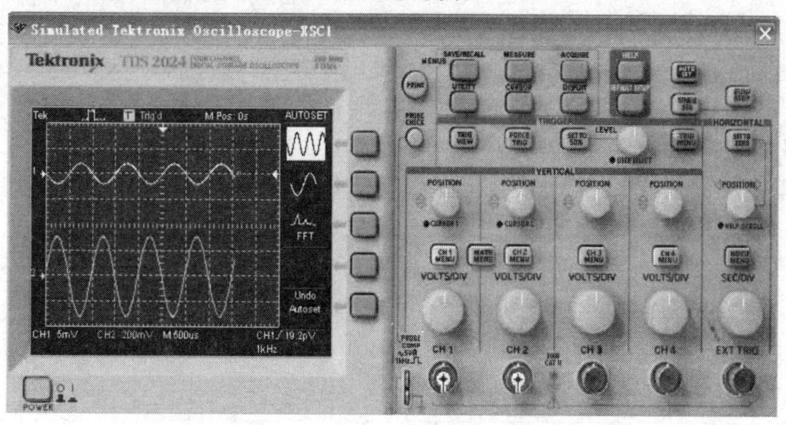

图 13-2-2 双极型结型晶体管 BJT 共射极放大器仿真波形

如将图 13-2-1 的放大器电路转入 PCB 设计，则选择工具菜单栏的“Transfer”项中的“Transfer to Ultiboard file…”，Multisim 提供了传输到“Ultiboard”“Transfer to other PCB layout”（传输到其他的 PCB 板设计软件）等选项供用户使用，如图 13-2-3 所示。该设计的元件文件（fd. plc）和网络表文件（fd. net）就会生成。

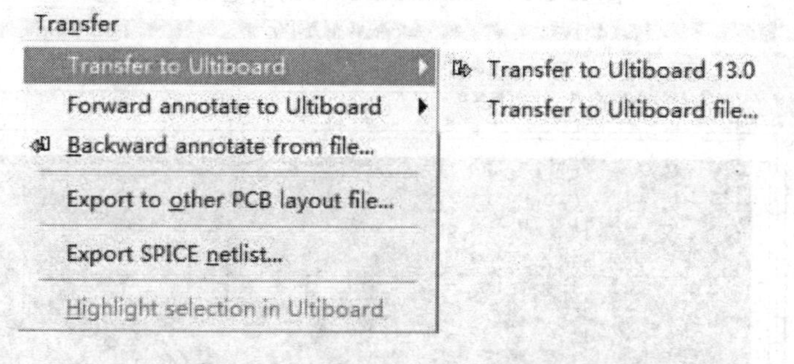

图 13-2-3 从 Multisim 传递到 Ultiboard

若选择“Transfer to other PCB layout”，将弹出文件保存对话框，在对话框中，可选择文件保存类型，如图 13-2-4 所示。

三、PCB 版图设计

方法一、用 EWB 自动设计方法进行 PCB 版图设计，步骤如下：

(1) 在图 13-2-3 中选择 Transfer to Ultiboard... 后出现保存文件对话框，选定路径（本例选 D:\）后输入文件名（dgfdq2），单击“保存”就完成了网络表文件“dgfdq2. ewnet”的生成，打开网络表文件“dgfdq2. ewnet”，自动弹出如图 13-2-5 的“Import Netlist”对话框，单击

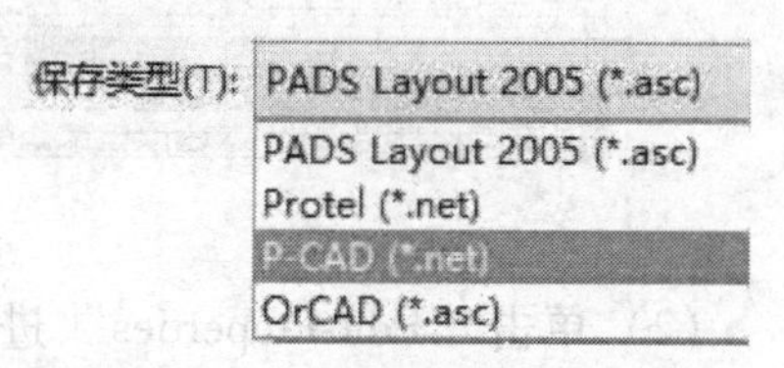

图 13-2-4 文件保存对话框

"OK"出现图 13-2-6 所示的版图设计窗口，进入下一步。

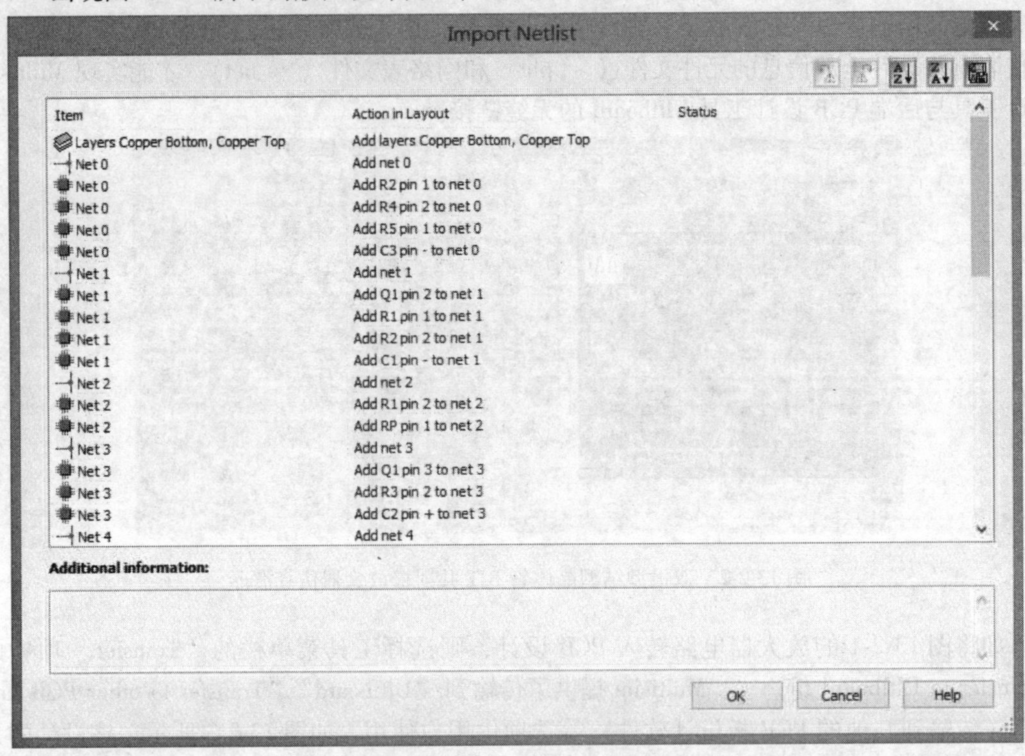

图 13-2-5 "Import Netlist"对话框

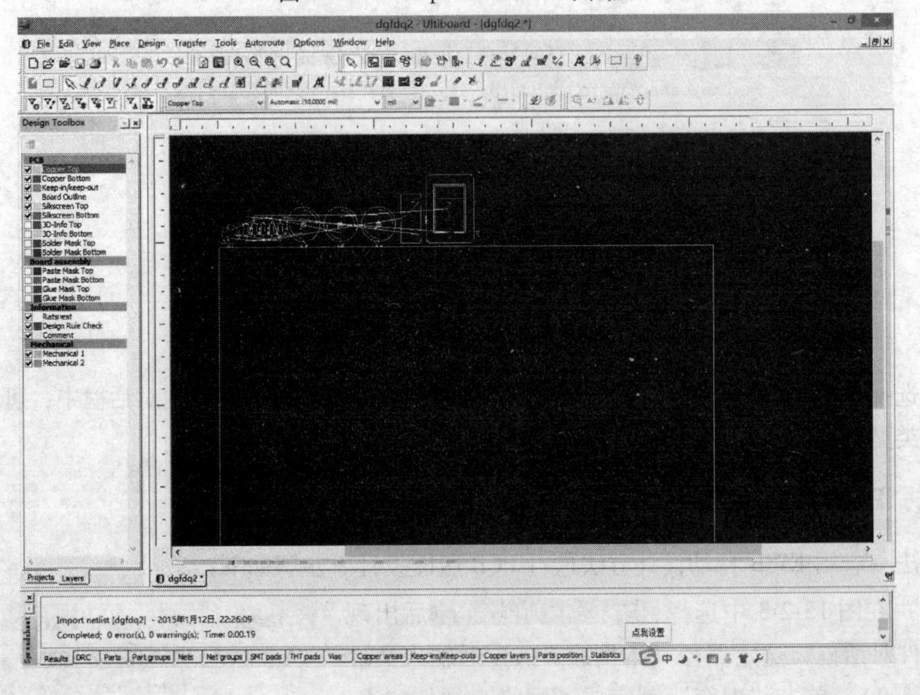

图 13-2-6 版图设计窗口

（2）单击"Edit-Properties"进入 PCB Properties 设置对话框，如图 13-2-7 所示的 PCB Properties 设置对话框，进入下一阶段的设计程序。

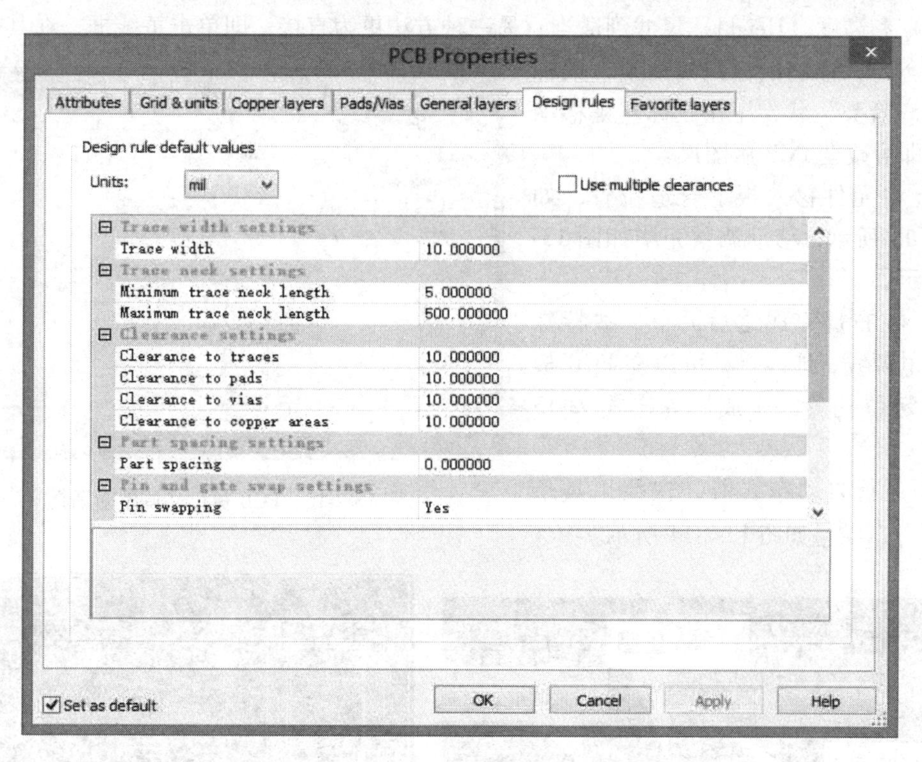

图 13-2-7　PCB Properties 设置对话框

（3）图 13-2-6 中的"黄线框"为默认的 PCB 板范围，其尺寸可以根据需要来调整，方法如下：

1）在快速设计工具条中单击"板层选择工具"如图 13-2-8 所示，选中"Board Outline"（PCB 板描画轮廓）。

2）单击黄线框，变为如图 13-2-9 所示的被选中状态。

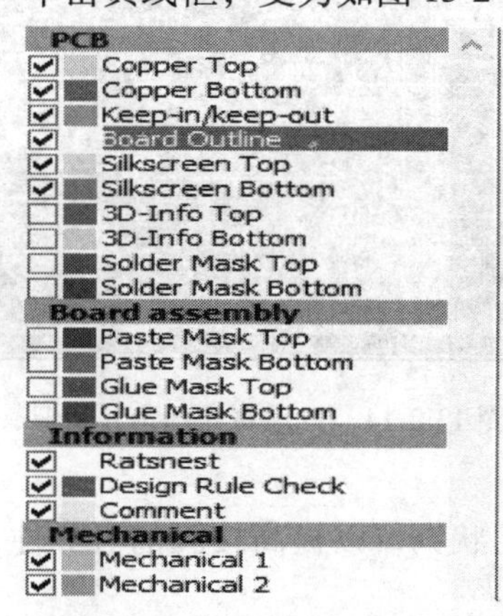

图 13-2-8　板层选择窗口

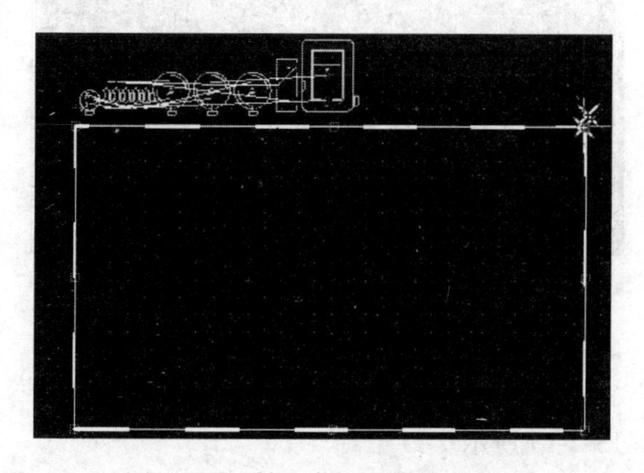

图 13-2-9　被选中的 PCB 物理边界

3）双击黄线框，出现如图 13-2-10 所示的对话框。

4）在 Rectangle 翻页标签下，可改变尺寸单位（合符自己习惯），可调整其宽度

(Width）和高度（Height）尺寸到适当；另一种方法更为直接，即单击黄线框，在其显示被选中状态时，移动鼠标到其角上，鼠标变为“双箭头”状，压住鼠标左键移动鼠标，即可改变 PCB 版图尺寸。

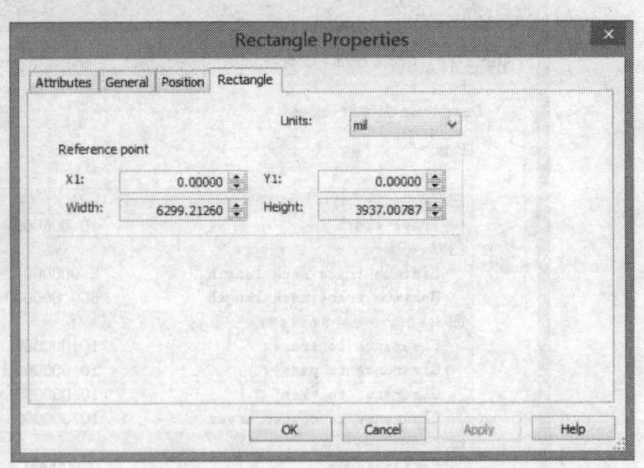

图 13-2-10　PCB 板尺寸调整对话框

5）将元件移入板上合适位置，如图 13-2-11 所示，移动调整完毕如图 13-2-12 所示。

6）在布局完成之后，布一些特殊线，如电源线、地线等，可以在 PCB 板角上作定位孔等，完成后如图 13-2-13 所示。

7）运行自动布线器（快捷工具条中的 ），结果如图 13-2-14 所示。

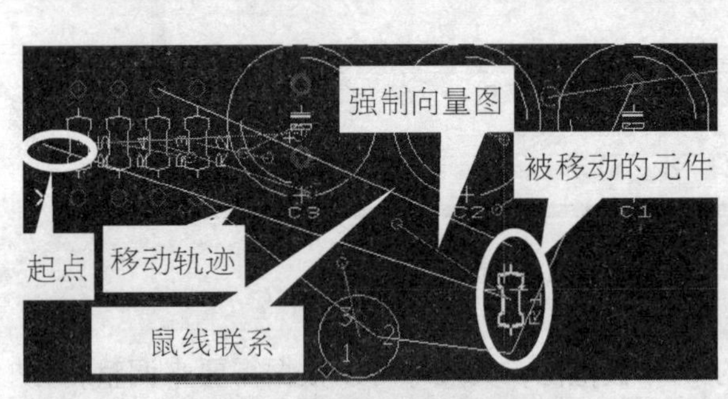

图 13-2-11　移动元件

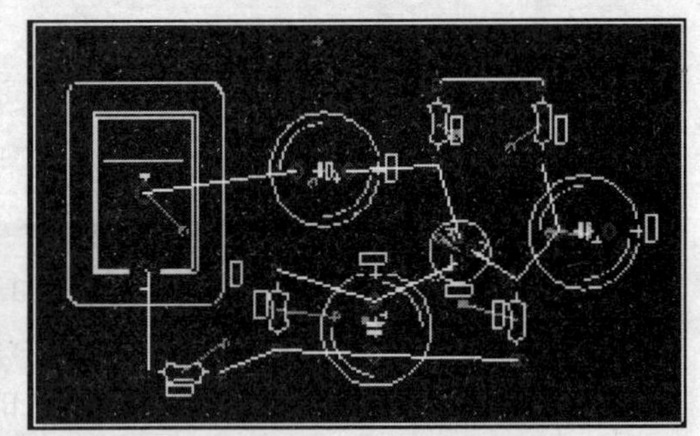

图 13-2-12　元件布局

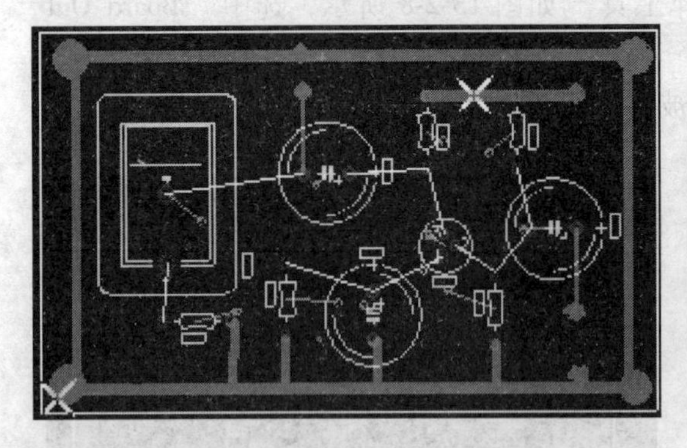

图 13-2-13　添加电源线、地线等

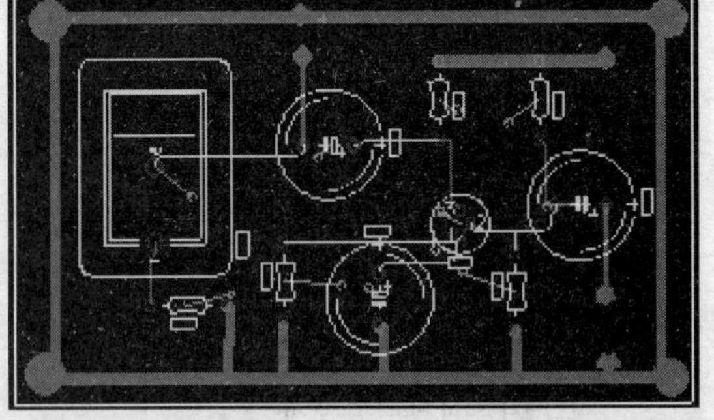

图 13-2-14　自动布线的走线情况

8）选择菜单 Design 下的 Add teardrops 命令，添加泪状铜，以提高接脚的可靠性，如图 13-2-15 所示。

9）此时完成了双面板布线，单击快捷工具条中的 按钮，可查看其 3D 效果图，如图 13-2-16、13-2-17 所示。

10）有时电路较为简单，不用双面板可降低成本，如本例是一个较小的电路，可用单面板布线，将顶层的布线选中（图 13-2-15 中的绿色布线），单击快捷工具条中的 按钮，即将布线转移到底层，其3D图示如图13-2-18、13-2-19所示（与图13-2-16不是同一电路）。

方法二、用人为控制方法进行PCB版图设计

PCB设计方法一采用了直接传递设计，PCB板层是默认设置的，下面再介绍一种方法，即在Multisim传递生成网络表后，不直接传递到Ultiboard，而以下列步骤完成设计：

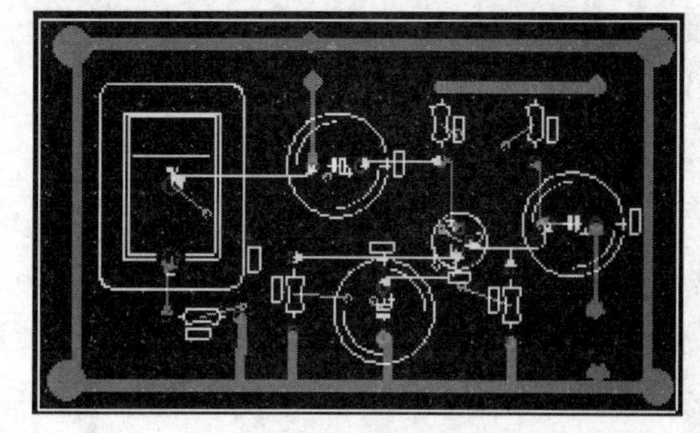

图13-2-15 添加泪滴铜

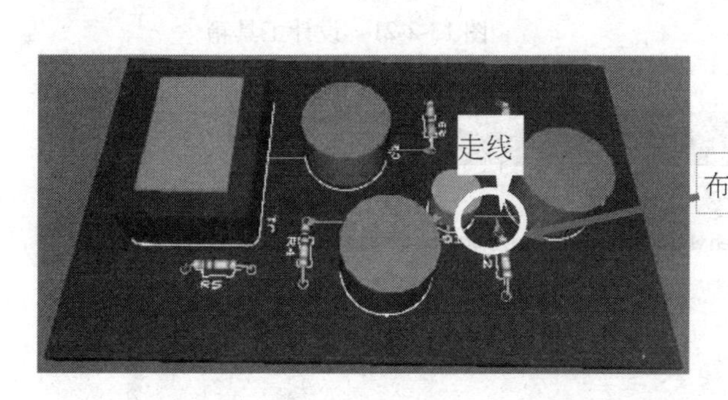

图13-2-16 自动布线PCB板顶层3D图1

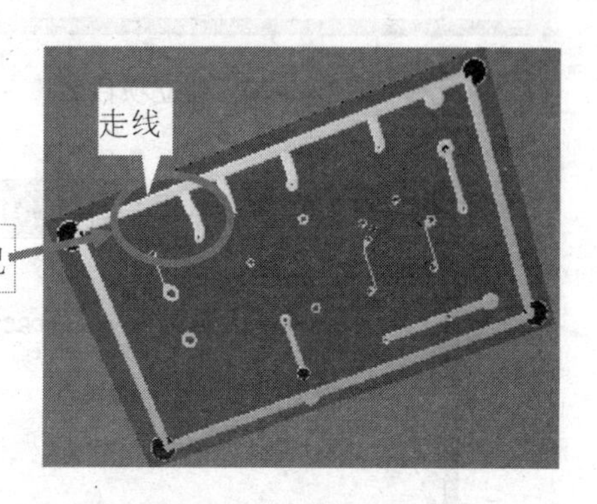

图13-2-17 PCB板底层3D图1

图13-2-18 手动布线PCB板顶层3D图2

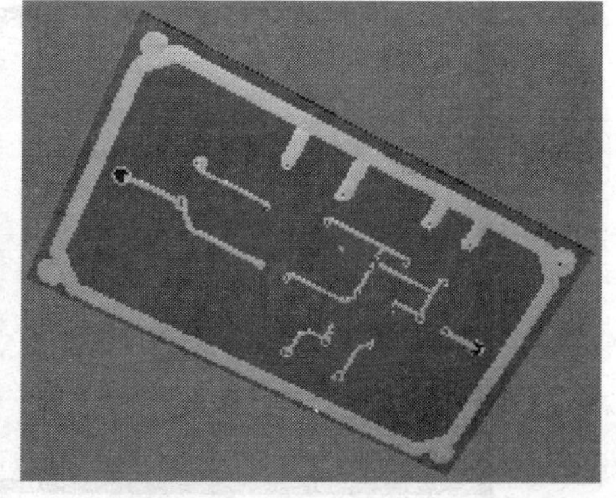

图13-2-19 PCB板底层3D图2

（1）在打开的Ultiboard设计界面中，选择File菜单下的☑ New project...项，建立一个项目名为××的文件（本例为单管放大器，故取名为dgfdq，也可以直接单击快捷工具条中的□图标来新建项目），文件的工作目录位于D:\My-Project\dgfdq3，如图13-2-20所示，此时设计工具箱显示如图13-2-21所示。

（2）根据电路复杂度确定印制电路板的板层数、外围轮廓形状和尺寸。选择Tools菜单下的 Board Wizard，如图13-2-22所示；这里将印制电路板设计成尺寸为60×50（mm）的矩形轮廓、单面板如图13-2-23所示；于是一个空的黄色矩形印制板轮廓框出现，如图13-2-24所示。

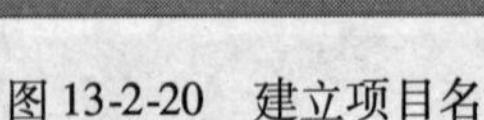

图 13-2-20 建立项目名

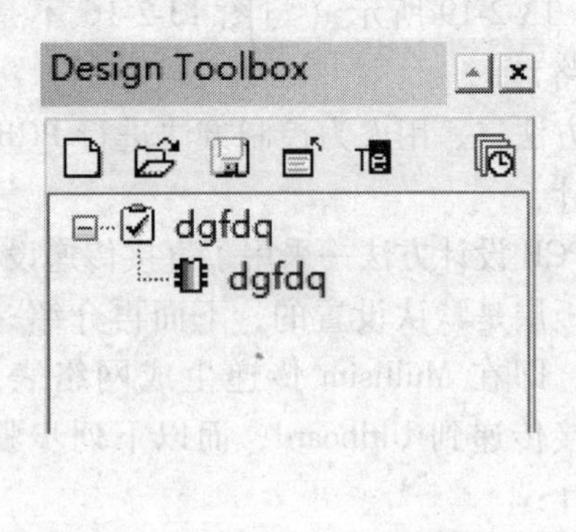

图 13-2-21 设计工具箱

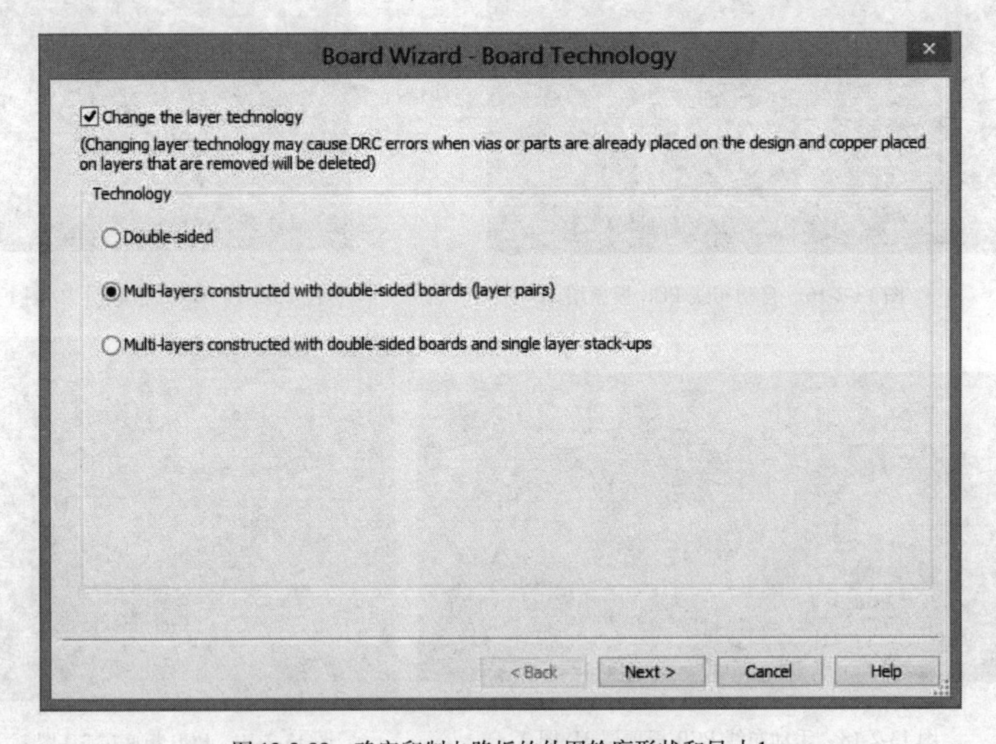

图 13-2-22 确定印制电路板的外围轮廓形状和尺寸 1

(3) 选择 File 菜单下的"Open",将在 Multisim 中设计的电路的网表 dgfdq. net 文件载入。在随后弹出的"Default Track Width and Clearance"对话框中选择自己准备采用的线宽和间距,如图 13-2-25 所示,选择完毕单击"OK",出现网表选择窗口(参看图 13-2-5)。选择完毕单击"OK",此时的各元件引脚之间出现很多"飞线",至此,PCB 前端设计的信息就全部传递到 Ultiboard 设计工具中,如图 13-2-26 所示(参看图 13-2-6)。

(4) 印制电路板布局。布局是 PCB 设计过程中最费时的设计环节,布局的合理性直接关系到后续的布线效果。如图 13-2-27 所示为放大器的布局情况。

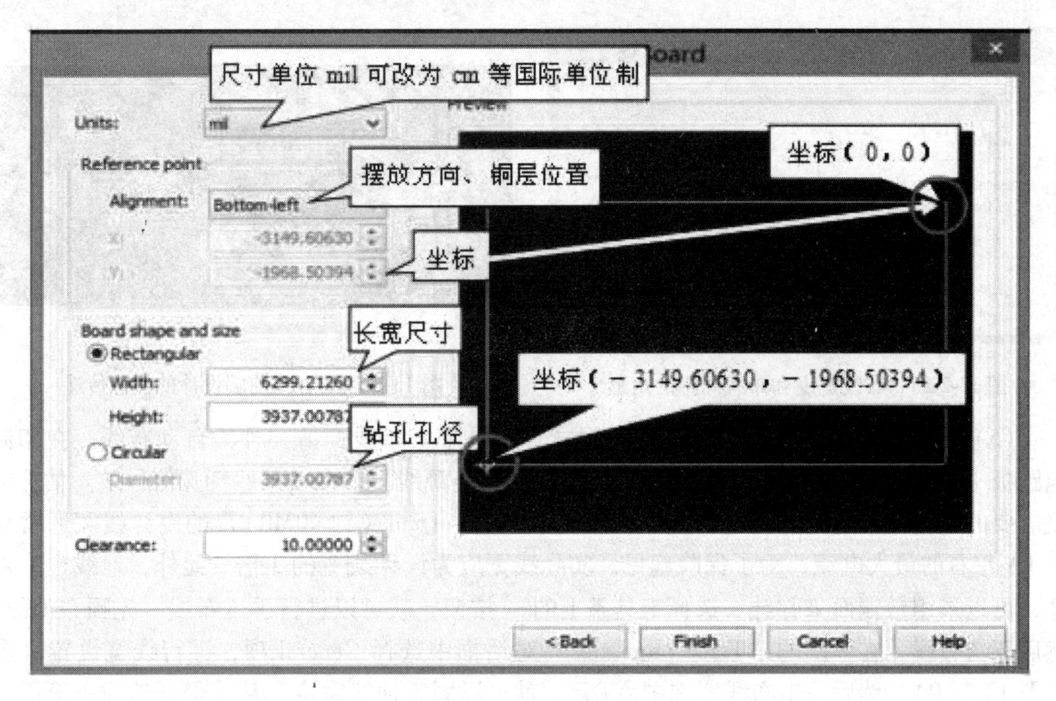

图 13-2-23　确定印制电路板的外围轮廓形状和尺寸 2

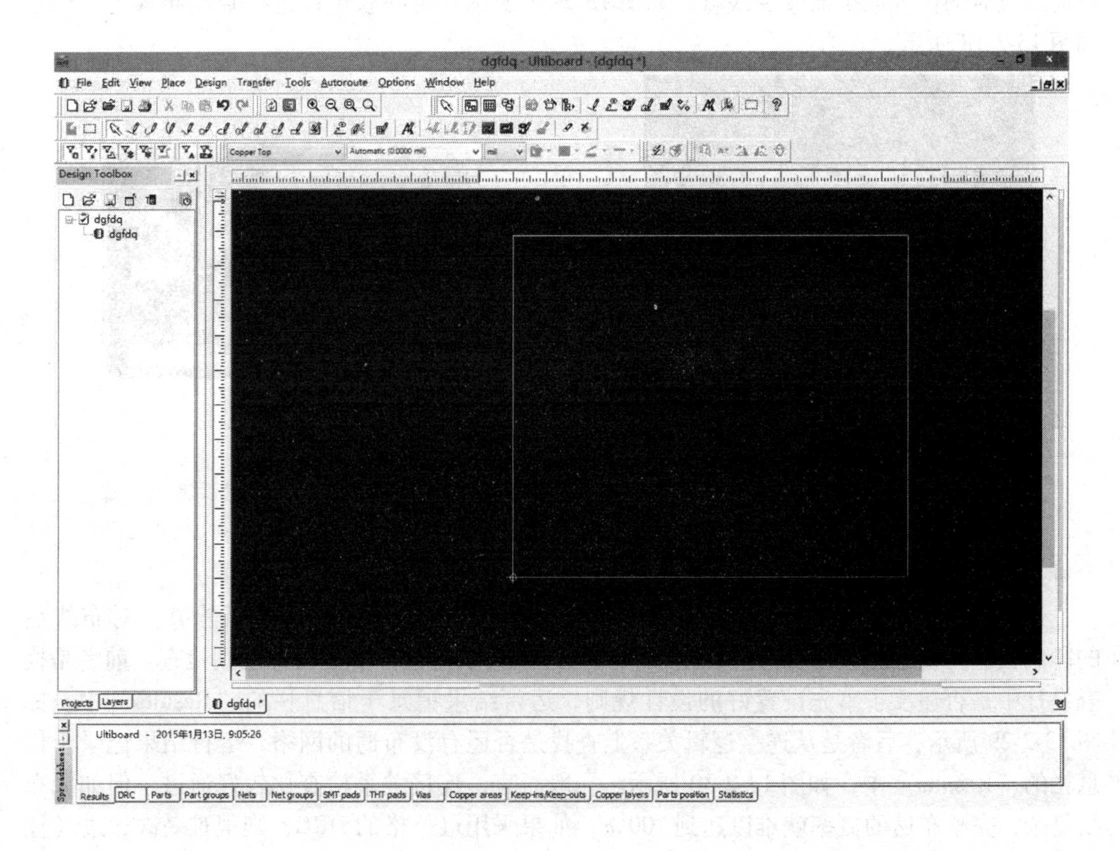

图 13-2-24　确定印制电路板的外围轮廓形状和尺寸 3

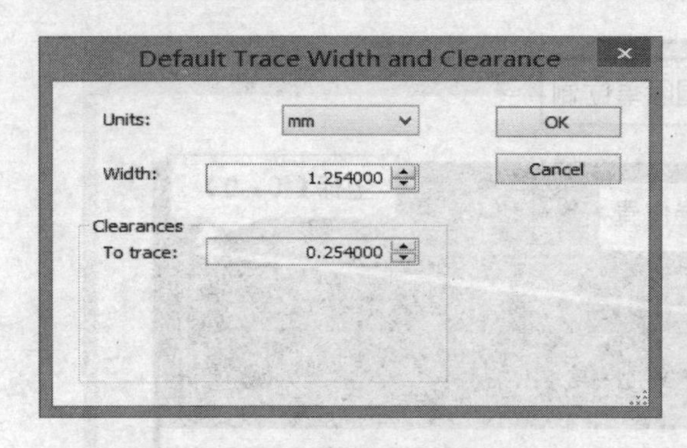

图 13-2-25　布线宽度和布线间距的矩形

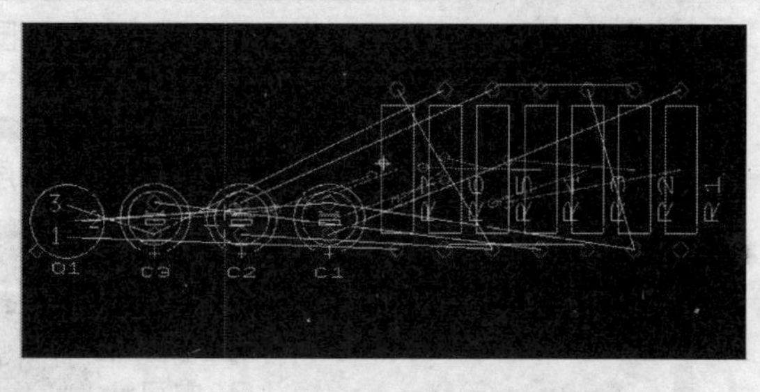

图 13-2-26　PCB 前端设计的信息传递

（5）印制电路板布线。布线有两种形式，一是手工布线；另一种为自动布线。在印制电路板中，有些特殊连线需要预先布线：主要是指电源线、地线及某些特殊信号线。估算电路需要的总电流，适当加宽电源走线宽度是必要的，1mm（约 40Mil））的设计线宽通常允许 1A 左右的最大电流，为了保险起见，实际线宽应为设计线宽的 3 倍。此外，地线也应加宽，可以采用敷铜面来弥补。选择工具条上的按钮，就可以进行手工布线。先预布地线，然后双击布线，在弹出的“Trace properties”对话框中选择 General 项，进行线宽设置（参看图 13-2-10）。然后左击布线，选中 Lock，就可以固定地线宽度，从而保证地线不至因为自动布线时的位置推挤而改变线宽，如图 13-2-28 所示。现在就可以进行自动布线了，结果如图 13-2-18 所示。

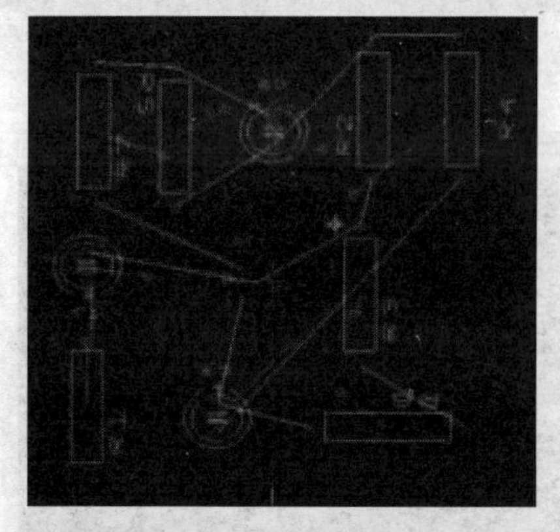

图 13-2-27　布局

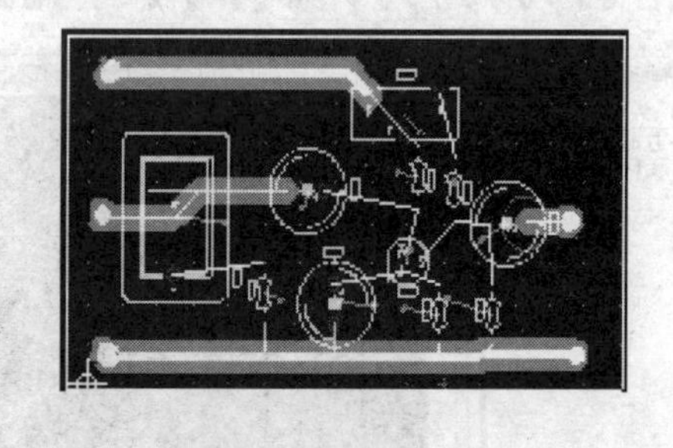

图 13-2-28　锁定布线

四、印制电路板设计检查与修改

选择“Design”菜单下的 DRC and netlist check 和 Connectivity Check 进行检查。对布线后的印制板进行设计检查主要有两种途径，一是连接关系检查，二是设计规则检查。前者是检查设计中是否违反了事先设置好的设计规则，运行结果记录于信息栏的“Results”中，如图 13-2-29 所示，后者是从连接逻辑关系上查找是否还有没布通的网络，运行结果记录于信息栏的“Results”中，如图 13-2-30 所示。一般而言，连接关系检查比较好通过，但如果布线复杂，完整布通的概率就难以达到 100%，如果采用最严格的 DRC，则很难一次通过（注意观察图 13-2-29 和图 13-2-30 中的红圈中内容），问题主要反映在避让距离违规上，用户一要看设计规则设置是否合理，二要根据错误报告中的出错坐标或违规标记，手工进行修改，不断修改并不断运行两种检查。

图 13-2-29　连接关系检查

图 13-2-30　设计规则检查

五、输出设计

完成必要的设计整理工作后，利用菜单“File”下的 Export... 输出不同格式和用途的设计文件（参考本章“文件报表的输出”及图 13-1-44），如图 13-2-31 所示，这些文件最好作为一个设计项目（Project）统一保存在一个文件夹内。本次设计所用的元材料清单，如图 13-2-31 右半部分所示，其他输出文件读者自行研究，本书不再评述。

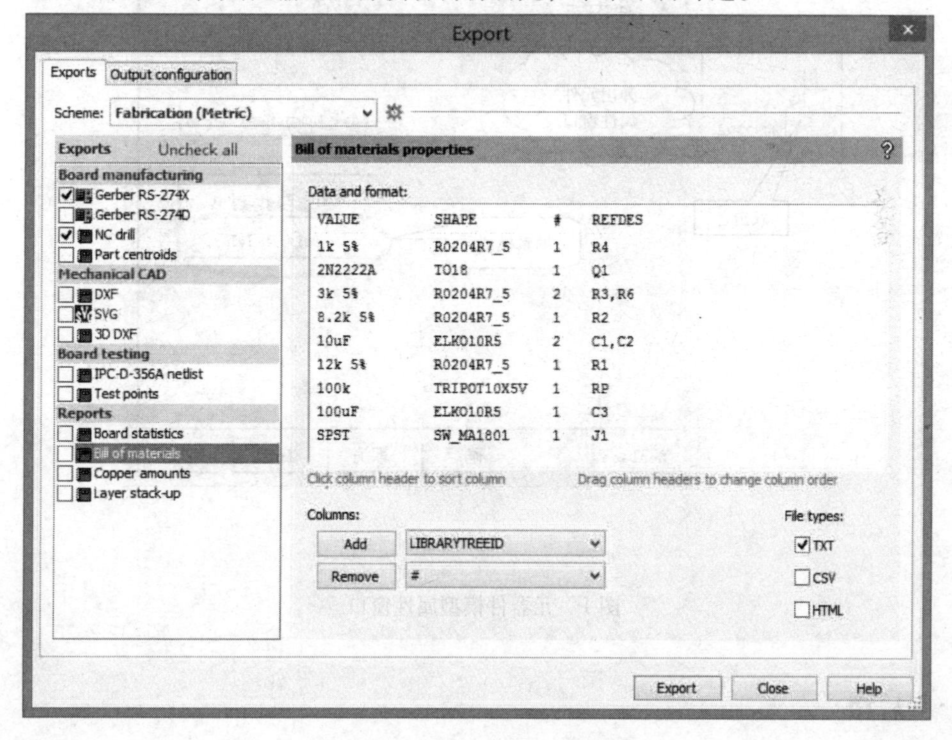

图 13-2-31　输出文件报表窗口图

六、3D 视图

3D 视图如图 13-2-18、13-2-19 所示，操作见其相关说明。

附 录

这一部分主要提供 Multisim 的库文件中 PSPICE 模型的技术支持。在 Multisim 的工作界面中，调用器件时，双击器件，出现器件的属性窗口，如图 1 所示。在 Value 页点击 Edit Model 按钮，将显示其模型文件，如图 2 所示是 2N2222A 的 SPICE 文件。如果我们要分析电路中某器件的某个模型参数的变化对电路性能的影响时，就要了解其参数的含义了（参看本书第九章第一节实例二中的“容差分析”）。

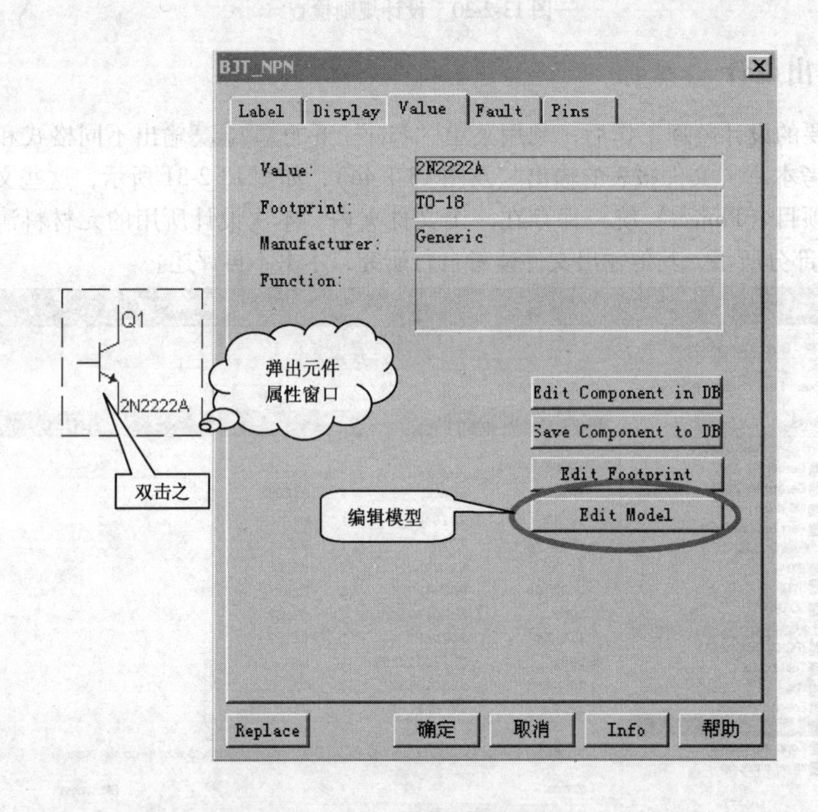

图 1　元器件模型属性窗口

一、后缀

1. PSPICE 的数值比率后缀

F = 1E-15	P = 1E-12	N = 1E-9	U = 1E-6	MIL = 25. 4E-6
M = 1E-3	K = 1E3	MEG = 1E6	G = 1E9	T = 1E12

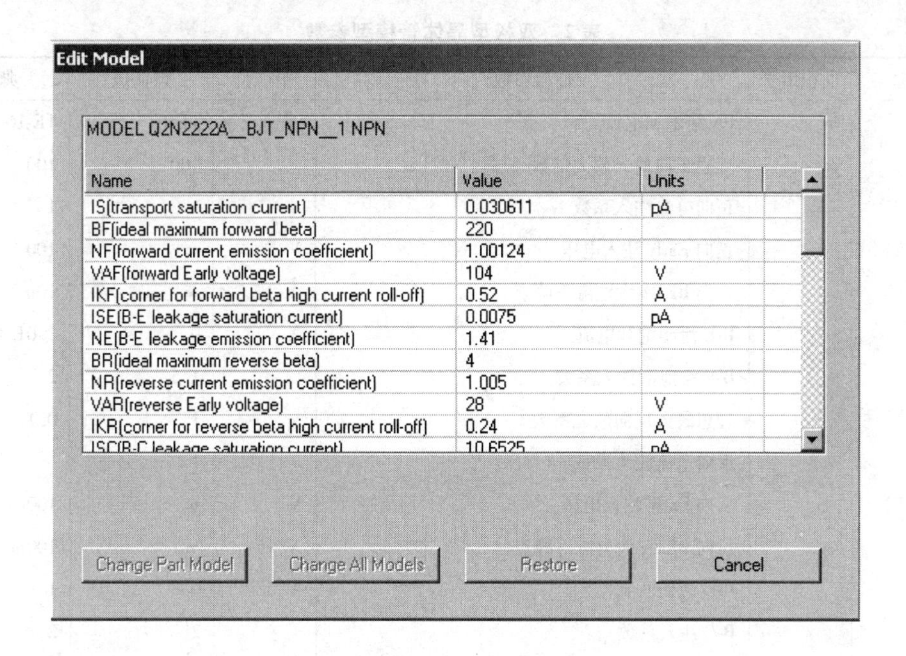

图 2　2N2222A 的 SPICE 文件

2. PSPICE 的单位后缀

V = 伏特　　A = 安培　　Hz = 赫兹　　OHM = 欧姆　　H = 亨利　　F = 法拉　　DEG = 度

二、模型参数

表 1　结型二极管模型参数

名　称	模型参数	单　位	默认值	典型值
IS	饱和电流	A	1E-14	1E-14
RS	寄生电阻	Ω	0	10
N	注入系数		1	
TT	度越时间	s	0	0. 1ns
CJO	零偏 PN 结电容*	F	0	2pF
VJ	结电势	V	1V	0. 6V
M	梯度因子		0. 5	0. 5
EG	禁带宽度	eV	1. 11	0. 69
XT1	饱和电流温度指数		3	3
KF	闪烁噪声系数		0	
AF	闪烁噪声指数		1	
FC	正偏置耗尽电容系数		0. 5	
BV	反向击穿电压	V	∞	50
IBV	反向击穿电流	A	1E-10	

表 2 双极型晶体管模型参数

名 称	面积因子	模型参数	单 位	默认值	典型值
IS	*	PN 结饱和电流	A	1E-16	1E-16
BF		理想正向最大放大倍数		100	100
NF		正向电流注入系数		1	1
VAF（VA）		正向 Early 注入电压	V	∞	100
IKF		正向 BETA 大电流下降点	A	∞	10m
ISE		B-E 泄漏饱和电流	A	0	1.0E-13
NE		B-E 结泄漏注入系数		1.5	2
BR		理想最大反向放大系数		1	0.1
NR		反向电流注入系数		1	
VAR（VB）		反向 Early 注入电压	V	∞	100
IKR	*	反向 BETA 大电流下降点	A	∞	100m
ISC		B-C 饱和电流	A	0	1
NC		B-C 注入系数		2	2
RB	*	零偏最大基极电阻	Ω	0	100
RBM		最小基极电阻	Ω	RB	100
IRB		RB 与 RBM 中间处电流	A	∞	
RE	*	发射极欧姆电阻	Ω	0	1
RC	*	集电极欧姆电阻	Ω	0	10
CJE	*	基极－发射极零偏 PN 结电容	F	0	2pF
VJE		基极－发射极内建电势	V	0.75	0.7
MJE		基极－发射极梯度因子		0.33	0.33
CJC	*	基极－集电极零偏 PN 结电容	F	0	1pF
VJC		基极－集电极内建电势	V	0.75	0.5
XCJC		C_{bc} 连接到 R_B 上的部分		1	
CJS		集电极衬底零偏压结电容	0		2pF
VJS		集电极内建电势	V	0.75	
FC		正偏压耗尽电容系数		0.5	
MJS		集电极衬底梯度因子		0	
TF		正向渡越时间	s	0	0.1ns
XTF		TF 随偏置而变化的参数			
VTF		TF 随 U_{bc} 变化的参数	V	∞	
ITF		TF 随 I_c 变化的参数	A	0	
PTF		在 $\frac{1}{2}\pi FT$ 处的超相移	（°）	0	30
TR		理想反向传输时间	s	0	10ns
EG		禁带宽度	eV	1.11	1.11

（续）

名　称	面积因子	模型参数	单　位	默认值	典型值
XTB		正、反向放大倍数温度系数		0	
XTI		饱和电流温度指数		3	
KF		闪烁噪声系数		0	6.6E-16
AF		闪烁噪声指数		1	1

“*”表示该参数受面积因子影响。

表 3　结型场效应晶体管

名　称	面积因子	模型参数	单　位	默认值	典型值
VTO		门限电压	V	−2	−2
BETA	*	跨导系数	A/V^2	1E-4	1E-3
LAMBDA		沟道长度调制系数	V^{-1}	0	1E-4
RD	*	漏极欧姆电阻	Ω	0	100
RS	*	源极欧姆电阻	Ω	0	100
IS	*	栅极 PN 结饱和电流	A	1E-14	1E-14
PB		栅极结电势	V	1	0.6
CGD	*	零偏压 G-D 结电容	F	0	5pF
CGS	*	零偏压 G-S 结电容	F	0	1pF
FC		正偏耗尽电容系数		0.5	
VTOTC		VTO 温度系数	V/℃	0	
BETATCE		BETA 指数温度系数	1/℃	0	
KF		闪烁噪声系数		0	
AF		闪烁噪声指数		1	

“*”表示该参数受面积因子影响。

表 4　MOS 场效应晶体管模型参数

名　称	模型参数	单　位	默认值	典型值
LEVEL	模型类别（1、2 或 3）		1	
L	沟道长度	m	DEFL	
W	沟道宽度	m	DEFW	
LD	扩散区长度	m	0	
WD	扩散区宽度	m	0	
VTO	零偏压门限电压	V	0	1.0
KP	跨导	A/V^2	2.0E-5	2.5E-5
GAMMA	体效应系数	$V^{1/2}$	0	0.35
PHI	表面电势	V	0.6	0.65
LAMBDA	沟道长度调制系数（LEVEL = 1 或 2）	V^{-1}	0	0.02
RD	漏极欧姆电阻	Ω	0	10
RS	源极欧姆电阻	Ω	0	10

（续）

名　称	模型参数	单　位	默认值	典型值
RG	栅极欧姆电阻	Ω	0	1
RB	衬底欧姆电阻	Ω	0	1
RDS	漏—源并联电阻	Ω	∞	
RSH	源区与漏区的薄层电阻	Ω/块	0	20
IS	衬底 PN 结饱和电流	A	1.0E-14	1.0E-15
JS	衬底 PN 结饱和电流密度	A/m^2	0	1.0E-8
PB	衬底 PN 结电势	V	0.7	0.75
CBD	衬底—漏极零偏 PN 结电容	F	0	5pF
CBS	衬底—源极零偏 PN 结电容	F	0	2pF
CJ	衬底零偏压单位结面积衬底电容	F/m^2	0	2.0E-4
CJSW	衬底 PN 结零偏压单位长度周边电容	F/m	0	1.0E-3
MJ	衬底 PN 结底面梯度系数		0.5	0.5
MJSW	衬底 PN 结侧面梯度系数		0.33	
FC	衬底 PN 结正偏压电容系数		0.5	
CGSO	栅-源单位沟道宽度覆盖电容	F/m	0	4.0E-11
CGDO	栅-漏单位沟道宽度覆盖电容	F/m	0	4.0E-11
CGBO	栅-衬底单位沟道宽度覆盖电容	F/m	0	2.0E-11
NSUB	衬底参杂密度	$1/cm^2$	0	4.0E15
NSS	表面状态密度	$1/cm^2$	0	1.0E10
NFS	表面快态密度	$1/cm^2$	0	1.0E10
TOX	氧化层厚度（LEVEL＝2，3）	m	1.0E-7	1.0E-7
TPG	栅极材料类型 ＋1：栅极材料与衬底相反 －1：栅极材料与衬底相同 0：铝材			
XJ	金属结深度	m	0	
UO	表面迁移率	$cm^2 \cdot s/V$	600	700
UCRIT	迁移率下降临界电场（LEVEL＝2）	V/cm	1.0E-4	1.0E4
UEXP	迁移率下降指数（LEVEL＝2）		0	0.7
UTRA	迁移率下降横向电场系数			
VMAX	最大漂移速度	m/s	0	5.0E4
NEFF	沟道电荷系数（LEVEL＝2）		1	5.0
XQC	漏端沟道电荷分配系数		1	0.4
DELTA	门限宽度效应系数		0	1.0
THETA	迁移率调制系数（LEVEL＝3）	V^{-1}	0	0.1
ETA	静态反馈系数（LEVEL＝3）		0	1.0

（续）

名　称	模型参数	单　位	默认值	典型值
KAPPA	饱和场因子（LEVEL=3）		0.2	0.5
KF	闪烁噪声系数		0	1.0E-26
AF	闪烁噪声指数		1	1.2

表5　砷化镓场效应晶体管模型参数

名　称	面积因子	模型参数	单　位	默认值	典型值
VTO		门限电压	V	-2.5	-2.0
ALPHA		tanh 常数	V^{-1}	2.0	1.5
BETA		跨导系数	A/V^2	0.1	25×10^{-6}
LAMBDA		沟道长度调制系数	V	0	1E-10
RG	*	栅极欧姆电阻	Ω	0	1
RD	*	漏极欧姆电阻	Ω	0	1
RS	*	源极欧姆电阻	Ω	0	1
IS		栅极 PN 结饱和电流	A	1E-14	
M		栅极 PN 结梯度系数		0.5	
N		栅极 PN 结注入系数		1	
VBI		门限电压	V	1	0.5
CGD		栅—源零偏压 PN 结电容	F	0	1pF
CGS		栅—漏零偏压 PN 结电容	F	0	6pF
CDS		漏—源电容	F	0	0.33pF
TAU		渡越时间	s	0	10pF
FC		正偏压耗尽电容系数		0.5	
VTOTC		VTO 温度系数	V/℃	0	
BETATCE		BETA 指数温度系数		0	
KF		闪烁噪声系数		0	
AF		闪烁噪声指数		1	

注：“*”表示该参数受面积因子影响。

参 考 文 献

[1] 李良荣. EWB9 电子设计技术 [M]. 北京：机械工业出版社，2007.

[2] 李良荣. 现代电子设计技术—基于 Multisim 7 & Ultiboard2001 [M]. 北京：机械工业出版社，2004.

[3] 李良荣. EDA 技术及实验 [M]. 成都：电子科技大学出版社，2008.

[4] 李良荣. TINA Design Suite 电路设计与仿真 [M]. 北京：北京航空航天大学出版社，2013.

[5] 童诗白，华成英. 模拟电子技术基础 [M]. 4 版. 北京：高等教育出版社，2006.

[6] 康华光. 电子技术基础 模拟部分 [M]. 5 版. 北京：高等教育出版社，2006.

[7] 阎石. 数字电子技术基础 [M]. 5 版. 北京：高等教育出版社，2006.

[8] 李瀚荪. 电路分析基础 [M]. 北京：高等教育出版社，2004.